Transkranielle Gleichstromstimulation bei Aphasien und erworbenen Sprechstörungen

Kyriakos Sidiropoulos
Hrsg.

Transkranielle Gleichstromstimulation bei Aphasien und erworbenen Sprechstörungen

Hrsg.
Kyriakos Sidiropoulos
Praxis für Neurofeedback und Aphasietherapie
Stuttgart, Deutschland

ISBN 978-3-662-70453-0   ISBN 978-3-662-70454-7   (eBook)
https://doi.org/10.1007/978-3-662-70454-7

Die Deutsche Nationalbibliothek verzeichnet diese Publikation in der Deutschen Nationalbibliografie; detaillierte bibliografische Daten sind im Internet über https://portal.dnb.de abrufbar.

Die eingereichten Manuskripte der Kapitel 3, 14, 15, 16, 18 und 19 wurden ins Deutsche übersetzt. Die Übersetzung wurde mit künstlicher Intelligenz erstellt. Um eine hohe Qualität der Übersetzung zu gewährleisten, wurde sie anschließend von dem Herausgeber inhaltlich geprüft und ggf. überarbeitet. In stilistischer Hinsicht kann sie sich dennoch von einer herkömmlichen Übersetzung unterscheiden.

© Der/die Herausgeber bzw. der/die Autor(en), exklusiv lizenziert an Springer-Verlag GmbH, DE, ein Teil von Springer Nature 2025
Das Werk einschließlich aller seiner Teile ist urheberrechtlich geschützt. Jede Verwertung, die nicht ausdrücklich vom Urheberrechtsgesetz zugelassen ist, bedarf der vorherigen Zustimmung des Verlags. Das gilt insbesondere für Vervielfältigungen, Bearbeitungen, Übersetzungen, Mikroverfilmungen und die Einspeicherung und Verarbeitung in elektronischen Systemen.
Die Wiedergabe von allgemein beschreibenden Bezeichnungen, Marken, Unternehmensnamen etc. in diesem Werk bedeutet nicht, dass diese frei durch jede Person benutzt werden dürfen. Die Berechtigung zur Benutzung unterliegt, auch ohne gesonderten Hinweis hierzu, den Regeln des Markenrechts. Die Rechte des/der jeweiligen Zeicheninhaber*in sind zu beachten.
Der Verlag, die Autor*innen und die Herausgeber*innen gehen davon aus, dass die Angaben und Informationen in diesem Werk zum Zeitpunkt der Veröffentlichung vollständig und korrekt sind. Weder der Verlag noch die Autor*innen oder die Herausgeber*innen übernehmen, ausdrücklich oder implizit, Gewähr für den Inhalt des Werkes, etwaige Fehler oder Äußerungen. Der Verlag bleibt im Hinblick auf geografische Zuordnungen und Gebietsbezeichnungen in veröffentlichten Karten und Institutionsadressen neutral.

Springer ist ein Imprint der eingetragenen Gesellschaft Springer-Verlag GmbH, DE und ist ein Teil von Springer Nature.
Die Anschrift der Gesellschaft ist: Heidelberger Platz 3, 14197 Berlin, Germany

Wenn Sie dieses Produkt entsorgen, geben Sie das Papier bitte zum Recycling.

Foreword

In recent decades, our understanding of human language, its neuronal basis and its dysfunctions has expanded considerably. Neuroscientific methods and new imaging techniques have deepened our knowledge of speech processing in the brain and its disorders and opened up new avenues for innovative therapeutic approaches. This book takes a comprehensive look at the use of transcranial direct current stimulation (tDCS) in the treatment of speech disorders, particularly in patients with post-stroke aphasia and neurodegenerative diseases such as primary progressive aphasia.

The chapters presented in this book range from the basics of language disorders and their neural mechanisms to the latest technological interventions, such as tDCS and transpinal direct current stimulation (tsDCS). Special emphasis will be placed on the role of neural language networks and the plasticity of the brain during the language recovery phase after aphasia. In addition, current therapeutic approaches for the treatment of aphasia, dysarthrophonia and apraxia of speech will be presented, supported by interdisciplinary research. With contributions from leading scientists and clinicians from a variety of disciplines, this work aims not only to provide a comprehensive understanding of the pathophysiology of aphasia, but also to provide concrete guidance for clinical practice. Our aim is to close the gap between research and practice in order to provide those affected with the most effective therapy possible in the near future. The interdisciplinary perspective of this book, which brings together findings from the neurosciences, cognitive research and (clinical) neurolinguistics, makes it clear that we are at a turning point in speech therapy, where neuromodulation techniques such as tDCS or TMS as an adjuvant method to conventional speech therapy can help to improve the speech ability of people with speech disorders. This book is intended to provide both researchers and clinicians with an in-depth insight into the current possibilities and challenges of tDCS in speech rehabilitation. It is my hope that the findings and considerations presented here will open up new avenues for research and therapy and pave the way for innovative treatment approaches.

This work would not have been possible without the support and commitment of numerous outstanding academics from Germany, Austria, Italy, Greece, the USA, the Netherlands and Australia. Their valuable contributions and tireless efforts have decisively shaped the scientific content of this book and made it an interdisciplinary work with the aim of making a pioneering contribution to the scientific debate.

The publisher

Kyriakos Sidiropoulos
Stuttgart, Deutschland
October 2024

Vorwort

In den letzten Jahrzehnten hat sich das Verständnis der menschlichen Sprache, ihrer neuronalen Grundlagen und ihrer Dysfunktionen erheblich erweitert. Neurowissenschaftliche Methoden und neue bildgebende Verfahren haben unser Wissen über die Sprachverarbeitung im Gehirn und ihre Störungen vertieft und neue Wege für innovative Therapieansätze eröffnet. Dieses Buch befasst sich umfassend mit dem Einsatz der transkraniellen Gleichstromstimulation (tDCS) in der Behandlung von Sprachstörungen, insbesondere bei Patienten mit Aphasien nach Schlaganfall und neurodegenerativen Erkrankungen wie der primärprogressiven Aphasie.

Die in diesem Buch vorgestellten Kapitel spannen einen Bogen von den Grundlagen der Sprachstörungen über ihre neuronalen Mechanismen bis hin zu den neuesten technologischen Interventionen, wie tDCS und transpinale Gleichstromstimulation (tsDCS). Ein besonderer Schwerpunkt liegt auf der Rolle neuronaler Sprachnetzwerke und der Plastizität des Gehirns während der Spracherholungsphase nach einer Aphasie. Darüber hinaus werden aktuelle therapeutische Ansätze zur Behandlung von Aphasie, Dysarthrophonie und Sprechapraxie vorgestellt, die durch interdisziplinäre Forschung unterstützt werden. Mit Beiträgen führender Wissenschaftler und Kliniker aus verschiedenen Disziplinen soll dieses Werk nicht nur ein umfassendes Verständnis der Pathophysiologie von Aphasien vermitteln, sondern auch konkrete Handlungsanweisungen für die klinische Praxis geben. Unser Ziel ist es, die Lücke zwischen Forschung und Praxis zu schließen, um Betroffene in naher Zukunft eine möglichst effektive Therapie zu ermöglichen. Die interdisziplinäre Perspektive dieses Buches, die Erkenntnisse aus den Neurowissenschaften, der Kognitionsforschung und der (klinischen) Neurolinguistik zusammenführt, macht deutlich, dass wir an einem Wendepunkt in der Sprachtherapie stehen, an dem Neuromodulationstechniken wie die tDCS oder die TMS als adjuvante Methode zur konventionellen Sprachtherapie, dazu beitragen können, die Sprachfähigkeit von Menschen mit Sprachstörungen zu verbessern. Dieses Buch soll sowohl Forschern als auch Klinikern einen vertieften Einblick in die aktuellen Möglichkeiten und Herausforderungen der tDCS in der Sprachrehabilitation geben. Es ist mein Wunsch, dass die hier vorgestellten Erkenntnisse und Überlegungen neue Wege für die Forschung und Therapie eröffnen und den Weg für innovative Behandlungsansätze ebnen.

Dieses Werk wäre ohne die Unterstützung und das Engagement zahlreicher herausragender Wissenschaftlerinnen und Wissenschaftler aus Deutschland, Österreich, Italien, Griechenland, den USA, den Niederlanden und Australien nicht möglich gewesen. Ihre wertvollen Beiträge und ihr unermüdlicher Einsatz haben den wissenschaftlichen Inhalt dieses Buches entscheidend geprägt und es zu einem interdisziplinären Werk gemacht, mit dem Ziel, einen wegweisenden Beitrag zur wissenschaftlichen Diskussion zu leisten.

Der Herausgeber

Kyriakos Sidiropoulos
Stuttgart, Deutschland
Oktober 2024

Inhaltsverzeichnis

I Einführung – Aphasien und erworbene Sprechstörungen

1 Aphasie – Grundlagen ... 3
Elisabeth Meffert
1.1 Definitionen und Häufigkeit ... 4
1.2 Ursachen ... 5
1.3 Differenzialdiagnose ... 5
Literatur ... 5

2 Symptomatik und Klassifizierung der Aphasieformen ... 7
Elisabeth Meffert, Tobias Bormann und Kyriakos Sidiropoulos
2.1 Aphasische Symptome ... 8
2.1.1 Symptome der Spontansprache ... 8
2.1.2 Symptome der Sprachperzeption ... 11
2.1.3 Symptome des Sprachverständnisses ... 12
2.1.4 Symptome der Schriftsprache ... 12
2.1.5 Erworbene Sprechstörungen: Dysarthrie und Sprechapraxie ... 13
2.2 Aphasiesyndrome ... 14
2.2.1 Syndromansatz ... 14
2.2.2 Aachener Schule: Standardsyndrome ... 16
2.2.3 Sonderformen der Aachener Schule sowie andere Aphasieformen ... 18
2.3 Primär progressive Aphasien ... 20
Literatur ... 21

3 Modelle der Sprachverarbeitung und des kognitiven Ansatzes bei Aphasie ... 25
Britta Biedermann und Tobias Bormann
3.1 Kognitive Neuropsychologie ... 26
3.1.1 Annahmen der kognitiven Neuropsychologie ... 27
3.1.2 Methoden der kognitiven Neuropsychologie ... 28
3.2 Modelle der Sprachverarbeitung am Beispiel des Logogenmodells ... 30
3.3 Einflussfaktoren ... 32
3.3.1 Lexikalische Variablen in gesprochener und geschriebener Sprachverarbeitung ... 32
3.3.2 Interindividuelle Unterschiede mit Fokus auf zweisprachige Sprecher*innen mit Aphasie ... 35
3.3.3 Aphasie und andere neuropsychologische Funktionen ... 39
3.4 Neuere neurokognitive Modelle der Sprachverarbeitung ... 42
Literatur ... 44

4 Rückbildung und Rehabilitation von Aphasien ... 49
Elisabeth Meffert und Britta Biedermann
4.1 Verlauf, sprachliche Reorganisation und Prognose ... 50
4.2 Diagnostik ... 51
4.3 Aphasietherapie ... 54

4.3.1	Grundlagen	54
4.3.2	Phasenspezifisches Vorgehen	56
4.3.3	Methoden der Sprachtherapie	56
4.4	**Wirksamkeit von Aphasietherapie**	58
	Literatur	62

II Neuronale Netzwerke der Sprache und ihre Rolle bei Gehirnläsionen

5	**Aphasie – kognitive Steuerungssysteme des Gehirns**	69
	Kyriakos Sidiropoulos	
5.1	**Einführung in die kognitiven Netzwerke**	70
5.1.1	Die verschiedenen Arten neuronaler Vernetzung	70
5.1.2	Klassifizierung der Netzwerktypen	73
5.1.3	Läsionsanalytische Verfahren	73
5.2	**Dysfunktion und Kompensation**	76
5.2.1	Störungen in neuronalen Netzwerken	76
5.2.2	Neuroplastische Kompensationsmechanismen nach Schlaganfall	77
5.2.3	Netzwerkbasierte Läsionskartierung	79
5.3	**Spezialisierte kognitive Netzwerke**	81
5.3.1	Das Wachheitsnetzwerk	81
5.3.2	Das Salienznetzwerk	83
5.3.3	Das Exekutivkontrollnetzwerk	89
5.3.4	Exekutivkontrollnetzwerk und Salienznetzwerk – Hemmung	94
	Literatur	98
6	**Neuronale Netzwerke der Sprachperzeption**	103
	Kyriakos Sidiropoulos	
6.1	**Verarbeitung auditiver Signale im Gehirn**	104
6.1.1	Periphere Verarbeitung auditiver Signale	104
6.1.2	Kortikale Verarbeitung auditiver Signale	105
6.2	**Aufbau und anatomische Organisation des auditiven Kortex – eine Übersicht**	110
6.2.1	Spektrotemporale Dynamiken in der auditiven Sprachverarbeitung	110
6.2.2	Schlüsselareale der Sprachwahrnehmung	111
6.3	**Prozesse der auditiven Wahrnehmung: Analyse, Integration und lexikalischer Zugriff**	115
6.3.1	Suprasegmentale oder prosodische Analyse	115
6.3.2	Feinzeitliche Analyse – Unterscheidung von Lauten im ersten auditorischen Operator	117
6.3.3	Kurz- und Langzeitintegration – prälexikalische Decodierung	121
6.3.4	Das Arbeitsgedächtnis und der phonologisch-lexikalische Zugriff	125
6.4	**Die traktalen Verbindungen**	127
	Literatur	129
7	**Semantische und syntaktische Netzwerke im Gehirn**	135
	Sandra Martin und Gesa Hartwigsen	
7.1	**Einführung**	136
7.2	**Semantische Verarbeitung**	136

7.2.1	Neuronale Korrelate semantischer Repräsentation	137
7.2.2	Neuronale Korrelate semantischer Kontrolle	139
7.3	**Syntaktische Verarbeitung**	140
7.3.1	Neuronales Netzwerk der syntaktischen Verarbeitung	141
7.3.2	Neuronale Faserverbindungen in der syntaktischen Verarbeitung	142
7.4	**Vom Konzept über das Wort zum vollständigen Satz: Das Dual-Stream-Modell**	143
7.5	**Die Rolle von domänenallgemeinen Netzwerken in der semantischen und syntaktischen Verarbeitung**	146
7.6	**Schlussfolgerungen und Ausblick**	148
	Literatur	148

8 Netzwerk der Sprachproduktion — 153
Jana Klaus

8.1	**Einführung**	154
8.2	**Vom Konzept zur Artikulation: Psycholinguistische Ebenen der Sprachproduktion**	154
8.3	**Gehirnkorrelate der Sprachproduktion**	156
8.3.1	Lokalisation: Der linke Gyrus frontalis inferior	156
8.3.2	Auf dem Weg zu einem Sprachproduktionsnetzwerk	157
8.3.3	Bilinguale Wortproduktion	159
8.3.4	Sprachproduktion jenseits der Einzelwortbenennung	160
8.4	**Ein Ausblick**	160
	Literatur	161

9 Ruhezustandsnetzwerk — 165
Kyriakos Sidiropoulos

9.1	**Das Ruhezustandsnetzwerk – Einführung**	166
9.2	**Anatomie des Default-Mode-Netzwerks**	167
9.3	**Funktionen des Default-Mode-Netzwerks**	167
9.3.1	Aufgaben des posterioren und anterioren Default-Mode-Netzwerks	168
9.3.2	Default-Mode-Netzwerk und Sprache	169
9.3.3	Die Dynamik des Default-Mode-Netzwerks im Kontext der Alterung	171
9.3.4	Default-Mode-Netzwerk und Aphasie	172
	Literatur	174

10 Plastizität und Reorganisation im Sprachnetzwerk nach Schlaganfall — 177
Gesa Hartwigsen und Sandra Martin

10.1	**Einführung**	179
10.2	**Kartierung der Reorganisation im Sprachnetzwerk nach Schlaganfall mittels funktioneller Bildgebung**	179
10.2.1	Netzwerkreorganisation in der akuten und subakuten Phase	179
10.2.2	Netzwerkreorganisation in der chronischen Phase	181
10.3	**Bildgebungsbasierte Erholungsvorhersage im Sprachnetzwerk**	182
10.4	**Kombination von Bildgebung und Neurostimulation im Sprachnetzwerk**	183
10.4.1	Stimulationsinduzierte Plastizität im gesunden Sprachnetzwerk	184
10.4.2	Stimulationsinduzierte Plastizität bei Patienten mit Aphasie	186

10.5	**Therapieinduzierte Veränderungen im Sprachnetzwerk**	187
10.5.1	Therapieinduzierte Plastizität nach Sprachtherapie	187
10.5.2	Kombination von Sprachtherapie und nichtinvasiver Hirnstimulation	189
10.6	**Schlussfolgerungen und Ausblick**	190
	Literatur	191

III Elektrische Stimulationsmethoden

11	**Die verschiedenen Elektrostimulationsmethoden**	197
	Kyriakos Sidiropoulos	
11.1	**Die transkranielle Wechselstromstimulation (tACS)**	199
11.1.1	Neuronale Synchronität und kognitive Prozesse	201
11.1.2	tACS und kortikale Rhythmen	203
11.2	**Die transkranielle randomisierte Rauschstrom-stimulation (tRNS)**	205
11.2.1	Wirkmechanismen der tRNS	206
11.2.2	Effekte der tRNS auf die neuronale Aktivität und die kognitiven Funktionen	208
	Literatur	210
12	**Allgemeine Wirkmechanismen der Gleichstromstimulation**	213
	Robert Darkow, Kyriakos Sidiropoulos und Carsten Kroker	
12.1	**Intra- und interindividuelle Einflussfaktoren elektrischer Hirnstimulation**	215
12.1.1	Der Einfluss anatomischer Eigenheiten auf die Hirnstimulation	215
12.1.2	Der Einfluss des Arousals auf die Hirnstimulation	217
12.1.3	Alter	218
12.1.4	Geschlecht	218
12.1.5	Ausbildung und Beruf	219
12.2	**Neuroplastizität und homöostatische Metaplastizität**	220
12.3	**Wirkmechanismen bei Gesunden und Patienten mit neurologischen und psychiatrischen Erkrankungen**	221
	Literatur	222
13	**Wichtige Parameter der Gleichstromstimulation**	225
	Carsten Kroker, Robert Darkow und Kyriakos Sidiropoulos	
13.1	**Polarität der Stimulation**	226
13.2	**Bestimmung des Stimulationsortes zur Elektrodenplatzierung**	227
13.2.1	Uni- vs. bihemisphärischer tDCS-Aufbau	232
13.3	**Stimulationsdauer und -intensität**	232
13.4	**Stimulationshäufigkeit**	234
13.5	**Größe und Abstand der Elektroden zueinander**	234
13.6	**Befeuchtung der Elektroden**	236
13.7	**Online- vs. Offline-Stimulation**	237
13.8	**Sicherheit**	237
13.8.1	Vorsichtsmaßnahmen	238
13.8.2	Positive Nebeneffekte und Nebenwirkungen	240
	Literatur	241

14 tES-basierte Interventionen zur Verbesserung der kognitiven Kontrolle bei Sprachverarbeitungsstörungen ... 243

Alberto Pisoni, Eleonora Arrigoni und Costanza Papagno

14.1	Aphasie und andere kognitive Defizite	244
14.1.1	Die Natur nichtsprachlicher kognitiver Defizite bei Aphasie	245
14.1.2	Nichtsprachliche Defizite bei Patienten:innen mit Aphasie und Kommunikationsfähigkeiten	246
14.1.3	Nichtsprachliche Defizite bei Patienten:innen mit Aphasie und deren Einfluss auf die Rehabilitation	247
14.2	Aphasiebehandlung und NIBS	250
14.3	tES und nichtsprachliche Rehabilitation	252
14.3.1	Aufmerksamkeit	252
14.3.2	Exekutivfunktionen	255
14.3.3	Gedächtnis	258
14.4	Schlussfolgerung	262
	Literatur	262

15 Transkranielle Gleichstromstimulation bei Aphasie nach Schlaganfall ... 267

Marcus Meinzer, Nina Unger, Anna Uta Rysop und Agnes Flöel

15.1	Hintergrund	268
15.2	tDCS: Methoden, Mechanismen und Designüberlegungen	269
15.2.1	Methoden und Mechanismen der tDCS	269
15.2.2	Designüberlegungen für tDCS-Studien bei Aphasie	270
15.3	tDCS-Ansätze bei Aphasie	275
15.3.1	Einheitliche Stimulationsansätze	276
15.3.2	Individualisierte Stimulationsansätze	277
15.3.3	Stimulation außerhalb des „Kernnetzwerks" für Sprache	279
15.3.4	Fokale tDCS-Ansätze	282
15.4	Zusammenfassung	283
	Literatur	283

16 Transspinale Gleichstromstimulation bei Aphasie ... 291

Paola Marangolo

16.1	Einleitung	292
16.2	Transkutane spinale Gleichstromstimulation (tsDCS)	292
16.2.1	Prinzipien der tsDCS-Anwendung bei Aphasie nach Schlaganfall	293
16.2.2	Rehabilitationsprotokolle in Kombination mit tsDCS bei Aphasie nach Schlaganfall	298
16.2.3	Richtungen für zukünftige Forschung	301
	Literatur	302

17 tDCS-induzierte Effekte bei Aphasie, Sprechapraxie und Dysarthrophonie ... 307

Robert Darkow

17.1	Einfluss der tDCS auf sprachfunktioneller Ebene bei Aphasie	309
17.2	Einfluss der tDCS auf Kommunikation bei Aphasie	311

17.3	**tDCS bei Sprechapraxie**	313
17.3.1	Stimulation des M1	313
17.3.2	Stimulation des IFG	314
17.4	**tDCS bei Dysarthrophonie**	314
	Literatur	316
18	**Transkranielle Gleichstromstimulation bei primär progressiver Aphasie**	**319**
	Donna Tippett und Kyrana Tsapkini	
18.1	Überblick über die primär progressive Aphasie	321
18.1.1	Varianten der PPA	321
18.1.2	Klassifikationsmodelle der PPA	323
18.1.3	Fortschritte in der Differenzialdiagnose	324
18.2	**Mechanismen der transkraniellen Gleichstromstimulation**	325
18.2.1	Auswirkungen der tDCS auf zellulärer, synaptischer und Netzwerkebene	325
18.2.2	Evidenzen aus funktioneller MRT und Ruhezustandsspektroskopie	326
18.3	**Transkranielle Gleichstromstimulation im Sprachnetzwerk**	326
18.3.1	Stimulationsorte der linken Hemisphäre	327
18.4	**Vorhersage des Ansprechens auf eine Behandlung mit adjuvanter tDCS**	328
18.4.1	Sprachliche und kognitive Leistung	329
18.4.2	Atrophie und Anomalien der weißen Substanz	329
18.4.3	Funktionelle MRT des Gehirns im Ruhezustand	330
18.4.4	Andere Determinanten	331
18.5	**Aktuelle Herausforderungen bei der Anwendung von tDCS**	331
18.5.1	Fokalität	331
18.5.2	Wechselwirkung zwischen Sprache und anderen Netzwerken	332
18.5.3	Geschlechtsspezifische Unterschiede	332
18.6	**Zukunftsaussichten und Schlussfolgerungen**	333
18.6.1	Sprachstatus	333
18.6.2	Polymorphismen des neurotrophen Faktors des Gehirns (BDNF)	334
	Literatur	335
19	**Aphasie – Ausblick auf die Zukunft und Schlussfolgerungen**	**345**
	Paola Marangolo	
19.1	Zusammenfassender Ausblick: Vorteile der tDCS bei Sprach- und Sprechstörungen	346
19.1.1	Einschränkungen der tDCS bei Sprach- und Sprachstörungen	348
19.1.2	Schlussfolgerungen	349
	Literatur	350
	Serviceteil	
	Stichwortverzeichnis	355

Herausgeber- und Autorenverzeichnis

Herausgeber

Dr. Kyriakos Sidiropoulos Praxis für Neurofeedback und Aphasietherapie, Stuttgart, Deutschland

Beitragsautoren

Eleonora Arrigoni Universität Mailand-Bicocca, Abteilung für Psychologie, Mailand, Italien

Dr. Britta Biedermann Curtin School of Allied Health; Curtin enAble Institute, Faculty of Health Sciences, Curtin University, Perth, Australien

Dr. Tobias Bormann Klinik für Neurologie und Neurophysiologie, Universitätsklinikum Freiburg, Medizinische Fakultät, Albert-Ludwigs-Universität Freiburg, Freiburg im Breisgau, Deutschland

Dr. Robert Darkow Leitung des Instituts für Logopädie an der FH JOANNEUM, Graz, Austria

Prof. Dr. Agnes Flöel Universitätsmedizin Greifswald, Klinik und Poliklinik für Neurologie, Greifswald, Deutschland

Prof. Dr. Gesa Hartwigsen Max-Planck-Institut für Kognitions- und Neurowissenschaften, Leipzig, Deutschland

Wilhelm-Wundt-Institut für Psychologie, Universität Leipzig, Leipzig, Deutschland

Prof. Dr. Jana Klaus Universität Utrecht, Utrecht, Netherlands

Carsten Kroker Praxis für Logopädie, Saarbrücken, Deutschland

Prof. Paola Marangolo Universität Federico II Neapel, Neapel, Italien

Dr. Sandra Martin Max-Planck-Institut für Kognitions- und Neurowissenschaften, Leipzig, Deutschland

Prof. Dr. Elisabeth Meffert School of Health, Education and Social Sciences, Department Therapeutic Sciences, Studiengang Logopädie, SRH University of Applied Sciences Heidelberg, Campus Stuttgart, Stuttgart, Deutschland

Prof. Markus Meinzer Universitätsmedizin Greifswald, Klinik und Poliklinik für Neurologie, Greifswald, Deutschland

Prof. Dr. Costanza Papagno Universität Trient, Trient, Italien

Prof. Dr. Alberto Pisoni Universität Mailand-Bicocca, Abteilung für Psychologie, Mailand, Italien

Anna Uta Rysop Universitätsmedizin Greifswald, Klinik und Poliklinik für Neurologie, Greifswald, Deutschland

Prof. Dr. Donna Tippett Department of Physical Medicine and Rehabilitation, Department of Neurology, Department of Otolaryngology – Head and Neck Surgery, Baltimore, MD, USA

Prof. Kyrana Tsapkini Johns Hopkins University School of Medicine, Baltimore, MD, USA

Nina Unger Universitätsmedizin Greifswald, Klinik und Poliklinik für Neurologie, Greifswald, Deutschland

Über den Herausgeber

Kyriakos Sidiropoulos
Dr. rer. nat. Neurowissenschaftler, Jahrgang 1972

Kyriakos Sidiropoulos hat Biologie, Germanistik und Philosophie in Freiburg studiert und in Neurowissenschaften an der Graduate School of Neural & Behavioral Sciences in Tübingen promoviert. Im Rahmen seiner Forschung widmete er sich intensiv den sprachlichen und mnestischen Funktionen der auditiven Sprachverarbeitung und untersuchte die zugrundeliegende läsionale Topologie bei Patienten mit Aphasien.

Während seiner Tätigkeit in der Abteilung Kognitive Neurologie der Universitätsklinik Tübingen und am Psychologischen Institut sammelte er umfangreiche praktische Erfahrungen im klinischen Bereich, insbesondere mit älteren Schlaganfallpatienten, die neben Aphasie auch andere neuropsychologische Störungen aufwiesen. Durch diverse Weiterbildungen im Bereich Neurofeedback erschloss er weitere therapeutische Anwendungsgebiete. In seiner eigenen Praxis im Zentrum von Stuttgart behandelt er mithilfe von Neurofeedback nicht nur Schlaganfallpatienten, sondern auch Kinder und Erwachsene mit ADHS, Patienten mit Depressionen sowie Schlafstörungen. Sein Buch „*EEG-Neurofeedback bei ADS und ADHS*" ist ebenfalls im Springer Verlag 2023 erschienen. Er ist Autor mehrerer wissenschaftlicher Publikationen und Mitglied der Deutschen Gesellschaft für Biofeedback e.V.

Wissenschaftliche und praktische Themenfelder: Erforschung von Sprache, Gedächtnis und Aufmerksamkeit und deren Dysfunktionen (z. B. Aphasie, AD(H)S, Gedächtnisstörungen), Auditive Wahrnehmung, Funktionelle Anatomie, Läsionsstudien, Leitungsaphasie, Neurofeedback, Nahinfrarot-spektroskopie des Gehirns und Neurostimulation.

Abbreviations

AG	Angularer Gyrus	MCGM	Mediales Corpus Geniculatum Mediale
AO	Auditorischer Operator (AO-I: primärer auditorischer Operator)	MTG	Mittlerer Temporaler Gyrus
AST	Asymmetric Sampling in Time Modell	NC	Nucleus centralis (zentraler Kern des Colliculus Inferior)
BA	Brodmann-Areal	PAC	primärer auditorischer Kortex
BMF	Best Modulation Frequency (bevorzugte Modulationsfrequenz)	PMC	prämotorischer Cortex
		PP	Planum Polare
		PT	Planum Temporale
CF	Characteristic Frequency (charakteristische Frequenz)	SAC	Sekundärer auditorischer Cortex
CL	Colliculare Zellen (im inferioren Colliculus)	SLF	Superiores longitudinales Faszikel (superiores Längsfaserbündel)
DCGM	Dorsales Corpus Geniculatum Mediale	SMA	Supplementärmotorischer Areal
DLPFC	(Dorsolateraler Präfrontaler Cortex)	SMG	Supramarginaler Gyrus
		SPT	Sensomotorisches Integrationsareal (mentioned in context)
DTI	Diffusions-Tensor-Bildgebung, Diffusion Tensor Imaging	SR	subvocal rehearsal
		STG	Superiorer Temporaler Gyrus
FA	Fasciculus arcuatus – bogenförmiges Faserbündel (Arcuate Fasciculus)	STS	Sulcus temporalis superior
FAT	Frontal Aslant Tract (frontale Schrägbahn)	TPT	Temporo-Parietale Übergangszone
HG	Heschl'sche Gyri	VCGM	Ventrales Corpus Geniculatum Mediale
IFG	Inferiorer Frontaler Gyrus	VOT	Voice-Onset-Time (Stimmlippeneinsatzzeit)
ITG	Inferiorer Temporaler Gyrus		

Einführung – Aphasien und erworbene Sprechstörungen

Inhaltsverzeichnis

Kapitel 1 Aphasie – Grundlagen – 3
Elisabeth Meffert

Kapitel 2 Symptomatik und Klassifizierung der Aphasieformen – 7
Elisabeth Meffert, Tobias Bormann und Kyriakos Sidiropoulos

Kapitel 3 Modelle der Sprachverarbeitung und des kognitiven Ansatzes bei Aphasie – 25
Britta Biedermann und Tobias Bormann

Kapitel 4 Rückbildung und Rehabilitation von Aphasien – 49
Elisabeth Meffert und Britta Biedermann

Aphasie – Grundlagen

Elisabeth Meffert

Inhaltsverzeichnis

1.1 Definitionen und Häufigkeit – 4

1.2 Ursachen – 5

1.3 Differenzialdiagnose – 5

Literatur – 5

© Der/die Autor(en), exklusiv lizenziert an Springer-Verlag GmbH, DE, ein Teil von Springer Nature 2025
K. Sidiropoulos (Hrsg.), *Transkranielle Gleichstromstimulation bei Aphasien und erworbenen Sprechstörungen*, https://doi.org/10.1007/978-3-662-70454-7_1

1.1 Definitionen und Häufigkeit

Aphasien werden als erworbene, zentral-neurologisch bedingte Sprachstörungen definiert, welche sich durch Beeinträchtigungen von verschiedenen Komponenten des Sprachsystems und verschiedenen sprachlichen Modalitäten manifestieren (für einen Überblick verschiedener Definitionen s. Huber et al., 1989, 2006; aber auch McNeil & Pratt, 2001). Dabei handelt es sich um eine Beeinträchtigung der inneren Sprache, während das vorsprachliche Denken und der Intellekt nicht betroffen sind. Aphasische Symptome zeigen sich auf phonologischer, lexikalischer, semantischer und morphosyntaktischer Ebene und können sowohl multimodal als auch supramodal das Sprachverständnis, die Sprachproduktion, das Lesen und das Schreiben betreffen. Je nach Ausprägung der Aphasie treten die Symptome in unterschiedlichen Kombinationen und Schweregraden auf (▶ Kap. 2).

Etwa 80 % aller Aphasien sind durch Schlaganfälle verursacht. Je nach Quelle schwanken die Angaben zum Anteil der Schlaganfallbetroffenen mit Aphasie zwischen 15 und 30 % (Engelter et al., 2006; Inatomi et al., 2008; Grönberg et al., 2022). Für Deutschland geht man von einer Inzidenz von etwa 50.000 initial behandlungsbedürftigen Aphasien aus, von denen sich binnen eines Jahres etwa 50% zurückbilden (Huber et al., 2006). Die Prävalenzdaten sind sehr unterschiedlich: Während für Deutschland etwa 100/100.000 angenommen werden, ergeben die Angaben für die USA 400/100.000 (Knecht et al., 1995; NIDCD, 2015).

Personen mit Aphasie erleben signifikante Einschränkungen in ihrer Kommunikationsfähigkeit. Alltägliche sprachliche Aktivitäten, darunter das Führen von Gesprächen mit Angehörigen und Freunden, das Lesen von Zeitungen, das Informieren im Internet, das Anschauen und Verstehen von Nachrichten, das Leisten von Unterschriften oder das Schreiben von E-Mails, gestalten sich schwierig oder sind teilweise gar nicht zu bewältigen. Dadurch verändert sich der Alltag der Betroffenen erheblich. Die aktive Teilhabe an unterschiedlichsten Lebensbereichen ist erschwert bis unmöglich. Beispielsweise können Betroffene nur noch eingeschränkt oder gar nicht mehr beruflich tätig sein, Bankgeschäfte nur noch mit Unterstützung erledigen, Rollen innerhalb der Familie nicht wie zuvor ausfüllen, Hobbys nur noch eingeschränkt ausführen, und der Freundeskreis verändert sich (Hilari, 2011; Worrall et al., 2011). Dies führt häufig zum Verlust des Arbeitsplatzes, zu sozialer Isolation, Depression und verminderter Lebensqualität (Dalemans et al., 2010). Zudem erleben Betroffene häufig eine Stigmatisierung, da eine beeinträchtigte Kommunikationsfähigkeit oft mit einer intellektuellen Beeinträchtigung und negativ konnotierten Persönlichkeitsmerkmalen assoziiert wird (z. B. Allard & Williams, 2008; Connaghan et al., 2021; Wunderlich & Pircher, 2022).

Spätestens seit Einführung der Internationalen Klassifikation der Funktionsfähigkeit, Behinderung und Gesundheit (International Classification of Functioning, Disability and Health – ICF; WHO, 2001) wird Aphasie konzeptuell nicht mehr als eine reine Störung von Funktionen und sprachlichen Modalitäten angesehen. Es werden die Ebenen der sprachlichen Aktivitäten berücksichtigt, wie z. B. Kundengespräche führen, Nachrichten am Handy schreiben, den Busfahrplan lesen und verstehen, den Kindern vorlesen oder gesprochene Radionachrichten verstehen. Darüber hinaus betrachtet man explizit die Ebene der Partizipation, also die Möglichkeit zur Teilhabe am sozialen Leben durch Kommunikation und Sprache, etwa beim Einkauf oder in der Berufsausübung. Diese Aspekte werden in der Anamnese und Diagnostik erfasst und in der Rehabilitation durch spezifische Diagnostikinstrumente, Therapieziele und -inhalte berücksichtigt.

Zum ICF-orientierten Arbeiten gehören auch die Erfassung und ggf. Modifikation von umwelt- und personenbezogenen Kontextfaktoren, die eine fördernde oder einschränkende Wirkung haben können. Dies erleichtert ein patientenzentriertes und alltagsnahes Vorgehen in der Sprach- und Kommunikationstherapie (Simmons-Mackie & Kagan, 2007).

1.2 Ursachen

Aphasien kommen aufgrund von hirnschädigenden Ereignissen oder Prozessen zustande. Die häufigste Ursache liegt in ischämischen und hämorrhagischen Schlaganfällen, besonders im Versorgungsgebiet der linken Arteria cerebri media (Huber et al., 2006; Nobis-Bosch et al., 2013; Sheppard & Sebastian, 2021). Weitere, seltenere Ursachen liegen in Schädel-Hirn-Traumen, Hirntumoren, Hirnatrophien, entzündlichen Erkrankungen oder hypoxischen Hirnschädigungen, sofern sprachrelevante Areale in der linken Hemisphäre betroffen sind. Diese ist bei nahezu allen Rechtshändern sowie bei etwa 70 % der Linkshänder für Sprache dominant (McCarthy & Warrington, 1990). Nur bei einem sehr geringen Anteil der Menschen mit Aphasie liegt eine rechtshemisphärische Schädigung vor (gekreuzte Aphasie), sodass bei diesen Personen auch von einer rechtshemisphärischen Sprachdominanz auszugehen ist (▶ Abschn. 2.2.3).

Die Läsionen betreffen dabei einen oder mehrere Anteile des netzwerkartig organisierten Sprachsystems, welches vorrangig verschiedene kortikale Areale im perisylvischen Bereich umfasst (s. z. B. Vigneau et al. 2006; Friederici, 2011; ▶ Kap. 5, 7 und 8). Dabei sind ebenfalls Schädigungen in subkortikalen oder zerebellären Regionen möglich, wie etwa dem Thalamus, den Basalganglien, der Capsula interna, dem Marklager und der Insula oder der weißen Substanz (s. Radanovic & Mansur, 2017). Durch den Funktionsverlust von Nervenzellen sowie zerstörte Faserverbindungen geht das in diesem Netzwerk gespeicherte Wissen bzw. dessen Verfügbarkeit verloren (▶ Kap. 6 und 10). Neben den dauerhaften Schädigungen kann es durch Ödeme, Einblutungen, Penumbra- oder Diaschisis-Effekte innerhalb und außerhalb des Sprachzentrums zu vorübergehenden Störungen kommen. Die hirnorganische Normalisierung dieser Aspekte bestimmt in der frühen und späten Akutphase vorrangig den Verlauf der Aphasie (▶ Abschn. 4.1 und 5.2).

1.3 Differenzialdiagnose

Hirnschädigungen können auch andere Formen von Kommunikationsstörungen hervorbringen. Differenzialdiagnostisch abzugrenzen sind dabei insbesondere folgende Störungen:
- Sprechstörungen wie die Dysarthrophonie (▶ Abschn. 2.1.5) oder das neurogene Stottern
- Sprechapraxie (▶ Abschn. 2.1.5)
- Kognitive Kommunikationsstörungen
- Vorübergehende kommunikative Auffälligkeiten im Rahmen eines Delirs
- Progrediente Formen von Kommunikationsstörungen, v. a. im Rahmen einer Demenz oder primär progredienten Aphasie (PPA; ▶ Abschn. 2.1.3 und 18.1)
- Kommunikative Auffälligkeiten im Rahmen von psychischen Erkrankungen wie z. B. Schizophrenie

Dabei ist anzumerken, dass Aphasien auch komorbid mit anderen Kommunikationsstörungen auftreten können, sodass die Abgrenzung nicht immer evident ist.

Literatur

Allard, E. R., & Williams, D. F. (2008). Listeners' perception of speech and language disorders. *Journal of Communication Disorders, 41*, 108–123.

Connaghan, K. P., Wertheim, C., Laures-Gore, J. S., et al. (2021). An exploratory study of student, speech-language pathologist and emergency worker impressions of speakers with dysarthria. *International Journal of Speech-Language Pathology, 23*, 265–274.

Dalemans, R. J. P., de Witte, L., Wade, D., & van den Heuvel, W. (2010). Social participation through the eyes of people with aphasia. *International Journal of Language & Communication Disorders, 45*, 537–550.

Engelter, S. T., Gostynski, M., Papa, S., Frei, M., Born, C., Ajdacic-Gross, V., et al. (2006). Epidemiology of aphasia attributable to first ischemic stroke: incidence, severity, fluency, etiology, and thrombolysis. *Stroke, 37*(6), 1379–1384.

Friederici, A. D. (2011). The brain basis of language processing: From structure to function. *Physiological Reviews, 91*(4), 1357–1392.

Grönberg, A., Henriksson, I., Stenman, M., & Lindgren, A. G. (2022). Incidence of Aphasia in Ischemic stroke. *Neuroepidemiology, 56*(3), 174–182.

Hilari, K. (2011). The impact of stroke. Are people with stroke different to those without? *Disability and Rehabilitation, 33*(03), 211–218.

Huber, W., Poeck, K., & Weniger, D. (1989). Aphasie. In K. Poeck (Hrsg.), *Klinische Neuropsychologie* (2. Aufl., S. 89–132). Thieme.

Huber, W., Poeck, K., & Springer, L. (2006). *Klinik und Rehabilitation der Aphasie: eine Einführung für Therapeuten, Angehörige und Betroffene*. Thieme.

Inatomi, Y., Yonehara, T., Omiya, S., Hashimoto, Y., Hirano, T., & Uchino, M. (2008). Aphasia during the acute phase in ischemic stroke. *Cerebrovascular Diseases, 25*(4), 316–323.

Knecht, S., Hesse, S., & Oster, P. (1995). Aphasia in acute stroke: Incidence, determinants, and recovery. *Annals of Neurology, 38*, 659–666.

McCarthy, R. A., & Warrington, E. K. (1990). *Cognitive neuropsychology: A clinical introduction*. Academic Press.

McNeil, M. R., & Pratt, S. R. (2001). Defining aphasia: Some theoretical and clinical implications of operating from a formal definition. *Aphasiology, 15*(10–11), 901–911.

NIDCD (National Institute on Deafness and Other Communication Disorders). NIDCD fact sheet: Aphasia [PDF] [NIH Pub. No. 97-4257]. (2015). https://www.nidcd.nih.gov/health/aphasia. Zugegriffen am 20.03.2020.

Nobis-Bosch, R., Rubi-Fessen, I., Biniek, R., & Springer, L. (2013). *Diagnostik und Therapie der akuten Aphasie*. Thieme.

Radanovic, M., & Mansur, L. L. (2017). Aphasia in vascular lesions of the basal ganglia: A comprehensive review. *Brain and Language, 173*, 20–32.

Sheppard, S. M., & Sebastian, R. (2021). Diagnosing and managing post-stroke aphasia. *Expert Review of Neurotherapeutics, 21*(2), 221–234.

Simmons-Mackie, N., & Kagan, A. (2007). Application of the ICF in Aphasia. *Seminars in Speech and Language, 28*, 244–253.

Vigneau, M., Beaucousin, V., Hervé, P. Y., Duffau, H., Crivello, F., Houdé, O., Mazoyer, B., & Tzourio-Mazoyer, N. (2006). Meta-analyzing left hemisphere language areas: Phonology, semantics, and sentence processing. *NeuroImage, 30*(4), 1414–1432.

WHO (World Health Organization). Health Organization International Classification of Functioning, Disability and Health (ICF). (2001). Geneva, Switzerland: World Health Organization.

Worrall, L., Sherratt, S., Rogers, P., et al. (2011). What people with aphasia want: Their goals according to the ICF. *Aphasiology, 25*, 309–322.

Wunderlich, A., & Pircher, B. (2022). Bekanntheit von neurologisch bedingten Sprach- und Sprechstörungen im Dienstleistungsbereich und Handel. *Neurologie & Rehabilitation, 28*(2), 90–95.

Symptomatik und Klassifizierung der Aphasieformen

Elisabeth Meffert, Tobias Bormann und Kyriakos Sidiropoulos

Inhaltsverzeichnis

2.1 **Aphasische Symptome – 8**
2.1.1 Symptome der Spontansprache – 8
2.1.2 Symptome der Sprachperzeption – 11
2.1.3 Symptome des Sprachverständnisses – 12
2.1.4 Symptome der Schriftsprache – 12
2.1.5 Erworbene Sprechstörungen: Dysarthrie und Sprechapraxie – 13

2.2 **Aphasiesyndrome – 14**
2.2.1 Syndromansatz – 14
2.2.2 Aachener Schule: Standardsyndrome – 16
2.2.3 Sonderformen der Aachener Schule sowie andere Aphasieformen – 18

2.3 **Primär progressive Aphasien – 20**

Literatur – 21

© Der/die Autor(en), exklusiv lizenziert an Springer-Verlag GmbH, DE, ein Teil von Springer Nature 2025
K. Sidiropoulos (Hrsg.), *Transkranielle Gleichstromstimulation bei Aphasien und erworbenen Sprechstörungen*, https://doi.org/10.1007/978-3-662-70454-7_2

2.1 Aphasische Symptome

Sprachliches Verhalten bei Aphasie ist durch eine Vielzahl an Symptomen gekennzeichnet. Diese erstrecken sich über alle linguistischen Ebenen, sprachlichen Modalitäten und zeigen sich bei spezifischen Aufgabenstellungen (Grande & Hußmann, 2016). Dabei treten diese Symptome oft in komplexen Kombinationen auf.

2.1.1 Symptome der Spontansprache

Die Spontansprache ist aufgrund ihrer hohen Alltagsrelevanz besonders wichtig für die Beobachtung von aphasischen Fehlleistungen (Barthel et al., 2006, Meffert et al., 2008). Zur Spontansprache zählt nicht nur die freie Rede im Dialog oder Interview, sondern auch das Nacherzählen von vorgegebenen Texten oder das Beschreiben von Bildergeschichten. Symptome können dabei auf verschiedenen linguistischen Ebenen beobachtet werden, darunter auf der Laut- und Silbenebene (Phonologie), der Wortebene (Semantik und Morphologie), der Satzebene (Syntax), der Textebene, im Redefluss sowie in der nichtpropositionale Sprache (für eine Übersicht der wichtigsten Symptome vgl. ◘ Tab. 2.1).

2.1.1.1 Laut und Silbenebene: Phonologie

Störungen der segmentalen Phonologie äußern sich als phonematische Paraphasien. Dabei liegt auf Laut- oder Silbenebene eine Abweichung im Vergleich zum Zielwort vor. Entspricht die entstandene Form einer lexikalisierten Wortform, so bezeichnen manche Autoren dies als formale Paraphasie (Cholewa & Corsten, 2010). Wenn ein Wort lautlich so entstellt ist, dass das Zielwort nicht mehr erkennbar ist, spricht man von einem phonematischen Neologismus.

Störungen der suprasegmentalen Phonologie äußern sich als Dysprosodie. Dabei sind Rhythmus, Betonungsmuster, Intonationsmuster oder Intonationsverläufe auffällig. Die Sprechmelodie sowie der Sprechrhythmus sind verändert. Oft wird eine Dysprosodie mit nichtflüssiger Sprache in Verbindung gebracht, wobei nicht geklärt ist, ob dies durch Sprach- oder Sprechprobleme zustande kommt. Veränderungen der prosodischen und segmentalen Struktur können auch zum Foreign Accent Syndrom führen (z. B. Blumstein & Kurowski, 2006). Hier scheint der aphasische Sprecher mit dem Akzent einer anderen Sprache zu sprechen, ohne dass er prämorbid diese Sprache auf muttersprachlichem Niveau gesprochen hätte. Es ist unklar, ob es sich dabei um ein eigenes Störungsbild oder eine Form der Sprechapraxie handelt (Duffy, 2019) (◘ Tab. 2.1).

2.1.1.2 Wortebene: Semantik und Morphologie

Störungen der Semantik äußern sich in einem verzögerten oder fehlerhaften Abruf von Wortbedeutungen und deren Wortformen. Hier kann es zu Wortfindungsstörungen im Sinne von Nullreaktionen und verzögertem Abruf kommen, was häufig durch Pausen, Interjektionen, Wortwiederholungen, Stellvertreterwörter oder Floskeln angezeigt wird.

Aber auch semantisch verwandte Fehlbenennungen sind möglich (semantische Paraphasien). Darüber hinaus können morphologisch komplexe Wortneubildungen entstehen, die in der Standardsprache nicht vorkommen. Dabei handelt es sich um semantische Neologismen.

Störungen der Morphologie zeigen sich häufig als Vereinfachung von morphologisch komplexen Wörtern, z. B. von Nominalkomposita. Funktionswörter wie Artikel oder Personalpronomen werden oft weggelassen oder falsch verwendet. Auch bei der Flexion treten aphasische Fehlleistungen auf.

2.1.1.3 Satzebene: Syntaktische Symptome

Aphasische Symptome auf der Satzebene können sich als Satzabbrüche, Agrammatismus, Paragrammatismus und Jargon zeigen.

Der Agrammatismus zeigt sich durch eine vereinfachte Satzstruktur, fehlende Satzglieder und Funktionswörter oder Funktionsendungen. Eine typische, aber nicht obligato-

Symptomatik und Klassifizierung der Aphasieformen

Tab. 2.1 Aphasische Symptome in der Spontansprache – Beispiele auf Deutsch und Englisch. Die deutschsprachigen Beispiele stammen aus Huber et al. (2006) und Grande & Hußmann (2016) sowie aus eigenen Transkripten; die englischsprachigen Beispiele sind aus Berg (2006), Blanken (1990) und Whitworth et al. (2003, 2014) entnommen

Symptom	Beispiel Deutsch	Beispiel Englisch
Phonematische Paraphasie	Lotterie → [lɔteli:] April → [pʀɪl]	Elephant → efelten Scorpio → scorpon
Phonematischer Neologismus	Scheibenwischer → [tæfənkotɐ]	Dishwasher → shaldathorp
Formale Paraphasie	Tisch → [fɪʃ]	Lemon → Melon
Wortfindungsstörung	dann bin ich mit dem . äh .. äh dingsda .. mit dem .. wie heißt das doch gleich .. dem Krankenwagen abgeholt worden	But, um … yeah … um … leg and arm and oh yay!
Semantische Paraphasie	Haus → Dach Ente → Schwan	Lion → tiger Handbag → suitcase
Semantischer Neologismus	Kuh → Milchtier	Airport → plane park
Agrammatismus	und dann . nächster Tag . Arzt . gekommen; Auto gefahren . Kopfweh bekommen .. bewusstlos	Monday, Tuesday, Wednesday, today, no, I can't
Paragrammatismus	Ja es ist auch vor allen Dingen bei mir kann ich nicht alles sagen … dann kommt bei mir manches bei mir über hier Ich hab jetzt seit einem Jahr hab ich aufgehört	Yes, it is especially with my I cannot say everything, then things get muddled up.
Jargon, semantisch	ich glaube, man sollte bei Null beginnen und bei oben. Es ist so: Gegenüber früher möchte ich erst einmal sagen, über den ganz großen Beginn erstmal, als ich ankam, ist es natürlich ganz entschieden.	It is very sunny today and I cannot think of my sister's visit but people are very happy.
Jargon, phonematisch	ich wollte danach ein vo… vollschens als verwordens … der des außens hewerwens riesens berns … der worsens … bitte wieder rossens … braufens wersen … da brauchen wersens … hatten namens lortnens wussten wir ja westens	I am fudgeba…
Conduite d'approche	Aschenbecher → Aschen, Aschen, Aschen, Aschen, Aschenbach … den zweiten Teil den Namen muss ich kriegen, Aschen, Aschenbecher	tæ … kæ … kærʌ … kærət [carrot]
Conduite d'écart	Turmspitze → hier ist ein Türm .. Türn .. Türnspit .. Türmspürze .. Türn .. die Türntüschpe .. die Kürnstücke .	El .. ele … elefa … efel … efelent ….
Sprachautomatismen	Untersucher: Was gab es denn heute zu essen? Betroffener: Kartoffeln . nein . .Kartoffeln . nein .. Sch-spätzle und . Linsen . und Wurst . und Nachtisch Kartoffeln . nein .. Obst . sa . lat	Interviewer: I noticed that looked a bit sad yesterday? Person with Aphasia: Beautiful. […] Interviewer: I did not really understand what you were trying to say. Person with Aphasia: beautiful

(Fortsetzung)

Tab. 2.1 (Fortsetzung)

Symptom	Beispiel Deutsch	Beispiel Englisch
Recurring utterances	Untersucher: Wie ist das gekommen mit der Krankheit? – Betroffener: mh … de … de dodo … und eh … do dodo … eh	Interviewer: How often do you meditate? Person with Aphasia: Monday, Tuesday, fugdebar Interviewer: so you meditated twice last week? Person with Aphasia: Fugdebar
Redefloskeln	Mal so, mal so; das kann ich jetzt nicht sagen; ach du meine Güte	The way it goes; goodness me; god almighty
Echolalie	Untersucher: wie hat das mit ihrer Krankheit angefangen? Betroffener: angefangen .. ja angefangen	Interviewer: What did you do on Sunday? Person with aphasia: Sunday. There, and then Sunday…
Perseveration	Auto → Auto Fahrrad → Auto . nein . f-f-fahr . rad Telefon → Auto . Auto . nein ..	Caravan → caravan Bicylce → van Car → caravan

rische Ausprägungsform ist der sog. Telegrammstil. In leichteren Fällen kann es zu vollständiger, aber fehlerhafter Morphosyntax kommen. Die beschriebenen Symptome variieren von Patient zu Patient, aber auch bei derselben Person in unterschiedlichen kommunikativen Situationen. Agrammatismus tritt typischerweise bei der Broca-Aphasie auf.

Beim Paragrammatismus finden sich bei meist flüssiger Sprechweise ein komplexer Satzbau mit häufigen Satzabbrüchen, Satzteilverdopplungen und Satzteilverschränkungen. Flexionsformen und Funktionswörter werden oft substituiert. Paragrammatismus findet man häufig bei der Wernicke-Aphasie.

Jargon beschreibt eine flüssig artikulierte Sprachproduktion, die für den Zuhörer weitgehend unverständlich bleibt. Beim phonematischen Jargon sind fast alle Inhaltswörter phonematisch verändert. Merkmale von Grammatik und Satzbau sind teilweise erkennbar, der Inhalt jedoch völlig unverständlich. Semantischer Jargon zeigt sich in Äußerungen, die nahezu ausschließlich aus semantischen Paraphasien, inhaltsleeren Redefloskeln und Wörtern bestehen. In der Regel ist eine syntaktische Struktur erkennbar, häufig syntaktisch komplex, der Sinngehalt jedoch nicht nachvollziehbar.

2.1.1.4 Textebene

Aspekte wie Textaufbau und Textmarkierung werden von aphasischen Personen meist gut umgesetzt. Aphasische Texte sind aber oft weniger komplex als die Texte Sprachgesunder, zeigen weniger Informationsgehalt und sind weniger klar ausgeformt. Typischerweise entstehen diese Probleme als Folge der Symptome auf den Ebenen von Semantik, Morphologie und Syntax.

2.1.1.5 Redefluss und Sprechablauf

> Bei Aphasie wird oft in flüssige und nichtflüssige Sprachproduktion unterschieden. Flüssige Spontansprache liegt bei einer mittleren Äußerungslänge von mehr als fünf Wörtern sowie normaler Sprechgeschwindigkeit und kaum beeinträchtigter Artikulation vor. Nichtflüssige Spontansprache zeigt sich bei einer mittleren Äußerungslänge von fünf Wörtern oder weniger, bei vielen Unterbrechungen und bei verlangsamter Sprechgeschwindigkeit.

Die Sprechgeschwindigkeit bezieht sich auf die Anzahl der Wörter, die eine Person in einer bestimmten Zeiteinheit, üblicherweise pro Minute, spricht. Sie ist ein Maß für die Flüssigkeit der verbalen Kommunikation und kann je nach Kontext, emotionalem Zustand, kulturellen Normen und individuellen Unterschieden variieren. Die Sprechgeschwindigkeit wird oft in der Sprachtherapie und Linguistik bewertet, um Aspekte der Sprachverarbeitung und -produktion sowie potenzielle Störungen wie Aphasie oder Stottern zu analysieren. Die Sprechgeschwindigkeit pro Minute ist
— unter 50 Wörtern sehr langsam,
— zwischen 50 und 90 Wörtern langsam,
— über 90 Wörtern normal flüssig und
— über 120 Wörtern übersteigert.

Der Sprachfluss kann auch durch aphasisches Suchverhalten unterbrochen werden. Dieses kann sich z. B. in Form des sog. Conduite d'approche (franz. für „Annäherungsverhalten") oder Conduite d'écart (franz. für „Divergenzverhalten") zeigen. Im ersten Fall nähert sich die aphasische Person durch wiederholte Versuche phonologisch, morphologisch oder semantisch an die Zielform an. Im zweiten Fall gelingt dies nicht, und die wiederholten Versuche driften eher von der Zielform weg.

Ein Teil des nichtflüssigen Sprechens kommt durch Beeinträchtigungen von Artikulation, Phonation und Sprechrhythmus zustande (Sprechanstrengung). Davon unterschieden wird die Sprachanstrengung als Schwierigkeit, Gedanken sprachlich auszudrücken. Diese kommt durch die verschiedenen aphasisch bedingten Sprachprobleme zustande.

Logorrhoe hingegen bezeichnet eine ungehemmte, überschießende und inhaltsarme Sprechweise. Sie geht häufig mit Jargon einher.

2.1.1.6 Nichtpropositionale Sprache

Sprachautomatismen sind formstarre Wörter oder Satzfragmente, die in der Sprachproduktion des Patienten immer wiederkehren und die unabsichtlich geäußert werden.

Eine besonders schwere Form von Sprachautomatismen sind die sog. Recurring utterances (fortlaufende Automatismen), die aus aneinandergereihten Silben, Wörtern oder Satzfragmenten bestehen.

Redefloskeln sind inhaltsarme Redewendungen. Werden diese häufig wiederkehrend und formstarr verwendet, so bezeichnet man sie als Stereotypien.

Wenn Betroffene die Äußerungen eines Untersuchers wiederholen, wird dies als Echolalie bezeichnet. Kommt es hingegen zu unbeabsichtigten und unpassenden Wiederholungen eigener Äußerungen in Form von Lauten, Wörtern, Satzteilen oder Sätzen, handelt es sich um Perseverationen. Die Betroffenen sind unfähig, das Gesagte zu hemmen.

2.1.2 Symptome der Sprachperzeption

Im Rahmen der Hirnschädigung können auch Defizite der zentralen Hörwahrnehmung entstehen. Auditive Agnosien umfassen eine Gruppe von Störungen, bei denen die Betroffenen Schwierigkeiten haben, Klänge richtig zu interpretieren, obwohl der Hörsinn peripher wie zentral nicht beeinträchtigt ist. Im Fall der reinen Worttaubheit („word sound deafness", z. B. Franklin, 1989) bzw. verbalen Agnosie („verbal auditory agnosia", z. B. Best & Howard, 1994) können Patienten Sprachlaute weder diskriminieren noch identifizieren und daher Sprache nicht verstehen, nicht nachsprechen und nicht nach Diktat schreiben. Die expressiv-sprachlichen Modalitäten wie Spontansprache, spontanes Schreiben, Benennen und Lesen sind hingegen vergleichsweise weniger auffällig. Häufiger als die reine Worttaubheit findet sich das Symptom der partiellen Worttaubheit, mit einer weniger durchgängigen Symptomatik. Die Phonagnosie spezifiziert eine Beeinträchtigung in der Fähigkeit, vertraute Stimmen zu erkennen (Van Lancker & Canter, 1982).

2.1.3 Symptome des Sprachverständnisses

Sprachverständnisprobleme zeigen sich bei aphasischen Personen in unterschiedlichem Schweregrad. In der mündlichen Konversation fallen sie oft weniger stark auf, da Kompensationsmöglichkeiten und verschiedene Verstehensstrategien genutzt werden können. Bei der gezielten Überprüfung auf Wort-, Satz- und Textebene werden die Schwierigkeiten eher deutlich. Probleme beim Sprachverstehen können auf verschiedenen Ebenen entstehen:

- Phonologische Ebene: Probleme der Phonemdiskrimination können zur mangelhaften Unterscheidung von lautlich ähnlichen Wörtern führen.
- Wortebene: Wortbedeutungen können oft nicht passend abgerufen werden. Neben phonologisch ähnlichen Wörtern werden auch semantisch ähnliche Wörter aktiviert. Daher werden in vielen Sprachverständnisaufgaben phonologische und semantische Ablenker mitgeführt (z. B. bei Wort-Bild-Zuordnung).
- Syntaktische Ebene: Wenn grammatische Morpheme (z. B. Artikel) nicht hinreichend verstanden werden, können insbesondere semantisch reversible Sätze (z. B. „Der Mann grüßt die Frau" vs. „Die Frau grüßt den Mann") oder Passivsätze (z. B. „Der Hund wird von der Katze gejagt") falsch verstanden werden.
- Textebene: In ihrer globalen Bedeutung können Texte aufgrund von redundanten Informationen und der kohärenten Struktur oft besser verstanden werden als Einzelwörter. Verschiedene Verstehensstrategien wie der Einsatz von Weltwissen und Schlüsselwortstrategien können hier das Verständnis erleichtern. Das differenzierte Verständnis von Texten ist jedoch auch bei leichten Aphasien oft beeinträchtigt (Hielscher-Fastabend & Jaecks, 2010).

Aphasische Probleme des Sprachverstehens kommen durch spezifische sprachliche Probleme zustande und sind nicht auf Beeinträchtigungen des Hörens, der Aufmerksamkeit, des Gedächtnisses oder der Intelligenz begründet. Nichtsdestotrotz bestehen derartige Probleme oft komorbid und können die Sprachverständnisstörung verstärken (z. B. Murray, 2012).

2.1.4 Symptome der Schriftsprache

Schreiben und Lesen können nach einer Hirnschädigung beeinträchtigt sein. Dies kann in Abhängigkeit von einer Aphasie oder ohne Aphasie der Fall sein (Huber et al., 2006). Im Folgenden werden ausschließlich Formen beschrieben, die in Zusammenhang mit Aphasie auftreten.

Symptome im Bereich des Lesens werden deskriptiv als Paralexien bezeichnet, Symptome des Schreibens als Paragrafien (Grande & Hußmann, 2016). Hier kann weiterführend analysiert werden, auf welcher linguistischen Ebene die Fehlleistung erfolgt. Analog zu den Symptomen der Lautsprache lassen sich bei der Schriftsprache folgende Formen unterscheiden:

- Paragrafien:
  - Graphematisch (Addition, Elision, Substitution oder Metathese von Graphemen, z. B. *Auto → Aufto*), bis hin zu Neologismen
  - Semantisch (bedeutungsmäßig verwandte Wörter werden geschrieben, z. B. *Auto → Lenkrad*)
  - Regularisierungsfehler: Bei irregulären Wörtern, deren Schreibweise nur ganzheitlich abgespeichert werden kann, führt die Anwendung von Phonem-Graphem-Konversionsregeln zu einer regularisierten Umsetzung (z. B. *Clown → Klaun*).
  - Morphologische (z. B. *kindlich → Kinder*) und syntaktische Fehler beim Schreiben (geschriebene Texte können agrammatisch, paragrammatisch oder jargonartig sein)
- Paralexien:
  - Visuell (aufgrund von visueller Ähnlichkeit der Grapheme, z. B. *b → d*)

Symptomatik und Klassifizierung der Aphasieformen

- Phonematisch (Addition, Elision, Substitution oder Metathese von Graphemen/Phonemen, z. B. *Revolver* → *Relover*), bis hin zu Neologismen
- Semantisch (bedeutungsmäßig verwandte Wörter werden gelesen, z. B. *Eisen* → *Stahl*)
- Morphologische (z. B. *göttlich* → *Gott*) und syntaktische Fehler beim Lesen (vorgelesene Texte können agrammatisch, paragrammatisch oder jargonartig sein)

Auch Perseverationen, Automatismen und Stereotypien können sich in der Schriftsprache finden. Im Hinblick auf die Wortklassen können die geschlossene (z. B. Präpositionen, Hilfsverben, Artikel) und die offene Wortklasse (z. B. Nomen, Verben, Adjektive) in unterschiedlichem Maß betroffen sein.

Zur genaueren Charakterisierung und Erklärung von Störungen der Schriftsprache werden inzwischen vorrangig modellorientierte Verfahren genutzt (▶ Kap. 3). Die zugrunde liegenden kognitiven Modelle beschreiben verschiedene Leserouten (meist basierend auf dem Dual Route Model von Coltheart et al., 2001) und ermöglichen es, erhaltene und beeinträchtigte Leistungen in der Schriftsprachverarbeitung zu bestimmen. Bei erfahrenen Lesenden und Schreibenden wird von einer parallelen Aktivierung von ganzheitlichen (i. e. Erkennung ganzer Wortteile oder Wörter) und einzelheitlichen (i. e. letter by letter reading) Verarbeitungsrouten ausgegangen (Coltheart et al., 1993). Personen mit Aphasie können unterschiedliche Störungsmuster aufweisen, die sich als Oberflächendyslexie/-dysgrafie (gestörte Route: semantisch-lexikalisch), phonologische Dyslexie/Dysgrafie (gestörte Route: segmental) oder Tiefendyslexie/-dysgrafie darstellen (Störung der segmentalen Route sowie des semantischen Systems). Dies zeigt sich jeweils durch das Auftreten bestimmter Effekte sowie typischer Fehler. Bei vorrangig einzelheitlicher Verarbeitung kommt es z. B. zu Regularisierungsfehlern. Bei vorrangig ganzheitlicher Verarbeitung zeigen sich z. B. Effekte der Wortfrequenz. Neologismen können zudem nicht gelesen/geschrieben werden. Für eine vertiefte Darstellung sei auf Schumacher et al. (2020) verwiesen.

2.1.5 Erworbene Sprechstörungen: Dysarthrie und Sprechapraxie

Die Dysarthrie oder (meist synonym verwendet) Dysarthrophonie ist eine durch Schädigung des zentralen oder peripheren Nervensystems erworbene Sprechstörung, bei welcher die sprechmotorischen Funktionskreise und deren Koordination beeinträchtigt sind. Die Sprachverarbeitung ist bei einer isolierten Form ungestört, sodass Sprachverstehen, Lesen, Schreiben und Zahlenverarbeitung intakt sind. Betroffene können daher oft kompensatorisch die Schriftsprache zur Unterstützung der Kommunikation erfolgreich verwenden. Die häufigste Ätiologie ist der Schlaganfall (Flowers et al., 2013). Weitere mögliche Ursachen sind andere fokale Gewebeschädigungen (v. a. traumatisch), neurodegenerative Prozesse (z. B. Morbus Parkinson, Morbus Huntington, Motoneuronenerkrankungen, hereditäre Ataxien), entzündliche oder demyelinisierende Prozesse (z. B. Multiple Sklerose), hypoxische Schädigungen oder neuromuskuläre Erkrankungen (z. B. Myasthenia gravis). Läsionsorte können der primär motorische Kortex (Gesichts- und Larynxregion), die absteigenden kortikonukleären Bahnen und die motorischen Kerne im Hirnstamm und Rückenmark, das Kleinhirn und die Basalganglien sein (Ziegler & Vogel, 2010; Baumgärtner & Staiger, 2020). Speziell bei der hypokinetisch-rigiden Dysarthrophonie, welche häufig im Rahmen von Morbus Parkinson auftritt, spielen Dysfunktionen im frontostriatalen Netzwerk eine Schlüsselrolle (Baumann et al., 2018). Beeinträchtigt sind die Kontrolle der Kraft, des Bewegungstempos und des Bewegungsumfangs bei der Ausführung von Sprechbewegungen. Dysarthrien äußern sich durch Störungen in den

Funktionskreisen der Sprechatmung, der Phonation, der Artikulation, der Resonanz und der Prosodie (Ziegler & Vogel, 2010), welche in unterschiedlichem Ausmaß und in variierenden Kombinationen betroffen sind, sowie in deren Zusammenspiel. Die schwerste Form der Dysarthrie wird als Anarthrie bezeichnet und führt zur Unfähigkeit des Sprechens. Dysarthrien können isoliert oder in Verbindung mit Aphasie, Dysphagie oder Sprechapraxie auftreten.

Eine Sprechapraxie ist eine erworbene Störung der Planung der Sprechbewegungen und führt zu einer erschwerten Initiierung und Koordinierung der Artikulation (Duffy, 2019; Ziegler et al., 2020). Anders als bei der Dysarthrie ist die prinzipielle Fähigkeit zur Ausführung der Sprechbewegungen gegeben. Symptome manifestieren sich auf der Lautebene (segmentale Ebene, z. B. Lautenstellungen durch Nasalierung oder Entstimmung), in der Sprechmelodie und dem Sprechrhythmus (suprasegmentale Ebene, z. B. fehlerhafte Akzentuierung von Wörtern, langsames Sprechtempo, skandierendes Sprechen) und im Sprechverhalten (z. B. unwillkürliche Kopfbewegungen, artikulatorisches Suchen). Im Gegensatz zur Dysarthrie zeichnet sich die Sprechapraxie durch ein variables (inkonsistentes) und unbeständiges (inkonstantes) Fehlermuster aus. Die Patienten haben oft eine gute Fehlerwahrnehmung und machen häufig Korrekturversuche. Oft ist die Sprechapraxie vergesellschaftet mit einer buccofazialen Apraxie, die sich auf mimische und mundmotorische Bewegungen bezieht. Ursächlich sind v. a. Läsionen im Bereich der anterioren Sprachregionen, besonders der Inselregion in der dominanten Hemisphäre. Da dies auch typische Läsionsorte für Aphasien sind, treten Sprechapraxien seltener isoliert als kombiniert mit Aphasie auf. Die Differenzialdiagnostik ist herausfordernd, da gerade auf der segmentalen Ebene bei beiden Störungen die gleichen Oberflächensymptome vorkommen können (Ziegler et al., 2020). Bei Patienten, die sich sprachlich gar nicht oder kaum äußern können, sollte neben einer schweren Aphasie auch immer die Möglichkeit einer ausgeprägten Sprechapraxie bedacht werden.

2.2 Aphasiesyndrome

2.2.1 Syndromansatz

Bereits in der Geschichte der Aphasiologie (Broca, 1869; Wernicke, 1874; beide in Tesak, 2001) findet sich die Idee, dass Aphasien keine einheitliche Form haben, sondern sich anhand ihrer Symptomatik in verschiedene Syndrome klassifizieren lassen. Verknüpft wurde dieser Gedanke oft mit der sog. Lokalisationslehre, unter der Annahme, dass Funktionen an bestimmte Regionen des Gehirns gebunden seien und deren Läsion zu Funktionsstörungen führe.

Diese Grundidee findet sich mehr oder weniger deutlich bis in die heutige Zeit in der medizinischen Aphasiologie, welche auf dem Wernicke-Geschwind-Modell (Geschwind, 1972) fußt und u. a. stark durch die Entwicklung der bildgebenden Verfahren geprägt wurde. Die Bostoner Schule um Harold Goodglass und Edith Kaplan prägte maßgeblich den internationalen Diskurs, die daran orientierte Aachener Schule um Klaus Poeck und Walter Huber beeinflusste die deutsche Lehrmeinung. Dabei leitet sich die Beschreibung der Syndrome aus der systematischen Beobachtung und Untersuchung von Aphasien ab und bezieht sich auf schlaganfallbedingte Aphasien, genauer auf Infarkte der Arteria cerebri media. Aufgrund der relativen Häufigkeit von schlaganfallinduzierten Aphasien werden diese zur grundlegenden Symptombeschreibung herangezogen. Bei anderen Ätiologien können sich Syndromgrenzen verwischen und nichtsprachliche kognitive Symptome hinzukommen (Huber et al., 1989).

Im Syndromansatz geht man von relativ stabilen Symptommustern aus, die häufig kombiniert auftreten. Diese Stabilität ist erst nach Abklingen der Akutphase, d. h. frühestens sechs Wochen post onset, zu beobachten. Laut Huber et al. (1983) lassen sich ab der postakuten Phase rund 80 % aller schlaganfallinduzierten Aphasien einem Syndrom zuordnen.

Symptomatik und Klassifizierung der Aphasieformen

Beide Schulen beschreiben sieben bis acht Syndrome, wobei die Aachener Schule die vier häufigsten Ausprägungen als Standardsyndrome (▶ Abschn. 2.2.2) und die drei anderen als Nichtstandardsyndrome (▶ Abschn. 2.2.3) bezeichnet. Diese Klassifikation löste frühere Terminologien (z. B. sensorische vs. motorische Aphasie) ab, welche das sprachliche Verhalten nur begrenzt auf eine Modalität beschrieben und zudem einen angenommenen Läsionsort implizierten.

Jedes Syndrom ist durch einen unterschiedlichen Schweregrad der Störungen und eine bestimmte Kombination von Leitsymptomen gekennzeichnet. Die Syndrome sind gemäß den Autoren nicht zwingend einem bestimmten Läsionsort zugeordnet (Huber et al., 1989).

Die Verbreitung des Syndromansatzes vollzog sich auch durch die Entwicklung entsprechender Testverfahren, die eine Einteilung in Syndrome zum Ziel hatte und leisten konnte. International betrachtet war dies die Boston Diagnostic Aphasia Examination (BDAE-3; Goodglass & Barresi, 2000), in den deutschsprachigen Ländern der Aachener Aphasie Tests (AAT; Huber et al., 1983).

Durch qualitative Erkenntnisse der linguistischen Aphasiologie und aus psycholinguistischen Studien sowie Einflüsse der kognitiven Neuropsychologie wurden die Grenzen des Syndromansatzes deutlich (▶ Kap. 3). Kritisch anzumerken sind insbesondere die folgenden Punkte:

— Die Syndrome sind nicht trennscharf. Beispielsweise finden sich Personen mit den gleichen Symptomen in verschiedenen Symptomgruppen (z. B. Wortfindungsstörungen, phonematische Paraphasien), da nahezu alle Personen mit Aphasie gewisse Defizite in den Bereichen Sprachverständnis, Wortfindung, Lautstruktur und Morphosyntax haben. Ein gewisser Prozentsatz von Aphasien bleibt zudem nicht klassifizierbar (Sheppard & Sebastian, 2021).

— Deutlich wird außerdem, dass es sich um rein beschreibende Kategorien handelt, die aphasische Fehlleistungen nicht erklären und daher auch nichts zur Ableitung eines therapeutischen Vorgehens beitragen können. Unter den Personen mit dem gleichen Aphasiesyndrom können sich also Personen mit gleichen Oberflächensymptomen befinden, die aber unterschiedlich verursacht werden. Beispielsweise können semantische Fehler durch Störungen in der semantischen Verarbeitung entstehen, aber auch durch Störungen im phonologischen Lexikon. Diese Fragen sind entscheidend für die Ableitung des therapeutischen Vorgehens (vgl. Howard & Hatfield, 1987).

— Zudem erfolgt die Beschreibung der Syndrome rein defizitorientiert, was für die klinischen Fragestellungen die wichtige Frage nach erhaltenen Leistungen und Ressourcen außer Acht lässt (Schwartz & Whyte, 1992).

Somit wird deutlich, dass die Einteilung in Syndrome nicht ausreicht, um Aphasien hinreichend zu charakterisieren, und dass stattdessen sowohl mit Blick auf die klinische Versorgung als auch für das bessere Verständnis der zugrunde liegenden Verarbeitungsprozesse zusätzlich eine individuelle Beschreibung von gestörten und erhaltenen Fähigkeiten notwendig ist (z. B. Marshall, 2010). In Bezug auf die Theorieentwicklung sind zudem Forschungsansätze wie der Fallserienansatz (Case Series Approach) wegweisend (z. B. Schwartz & Dell, 2010): Nach einer zunächst einzelfallbasierten Untersuchung werden mehrere Fälle unter bestimmten Gesichtspunkten zusammengefasst, um mithilfe der Variabilität in der Symptomatik Gesetzmäßigkeiten daraus abzuleiten (z. B. für kognitive Modelle oder Verarbeitungstheorien). Die Einteilung in Syndrome verhilft jedoch zu einer schnellen Vorstellung und Verständigung unter Fachpersonen über das Erscheinungsbild der Symptomatik einer Person mit Aphasie. Problematisch ist dies nur dann, wenn keine weitere Präzision für den jeweiligen Einzelfall erfolgt (Grande & Hußmann, 2016).

Im Folgenden werden die Aphasiesyndrome nach Huber et al. (1989) sowie Huber et al. (2006) charakterisiert sowie die zentralen aphasischen Symptome beschrieben.

2.2.2 Aachener Schule: Standardsyndrome

2.2.2.1 Globale Aphasie

Die globale Aphasie stellt die schwerste Form der Aphasie dar. In der Regel liegen ausgedehnte Schädigungen im Versorgungsgebiet der Arteria cerebri media zugrunde. Rund 20 % der Patienten nach Schlaganfall sind am Ende der Akutphase davon betroffen (Huber et al., 2006). Alle sprachlichen Modalitäten sind schwer gestört. Leitsymptome sind Sprachautomatismen, auch in Form von Recurring utterances und Stereotypien. Die Spontansprache ist nichtflüssig, besteht vor allem aus Einzelwörtern und automatisierten Elementen und geht mit erheblicher Sprachanstrengung einher. Das auditive Sprachverstehen ist stark beeinträchtigt, auch wenn in der Kommunikationssituation teilweise durch Situationsverständnis und Weltwissen bis zu einem gewissen Grad kompensiert werden kann. Im Nachsprechen finden sich häufig phonematische Neologismen und Perseverationen. Die Benennstörung zeigt sich in Nullreaktionen, automatisierten oder neologistischen Äußerungen oder phonematisch und semantisch grob abweichenden Fehlbenennungen. Auch die schriftsprachlichen Leistungen sind in der Regel stark auffällig: Das Lesesinnverständnis ist meist stärker beeinträchtigt als das auditive Sprachverständnis, lautes Lesen ist oft nicht aktivierbar, und beim Schreiben gelingt am ehesten das Kopieren von Graphemen und kurzen Wörtern.

Personen mit globaler Aphasie können initial nahezu mutistisch wirken. Dabei sollte differenzialdiagnostisch erwogen werden, ob zusätzlich zur schweren Aphasie die Kommunikation durch eine schwere Dysarthrophonie oder schwere Sprechapraxie beeinträchtigt wird.

Im Verlauf verbessert sich das Sprachverständnis oft rasch, wohingegen die expressiv-sprachlichen Leistungen häufig stark auffällig bleiben. Insbesondere Sprachautomatismen sind schwer zu unterdrücken. Für die Betroffenen sind daher das frühzeitige Hemmen von automatisierter Sprache, die Aktivierung sprachlicher Restfunktionen sowie das Erlernen kompensatorischer Kommunikationsstrategien, z. B. durch nonverbale Mittel, essenziell. Im weiteren Verlauf werden in der Sprachtherapie unter Berücksichtigung persönlicher Partizipations- und Aktivitätsziele alle sprachlichen Ebenen und Modalitäten systematisch beübt.

Bei etwa der Hälfte der Betroffenen verbessert sich innerhalb des ersten Jahres die Art und Schwere der aphasischen Störung so deutlich, dass sie in das Syndrom der Broca-Aphasie eingruppiert werden können (Syndromwandel). Bei anderen vollzieht sich dieser Syndromwandel erst im Verlauf der frühen chronischen Phase. Bei schweren Formen findet oft jahrelang bis dauerhaft kein Syndromwandel statt, die globale Aphasie bleibt bestehen.

2.2.2.2 Broca-Aphasie

Die Broca-Aphasie wird veraltet als motorische Aphasie bezeichnet, wobei dieser Begriff ausschließlich die Störung der expressiven Sprache betrachtet, alle anderen Modalitäten aber außer Acht lässt. Bei der seltenen akut auftretenden Broca-Aphasie (am Ende der Akutphase ca. 15 % aller schlaganfallbedingten Aphasien; Huber et al., 2006) beschränkt sich die Läsion oft auf das anteriore Versorgungsgebiet der Arteria cerebri media. Meistens sind bei der persistierenden Broca-Aphasie Strukturen unterhalb der Pars opercularis und triangularis (Broca-Areal) betroffen. Jedoch waren bei Dronkers et al (2019) in 25 % der Fälle die Läsionen, die zur Broca-Aphasie führten, nicht im Broca-Areal lokalisiert. Bei Broca-Aphasien, die durch den sog. Syndromwandel aus rückgebildeten globalen Aphasien entstehen, finden sich ausgedehntere Läsionen, meist aber unter Aussparung der posterioren Sprachregionen. Die Leitsymptome sind Agrammatismus und Sprechapraxie. Die Spontansprache ist nichtflüssig, verlangsamt, oft dysprosodisch und zeigt eine große Sprachanstrengung. Weitere Kennzeichen sind einfache und oft unvollständige Syntax, fehlende oder falsche Flexionsformen und Funktionswörter sowie viele phonematische Paraphasien.

Symptomatik und Klassifizierung der Aphasieformen

Die Sprechapraxie kann unterschiedlich stark ausgeprägt sein. Ebenso kann eine leichte bis schwere Dysarthrophonie vorliegen. Das auditive Sprachverstehen ist in der Kommunikationssituation oft gut, in der Überprüfung insbesondere langer und syntaktisch komplexer Sätze auffällig. Im Nachsprechen und Benennen finden sich viele phonematische Paraphasien. Semantische Paraphasien beim Benennen haben einen relativ engen Bezug zum Zielwort. Die Schriftsprache zeigt sich beim lauten Lesen in ähnlichem Maße auffällig wie andere expressive Modalitäten. Das Lesesinnverstehen entspricht dem auditiven Sprachverständnis. Das Schreiben spiegelt den Schweregrad der phonematischen und agrammatischen Beeinträchtigung wider. Bei vorhandener Sprechapraxie kann aber das Schreiben besser erhalten sein als das Sprechen.

Im Verlauf des ersten Jahres bildet sich bei ca. 40 % der Patienten mit der bereits postakut vorliegenden Broca-Aphasie die Sprachstörung unter intensiver Sprachtherapie weitgehend zurück (Huber et al., 2006). Bei den weitaus häufigeren Broca-Aphasien, die aus rückgebildeten globalen Aphasien entstanden sind, ist von einem chronischen Verlauf auszugehen. Meist bleiben der verlangsamte Sprachfluss sowie die Sprach- und Sprechanstrengung erhalten. Auch bei guter Rückbildung bleiben sprechapraktische Auffälligkeiten mit reduzierter Artikulationsschärfe und Dysprosodie sowie die vereinfachte Syntax oft sichtbar.

2.2.2.3 Wernicke-Aphasie

Die Wernicke-Aphasie tritt nach der Akutphase bei etwa 15 % aller schlaganfallbedingten Aphasien auf (Huber et al., 2006). Veraltet findet sich auch die Bezeichnung „sensorische Aphasie", welche die Komplexität der Störung unangemessen auf das beeinträchtigte Sprachverständnis reduziert. Die Läsion betrifft oft das posteriore Versorgungsgebiet der Arteria cerebri media. Bei Individuen mit einer persistierenden Wernicke-Aphasie kann zwar eine Beteiligung des hinteren Teils des linken oberen Temporallappens (posteriorer Teil des Gyrus temporalis superior) vorliegen, der als Wernicke-Areal bekannt ist. Ein großer, kritischer Überlappungsbereich befindet sich aber auch im hinteren mittleren Temporallappen und insbesondere in der darunterliegenden weißen Substanz (Dronkers et al., 2017)

Patienten mit Wernicke-Aphasie sprechen flüssig, klar artikuliert und prosodisch weitgehend unauffällig. Allerdings ist ihre Sprache inhaltsarm und überschießend (logorrhoeisch), sodass Inhalte oft nicht übermittelt werden können. Die Leitsymptome sind semantische und/oder phonematische Paraphasien sowie der Paragrammatismus. Die phonematische Struktur kann so stark beeinträchtigt sein, dass phonematische Neologismen bis hin zum phonematischen Jargon entstehen (▶ Abschn. 2.1.1 und ◘ Tab. 2.1) Auf semantisch-lexikalischer Ebene zeigen sich viele Wortfindungsstörungen und semantische Paraphasien sowie inhaltsleere Redefloskeln und Stereotypien. Morphosyntaktisch findet sich ein meist komplex angelegter Satzbau mit Satzabbrüchen, Satzteildopplungen, Satzverschränkungen, falschen Funktionswörtern und Flexionsformen. Das auditive Sprachverstehen ist sowohl in der Gesprächssituation als auch bei der gezielten Überprüfung stark auffällig. Daran haben sowohl Beeinträchtigungen der auditiven sprachlichen Merkspanne sowie Störungen der zentralen auditiven Wahrnehmung ihren Anteil (z. B. partielle Worttaubheit). Beim Nachsprechen finden sich viele phonematische Paraphasien, beim Benennen viele phonematische und semantische Paraphasien, häufig mit Conduite d'approche oder Conduite d'écart. Die Schriftsprache ist meist quantitativ wie qualitativ ähnlich gestört wie die Lautsprache. Insgesamt fällt ein geringes Störungsbewusstsein auf.

Die Wernicke-Aphasie ist klinisch nicht sehr einheitlich, zum einen je nach Schwerpunkt der Paraphasien (phonematisch/semantisch) und zum anderen nach Schweregrad der inhaltlichen Übermittlungsstörung (von Paraphasien bis hin zur Jargon-Aphasie). Zudem muss sie differenzialdiagnostisch abgegrenzt werden zu Leitungsaphasien, transkortikal-sensorischen Aphasien, zur reinen Worttaubheit sowie zu psychischen Störungen mit formalen Denkstörungen.

Im Verlauf bessert sich die Sprachverständnisstörung oft schneller als die Sprachproduktionsstörung. Oft kann die phonematische Struktur so weit stabilisiert werden, dass nur noch semantische Paraphasien vorherrschen. Ein Syndromwandel zur amnestischen Aphasie ist möglich.

2.2.2.4 Amnestische Aphasie

Die amnestische Aphasie liegt bei etwa 30 % aller Aphasien am Ende der Akutphase vor (Huber et al., 2006). Das Leitsymptom sind Wortfindungsstörungen. Die meist kleineren Läsionen sind uneinheitlich lokalisiert, oft jedoch temporoparietal verortet. Läsionen finden sich vornehmlich in den anterioren und medialen Regionen der Temporallappen, im Hippocampus und im parahippocampalen Gyrus sowie in der Amygdala und dem anterioren Hippocampus – Gebieten, die tief mit Gedächtnisprozessen verwoben sind (Ott & Saver, 1993).

Die Betroffenen sprechen flüssig, mit guter Artikulation und unauffälliger Prosodie. Die Morphosyntax weicht kaum von der Standardsprache ab. Satzabbrüche entstehen in der Regel durch Wortfindungsstörungen, welche durch sprachliches Suchverhalten wie der Verwendung von Interjektionen, unspezifischen Stellvertreterwörtern („Dingsda"), Umschreibungen oder anderen Ersatzstrategien angezeigt werden. Semantisch nahe Paraphasien sind möglich, phonematische Paraphasien eher selten. Das auditive Sprachverständnis sowie die Schriftsprache sind kaum bis wenig beeinträchtigt. Das Nachsprechen ist nahezu unauffällig. Hingegen zeigen sich im Benennen die Wortfindungsstörungen deutlich. Die Prognose ist für diese Patienten besonders günstig, sodass eine Rückbildung hin zur Restaphasie möglich ist.

2.2.3 Sonderformen der Aachener Schule sowie andere Aphasieformen

Die Leitungsaphasie sowie die transkortikale Aphasie werden nach der Aachener Klassifikation als Sonderformen bezeichnet. Sie treten nur sehr selten auf – ihr Anteil beträgt 2–5 %. Zudem passt die Symptomatik nicht bei allen Betroffenen in das Klassifikationsschema, sodass eine Restkategorie von nicht klassifizierbaren Formen bleibt. Diese beträgt inklusive der Sonderformen ca. 20 %.

2.2.3.1 Leitungsaphasie

Nach gängiger Lehrmeinung resultiert Leitungsaphasie aus Schädigungen des Fasciculus arcuatus, einer neuralen Verbindungsbahn, die das für das Sprachverständnis zuständige Wernicke-Areal mit dem Broca-Areal, dem Zentrum der Sprachproduktion, verbindet. Die Lokalisation der Leitungsaphasie umfasst ebenfalls kortikale Regionen des inferioren Parietallappens, insbesondere die ventralen Teile des Gyrus supramarginalis und angularis, und erstreckt sich in die posterioren Bereiche des mittleren und superioren Temporallappens (Sidiropoulos et al., 2015) Ein markantes Symptom der Leitungsaphasie ist die deutlich beeinträchtigte Fähigkeit zum Nachsprechen. Obwohl die Spontansprache flüssig erscheint, ist sie von zahlreichen phonematischen Paraphasien durchsetzt. Im Gegensatz dazu sind das freie Sprechen und das Verständnis für Sprache nur in geringerem Maße betroffen. Diese spezifischen Sprachdefizite lassen sich auf Störungen in der phonologischen Verarbeitung sowie Beeinträchtigungen des phonologischen Arbeitsgedächtnisses zurückführen.

Neueste Studien unterteilen Leitungsaphasie in zwei Subtypen: den Reproduktion-Typ, der sich durch phonologische Kodierungsstörungen (postlexikalisch) nach anterioren Läsionen auszeichnet, und den Repetition-Typ, bei dem posteriore Läsionen die Verarbeitung auditiver Informationen (prälexikalisch) beeinträchtigen. Beide Subtypen sind durch eine fundamentale Störung der phonologischen Kodierung verbunden, was die Sprachverarbeitung (z. B. Nachsprechen) und das Kurzzeitgedächtnis entscheidend beeinträchtigt. Die kausalen und formalen Pathomechanismen, die den Dysfunktionen des Kurzzeitgedächtnisses (KZG) in beiden Subtypen der Leitungsaphasie zugrunde liegen, unterscheiden sich jedoch wesentlich. Zusätzliche Details sind den Veröffentlichungen von Sidiropoulos et al. (2010, 2015) zu entnehmen.

2.2.3.2 Transkortikale Aphasien

Bei dieser spezifischen Aphasieform wird zwischen der transkortikal-motorischen und der transkortikal-sensorischen Variante sowie einer Mischform unterschieden. Allen ist gemeinsam, dass das Nachsprechen herausragend gut gelingt. Es besteht die Annahme, dass die rein formale und imitatorische Verarbeitung von Sprache erhalten, die tiefere inhaltliche Verarbeitung hingegen beeinträchtigt ist. Viele Patienten zeigen im Gespräch Echolalien, verstehen aber die Bedeutung nicht.

Bei der seltenen transkortikal-motorischen Form befinden sich die Läsionen typischerweise im vorderen Bereich des Gehirns, oft im präfrontalen Kortex oder in Bereichen, die dem Broca-Areal benachbart sind, jedoch ohne dieses direkt zu betreffen. Die Schädigung kann auch das supplementär-motorische Areal oder Bereiche in der Nähe des anterioren Zingulums einbeziehen. Diese Regionen sind wichtig für die Initiierung der Sprachproduktion, wobei das Sprachverständnis und die Fähigkeit zum Nachsprechen sowie das laute Lesen gut erhalten sind. Hingegen ist das spontane Sprechen kaum oder gar nicht möglich. Die transkortikal-sensorische Form ähnelt in der Spontansprache der Wernicke-Aphasie, mit vielen semantischen Paraphasien. Das Sprachverstehen und das Benennen sind schwer beeinträchtigt. Hier sind die Läsionen im hinteren Teil des Gehirns lokalisiert, insbesondere in den Regionen, die an das Wernicke-Areal angrenzen, wie der posteriore Teil des Temporallappens und angrenzende Bereiche des Parietallappens. Zusätzlich wird eine gemischt-transkortikale Form beschrieben, mit gutem Nachsprechen, geringer und nichtflüssiger spontaner Sprachproduktion sowie schlechtem Sprachverständnis.

2.2.3.3 Restaphasie

Bei etwa 50 % aller Personen, die initial nach Schlaganfall aphasisch waren, ist die Aphasie nach einem Jahr weitgehend remittiert. Weitere 15 % zeigen noch Restsymptome (Huber et al., 2006). Diese machen sich oft erst bei Übermüdung, Stress oder seelischer Belastung bemerkbar. Am ehesten zeigen sich dabei Wortfindungsstörungen. Auch das Bewältigen sprachlich komplexer Situationen kann herausfordernd bleiben (z. B. Formulare ausfüllen, sich beschweren, Gebrauchsanweisungen oder Romane lesen), ebenso das Sprechen von früher beherrschten Fremdsprachen. Auch wenn die alltägliche Kommunikation in Laut- und Schriftsprache wieder vollständig möglich ist, gelingt daher eine berufliche Wiedereingliederung nicht immer.

2.2.3.4 Gekreuzte Aphasie

Dieser Begriff bezeichnet eine Aphasie, die bei rechtshändigen Personen nach Schädigung der rechten Hemisphäre auftritt. Sie betrifft dementsprechend den kleinen Prozentsatz der Personen, deren Dominanz für Sprache trotz Rechtshändigkeit in der rechten Hirnhälfte liegt. Nach Coppens und Hungerford (2001) müssen vier Kriterien erfüllt sein:
1. Es liegt eindeutig eine Aphasie vor.
2. Die Betroffenen sind eindeutig rechtshändig.
3. Die Hirnschädigung ist rechtsseitig.
4. Es gab keine vorangegangen Hirnschädigung.

Die Beziehung zwischen Läsion und Funktion sowie die funktionelle Reorganisation kann spiegelbildlich zu linkshemisphärisch verursachen Aphasien sein (z. B. Meffert et al., 2021), aber kann auch von diesem Muster abweichen (Alexander et al., 1989; Mariën et al., 2004; Meffert et al., 2021).

2.2.3.5 Aphasien bei Kindern

Aphasien bei Kindern werden bereits seit dem 19. Jahrhundert vielfach beschrieben, aber nach wie vor entbehrt das Störungsbild einer einheitlichen Definition und Terminologie. Gemeint ist eine durch Hirnschädigung erworbene Sprachstörung im Kindesalter, welche einerseits von einer Entwicklungsstörung, andererseits aber auch von der Aphasie bei Erwachsenen abzugrenzen ist, da sie meist vor Abschluss des Spracherwerbs auftritt (Friede & Kubandt, 2011). Manche Autoren lehnen daher den Begriff „aphasia" für das Kindesalter ab (vgl. Rother 2023 für eine ausführliche Darstellung der terminologischen Kontroverse). Spencer (2020) legt in seiner Definition fest, dass die Hirnschädigung nach Beginn des Erstspracherwerbs und vor seinem Abschluss in Wort und Schrift auftritt (2.–11./12. Lebensjahr), dass alle sprachlichen Modalitäten betroffen sein können und dass die Störung ein hohes Risiko für Auswirkungen auf die psychosoziale und weitere Sprachentwicklung birgt, insbesondere im Bereich der Schriftsprache.

Die häufigste Ursache für Aphasien im Kindesalter sind Schädel-Hirn-Traumata (Kubandt, 2009). Diese bringen häufig diffuse Läsionen mit sich, sodass die Aphasie meist von anderen kognitiven Störungen, u. a. kognitiven Kommunikationsstörungen, sowie motorischen Störungen begleitet wird. Weitere Ätiologien sind Schlaganfälle, Infektionen, Tumoren oder Hypoxien. Auch Behandlungsfolgen von Hirntumoren können aphasische Symptome bedingen (Rother, 2023). Eine Sonderform stellt das epilepsiebedingte Landau-Kleffner-Syndrom dar, bei dem es zu einem progredient verlaufenden sprachlichen Abbau im Kindesalter kommt und das sich daher von anderen Formen der Aphasie im Kindesalter unterscheidet.

Aphasien bei Kindern benötigen eine gesonderte Betrachtung hinsichtlich der Beschreibung, der Klassifikation, der Anamnese und Diagnostik, der Therapieziele und Therapieinhalte, des Verlaufs und der Prognose. Die Verwobenheit der fortschreitenden Entwicklung und der Rehabilitation, aber auch die besondere Lebensumwelt von Kindern und Jugendlichen mit ihren speziellen Herausforderungen (z. B. Schriftspracherwerb und Bildungserfolg) werfen andere Fragestellungen auf als bei Erwachsenen. Entgegen früheren Annahmen besteht inzwischen Einigkeit darüber, dass Aphasien im Kindesalter durch die daraus folgende Kommunikationsstörung eine langfristige Herausforderung darstellen (z. B. Chilosi et al., 2008), z. B. durch Auswirkungen auf das Familienleben, die Peer-Beziehungen und nicht zuletzt durch die nachhaltige Beeinflussung des Bildungswegs (Satz & Bullard-Bates, 1981; Friede et al., 2012; Rother, 2023). Spezifische Phänomene wie „illusory recovery" sowie „growing into deficit" sind im Bewusstsein der Sprachtherapeuten angelangt und machen deutlich, wie wichtig regelmäßige Verlaufskontrollen sowie eine langfristige Begleitung der Betroffenen und ihrer Familien sind (Rother, 2023). Herausfordernd sind dabei die vergleichsweise geringe Evidenzlage sowie das Fehlen von spezifischen Diagnostik- und Therapieverfahren für Kinder und Jugendliche mit Aphasie.

2.3 Primär progressive Aphasien

Neben den in ▶ Abschn. 2.2 beschriebenen aphasischen Syndromen, die in der Regel das Ergebnis eines Schlaganfalls sind, existieren auch progrediente Sprachstörungen als Folge einer neurodegenerativen Erkrankung. Einige Varianten dieser primär progressiven Aphasien sind bereits vor über 100 Jahren beschrieben worden (Pick, 1892). Vor allem seit den 1980er-Jahren wurden aber erhebliche Fortschritte im Verständnis dieser Syndrome gemacht.

In neuerer Zeit beschrieb zuerst Warrington (1975) Patienten mit progredienten Störungen des semantischen Gedächtnisses, während ihr episodisches Gedächtnis vergleichsweise intakt war. Die Betroffenen litten unter deutlichen Beeinträchtigungen beim Erkennen von Objekten und beim Objektbenennen. Mesulam (1982) beschrieb ebenfalls mehrere Patienten mit progredienten Störungen der Sprache und prägte den Begriff der „primär progredienten Aphasie". Snowden et al. (1989) prägten den Terminus „semantische Demenz" für eine flüssige Variante der primär progredienten Aphasien. Hodges et al. (1992) legten daraufhin die folgenden fünf klinischen Kriterien für diese Erkrankung fest:

1. Selektive Beeinträchtigung des semantischen Wissens, die sich in Anomie, beeinträchtigtem Wortverständnis (sowohl auditiv als auch visuell) und reduzierter semantisch-kategorieller Wortflüssigkeit äußert

Symptomatik und Klassifizierung der Aphasieformen

2. Gut erhaltene Syntax und Phonologie sowie andere sprachliche Fähigkeiten
3. Normale visuelle Wahrnehmung und Problemlösefähigkeiten
4. Relativ erhaltenes episodisches und autobiografisches Gedächtnis
5. Einschränkungen beim Lesen im Sinne einer Oberflächendyslexie

Das Syndrom wird heute auch als semantische Variante der primär progressiven Aphasie (sv-PPA) bezeichnet. Mesulam hatte in seiner Arbeit von 1982 bei zwei seiner Patienten bereits eine nichtflüssige Variante der PPA (nf-PPA) beschrieben, die einer Broca-Aphasie ähnelten. Bei diesen war vor allem die flüssige Sprachproduktion betroffen. Seit Anfang der 2000er-Jahre wird eine dritte PPA-Variante unterschieden, die logopenische Variante (lv-PPA; Kertesz et al., 2003; Gorno-Tempini, 2008), bei der neben Wortfindungsstörungen in der Spontansprache und beim Objektbenennen ein eingeschränktes Nachsprechen von Sätzen und Phrasen besteht.

Für die drei Varianten der primär progredienten Aphasien haben Gorno-Tempini et al. (2011) diagnostische Kriterien zusammengestellt. Die Diagnose ist ein zweistufiger Prozess. Zunächst müssen für die Diagnose einer PPA, denen zufolge sprachliche Symptome vor anderen kognitiven Domänen und stärker als andere Domänen betroffen sind und initial den einzigen Grund für Alltagseinschränkungen darstellen. Ausschlusskriterien sind klinisch führende visuelle, exekutive oder Gedächtnisstörungen sowie eine neurologische oder psychiatrische Erkrankung, die die Symptome besser erklärt. In einem zweiten Schritt erfolgt dann die Diagnose des spezifischen Syndroms anhand von Kernkriterien und zusätzlichen Symptomen (vgl. Gorno-Tempini et al., 2011, S. 1008–1010). Die diagnostische Sicherheit wird dann anhand von Bildgebung und Biomarkern im Liquor eingeschätzt (weitere Einzelheiten über die drei Varianten der primär progredienten Aphasien findet man in ▶ Abschn. 18.1.1).

Literatur

Alexander, M. P., Fischette, M. R., & Fischer, R. S. (1989). Crossed aphasias can be mirror image or anomalous case reports, review and hypothesis. *Brain, 112,* 953–973.

Barthel, G., Djundja, D., Meinzer, M., et al. (2006). Aachener Sprachanalyse (ASPA): Evaluation bei Patienten mit chronischer Aphasie. *Sprache Stimme Gehör, 30*(03), 103–110.

Baumgärtner, A., & Staiger, A. (2020). Neurogene Störungen der Sprache und des Sprechens. *Neurologie up2date, 3*(2), 155–173. https://doi.org/10.1055/a-0966-0974.

Baumann, A., Nebel, A., Granert, O., Giehl, K., Wolff, S., Schmidt, W., Baasch, C., Schmidt, G., Witt, K., Deuschl, G., Hartwigsen, G., Zeuner, K. E., & van Eimeren, T. (2018). Neural correlates of hypokinetic dysarthria and mechanisms of effective voice treatment in Parkinson disease. *Neurorehabilitation and Neural Repair, 32*(12), 1055–1066.

Berg, T. (2006). A structural account of phonological paraphasias. *Brain and Language, 96*(3), 331–356. https://doi.org/10.1016/j.bandl.2006.01.005

Best, W., & Howard, D. (1994). Word sound deafness resolved? *Aphasiology, 8*(3), 223–256.

Blanken, G. (1990). Formal paraphasias: A single case study. *Brain and Language, 38*(4), 534–554. https://doi.org/10.1016/0093-934X(90)90136-5

Blumstein, S. E., & Kurowski, K. (2006). The foreign accent syndrome: A perspective. *Journal of Neurolinguistics, 19*(5), 346–355.

Chilosi, A. M., Cipriani, P., Pecini, C., Brizzolara, D., Biagi, L., Montanaro, D., et al. (2008). Acquired focal brain lesions in childhood: Effects on development and reorganization of language. *Brain & Language, 106,* 211–225.

Cholewa, J., & Corsten, S. (2010). Phonologische Störungen. *Klinische Linguistik und Phonetik – ein Lehrbuch für die Diagnose und Behandlung von erworbenen Sprach- und Sprechstörungen im Erwachsenenalter* (S. 207–229). Hochschulverlag.

Coltheart, M., Curtis, B., Atkins, P., & Haller, M. (1993). Models of reading aloud: Dual-route and parallel-distributed-processing approaches. *Psychological Review, 100*(4), 589–608.

Coltheart, M., Rastle, K., Perry, C., Langdon, R., & Ziegler, J. (2001). DRC: A dual route cascaded model of visual word recognition and reading aloud. *Psychological Review, 108*(1), 204–256.

Coppens, P., & Hungerford, S. (2001). Crossed aphasia: Two new cases. *Aphasiology, 15*(9), 827–854. https://doi.org/10.1080/02687040143000249

Dronkers, N. F., Ivanova, M. V., & Baldo, J. V. (2017). What do language disorders reveal about brain-language relationships? From classic models to network approaches. *Journal of the International Neuropsychological Society, 23*(9–10), 741–754.

Duffy, J. R. (2019). *Motor speech disorders: Substrates, differential diagnosis and management* (4. Aufl.). Elsevier.

Flowers, H. L., Silver, F. L., Fang, J., Rochon, E., & Martino, R. (2013). The incidence, co-occurrence, and predictors of dysphagia, dysarthria, and aphasia after first-ever acute ischemic stroke. *Journal of Communication Disorders, 46*(3), 238–248.

Franklin, S. (1989). Dissociations in auditory word comprehension; evidence from nine fluent aphasic patients. *Aphasiology, 3*(3), 189–207.

Friede, S., & Kubandt, M. (2011). Diagnostik der Aphasie bei Kindern und Jugendlichen. *Forum Logopädie, 25*(6), 18–25.

Friede, S., Hußmann, K., Gröne, B., Müller, K., Willmes, K., & Huber, W. (2012). Langzeitverlauf der Aphasie bei Kindern und Jugendlichen. *Sprache Stimme Gehör, 36*(S01), 38–39.

Geschwind, N. (1972). Language and the brain. *Scientific American, 226*(4), 76–83.

Goodglass, H., & Barresi, B. (2000). *Boston Diagnostic Aphasia Examination – Third Edition (BDAE-3)*. Pearson.

Gorno-Tempini, M. L. (2008). The logopenic/phonological variant of primary progressive aphasia. *Neurology, 71*(16), 1227–1234.

Gorno-Tempini, M. L., et al. (2011). Classification of primary progressive aphasia and its variants. *Neurology, 76*(11), 1006–1014.

Grande, M., & Hußmann, K. (2016). *Einführung in die Aphasiologie*. Thieme.

Hielscher-Fastabend, M., & Jaecks, P. (2010). Textverstehen und Textproduktion in der klinischen Linguistik. In G. Blanken (Hrsg.), *Klinische Linguistik und Phonetik: Ein Lehrbuch für die Diagnose und Behandlung von erworbenen Sprach- und Sprechstörungen im Erwachsenenalter*. Hochschulverlag.

Hodges, J. R., Patterson, K., Oxbury, S., & Funnell, E. (1992). Semantic dementia: Progressive fluent aphasia with temporal lobe atrophy. *Brain, 115*(6), 1783–1806.

Howard, D., & Hatfield, F. (1987). *Aphasia therapy. Historical and contemporary issues*. Lawrence Erlbaum.

Huber, W., Poeck, K., Weniger, D., & Willmes, K. (1983). *Der Aachener Aphasie Test (AAT)*. Hogrefe.

Huber, W., Poeck, K., & Weniger, D. (1989). Aphasie. In K. Poeck (Hrsg.), *Klinische Neuropsychologie* (2. Aufl., S. 89–132). Thieme.

Huber, W., Poeck, K., & Springer, L. (2006). *Klinik und Rehabilitation der Aphasie: Eine Einführung für Therapeuten*. Thieme.

Kertesz, A., Davidson, W., McCabe, P., Takagi, K., & Munoz, D. (2003). Primary progressive aphasia: Diagnosis, varieties, evolution. *Journal of the International Neuropsychological Society, 9*(5), 710–719.

Kubandt, M. (2009). *Aphasie bei Kindern und Jugendlichen. Ein Ratgeber für therapeutische Berufsgruppen*. Schulz-Kirchner Verlag.

Mariën, P., Paghera, B., De Deyn, P. P., & Vignolo, L. A. (2004). Adult crossed aphasia in dextrals revisited. *Cortex, 40*, 41–74.

Marshall, J. (2010). Classification of aphasia: Are there benefits for practice? *Aphasiology, 24*, 408–412.

Meffert, E., Gallus, M., Grande, M., Schönberger, E., & Heim, S. (2021). Neural correlates of spontaneous language production in two patients with right hemispheric language dominance. *Aphasiology, 35*(11), 1482–1504.

Meffert, E., Hußmann, K., & Grande, M. (2008). Linguistic analysis of spontaneous language in aphasia. In: Alter, K., Horne, M., Lindgren, M., Roll, M., von Koss Torkildsen, J. (eds). Brain Talk: Discourse with and in the Brain. Papers from the first Birgit Rausing Language Program Conference in Linguistics. Lund, June 2008. Lund: Lunds Universitet; 2009; 321–329.

Mesulam, M. M. (1982). Slowly progressive aphasia without generalized dementia. *Annals of Neurology, 11*(6), 592–598.

Murray, L. L. (2012). Attention and Other cognitive deficits in aphasia: Presence and relation to language and communication measures. *AJSLP, 21*(2), S51–S64.

Ott, B. R., & Saver, J. L. (1993). Unilateral amnesic stroke. Six new cases and a review of the literature. *Stroke, 24*(7), 1033–1042.

Pick, A. (1892). Über die Beziehung der senilen Hirnatrophie zur Aphasie. *Prager Medicinische Wochenschrift, 17*, 165–167.

Rother, A. (2023). *Wie Logopädinnen und Logopäden Kinder mit Aphasien behandeln: Eine multinationale Exploration*. Schulz-Kirchner Verlag.

Satz, P., & Bullard-Bates, C. (1981). Acquired aphasia in children. In M. Taylor Sarno (Hrsg.), *Acquired aphasia* (S. 399–426). Academic Press Inc.

Schumacher, R., Ablinger, I., & Burchert, F. (2020). *DYMO – Dyslexie modellorientiert*. NAT-Verlag.

Schwartz, M., & Whyte, J. (1992). Methodological issues in aphasia treatment research: The big picture. In J. A. Cooper (Hrsg.), *Aphasia treatment: Current approaches and research opportunities* (NICD Monograph, Bd. 2, S. 93–3424). U.S. Department of Health and Human Services, NIH Publication.

Schwartz, M. F., & Dell, G. S. (2010). Case series investigations in cognitive neuropsychology. *Cognitive Neuropsychology, 27*(6), 477–494.

Sheppard, S. M., & Sebastian, R. (2021). Diagnosing and managing post-stroke aphasia. *Expert Review of Neurotherapeutics, 21*(2), 221–234.

Sidiropoulos, K., de Bleser, R., Ablinger, I., & Ackermann, H. (2015). The relationship between verbal and nonverbal auditory signal processing in conduction aphasia: Behavioral and anatomical evidence for common decoding mechanisms. *Neurocase, 21*, 377–393.

Sidiropoulos, K., Ackermann, H., Wannke, M., & Hertrich, I. (2010). Temporal processing capabilities in repetition conduction aphasia. *Brain and Cognition, 73*(3), 194–202.

Snowden, J., Goulding, P. J., & Neary, D. (1989). Semantic dementia: A form of circumscribed cerebral atrophy. *Behavioural Neurology, 2*(3), 167–182.

Spencer, P. G. (2020). ISKA – Intensives Sprachtraining für Kinder mit Aphasie in Anlehnung an CIAT: Besonderheiten in Therapiesetting und Diagnostik sowie Ergebnisse zur Wirksamkeit. *Sprache Stimme Gehör, 44*(4), 199–204.

Tesak, J. (2001). *Geschichte der Aphasiologie*. Schulz-Kirchner Verlag GmbH.

Van Lancker, D. R., & Canter, G. J. (1982). Impairment of voice and face recognition in patients with hemispheric damage. *Brain and Cognition, 1*(1982), 185–195.

Warrington, E. K. (1975). The selective impairment of semantic memory. *The Quarterly Journal of Experimental Psychology, 27*(4), 635–657.

Whitworth, A., Franklin, S., & Dodd, B. (2003). Case-based problem solving for speech and language therapy students. In S. Brumfitt (Hrsg.), Innovations in professional education for speech and language therapists (S. 29–50). London: Whurr Publishers.

Whitworth, A., Webster, J., & Howard, D. (2014). *A cognitive neuropsychological approach to assessment and intervention in aphasia: A clinician's guide*. Psychology Press.

Ziegler, W., & Vogel, M. (2010). *Dysarthrie: verstehen – untersuchen – behandeln*. Thieme.

Ziegler, W., Aichert, I., & Staiger, A. (2020). Sprechapraxie. Grundlagen - Diagnostik - Therapie. Springer.

Modelle der Sprachverarbeitung und des kognitiven Ansatzes bei Aphasie

Britta Biedermann und Tobias Bormann

Inhaltsverzeichnis

3.1 **Kognitive Neuropsychologie – 26**
3.1.1 Annahmen der kognitiven Neuropsychologie – 27
3.1.2 Methoden der kognitiven Neuropsychologie – 28

3.2 **Modelle der Sprachverarbeitung am Beispiel des Logogenmodells – 30**

3.3 **Einflussfaktoren – 32**
3.3.1 Lexikalische Variablen in gesprochener und geschriebener Sprachverarbeitung – 32
3.3.2 Interindividuelle Unterschiede mit Fokus auf zweisprachige Sprecher*innen mit Aphasie – 35
3.3.3 Aphasie und andere neuropsychologische Funktionen – 39

3.4 **Neuere neurokognitive Modelle der Sprachverarbeitung – 42**

Literatur – 44

Das vorliegende Kapitel wurde vom Englischen ins Deutsche übersetzt. Die Übersetzung wurde mit künstlicher Intelligenz erstellt und anschließend vom Herausgeber inhaltlich geprüft und überarbeitet.

© Der/die Autor(en), exklusiv lizenziert an Springer-Verlag GmbH, DE, ein Teil von Springer Nature 2025
K. Sidiropoulos (Hrsg.), *Transkranielle Gleichstromstimulation bei Aphasien und erworbenen Sprechstörungen*, https://doi.org/10.1007/978-3-662-70454-7_3

3.1 Kognitive Neuropsychologie

Das vorliegende Kapitel diskutiert kognitive Modelle der Sprachverarbeitung und den kognitiv-neuropsychologischen Ansatz. Modelle helfen uns, die Komplexität der Sprachverarbeitung zu strukturieren und dienen als theoretischer Rahmen zur Interpretation und Behandlung der spezifischen Symptome von Menschen mit Aphasie. Ausserdem helfen sie, die Lücke zwischen Sprachverhalten mit seinen spezifischen Beeinträchtigungen und der Anatomie des Gehirns zu schließen. Trotz vieler Fortschritte bleibt das Verhältnis zwischen kognitiven und anatomischen Ebenen komplex, und die Qualität und Schwere kognitiver Beeinträchtigungen können nicht allein aus den Läsionen eines Individuums abgeleitet werden. Die Entwicklung kognitiver Modelle für individuelle kognitive Beeinträchtigungen dient zwei Zielen:
1. Verhaltensbezogene Interventionen werden aus der Analyse von Beeinträchtigungen auf der Verhaltens- oder kognitiven Ebene abgeleitet, nicht aber aus dem Wissen um die anatomischen Läsionen.
2. Beim Vergleich der Ergebnisse verschiedener therapeutischer Interventionen müssen die Art und Schwere der individuellen Beeinträchtigung der Teilnehmer*innen berücksichtigt werden, wobei die Gruppen von Teilnehmer*innen mit Aphasie, die an einer Therapie teilnehmen, so homogen wie möglich sein sollten.

Andererseits wurde das Verhältnis zwischen einem kognitiven Modell und dem beobachtbaren Verhalten einer Person mit einer neurologischen Beeinträchtigung immer als reziprok betrachtet: Daten von Personen mit neurologischen Störungen wurden als Evidenz für oder gegen kognitive Modelle verwendet. Vor über einem Jahrhundert wurden die ersten Beschreibungen von Menschen mit Aphasie verwendet, um grundlegende Modelle der Sprachverarbeitung im Gehirn zu entwickeln, etwa das Wernicke-Lichtheim-Modell (Lichtheim, 1885; Wernicke, 1874; vgl. Geschwind, 1972). Dieses Modell stützte sich auf den Fall „Monsieur Tan", der unter Beeinträchtigungen der Sprachproduktion litt, die von Broca (1861) berichtet wurden, sowie auf Wernickes eigene Beobachtungen von Personen mit Sprachverständnisdefiziten. Dieses Modell war daher das erste, das verschiedene Arten von Aphasie klassifizieren konnte. Es enthielt sowohl eine Hypothese über die an der Sprachverarbeitung beteiligten kortikalen Regionen als auch grundlegende Annahmen darüber, wie Sprache verarbeitet wurde. Die frühen Modelle von Wernicke und Lichtheim enthielten beispielsweise Hypothesen über die Anzahl der Wortspeicher (Lexika), konzeptuelle Repräsentationen, wie diese miteinander interagierten und wie aphasische Symptome Schäden an kognitiven Modulen widerspiegeln könnten. Sie beinhalteten sogar Argumente darüber, wie einige aphasische Symptome mit einer hypothetischen kognitiven Architektur unvereinbar wären (De Bleser et al., 1993).

Aus dem Wernicke-Lichtheim-Modell gingen zwei bedeutende Paradigmen hervor. Zunächst versuchte Geschwind (1972), die Neurobiologie der Sprache durch die Korrelation von Gehirnläsionen mit Sprachstörungen zu verstehen, wodurch er den syndrombasierten Ansatz (▶ Abschn. 5.1.3) begründete. Das Bostoner Klassifikationssystem für Sprachstörungen (z. B. Goodglass et al., 2001), das auf diesem Ansatz basiert, wird noch heute verwendet (▶ Kap. 2). Dieses Paradigma ist in neuroanatomischen Erkenntnissen verankert und bietet Vorhersagen über die kommunikativen Auswirkungen von Verletzungen in verschiedenen Gehirnregionen. Gleichzeitig entwickelte sich der kognitiv-neuropsychologische Ansatz, der aus der detaillierten Untersuchung von Personen mit Aphasie hervorging. Dieser Ansatz wird in den folgenden Absätzen diskutiert.

Fallstudien sind noch heute eine wichtige Quelle für die Modellierung kognitiver Prozesse in Gedächtnis, Sprache, Wahrnehmung und anderen Bereichen (z. B. MacPherson & Della Sala, 2019; Nickels et al., 2022; Rosenbaum et al., 2014). Einige Personen zeigen unerwartete Defizite, die Anpassungen bestehender kognitiver Theorien und gelegentlich die Initiierung eines neuen Forschungsprogramms erfordern. In einigen Bereichen der neuropsychologischen Forschung können

Modelle der Sprachverarbeitung und des kognitiven Ansatzes bei Aphasie

Daten von Personen mit neurologischen Erkrankungen die Haupt- oder sogar die einzige Quelle empirischer Daten sein. Zum Beispiel ist die schriftliche Sprachproduktion bei unbeeinträchtigten Personen schwer zu untersuchen, da geübte Schreiber*innen verschiedene Schreibwege parallel nutzen und nur eine Beeinträchtigung in einem dieser Wege die Untersuchung der anderen Wege in Isolation ermöglichen kann. Diese empirischen Studien von Personen mit einer erworbenen Schreibstörung (Dysgrafie) haben zu den folgenden Erkenntnissen über den Schreibprozess geführt (Miceli & Capasso, 2006): Die schriftliche Produktion von Wörtern kann völlig unabhängig vom gesprochenen Output erfolgen. Das Schreiben von Wörtern beinhaltet ein spezialisiertes orthografisches Arbeitsgedächtnis, das selektiv beeinträchtigt sein kann. Dieses orthografische Arbeitsgedächtnis repräsentiert den Status von Graphemen als Vokale oder Konsonanten unabhängig von der Graphemidentität. Dasselbe orthografische Arbeitsgedächtnis scheint auch beim Wortlesen beteiligt zu sein. Die handschriftliche Produktion beinhaltet sowohl abstrakte Grapheme als auch verschiedene Allografen, die alle selektiv durch Läsionen beeinträchtigt werden können.

3.1.1 Annahmen der kognitiven Neuropsychologie

Kognitive Neuropsychologie und kognitive Neurolinguistik sind Forschungsparadigmen, die Daten von neurologisch beeinträchtigten Individuen nutzen, um kognitive Modelle zu entwickeln und zu verfeinern. Diese Annahmen, von Caramazza (1986), Coltheart (2001, 2017) und Shallice (2015) formuliert, beinhalten als Kernannahme, dass alle Individuen, die eine typische Sprachentwicklung durchlaufen haben, eine kognitive Architektur teilen (Universalität). Hirnschäden, in Form einer Läsion oder Atrophie, können selektiv einige Prozesse oder Routinen beeinträchtigen und andere verschonen (Modularität oder Fraktionierung). Eine kognitive Beeinträchtigung kann durch eine Reihe von Tests, Aufgaben und Beobachtungen der Leistung einer Person identifiziert werden (Transparenz). Ein kognitives Defizit spiegelt die Organisation des gesunden Systems und die beeinträchtigten Module in Isolation wider. Es wird angenommen, dass Hirnläsionen nicht zur Entwicklung neuer Routinen oder kognitiver Prozesse führen (Subtraktivität).

Die Annahme der Modularität ist das am wenigsten umstrittene dieser Axiome. Hirnläsionen oder Atrophie können einige kognitive Fähigkeiten beeinträchtigen, aber nicht andere. Die Definition verschiedener neuropsychologischer Syndrome beruht auf der Beobachtung von beeinträchtigten, aber auch verschonten kognitiven Fähigkeiten (▶ Kap. 2). Selbst bei Personen mit fortgeschrittener Demenz können bestimmte kognitive Fähigkeiten intakt bleiben, abhängig von den Gehirnregionen, die von der Atrophie verschont bleiben. Es gibt also Dissoziationen zwischen den neuropsychologischen Symptomen.

Die weiteren -eben erwähnten- Axiome rufen größere Kritik hervor. Die Annahme der Universalität kann unvereinbar erscheinen mit dem kognitiv neuropsychologischen Ansatz insgesamt, der die Berücksichtigung von interindividuellen Unterschieden betont, z. B. die Unterschiede in den Berufen der Menschen, ihrer Sozialisierung und ihrer persönlichen Interessen. Ein Zimmermann, eine Zoolog*in und ein Koch gehen mit ganz verschiedenen Objekten um und kommunizieren entsprechend über unterschiedliche Konzepte. Caramazza (1986) hat jedoch hervorgehoben, dass eine grundlegende universelle kognitive Architektur notwendig ist für kognitive und allgemeinpsychologische Theorien, sonst wäre die Mittelung der Leistungen einer Stichprobe von Teilnehmer*innennicht möglich. Interessanterweise variieren auch Gehirne hinsichtlich der Gesamtgröße und der Verteilung von Gyri, Sulci und subkortikalen Trakten, so dass die Neurowissenschaften ausgefeilte Methoden entwickeln mussten, um die individuellen Gehirne einer Studienstichprobe auf Standardvorlagen abzubilden (z. B. Bates et al., 2003; Frackowiak et al., 2003). Weiter bedeutete dies, dass die Neurowissenschaften auch Methoden entwickeln mussten, um mit individuellen Variationen umzugehen.

Wie bereits erwähnt, wird auf einer groben Ebene eine universelle Architektur angenommen. Zum Beispiel werden alle geübten Leser*innen einer alphabetischen Schrift Routinen besitzen, um Bedeutung aus geschriebenen Wörtern, die sie kennen, abzuleiten. Darüber hinaus werden Leser Routinen haben, um neue, bisher unbekannte Wörter oder Pseudowörter zu lesen, die jedoch nicht bei unregelmäßigen Wörtern helfen, deren Aussprache nicht zweifelsfrei oder komplett aus ihren Buchstaben abgeleitet werden kann. Dies bedeutet, dass mindestens zwei Wege zur Verfügung stehen für das Lesen bekannter Wörter, insbesondere für das Lesen von Ausnahmewörtern (z. B. „Garage") und neu erlernter Wörter.

Viele dieser Erkenntnisse gelten auch für andere alphabetische Orthografien, abhängig von der Transparenz der Schriftsysteme für spezifische Sprachen. Ob diese auch auf andere Schriftsysteme verallgemeinert werden können, ist eine empirische Frage. Ebenso werden die meisten Menschen aus europäischen Ländern vertrauter sein mit Hunden, Katzen und Vögeln als mit Leoparden, Ozelots und Wallabys. Dies spiegelt sich in der relativen Häufigkeit und Vertrautheit dieser Wörter in ihrer Sprache wider. Es sind die allgemeinen, robusten Phänomene, die von Psycholinguist*innen und Neurowissenschaftler*innen untersucht werden, und nicht das sehr spezifische Vokabular verschiedener Berufe (z. B. einer Metzger*in oder einer Ornitholog*in).

Transparenz wiederum könnte schwierig zu gewährleisten sein aufgrund mehrerer neuropsychologischer Komorbiditäten, die Aufmerksamkeitsressourcen und Gedächtnisfähigkeiten beeinflussen können. Wie Shallice (2015) hervorhob, sind Einzelfallstudien sowie detaillierte Fallserien besonders geeignet, die Kompensationsstrategien einer Person und deren Auswirkungen auf die Aufgabenleistung zu identifizieren.

Schließlich bedeutet Subtraktivität, dass das Verhalten bei Individuen mit neuropsychologischen Defiziten das gesunde System und läsionierte Komponenten widerspiegelt, aber nicht völlig neue Komponenten, die nach Schlaganfall entwickelt wurden. Es ist möglich, dass neurologische Schäden zur Freisetzung von zuvor gehemmten oder ungenutzten Prozessen führen können, aber selbst in diesen Fällen hat der Mechanismus oder die Routine vor der Krankheit existiert. Wenn beispielsweise die Erholung von Aphasie eine Phase involviert, in der die rechte Hemisphäre überwiegend an der Sprachverarbeitung beteiligt ist (Saur et al., 2006), bedeutet dies nicht, dass die rechte Hemisphäre ihre linguistischen Fähigkeiten nach dem Schlaganfall entwickelt, sondern dass sie grundlegende sprachliche Fähigkeiten hat, die durch die überlegen Kapazitäten der linken Hemisphäre maskiert werden. Dies bedeutet aber auch, dass zuvor vernachlässigte Prozesse möglicherweise strategisch als Kompensation eingesetzt werden, was wiederum beeinflusst, wie einfach erhaltene und beeinträchtigte Prozesse identifiziert werden können, also den Grad der Transparenz zwischen der funktionalen Beeinträchtigung und dem damit verbundenen Verhalten.

3.1.2 Methoden der kognitiven Neuropsychologie

Die von der kognitiven Neuropsychologie ursprünglich entwickelten Methoden werden noch heute verwendet, allerdings mit einigen Veränderungen im Laufe der Zeit (s. Nickels et al., 2022). Anfangs lag der Schwerpunkt auf Einzelfallstudien und auf der Dokumentation von Dissoziationen zwischen Aufgaben. Besonderes Augenmerk wurde auf doppelte Dissoziationen gelegt (Coltheart, 2001; Shallice, 1988). Assoziationen wurden als weniger relevant betrachtet. In jüngster Zeit jedoch haben Assoziationen sowohl zwischen Aufgaben bei einem einzelnen Individuum als auch zwischen Aufgaben in einer Gruppe von Personen mit Aphasie mehr Aufmerksamkeit erhalten (Schwartz & Dell, 2010). Sowohl einzelne Dissoziationen als auch Fehleranalysen können unter bestimmten Umständen bei einzelnen Personen informativ sein.

Eine Assoziation beschreibt gleichzeitig auftretende kognitive Defizite. Assoziationen von Symptomen liegen der Definition von Aphasie- und neuropsychologischen Syndromen zugrunde (▶ Kap. 2). Zum Beispiel sind Agrammatismus und nichtflüssige, angestrengte Sprache definierende Symptome der Broca-Aphasie. Ein fortschreitend beeinträchtigtes Objektbenennen zusammen mit beeinträchtigtem Wortverständnis und Objektwissen definiert die semantische Variante der primär progressiven Aphasiesyndrome. Eine einheitliche semantische Beeinträchtigung (z. B. verursacht durch einen Schlaganfall oder eine neurodegenerative Erkrankung) sollte alle Aufgaben betreffen, die semantische Informationen beinhalten, d. h. den Objektgebrauch, das Objektbenennen und das Verständnis von Wörtern, Bildern und Objekten in allen Modalitäten. Eine Assoziation von vergleichbaren Beeinträchtigungen, die das gesamte semantische Wissen betreffen, würde daher auf ein einheitliches semantisches System hindeuten, das verschiedenen Aufgaben zugrunde liegt, das die Verarbeitung von Wort- und Objektbedeutung involviert. (z. B. Hillis et al., 1990).

Dissoziationen spiegeln Unterschiede in der Aufgabenleistung oder Reaktionen auf unterschiedliche Stimulussätze wider. Ein gutes Beispiel ist die Broca-Aphasie, bei der das Wortverständnis relativ intakt bleibt. Eine solche Beobachtung impliziert, dass die Mechanismen, die dem Sprachverständnis und der -produktion zugrunde liegen, unterschiedlich sind, was darauf hindeutet, dass sie von getrennten Prozessen und zumindest teilweise von unterschiedlichen zugrunde liegenden neuronalen Strukturen unterstützt werden. Man kann jedoch auch eine Dissoziation für verschiedene Stimuli oder Informationen beobachten. So könnte eine Person ausgeprägte Schwierigkeiten haben, gesprochene und geschriebene Wörter zu verstehen, während die Objekterkennung verschont bliebe. Es wäre auch denkbar, dass Individuen besondere Schwierigkeiten haben, Konzepte und Wörter in bestimmten semantischen Kategorien (z. B. Tier) zu verstehen. Beide Beispiele erfordern ein Modell, das ein semantisches System beinhaltet und nur in Teilen beeinträchtigt sein kann. Daher würde ein einheitlicher semantischer Systemansatz eine Modifikation erfordern. Tatsächlich haben einige Forscher*innen auf derartige beobachtete Dissoziationen reagiert, indem sie das semantische System in verbale und nonverbale oder visuelle Semantik (Shallice, 1993) unterteilen oder vorgeschlagen haben, dass semantisches Wissen entlang semantischer Kategorien organisiert sei (Caramazza & Shelton, 1998).

Lange Zeit wurden Dissoziationen als theoretisch informativer betrachtet, da eine gut dokumentierte Dissoziation zwischen zwei Aufgaben oder Stimulussätzen bei einem/r einzigen neurologischen Patient*in jedes Modell widerlegen würde, das ein einheitliches System annimmt und der Verarbeitung beider Stimulussätze zugrunde liegt. Im Gegensatz dazu wird die Anzahl der Beobachtungen von assoziierten Beeinträchtigungen auch bei Hunderten von Teilnehmer*innen immer endlich sein, und man kann nicht ausschließen, dass schließlich eine Dissoziation gefunden wird. Die bisher bei vielen Personen beobachteten Assoziationen könnten daraus resultiert sein, dass die zugrunde liegenden Module auf neuronaler Ebene eng beieinander liegen und Läsionen beide Module betreffen.

Allerdings erfordert die Dokumentation einer Dissoziation eine besondere methodische Sorgfalt wegen möglicher Störfaktoren. Stimuli aus zwei Kategorien könnten sich in einer Reihe von psycholinguistischen Variablen unterscheiden, die bekanntermaßen die Verarbeitung auf verschiedenen Ebenen beeinflussen, einschließlich u. a. visueller Komplexität und Bildübereinstimmung, Vertrautheit, Häufigkeit und Wortlänge (▶ Abschn. 3.3.1). Der Fall einer ausgeprägten Beeinträchtigung beim Benennen und Verstehen von Bildern lebender Wesen im Vergleich zum Benennen und Verstehen nichtlebender Dinge wäre hierfür ein Beispiel (Warrington & Shallice, 1984). Frühere Studien haben möglicherweise übersehen, dass viele belebte Entitäten, insbesondere Tiere, weniger vertraut sind, weil Menschen in modernen Gesellschaften selten direkt mit den meisten Tieren interagieren. Die Beobachtung der entgegengesetzten Dissoziation, ein besseres Verständnis und Benennen belebter Entitäten im Vergleich zu unbelebten Dingen, würde eine sog. doppelte Dissoziation darstellen. Offensichtlich kann der Einwand, dass Störfaktoren den ursprünglichen Leistungsunterschied verursacht haben, ausgeschlossen werden, wenn die entgegengesetzte Dissoziation beobachtet wird. Daher wurde die Identifizierung einer doppelten Dissoziation als Beweis für funktional unabhängige Module oder Prozesse interpretiert.

In einigen seltenen Fällen könnte jedoch die Annahme von A-priori-Unterschieden überhaupt nicht plausibel sein. Zum Beispiel dokumentierten Seyboth et al. (2011) eine selektive Beeinträchtigung für die Verwendung des maskulinen Geschlechts im Vergleich zum femininen oder neutralen Geschlecht bei einem Probanden mit Aphasie. Dies konnte auf einer spezifischen Ebene des mentalen Lexikons lokalisiert werden, die das Geschlecht des Substantivs anstatt seine Bedeutung oder phonologische Wortform spezifiziert. Ein weiteres Beispiel kann aus der erworbenen Dysgraphie entnommen werden, wo ein Fall beschrieben wurde, der eine selektive Beeinträchtigung beim Schreiben von Vokalen im Vergleich zu Konsonanten zeigt (Cubelli, 1991). In beiden Fällen gibt es keine Grundlage für die Annahme, dass vor der Erkrankung beider Personen der Zugang zum maskulinen Geschlecht schwieriger war oder dass Vokale schwerer zu verarbeiten waren.

Assoziationen erleben derzeit eine Renaissance, sowohl auf individueller Ebene als auch in Studien mit großen Patientenzahlen. Auf individueller Ebene wurden beispielsweise sehr ähnliche Fehlermuster bei Menschen mit bestimmten Formen von Dysgrafie und Dyslexie beobachtet. Ein Individuum zeigt nicht nur ähnliche Typen von segmentalen Fehlern beim Schreiben und Lesen, sondern die Proportionen dieser Fehlertypen sind auch über die Aufgaben hinweg sehr ähnlich. Dies deutet darauf hin, dass ein einheitliches orthografisches Arbeitsspeichersystem sowohl das Schreiben als auch das Lesen unterstützen kann. Bei der zuvor erwähnten Proband*in beobachteten Seyboth et al. (2011) eine beeinträchtigte Verarbeitung des maskulinen Geschlechts in verschiedenen Wortwahrnehmungs- und Produktionsaufgaben, was auf zentrale modalitätsneutrale Repräsentationen des Genus eines Nomens hindeutet.

Ein weiterer, relativ neuer Ansatz ist der Fallserienansatz (Case Series Approach; z. B. Schwartz & Dell, 2010). Hierbei werden größere Gruppen von neurologisch beeinträchtigten Individuen mit dem gleichen Set von Aufgaben untersucht. Fallserienstudien können sowohl Dissoziationen als auch Assoziationen berücksichtigen, um kognitive Modelle zu entwickeln und zu verbessern (s. z. B. Woollams et al., 2007; vgl. auch Shallice, 2015).

3.2 Modelle der Sprachverarbeitung am Beispiel des Logogenmodells

Wie bereits diskutiert, ist der kognitiv-neuropsychologische Ansatz an der Beschreibung der funktionalen Sprachbeeinträchtigung interessiert und weniger an der detaillierten neuroanatomischen Läsion. Dieses Paradigma förderte die Entwicklung von funktionalen Sprachmodellen, wobei das am weitesten verbreitete in der angewandten Aphasiologie das Logogenmodell ist (Morton, 1969; später Patterson & Shewell, 1987). Es dient als Grundlage für die psycholinguistische Beurteilung der Sprachverarbeitung bei Aphasie (Psycholinguistic Assessments of Language Processing in Aphasia, PALPA], von Kay et al., 1996) und umfasst eine Sammlung von Tests zur Beurteilung verschiedener Sprachprozesse. Das Ziel des kognitiv-neuropsychologischen Ansatzes ist es, das individuelle funktionale Defizit jeder Person mit Aphasie zu erfassen, während die Zuordnung zu einem Aphasiesyndrom nicht im Mittelpunkt steht. Daher sind funktionale Sprachmodelle in der Lage, individuelle Leistungen zu identifizieren, die isoliert oder in verschiedenen Kombinationen beeinträchtigt sein können und auch unterschiedliche Sprachmodalitäten (Schrift, gesprochene Sprache, Verständnis, Produktion) betreffen können. Individuelle Fehlermuster (Modularität) können somit vor dem Hintergrund des unbeeinträchtigten Systems mit seinen Funktionen und Modulen (Subtraktivität) eingeordnet werden (z. B. Fodor, 1983; Coltheart, 1999; ▶ Abschn. 3.1.1). Dieser Ansatz kann daher auch unterschiedliche funktionale Beeinträchtigungen identifizieren, die zu einem ähnlichen Fehlermuster führen können (z. B. gesprochenes Objektbenennen) (für eine kritische Diskussion dieses Ansatzes s. ▶ Abschn. 3.4).

Seit der Publikation der ersten Version des Logogenmodells (Morton, 1969) wurden weitere Sprachmodelle entwickelt, die detailliertere Unterscheidungen innerhalb einzelner Wortebenen vornehmen (Lemma- und Wortformunterscheidung; z. B. Levelt, 1989; Levelt et al., 1999; Caramazza, 1997) und unterschiedliche Aktivierungsmechanismen annehmen (z. B. seriell vs. interaktiv; Levelt et al., 1999; Dell, 1986; Dell et al., 2007). Ein detailliertes Modell des Lesens ist das Dual-Route-Cascaded-Modell, das Teile des ursprünglichen Logogenmodells verwendet und den Schwerpunkt auf die Komponenten legt, die Dyslexie- und Dysgrafietypen sowohl im erworbenen als auch im entwicklungsbedingten Kontext erfassen können (Coltheart et al., 2001). Allen Modellen ist gemein, dass es eine Input- und eine Output-Ebene für auditive und visuelle Informationsverarbeitung gibt. Eine universelle konzeptuell-semantische Ebene vermittelt jeweils zwischen den unterschiedlichen Modalitäten, ist aber selbst modalitätsneutral.

Wir verdeutlichen den kognitiv-neuropsychologischen Ansatz anhand eines Beispiels, des mündlichen Objektbenennens (◘ Abb. 3.1). Zunächst muss das Objekt erkannt werden, gefolgt vom Abruf konzeptuell-

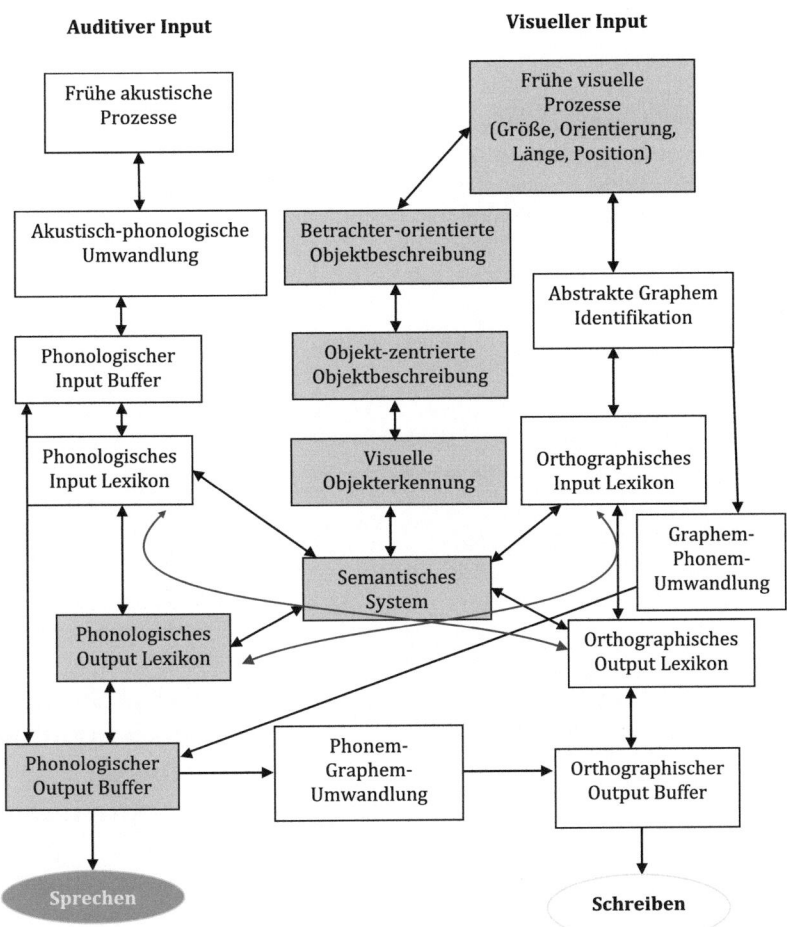

◘ Abb. 3.1 Beispiel des Objektbenennens im Logogenmodell. (Basierend auf Patterson & Shewell, 1987)

semantischer Informationen. Diese Informationen werden dann in phonologische Einheiten umgewandelt, bevor diese artikuliert werden können. Zusätzlich betonen wir spezifische Einflussfaktoren, die auf diesen unterschiedlichen Sprachverarbeitungsebenen eine Rolle spielen. Dadurch zeigen wir die Komplexität der Komponenten und Faktoren auf, die für die jeweiligen Sprachaufgaben relevant sind (◘ Abb. 3.1). Einen umfassenden Überblick relevanter Variablen kann der CogNeuroApp, eine Open Access Ressource (Biedermann et al., 2022–2024, https://cogneuro.app/), entnommen werden.

> **Wissensbox: Verarbeitungsschritte für mündliches Objektbenennen – ein Beispiel**
>
> Der Weg des gesprochenen Objektbenennens: ◘ Abb. 3.1 zeigt diesen Pfad durch die grau schattierten Komponenten im Modell:
>
> 1. Visuelle Objekterkennung und objektzentrierte Beschreibung einschließlich Größe und Ausrichtung finden statt. Relevante Tests: Objektentscheidungsaufgaben, Objekt-Objekt-Matchingaufgaben. Relevante Variablen: visuelle Komplexität, Benennübereinstimmung.
> 2. Das semantische System wird abgerufen. Dies umfasst modalitätsneutrale lexikalische Konzepte und lexikalische Semantik. Die Verarbeitung in diesem Schritt beinhaltet die Bedeutung von gesprochenen, geschriebenen Wörtern und Objekten, die eine Person in ihrer Sprache versteht. Relevante Tests: gesprochenes/geschriebenes Wort-Objekt-Matching und Wort-Objekt-Verifizierung, mündliches/schriftliches Objektbenennen. Relevante Variablen: Abstraktheit und Konkretheit, semantische Kategorien, Anzahl semantischer Nachbarn, Abbildbarkeit und Vertrautheit. Erwartete Effekte: Alle Modalitäten sollten gleichermaßen über alle Aufgaben hinweg betroffen sein.
> 3. Das phonologische Outputlexikon wird aktiviert. Diese Komponente speichert das bekannte Vokabular einer Sprecher*in. Relevante Tests: mündliches Objektbenennen, geschriebenes und gesprochenes Wort-zu-Wort- und Wort-zu-Objekt-Matching. Einflussvariablen: Frequenz, Anzahl phonologischer Nachbarn und deren Frequenz. Wenn das Problem im phonologischen Output-Lexikon liegt, sollte die Verwendung von phonologischen Hinweisen den Abruf der gesprochenen Wortform erleichtern.
> 4. Der phonologische Output-Buffer wird aktiviert. Der Buffer dient im Allgemeinen als Arbeitsgedächtnis, wobei die aktivierte gesprochene Wortform aus dem phonologischen Output-Lexikon im Buffer gehalten wird, bis alle Phoneme des Wortes artikuliert sind. Relevante Tests: Wiederholung von gesprochenen Wörtern/Nichtwörtern und Zahlenspannen. Einflussvariablen: Wortlänge, Nichtwortlänge, Zahlenspanne. Im Fall einer Buffer-Beeinträchtigung sollten Längenfehler auftreten – je länger das Wort oder die Ziffernspanne, desto höher die Fehlerrate.
> 5. Artikulation des Zielworts wird ausgeführt. Dies beinhaltet eine weitere komplexe Reihe von Verarbeitungsschritten, die über den Rahmen dieses Kapitels hinausgehen (für eine Theorie der Artikulation s. Guenther, 2016).

3.3 Einflussfaktoren

3.3.1 Lexikalische Variablen in gesprochener und geschriebener Sprachverarbeitung

Wortabruf in gesprochener oder geschriebener Form wird durch mehrere lexikalische Variablen beeinflusst. Diese Variablen haben einen

Modelle der Sprachverarbeitung und des kognitiven Ansatzes bei Aphasie

erheblichen Einfluss auf die Effizienz der gesunden Sprachverarbeitung und beeinflussen sowohl die Geschwindigkeit als auch Genauigkeit einer Sprachleistung. Ähnlich beeinflussen dieselben Variablen die Wortformverarbeitung bei Aphasie, welche unterschiedliche Fehlertypen und -muster hervorrufen können, wenn sie unkontrolliert bleiben. Im Folgenden definieren wir die einflussreichsten Variablen, die für den Prozess des gesprochenen Objektbenennens relevant sind (◘ Abb. 3.1). Es ist wichtig zu betonen, dass aussagekräftige Ergebnisse aus neurobildgebenden, neurophysiologischen und neurostimulierenden Techniken davon abhängen, ob die experimentellen Materialien sorgfältig auf diese Einflussvariablen kontrolliert wurden.

Visuelle Komplexität und Namens- oder Benennübereinstimmung Auch nichtlexikalische Variablen sind entscheidend für Objektbenennaufgaben. Sie erfordern sorgfältige Überlegungen bei der experimentellen Planung sowie bei der Diagnose-und Therapieplannung von Personen mit Aphasie. Zum Beispiel können Objektbilder mit hoher visueller Komplexität unterschiedliche Antwortmuster hervorrufe, da ihre Benenn- übereinstimmung niedrig ist. Dies wiederum führt dann zu Fehlinterpretationen bei der Bestimmung der funktionalen Läsion. Bei gesunden Sprecher*innen können Objektbilder mit hoher Komplexität auch unterschiedliche Antworten hervorrufen (Alario et al., 2004), die als korrekte semantische Alternativen interpretiert werden, während diverse Antwortmuster bei Personen mit Aphasie fälschlicherweise als semantische Paraphasien identifiziert werden könnten (Nickels & Howard, 1995).

Abbildbarkeit Diese Variable erfasst, wie leicht oder schwer es ist, sich ein abgebildetes Konzept vorzustellen, das von einem Wort repräsentiert wird. Wörter mit einer hohen Abbildbarkeit sind leichter zugänglich als Wörter, die nicht eindeutig abbildbar und daher schwerer vorstellbar sind (Alario et al., 2004). Oftmals sagen Probleme im semantischen System schlechtere Sprachleistungen für Objektbilder mit niedriger Abbildbarkeit voraus (Nickels & Howard, 2004). Aufgaben, die anfällig für Abbildbarkeitseffekte sind, sind gesprochenes und geschriebenes Objektbenennen, gesprochenes und geschriebenes Wort-Objekt-Matching und -Verifizieren, und gesprochene und geschriebene Objektentscheidung (Kay et al., 1996). Eng verbunden mit dieser Variable ist auch die Variable der Konkretheit (z. B. hat ein konkretes Wort wie „Regenschirm" in der Regel eine höhere Abbildbarkeit als ein abstraktes Wort wie „Demokratie"; s. Alario et al., 2004).

Vertrautheit Diese lexikalische Variable bezieht sich darauf, wie bekannt ein Objekt oder Konzept für eine Sprecher*in ist. Alltagsgegenstände haben oft eine hohe Vertrautheit (z. B. eine Zahnbürste), obwohl sie nicht häufig als gesprochene Worte verwendet werden. Daher kann ein Wort auch dann eine hohe Vertrautheit aufweisen, wenn es im Alltagssprachgebrauch selten verwendet wird. Vertrautheit beeinflusst signifikant kognitive Prozesse einschließlich Worterkennungs-, Gedächtnis-, Verständnis- und Wortproduktionsaufgaben. Sie wird typischerweise durch ordinale Skalenbewertungen gemessen, bei denen Personen gefragt werden, wie vertraut sie mit einem Objekt oder Konzept sind (z. B. „Wie vertraut sind Sie mit dem Konzept *Zahnbürste* auf einer Skala von 1 [minimal vertraut] bis 7 [maximal vertraut]?"). Vertrautheit beeinflusst die Geschwindigkeit und Genauigkeit der Wortverarbeitung. Dabei werden vertraute Objekte und Konzepte im Allgemeinen schneller erkannt und verstanden als weniger vertraute Objekte (für eine detaillierte Erklärung der Vertrautheit im Zusammenhang mit anderen lexikalischen Variablen s. Balota et al., 2006).

Wortfrequenz Diese Variable erfasst, wie oft ein Wort im täglichen Sprachgebrauch verwendet wird. Eine höhere Nutzung entspricht einer höheren Frequenz. Wingfield (1968) stellte erstmals fest, dass bei gesunder Sprachverarbeitung hochfrequente Wörter (z. B. „Auto") schneller erkannt und produziert werden als niedrigfrequente Wörter (z. B. „Abakus"). Darüber hinaus sind hochfrequente Wörter weniger fehleranfällig als niedrigfrequente Wörter. Bei Menschen mit Aphasie beeinflusst die Frequenz insbesondere den Wortabruf, wenn die Beeinträchtigung auf der lexikalischen Ebene auftritt, die das phonologische und orthografische Input- und Output-Lexikon umfasst (z. B. Lesser & Milroy, 1993). Die Frequenz ist ein kritischer Faktor bei Aufgaben wie der lexikalischen Entscheidung, dem Objektbenennen und dem Lesen und Schreiben von regelmäßigen und unregelmäßigen Wörtern (Kay et al., 1996). Eng verbunden mit dieser Variable ist die oben erwähnte Vertrautheit, die angibt, wie häufig ein Objekt im täglichen Alltag benutzt wird, unabhängig davon, wie häufig es gelesen, gesprochen oder geschrieben wird. Die gesprochene und geschriebene Wortfrequenz kann für 66 verschiedene Sprachen in der Datenbank Wordlex (Gimenes & New, 2016) und speziell für das Deutsche in dLexDB (Heister et al., 2011) gefunden werden.

Morphologische Komplexität Diese Variable erfasst grammatische Informationen, die in einem einzigen Wort enthalten sind. Eine Beeinträchtigung der morphologischen Komplexität ist bei Aphasie oftmals unterschiedlich betroffen (Badecker & Caramazza, 2017). Zum Beispiel ist „Tisch" ein einfaches Substantiv, das aus einem freien Morphem besteht. Durch das Hinzufügen des gebundenen Pluralsuffixes „-e" wird es zu einem morphologisch komplexen Wort „Tische". Plural- und Vergangenheitsformen sind oft auftretende morphologische komplexe Formen, die als regelmäßig oder unregelmäßig eingestuft werden können. Eine eng verwandte Variable ist die grammatische Wortkategorie (z. B. Substantiv, Verb, Adjektiv). Informationen über den morphologischen Status für die englische Sprache kann aus der MRC Psycholinguistic Database abgerufen werden (Psycholinguistic Database: Machine Usable Dictionary, Version 2.00: ▶ https://websites.psychology.uwa.edu.au/school/MRCDatabase/uwa_mrc.htm).

Orthografische und phonologische Nachbarschaftsdichte und Nachbarschaftsfrequenz Orthographische Nachbarn (Begriff geprägt von Coltheart et al., 1977) sind Wörter, die ähnlich wie das Zielwort geschrieben werden, während phonologische Nachbarn ähnlich wie das Zielwort klingen. Ein Nachbar wird als eine Abweichung in nur einem Graphem oder Phonem definiert. Nachbarn haben entweder ein Segment mehr (z. B. „Kasse" vs. „Klasse"), weniger (z. B. „Reise" vs. „Reis") oder enthalten ein anderes Segment (z. B. „Matte" vs. „Ratte"; siehe Marian, 2009). Wenn eine Person mehr als eine Sprache spricht, muss die Anzahl der orthografischen und phonologischen Nachbarn innerhalb aber auch zwischen den Sprachen berücksichtigt werden (Marian & Blumenfeld, 2006). Das Open-Access-Online Tool Clearpond (Marian et al., 2012) ist eine Datenbank, die orthografische und phonologische Nachbarschaftsindizes für fünf Sprachen bereitstellt (innerhalb jeder Sprache und sprachenübergreifend). Ob die Häufigkeit jedes Nachbarn innerhalb und zwischen den Sprachen auch eine Rolle beim Abruf des Zielworts spielt (hindert oder erleichtert ein Nachbar den Wortabruf?), wird derzeit in der Literatur debattiert (z. B. Hameau et al., 2021a, b; Middleton & Schwartz, 2010; Moormann, 2023, ▶ Kap. 3; ▶ Abschn. 3.3.2).

Orthografische Regelmäßigkeit Diese Variable erfasst die Regelmäßigkeit der Graphem-Phonem-Korrespondenzregeln für das Lesen eines Wortes. Ein regelmäßiges Wort folgt den Graphem-Phonem-Korrespondenzregeln des Lesens und den Phonem-Graphem-Korrespondenzregeln des Schreibens (z. B. „springen") in der jeweiligen Sprache. Ein unregelmäßiges Wort kann nicht durch die Verwendung der Korrespondenzregeln gelesen oder geschrieben werden kann (z. B. „Beau") und muss anfänglich auswendig gelernt werden, bevor es über die lexikalische Route korrekt gelesen oder geschrieben werden kann. Regelmäßige Wörter werden schneller verarbeitet und sind weniger fehleranfällig im Vergleich zu unregelmäßigen Wörtern (Coltheart et al., 2001). Menschen mit Aphasie können eine erworbene Dyslexie und/oder Dysgrafie als Begleitsymptom haben, die sich in verschiedenen Typen manifestieren kann (Ellis, 2016). Aufgaben, die auf Regelmäßigkeit abzielen, sind das Lesen und Schreiben von regelmäßigen („springen"), unregelmäßigen („Beau") Wörtern und Nichtwörtern ("ting"). Regelmäßige Wörter und Nichtwörter werden verwendet, um die Korrespondenzregeln zu testen, während bekannte regelmäßige und unregelmäßige Wörter verwendet werden, um den lexikalischen Leseweg zu testen (Kay et al., 1996). Liest eine Patient*in z. B. ein Nichtwort sehr häufig, übernimmt die lexikalische Route bald die Aufgabe, dieses ‚bekannte' Nichtwort zu lesen: Es wird „lexikalisiert". Sogenannte Lexikalisierungsfehler treten auch auf, wenn ein Nichtwort als ein existierendes Wort gelesen wird (z. B. „ting" wird als „Ding" gelesen). Wenn diese Lexikalisierungsfehler häufig auftreten, bestätigt dies eine Schwäche in der nichtlexikalischen Route (s. Coltheart, 1984). Informationen zur Regelmäßigkeit für die englische Sprache können aus der MRC Psycholinguistic Database abgerufen werden (▶ https://websites.psychology.uwa.edu.au/school/MRCDatabase/uwa_mrc.htm).

Wortlänge Diese Variable erfasst die Anzahl der Phoneme und Silben, aus denen ein Wort besteht. Je länger ein Wort ist, desto länger dauert es, bis es verarbeitet wird, und desto mehr Fehler können auftreten (Alario et al., 2004). Wenn ein Problem im phonologischen und/oder orthografischen Input- und/oder Output-Buffer besteht, wird die Person mit Aphasie besonders Probleme haben, längere Wörter zu behalten und zu produzieren (z. B. „Fahrrad") im Vergleich zu kürzeren Wörtern (z. B. „Auto") (s. Nickels & Howard, 2004). Längeneffekte sind auch beim Lesen von Nichtwörtern zu erwarten, da der Buffer als Arbeitsspeicher für lexikalische und nichtlexikalische Informationen dient. Daher sollten sich die Wortlängeneffekte in jeder Aufgabe manifestieren, die die Phonem- oder Graphemlänge variiert. Der eindeutigste Test für Längeneffekte ist eine Wiederholungsaufgabe (s. oben „Wissensbox: Verarbeitungsschritte für mündliches Objektbenennen – ein Beispiel"), die Wörter und Nichtwörter mit unterschiedlicher Länge über Modalitäten hinweg beinhaltet (Kay et al., 1996).

Wie aus den obigen Beispielen ersichtlich ist, müssen diese Variablen kontrolliert werden, wenn Wort-, Nichtwort- und/oder Objektmaterialien erstellt werden. Beziehungen zwischen diesen Variablen (einschließlich potenzieller Multikollinearität) sowie Art und Ausmaß der funktionalen Beeinträchtigung jeder Patient*in müssen berücksichtigt werden, um Aphasieuntersuchungen und -behandlungen effektiv zu planen.

3.3.2 Interindividuelle Unterschiede mit Fokus auf zweisprachige Sprecher*innen mit Aphasie

Wie in ▶ Abschn. 3.3.1 dargelegt, beeinflusst ein breites Spektrum an lexikalischen und nichtlexikalischen Variablen die Sprachverarbeitung. Gekoppelt daran ist die vielfältige Natur potenzieller funktioneller Läsionen, die verschiedene Sprachkomponenten betreffen kann. In den letzten Jahren hat sich ein dritter Aspekt als zunehmend bedeutend herausgestellt. Dieser Aspekt umfasst bi- und multilinguale Sprachverarbeitung im Kontext der Aphasie. Welche Faktoren eine Rolle spielen, wenn eine Sprecher*in mit Aphasie mehr als eine Sprache vor dem Einsetzen der Krankheit beherrscht hat, ist immer noch ein wenig verstandenes Gebiet (für eine Übersicht s. Nickels et al., 2019). Sprachübergreifende Faktoren werden in standardisierten Sprachuntersuchungen für Aphasie chronisch übersehen. Während Versionen des ursprünglich englischen PALPA-Tests (Kay et al., 1996) in den letzten zehn Jahren in sechs andere Sprachen übersetzt (Niederländisch, Hebräisch, Deutsch, Spanisch und Portugiesisch), angepasst und standardisiert wurde, bleiben die meisten sprachübergreifenden standardisierte Aphasietests einsprachig. Dies gilt auch für die Anpassung des Comprehensive Aphasia Test (CAT; Swinburn et al., 2004). Der CAT wurde in acht Sprachen übersetzt, angepasst und standardisiert (Französisch, Serbisch, Katalanisch, Ungarisch, Baskisch, Spanisch, Türkisch, Kroatisch; ▶ https://www.aphasiatrials.org/). Obwohl dies ein immenser Schritt zur Vereinheitlichung von standardisierten Tests über mehrere Sprachen hinweg ist, berücksichtigen diese Untersuchungen nicht multilinguale Prozesse, die zusammen in einer Untersuchung eine

Rolle spielen. Wie sich Sprachen in Produktions- und Verständnisprozessen zwischen den Sprachen und innerhalb einer Sprecher*in beeinflussen, ist ebenfalls nicht ausreichend erforscht (z. B. ob orthografische und phonologische Nachbarn sprachübergreifend einen erleichternden oder hemmenden Einfluss auf den Wortabruf haben).

Da derzeit über 50 % der Weltbevölkerung mehr als eine Sprache sprechen (Grosjean, 2021), stehen wir vor einer wachsenden mehrsprachigen (*und* auf lange Sicht *alternden*) Bevölkerung weltweit (Hell & Tanner, 2012) mit Vorhersagen, die eine Zunahme von neurovaskulären Krankheiten wie Schlaganfall und Aphasie (United Nations, 2022) erwarten lassen. Dies stellt eine zusätzliche Herausforderung dar, wenn man mehrsprachige Patient*innen adäquat betreuen möchte, da Sprachmaterialien für die Aphasiebehandlung meist nur einsprachig verfügbar sind. Der Bilingual Assessment Test (BAT) (Paradis & Libben, 1987) stellt eine Ausnahme dar und ist eine nützliche Ressource, um Materialien über verschiedene Sprachkombinationen zu erheben. Der BAT wurde ursprünglich entwickelt, um die Anpassung und Entwicklung von Materialien über Sprachen hinweg zu strukturieren, ohne eine Standardisierung zu beanspruchen. Da ein Aphasietest nicht einfach übersetzt werden kann, sondern eine Anpassung in Bezug auf lexikalische und kulturelle Faktoren für jede Sprache benötig (s. Paradis, 2001), bieten die BAT Materialien für über 74 Sprachen Gelegenheit, Untersuchungen für zweisprachige Profile anzuangepasst.

Dieser Abschnitt zielt daher darauf ab zu erklären, wie lexikalische und kulturelle Variablen für jede Sprache berücksichtigt werden können, insbesondere bei der Entwicklung und Standardisierung von Untersuchungsmaterialien bei Aphasie.

3.3.2.1 Itemvariablen bei zweisprachigen Sprecher*innen

Alle in ▶ Abschn. 3.3.1 diskutierten Variablen müssen für alle Sprachen, die eine Patient*in spricht, kontrolliert werden. Während manche Variablen sprachübergreifend überlappen können (z. B. die visuelle Komplexität eines Bildes), sind die meisten lexikalischen Variablen sprachspezifisch. Ein Beispiel ist das hochfrequente Wort „bag" im Englischen, das aus einer Silbe, drei Graphemen und drei Phonemen besteht. Das deutsche Äquivalent besteht aus zwei Silben, und die Wortlänge erhöht sich auf sechs Grapheme und vier Phoneme („Tasche"). Außerdem ist das deutsche Wort „Tasche" niedrigfrequent und wird demnach weniger im gesprochenen Sprachgebrauch genutzt (s. Clearpond; Marian et al., 2012). Ähnlich kann die morphologische Komplexität über Sprachen hinweg variieren; So ist z. B. „jellyfish" ein Nominalkompositum und daher morphologisch komplex, während es übersetzt ins Französische zu einem morphologisch einfachen Nomen („méduse") wird (s. Moormann et al., 2025).

Die Rolle der morphologischen Komplexität, insbesondere von Nominalkomposita, fand im Kontext der zweisprachigen Aphasie nur wenig Beachtung. Es gibt jedoch erste empirische Evidenzen, dass morphologisch komplexe Wörter schwerer abrufbar sind als morphologisch einfache Wörter im einsprachigen Kontext (z. B. Badecker, 2001; Blanken, 2000; Lorenz & Zwitserlood, 2014). Während einsprachige Sprecher*innen bereits langsamere Abrufeffekte für morphologische komplexe Wörter zeigen, stellt die Sprachdominanz der zweisprachigen Sprecher*in eine zusätzliche Variable dar, die es zu berücksichtigen gilt. Je dominanter eine Sprache ist, desto wahrscheinlicher ist es, dass in der nichtdominanten Sprache ein Übersetzungsfehler auftreten wird, der der morphologischen Struktur der dominanten Sprache ähnelt. Wenn z. B. die nichtdominante Sprache Französisch ist, könnte eine zweisprachige (Französisch und Englisch) Patient*in das englische „jellyfish" wörtlich ins Französische mit „poisson de gelée" übersetzen (und nicht in die korrekte monomorphematische Form ‚méduse'), wobei die morphologische Struktur des Englischen im Französischen beibehalten wird (z. B. Moormann et al., 2025).

Ähnlich untersuchten Jarema et al. (2010) die Rolle des Kopfes einer Konstituente in Nominalkomposita bei zweisprachiger Aphasie. Ihre Ergebnisse deuten darauf hin, dass die erste Kopfkomponente signifikant oft über Sprachen hinweg beibehalten wird. Darüber hinaus zeigte ihre Studie, dass phonologische Ähnlichkeit (sog. Cognates vs Nicht-Cognates) zwischen Sprachen einen positiven Effekt auf die Verarbeitungszeit und Fehlerrate hat, besonders wenn Semantik und Phonologie vollständig überlappen (Cognates). Der letztere Befund steht im Einklang mit dem etablierten Cognate-Fazilitierungseffekt, der bei gesunden Sprecher*innen (z. B. Costa et al., 2000) und Menschen mit bilingualer Aphasie (z. B. Kohnert, 2004) gefunden wurde.

Da der Cognate-Fazilitierungseffekt durch starke empirische Evidenz in der Literatur über gesunde und bilinguale Aphasie gestützt wird, hat die jüngste Forschung untersucht, wie Wörter, die in der Bedeutung *oder* in der Phonologie eng verwandt sind, die Wortwiedergabe innerhalb einer Sprache und sprachübergreifend hinweg beeinflussen. Die Evidenz des Einflusses der phonologischen Nachbarn ist inkonsistent. Es kommt darauf an, wie viele ähnlich klingende Nachbarn ein Wort haben muss, um einen erleichternden Effekt sprachübergreifend zu verursachen (s. Hameau et al. 2021b; Marian & Blumenfeld, 2006 für Belege bei gesunden Sprecher*innen s. Sadat et al., 2014; für Belege bei bilingualen Sprecher*innen mit Aphasie s. Moormann, 2023, ▶ Kap. 3).

Ähnlich kann man semantische Nachbarn betrachten, die sich innerhalb einer Sprache und sprachübergreifend überschneiden sollten. Jedoch können kulturelle Unterschiede bestehen, die bei der Zusammenstellung von Materialien über zwei oder mehr Sprachen mitberücksichtigt werden müssen. Semantische Nachbarn innerhalb und sprachübergreifend können sowohl erleichternde als auch hemmende Effekte bei gesunden Sprecher*innen mit Aphasie zeigen (z. B. Hameau et al., 2019).

3.3.2.2 Bilinguale Variablen

Die unten aufgeführten Variablen sind von besonderer Bedeutung, um das bilinguale Patient*innenprofil zu erfassen. Es ist wichtig, dass diese Variablen in jeder Sprache so weit wie möglich erhoben und kontrolliert werden.

Spracherwerbsalter Diese Variable muss für jede Sprache bestimmt werden. Sie umfasst das Erwerbsalter der Erst- und der Zweitsprache. Falls beide Sprachen gleichzeitig erlernt wurden, wird die Bezeichnungen „simultan" verwendet; wenn beide Sprachen in einer bestimmten Abfolge erlernt werden, wird dieser Erwerb als „sequenziell" bezeichnet (Paradis, 2010). Der sequenzielle Spracherwerb ist nicht altersabhängig. Eine Person, die eine Zweitsprache unter 12 Jahren aktiv lernt, und eine Person, die ihre Zweitsprache erst im Alter von 20 Jahren lernt, wird ebenso als eine sequenzielle bilinguale Person bezeichnet. Akbari (2014) bemerkt, dass in der älteren Literatur üblicherweise 12 Jahre als Altersobergrenze verwendet wurde, um eine bilinguale Person als „früh" bzw. „spät" zu bezeichnen, obwohl diese Unterscheidung nur bedingt sinnvoll ist, da eine früh erworbene Sprache (wenn sie beispielsweise gleichzeitig erworben wurde) nicht automatisch gut beherrscht werden muss. Eine Sprache, die später im Leben gelernt wurde, aber von der Person häufiger gesprochen wird, kann dagegen sehr gut beherrscht werden. Es ist besonders wichtig, diese Faktoren zu berücksichtigen (beispielsweise welche Sprache vor Beginn der Aphasie am aktivsten gesprochen wurde), wenn eine bilinguale Person mit Aphasie untersucht wird (s. Moormann, 2023, ▶ Kap. 2, 3 und 4).

Sprachdominanz Dies ist ein Faktor, der in der Literatur nur wenig Beachtung gefunden hat, da unterschiedliche Definitionen kursieren (für eine kritische Diskussion s. Montrul, 2015). Zum Beispiel scheint die Sprachdominanz als die am besten beherrschte Sprache definiert zu sein, während Argyri und Sorace (2007) sie anhand der Nutzungsdauer oder des Zeitraums, über den man mit der Sprache in Berührung kommt, definieren, was sie in diesem Fall teilweise unabhängig von der Sprachkompetenz macht. Wie von Birdsong (2014) sowie Dunn und Fox Tree (2009) diskutiert, muss die Sprachdominanz als ein vielschichtiges Konstrukt betrachtet werden, das Erwerbsalter, Sprachgebrauch, Sprachverlust, Sprachprofil und altersbedingte Spracheffekte (einschließlich

Sprachstörungen) für *beide* (*alle*) Sprachen berücksichtigt, die die Sprecher*in beherrscht. Eine weitere Definition von Martin et al. (2020) bietet eine nützliche Arbeitsdefinition und beschreibt Dominanz als ein Konzept, das drei Aspekte einschließt: Sprachkompetenz, Sprachgebrauch sowie Umwelt- und persönliche Faktoren. Moormann (2023) konnte zeigen, dass einige bilinguale Patient*innen mit Aphasie ihre Zweitsprache (L2) als ihre dominante Sprache einordneten und ihre Erstsprache als ihre nichtdominante, aber kompetentere Sprache.

Sprachkompetenz Diese Variable erfasst die Sprachflüssigkeit in mündlicher und schriftlicher Produktion und Verständnis (z. B. Leung, 2022). Wenn möglich, sollten Informationen erhoben werden, die die Sprachkompetenz vor dem Eintreten der Aphasie widerspiegeln, obwohl dies nicht immer praktikabel ist. Wie oben erwähnt, ist eine früh im Leben gelernte Sprache (in der Regel die Erstsprache [L1]) nicht unbedingt die Sprache mit der höchsten Kompetenz nach einer Erkrankung, die eine Aphasie verursacht (z. B. Birdsong et al., 2014). Der Einfluss von Sprachkompetenz korreliert stark mit den Variablen Sprachdominanz und Sprachgebrauch (oder Modus) (z. B. Dunn & Fox Tree, 2009).

Sprachgebrauch. (Synonyme: Sprachumgebung, Sprachmodus) Diese Variable erfasst, wie und wann eine Sprecher*in ihre erste oder zweite (oder dritte usw.) Sprache vor der Aphasie verwendet hat. Der Sprachgebrauch ist entscheidend, um Dominanz und Kompetenz jeder Sprache zu verstehen (z. B. Dunn & Fox Tree, 2014). Die gleiche Frage kann nach dem Schlaganfall (oder dem jeweiligen die Aphasie auslösenden Ereignis) gestellt werden, da sich der Sprachgebrauch geändert haben könnte. Der Kontext und die Menge an Zeit, in der eine Sprache wahrgenommen und aktiv produziert wird, sind wichtig zu verstehen, insbesondere wenn eine Patient*in häufig zwischen seinen verfügbaren Sprachen wechselt. Wenn mehrere Sprachen gleichzeitig verwendet werden, beschreibt der Begriff „Code-Switching" (z. B. Goral et al., 2019) diesen Prozess. Code-Switching kann absichtlich sein oder pathologisch (die gesprochenen Sprachen des Gesprächspartners werden nicht berücksichtigt) (zu pathologischem Wechseln der Sprachen im Kontext von Aphasie). In den letzten Jahren wurde Code-Switching auch als Translanguaging bei gesunden Sprecher*innen verwendet (z. B. Vogel & Garcia, 2017).

Linguistische Ähnlichkeit/Distanz der Sprachen
Diese Variable kann für jede Patient*in variieren (z. B. Cargnelutti et al., 2022). Eng verwandte Sprachen zeigen eine hohe Ähnlichkeit in den fünf linguistischen Bereichen (Phonologie, Morphologie, Syntax, Semantik und Pragmatik) und gehören zu einer Sprachfamilie (z. B. gehören Niederländisch und Englisch zu den germanischen Sprachen), während typologisch unterschiedlichere Sprachen zu verschiedenen Sprachfamilien gehören und wenige Überschneidungen in ihrer phonologischen, morphologischen und syntaktischen Struktur zeigen (z. B. Mandarin vs. Englisch; für einen Überblick der Sprachfamilien s. Fromkin et al., 2018). Je mehr überlappende strukturelle und funktionale Eigenschaften sprachübergreifend gefunden werden können, desto höher ist der Anteil an sog. Cognates über die jeweiligen Sprachen hinweg (z. B. „tomato" [Englisch] – „Tomate" [Deutsch]), welches die Wahrscheinlichkeit für Transfereffekte in der Behandlung von bilingualer Aphasie erhöht (z. B. Kohnert, 2004; ▶ Abschn. 4.4).

Wie die Diskussion der Einflussfaktoren und Variablen oben nahelegt, ist es entscheidend, so viele Variablen wie möglich für alle Sprachen der Patient*innen zu kontrollieren. Moormann (2023) hat zweisprachige Objekt- und Wortmateriallisten für fünf Sprachkombinationen (Niederländisch–Deutsch; Englisch–Deutsch, Englisch–Italienisch, Französisch–Englisch, Polnisch–Deutsch) erstellt, die auf einflussreiche lexikalische Variablen sprachübergreifend kontrolliert wurden. Diese bilingualen Objekt-Wort-Materialien sind über das Open Science Framework (OSF) frei verfügbar.

Modelle der Sprachverarbeitung und des kognitiven Ansatzes bei Aphasie

3.3.2.3 Prominente Theorien zur Zweisprachigkeit

Es existieren nur wenige umfassende Rahmenkonzepte, die die zweisprachige Wortverarbeitung vollständig umfassen (einschließlich konzeptueller, semantischer und struktureller Aspekte). Eine kürzlich veröffentlichte Publikation beinhaltet das MULTILINK-Modell, das von Dijkstra et al. (2019) vorgeschlagen wurde. Dieses computersimulierte Modell ist frei zugänglich, um eigene Simulationen durchzuführen. MULTILINK enthält ein interaktives lexikalisches Netzwerk, in dem die Aktivierung in bidirektionaler Weise verbreitet wird, ähnlich dem monolingualen Sprachproduktionsmodell, das von Dell et al. (2007) vorgeschlagen wurde. MULTILINK besteht aus vier Ebenen:

1. Die Orthografieebene stellt die Input-Ebene dar.
2. Auf der zweiten Ebene wird die Sprachselektion vorgenommen.
3. Auf der dritten Ebene befinden sich die modalitätsneutralen und sprachübergreifenden semantisch-konzeptuellen Einträge.
4. Auf der letzten Ebene befindet sich die Ebene der Phonologie, die die Output-Ebene darstellt.

Alle Einträge sind innerhalb einer Sprache und sprachübergreifend miteinander verbunden und können miteinander interagieren.

Ein weiteres einflussreiches Sprachmodell ist das Inhibitory Control Model, das ursprünglich von Green (1986, 1998) vorgeschlagen wurde und in der Lage ist, Prozesse der Mehrsprachigkeit, insbesondere der Sprachselektion, zu erklären. Die Stärke und der Fokus dieser prominenten Theorie liegen in der Erklärung eines Inhibitionsmechanismus, der konkurrierende Sprachen innerhalb einer Sprecher*in kontrolliert. Hierbei wird ein „tag" vergeben, der angibt, welches die Zielsprache sein soll und welche Sprache unterdrückt werden soll. Die Auswahl der Zielsprache und die Hemmung der Nichtzielsprache beinhalten einen Mechanismus, der das andere Sprachsystem blockiert, was mit Greens Konzept eines übergeordneten oder kontrollierenden Aufmerksamkeitssystems erklärt wird. Wie oben dargestellt, ergibt sich ein komplexes Geflecht von Faktoren und Variablen, die bei bilingualer Aphasie berücksichtigt werden müssen. Es gibt daher keine klaren Vorhersagen, ob die zweite Sprache gehindert oder erleichtert wird, wenn auf die Wortformebene in der Erst- oder Zweitsprache zugegriffen wird. Die Situation wird umso komplexer, wenn beide Sprachen gleichzeitig (simultan) erworben wurden. Die Studie von Dylman und Barry (2018) ist ein Beispiel dafür, wie Hypothesenbildung und Voraussagen für Sprecher*innen- und Aufgabenvariablen formuliert und durchdacht werden können.

3.3.3 Aphasie und andere neuropsychologische Funktionen

Bei der Planung von Behandlungen für Personen mit Aphasie sowie klinischen Studien zur Beurteilung der Effizienz von Interventionen müssen zusätzliche neuropsychologische Beeinträchtigungen berücksichtigt werden. Kognitive Beeinträchtigungen betreffen bis zu 90 % aller Schlaganfallpatienten (Gottesman & Hillis, 2010). Kortikale Schäden, vor allem im Versorgungsbereich der mittleren Hirnarterie, sind besonders mit kognitiven Beeinträchtigungen verbunden (Jaillard et al., 2010). Diese kognitiven Beeinträchtigungen betreffen verschiedene Aspekte des Gedächtnisses, der räumlichen Verarbeitung, der Aufmerksamkeit und der exekutiven Funktionen (z. B. Lezak et al., 2012). Lambon Ralph und Kollegen (2010) berichteten, dass sowohl sprachliche als auch nichtsprachliche kognitive Leistungen, wie Aufmerksamkeit und Gedächtnis, unabhängig voneinander mit dem Outcome der Anomiebehandlung in einer Gruppe von Aphasiepatienten zusammenhingen.

Die neuropsychologische Untersuchung von Personen mit Aphasie stellt eine Herausforderung dar, weil ihre Sprachbeeinträchtigung das Verständnis und das Erinnern der Testinstruktionen sowie ihre Fähigkeit zu antworten beeinflussen kann, etwa bei verbalen Gedächtnisaufgaben. Motorische Reaktionen mit der dominanten Hand können durch Läsionen im linken Frontallappen bei Rechtshändern beeinträchtigt sein. Allerdings gibt es Testbatterien für akute Schlaganfälle, die sowohl motorische als auch sprachliche Probleme berücksichtigen und nur minimale verbale oder motorische Antworten erfordern. Das Oxford Cognitive Screen (OCS; Demeyere et al., 2015) wurde beispielsweise als schnelles kognitives Screening-Tool entwickelt und ist in vielen Sprachen, darunter im Deutschen, frei verfügbar. Die folgenden Absätze konzentrieren sich auf drei kognitive Bereiche, die bekanntermaßen mit Sprachfähigkeit interagieren: Gedächtnis, Aufmerksamkeit und exekutive Funktionen.

Gedächtnis ist ein Überbegriff, der Veränderungen im zentralen Nervensystem aufgrund von Erfahrungen beschreibt (Carlson, 2004) oder einfach die Fähigkeit des Gehirns, Informationen zu speichern. Die Speicherung kann eine Zeitspanne von Sekunden bis zu einer Minute umfassen; in diesem Fall ist die Kapazität auf einige Elemente (Kurzzeitgedächtnis) begrenzt. Oder sie kann Jahrzehnte dauern und einen potenziell unbegrenzten Speicher (Langzeitgedächtnis) umfassen. Hier konzentrieren wir uns auf Kurzzeit- und Arbeitsgedächtnis einerseits und episodisches (Langzeit-)Gedächtnis andererseits.

Der Begriff „Kurzzeitgedächtnis" bezieht sich auf Prozesse, die eine begrenzte Menge an Informationen über einen kurzen Zeitraum zugänglich und verfügbar halten. Es erfordert in der Regel kontinuierliche Aufmerksamkeit, und die Menge an Informationen ist auf einige Einheiten begrenzt. Deren Aktivierung zerfällt mit der Zeit oder ist Interferenz ausgesetzt. Das Konzept des Kurzzeitgedächtnisses wurde durch das verwandte Konzept des Arbeitsgedächtnisses ersetzt, das aus verschiedenen interagierenden Prozessen besteht und die aktive Manipulation der gespeicherten Informationen beinhaltet (vgl. Cowan, 2008). Der Begriff „Langzeitgedächtnis" bezieht sich auf einen permanenten Speicher mit potenziell unbegrenzter Kapazität. Dies beinhaltet explizite, bewusst zugängliche Informationen (deklaratives Gedächtnis) sowie Fähigkeiten (prozedurales Gedächtnis). Das deklarative Gedächtnis besteht aus semantischem Wissen und episodischem Gedächtnis und beinhaltet explizites Enkodieren, Konsolidieren und Abrufen von Informationen über ein längeres Intervall, das in der Regel mit anderen kognitiven Aktivitäten gefüllt ist.

Studien haben gezeigt, dass Sprache und (verbale) Gedächtnisfähigkeiten interagieren. Zum Beispiel sind allgemeine und konkrete Wörter sowohl im Arbeits- als auch im episodischen Gedächtnis leichter zu behalten (Bourassa & Besner, 1994; Madan et al., 2010). Bei einer Aphasie wiederum ist bekannt, dass die Speicherung von Informationen im Arbeitsgedächtnis (Majerus, 2009) sowie das Abrufen aus dem episodischen Langzeitgedächtnis gestört ist. Die meisten Menschen mit Aphasie aufgrund eines Schlaganfalls können jedoch gut in Aufgaben des nonverbalen episodischen Gedächtnisses abschneiden, z. B. beim Erinnern von Bilder oder abstrakten Formen. Dies unterscheidet sie von Menschen mit beeinträchtigtem episodischem Gedächtnis oder einem allgemeinen kognitiven Abbau im Kontext von Alzheimer- oder anderen Demenzerkrankungen.

Aufmerksamkeit bezieht sich auf einen Zustand der physiologischen und kognitiven Aktivierung sowie auf die Fähigkeit des Geistes und des Gehirns, auf Reize zu reagieren und einige Informationen zur nachfolgenden Verarbeitung auszuwählen, während andere, irrelevante Informationen ignoriert werden (Niemann & Gauggel, 2006; Ward, 2010). Es werden verschiedene Aspekte der Aufmerksamkeit unterschieden, die unabhängige neuronale Korrelate haben (Petersen & Posner, 2012; ▶ Kap. 5 und 14).

Die Begriffe „exekutive Funktionen" und „Exekutivfunktionen" beziehen sich auf eine Reihe von Top-down-Prozessen, die dazu dienen, das Verhalten zu steuern, einschließlich der Fähigkeit, Inhalte in unserem Arbeitsgedächtnis zu aktualisieren. Exekutive Funktionen ermöglichen es uns, zwischen verschiedenen Aufgaben und Antworten zu wechseln und verfügbare Antworten zu hemmen. Eine einflussreiche Taxonomie (mit den englischen Begriffen „Updating", „Set Shifting" und „Inhibition" beschrieben) wurde von Miyake et al. (2000) vorgeschlagen. Nach Diamond

(2013) liegen diese Prozesse komplexeren exekutiven Funktionen zugrunde, wie Planung und Problemlösung. Exekutive Funktionen sind erforderlich, wenn man sein Verhalten flexibel ändern oder ein Ziel trotz Ablenkung verfolgen muss.

Es gibt Hinweise darauf, dass eine Form von Aufmerksamkeit und exekutiver Kontrolle am Zugriff auf Einträge im mentalen Lexikon beteiligt ist (z. B. Roelofs, 2023). Nach der Taxonomie von Miyake und Kollegen (2000) fanden Shao et al. (2012) heraus, dass sowohl Updating als auch Inhibition mit Benennzeiten zusammenhängen, obwohl die empirischen Ergebnisse recht komplex waren, weil schnelle und langsame Antworten unterschiedlich betroffen waren. Ein beliebtes experimentelles Paradigma zur Untersuchung des Objektbenennens beinhaltet die Präsentation von auditiven oder visuellen Distraktorwörtern zusammen mit einem zu benennenden Bild. Semantisch verwandte Distraktoren verlangsamen das Benennen, der sog. semantische Interferenzeffekt. Dies wurde als Evidenz für den Wettbewerb zwischen verschiedenen lexikalischen Einträgen aufgrund gemeinsamer semantischer Merkmale genommen (z. B. Roelofs, 2003). Ein anderes experimentelles Paradigma beinhaltet das Benennen von Objekten aus derselben semantischen Kategorie, wie Tiere oder Früchte. Dieses Benennen führt zu proaktiver Interferenz und erhöhten Reaktionszeiten bei nachfolgenden Benennversuchen, auch wenn Objekte aus verschiedenen Kategorien dazwischenliegen (z. B. Howard et al., 2006).

Die Rolle von Aufmerksamkeit und exekutiven Funktionen bei Aphasie wurde erst kürzlich genauer untersucht. Dies ist überraschend, da es eine häufige klinische Beobachtung ist, dass Menschen mit Aphasie schlechter abschneiden, wenn sie müde oder gestresst sind. Das bedeutet, dass die Wortfindung erfolgreicher ist, wenn eine Person mit Aphasie sich wohl- und wach fühlt und nicht abgelenkt ist. Schnur et al. (2006) verwendeten ein ähnliches experimentelles Paradigma wie Howard et al. (2006), das proaktive Interferenz beinhaltet, d. h. das Benennen von Objekten in semantisch homogenen Kontexten (z. B. Benennen von Tieren, dann Früchten, dann Werkzeugen). Sie stellten fest, dass Menschen mit Aphasie deutlich mehr semantische Fehler machten (Schnur et al., 2006). Offenbar sind sie in diesen experimentellen Kontexten anfälliger gegenüber proaktiver Interferenz. Diese Studie hat jedoch nicht die Aufmerksamkeits- oder exekutiven Fähigkeiten ihrer Teilnehmer und deren Wechselwirkung mit den experimentellen Bedingungen bewertet.

Andererseits können Aufmerksamkeits- und Exekutivfunktionen bei Menschen mit Aphasie beeinträchtigt sein, aber möglicherweise nicht mit ihrer Sprachbeeinträchtigung zusammenhängen. Zum Beispiel fanden Schumacher et al. (2022), dass die Aufmerksamkeitsaktivierung bei den meisten Teilnehmern mit Aphasie erhalten blieb, während die Fähigkeit, Reaktionen zu hemmen (selektive Aufmerksamkeit), bei etwa 20 % ihrer Stichprobe beeinträchtigt war. Bis zu 50 % der Teilnehmer mit Aphasie waren bei einer anspruchsvolleren geteilten Aufmerksamkeitsaufgabe beeinträchtigt. Komplexe Aufmerksamkeitsleistungen waren daher bei einem erheblichen Anteil der Menschen mit Aphasie beeinträchtigt. Allerdings waren diese Aufmerksamkeitsbeeinträchtigungen kaum mit basaleren Sprachleistungen wie Wortverständnis und -produktion korreliert. Schumacher et al. (2019) untersuchten Sprache sowie Aufmerksamkeits- und Exekutivfunktionen mithilfe einer statistischen Hauptkomponentenanalyse. Es ergaben sich sechs orthogonale Faktoren: drei in Bezug auf Sprachfunktionen (Phonologie, Semantik und Menge oder Flüssigkeit der produzierten Spontansprache) und drei in Verbindung mit Aufmerksamkeit und exekutiver Kontrolle (Shift-Update; Hemmung, Verarbeitungsgeschwindigkeit). Im Allgemeinen gab es wenige Überschneidungen zwischen den sprachlichen und den nichtsprachlichen Faktoren, mit Ausnahme einiger Sprachaufgaben, die wahrscheinlich Kontrolle und Arbeitsgedächtnis involvieren (z. B. Beurteilung von Minimalpaaren, Verständnis komplexer Sätze).

Andererseits wurde gezeigt, dass komplexere Sprachfunktionen auf Exekutivfunktionen angewiesen sind. Fridriksson et al. (2006) fanden heraus, dass einige Exekutivfunktionen mit kommunikativen Fähigkeiten wie dem Grad der Selbstständigkeit bei der Erreichung kommunikativer Ziele und der Bewertung verschiedener Aspekte der Kommunikation eines Teilnehmers korrelierten. Die Inhibition könnte eine Rolle bei der Verarbeitung mehrdeutiger Wörter (z. B. Homofone) oder Sätze spielen, die eine Überarbeitung einer Lesung oder eines Wort- oder Satzfragments erfordern (vgl. Rosenkranz, 2020). Schließlich beinhalten einige Aphasietests sog. Wortflüssigkeitsaufgaben. Bei der semantischen Wortflüssigkeitsaufgabe müssen die Teilnehmer so viele Wörter wie möglich aus einer bestimmten semantischen Kategorie produzieren (z. B. Tiere, Früchte). Aufgaben zur Buchstabenflüssigkeit („letter fluency") erfordern von den Teilnehmern, Wörter zu produzieren, die mit einem gegebenen Buchstaben beginnen (z. B. Buchstabe S, A oder F). Diese Aufgaben beinhalten den lexikalischen Zugang, aber auch Kreativität, Problemlösung sowie Flexibilität, Hemmung und Arbeitsgedächtnis und aktivieren in Bildgebungsstudien frontale sowie temporale kortikale Areale (Katzev et al., 2013). Die Leistung bei der Buchstabenflüssigkeit ist häufig bei Personen mit Aphasie, aber auch bei Personen mit anderen neurologischen Erkrankungen wie frontalen oder subkortikalen Schädigungen ohne eigentliche Aphasie, beeinträchtigt.

Aus diesen Beobachtungen ergibt sich die Notwendigkeit, Aufmerksamkeits- und Exekutivfunktionen in klinischen Populationen zu erfassen, da sowohl Aufmerksamkeit als auch Exekutivfunktionen häufig bei akuten und chronischen Schlaganfallpatienten betroffen sind (Barker-Collo et al., 2010; Cumming et al., 2013), die die Erholung nach einem Schlaganfall (Ownsworth & Shum, 2008) und die Wirksamkeit der Behandlung beeinflussen.

3.4 Neuere neurokognitive Modelle der Sprachverarbeitung

Das in ▶ Abschn. 3.2 diskutierte Logogenmodell hat sich als nützlicher theoretischer Rahmen zur Beschreibung der sprachlichen Beeinträchtigungen einer Person erwiesen. Das Modell ist jedoch auf die Verarbeitung einzelner Wörter und Segmente beschränkt. Es deckt weder die Verarbeitung von Phrasen oder Sätzen ab noch die komplexe morphologische Verarbeitung, z. B. von Nominalkomposita („Leuchtturm"). Daher hilft es wenig bei der Untersuchung von spontaner Sprache, Satzverarbeitung oder Diskurs. Dies spiegelt den Fokus früherer Forschungen auf die Verarbeitung einzelner Wörter (vgl. Harley, 2004) und auf Interventionen zur Verbesserung des Benennens wider, obwohl das Symptom des Agrammatismus und die Verarbeitung komplexer Sätze seit den 1970er-Jahren viel Aufmerksamkeit erfahren hat. Darüber hinaus sagt das Modell sowohl wenig über die Art der Repräsentationen innerhalb eines Moduls und deren Verarbeitung (Mechanismen und Zeitverlauf der Aktivierung und Selektion) als auch über Interaktionen zwischen Modulen (Sartori, 1988). Schließlich ist das Logogenmodell ein rein psychologisches Modell ohne Bezug zu seiner neuralen Implementierung. Das Modell ist also für bestimmte empirische Phänomene unzureichend, auch wenn die meisten Forscher und Kliniker es als nützliche Heuristik zur Untersuchung der Wortverarbeitung bei Personen mit Aphasie betrachten.

Fortschritte in der computerbasierten Modellierung und der anatomischen und funktionellen Bildgebung haben zur Entwicklung neuer Modelle geführt. Computerbasierte Modelle simulieren kognitive Prozesse als Computerprogramm. Die Implementierung dieser Modelle zwingt die Forscher in der Regel dazu, viel expliziter bei der Beschreibung ihres Modells zu sein. Gleichzeitig haben sowohl die funktionelle Bildgebung als auch das Läsions-Symptom-Mapping (Rorden & Karnath, 2004) (▶ Abschn. 5.1.3) dazu beigetragen, die neuronalen Korrelate spezifischer kognitiver Prozesse zu identifizieren. Wir werden kurz ein computergestütztes Modell (Dell et al., 1997) sowie ein Modell diskutieren, das sowohl anatomische als auch computerbasierte Aspekte der Sprachverarbeitung kombiniert (Ueno et al., 2011). Das Dual-Stream-Modell von Hickok und Poeppel (2007, 2015) wird in ▶ Abschn. 6.1.2 diskutiert. Alle diese Modelle bieten vielversprechende neue Erklärungen sowohl für unbeeinträchtigte als auch für beeinträchtigte Sprachverarbeitung, zusammen mit viel detaillierteren Annahmen über die neuralen Korrelate der Sprachverarbeitung. Interessanterweise stimmen sie trotz ihres Schwerpunkts auf verschiedene Aspekte der Sprachverarbeitung in mehreren Annahmen überein, einschließlich mehrerer Wege für Nachsprechen, Lesen und Schreiben, was auch mit dem viel älteren Logogenmodell übereinstimmt.

Das Modell von Dell et al. (1997, 2013; Schwartz et al., 2006) ist ein Computermodell zur Simulation des lexikalischen Zugriffs und der phonologischen Enkodierung mit Schwerpunkt auf der Produktion gesprochener Wörter. Das Modell wurde ursprünglich entwickelt, um Versprecher bei gesunden Personen zu erklären, wurde aber anschließend auf Fehler von Personen mit Aphasie angewendet. Es besteht aus drei Netzwerken von Knoten, die semantische Merkmale, lexikalische (oder Lemma) Darstellungen und Phoneme repräsentieren. Bei Benennaufgaben wird der Prozess der Wortproduktion eingeleitet durch Aktivierung von semantischen Merkmalen, die Aktivierung an lexikalische (Wort-) Knoten weitergeben. Eine Gruppe von semantisch verwandten Wörtern (z. B. Löwe, Tiger, Puma, Katze) wird somit aktiviert. Lexikalische Knoten aktivieren dann ihre jeweiligen Phonemknoten, die wiederum bidirektional mit den lexikalischen Knoten verbunden und somit in der Lage sind, phonologisch ähnliche lexikalische Knoten zu aktivieren. Nach einer bestimmten Zeit, in der die Aktivierung interaktiv zwischen den semantischen, lexikalischen und Phonemebenen fließt, erhält der lexikalische Knoten mit der höchsten Aktivierung einen zusätzlichen Aktivierungsschub. Diese Aktivierung wird auf die Phonemebene weitergegeben, wo Phoneme nach einiger Zeit ausgewählt werden. Interaktivität ist ein zentrales Merkmal des Modells, das es lexikalischen Knoten ermöglicht, Aktivierung sowohl von semantischen als auch von phonologischen Repräsentation zu erhalten. Das Modell ermöglicht daher sowohl semantisch als auch phonologisch verwandten Konkurrenten, den Auswahlprozess zu „gewinnen", was zu semantischen, phonologischen oder „gemischten" (semantisch und phonologisch verwandten) Fehlern führt. Ein oft zitiertes Beispiel ist der englische Fehler „rat" („Ratte"), der das Zielwort „cat", („Katze") ersetzt und zu diesem sowohl semantisch als auch phonologisch ähnlich ist.

Das Modell ist als Computermodell implementiert und kann „läsioniert" werden, indem die Verbindungsgewichte zwischen den Ebenen geändert werden, um die Benenn- und Nachsprechleistungen von aphasischen Probanden zu simulieren. Das Fehlermuster einer Person mit Aphasie kann simuliert werden, indem die Verbindungen zwischen semantischem Merkmal und der lexikalischen Ebene (s-Gewichte) oder die Verbindungen zwischen lexikalischen und Phonemknoten (p-Gewichte) geändert werden. Die Annahme ist, dass dies die spezifische neurolinguistische Beeinträchtigung dieser Person widerspiegelt. Insgesamt wurde eine gute Passung zwischen den Fehlerraten des Modells und denen einer Person erreicht, sowohl beim Objektbenennen als auch bei der Wortwiederholung (Dell et al., 1997; Schwartz et al., 2006). Ein überarbeitetes Computermodell beinhaltet zusätzliche nichtlexikalische Verbindungen (nl-Gewichte) zwischen Phonemeingabe und -ausgabe und erreicht eine noch bessere Übereinstimmung mit Nachsprechdaten. Zwei Parameter, p und nl, zeigten eine Korrelation mit den Nachsprechleistungen der aphasischen Teilnehmer. Unter Verwendung von Läsionsdaten aus einer großen Stichprobe von Patienten wurde der nl-Parameter mit Schädigungen temporoparietaler Verbindungen hinter der Sylvischen Fissur, auch Area SPT genannt, assoziiert (Dell et al., 2013).

Aufbauend auf Dells und anderen Computermodellen, insbesondere konnektionistischen Modellen der semantischen Verarbeitung und des Kurzzeitgedächtnisses, führten Ueno et al. (2011) ein „neuroanatomisch inspiriertes Computermodell" ein. Wie bei Hickok und Poeppel (2007) geht das Modell davon aus, dass mehrere kortikale Regionen, die funktionell durch zwei Wege verbunden sind, an der Sprachverarbeitung beteiligt sind.

Wie Dell et al. (1997) führten sie künstliche Läsionen im Modell ein, um verschiedene aphasische Syndrome oder Verhaltensweisen zu simulieren. Das Modell kann einen phonologischen Input auf semantische Repräsentationen abbilden, um das Wortverständnis zu simulieren, sowie eine Zuordnung von semantischen Merkmalen zum artikulatorische Output. Während des Trainings hat das Modell gelernt, Wörter zu verstehen und zu produzieren, Wörter und Nichtwörter zu wiederholen und semantische Repräsentationen zu erwerben. Künstliche Läsionen in spezifischen Teilen des Modells bestanden dann aus gelöschten Verbindungen oder hinzugefügtem Rauschen, um die Verarbeitung schwieriger zu gestalten. Mehrere aphasische Syndrome konnten durch diese künstlichen Läsionen simuliert werden.

Alle drei Modelle stellen bedeutende Fortschritte in unserem Verständnis der kognitiven und neuronalen Architektur der Sprachverarbeitung dar. Sie nehmen ein Netzwerk an, das weitgehend in der linken Hemisphäre verteilt ist und viele Areale umfasst, die in früheren anatomischen Modellen nicht berücksichtigt wurden. Sie verwenden Daten sowohl von neurologisch unbeeinträchtigten als auch von aphasischen Personen. Andererseits bleiben einige Punkte unbeantwortet. Dazu gehören das Ausmaß der Interaktivität im Modell von Dell und Kollegen, der Beitrag der linken und rechten Hemisphäre bei der Wortverarbeitung (Hickok & Poeppel, 2015) sowie die Organisation des mentalen Lexikons und ob es unabhängige Darstellungen von Morphemen gibt oder ob das mentale Lexikon aus semantischen und phonologischen Segmenten ohne separate lexikalische Knoten besteht (Lambon Ralph et al., 2002; Ueno et al., 2011).

Literatur

Akbari, M. (2014). A multidimensional review of bilingual aphasia as a language disorder. *Advances in Language and Literary Studies, 5*(2), 73–86. https://doi.org/10.7575/aiac.alls.v.5n.2p.73

Alario, F.-X., Ferrand, L., Laganaro, M., New, B., Frauenfelder, U. H., & Segui, J. (2004). Predictors of picture naming speed. *Behaviour Research Methods, Instruments, & Computers, 36*(1), 140–155. https://doi.org/10.3758/BF03195559

Argyri, E., & Sorace, A. (2007). Crosslinguistic influence and language dominance in older bilingual children. *Bilingualism: Language and Cognition, 10*(1), 79–99.

Badecker, W. (2001). Lexical composition and the production of compounds: Evidence from errors in naming. *Language and Cognitive Processes, 16*(4), 337–366. https://doi.org/10.1080/01690960042000120

Badecker, W., & Caramazza, A. (2017). Morphology and aphasia. In *The Handbook of Morphology*, Wiley (S. 390–405).

Balota, D. A., Yap, M. J., & Cortese, M. J. (2006). Visual word recognition: The journey from features to meaning (a travel update). In *Handbook of psycholinguistics* (S. 285–375). Academic Press.

Barker-Collo, S., Feigin, V. L., Parag, V., Lawes, C. M. M., & Senior, H. (2010). Auckland stroke outcomes study: Part 2: Cognition and functional outcomes 5 years poststroke. *Neurology, 75*(18), 1608–1616.

Bates, E., Wilson, S. M., Saygin, A. P., Dick, F., Sereno, M. I., Knight, R. T., & Dronkers, N. F. (2003). Voxel-based lesion-symptom mapping. *Nature Neuroscience, 6*(5), 448–450.

Biedermann, B., Coltheart, M., Saunders, S., Hersh, D., & Hill, L. (2022–2024). *The CogNeuroApp: A novel web-based app for neuropsychological assessment of impairments of language*. The Tavistock Trust for Aphasia. https://cogneuro.app/

Birdsong, D. (2014). Dominance and age in bilingualism. *Applied Linguistics, 35*(4), 374–392.

Blanken, G. (2000). The production of nominal compounds in aphasia. *Brain and Language, 74*(1), 84–102. https://doi.org/10.1006/brln.2000.2338

de Bleser, R., Cubelli, R., & Luzzatti, C. (1993). Conduction aphasia, misrepresentations, and word representations. *Brain and Language, 45*, 475–494.

Bourassa, D. C., & Besner, D. (1994). Beyond the articulatory loop: A semantic contribution to serial order recall of subspan lists. *Psychonomic Bulletin & Review, 1*(1), 122–125.

Broca, P. (1861). Remarks on the seat of the faculty of articulated language, following an observation of aphemia (loss of speech). *Bulletin de la Société Anatomique, 6*, 330–357.

Caramazza, A. (1986). On drawing inferences about the structure of normal cognitive systems from the analysis of patterns of impaired performance: The case for single-patient studies. *Brain and Cognition, 3*, 41–66.

Caramazza, A. (1997). How many levels of processing are there in lexical access? *Cognitive Neuropsychology, 14*(1), 177–208.

Caramazza, A., & Shelton, J. R. (1998). Domain-specific knowledge systems in the brain: The animate-inanimate distinction. *Journal of Cognitive Neuroscience, 10*(1), 1–34.

Cargnelutti, E., Tomasino, B., & Fabbro, F. (2022). Effects of linguistic distance on second language brain activations in bilinguals: An exploratory coordinate-based meta-analysis. *Frontiers in Human Neuroscience, 15*, 744489.

Carlson, N. R. (2004). *Physiologische Psychologie* (8. Aufl.). Pearson.

Coltheart, M. (1984). Acquired dyslexias and normal reading. In *Dyslexia: A global issue* (S. 357–373). Springer Netherlands.

Coltheart, M. (1999). Modularity and cognition. *Trends in Cognitive Sciences, 3*(3), 115–120.

Coltheart, M. (2001). Assumptions and methods in cognitive neuropsychology. In B. Rapp (Hrsg.), *Handbook of cognitive neuropsychology: What deficits reveal about the human mind* (S. 3–21). Psychology Press.

Coltheart, M. (2017). The assumptions of cognitive neuropsychology: Reflections on Caramazza (1984, 1986). *Cognitive Neuropsychology, 34*, 397–402.

Coltheart, M., Davelaar, E., Jonasson, J. T., & Besner, D. (1977). Access to the internal lexicon. In S. DorniD (Hrsg.), *Attention and performance VI* (S. 535–555). Erlbaum.

Coltheart, M., Rastle, K., Perry, C., Langdon, R., & Ziegler, J. (2001). DRC: A dual route cascaded model of visual word recognition and reading aloud. *Psychological Review, 108*(1), 204–256. https://doi.org/10.1037/0033-295X.108.1.204

Costa, A., Caramazza, A., & Sebastian-Galles, N. (2000). The cognate facilitation effect: Implications for models of lexical access. *Journal of Experimental Psychology: Learning, Memory, and Cognition, 26*, 1283–1296. https://doi.org/10.1037/0278-7393.26.5.1283

Cowan, N. (2008). What are the differences between long-term, short-term, and working memory? *Progress in Brain Research, 169*, 323–338.

Cubelli, R. (1991). A selective deficit for writing vowels in acquired dysgraphia. *Nature, 353*, 258–260.

Cumming, T. B., Marshall, R. S., & Lazar, R. M. (2013). Stroke, cognitive deficits, and rehabilitation: Still an incomplete picture. *International Journal of Stroke, 8*(1), 38–45.

Dell, G. S. (1986). A spreading-activation theory of retrieval in sentence production. *Psychological Review, 93*(3), 283.

Dell, G. S., Schwartz, M. F., Martin, N., Saffran, E. M., & Gagnon, D. A. (1997). Lexical access in aphasic and nonaphasic speakers. *Psychological Review, 104*(4), 801–838.

Dell, G. S., Martin, N., & Schwartz, M. F. (2007). A case-series test of the interactive two-step model of lexical access: Predicting word repetition from picture naming☆. *Journal of Memory and Language, 56*(4), 490–520. https://doi.org/10.1016/j.jml.2006.05.007

Dell, G. S., Schwartz, M. F., Nozari, N., Faseyitan, O., & Coslett, H. B. (2013). Voxel-based lesion-parameter mapping: Identifying the neural correlates of a computational model of word production. *Cognition, 128*, 380–396.

Demeyere, N., Riddoch, M. J., Slavkova, E. D., Bickerton, W.-L., & Humphreys, G. W. (2015). The Oxford Cognitive Screen (OCS): Validation of a stroke-specific short cognitive screening tool. *Psychological Assessment, 27*, 883–894.

Diamond, A. (2013). Executive functions. *Annual Review of Psychology, 64*, 135–168.

Dijkstra, T. O. N., Wahl, A., Buytenhuijs, F., Van Halem, N., Al-Jibouri, Z., De Korte, M., & Rekké, S. (2019). Multilink: A computational model for bilingual word recognition and word translation. *Bilingualism: Language and Cognition, 22*(4), 657–679.

Dunn, A. L., & Fox Tree, J. E. (2009). A quick, gradient bilingual dominance scale. *Bilingualism: Language and Cognition, 12*(3), 273–289.

Dunn, A. L., & Fox Tree, J. E. (2014). More on language mode. *International Journal of Bilingualism, 18*(6), 605–613.

Dylman, A., & Barry, C. (2018). When having two names facilitates lexical selection: Similar results in the picture-word task from translation distractors in bilinguals and synonym distractors in monolinguals. *Cognition, 171*, 151–171.

Ellis, A. W. (2016). *Reading, writing and dyslexia (classic edition): A cognitive analysis*. Psychology Press.

Fodor, J. A. (1983). *The modularity of mind*. MIT Press.

Frackowiak, R. S. J., et al. (Hrsg.). (2003). *Human brain function* (2. Aufl.). Academic Press.

Fridriksson, J., Nettles, C., Davis, M., Morrow, L., & Montgomery, A. (2006). Functional communication and executive function in aphasia. *Clinical Linguistics & Phonetics, 20*(6), 401–410.

Fromkin, V., Rodman, R., & Hyams, N. (2018). *An Introduction to Language (w/ MLA9E Updates)*. Cengage Learning.

Geschwind, N. (1972). Language and the brain. *Scientific American, 226*(4), 76–83.

Gimenes, M., & New, B. (2016). Worldlex: Twitter and Blog word frequencies for 66 languages. *Behavior Research Methods, 48*(3), 963–972. https://doi.org/10.3758/s13428-015-0621-0

Goodglass, H., Kaplan, E., & Barresi, B. (2001). *The assessment of aphasia and related disorders*. Pro-ed.

Goral, M., Norvik, M., & Jensen, B. U. (2019). Variation in code-switching in multilingual aphasia. *Journal of Clinical Linguistics and Phonetics, 33*, 915–929.

Gottesman, R. F., & Hillis, A. E. (2010). Predictors and assessment of cognitive dysfunction resulting from ischaemic stroke. *The Lancet Neurology, 9*, 895–905.

Green, D. W. (1986). Control, activation, and resource: A framework and a model for the control of speech in bilinguals. *Brain and Language, 27*(2), 210–223. https://doi.org/10.1016/0093-934X(86)90016-7

Green, D. W. (1998). Mental control of the bilingual lexico-semantic system. *Bilingualism: Language and Cognition, 1*(2), 67–81. https://doi.org/10.1017/S1366728998000133

Grosjean, F. (2021). *Life as a bilingual: Knowing and using two or more languages*. Cambridge University Press. https://doi.org/10.1017/9781108975490

Guenther, F. H. (2016). *Neural control of speech*. MIT Press.

Hameau, S., Nickels, L., & Biedermann, B. (2019). Effects of semantic neighbourhood density on spoken word production. *Quarterly Journal of Experimental Psychology, 72*(12), 2752–2775.

Hameau, S., Biedermann, B., Robideaux, S., & Nickels, L. (2021a). Effects of phonological neighbourhood density and frequency in picture naming. *Journal of Memory and Language, 120*, 1–20.

Hameau, S., Biedermann, B., & Nickels, L. (2021b). Lexical activation in late bilinguals: Effects of phonological neighbourhood on spoken word production. *Language, Cognition and Neuroscience, 36*(4), 517–534. https://doi.org/10.1080/23273798.2020.1863438

Harley, T. A. (2004). Does cognitive neuropsychology have a future? *Cognitive Neuropsychology, 21*(1), 3–16.

Heister, J., Würzner, K.-M., Bubenzer, J., Pohl, E., Hanneforth, T., Geyken, A., & Kliegl, R. (2011). dlexDB – eine lexikalische Datenbank für die psychologische und linguistische Forschung. *Psychologische Rundschau, 62*(1), 10–20.

Hickok, G., & Poeppel, D. (2007). The cortical organization of speech processing. *Nature Reviews Neuroscience, 8*, 393–402.

Hickok, G., & Poeppel, D. (2015). Neural basis of speech perception. In G. Hickok & S. Small (Hrsg.), *The neurobiology of language* (S. 299–310). Academic Press.

Hillis, A. E., Rapp, B., Romani, C., & Caramazza, A. (1990). Selective impairment of semantics in lexical processing. *Cognitive Neuropsychology, 7*(3), 191–243.

Howard, D., Nickels, L., Coltheart, M., & Cole-Virtue, J. (2006). Cumulative semantic inhibition in picture naming: Experimental and computational studies. *Cognition, 100*(3), 464–482.

Jaillard, A., Grand, S., Le Bas, J. F., & Hommel, M. (2010). Predicting cognitive dysfunctioning in nondemented patients early after stroke. *Cerebrovascular Diseases, 29*(5), 415–423.

Jarema, G., Perlak, D., & Semenza, C. (2010). The processing of compounds in bilingual aphasia: A multiple-case study. *Aphasiology, 24*(2), 126–140. https://doi.org/10.1080/02687030902958225

Katzev, M., Tüscher, O., Hennig, J., Weiller, C., & Kaller, C. P. (2013). Revisiting the functional specialization of left inferior frontal gyrus in phonological and semantic fluency: The crucial role of task demands and individual ability. *Journal of Neuroscience, 33*(18), 7837–7845.

Kay, J., Lesser, R., & Coltheart, M. (1996). Psycholinguistic assessments of language processing in aphasia (PALPA): An introduction. *Aphasiology, 10*(2), 159–180. https://doi.org/10.1080/02687039608248403

Kohnert, K. (2004). Cognitive and cognate-based treatments for bilingual aphasia: A case study. *Brain and Language, 91*(3), 294–302. https://doi.org/10.1016/j.bandl.2004.04.001

Lambon Ralph, M. A., Moriarty, L., & Sage, K. (2002). Anomia is simply a reflection of semantic and phonological impairments: Evidence from a case-series study. *Aphasiology, 16*(1-2), 56–82.

Lambon Ralph, M. A., Snell, C., Fillingham, J. K., Conroy, P., & Sage, K. (2010). Predicting the outcome of anomia therapy for people with aphasia post CVA: Both language and cognitive status are key predictors. *Neuropsychological Rehabilitation, 20*(2), 289–305.

Lesser, R., & Milroy, L. (1993). *Linguistics and aphasia psycholinguistic and pragmatic aspects of intervention*. Longman.

Leung, C. (2022). Language proficiency: From description to prescription and back? *Educational Linguistics, 1*(1), 56–81. De Gruyter: Mouton.

Levelt, W. J. M. (1989). „Speaking: from intention to articulation." MIT Press.

Levelt, W. J., Roelofs, A., & Meyer, A. S. (1999). A theory of lexical access in speech production. *Behavioural and brain sciences, 22*(1), 1–38.

Lezak, M. D., Howieson, D. B., Bigler, E. D., & Tranel, D. (2012). *Neuropsychological assessment* (5. Aufl.). Oxford University Press.

Lichtheim, L. (1885). On aphasia. *Brain, 7*, 433–484.

Lorenz, A., & Zwitserlood, P. (2014). Processing of nominal compounds and gender-marked determiners in aphasia: Evidence from German. *Cognitive Neuropsychology, 31*(1–2), 40–74. https://doi.org/10.1080/02643294.2013.874335

MacPherson, S. E., & Della Sala, S. (Hrsg.). (2019). *Cases of amnesia. Contributions to understanding memory and the brain*. Psychology Press.

Madan, C. R., Glaholt, M. G., & Caplan, J. B. (2010). The influence of item properties on association-memory. *Journal of Memory and Language, 63*(1), 46–63.

Majerus, S. (2009). Verbal short-term memory and temporary activation of language representations: The importance of distinguishing item and order information. In A. Thorn & M. Page (Hrsg.), *Interactions between short-term and long-term memory in the verbal domain*. Psychology Press.

Marian, V. (2009). Audio-visual integration during bilingual language processing. In A. Pavlenko (Hrsg.), *The bilingual mental lexicon: Interdisciplinary approaches* (S. 52–78). Multilingual Matters. https://doi.org/10.21832/9781847691262-005

Marian, V., & Blumenfeld, H. (2006). Phonological neighborhood density guides lexical access in native and non-native language production. *Journal of Social and Ecological Boundaries, 2*(1), 3–35.

Marian, V., Bartolotti, J., Chabal, S., & Shook, A. (2012). CLEARPOND: Cross-linguistic easy-access resource for phonological and orthographic neighborhood densities. *PLoS ONE, 7*(8), e43230. https://doi.org/10.1371/journal.pone.0043230

Martin, J. M., Altarriba, J., & Kazanas, S. A. (2020). Is it possible to predict which bilingual speakers have switched language dominance? A discriminant analysis. *Journal of Multilingual and Multicultural Development, 41*(3), 206–218. https://doi.org/10.1080/01434632.2019.1603236

Miceli, G., & Capasso, R. (2006). Spelling and dysgraphia. *Cognitive Neuropsychology, 23*(1), 110–134.

Middleton, E. L., & Schwartz, M. F. (2010). Density pervades: An analysis of phonological neighbourhood density effects in aphasic speakers with different types of naming impairment. *Cognitive Neuropsychology, 27*(5), 401–427. https://doi.org/10.1080/02643294.2011.570325

Miyake, A., Friedman, N. P., Emerson, M. J., Witzki, A. H., Howerter, A., & Wager, T. D. (2000). The unity and diversity of executive functions and their contributions to complex „frontal lobe" tasks: A latent variable analysis. *Cognitive psychology, 41*(1), 49–100.

Montrul, S. (2015). Dominance and proficiency in early and late bilingualism. In C. Silva-Corvalán & J. Treffers-Daller (Hrsg.), *Language dominance in bilinguals: Issues of measurement and operationalization* (S. 15–35). Cambridge University Press.

Moormann, M. (2023). *Cross-linguistic effects on spoken picture naming in bilingual people with aphasia*. Doctoral dissertation, Curtin University. https://espace.curtin.edu.au/handle/20.500.11937/94222

Moormann, M., Lorenz, A., Nickels, L., Hennessey, N., & Biedermann, B. (2025, in press). From ‚jellyfish' to ‚poisson de gelée'-Compound Production in Bilingual Aphasia. The Mental Lexicon.

Morton, J. (1969). Interaction of information in word recognition. *Psychological Review, 76*(2), 165–178.

Nickels, L., & Howard, D. (1995). Aphasic naming: What matters? *Neuropsychologia, 33*(10), 1281–1303. https://doi.org/10.1016/0028-3932(95)00102-9

Nickels, L., & Howard, D. (2004). Dissociating effects of number of phonemes, number of syllables, and syllabic complexity on word production in aphasia: It's the number of phonemes that counts. *Cognitive Neuropsychology, 21*(1), 57–78. https://doi.org/10.1080/02643290342000122

Nickels, L., Hameau, S., Nair, V. K., Barr, P., & Biedermann, B. (2019). Ageing with bilingualism: Benefits and challenges. *Speech, Language and Hearing, 22*(1), 32–50.

Nickels, L., Fischer-Baum, S., & Best, W. (2022). Single case studies are a powerful tool for developing, testing, and extending theories. *Nature Reviews Psychology, 1*(12), 733–747.

Niemann, H., & Gauggel, S. (2006). Störungen der Aufmerksamkeit. In H. O. Karnath, W. Hartje, & W. Ziegler (Hrsg.), *Kognitive Neurologie*. Thieme.

Ownsworth, T., & Shum, D. (2008). Relationship between executive functions and productivity outcomes following stroke. *Disability and Rehabilitation, 30*(7), 531–540.98.

Paradis, J. (2010). The interface between bilingual development and specific language impairment. *Applied Psycholinguistics, 31*(2), 227–252. https://doi.org/10.1017/S0142716409990373

Paradis, M. (2001). Bilingual and polyglot aphasia. In R. S. Berndt (Hrsg.), *Language and aphasia* (2. Aufl., Bd. 3, S. 69–91). Elsevier.

Paradis, M., & Libben, G. (1987). *The assessment of bilingual aphasia*. LEA.

Patterson, K., & Shewell, C. (1987). Speak and spell: Dissociations and word class effects. In M. Coltheart, G. Satori, & R. Job (Hrsg.), *The cognitive neuropsychology of language* (S. 273–294). Erlbaum.

Petersen, S. E., & Posner, M. I. (2012). The attention system of the human brain. 20 years after. *Annual Review of Neuroscience, 13*, 25–42.

Roelofs, A. (2003). Goal-referenced selection of verbal action: Modeling attentional control in the Stroop task. *Psychological Review, 110*, 88–12.

Roelofs, A. (2023). Modeling the attentional control of vocal utterances: From Wernicke to WEAVER++/ARC. In J. Guendouzi, F. Loncke, & M. J. Williams (Hrsg.), *The handbook of psycholinguistic and cognitive processes: Perspectives in communication disorders* (2. Aufl., S. 144–159). Psychology Press.

Rorden, C., & Karnath, H. O. (2004). Using human brain lesions to infer function: A relic from a past era in the fMRI age? *Nature Reviews Neuroscience, 5*(10), 812–819.

Rosenbaum, R. S., Gilboa, A., & Moscovitch, M. (2014). Case studies continue to illuminate the cognitive neuroscience of memory. *Annals of the New York Academy of Sciences, 1316*, 105–133.

Rosenkranz, A. (2020). Die Rolle der kognitiven Kontrolle bei der Wortverarbeitung: Hinweise für die Aphasietherapie. *Aphasie und verwandte Gebiete, 2*, 19–29.

Sadat, J., Martin, C. D., Costa, A., & Alario, F. X. (2014). Reconciling phonological neighborhood effects in speech production through single trial analysis. *Cognitive Psychology, 68*, 33–58.

Sartori, G. (1988). From models to neuropsychological data and vice versa. In G. Denes, C. Semenza, & P. Bisiacchi (Hrsg.), *Perspectives on Cognitive Neuropsychology* (S. 59–73). Lawrence Erlbaum Associates.

Saur, D., Lange, R., Baumgaertner, A., Schraknepper, V., Willmes, K., Rijntjes, M., & Weiller, C. (2006). Dynamics of language reorganization after stroke. *Brain, 129*(6), 1371–1384.

Schnur, T. T., Schwartz, M. F., Brecher, A., & Hodgson, C. (2006). Semantic interference during blocked-cyclic naming: Evidence from aphasia. *Journal of Memory and Language, 54*(2), 199–227.

Schumacher, R., Halai, A. D., & Lambon Ralph, M. A. (2019). Assessing and mapping language, attention and executive multidimensional deficits in stroke aphasia. *Brain, 142*(10), 3202–3216.

Schumacher, R., Halai, A. D., & Lambon Ralph, M. A. (2022). Attention to attention in aphasia – elucidating impairment patterns, modality differences and neural correlates. *Neuropsychologia, 177*, 108413.

Schwartz, M. F., & Dell, G. S. (2010). Case series investigations in cognitive neuropsychology. *Cognitive neuropsychology, 27*(6), 477–494.

Schwartz, M. F., Dell, G. S., Martin, N., Gahl, S., & Sobel, P. (2006). A case-series test of the interactive two-step model of lexical access: Evidence from pictures naming. *Journal of Memory and Language, 54*, 228–264.

Seyboth, M., Blanken, G., Ehmann, D., Schwarz, F., & Bormann, T. (2011). Selective impairment of masculine gender processing: Evidence from a German aphasic. *Cognitive Neuropsychology, 28*(8), 564–588.

Shallice, T. (1988). *From neuropsychology to mental structure.* Cambridge University Press.

Shallice, T. (1993). Multiple semantics: Whose confusions? *Cognitive Neuropsychology, 10*(3), 251–261.120.

Shallice, T. (2015). Cognitive neuropsychology and its vicissitudes: The fate of Caramazza's axioms. *Cognitive Neuropsychology, 32*(7), 385–411.

Shao, Z., Roelofs, A., & Meyer, A. S. (2012). Sources of individual differences in the speed of naming objects and actions: The contribution of executive control. *Quarterly Journal of Experimental Psychology, 65*, 1927–1944.

Swinburn, K., Porter, G., & Howard, D. (2004). *Comprehensive aphasia test.* Routledge/Taylor and Francis Group.

Ueno, T., Saito, S., Rogers, T. T., & Lambon Ralph, M. A. (2011). Lichtheim 2: Synthesizing aphasia and the neural basis of language in a neurocomputational model of the dual dorsal-ventral language pathways. *Neuron, 72*(2), 385–396.

United Nations. (2022). *World population prospects 2022: Summary of results.* Retrieved January 30, 2024, from: https://www.un.org/development/desa/pd/

Van Hell, J. G., & Tanner, D. (2012). Second language proficiency and cross-language lexical activation. *Language Learning, 62*, 148–171.

Vogel, S., & Garcia, O. (2017). *Translanguaging. Oxford research encyclopedia of education.* Oxford University Press.

Ward, J. (2010). *The student's guide to cognitive neuroscience.* Psychology Press.

Warrington, E. K., & Shallice, T. (1984). Category specific semantic impairments. *Brain, 107*, 829–854.

Wernicke, C. (1874). *Der aphasische Symptomencomplex.* Cohn & Weigert.

Wingfield, A. (1968). Effects of frequency on identification and naming of objects. *The American Journal of Psychology, 81*(2), 226–234.

Woollams, A. M., Ralph, M. A. L., Plaut, D. C., & Patterson, K. (2007). SD-squared: On the association between semantic dementia and surface dyslexia. *Psychological Review, 114*(2), 316.

Rückbildung und Rehabilitation von Aphasien

Elisabeth Meffert und Britta Biedermann

Inhaltsverzeichnis

4.1 Verlauf, sprachliche Reorganisation und Prognose – 50

4.2 Diagnostik – 51

4.3 Aphasietherapie – 54
4.3.1 Grundlagen – 54
4.3.2 Phasenspezifisches Vorgehen – 56
4.3.3 Methoden der Sprachtherapie – 56

4.4 Wirksamkeit von Aphasietherapie – 58

Literatur – 62

4.1 Verlauf, sprachliche Reorganisation und Prognose

Der Verlauf einer Aphasie ist u. a. abhängig von der Grunderkrankung. Bei schlaganfallbedingten Aphasien sind verschiedene Phasen der Erkrankung und deren unterschiedliche Prozesse der Rückbildung detailliert beschrieben (▶ Abschn. 5.2.2 und ▶ Kap. 10). Auch zur primär progressiven Aphasie liegen Erkenntnisse zu Verlauf und Prognose vor (▶ Kap. 18). Zu anderen Ätiologien der Aphasie fehlen belastbare Daten zum Verlauf und zur Prognose, sodass es im Folgenden nur um vaskulär bedingte Aphasieformen gehen wird.

> 1. Akutphase (die ersten 4–6 Wochen nach dem schädigenden Ereignis)
> 2. Postakute Phase (bis 1 Jahr post onset)
> 3. Chronische Phase (ab 1 Jahr post onset)

> **Spontaner Rückbildungsverlauf nach Schlaganfall**
> Die Rückbildung bei vaskulär bedingten Aphasien wird i. d. R. in drei Phasen unterteilt, die aus Befunden zum spontanen Rückbildungsverlauf nach Schlaganfall abgeleitet wurden (Huber et al., 2006; Springer, 2008; ◘ Abb. 4.1):

Die Rückbildung der sprachlichen Funktionsstörungen ist an strukturelle Veränderungen auf der neuronalen Ebene geknüpft, welche sich in Form von Restitution, Substitution (basierend auf Redundanz im sprachlichen Netzwerk) und Kompensation (Nutzung von ersetzenden Strukturen und Funktionen) auf neurophysiologischer Ebene vollziehen. Im Verlauf der Erkrankung sind diese Prozesse zu unterschiedlichen Zeiten unterschiedlich stark wirksam. Die Prozesse beginnen spontan („Spontanremission") und beziehen neuronale Netzwerke sowohl der linken als auch der rechten Hemisphäre mit ein. Ein phasenspezifisches Vorgehen in der Aphasietherapie versucht, den dominierend wirksamen Mechanismus der jeweiligen Krankheitsphase gezielt zu unterstützen (Nobis-Bosch et al., 2013; ◘ Abb. 4.1 und ▶ Abschn. 4.2).

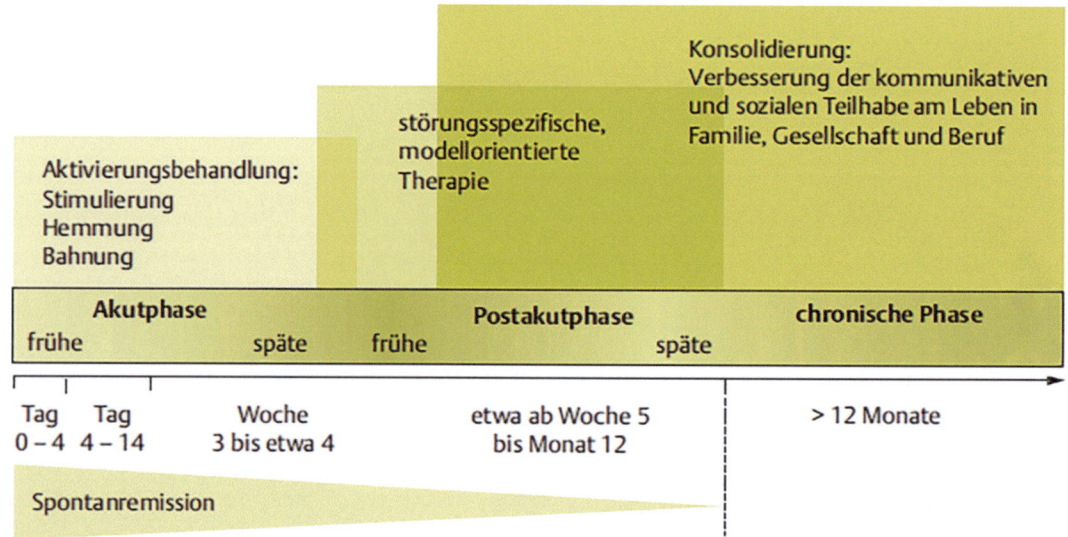

◘ Abb. 4.1 Phasenmodell der Aphasien. (Aus Nobis-Bosch et al., 2013, mit freundlicher Genehmigung)

In der Akutphase ist die neurophysiologische Grundlage der Reaktivierung sprachlicher Funktionen vor allem in der neuronalen Regeneration zu suchen (z. B. Rückbildung von Penumbra- und Diaschisis-Effekten, Restitution von vorübergehend geschädigten Neuronen). Das klinische Bild der akuten Aphasien unterliegt gemäß diesen Veränderungen starken Schwankungen, vor allem in Bezug auf den Schweregrad. Dies wird verstärkt durch begleitende Störungen der Aufmerksamkeit, des Bewusstseins, des Antriebs, des Affekts etc. Die Belastbarkeit der Patienten ist stark reduziert. Eine Klassifikation in Aphasiesyndrome ist zu diesem Zeitpunkt nicht sinnvoll (Nobis-Bosch et al., 2013). Bis ca. vier Wochen nach dem Schlaganfall ist die Aphasie bei ca. 1/3 der initial aphasischen Personen vollkommen rückgebildet, nach sechs Monaten erhöht sich diese Zahl auf ca. 50 %. Danach spielt die sog. Spontanremission eine geringere Rolle und erfolgt nur noch selten als vollständige Rückbildung (Knecht et al., 1995; Pedersen et al., 1995; Nobis-Bosch et al., 2013).

Ab der postakuten Phase kann mit einer Stabilisierung der sprachlichen Symptomatik gerechnet werden. Auch die Belastbarkeit der Patienten nimmt zu. Restitution wird durch andere Prozesse der Reorganisation abgelöst, welche systematisches Üben im Bereich der gestörten Sprachfunktionen erfordern. Während der frühen postakuten Phase ist die Spontanremission dynamischer als in der späten Postakutphase. Insgesamt beruht die Rückbildung sprachlicher Einschränkungen mehr und mehr auf der umfassenden Reorganisation des gesamten sprachlichen Netzwerks durch komplexe und intensive Lernvorgänge. Nach Ablauf eines Jahres ist die Spontanremission weitgehend abgeschlossen, sodass weitere Verbesserungen ausschließlich durch intensives und gezieltes, langfristig angelegtes sprachliches Üben zustande kommen.

Aus bildgebenden Studien liegen Befunde zu den neuronalen Korrelaten der sprachlichen Rückbildung vor. Vieles deutet auf einen dynamischen Verlauf von Prozessen hin, die beide Hemisphären zu unterschiedlichen Zeiten verschieden stark einbeziehen. Die Rolle homologer rechtshemisphärischer und periläsioneller Gebiete in Bezug auf die erfolgreiche sprachliche Rückbildung ist noch nicht vollständig geklärt (vgl. z. B. Saur et al., 2006; ▶ Abschn. 5.2.2 und ▶ Kap. 10).

Als belastbare prognostische Faktoren für die Aphasie haben sich am ehesten der initiale Schweregrad, die Größe der Läsion und die Lokalisation der Läsion herausgestellt (z. B. Maas et al., 2010; Cappa, 2009). Zahlreiche andere Faktoren wie Alter, Geschlecht, Händigkeit und Bildungsgrad werden in ihrer prognostischen Bedeutung kontrovers diskutiert (z. B. Cappa, 1998; Yamaji & Maeshima, 2022). Möglicherweise ist das uneindeutige Bild aus früheren Studien ein Resultat kleiner Stichprobengrößen (Kristinsson et al., 2022). In Bezug auf die allgemeinen Rehabilitationsfortschritte nach einem Schlaganfall werden die Schwere der Begleiterkrankungen, das Vorliegen einer initialen Blaseninkontinenz, das Vorliegen von kognitiven Störungen sowie das Vorliegen von Störungen im auditiven Sprachverständnis als relevante prognostische Faktoren angesehen (Frommelt, 2024).

Zusätzlich zur quantitativ erfassbaren Besserung der Sprachstörung im Zeitverlauf kann es zu einem sog. Syndromwandel kommen (▶ Abschn. 2.2).

4.2 Diagnostik

Eine Kommunikationsstörung wird in der Regel bereits früh nach dem schädigenden Ereignis erkannt. Eine umfassende Diagnostik darf sich nicht nur auf die Erfassung der gestörten sprachlichen Funktionen beschränken, sondern muss orientiert am Internationalen Klassifikationssystem für Funktionsfähigkeit, Behinderung und Gesundheit (ICF; WHO, 2001) erfolgen. In diesem Kontext ist es essenziell zu erfassen, inwieweit die Aphasie die Betroffenen in ihrem alltäglichen Leben und ihrer Fähigkeit zur sozialen Teilhabe beeinträchtigt, um einen ganzheitlichen Überblick über die Auswirkungen der Störung zu erhalten und entsprechende therapeutische Maßnahmen gezielt planen zu können (Sheppard & Sebastian, 2021).

In der Anamnese werden wichtige Daten zur Erkrankung sowie der berufliche und soziale Hintergrund der Betroffenen erfragt. Die Diagnostik erfolgt in Form von orientierenden Verfahren sowie standardisierten und normierten Tests. Hierbei unterscheiden sich die Vorgehensweisen und die verwendeten Verfahren je nach Phase der Erkrankung, nach Schweregrad und nach Fragestellung. Die Untersuchung erfolgt durch SprachtherapeutInnen, welche auch die Diagnose stellen (Huber et al., 2006).

> **Ziele der Aphasiediagnostik**
> Aphasiediagnostik kann verschiedene Ziele verfolgen. Sie erfolgt ICF-orientiert und erfasst
> – die Ebene der gestörten sprachlichen und kommunikativen Funktionen,
> – die Auswirkungen der Aphasie auf sprachliche Aktivitäten und Partizipation im Alltag,
> – Personenbezogene Faktoren und Kontextfaktoren (werden anamnestisch erfragt).
>
> Idealerweise werden auch die Lebensqualität, die psychische Situation der Betroffenen und die neuropsychologischen Begleitstörungen ermittelt.

Für das Erkennen und Beschreiben der Aphasie stellen sich die folgenden Fragen:
– Auslese: Liegt eine Aphasie vor?
– Abgrenzung: Liegt eine andere Störung der Kommunikation (evtl. auch zusätzlich) vor?
– Klassifikation: Lässt sich die Aphasie bereits klassifizieren oder näher beschreiben?
– Schweregrad: Wie stark sind die aphasischen Störungen?

Fragen dieser Art beantworten am ehesten standardisierte und normierte Testverfahren wie die Boston Diagnostic Aphasia Examination (BDAE-3; Goodglass & Barresi, 2000), die Western Aphasia Battery – Revised (WAB-R, Kertesz, 2007) im englischsprachigen Raum sowie der Aachener Aphasie Test (AAT; Huber et al., 1983) für den deutschsprachigen Raum, welcher außerdem in mehrere Sprachen (u. a. auf Englisch, Niederländisch, Italienisch) übersetzt und für diese normiert wurde. In diesen Testverfahren werden alle sprachlichen Modalitäten auf verschiedenen linguistischen Ebenen überprüft. Somit wird eine umfassende Feststellung der sprachlichen Defizite erhoben, eine Syndromklassifikation vorgenommen und der Schweregrad bestimmt. Im Deutschen häufig verwendete Screening-Verfahren mit geringerer Itemzahl sind die Aphasie Check List (ACL; Kalbe et al., 2010), das Bielefelder Aphasie Screening Akut und Reha (BIAS A & R; Richter & Hielscher-Fastabend, 2018) sowie das Sprachsystematische Aphasie Screening (SAPS; Brühl et al., 2022). Diese erfassen die sprachlichen Beeinträchtigungen deskriptiv, nehmen aber keine Syndromklassifikation vor.

Für die Planung des therapeutischen Vorgehens reichen diese Informationen in der Regel nicht aus, da neben der Erfassung der Defizite deren Erklärung und theoretische Grundlage bedeutsam sind. Verschiedene Oberflächensymptome (z. B. Wortfindungsstörungen) können unterschiedliche Entstehungsmechanismen haben, was jeweils einer spezifischen Behandlung bedarf. Daher sind zusätzlich zu den o. g. diagnostischen Zielen auch psycholinguistische Fragen von hoher Relevanz:
– Sprachmodalitäten: Wie stark sind expressive und rezeptive, lautsprachliche und schriftsprachliche Modalitäten betroffen?
– Linguistische Ebenen: Wie zeigen sich Störungen in den Bereichen Phonologie, Semantik, Morphosyntax und Textstrukturen?
– Modellorientierung: Wie lassen sich die Störungen und Kompensationsstrategien in einem Sprachverarbeitungsmodell spezifizieren und erklären? Wo sind gestörte und wo erhaltene Verarbeitungswege?

Für die Klärung dieser Fragen sind standardisierte Tests nur bedingt geeignet. Stattdessen werden häufig psycholinguistische Aufgabensammlungen verwendet, welche die sprachsystematischen Anforderungen umfangreich und theoretisch begründet prüfen. Sie stellen dar, welche Funktionen erhalten und welche gestört sind. In der Regel erfolgt dies ohne Vergleichsnormen (Huber et al., 2006). Im englischsprachigen Raum stehen dafür mehrere Verfahren zur Verfügung. Der Comprehensive Aphasia Test (CAT; Swinburn et al., 2004) prüft neben der psycholinguistischen Verarbeitung auch die bedeutsamsten kognitiven Defizite per Screening ab und erfasst die Auswirkung der sprachlichen Beeinträchtigung auf den Alltag der Betroffenen mittels eines Fragebogens. Psycholinguistic Assessment of Language Processing in Aphasia (PALPA; Kay et al., 1996) stellt eine umfangreiche Aufgabensammlung zur Prüfung der Einzelwortverarbeitung dar (▶ Kap. 3), wohingegen Northwestern Assessment of Verbs and Sentences (NAVS; Cho-Reyes & Thompson, 2012) die Satzverarbeitung untersucht. Für das Deutsche ist vorrangig Lexikon modellorientiert (LEMO 2.0; Stadie et al., 2013) als ungefähre Entsprechung zu PALPA zu nennen.

Neben den psycholinguistischen Fragestellungen können auch Informationen zu neuropsychologischen Begleitstörungen für die Therapieplanung relevant sein (▶ Abschn. 3.3.3). Hier sind insbesondere folgende Bereiche bedeutsam:
- Motorische Planung
- Visuelle und auditive Verarbeitung
- Zahlenverarbeitung und Rechnen
- Gedächtnisleistungen
- Lernfähigkeit
- Aufmerksamkeit

Die neuropsychologische Untersuchung verwendet Leistungstests, die einen Vergleich zu hirnorganisch gesunden Personen ziehen. Idealerweise erfolgt die Untersuchung bei Personen mit Aphasie sprachfrei, um das Ausmaß der Begleitstörungen unabhängig vom Einfluss der Aphasie zu erfassen. Für diesen Zweck ist das Oxford Cognitive Screen (OCS, 2024), das in vielen Sprachen verfügbar ist, besonders gut geeignet (▶ Abschn. 3.3.3).

Für eine rehabilitationsorientierte Diagnostik ist es bedeutsam, den Verlauf der Aphasie zu erfassen, also Veränderungen sowie die Anpassungen an die Teilhabe im Alltag zu messen. Sie verfolgt die folgenden Ziele:
- Messung von Veränderungen der sprachlichen Leistungen
- Messung des Einflusses der Sprachtherapie: Werden die geübten Leistungen generalisiert und in den Alltag übertragen?
- Fragen der Adaptation: Wie kommt die Person mit Aphasie im Kommunikationsalltag zurecht?
- Erhebung des Einflusses der Aphasie auf Aktivitäten und Partizipation
- Fragen der Lebensqualität und Krankheitsverarbeitung

Zur Erfassung der Dynamik der Aphasie sowie zur Messung des Therapieerfolgs sind veränderungssensitive Testverfahren erforderlich.

Aspekte der Alltagskommunikation werden häufig als Fremd- und Selbsteinschätzung mittels Fragebögen bei Therapeuten, Betroffenen und Angehörigen erhoben. Beispiele hierfür sind The ASHA Functional Assessment of Communication Skills for Adults (ASHA-FACS; Frattali et al., 1995), und der Communicative Effectiveness Index (CETI; Lomas et al., 1989; deutsche Version: Schlenck & Schlenck, 1994).

Kommunikationsbezogene Untersuchungsverfahren direkt am Patienten sind der Amsterdam-Nijmegen Everyday Language Test (ANELT; Blomert et al., 1994) und der Scenario Test (van der Meulen et al., 2010; deutsche Version: Nobis-Bosch et al., 2020). Als kürzeres Screening-Verfahren eignet sich das Kommunikativ-pragmatische Screening (KOPS; Glindemann et al., 2018).

Fragen der Lebensqualität werden in der Regel in interviewbasierten Verfahren wie dem Stroke and Aphasia Quality of Life Scale (SAQOL-39; Hilari et al., 2003) oder dem Aachener Lebensqualitätsinventar (ALQI; Engell et al., 2003) erhoben.

Inzwischen wächst auch das Bewusstsein für die Notwendigkeit, die psychische Situation der Betroffenen zu erfassen. Aphasien können mit Stimmungsschwankungen sowie Depression einhergehen, was aufgrund der sprachlichen Einschränkungen nicht immer erkannt wird (z. B. Baker et al., 2018; Laures-Gore et al., 2020). Depressionen nach Schlaganfall sind assoziiert mit einem schlechteren Rehabilitationserfolg und einer höheren Morbidität und Mortalität (Pan et al., 2011; Robinson et al., 2010), sodass deren Erfassung und Behandlung nicht zuletzt eine große sozialmedizinische Relevanz hat. Eine orientierende Erfassung ist mit Screening-Instrumenten möglich, z. B. mit dem Stroke Aphasic Depression Questionnaire Hospital Version (SADQ-H 10; Bakas et al., 2006) oder den Depression Intensity Scale Circles (Turner-Stokes et al., 2005). Oft werden allgemeine Selbst- und Fremdbeurteilungsbögen für Depression eingesetzt, z. B. Hamilton Depressionsskala (Hamilton, 1960) und Geriatric Depression Scale (Yesevage et al., 1982).

Die Akutphase stellt sowohl hinsichtlich der Diagnostik als auch hinsichtlich der Therapie eine Besonderheit dar. In dieser Zeit weist die Symptomatik aufgrund der medizinischen Gegebenheiten eine hohe Fluktuation auf. Erst nach einigen Wochen (Beginn der postakuten Phase nach 4–6 Wochen) lässt sich eine gewisse Stabilität im Erscheinungsbild der Aphasie erkennen. Bis zu diesem Zeitpunkt werden zum einen teilweise andere Fragen an die Diagnostik gestellt und zum anderen andere Formen der Beschreibung gewählt (Nobis-Bosch et al., 2013). Zusätzliche Themen sind bspw. die Therapiefähigkeit, die Stimulierbarkeit und die Dynamik der Veränderung. Zudem werden die Spontansprache und das Sprachverständnis hinsichtlich der Quantifizierung von Sprach- und Sprechleistungen aufgrund ihrer pragmatischen Relevanz insbesondere in den Blick genommen. Die verwendeten Untersuchungsverfahren müssen ohne Lerneffekte nach wenigen Tagen wiederholbar sein (Nobis-Bosch et al., 2013). Beispiele für diagnostische Verfahren, die für die Akutphase konzipiert sind, sind die Beside Western Aphasia Battery (Kertesz, 2007), das Acute Aphasia Screening Protocol (Crary et al., 1989), der Bedside Evaluation Screening Test (West et al., 1998) oder für das Deutsche der Aachener Aphasie Bedside Test (Biniek et al., 1992; Nobis-Bosch et al., 2013) sowie der Akutteil des BIAS A & R (Richter & Hielscher-Fastabend, 2018).

4.3 Aphasietherapie

4.3.1 Grundlagen

Verhaltensbasierte Sprachtherapie unterstützt nachweislich die Rückbildung der Aphasie und stellt nach wie vor die Standardbehandlung für Personen mit Aphasie dar (für umfassende Evidenz s. ▶ Abschn. 4.4). Sprachliches Lernen kann auf verschiedenen Ebenen und Wegen erfolgen, wobei sich die Terminologie teilweise mit der Beschreibung neurophysiologischer Prozesse überschneidet (▶ Abschn. 4.1). Es ist jedoch wichtig, diese Lernprozesse unabhängig von neurophysiologischen Vorgängen zu betrachten (Nobis-Bosch et al., 2013). Im Folgenden werden die zentralen Mechanismen des sprachlichen Lernens dargelegt:

- Restitution ist die vollständige Wiederherstellung von gestörten Sprachkomponenten.
- Substitution von Sprachfunktionen heißt, dass bleibend gestörte Funktionen durch intakte sprachliche Funktionen ersetzt werden (z. B. Umschreiben bei Wortfindungsstörungen). Hierfür ist intensives sprachliches Lernen erforderlich.
- Kompensation von Sprachfunktionen liegt dann vor, wenn gestörte Funktionen dauerhaft ausgeglichen werden. Dies trifft z. B. auch zu, wenn Kommunikationshilfen eingesetzt werden oder Gesprächspartner ihr Verhalten ändern. Auch kompensatorische Prozesse erfordern intensives Lernen, neben sprachlichem Lernen auch im Bereich der Problemlösekompetenz.

Verschiedene Therapieverfahren sprechen diese Ebenen in unterschiedlichem Maße an. Außerdem verfolgen sie verschiedene Ansatzpunkte. Dazu gehören nach Huber et al. (2006)

- die Bahnung von blockierten Sprach- und Sprechaktivitäten,
- die multimodale Stimulierung von instabilen Sprach- und Sprechfähigkeiten,
- die Hemmung pathologischer Mechanismen,
- der Aufbau von fehlenden Fähigkeiten,
- die Modifikation von Verarbeitungswegen über modellorientierte Ansätze,
- die Optimierung des verbalen und nonverbalen Outputs,
- die Kompensation von irreversibel gestörten Funktionen über Umwegleistungen.

Für eine erfolgreiche sprachliche Rehabilitation haben sich vonseiten der Sprachtherapie bestimmte Bedingungen und Vorgehensweisen bewährt. Die Ausrichtung an der ICF (WHO, 2001) ist maßgeblich für die PatientInnenorientierung inkl. der Definition geeigneter Therapieziele. Die Verbesserung der Teilhabe ist das oberste Ziel von allen sprachtherapeutischen Maßnahmen. Therapieziele werden daher unter Beteiligung der Betroffenen sowohl auf den Ebenen der Teilhabe und Aktivitäten als auch auf der Ebene der Sprachfunktionen formuliert. Teilhabeziele können nur unter Einbezug von sowohl sprachsystematischen Übungen und teilhabeorientierten Verfahren erreicht werden. Folglich sollten sprachsystematische Übungen stets auf Teilhabeziele ausgerichtet sein (s. Rubi-Fessen, 2017; Baumgärtner & Staiger, 2020).

> **Ziele der Aphasietherapie**
> Aphasietherapie richtet sich auf die Verbesserung der kommunikativen Teilhabe aus. Dies erfordert auch Verbesserungen der Sprachfunktion, deren Transfer in den Alltag allerdings geübt und begleitet werden muss. Daher werden Ziele für die Ebene der kommunikativen Teilhabe definiert und auf erforderliche sprachliche Aktivitäten sowie sprachliche Funktionen heruntergebrochen (Top-down-Vorgehen). Beispiel:
> - Partizipationsziel: Termine selbstständig organisieren
> - Aktivitätsziel: Selbstständig beim Arzt anrufen und einen Termin vereinbaren
>   - Die richtige Telefonnummer wählen
>   - Ein Telefongespräch kommunikativ passend beginnen und beenden
>   - Das Anliegen vorbringen
>   - Den Gesprächspartner verstehen
>   - Kalenderdaten und Uhrzeiten verständlich äußern
>   - Kalenderdaten und Uhrzeiten aufschreiben
> - Beispiele für abgeleitete Funktionsziele:
>   - Lesen auf Wortebene: Name des Arztes in einer Liste von Namen erkennen können
>   - Begrüßungs- und Verabschiedungsfloskeln für ein Telefonat üben
>   - Wortabruf für relevante Begriffe, z. B. „Termin", „verschieben", „keine Zeit", „später", „früher", „wann"
>   - Mündliches Sprachverstehen relevanter Phrasen am Telefon verbessern
>   - Zahlenverarbeitung im Bereich Kalenderdaten und Uhrzeiten verbessern (mündliche Modalität)
>   - Zahlenverarbeitung im Bereich Kalenderdaten und Uhrzeiten verbessern (schriftliche Modalität)

Eine weitere wichtige Basis ist das phasenspezifische Vorgehen, welches in ▶ Abschn. 4.3.2 dargestellt wird. Hinzu kommt die Auswahl geeigneter therapeutischer Methoden aus einer Vielzahl von Ansätzen, deren Systematik in ▶ Abschn. 4.3.3 erklärt wird. ▶ Abschn. 4.4 stellt zentrale Erkenntnisse zur Wirksamkeit von Aphasietherapie dar. Grundlage für Entscheidungsprozesse hinsichtlich des Vorgehens in der Aphasietherapie sind die Schritte und Prinzipien der evidenzbasierten Praxis (vgl. Dollaghan, 2007). Das heißt, neben der externen Evidenz in Form von Studienergebnissen werden die klinische Expertise der TherapeutInnen (interne Evidenz) sowie die PatientInnenpräferenzen (soziale Evidenz) berücksichtigt. Verschiedene Formen des Clinical Reasoning werden genutzt, um Behandlungsentscheidungen gezielt und bewusst zu treffen.

4.3.2 Phasenspezifisches Vorgehen

◘ Abb. 4.1 veranschaulicht, wie im Verlauf der Erholung die Rolle der Spontanremission nachlässt, während die Wichtigkeit systematischen Übens und der Einsatz kompensatorischer Methoden an Bedeutung gewinnen. Außerdem wird erkennbar, dass der Einsatz verschiedener therapeutischer Vorgehensweisen phasenspezifisch erfolgt. Die Phasen sind nicht als vollständig voneinander getrennt zu betrachten, sondern überlappen und werden individuell an die Situation der Betroffenen angepasst (vgl. auch Huber et al., 2006; für eine ausführliche Darstellung s. Rubi-Fessen, 2017). Die Behandlung wird durch eine fortlaufende Beratung für Betroffene und ihre Angehörigen bezüglich des Krankheitsbilds sowie kommunikationsfördernder Strategien für Gespräche und die Anpassung des Umfelds begleitet. Zudem wird der Austausch mit anderen Betroffenen angeregt, beispielsweise durch die Teilnahme an Selbsthilfegruppen.

— In der Akutphase steht eine Aktivierungsbehandlung im Vordergrund. Diese beginnt so früh wie möglich, bereits während der Akutbehandlung im Krankenhaus, sofern die Betroffenen belastbar genug für kurze Übungsphasen von 10–20 min sind. Hier stehen stimulierende, bahnende und hemmende Verfahren sowie die Beratung der Betroffenen und Angehörigen im Vordergrund. Des Weiteren werden Methoden der Kompensation angeboten, um Kommunikation zu ermöglichen und Fehlkompensationen zu hemmen.

— Die störungsspezifische Übungstherapie beginnt ab der frühen postakuten Phase, sobald die Symptomatik sich stabilisiert hat und eine sprachliche Diagnostik möglich wird. Die Bestimmung der Ausgangslage ermöglicht die Festlegung von spezifischen und individuellen ICF-orientierten Therapiezielen. Die verwendeten Therapiemethoden und -materialien decken die betroffenen linguistischen Ebenen (Semantik, Lexikon, Phonologie, Morphologie, Syntax) ab und arbeiten mit verschiedenen sprachlichen Einheiten (Silbe, Wort, Satz, Text) in unterschiedlichen sprachlichen Modalitäten. Diagnostikverfahren, die sich an Sprachverarbeitungsmodellen orientieren (▶ Kap. 3), ermöglichen den gezielten Einsatz von modellorientierten Therapieverfahren. Von Anfang an muss das sprachsystematische Üben auf die Verbesserung der kommunikativen und sozialen Teilhabe ausgerichtet sein. Sprachsystematisches Üben wird mit kommunikativ-pragmatischen Verfahren kombiniert. Einzeltherapie sollte durch Gruppentherapie ergänzt werden.

— Mit Beginn der chronischen Phase ist die Spontanremission abgeschlossen. Es beginnt die Konsolidierungsphase. Wenn sich in funktionsorientierten Übungen weitere Therapiefortschritte einstellen, sollte dieser Weg unbedingt fortgesetzt werden. Sprachliche Veränderung kann weiterhin durch intensives und gezieltes sprachliches Üben erreicht werden, ist aber im Umfang begrenzt (▶ Abschn. 4.4). Zusätzlich gewinnen kommunikativ-pragmatische Verfahren, die Aktivierung aller verfügbaren verbalen und nonverbalen Ausdrucksmittel, das Erlernen von kompensatorischen Strategien sowie die Alltagserprobung an Bedeutung. Auch die Teilnahme an Gruppentherapien sowie Selbsthilfegruppen unterstützen diese Phase besonders gut. Die Stabilisierung und Generalisierung der wiedergewonnenen Fähigkeiten in den Alltag müssen weiterhin gezielt geübt werden.

4.3.3 Methoden der Sprachtherapie

In der Aphasietherapie können verschiedenste Verfahren eingesetzt werden. Sie lassen sich in primär defizit- oder funktionsorientierte (sprachsystematische) und teilhabeorientierte Verfahren unterteilen (Martin et al., 2007; Fridriksson & Hillis, 2021). Funktionsorientierte Ansätze folgen einem medizinischen Modell und haben zum Ziel, das sprachliche Defizit durch Anregen von Reorganisationsprozessen direkt zu beheben. Teilhabeorientierte Ansätze folgen einem patientenzentrierten, psychosozialen Modell und arbeiten eher daran, Kommunikationswege über die verbalsprachliche Kommunikation hinaus zu erschließen und zu beüben sowie die Kommunikationsbedingungen z. B. durch Beratung der Angehörigen zu geeigneten Kommunikationsstrategien zu verbessern.

Die Wahl der Therapiemethoden erfolgt auf Basis einer umfangreichen Diagnostik (▶ Abschn. 4.2) und richtet sich nach individuellen Faktoren wie der spezifischen Symptomatik, dem Schweregrad der Sprachstörung, der Phase der Rückbildung sowie den persönlichen Zielen und Bedingungen der Betroffenen. Eine kombinierte Anwendung verschiedener Ansätze ist üblich, um ein optimales Rehabilitationsergebnis für die Betroffenen zu erzielen (Sheppard & Sebastian, 2021).

Zudem sprechen die Therapieansätze die verschiedenen Komponenten der ICF unterschiedlich stark an, wie im Folgenden an einigen Beispielen gezeigt werden soll:

– Die Ebene der Körperfunktionen wird besonders von funktionsorientierten Ansätzen wie z. B. der MIT (Melodic Intonation Therapy; z. B. Albert et al., 1973; Helm-Estabrooks et al., 1989) oder der Multimodalen Stimulierung (Springer, 2008), von Verfahren wie TUF (Treatment of Underlying Forms; Thompson & Shapiro, 2005) oder VNeST (Verb Network Strengthening Treatment; Edmonds, 2016), der SFA (Semantic Feature Analysis; Boyle & Coelho, 1995) oder PCA (Phonological Components Analysis; Leonard et al., 2008) sowie von der modellorientierten Sprachtherapie (z. B. LEMO; Stadie et al., 2013; ▶ Kap. 3) angesprochen.

– Die Ebenen der Aktivitäten und der Partizipation werden besonders durch verhaltensorientierte Verfahren wie CIAT (Constraint-Induced Aphasia Therapy; Pulvermüller et al., 2001), kommunikativ-pragmatische Ansätze wie PACE (Promoting Aphasics' Communicative Effectiveness; Davis & Wilcox, 1985) oder kombinierte Ansätze wie die modifizierte PACE (Glindemann & Springer, 1989, unter Einbezug von störungsspezifischen und linguistischen Gesichtspunkten) angesprochen.

– Auf die Ebene der Kontextfaktoren zielt vor allem der gesamte Komplex der Angehörigenarbeit ab (für einen Überblick vgl. Simmons-Mackie et al., 2016). Der Schwerpunkt liegt dabei neben edukativen Aspekten auf der Vermittlung von förderlichen Kommunikationsstrategien im Umgang mit aphasischen Personen (z. B. Supported Conversation for Adults with Aphasia Program; Kagan et al., 2017). Dazu gehört auch der Life Participation Approach to Aphasia (Chapey et al., 2000), welcher kein Therapieansatz im eigentlichen Sinn ist, sondern eher eine grundsätzliche Einstellung – nämlich die Betroffenen auf allen möglichen Wegen darin zu bestärken, ihre Partizipationsziele mit und trotz der Aphasie zu erreichen. Hierbei spielen die Gestaltung der Umwelt, die Nutzung von unterstützter Kommunikation und das Engagement der Angehörigen eine besonders große Rolle. Aber auch alltagsorientierte Ansätze wie die Alltagsorientierte Therapie (AOT; Götze & Höfer, 1999) können dort eingeordnet werden, mit starkem Bezug zur Partizipation. In den Bereich der Kontextfaktoren gehören bei mehrsprachigem Hintergrund der Betroffenen auch der Einbezug professioneller Übersetzer bei diagnostischen Maßnahmen (vgl. Huang et al., 2019).

– Strategieorientierte Verfahren wie REST (Reduzierte-Syntax-Therapie; Schlenck et al., 1995) sprechen alle Ebenen an. Des Weiteren gibt es Methoden, die je nach Zielsetzung als funktionsorientiertes Verfahren eingesetzt werden können oder als Strategietraining. So kann z. B. die Semantic Feature Analysis (SFA) einerseits zur Verbesserung des Wortabrufs und andererseits auch als Umschreibungsstrategie genutzt werden.

Die Effektivität der Aphasietherapie, sowohl allgemein als auch für spezifische Verfahren, ist umfassend nachgewiesen (▶ Abschn. 4.4). Dabei zeigt sich, dass weder funktionsorientierte noch teilhabeorientierte Ansätze der jeweils anderen Gruppe überlegen sind.

Zusätzlich zur Einzeltherapie sollten Gruppentherapie sowie Selbsthilfegruppen stattfinden, um den Transfer erlernter sprachlicher Fähigkeiten und kommunikativer Strategien in einem geschützten Rahmen zu üben und durch den Kontakt unter den Gruppenmitgliedern die Krankheitsverarbeitung sowie die Motivation und Lebensqualität zu fördern (Elman, 2007).

Auch die Durchführung von Aphasietherapie im telemedizinischen Setting wurde erprobt. Die Wirksamkeit ähnelt derjenigen des Face-to-Face-Settings (für einen Überblick s. Cacciante et al., 2021) und erweitert dadurch die Möglichkeiten der sprachtherapeutischen Versorgung.

Folgende Methoden können das Angebot der Aphasietherapie sinnvoll ergänzen:
- PC-Therapie, Therapie-Apps: Additive computer- oder App-basierte Übungen erhöhen die Übungsfrequenz und ermöglichen Betroffenen ein vom Therapeuten unabhängiges Arbeiten. Diese Herangehensweise kann spezifische Übungseffekte verstärken, vorausgesetzt, sie wird von Sprachtherapeuten sorgfältig vorbereitet und engmaschig supervidiert (z. B. Nobis-Bosch et al., 2011; Palmer et al., 2019). Gemäß dem aktuellen Forschungsstand lassen sich jedoch durch diese Methoden kaum Auswirkungen auf die Kommunikation erzielen.
- Nichtinvasive Hirnstimulation: Erste Studien belegen eine positive Auswirkung von additiven stimulierenden Verfahren wie transkranieller Magnetstimulation (TMS) oder transkranieller Gleichstromstimulation (tDCS) (für einen Überblick s. z. B. Breining & Sebastian, 2020, sowie die folgenden Abschnitte dieses Buches). Die Verfahren befinden sich noch in der klinischen Erprobung.

Uneindeutig ist die Evidenzlage hinsichtlich der pharmakologischen Therapie als unterstützende Maßnahme für verhaltensbasierte Aphasietherapie (Zhang et al., 2018; Berthier, 2020; Stockbridge, 2022). Für die Wirksamkeit als alleinige Therapie gibt es keine Nachweise. Eine positive Auswirkung auf sprachliche Teilleistungen wie Benennen oder Nachsprechen zeigte sich in einzelnen Studien (Memantine, Donezepil; keine eindeutige Wirkung bei Piracetam). Die Auswirkungen auf Alltagskommunikation wurden bislang nicht untersucht (Baumgärtner & Staiger, 2020).

> Aphasietherapie unterstützt in der akuten und postakuten Phase die Rückbildung. Ab der späten postakuten Phase initiiert und ermöglicht sie funktionelle Reorganisation. Sprachliches Lernen bei Aphasie ist mühsam und langwierig und muss gezielt störungsspezifisch, intensiv, mit vielen Wiederholungen und Alltagsbezug durchgeführt werden. Verbesserungen der alltagsbezogenen Teilhabe sind das oberste Ziel und stehen meist in Zusammenhang mit Fortschritten auf der Funktionsebene. In der Regel werden funktionsorientierte und teilhabeorientierte Therapieverfahren kombiniert angeboten. In diesem Kontext könnten die transkranielle Gleichstromstimulation (tDCS) oder andere neuromodulatorische Verfahren in Zukunft eine signifikante Rolle spielen. Durch ihre Fähigkeit, neuronale Aktivität gezielt zu beeinflussen und die Plastizität des Gehirns zu fördern, bieten sie das Potenzial, den Prozess der funktionellen Reorganisation zu unterstützen und somit die Effektivität der Aphasietherapie zu erhöhen.

4.4 Wirksamkeit von Aphasietherapie

Die jahrelange Kontroverse über die Wirksamkeit von verhaltensbasierter Aphasietherapie wurde inzwischen weitgehend aufgelöst: Aphasietherapie wirkt, solange sie unter bestimmten Bedingungen durchgeführt wird. Frequenz, Intensität und Dosis wurden bereits als zentrale Einflussfaktoren identifiziert. Alle unten aufgeführten Studien sind sich einig, dass Verbesserungen im auditiven Sprachverstehen, beim Benennen und in der funktionalen Kommunikation messbar sind. Um Ergebnisse vorherzusagen, müssen jedoch verschiedene umwelt- und personenbezogene Faktoren berücksichtigt werden.

Die jüngste Arbeit von Brady et al. (2022), die RELEASE-Studie, ist eine groß angelegte Metaanalyse, die Zusammenhänge von demografischen Aspekten, Sprech- und Sprachtherapieinterventionen und ihre Auswirkungen untersucht. 174 Datensätze zur sprachlichen Rückbildung von 5928 Personen mit Aphasie aus insgesamt 28 Ländern gingen in die Auswertung ein. Für die chronische Phase der Aphasie konnten Vorhersagen aus den Daten bestätigt werden, jedoch nicht für die Akutphase, einschließlich der Spontanremission. Brady et al. zeigen, dass der größte Fortschritt in der sprachlichen Rückbildung dann beobachtet wurde, wenn Aphasietherapie an drei bis vier Tagen pro Woche erfolgte. Während 2–4 h pro Woche eine geringe Wirkung hatten, wurden die größten Effekte für funktionale Kommunikation und auditives Sprachverständnis bei 9 h Therapie pro Woche und mehr beobachtet. Insgesamt nahm die sprachliche Leistung, einschließlich auditivem Sprachverstehen, zu, wenn eine Person mit chronischer Aphasie insgesamt 20–50 h Sprach- und Sprachtherapie erhielt, wobei die Art der Therapie nicht spezifiziert wurde. Allerdings konnte nicht zuverlässig belegt werden, dass sich Übungen zum Objektbenennen in der Aphasietherapie positiv auf andere sprachliche Teilleistungen auswirken. Die Autoren schließen aber nicht aus, dass bestimmte Untergruppen von Menschen mit Aphasie dennoch von einer Benenntherapie profitieren können.

Während die RELEASE-Studie Effekte ausschließlich in der chronischen Phase nachweist, ermöglichen die Untersuchungen von Godecke et al. (2014, 2021) Einblicke in die frühe akute Phase, unter Berücksichtigung der Spontanremission. Godecke und ihr Team unterstreichen, dass frühzeitige Aphasietherapie die Wirkung der Spontanremission verdoppeln kann (Godecke et al., 2014). Obwohl der Zeitpunkt des Beginns der Sprech- und Sprachtherapie bedeutsam ist, scheint die Therapiefrequenz während der frühen akuten Phase kein starker Faktor für die Rückbildung zu sein (s. Godecke et al., 2021, und ihre kürzlich durchgeführte randomisiert kontrollierte Studie VERSE = Very Early Rehabilitation for SpEech).

Für die chronische Phase belegen mehrere Studien, dass Frequenz und Intensität der Therapie notwendige Wirkfaktoren für sprachliche Fortschritte sind (z. B. Bhogal et al., 2003a, b). Im Jahr 2017 veröffentlichten Breitenstein und Kolleg*innen ihre Arbeit in der Fachzeitschrift *The Lancet*, in der die Wirksamkeit und Nachhaltigkeit von intensiver Aphasietherapie für die chronische Phase an Daten von 156 Personen dargestellt wurden. Eine multizentrische randomisiert kontrollierte Studie (Randomised Controlled Trial, RCT) verglich die folgenden Gruppen: Eine Interventionsgruppe erhielt drei Wochen lang 10 h oder mehr Therapie pro Woche, während die Kontrollgruppe drei Wochen lang keine Behandlung erhielt. Die Intensität der Sprech- und Sprachtherapie wurde durch eine Mischung aus Behandlungsansätzen erreicht, einschließlich Einzelbehandlung, Gruppenintervention und angeleitetem, selbstgesteuertem Eigentraining, das entweder am Computer oder auf Papier durchgeführt wurde. Eines der entscheidenden Ergebnisse war eine 10 %ige Verbesserung der verbalen Kommunikation nicht nur bei standardisierten Sprachaufgaben, sondern auch in alltäglichen Kontexten im Vergleich zur Kontrollgruppe. Die Verbesserungen blieben über einen Zeitraum von drei Monaten stabil. Diese RCT lieferte ergänzend zu früheren systematischen Übersichtsarbeiten und kleineren Studien (z. B. Cherney et al., 2011) einen methodisch hochwertigen Nachweis, dass nachhaltige kommunikative Verbesserungen auch während der chronischen Phase erzielt werden können, insbesondere wenn die Intensität durch eine Vielzahl von Behandlungsansätzen erhöht wird.

Ergänzend betont ein aktueller Umbrella-Review zur Aphasie-Interventionsforschung (AsPIRE; Dipper et al., 2022) die Notwendigkeit, zusätzliche Analysen von Untergruppen und individuellen Verläufen mit detaillierteren Informationen zu Interventionsdetails durchzuführen. Komplexe sprachliche Interventionen bestehen aus verschiedenen Behandlungstechniken, die unterschiedliche Auswirkungen auf spezifische Aphasieprofile zeigen können (z. B. Lorenz & Nickels, 2006). Informationen dieser Art werden in groß angelegten RCTs vernachlässigt.

In den letzten fünf Jahren wurde eine Reihe von aktuellen groß angelegten Aphasiestudien zur Wirksamkeit, Durchführbarkeit und Akzeptanz veröffentlicht, z. B. die Aphasia Language Impairment and Functioning Therapy (LIFT) (Dignam et al., 2015; s. Kasten „Spontaner Rückbildungsverlauf nach Schlaganfall") und die COMPARE-Studie, die die Constraint-Induced Aphasia Therapy mit der Multimodal Aphasia Therapy und einer üblichen Aphasieversorgung vergleicht (Rose et al., 2022; s. Kasten „Spontaner Rückbildungsverlauf nach Schlaganfall"). Während LIFT zeigt, dass eine Erhöhung der Behandlungsintensität nicht notwendigerweise zu Verbesserungen in allen sprachlichen Bereichen führt, verdeutlicht COMPARE, dass bei gleicher Behandlungsintensität der Therapieansatz nicht ausschlaggebend für Verbesserungen ist.

> **LIFT und COMPARE**
> **LIFT:** Diese Studie vergleicht eine mit hoher Intensität verabreichte Aphasiebehandlung mit einer mittleren Intensität. Die Behandlungen wurden jeweils unterschiedlich über mehrere Wochen verteilt (s. unten), und am Ende der Studie wurde die Kommunikation beider Teilnehmergruppen verglichen. Die Studienteilnehmer*innen befanden sich alle in der chronischen Phase und absolvierten ein intensives Therapieprogramm mit 16 h pro Woche über einen Zeitraum von drei Wochen, während das weniger intensive Programm 6 h pro Woche über acht Wochen umfasste. Zu den Behandlungstechniken gehörten gemischte Ansätze wie störungsbezogene, funktionale, computer- und gruppenbasierte Therapie. Während nach dem verteilten Schema größere Fortschritte im Benennen auftraten, zeigten sich beim intensiven Schema vergleichbare Verbesserungen für alle Behandlungstechniken hinsichtlich der kommunikativen Wirksamkeit, des kommunikationsbezogenen Selbstvertrauens und der kommunikationsbezogenen Lebensqualität. Diese Ergebnisse waren auch bei der Follow-up-Untersuchung einen Monat später stabil. LIFT konnte dadurch die Faktoren Behandlungsintensität und Behandlungsdosis explizit differenzieren, wohingegen die meisten bisherigen Studien diese beiden aktiven Bestandteile vermischten. LIFT zeigt den Unterschied zwischen Intensität und Dosis auf und hebt hervor, dass eine Steigerung der Behandlungsintensität nicht immer bessere Behandlungsergebnisse garantiert. Vielmehr scheint der Behandlungskontext (welche Art von Behandlung und wann sie verabreicht wird) entscheidend zu sein.
>
> **COMPARE:** Diese Studie vergleicht unterschiedliche Interventionsmethoden, nämlich die Constraint-Induced Aphasia Therapy (CIAT) und die Multimodal Aphasia Therapy (MAT). Beide Behandlungsansätze umfassten sechs verschiedene kommunikative Aktivitäten. CIAT konzentrierte sich nur auf die gesprochene Modalität, wohingegen MAT ein Training in allen sprachlichen Modalitäten anbot. Beide Ansätze wurden mit der gleichen Intensität und Dosis angewendet (2 Wochen intensive Behandlung mit täglich 3 h an 5 Tagen pro Woche = 30 h). Beide Therapieverfahren zeigten einen größeren Behandlungsnutzen im Vergleich zur typischen Versorgung (Usual Community Care). Letztere stellt eine unspezifische, nicht-standardisierte, niedrig dosierte Behandlung dar, bei der manche Patient*innen möglicherweise einmal pro Woche indirekte Sprech- und Sprachintervention erhielten, während andere z. B. an nicht-intensiven, individuellen, computerbasierten Übungen oder Selbsthilfe-Gruppensitzungen teilnahmen. Auch den CIAT- und MAT-Teilnehmern wurde empfohlen, zusätzlich zu ihrer spezifischen Behandlung an Usual-Community-Care-Aktivitäten teilzunehmen. Bei den Teilnehmer*innen nach CIAT und MAT wurden

insbesondere bei Wortfindung, funktionaler Kommunikation und der Lebensqualität Verbesserungen beobachtet, wobei die verbesserte Wortfindung auch drei Monate nach Beendigung der Behandlung erhalten blieb. Die Usual-Community-Care-Bedingung zeigte diese anhaltenden Effekte nicht, was darauf hindeutet, dass die Dosis ein wichtiger aktiver Bestandteil für effiziente Behandlungsergebnisse ist. Insgesamt veränderte sich die Schwere der Aphasie nach keinem der drei Behandlungsansätze signifikant.

Es muss betont werden, dass die o. g. Studien nur einsprachige Sprecher*innen einschließen und hauptsächlich Therapieansätze einbeziehen, die sich nicht direkt auf die Spontansprache konzentrieren (über das Niveau der Wortfindung hinaus). Obwohl die Behandlung des Gesprächsverhaltens und von Sprachprozessen, die über die Satzebene hinausgehen (z. B. Geschichten erzählen, Bildbeschreibungen, einer Geschichte folgen, ein Szenario zusammenfassen) in kleineren Studien als wirksam belegt wurde (z. B. Whitworth et al., 2015), sind sie nicht die Norm für groß angelegte Aphasiestudien. In ähnlicher Weise wird zwar die Erhebung der Lebensqualität in größeren Studien immer häufiger berücksichtigt, um die Auswirkungen von Aphasietherapie ganzheitlich zu erfassen (vgl. z. B. das CHAT Maintain Program von Campbell et al., 2023); es bleibt jedoch immer noch die Ausnahme. Ein wirklich umfassender Ansatz müsste auch die Auswirkungen der Aphasie auf die psychische Gesundheit jeder/s Patient*innen berücksichtigen (als Beispiel s. Ryan et al., 2023).

Ein weiterer Aspekt, der in der Interventionsforschung bei Aphasie bisher wenig Beachtung findet, ist die Mehrsprachigkeit, beginnend mit der knappen Verfügbarkeit mehrsprachiger Diagnoseinstrumente. Innerhalb der internationalen Collaboration of Aphasia Trialists (CATs, ▶ www.aphasiatrials.org) gibt es eine spezielle Arbeitsgruppe namens „Effectiveness of Aphasia Interventions", die sich dieser Thematik widmet. Obwohl die Initiative der CATs 50 Länder umfasst und eines ihrer übergeordneten Ziele darin besteht, die „Verfügbarkeit und Gültigkeit mehrsprachiger Untersuchungsinstrumente/Testverfahren und Outcome-Maße in Bezug auf Aphasie" zu verbessern, sind die Tests, die in den meisten Studien verwendet werden, hauptsächlich einsprachige Messinstrumente. Diese versuchen allerdings, die gleichen Variablen über die Einzelsprachen hinweg konstant zu halten (▶ Abschn. 3.3.2).

Auch im Bereich der Aphasietherapie bei mehrsprachigen Personen bleiben zahlreiche Fragen unbeantwortet. Von zentraler Bedeutung für die Effektivität der Behandlung bilingualer Aphasie ist insbesondere die Frage nach den Sprachübertragungseffekten („language transfer effects"). Existieren solche Effekte, und, falls ja, wie stark treten sie in der unbehandelten Sprache auf, wenn ausschließlich eine Sprache therapiert wurde? Die neuste Metaanalyse von Lee und Faroqi-Shah (2024) weist darauf hin, dass Generalisierungseffekte innerhalb und zwischen Sprachen nur minimal sind und daher die Empfehlung besteht, Behandlungen für alle Sprachen der bilingualen Patientin bzw. des bilingualen Patienten anzubieten (s. auch ältere systematische Überblicksarbeiten von Faroqui-Shah et al., 2010; Ansaldo & Saidi, 2014). Es besteht Konsens, dass, je ähnlicher sich Sprachen semantisch und phonologisch sind und je höher die Anzahl der Cognates zwischen den Sprachen ist (z. B. „tomato" [Englisch] vs. „Tomate" [Deutsch]), die Wahrscheinlichkeit eines Sprachübertragungseffekts desto größer ist, selbst wenn nur eine Sprache behandelt wird (für sprachübergreifende Übertragungseffekte bei Cognates in der Aphasietherapie s. z. B. Hameau & Köpke, 2015). Für aktuelle modelltheoretische Erklärungen können interessierte LeserInnen bei Gollan et al. (2008) für die Weak Link Hypothesis als prominente Erklärung und/oder an die Response Conflict Theory als alternative Erklärung von Nozari und Pinet (2020) nachlesen.

Auch nichtsprachliche kognitive Defizite können sich auf die Wirksamkeit von Aphasietherapie auswirken (z. B. Tessaro et al., 2024). Wenn beispielsweise die Sprachbeeinträchtigung durch ein Defizit in der exekutiven Funktion verstärkt wird, können nicht-lexikalische kognitive Therapien in Betracht gezogen werden (für eine umfassendere Diskussion s. ▶ Abschn. 3.3.3).

Literatur

Albert, M. L., Sparks, R. W., & Helm, N. A. (1973). Melodic intonation therapy for aphasia. *Archives of Neurology, 29*, 130–131.

Ansaldo, A. I., & Saidi, L. G. (2014). Aphasia therapy in the age of globalization: Cross-linguistic therapy effects in bilingual aphasia. *Behavioural Neurology*, Volume 2014, Article ID 603085. https://doi.org/10.1155/2014/603085

Bakas, T., Champion, V., Perkins, S. M., Farran, C. J., & Williams, L. S. (2006). Psychometric testing of the revised 15-item Bakas Caregiving Outcomes Scale. *Nursing Research, 55*(5), 346–355.

Baker, C., Worrall, L., Rose, M., Hudson, K., Ryan, B., & O'Byrne, L. (2018). A systematic review of rehabilitation interventions to prevent and treat depression in post-stroke aphasia. *Disability and Rehabilitation, 40*(16), 1870–1892.

Baumgärtner, A., & Staiger, A. (2020). Neurogene Störungen der Sprache und des Sprechens. *Neurologie up2date, 03*, 155–173.

Berthier, M. L. (2020). Ten key reasons for continuing research on pharmacotherapy for post-stroke aphasia. *Aphasiology, 35*(6), 1–35.

Bhogal, S. K., Teasell, R. W., Foley, N. C., & Speechley, M. R. (2003a). Rehabilitation of aphasia: More is better. *Topics in Stroke Rehabilitation, 10*, 66–76.

Bhogal, S. K., Teasell, R. W., & Speechley, M. R. (2003b). Intensity of aphasia therapy, impact on recovery. *Stroke, 34*, 987–993.

Biniek, R., Huber, W., Willmes, K., & Klumm, H. (1992). Der Aachener Aphasie-Bedside-Test – Testpsychologische Gütekriterien. *Nervenarzt, 63*, 473–479.

Blomert, L., Kean, M. L., Koster, C., & Schokker, J. (1994). Amsterdam-Nijmegen everyday language test: Construction, reliability and validity. *Aphasiology, 8*, 381–407.

Boyle, M., & Coelho, C. A. (1995). Application of semantic feature analysis as a treatment for aphasic dysnomia. *American Journal of Speech-Language Pathology, 4*, 94–98.

Brady, M. C., Ali, M., VandenBerg, K., Williams, L. J., Williams, L. R., Abo, M., et al. (2022). Complex speech-language therapy interventions for stroke-related aphasia: The RELEASE study incorporating a systematic review and individual participant data network meta-analysis. *Health and Social Care Delivery Research, 10*(28). https://doi.org/10.3310/RTLH7522

Breining, B. L., & Sebastian, R. (2020). Neuromodulation in post-stroke aphasia treatment. *Current Physical Medicine and Rehabilitation Reports, 8*, 44–56.

Breitenstein, C., Grewe, T., Flöel, A., Ziegler, W., Springer, L., Martus, P., et al. (2017). Intensive speech and language therapy in patients with chronic aphasia after stroke: A randomised, open-label, blinded-endpoint, controlled trial in a health-care setting. *The Lancet, 389*(10078), 1528–1538.

Brühl, S., Huber, W., Longoni, F., Schlenck, K.-J., & Willmes, K. (2022). *SAPS. Sprachsystematisches Aphasiescreening*. Hogrefe.

Cacciante, L., Kiper, P., Garzon, M., Baldan, F., Federico, S., Turolla, A., & Agostini, M. (2021). Telerehabilitation for people with aphasia: A systematic review and meta-analysis. *Journal of Communication Disorders, 92*, 106111, https://doi.org/10.1016/j.jcomdis.2021.106111

Campbell, J., Dignam, J., Hickey, N., Bohan, J., Hersh, D., Hill, A., Jamieson, P., Pierce, K., Power, E., Rose, M., Shrubsole, K., & Copland, D. (2023). Maintaining language and quality of life gains with low-dose, technology-delivered aphasia therapy: Preliminary results of the CHAT-maintain program. *International Journal of Stroke, 18*(2), 48–49. Sage Publications.

Cappa, S. F. (1998). Spontaneous recovery from aphasia. In B. Stemmer & H. A. Whitaker (Hrsg.), *Handbook of neurolinguistics* (S. 536–547). Academic Press.

Cappa, S. F. (2009). Recovery of aphasia. In B. Stemmer & H. Whitaker (Hrsg.), *Handbook of the neuroscience of language* (S. 387–396). Elsevier.

Chapey, R., Duchan, J. F., Elman, R. J., et al. (2000). Life participation approach to aphasia: A statement of values for the future. *The ASHA Leader, 5*, 4–6.

Cherney, L. R., Patterson, J. P., & Raymer, A. M. (2011). Intensity of aphasia therapy: Evidence and efficacy. *Current Neurology and Neuroscience Reports, 11*, 560–569.

Cho-Reyes, S., & Thompson, C. K. (2012). Verb and sentence production and comprehension in aphasia: Northwestern Assessment of Verbs and Sentences (NAVS). *Aphasiology, 26*(10), 1250–1277.

Crary, M. A., Haak, N. J., & Malinsky, A. E. (1989). Preliminary psychometric evaluation of an Acute Aphasia Screening Protocol. *Aphasiology, 3*, 611–618.

Davis, G. A., & Wilcox, M. (1985). *Adult aphasia rehabilitation: Applied pragmatics*. College-Hill Press.

Dignam, J., Copland, D., McKinnon, E., Burfein, P., O'Brien, K., Farrell, A., & Rodriguez, A. D. (2015). Intensive versus distributed aphasia therapy: A non-randomized, parallel-group, dosage-controlled study. *Stroke, 46*(8), 2206–2211.

Dipper, L., Franklin, S., de Aguiar, S. M., Baumgaertner, V., Brady, A., Best, B., Bruehl, S., Denes, G., Godecke, E., Gil, M., Kirmess, C., Markey, M., Meinzer, M., Mendez Orellana, M., Norvik, M.,

Nouwens, F., Rose, M., van de Sandt, M., Whitworth, A., & Visch-Brink, E. (2022). An umbrella review of aphasia intervention description in research: The AsPIRE project. *Aphasiology, 36*(4), 467–492. https://doi.org/10.1080/02687038.2020.1852001

Dollaghan, C. A. (2007). *The handbook for evidence-based practice in communication disorders*. Paul H. Brookes Publishing Co.

Edmonds, L. A. (2016). A review of verb network strengthening treatment: Theory, methods, results, and clinical implications. *Topics in Language Disorders, 36*, 123.

Elman, R. J. (2007). The importance of aphasia group treatment for rebuilding community and health. *Topics in Language Disorders, 27*(4), 300-308.

Engell, B., Hütter, B. O., Willmes, K., & Huber, W. (2003). Quality of life in aphasia: Validation of a pictorial self-rating procedure. *Aphasiology, 17*(4), 383–396.

Faroqi-Shah, Y., Frymark, T., Mullen, R., & Wang, B. (2010). Effect of treatment for bilingual individuals with aphasia: A systematic review of the evidence. *Journal of Neurolinguistics, 23*(4), 319–341.

Frattali, C. M., Thompson, C. M., Holland, A. L., et al. (1995). The FACS of life ASHA FACS – A functional outcome measure for adults. *ASHA, 37*, 40–46.

Fridriksson, J., & Hillis, A. E. (2021). Current approaches to the treatment of post-stroke aphasia. *Journal of Stroke, 23*(2), 183–201.

Frommelt, P. (2024). Rehabilitation von Menschen mit einem Schlaganfall. In P. Frommelt, A. Thöne-Otto, & H. Grötzbach (Hrsg.), *NeuroRehabilitation*. Springer.

Glindemann, R., & Springer, L. (1989). PACE-Therapie und sprachsystematische Übungen: Ein integrativer Vorschlag zur Aphasietherapie. *Sprache Stimme Gehör, 13*, 188–192.

Glindemann, R., Zeller, C., & Ziegler, W. (2018). *KOPS. Kommunikativ-pragmatisches Screening für Patienten mit Aphasie*. NAT-Verlag.

Godecke, E., Ciccone, N., Granger, A. S., et al. (2014). A comparison of aphasia outcomes before and after a very early rehabilitation programme following stroke. *International Journal of Language and Communication Disorders, 49*(02), 149–161.

Godecke, E., Armstrong, E., Rai, T., et al. (2021). A randomized control trial of intensive aphasia therapy after acute stroke: The Very Early Rehabilitation for Speech (VERSE) study. *International Journal of Stroke, 16*(5), 556–572. https://doi.org/10.1177/1747493020961926

Gollan, T. H., Montoya, R. I., Cera, C., & Sandoval, T. C. (2008). More use almost always means a smaller frequency effect: Aging, bilingualism, and the weaker links hypothesis. *Journal of Memory and Language, 58*(3), 787–814.

Goodglass, H., & Barresi, B. (2000). *Boston Diagnostic Aphasia Examination – Third Edition (BDAE-3)*. Pearson.

Götze, R. & Höfer, B. (1999). AOT – Alltagsorientierte Therapie bei Patienten mit erworbener Hirnschädigung. Georg Thieme Verlag.

Hameau, S., & Köpke, B. (2015). Cross-language transfer for cognates in aphasia therapy with multilingual patients: A case study. *Aphasie Und Verwandte Gebiete, 2015*(3), 13–19.

Hamilton, M. A. (1960). Rating scale for depression. *Journal of Neurology, Neurosurgery and Psychiatry, 23*, 56–62.

Helm-Estabrooks, N., Nicholas, M., & Morgan, A. (1989). *Melodic intonation therapy* (S. 1989). Pro-Ed, Inc.

Hilari, K., Byng, S., Lamping, D. L., & Smith, S. C. (2003). Stroke and Aphasia Quality of Life Scale-39 (SAQOL-39). *Stroke, 34*, 1944–1950.

Huang, A. J. R., Siyambalapitiya, S., & Cornwell, P. (2019). Speech pathologists and professional interpreters managing culturally and linguistically diverse adults with communication disorders: A systematic review. *International Journal of Language & Communication Disorders, 54*(5), 689–704.

Huber, W., Poeck, K., Weniger, D., & Willmes, K. (1983). *Der Aachener Aphasie Test (AAT)*. Hogrefe.

Huber, W., Poeck, K., & Springer, L. (2006). *Klinik und Rehabilitation der Aphasie: Eine Einführung für Therapeuten, Angehörige und Betroffene*. Thieme.

Kagan, A., Simmons-Mackie, N., Victor, J. C., & Chan, M. T. (2017). Communicative access measures for stroke: Development and evaluation of a quality improvement tool. *Archives of Physical Medicine and Rehabilitation, 98*(11), 2228–2236.

Kalbe, E., Reinold, N., Ender, U., & Kessler, J. (2010). *Aphasie-Check-Liste*. Prolog.

Kay, J., Lesser, R., & Coltheart, M. (1996). Psycholinguistic assessments of language processing in aphasia (PALPA): An introduction. *Aphasiology, 10*(2), 159–180.

Kertesz, A. (2007). *Western aphasia battery – Revised*. Harcourt Assessment, Inc.

Knecht, S., Hesse, S., & Oster, P. (1995). Aphasia in acute stroke: Incidence, determinants, and recovery. *Annals of Neurology, 38*, 659–666.

Kristinsson, S., den Ouden, D. B., Rorden, C., et al. (2022). Predictors of therapy response in chronic aphasia: Building a foundation for personalized aphasia therapy. *Journal of Stroke, 24*(2), 189–206.

Laures-Gore, J. S., Dotson, V. M., & Belagaje, S. (2020). Depression in poststroke aphasia. *American Journal of Speech-Language Pathology, 29*(4), 1798–1810.

Lee, S., & Faroqi-Shah, Y. (2024). A meta-analysis of anomia treatment in bilingual aphasia: Within-and cross-language generalization and predictors of the treatment outcomes. *Journal of Speech, Language, and Hearing Research, 67*(5), 1–43.

Leonard, C., Rochon, E., & Laird, L. (2008). Treating naming impairments in aphasia: Findings from a phonological components analysis treatment. *Aphasiology, 22*, 923–947.

Lomas, J., Pickard, L., Bester, S., et al. (1989). The communicative effectiveness index: Development and psychometric evaluation of a functional communication measure for adult aphasia. *Journal of Speech and Hearing Disorders, 54*, 113–124.

Lorenz, A., & Nickels, L. (2006). Comparing phonological and orthographic cues in the treatment of word retrieval disorders in aphasia.

Maas, M. B., Lev, M. H., Ay, H., et al. (2010). The prognosis for aphasia in stroke. *Stroke, 41*, 2316–2322.

Martin, N., Thompson, C. K., & Worrall, L. (2007). *Aphasia rehabilitation: The impairment and its consequences*. Plural Publishing.

van der Meulen, I., van de Sandt-Koenderman, W. M. E., Duivenvoorden, H. J., & Ribbers, G. M. (2010). Measuring verbal and non-verbal communication in aphasia: Reliability, validity, and sensitivity to change of the Scenario Test. *International Journal of Language & Communication Disorders, 45*, 424–435.

Nobis-Bosch, R., Springer, L., Radermacher, I., et al. (2011). Supervised home training of dialogue skills in chronic aphasia: A randomized parallel group study. *Journal of Speech, Language, and Hearing Research, 54*, 1118–1136.

Nobis-Bosch, R., Rubi-Fessen, I., Biniek, R., & Springer, L. (2013). *Diagnostik und Therapie der akuten Aphasie*. Thieme.

Nobis-Bosch, R., Bruehl, S., Krzok, F., Jakob, H., van de Sandt-Koenderman, M. W., & van der Meulen, I. (2020). *Szenario-Test. Testung verbaler und nonverbaler Aspekte aphasischer Kommunikation*. ProLog.

Nozari, N., & Pinet, S. (2020). A critical review of the behavioral, neuroimaging, and electrophysiological studies of co-activation of representations during word production. *Journal of Neurolinguistics, 53*, 100875.

OCS: Oxford Cognitive Screen (2024). https://www.ocs-test.org/. Zugegriffen am 27.03.2024.

Palmer, R., Dimairo, M., Cooper, C., et al. (2019). Self-managed, computerised speech and language therapy for patients with chronic aphasia post-stroke compared with usual care or attention control (Big CACTUS): A multicentre, single-blinded, randomised controlled trial. *Lancet Neurology, 18*(9), 821–833.

Pan, A., Sun, Q., Okereke, O. I., et al. (2011). Depression and the risk of stroke morbidity and mortality: A meta-analysis and systematic review. *JAMA, 306*, 1241–1249.

Pedersen, P. M., Jorgensen, H. S., Nakayama, H., et al. (1995). Aphasia in acute stroke: Incidence, determinants, and recovery. *Annals of Neurology, 1995*(38), 659–666.

Pulvermüller, F., Neininger, B., Elbert, T., et al. (2001). Constraint-induced therapy of chronic aphasia after stroke. *Stroke, 32*, 1621–1626.

Richter, K., & Hielscher-Fastabend, M. (2018). *BIAS A & R. Bielefelder Aphasie Screening Akut & Reha*. NAT-Verlag.

Robinson, R. G., Spalletta, G., Jorgen, R. E., et al. (2010). Poststroke depression: A review. *Canadian Journal of Psychiatry, 55*, 141–149.

Rose, M. L., Nickels, L., Copland, D., Togher, L., Godecke, E., Meinzer, M., et al. (2022). Results of the COMPARE trial of Constraint-induced or Multi-modality Aphasia Therapy compared with usual care in chronic post-stroke aphasia. *Journal of Neurology, Neurosurgery & Psychiatry, 93*(6), 573–581.

Rubi-Fessen, I. (2017). Aphasietherapie. *Neuroreha, 2*, 79–83.

Ryan, B., Kneebone, I., Rose, M., Togher, L., Power, E., Hoffmann, T., Asaduzzaman, K., Simmons-Mackie, N., Carragher, M., & Worrall, L. (2023). Preventing depression in aphasia: A cluster randomized control trial of the Aphasia Action Success Knowledge (ASK) program. *International Journal of Stroke, 18*(8), 996–1004. https://doi.org/10.1177/17474930231176718

Saur, D., Lange, R., Baumgaertner, A., Schraknepper, V., Willmes, K., Rijntjes, M., & Weiller, C. (2006). Dynamics of language reorganization after stroke. *Brain, 129*(Pt 6), 1371–1384.

Schlenck, C., & Schlenck, K. J. (1994). Beratung und Betreuung von Angehörigen aphasischer Patienten. *LOGOS Interdisziplinär, 2*, 90–97.

Schlenck, C., Schlenk, K. J., & Springer, L. (1995). *Die Behandlung des schweren Agrammatismus, Reduzierte-Syntax-Therapie (REST)*. Thieme.

Sheppard, S. M., & Sebastian, R. (2021). Diagnosing and managing post-stroke aphasia. *Expert Review of Neurotherapeutics, 21*(2), 221–234.

Simmons-Mackie, N., Raymer, A., & Cherney, L. R. (2016). Communication partner training in aphasia: An updated systematic review. *Archives of Physical Medicine and Rehabilitation, 97*(12), 2202–2221.e8.

Springer, L. (2008). Therapeutic approaches in aphasia therapy. In B. Stemmer & H. Whitaker (Hrsg.), *Handbook of the neuroscience of language* (S. 397–406). Elsevier.

Stadie, N., Cholewa, J., & de Bleser, R. (2013). *LEMO 2.0. Lexikon modellorientiert. Diagnostik für Aphasie, Dyslexie und Dysgraphie*. NAT-Verlag.

Stockbridge, M. D. (2022). Better language through chemistry: Augmenting speech-language therapy with pharmacotherapy in the treatment of aphasia. *Handbook of Clinical Neurology, 185*, 261–272.

Swinburn, K., Porter, G., & Howard, D. (2004). *Comprehensive Aphasia Test (CAT)*. APA PsycTests.

Tessaro, B., Salis, C., Hameau, S., & Nickels, L. (2024). How cognition has been assessed in research with people with aphasia: A systematic scoping review. *Speech, Language and Hearing, 27*(7), 1–15.

Thompson, C. K., & Shapiro, L. P. (2005). Treating agrammatic aphasia within a linguistic framework: Treatment of Underlying Forms. *Aphasiology, 19 (10–11)*, 1021–1036. https://doi.org/10.1080/02687030544000227

Turner-Stokes, L., Kalmus, M., Hirani, D., & Clegg, F. (2005). The Depression Intensity Scale Circles (DISCs): A first evaluation of a simple assessment tool for depression in the context of brain injury.

Journal of Neurology, Neurosurgery and Psychiatry, 76(9), 1273–1278.

West, J. F., Sands, E. S., & Ross-Swain, D. (1998). *Bedside Evaluation Screening Test: 2nd Edition (BEST-2)*. Pro-Ed.

Whitworth, A., Leitao, S., Cartwright, J., Webster, J., Hankey, G. J., Zach, J., et al. (2015). NARNIA: A new twist to an old tale. A pilot RCT to evaluate a multilevel approach to improving discourse in aphasia. *Aphasiology, 29*(11), 1345–1382.

WHO (World Health Organization) (2001). ICF – Classification of Functioning. *Disability and Health*. World Health Organization.

Yamaji, C., & Maeshima, S. (2022). Spontaneous Recovery and Intervention in Aphasia. IntechOpen. https://doi.org/10.5772/intechopen.100851.

Yesevage, J. A., Brink, T. L., & Rose, T. L. (1982). Development and validation of a geriatric depression screening scale: A preliminary report. *Journal of Psychiatric Research, 39*, 37–49.

Zhang, X., Shu, B., Zhang, D., et al. (2018). The efficacy and safety of pharmacological treatments for post-stroke aphasia. *CNS Neurological Disorders Drug Targets, 17*, 509–521.

Neuronale Netzwerke der Sprache und ihre Rolle bei Gehirnläsionen

Inhaltsverzeichnis

Kapitel 5	Aphasie – kognitive Steuerungssysteme des Gehirns – 69 *Kyriakos Sidiropoulos*
Kapitel 6	Neuronale Netzwerke der Sprachperzeption – 103 *Kyriakos Sidiropoulos*
Kapitel 7	Semantische und syntaktische Netzwerke im Gehirn – 135 *Sandra Martin und Gesa Hartwigsen*
Kapitel 8	Netzwerk der Sprachproduktion – 153 *Jana Klaus*
Kapitel 9	Ruhezustandsnetzwerk – 165 *Kyriakos Sidiropoulos*
Kapitel 10	Plastizität und Reorganisation im Sprachnetzwerk nach Schlaganfall – 177 *Gesa Hartwigsen und Sandra Martin*

Aphasie – kognitive Steuerungssysteme des Gehirns

Kyriakos Sidiropoulos

Inhaltsverzeichnis

5.1 Einführung in die kognitiven Netzwerke – 70
5.1.1 Die verschiedenen Arten neuronaler Vernetzung – 70
5.1.2 Klassifizierung der Netzwerktypen – 73
5.1.3 Läsionsanalytische Verfahren – 73

5.2 Dysfunktion und Kompensation – 76
5.2.1 Störungen in neuronalen Netzwerken – 76
5.2.2 Neuroplastische Kompensationsmechanismen nach Schlaganfall – 77
5.2.3 Netzwerkbasierte Läsionskartierung – 79

5.3 Spezialisierte kognitive Netzwerke – 81
5.3.1 Das Wachheitsnetzwerk – 81
5.3.2 Das Salienznetzwerk – 83
5.3.3 Das Exekutivkontrollnetzwerk – 89
5.3.4 Exekutivkontrollnetzwerk und Salienznetzwerk – Hemmung – 94

Literatur – 98

© Der/die Autor(en), exklusiv lizenziert an Springer-Verlag GmbH, DE, ein Teil von Springer Nature 2025
K. Sidiropoulos (Hrsg.), *Transkranielle Gleichstromstimulation bei Aphasien und erworbenen Sprechstörungen*, https://doi.org/10.1007/978-3-662-70454-7_5

5.1 Einführung in die kognitiven Netzwerke

5.1.1 Die verschiedenen Arten neuronaler Vernetzung

Das Nervensystem ist ein komplexes Netzwerk von Neuronenverbände, das Informationen in Form von elektrischen Impulsen und chemischen Signalen überträgt. Verschiedene Gehirnregionen interagieren miteinander und gehen komplexe Verbindungen ein, die für eine effiziente Kommunikation und Funktion des Gehirns entscheidend sind. Diese Verbindungen ermöglichen die Übertragung von Informationen zwischen verschiedenen Hirnregionen und die Koordination von Aktivitäten in einem neuronalen Netzwerk. Es lassen sich zumindest drei verschiedene Arten von Verbindungen unterscheiden:

1. Die strukturelle Konnektivität beschreibt die physischen Verbindungen zwischen den Neuronen oder Gehirnregionen. Sie wird durch die Anatomie des Nervensystems bestimmt, einschließlich der Nervenbahnen, Axone und Synapsen. Diese Verbindungen können lokal sein, wenn sie innerhalb einer bestimmten Hirnregion verlaufen, oder sie können entfernte Hirnregionen miteinander verbinden. Die strukturelle Konnektivität ermöglicht die Kommunikation sowohl zwischen nahe liegenden als auch zwischen entfernten Hirnregionen und bildet die Grundlage für komplexe neuronale Netzwerke. Während der Ontogenese und durch die Interaktionen und Erfahrungen mit der Umwelt legt sie fest, wie stark verschiedene Gehirnbereiche miteinander verbunden sind und wie effizient Informationen zwischen ihnen ausgetauscht werden können. Um die strukturelle Konnektivität zu untersuchen, werden verschiedene bildgebende Verfahren eingesetzt, wie die Magnetresonanztomografie (MRT) und die Diffusions-Tensor-Bildgebung (DTI). Erstere ermöglicht die nichtinvasive Darstellung von Gewebestrukturen im Gehirn, während die Diffusionsbildgebung die Erfassung der Ausrichtung und Organisation von Nervenfasern (weiße Substanz) im Gehirn ermöglicht, indem sie die Diffusion von Wasser entlang der Fasern misst. Dadurch können die strukturellen Verbindungen zwischen den Hirnregionen sichtbar gemacht werden.
2. Die funktionelle Konnektivität bezieht sich auf die zeitliche Korrelation und die koordinierte Aktivität verschiedener Hirnregionen im Ruhezustand oder bei ihrer Beteiligung an verschiedenen kognitiven oder physiologischen Prozessen. Im Gegensatz zur strukturellen Konnektivität, die die physischen Verbindungen zwischen Hirnregionen beschreibt, bezieht sich die funktionelle Konnektivität auf die synchronisierte neuronale Aktivität von Hirnregionen, ohne dass zwischen ihnen notwendigerweise ein kausaler Zusammenhang besteht. Die funktionelle Konnektivität kann mit verschiedenen bildgebenden Verfahren wie funktioneller Magnetresonanztomografie (fMRT), Elektroenzephalografie (EEG) oder Magnetoenzephalografie (MEG) untersucht werden, wobei die fMRT die am häufigsten verwendete Methode ist. Die fMRT misst die Veränderungen des Blutflusses im Gehirn, die mit neuronalen Aktivitäten einhergehen. Durch die Analyse der zeitlichen Muster dieser Blutflussveränderungen kann man Rückschlüsse auf die funktionelle Konnektivität zwischen den Hirnregionen ziehen. Funktionelle Konnektivitätsstudien können während der Durchführung spezifischer Aufgaben oder bei verschiedenen kognitiven oder sensorischen Stimulationen oder bei der sog. Ruhezustands-fMRT (Resting-state functional Magnetic Resonance Imaging, rsfMRI oder R-fMRI) in einem ruhigen Zustand ohne bestimmte Aufgabe durchgeführt werden. Hierbei werden die stark korrelierte BOLD-Zeitverläufe im Gehirn analysiert, um die Zusammenarbeit und Kommunikation zwischen den beteiligten Hirnregionen zu untersuchen und die funktionellen Netzwerke zu identifizieren.

3. Die effektive Konnektivität ermöglicht schließlich die Untersuchung der Ursache-Wirkungs-Beziehungen zwischen den Gehirnaktivitäten, indem sie untersucht, welchen kausalen Einfluss der Zustand einer Neuronenpopulation A auf die Aktivität der Neuronenpopulation B ausübt. Dadurch wird versucht, die Richtung und Stärke der Informationsübertragung zwischen verschiedenen Gehirnregionen zu bestimmen. Die Messung der effektiven Konnektivität erfordert spezielle Analysemethoden, wie z. B. die Anwendung von Granger-Kausalitätsanalysen oder dynamischen Kausalmodellen (Dynamic Causal Modeling, DCM). Diese Methoden basieren auf der statistischen Modellierung von Zeitreihendaten, um die Richtung und Stärke der Informationstransferprozesse zu schätzen (Friston, 2009; ◘ Abb. 5.1).

Um die strukturelle, funktionelle und effektive Organisation des Gehirns zu visualisieren und somit die Komplexität der Gehirnkonnektivität zu veranschaulichen, werden in den letzten Jahrzehnten Netzwerkdiagramme, sog. Graphen, benutzt (◘ Abb. 5.2). Sie dienten der Visualisierung von Beziehungen zwischen verschiedenen Entitäten, die als Netzknoten („internal nodes"; ◘ Abb. 5.2) dargestellt werden. Jede Region oder jedes spezifische Areal im Gehirn, das eine bestimmte Funktion ausführt, kann als ein Knoten betrachtet werden. Die Knoten sind miteinander über Kanten („edges", schwarze Verbindungslinien) verbunden. Sie repräsentieren die Kommunikationswege zwischen den verschiedenen Gehirnregionen. Diese Verbindungen können physisch (wie in den Faserbündeln des Gehirns) oder funktional/effektiv (wie in den synchronisierten Aktivitäten von Neuronengruppen in unterschiedlichen Bereichen des Gehirns) lokalisiert sein. In vielen Netzwerkdiagrammen repräsentiert die Dicke oder Breite der Kanten die Stärke der Verbindung, der Beziehung oder der Interaktion zwischen den Knoten. Im Kontext von Gehirnnetzwerken kann dies bedeuten, dass dickere Kanten eine stärkere Korrelation oder Synchronisation der Aktivität zwischen den entsprechenden Gehirnregionen darstellen. Netzknoten, die viele Verbindungen zu anderen Knoten innerhalb eines Netzwerks haben und oft eine zentrale Rolle bei kognitiven Prozessen spielen, werden lokale Verbindungsknoten („hubs") genannt. Sie ähneln den lokalen Busbahnhöfen, die vor allem den Verkehr innerhalb eines Stadtteils regeln.

Eine Metrik in der Netzwerkanalyse, die die Stärke der Verbindungen eines Knotens (z. B. eines Neurons oder einer Neuronengruppe) innerhalb seiner eigenen Modulstruktur quantifiziert, ist die sog. intramodulare Zentralität („intra-modular centrality"). Eine hohe intramodulare Zentralität weist darauf hin, dass ein lokaler Knoten eine zentrale Rolle bei der Informationsverarbeitung bzw. -weiterleitung innerhalb eines Netzwerks spielt. Knoten, die mehrere Netzwerke miteinander verbinden, werden dagegen als

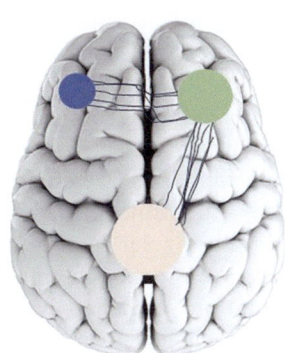
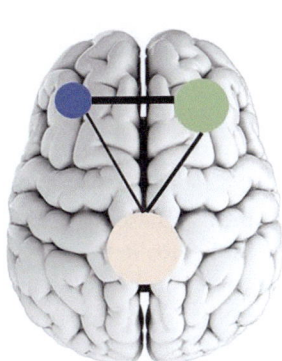
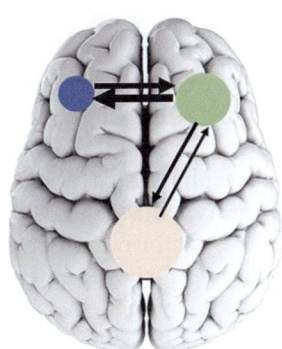

strukturelle   **funktionelle**   **effektive Konnektivität**

◘ Abb. 5.1 Die drei unterschiedlichen Arten von Konnektivität im menschlichen Gehirn. (iStock 178724471)

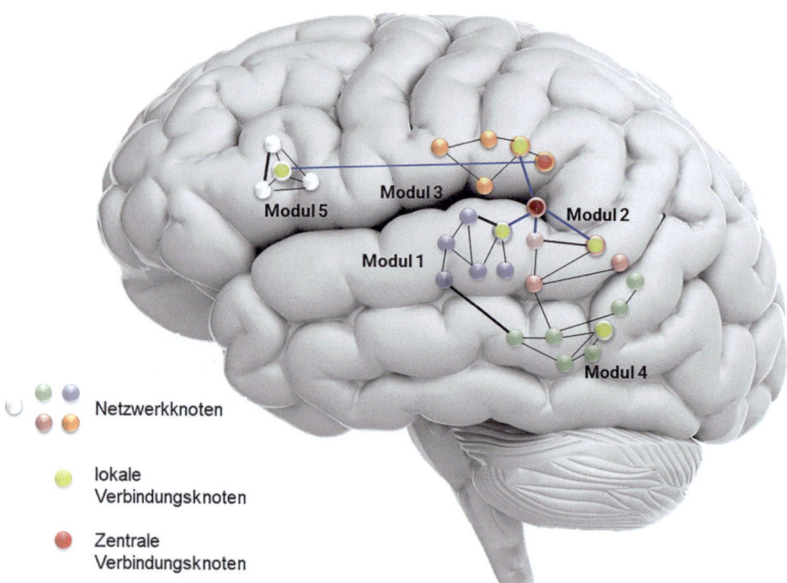

◘ Abb. 5.2 Modulare Organisation des menschlichen Gehirns, das in verschiedene Netzwerke (Module) unterteilt ist, die jeweils spezialisierte Funktionen erfüllen. Die gleichfarbigen Kreise (Netzwerkknoten, „internal nodes") repräsentieren verschiedene neuronale Regionen innerhalb eines Moduls. Lokale Verbindungsknoten („local hubs") sind gelb dargestellt, während zentrale Verbindungsknoten („central hubs") rot markiert sind. Die blauen Linien, die einige der Knoten über die Modulgrenzen hinweg verbinden, werden als Cross Edges bezeichnet, was darauf hinweist, dass sie intermodulare Verbindungen darstellen, die für die Integration von Funktionen und die effiziente Kommunikation über das gesamte Netzwerk hinweg von Bedeutung sind. (iStock 187095283)

Verbindungsknoten („connector hubs" bzw. „bridge nodes") bezeichnet. Diese Verbindungsknoten zeichnen sich häufig durch einen hohen Vernetzungsgrad aus und spielen eine wichtige Rolle bei der Regulierung und Koordination der Aktivitäten anderer Netzwerke. Sie haben einen sog. Top-down-Einfluss auf sensorische Netzwerke und ähneln großen Verkehrsknotenpunkten wie Hauptbahnhöfen in einer Stadt, die den Verkehr zwischen verschiedenen Stadtteilen organisieren. In der Netzwerkanalyse werden zwei Metriken verwendet, die sich besonders gut zur Beschreibung von Verbindungsknoten eignen:

1. Die Betweenness-Zentralität („betweenness centrality") misst die Bedeutung eines Knotens als Informationsvermittler und gibt an, wie oft ein bestimmter Knoten auf den kürzesten Wegen zwischen anderen Knoten liegt. Ein Knoten mit einer hohen Betweenness-Zentralität fungiert als Brückenpunkt und beeinflusst den Informationsfluss im Netzwerk, indem er den Austausch von Informationen zwischen verschiedenen Regionen ermöglicht.
2. Der Beteiligungskoeffizient („participation coefficient") erfasst die Verteilung der Verbindungen eines Knotens über verschiedene Netzwerkmodule. Ein hoher Beteiligungskoeffizient deutet darauf hin, dass ein Knoten Verbindungen zu mehreren Modulen hat und somit an der Integration von Informationen aus verschiedenen Bereichen des Netzwerks beteiligt ist.

Durch die Anwendung dieser Metriken können Verbindungsknoten identifiziert werden. Diese Knoten spielen eine entscheidende Rolle bei der Aufrechterhaltung der Integrität und Funktion des Netzes, da sie die Kommunikation und Koordination zwischen verschiedenen Bereichen ermöglichen.

Wird ein Konnektor-Hub durch einen Schlaganfall (Gratton et al., 2012) oder durch transkranielle Magnetstimulation (TMS) (Gordon et al., 2018) in seiner Funktion gestört, kann dies erhebliche Auswirkungen auf die gesamte Netzwerkstruktur und -funktion des Gehirns haben. Dies ist darauf zurückzuführen, dass die Informationsübertragung und -verarbeitung, die normalerweise über diese zentrale Knotenpunkte erfolgen, gestört sind. Dies kann dazu führen, dass verschiedene Bereiche des Gehirns nicht mehr effizient miteinander kommunizieren, was sich auf die strukturelle und funktionelle Integrität neuronaler Netzwerke auswirkt (Mesulam, 1990; He et al., 2009; Gratton et al., 2012; Warren et al., 2014).

Sowohl die lokalen Hubs als auch die zentralen Konnektor-Hubs sind nicht bei allen Individuen gleich strukturiert, genauso wie sich nicht alle lokalen Bahnhöfe und Hauptbahnhöfe ähneln. Die strukturelle und funktionelle/effektive Konnektivität der Hubs kann von Person zu Person variieren. Diese Variation ist Teil dessen, was als interindividuelle Variabilität bezeichnet wird. Einige Hub-Konfigurationen könnten besser in der Lage sein, bestimmte Arten von Informationen zu verarbeiten oder bestimmte Aufgaben zu erfüllen als andere. Dies könnte erklären, warum Menschen bei verschiedenen kognitiven Aufgaben oder unter verschiedenen Bedingungen unterschiedliche Leistungen erbringen. Es ist wichtig zu beachten, dass auch eine beträchtliche intraindividuelle Variabilität in den Hub-Konfigurationen besteht. Dies bedeutet, dass die Hub-Konfigurationen der Netzwerke innerhalb eines Individuums im Laufe der Zeit aufgrund von Faktoren wie Lernen, Erfahrung, Stimmung, Stress, Alter, Krankheit usw. variieren können (Gordon et al., 2017, 2018).

5.1.2 Klassifizierung der Netzwerktypen

In den letzten Jahrzehnten haben neue bildgebende Verfahren einen tieferen Einblick in das menschliche Gehirn ermöglicht und verschiedene Netzwerke identifiziert. Diese sind beim Menschen weitgehend konsistent und zeigen charakteristische Aktivierungsmuster, je nachdem, ob eine Person eine Aufgabe ausführt oder sich in Ruhe befindet. Es werden vier große Netzwerktypen unterschieden:

1. Aktivierungsregulationsnetzwerke zur Aufrechterhaltung und Regulierung des Arousal- und Wachheitszustands
2. Perzeptiv-motorische Netzwerke und ihre Schnittstellen zur modalitätsspezifischen Verarbeitung externer Stimuli, z. B. sensorisches, motorisches, sensomotorisches Netzwerk
3. Vermittlernetzwerke, die oft als Verbindungsknoten fungieren, z. B. Exekutivkontrollnetzwerk (ECN), Salienznetzwerk (SN)
4. Extrinsische, z. B. dorsales (DAN) und ventrales Aufmerksamkeitsnetzwerk (VAN), und intrinsische Bereitschaftsnetzwerke wie das Ruhezustandsnetzwerk (DMN).

Sowohl die Vermittler- als auch die Bereitschaftsnetzwerke können als Kontrollnetzwerke fungieren (Gratton et al., 2018; ◘ Abb. 5.3).

5.1.3 Läsionsanalytische Verfahren

Die Identifizierung der zerebralen Korrelate sprachlicher Funktionen bei hirngeschädigten Patienten wurde erst mit der Einführung bildgebender Verfahren ermöglicht. Anfangs wurde die Computertomografie (CT) verwendet, doch aufgrund der potenziellen Gefahr der Röntgenstrahlung konnte sie sich in der Forschung nicht etablieren. Anstelle radioaktiver Verfahren wurden nichtinvasive bildgebende Verfahren wie die Magnetresonanztomografie (MRT) und die funktionelle Magnetresonanztomografie (fMRT) eingesetzt. Die fMRT, die vor allem den Sauerstoffverbrauch im Gehirn erfasst, hat jedoch Einschränkungen bei der Untersuchung von Sprachfunktionen bei Aphasiepatienten. Insbesondere bei Schlaganfällen kann es zu einer Hyperperfusion („luxury perfusion") kommen, einem Zustand anhaltender Durchblutungsstörungen, bei dem bestimmte Hirnregionen übermäßig durchblutet werden. Diese veränderten Durchblutungsmuster können die Genauigkeit von fMRT-Ergebnissen bei der Analyse von Funktionsstörungen infolge von Hirnschädigungen beeinträchtigen (Rorden & Karnath, 2004; Sidiropoulos, 2014).

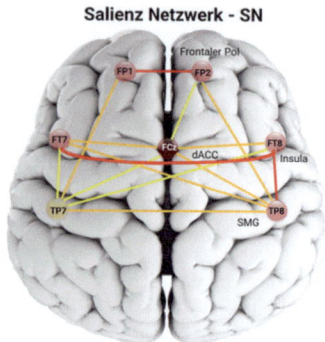 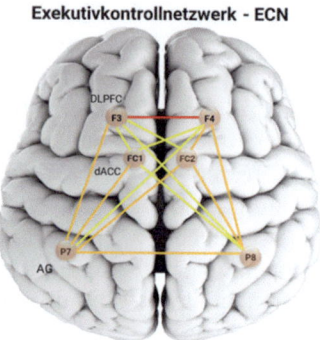 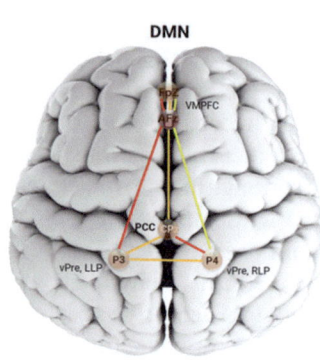

Abb. 5.3 Visualisierung verschiedener Gehirnnetzwerke. Das Salienznetzwerk (SN), das Exekutivkontrollnetzwerk (ECN) und das Ruhezustandsnetzwerk (Default-Mode-Netzwerk, DMN). Die Schlüsselregionen dieser Netzwerke sind für wichtige kognitive Funktionen wie Aufmerksamkeit, Selbstreflexion und exekutive Kontrolle verantwortlich. In der Darstellung symbolisieren warme Farben wie Rot und Braun statistisch signifikante positive Zusammenhänge zwischen den Netzwerkknoten, wohingegen neutrale Farben, beispielsweise Gelb, auf statistisch weniger deutliche Zusammenhänge hinweisen. (Nach Sandberg, 2017; Sidiropoulos, 2023; iStock 178724471)

Bereits in den 1980er-Jahren wurden verschiedene Korrelationsverfahren angewandt um prospektiv die Natur von Sprachstörungen bei Patienten mit Aphasie zu untersuchen. Hierbei wurden anfänglich computer-(CT) und später kernspintomografische (MRT) Aufzeichnungen, sowie (neuro)linguistische Daten verwendet, um die Art der Sprachstörungen zu bestimmen und die Rolle der kortikalen und subkortikalen Hirnregionen genauer zu spezifizieren. Zur Kategorisierung der Patienten wurden sowohl Verhaltensmerkmale als auch Informationen über die läsionale Topologie als Grundlage herangezogen. Bereits 1983 erkannten Schmachtenberg und Kollegen, dass die in einer Gruppe von Menschen mit Hirnschädigung identifizierten Läsionsbereiche nicht präzise genug sind, um spezifische Funktionsausfälle genau zu charakterisieren. Um die anatomischen Strukturen zu bestimmen, die für die untersuchte Funktion charakteristisch sind, subtrahierten sie die geschädigten Areale einer Kontrollgruppe (Patienten mit Hirnschädigung, aber ohne den spezifischen Funktionsausfall) von den Läsionen der Patientengruppe mit dem Funktionsverlust. Durch diese Subtraktionsmethode konnten Keyserlingk et al. (1983) und Poeck et al. (1984) die Läsionslokalisationen identifizieren, die typisch für die aphasischen Syndrome sind.

Ähnlich wie beim läsionsbasierten wurde später die Subtraktionsmethode auch beim verhaltensbasierten Ansatz angewandt (z. B. Karnath et al., 2002). Hierbei wurden in der Kontrollgruppe Patienten aufgenommen, die in einer untersuchten neuropsychologischen Leistung keine Beeinträchtigung zeigte, und ihre Läsionen rekonstruiert. Diese Läsionen wurden dann von den Läsionsplots der Gruppe mit dem funktionellen Defizit subtrahiert. Auf diese Weise wurden Regionen von Interesse („regions of interest", ROI) definiert, anhand derer Vergleiche zwischen den Gruppen durchgeführt wurden. Dies ermöglichte die Untersuchung, ob die Infarzierung dieser Areale überzufällig häufig mit einem spezifischen neuropsychologischen Defizit einherging. Bei dieser methodologischen Herangehensweise werden vor der Zuordnung von neurofunktionellen Defiziten A-priori-Kriterien definiert, die bestimmen, ab wann eine Leistung als beeinträchtigt gilt. Diese Kriterien beruhen oft auf einer binären Logik, bei der Zustände lediglich als defizitär oder nichtdefizitär klassifiziert werden.

Ein solches binäres System ist zwar einfacher zu handhaben, es lässt jedoch keine Zwischentöne oder graduellen Abstufungen zu, die in metrischen Daten zu finden sind. Metrische Daten, die auf einer Skala mit vielen möglichen Werten basieren, können deshalb den Grad der Beeinträchtigung detaillierter abbilden. Sie erlauben eine feinere Unterscheidung und Darstellung der individuellen Unterschiede im Ausmaß der Beeinträchtigung. Im Gegensatz dazu könnte die Verwendung von binären Kriterien, die nur zwischen „vorhanden" und „nicht vorhanden" unterscheiden, dazu führen, dass wichtige nuancierte Informationen über den Schweregrad und die spezifische Natur der Störungen verloren gehen. Somit könnten durch die Anwendung binärer Gruppierungskriterien subtile, aber klinisch relevante Unterschiede zwischen den Patienten unberücksichtigt bleiben. Dies könnte die Fähigkeit einschränken, den individuellen Schweregrad der Beeinträchtigung angemessen zu berücksichtigen. Metrische Daten hingegen bieten die Möglichkeit, ein umfassenderes und genaueres Bild der neuropsychologischen Funktionsausfälle zu erstellen (für weitere Einzelheiten s. Sidiropoulos, 2014).

Um diese Einschränkungen zu umgehen, wurde eine neue Methode zur Untersuchung der neurofunktionellen Korrelation bei Patienten mit zerebralen Läsionen entwickelt (Bates et al., 2003). Bei dem voxelbasierten Läsions-Symptom-Mapping (VLSM) handelt es sich um eine statistische Analysetechnik, die auf der Zuordnung von Läsionen im Gehirn zu spezifischen Symptomen oder Funktionen beruht. Die Einteilung der Patienten erfolgt, ohne vorab festgelegte Kriterien zu verwenden, um Patienten nach kognitiv-behavioralen oder anatomischen Trennlinien zu kategorisieren. Vielmehr erfolgt die Einteilung je nachdem, ob ein bestimmtes Volumenelement (Voxel) im Gehirn geschädigt ist oder nicht. Auf diese Weise entstehen separate Gruppen, die für die weitere Funktions-Läsions-Analyse herangezogen werden. Das VLSM initiierte in den letzten Jahren eine große Anzahl von Studien und brachte uns insbesondere bei der Sprachverarbeitung viele neue Erkenntnisse.

Bereits früh wurden auch bei dieser Methode technische Limitierungen und inhärente Einschränkungen sichtbar. Die erste technische Limitierung, die bei allen läsionsanalytischen Methoden besteht, ist, dass die Läsionen manuell markiert werden. Da das menschliche Auge nur auf eine rudimentäre Art und Weise in der Lage ist, zwischen beschädigten und unbeschädigten Voxeln zu differenzieren, können beim Abzeichnen Fehler auftreten. Außerdem hängt die Genauigkeit des Abzeichnens von der Erfahrung und Fachkenntnis des Untersuchers ab. Daher besteht ein Bedarf an verbesserten, semiautomatischen Segmentierungsmethoden. Eine weitere wichtige Einschränkung aller läsionsanalytischen Methoden betrifft die genaue Definition dessen, ab wann ein Voxel als lädiert betrachtet werden sollte. In Zukunft muss anhand physiologischer Daten (und nicht ausschließlich statistischer) ein Maß definiert werden, das angibt, ab welcher Dichteabweichung in einer Gruppe von Voxeln eine funktionelle Beeinträchtigung vorliegt. Derzeit erfolgt die manuelle Abzeichnung des Läsionsbereichs rein visuell, was zur Folge haben kann, dass auch Areale eingeschlossen werden, die noch funktionsfähig sein könnten.

Eine letzte technische Limitierung traditioneller, läsionsanalytischer Verfahren ist, dass sie nur Läsionen in der grauen Substanz erfassen und die Unterbrechungen in den Nervenfasern sowie die Auswirkungen der Läsionen auf die Bereiche eines strukturellen/funktionellen Netzwerks außer Acht lassen. Der Verlust von weißer Substanz ist nicht immer auf die unmittelbare Umgebung der ursprünglichen Verletzung beschränkt. Der Schaden kann sich im Laufe der Zeit auf andere Regionen ausbreiten, die über die ursprüngliche Verletzungsstelle hinausgehen. Dies kann durch verschiedene Mechanismen geschehen, wie etwa durch Entzündungen oder durch Veränderungen in der Art und Weise, wie Neuronen miteinander kommunizieren als Reaktion auf den ursprünglichen Schaden (s. Diaschisis-Effekte in ▶ Abschn. 5.2.3; für weitere Einzelheiten s. Übersichtartikel von Sidiropoulos, 2014).

5.2 Dysfunktion und Kompensation

5.2.1 Störungen in neuronalen Netzwerken

Das menschliche Gehirn besteht aus vielen verschiedenen Regionen, die miteinander netzwerkartig verbunden sind und zusammenarbeiten, um eine Vielzahl von Funktionen zu erfüllen. Innerhalb dieser Netzwerke können verschiedene Dysfunktionen auftreten, welche eine Vielzahl von neurologischen und psychischen Störungen verursachen können. Grundsätzlich lassen sich innerhalb eines strukturellen/funktionellen Netzwerks (Intra-Netzwerk Störung) zwei hauptsächliche Dysfunktionsarten differenzieren:

1. Durch Läsionen, Faserverluste oder strukturelle Anomalien in kortikalen oder subkortikalen Bereichen kann es:zu einem Ausfall eines lokalen Knotens oder/und zu einer Unterbrechung der Verbindungen dieses Knotens zu anderen Hirnregionen desselben Netzwerks kommen. Lokale Verbindungsknoten haben starke Verbindungen zu anderen Knoten innerhalb eines Moduls. Eine Beschädigung dieser Knoten schwächt die interne Struktur und Funktionalität des Moduls, wodurch die klare Abgrenzung zwischen den Modulen verloren geht. Dies führt zu einer Abnahme der Netzwerkmodularität, d. h., die Spezialisierung und die funktionale Abgrenzung dieses Moduls ist beeinträchtigt, wodurch die Differenzierung zwischen den Modulen weniger ausgeprägt ist (Tao und Rapp, 2021).
2. Durch Aktivitätsänderungen (Hypo- oder Hyperaktivierungen) kann auch die Dynamik zwischen den involvierten Gehirnregionen (Knoten) beeinflusst werden, die gemeinsam ein strukturell/funktionelles Netzwerk bilden. Meistens sind dann die Läsionen fokal und gut abgegrenzt und führen zu spezifischen Beeinträchtigungen (z. B. in den einzelnen Sprachfunktionen). Schäden an unterschiedlichen Orten im Gehirn können ähnliche Symptome verursachen, da die betroffenen Bereiche möglicherweise Teil desselben Netzwerks sind oder ähnliche Rollen in verschiedenen Netzwerken übernehmen.

Bei vielen Patienten erstrecken sich die Läsionen über mehrere Hirnareale hinweg. In solchen Fällen können die Auswirkungen auf die Sprachfunktionen vielfältiger und umfangreicher sein. Anders als bei den Intra-Netzwerk-Störungen, die innerhalb eines einzelnen Netzwerks auftreten, beziehen sich Inter-Netzwerk-Störungen auf Dysfunktionen, die die Verbindungen und Interaktionen zwischen verschiedenen Netzwerken beeinflussen. Die Anzahl der Arten von Inter-Netzwerk-Störungen hängt von der Funktion des betroffenen Knotens, von der Anzahl der Netzwerke und ihrer jeweiligen Beziehungen zueinander ab. Beispielsweise könnten Störungen, die zwischen zwei äquivalenten Netzwerken wie dem ventralen (VAN) und dem dorsalen Aufmerksamkeitsnetzwerk (DAN) auftreten, die Wechselwirkung dieser Netzwerke beeinflussen, was wiederum Einfluss auf ihre Fähigkeit hätte, Aufmerksamkeit zu steuern und zu bewahren. Darüber hinaus könnten Störungen zwischen hierarchischen Netzwerkebenen, wie z. B. zwischen einem übergeordneten Netzwerk, wie dem exekutiven Kontrollnetzwerk (ECN) oder dem Salienznetzwerk (SN), und einem untergeordneten Netzwerk, wie einem sensorischen oder motorischen Netzwerk, auftreten. In diesem Fall könnte die Störung die Fähigkeit des übergeordneten Netzwerks beeinträchtigen, das Verhalten des untergeordneten Netzwerks effektiv zu steuern oder zu koordinieren.

Auch Störungen an zentralen Verbindungsknoten können zu schwerwiegenden Störungen führen, da sie nicht nur ein einzelnes Netzwerk beeinträchtigen, sondern möglicherweise mehrere. Angesichts ihrer Rolle als „Knotenpunkte" können solche Läsionen eine Kaskade von Auswirkungen in verschiedenen Netzwerken verursachen, was letztendlich zu einer Vielzahl von Symptomen führt (Gratton et al., 2012). Die Symptome spiegeln die verschiedenen Netzwerke wider, die durch die Läsion gestört wurden. Wenn globale Verbindungsknoten beschädigt werden, verlieren die Module ihre Verbindung untereinander. Als Folge kann die Modularität des Netzwerks zunehmen, da die einzelnen Module mehr in sich geschlossen und weniger mit anderen Modulen verbunden sind (Schmidt et al., 2015; Tao & Rapp, 2021). Sie werden „insularer", d. h., die Interaktionen innerhalb eines Moduls bleiben erhalten, während die Interaktionen zwischen den Modulen abnehmen. Dies verdeutlicht, dass die Konnektivität und Organisation neuronaler Netzwerke entscheidend die Symptommanifestation nach Hirnverletzungen bestimmen.

5.2.2 Neuroplastische Kompensationsmechanismen nach Schlaganfall

Nach einem Schlaganfall kommt es im Laufe der Zeit zu unterschiedlichen Veränderungen in der funktionellen Organisation des Gehirns. Einige Stunden nach einem ischämischen Ereignis sterben die Zellen in den infarzierten Bereichen aufgrund des Mangels an Sauerstoff und Nährstoffen ab, die normalerweise durch den Blutfluss geliefert werden, und werden somit schwer geschädigt. Die infarzierten Bereiche und die noch dysfunktionalen Gebiete um die eigentliche Infarktzone (Penumbra) zeigen in den nachfolgenden Stunden bis Tagen (**akute Phase**) eine allgemeine Verringerung der Gehirnaktivität, was sich in einer Beeinträchtigung der Funktionen widerspiegelt, die diese Bereiche normalerweise steuern. Die Verringerung der Gehirnaktivität scheint von der Stelle der Läsion abzuhängen und ist bei Läsionen in den temporalen Regionen des Gehirns stärker ausgeprägt (Hartwigsen & Saur, 2019). Bezüglich der Struktur des neuronalen Netzwerks kann es nach einer Läsion in der akuten Phase zu einer Reduktion der Verbindungen zwischen den Knoten kommen. Im Falle der Beeinträchtigung eines globalen Knotens resultiert dies in einer eingeschränkten Kommunikation über die Modulgrenzen hinweg, wodurch die betroffenen Module verstärkt isoliert agieren. Diese Isolation reflektiert sich in einer gesteigerten Modularität. Wie in ▶ Abschn. 5.2.1 ausgeführt, bedeutet dies, dass die Selbstständigkeit der Module im Netzwerk zunimmt. Wird hingegen ein lokaler Knoten geschädigt, wird die interne Struktur dieses Moduls beeinträchtigt. Dies führt zu einer verringerten Modularität des Netzwerks, da die klare Abgrenzung und die spezialisierte Funktion innerhalb des Moduls abnehmen.

Einige Tagen bis Wochen (**subakute Phase**) nach dem ischämischen Ereignis können die einstigen Funktionen wiederhergestellt werden, entweder durch die Verbesserung des Blutflusses im Penumbrabereich oder durch die Mobilisierung von Kompensationsmechanismen, die sich durch Aktivierung alternativer Bahnen und Stärkung bestehender Verbindungen manifestieren. Diese neuroplastischen Mechanismen spielen eine wichtige Rolle bei der Wiederherstellung und Kompensation verlorener Funktionen. Man kann daher eine erhöhte bilaterale Aktivität in den domänenspezifischen Netzwerken oder im periläsionalen Kortex messen. Dabei können Regionen, die ähnliche Strukturen aufweisen, die Funktionen der beschädigten Regionen übernehmen oder unterstützen.

Im Kontext einer sog. intrahemisphärischen Bereichserweiterung („map extension") haben Regionen innerhalb derselben Gehirnhälfte die Fähigkeit, zusätzliche Funktionen zu übernehmen, selbst wenn sie ursprünglich für andere Aufgaben zuständig waren (Grafman, 2000). Dabei handelt es sich in der Regel um unbeschädigte Areale, die nahe der Infarzierung liegen. Diese Regionen beginnen, die Aufgaben der geschädigten Bereiche auszuführen, wodurch die funktionelle Karte des Gehirns erweitert wird. Im Sinne einer modalitätsübergreifenden Neuzuordnung können auch in einigen Fällen Hirnregionen, die typischerweise ganz anderen Funktionen zugeordnet sind, beginnen, die ausgefallenen Sprachfunktionen zu übernehmen. Dass dies möglich ist, zeigen Studien mit blinden Patienten, bei denen visuelle Bereiche des Gehirns mit der Zeit lernen, auditive Informationen zu verarbeiten (vgl. Tomasello et al., 2019). Der Befund, dass sich bei Aphasikern nach einem zweiten linkshemisphärischen Infarkt in eigentlich nichtsprachassoziierten Arealen Sprachfunktionen regenerieren können, stützt sowohl das Konzept der funktionellen Bereichserweiterung als auch das Prinzip der modalitätsübergreifenden Neuzuordnung. Diese Schädigungen führen zu einem erneuten Verlust der Sprachfähigkeit, da der zweite Schlaganfall die zuvor neu rekrutierten Regionen beeinträchtigt (Basso et al., 1989; Thompson, 2000).

In der subakuten Phase kommt es häufig zur Rekrutierung homologer Areale. Dabei aktiviert das Gehirn die gesunde, spiegelbildliche Region in der gegenüberliegenden Hemisphäre, um die Funktionen der beschädigten Region zu übernehmen.

Die korrespondierenden Hirnregionen in beiden Hemisphären gelten sowohl in Bezug auf ihre Lage als auch auf ihre Funktion als äquivalent – sie sind also homotop sowie homolog. Der Begriff „homotop" beschreibt dabei die spiegelbildliche Positionierung über die linke und rechte Hemisphäre hinweg, während „homolog" die Ausführung ähnlicher oder komplementärer Funktionen kennzeichnet. Diese Begriffe werden häufig synonym eingesetzt, um die ausgeprägte Korrelation und funktionelle Entsprechung zwischen diesen korrespondierenden Hirnregionen zu unterstreichen. So kann ein Ausfall des linken dorsolateralen präfrontalen Kortex (DLPFC, F3) bzw. des Broca-Areals (VLPFC, F7/FC5) teilweise durch den rechten DLPFC (F4) bzw. den rechten VLPFC (F8/FC6) kompensiert werden, weshalb man eine Erhöhung seiner Aktivität beobachten kann (Rosen et al., 2000; Abo et al., 2004).

Falls diese „kompensatorischen Regionen" in der rechten Gehirnhälfte durch ein weiteres ischämisches Ereignis beeinträchtigt werden, kann dies zu einem erneuten Verlust der wiederhergestellten Sprachfähigkeiten führen (Basso et al., 1989; Thompson, 2000). Eine homotope Kompensation tritt meistens auf, wenn eine vollständige Zerstörung von Gehirnregionen vorliegt, die für eine bestimmte Funktion zuständig sind. Der Grund dafür ist, dass diese homotopen Regionen normalerweise durch Verbindungen von den gegenüberliegenden Regionen gehemmt werden. Wenn die Schädigung unvollständig ist, bleibt dieser hemmende Input erhalten und könnte so die Übernahme der Funktion verhindern (Grafman, 2000). Es ist gut möglich, dass genau solche Faktoren (z. B. Läsionsgröße, Ort der Läsion, Zeitpunkt der kortikalen Reorganisation nach Schlaganfall) Auslöser für die anhaltende Kontroverse sind, welche Funktion homologe (homotope) Gehirnregionen im Genesungsverlauf nach einem Schlaganfall einnehmen (s. z. B. Di Pino et al., 2014). Deshalb deuten manche Studien darauf hin, dass die homotopen Bereiche eine positive Rolle spielen können (z. B. Rehme et al., 2011), andere wiederum weisen auf mögliche negative Auswirkungen hin, etwa indem sie die Erholung der geschädigten Gehirnhälfte behindern (z. B. Takeuchi et al., 2012).

> Homologe (homotope) Reorganisation, bei der die rechte Gehirnhälfte Funktionen beschädigter Areale der linken übernimmt, tritt besonders nach umfangreichen Schäden der linken Hemisphäre auf und fördert die Spracherholung, vor allem in frühen Erholungsphasen. Sobald die linke Hemisphäre sich erholt, sollten die aktivierten homotopen Bereiche in der rechten Hemisphäre ihre Aktivität reduzieren, um Fehlanpassungen zu vermeiden. Bei geringfügigen Schäden in den Sprachbereichen können nahe gelegene Regionen derselben Hemisphäre kompensatorisch die beeinträchtigten Funktionen übernehmen (intrahemisphärische Bereichserweiterung).

Während die Neuroplastizität und die Neuorganisation des sprachlichen Netzwerks bei Aphasiepatienten oft eine positive Rolle bei der Wiederherstellung und Normalisierung der Sprachfunktionen in der chronischen Phase spielen, können sie in manchen Fällen auch unerwünschte Nebeneffekte verursachen. Es besteht die Möglichkeit, dass die Neuorganisation des Gehirns in einer Weise erfolgt, die suboptimal oder sogar schädlich ist. Dies könnte beispielsweise dann der Fall sein, wenn das Gehirn neue Verhaltensweisen oder Strategien entwickelt, die zwar kurzfristig positiv wirken, aber auf lange Sicht die vollständige Wiederherstellung verhindern (fehlgeleitete bzw. maladaptive Plastizität). Nach einem Schlaganfall kann die intakte Hemisphäre eine so starke Aktivitätssteigerung zeigen, dass sie die geschädigte Gegenseite transkallosal hemmt. Diese als Überkompensation bezeichnete Dysregulation kann die funktionelle Erholung der betroffenen Hemisphäre beeinträchtigen. Theoretisch konnte man auch eine heterotope Rekrutierung in Betracht ziehen, um Fälle zu beschreiben, in denen nach einem Hirnschaden Bereiche außerhalb der typischen homologen oder homotopen Regionen rekrutiert werden, um Funktionen zu übernehmen. Meistens resultieren nach einer heterotopen Rekrutierung eine fehlgeleitete (maladaptive) Plastizität und Überkompensation (▶ Abschn. 10.5.2).

Zusammenfassend lässt sich sagen, dass das Verständnis neuroplastischer Vorgänge nach einem Schlaganfall das Potenzial hat, unseren Blick auf die Rehabilitation und Erholung von Patienten stark zu erweitern. Die Weiterentwicklung der Technologien und Methoden, die eine individuelle Analyse ermöglichen, ist ein entscheidender nächster Schritt, denn alle hier beschriebenen neuroplastischen Phänomene nach Schlaganfall könnten theoretisch auch auf der Nutzung von bereits in einigen gesunden Personen vorhandenen Ressourcen beruhen. Weil aber die meisten bildgebenden Verfahren ihre Analyse auf Durchschnittswerte einer Vielzahl von Teilnehmern beschränken, verhindert dies die Erfassung individueller Muster der Sprachverarbeitung. Die individuelle Analyse der Läsionen innerhalb eines Netzwerks wird uns nicht nur ein besseres Verständnis der einzigartigen neuroplastischen Muster und Mechanismen liefern, die nach einem Schlaganfall auftreten, sondern auch zu maßgeschneiderten therapeutischen Ansätzen (z. B. tDCS, TMS) führen, die auf die spezifischen Bedürfnisse jedes Patienten abgestimmt sind.

> Obwohl die Reorganisation des Gehirns und die Rekrutierung von neuen Netzwerken zur Wiederherstellung sprachlicher Fähigkeiten beitragen können, können diese Anpassungen auch kognitive Belastungen hervorrufen, etwa in Form reduzierter kognitiver Effizienz oder erhöhter mentaler Erschöpfung.

5.2.3 Netzwerkbasierte Läsionskartierung

Die bisherigen läsionsanalytischen Verfahren (▶ Abschn. 5.1.3) zeigen neben den technischen Limitierungen mehrere inhärente Einschränkungen. Die Zuordnung spezifischer Funktionen zu bestimmten Hirnregionen kann durch die Tatsache erschwert werden, dass Schädigungen in unterschiedlichen Hirnregionen ähnliche Beeinträchtigungen (z. B. der Sprachfunktionen) verursachen können, wenn diese Regionen Teil desselben strukturellen oder funktionellen Netzwerks sind. Die eindeutige Zuweisung von Funktionsausfällen zu bestimmten Hirnregionen wird somit erschwert, da die Auswirkungen einer Läsion nicht immer eindeutig auf eine spezifische Region zurückzuführen sind, wie dies bei primären Netzwerstörungen der Fall ist. So können bei einer sekundären Netzwerkstörung fokale Läsionen nicht nur direkte Schäden in bestimmten Gehirnregionen verursachen, sondern auch entfernte, intakte Hirnregionen desselben funktionellen Netzwerks beeinträchtigen. Durch die Änderung des Stoffwechsels kann es zu einer vorübergehenden, aber reversiblen Beeinträchtigung der neuronalen Aktivität und Kommunikation in entfernten, aber intakten Teilen des Gehirns kommen. Diese sekundäre Netzwerkstörung wurde von Monakow (1914) als Diaschisis bezeichnet (s. Übersichtsarbeit von Carrera & Tononi, 2014). Eine Rückbildung dieses Effekts nach einem Schlaganfall deutet stets darauf hin, dass eine Rehabilitation oder Genesung stattfindet (▶ Abschn. 5.2.2). Daher ist die Beobachtung dieser Rückbildung ein positiver Indikator für den Genesungsprozess (Wawrzyniak et al., 2022).

Um derartige Effekte angemessen zu berücksichtigen, wurden in den letzten Jahren verschiedene Methoden entwickelt, die darauf abzielen, die Beziehung zwischen Hirnläsionen innerhalb eines Netzwerks und den kognitiven oder Verhaltenssymptomen zu untersuchen. Anstatt sich nur auf die Lokalisation der Läsionen und den damit zusammenhängenden Verhaltensausfällen zu konzentrieren, werden die Auswirkungen von fokalen Hirnläsionen auf das funktionelle Netzwerk des Gehirns analysiert (Boes et al., 2015; Gleichgerrcht et al., 2017).

Um Netzwerkdefekte bei Schlaganfallpatienten gründlich zu untersuchen, wäre es notwendig, verschiedene bildgebende Verfahren anzuwenden. Neben den hochauflösenden (T1/T2-gewichteten) MRT-Sequenzen für die Abbildung der Läsionen, wäre auch eine diffusionsgewichtete MRT (dMRT) notwendig, um Schäden entlang der weißen Substanz aufzuspüren (Gleichgerrcht et al., 2017). Allerdings wäre die systematische Durchführung dieser Untersuchungen bei Schlaganfallpatienten in der Routinepraxis schwer umsetzbar. Eine ideale Strategie könnte darin bestehen, die Vorteile der modernen Läsionskartierung (VLSM) mit der funktionalen Konnektivität zu verknüpfen, und das ganz ohne den Einsatz spezialisierter Hirnscan-Verfahren wie funktioneller MRTs oder dMRTs.

Genau diesen Ansatz schlagen Boes et al. (2015) vor. Ihre Methode besteht aus einem dreistufigen Prozess: Zuerst wird das Volumen einer Gehirnläsion auf ein Standardreferenzhirn übertragen, was dabei hilft, die genaue Position der Schädigung zu ermitteln. Um die funktionellen Verbindungen und Interaktionen dieses Läsionsvolumens mit den restlichen Gehirnregionen zu untersuchen, werden normative Daten aus der funktionellen MRT (fMRT) im Ruhezustand verwendet, die von einer großen Gruppe gesunder Individuen stammen. Nachdem das Läsionsnetzwerk identifiziert wurde, beginnt die Untersuchung, wie dieses Netzwerk mit bestimmten Symptomen (z. B. Sprachstörungen, Gedächtnisverlust oder motorische Einschränkungen) in Beziehung steht.

Das Läsionsnetzwerk wird mit Netzwerken verglichen, die aus Läsionen entstanden sind, die nicht die gleichen Symptome hervorrufen. Dieser Vergleich hilft zu verstehen, welche spezifischen Aspekte des Netzwerks mit den betrachteten Symptomen in Verbindung gebracht werden können. Dabei findet eine Integration öffentlich zugänglicher menschlicher Konnektomdaten statt, um Netzwerkeffekte in den traditionellen Ansatz der Läsionskartierung einzubeziehen. Künftig können umfangreiche Daten zu Gehirn und Verhalten von Schlaganfallpatienten genutzt werden (vgl. z. B. die Projekte ENIGMA Stroke Recovery oder Dys-Connectome), um tiefergreifende Zusammenhänge zu erkennen, die Behandlung z. B. mittels Neurostimulation (tDCS, TMS) zu verbessern und die Erholungsprozesse nach einem Schlaganfall besser zu verstehen (Liew et al., 2022; Foulon et al., 2018).

Trotz aller beschriebenen Innovationen stellen netzwerkbasierte Läsionskartierungsverfahren, wie läsionsanalytische Studien jeder Art lediglich einen von vielen Ansätzen in der neurowissenschaftlichen Methodenvielfalt dar und weisen einige inhärente Limitierungen auf. Eine bedeutende Beschränkung läsionsanalytischer Verfahren offenbart sich insbesondere in Bezug auf die Lokalisierung der Läsionen. Läsionen treten nämlich nicht nach probabilistischen Kriterien auf, sondern sind eng mit der räumlichen Verteilung der Arterien und Venen im Gehirn verbunden. Daher sind Läsionen im Stromgebiet der Arteria cerebri media überdurchschnittlich häufig vorfindbar, während andere Regionen seltener betroffen sind. Dies bedeutet, dass bestimmte anatomische Regionen systematisch vernachlässigt werden und dementsprechend Funktionsausfälle in diesen Bereichen sehr selten oder gar nicht beobachtet werden. Folglich werden bestimmte Regionen systematisch vernachlässigt, was die vollständige Beschreibung von Netzwerken erschwert, die beispielsweise für sprachliche Funktionen relevant sind (Rorden & Karnath, 2004; Sidiropoulos, 2014).

Eine weitere Limitierung läsionsanalytischer Verfahren hängt mit den dynamischen Kompensationsmechanismus nach einer Hirnläsion zusammen (▶ Abschn. 5.2.2). Nach einer Läsion können andere Bereiche des Gehirns, die nicht direkt von der Verletzung betroffen waren, die Aufgaben der beschädigten Region übernehmen. Beispielsweise kann bei einem Schlaganfall, der eine Sprachregion des Gehirns beschädigt, eine andere Sprachregion auf der gegenüberliegenden Gehirnhälfte aktiviert werden und einen Teil der verlorenen Funktionen übernehmen (funktionelle Kompensation). Das Gehirn kann auch neue neuronale Verbindungen bilden oder bestehende stärken, um die Funktion der verletzten Bereiche zu kompensieren (strukturelle Kompensation). Dieser Prozess, bekannt auch als Neuroplastizität, beinhaltet das Wachstum neuer Neuronen (Neurogenese) z. B. im Bereich des Hippocampus, die Bildung neuer Synapsen (synaptische Plastizität) und die Stärkung bestehender Verbindungen (synaptische Potenzierung). In solchen Fällen ist es notwendig, Patienten im Laufe der Zeit nach dem Auftreten einer Läsion mittels bildgebender Verfahren erneut zu untersuchen, um so Veränderungen in der Struktur und Funktion des Gehirns sichtbar zu machen (Boes et al., 2015). Dieser Unterschied in der strukturellen und funktionellen Konnektivität, der durch zerebrovaskuläre Erkrankungen oder Atrophien zusätzlich verstärkt wird, lässt vermuten, dass Schlaganfallpatienten und gesunde Probanden gundsätzlich nicht dieselben Konnektivitätsmuster aufweisen. Dies erschwert gegenwärtig den direkten Vergleich beider Gruppen erheblich und stellt eine zentrale Herausforderung bei der Interpretation entsprechender Daten und Ergebnisse dar.

5.3 Spezialisierte kognitive Netzwerke

5.3.1 Das Wachheitsnetzwerk

Unser Gehirn ist nie vollständig inaktiv, selbst wenn wir keine äußeren sensorischen Reize wahrnehmen oder keine motorischen Aktivitäten ausführen. Dies ist auf das Vorhandensein sog. Ruhenetzwerke zurückzuführen, die dann am aktivsten sind, wenn wir uns in einem Zustand von wacher Ruhe (z. B. Tagträumen, Meditation) befinden. Diese intrinsische Aktivität des Gehirns ist entscheidend für eine Reihe von Funktionen, die uns ermöglichen, auf unerwartete Ereignisse schnell zu reagieren und Prozesse wie Gedächtnisbildung, Lernen, Emotionen und Selbstreflexion zu optimieren. Die intrinsische Aktivität des Gehirns wird durch das Wachheitssystem moduliert. Es handelt sich hierbei um das phylogenetisch älteste Netzwerk, das das Rückgrat aller Aufmerksamkeitsprozesse bildet, indem es den Wachheitszustand, die Aufmerksamkeit und die Wachsamkeit reguliert. Dieses Netzwerk verfügt über zwei Hauptkomponenten zur Regulierung der tonischen und phasischen Wachheit. Während die tonische Wachheit eine moderate innere Aktivierung erzeugt, die selektive Aufmerksamkeitsprozesse ermöglicht, wird die phasische Wachheit durch äußere Reize ausgelöst und lenkt unsere Aufmerksamkeit auf wichtige oder alarmierende Ereignisse (Kilian & Sidiropoulos, 2023; Sidiropoulos, 2023).

Neben den peripheren Strukturen, auf die wir in diesem Kapitel näher eingehen, sind zentrale Strukturen wie das retikuläre Aktivierungssystem (RAS) für die Aufrechterhaltung des Wachheitszustands maßgeblich. Das RAS erstreckt sich durch die Formatio reticularis des Hirnstamms (mediane, mediale und laterale Zone), den thalamischen Nucleus reticularis und das Mittelhirn und wird in seiner Aktivität durch Top-down-Prozesse moduliert. Dies geschieht durch verschiedene Gehirnbereiche, die an höheren kognitiven Funktionen wie Aufmerksamkeit, Emotionen, Motivation und kognitive Kontrolle beteiligt sind. Diese Bereiche tragen entscheidend zur Modulation des Arousals bei, wobei die genauen Mechanismen in ▶ Abschn. 5.3.2.2 detaillierter dargestellt werden. Eingehendere Informationen zum anatomischen Aufbau des Wachheitsnetzwerks sowie zur Regulation von Arousal und Wachheit durch das SN- und ECN finden sich bei Sidiropoulos (2023).

5.3.1.1 Periphere Mechanismen der Arousal-Regulation

Die periphere Beeinflussung des Arousals bezieht sich auf die Reaktionen des autonomen Nervensystems (ANS), das sich grob in zwei antagonistisch zueinanderstehende Systeme unterteilen lässt: das sympathische (SNS) und das parasympathische Nervensystem (PNS). Das SNS, oft als Kampf- oder Fluchtsystem bezeichnet, ist verantwortlich für die Mobilisierung von Energie und Ressourcen des Körpers in Stress- oder Gefahrensituationen. Die neuronale Schaltung des sympathischen Nervensystems ist komplex und umfasst viele unterschiedliche Strukturen im zentralen und peripheren Nervensystem. Seine wichtigsten Kerngebiete befinden sich in den thorakolumbalen Segmenten des Rückenmarks. Um verschiedene physiologische Reaktionen zu induzieren, setzt das SNS Neurotransmitter wie Noradrenalin ein. Es steigert die Sauerstoffzufuhr zu den Muskeln durch eine Erhöhung von Blutdruck und Herzfrequenz, bedingt durch die Vasokonstriktion, also die Verengung der Blutgefäße. Dies fördert die Freisetzung von Glukose und Fettsäuren aus den Energiespeichern des Körpers (Leber, Fettgewebe) in den Blutkreislauf, um den erhöhten Energiebedarf zu decken. Dieser Prozess kann zu einem Anstieg des Blutzuckerspiegels führen. Ebenso stehen Emotionen nachweislich in Verbindung mit der physiologischen Erregung und können diese über das autonome Nervensystem beeinflussen (Wehrwein et al., 2016). Das ANS wird von verschiedenen Bereichen des Zentralnervensystems, einschließlich des Hypothalamus, des Hirnstamms und des Rückenmarks, gesteuert und moduliert.

Während das SNS den Körper auf Aktivität und Reaktion in Stresssituationen vorbereitet, übernimmt das PSN die essenziellen „Erholungs- und Verdauungsfunktionen" und wird hauptsächlich durch den Vagusnerv gesteuert. Etwa 80 % der Vagusnervfasern sind afferent und leiten Informationen von den inneren Organen, wie dem Herzen, der Lunge und dem Verdauungssystem, zum solitären Kern (NTS) des Hirnstamms zurück. Hier treffen die Informationen von einer Vielzahl von Rezeptoren ein, darunter Druckrezeptoren in den Blutgefäßen, Rezeptoren, die chemische Veränderungen im Blut detektieren, oder Rezeptoren aus dem Verdauungstrakt. Daher ist der NTS die erste Station („relais"), an der diese sensorischen Informationen in das zentrale Nervensystem eintreten und verarbeitet werden. Die restlichen 20 % der Vagusnervfasern sind efferent und senden Signale vom Gehirn zu den Organen. Diese Signale führen zu verschiedenen physiologischen Reaktionen, wie der Regulierung der Herzfrequenz, der Atmung und der Verdauung. Das Verhältnis von 80 % afferenten zu 20 % efferenten Fasern zeigt, dass der Vagusnerv vor allem Informationen vom Körper zum Gehirn leitet und in geringerem Maße Befehle vom Gehirn an den Körper sendet. Das PSN fördert Zustände der Ruhe und Entspannung, senkt die Herzfrequenz, den Blutdruck und fördert Verdauungsprozesse. In der Regel ist das PNS gehemmt, wenn das SNS aktiviert ist (z. B. bei Stress oder Gefahr), und umgekehrt. Diese antagonistische Wirkung stellt sicher, dass der Körper auf verschiedene Situationen effizient reagieren kann.

5.3.1.2 Rolle des Wachheitssystems in der Sprachverarbeitung bei Aphasie

Zusätzlich zu den sprachlichen Beeinträchtigungen, die wir ausführlich in ▶ Kap. 1 und 2 beschrieben haben, weisen Menschen mit Aphasien Dysregulationen im physiologischen Erregungsniveau auf. Die Aktivität des autonomen Nervensystems, das Körperfunktionen wie Herzschlag, Atmung, Verdauung und Speichelfluss steuert, kann reduziert sein, was zu Müdigkeit, vermindertem Bewusstsein und reduzierten Reaktionszeiten führen kann (Erregungsmangelhypothese). Ein niedriges Erregungsniveau kann die Fähigkeiten zur Aufmerksamkeit und Informationsverarbeitung beeinträchtigen, was sich wiederum negativ auf die Sprachverarbeitungsprozesse bei Personen mit Aphasie auswirkt. Einige Autoren vertreten die Ansicht, dass diese Aufmerksamkeitsdefizite, die mit geringer physiologischer Erregung einhergehen, zur Anomie beitragen könnten. Das bedeutet, dass die Schwierigkeiten, die diese Personen beim Abrufen von Wörtern haben, teilweise auf Aufmerksamkeitsprobleme wegen des erniedrigten Arousals zurückgehen (Riley & Oware, 2020). Die Erregungsmangelhypothese ließ sich durch verschiedene physiologische Messungen aufdecken, wie beispielsweise Veränderungen der Herzfrequenzvariabilität (Christensen & Wright, 2014), des Blutdrucks und/oder des Cortisolspiegels im Körper (Laures et al., 2003). Wenn sich die Annahmen der Erregungsdefizithypothese durch weitere Studien bestätigen, könnte die gezielte Neurostimulation dazu beitragen, die physiologische Erregung zu steigern und damit die Aufmerksamkeit zu optimieren. Dabei könnte durch transkutane Vagusnervstimulation die neuronale Aktivierung verstärkt (Collins et al., 2021) sowie das zentrale Arousal durch Anwendungen wie tDCS und Neurofeedback gesteigert werden. Die Erhöhung der physiologischen Erregung könnte die Anzahl der sprachlichen Fehler reduzieren und die Reaktionszeiten verkürzen. Dies erleichtert den lexikalischen Zugriff bei sprachlichen Aufgaben und optimiert so die gesamte Sprachproduktion. Bisher haben lediglich einige wenige empirische Studien die Auswirkungen der physiologischen Erregung auf die Sprachfähigkeiten von Personen mit Aphasie systematisch untersucht. So ist die Annahme, dass bei Menschen mit Aphasie die physiologische Erregung auf einem niedrigeren Niveau liegt, noch nicht eindeutig bestätigt.

Anders als die die Erregungsmangelhypothese geht die Sprach-Stress-Hypothese von der Prämisse aus, dass Menschen mit Aphasie zu intensiveren Stressreaktionen neigen, insbesondere in Situationen, in denen sie sprachlich überfordert sind. Dieser erhöhte Stress steigert die physiologische Erregung, wodurch ihre sprachlichen Fähigkeiten negativ beeinflusst und die Symptome der Aphasie verschlimmert werden (Cahana-Amitay et al., 2015). Die zugrunde liegenden Zusammenhänge wurden anhand verschiedener physiologischer Indikatoren untersucht, etwa durch Messungen der Herz- und Atemfrequenzvariabilität (Chih et al., 2020), des Blutdrucks oder auch der Cortisolkonzentration im Speichel (Laures-Gore et al., 2019). Obgleich diese Beobachtungen nicht zwangsläufig darauf hinweisen, dass die Angst vor sprachlichen Herausforderungen die physiologische Erregung erhöht, könnten sie darauf hindeuten, dass Personen mit Aphasie eine gesteigerte Wachsamkeit aufwenden, um sprachliche Aufgaben effizient zu bewältigen (Johnson, 2021). Eine Dysregulationsstörung der physiologischen Erregung könnte eigentlich beide Hypothesen vereinen. Demnach könnte eine unzureichende Anpassung der physiologischen Erregung sowohl zu Situationen mit zu geringer Erregung führen (im Sinne der Erregungsmangelhypothese) als auch zu übermäßig stressreichen Reaktionen in sprachfordernden Situationen (entsprechend der Sprach-Stress-Hypothese). Um einen fundierteren Einblick in diese Zusammenhänge zu gewinnen, bedarf es noch weiterer Forschungsanstrengungen.

5.3.2 Das Salienznetzwerk

5.3.2.1 Anatomie des Salienznetzwerks

Das Salienznetzwerk (SN) (◘ Abb. 5.4) und das Exekutivkontrollnetzwerk (ECN) sind zwei getrennte, aber miteinander verbundene Netzwerke im Gehirn. Sie übernehmen unterschiedliche anatomische und funktionelle Aufgaben, weisen jedoch auch Überschneidungen auf (Dosenbach et al., 2007; Seeley et al., 2007; Nelson et al., 2010; Yeo et al., 2011; Gratton et al., 2018). Auf eine Unabhängigkeit der SN- und ECN-Netzwerke im Ruhezustand deutet die doppelte Dissoziation dieser Netzwerke bei Ruhe-fMRT-Messungen hin. Diese legen nahe, dass wenn eines dieser Netzwerke durch eine Hirnverletzung beeinträchtigt wird, das andere Netzwerk nicht notwendigerweise betroffen sein muss (Nomura et al., 2010).

Anatomisch gesehen umfasst das Salienznetzwerk (◘ Abb. 5.4) mehrere Regionen im Gehirn, darunter den bilateralen vorderen insulären Kortex (AIC, „anterior insular cortex") samt Operculum und den dorsalen Teil des rechtshemisphärischen anterioren

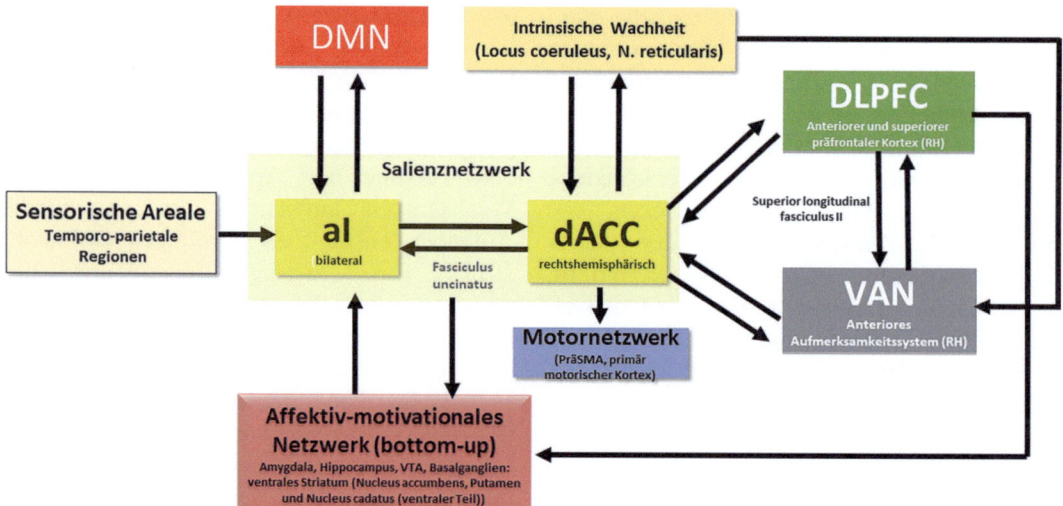

Abb. 5.4 Saliznetzwerk. Die bilaterale anteriore Insula (aI) samt Operculum, der dorsale Teil des rechtshemisphärischen anterioren cingulären Kortex (dACC) bilden die Kerngebiete dieses weit verbreiteten Netzwerks. Abkürzungen - DLPFC (dorsolateraler prä frontaler Kortex), DMN (Default-Mode-Netzwerk), PräSMA (präsupplementäres motorisches Areal), RH (rechte Hemisphäre), VAN (ventrales Aufmerksamkeitsnetzwerk), VTA (ventrales tegmentales Areal)

zingulären Kortex (dACC, „dorsal anterior cingulate cortex") (Zhang, et al., 2019), weshalb es auch zinguloopertikuläres bzw. zinguloinsuläres Netzwerk genannt wird (Dosenbach et al., 2007; Sadaghiani et al., 2010). Einige Arbeitsgruppen, wie die von Gratton et al. (2018), vertreten die Ansicht, dass innerhalb des ECN und SN zusätzliche Unterteilungen möglich sind. Diese Subkomponenten sind mit unterschiedlichen Funktionen der adaptiven Steuerung verbunden, d. h. mit der Fähigkeit des Gehirns, sein Verhalten flexibel anzupassen, um auf wechselnde Umweltbedingungen und Herausforderungen zu reagieren. Dabei sind die linke und rechte Hemisphäre auf verschiedene Weise beteiligt. Das Saliznetzwerk (SN) übernimmt eine Schlüsselfunktion als supramodales Vermittlernetzwerk. Diese Rolle basiert auf den strukturellen Charakteristiken der sog. Economo-Zellen, großen spindelförmigen Neuronen, die es ermöglichen, neuronale Signale von der tiefsten Ebene des Kortex (Schicht V) zu weitläufigen Bereichen des Gehirns zu senden. Neben ihrer Beteiligung im SN, wie von Allman et al. (2002) und Butti et al. (2013) beschrieben, wurden diese einzigartigen Spindelzellen auch im dorsolateralen präfrontalen Kortex (DLPFC) des menschlichen Gehirns identifiziert (Fajardo et al., 2008). Als strukturelle Verbindungen zwischen diversen Gehirnnetzwerken ermöglichen diese Neuronen die Koordination und Integration verhaltensbezogener Antworten.

5.3.2.2 Schlüsselfunktionen des Salienznetzwerks

SN – Überwachung der Wahrnehmung, der Emotion und der Homöostase

Das Salienznetzwerk ist ein supramodales Netzwerk, das mehrere Sinnesmodalitäten umfasst und daher in die Verarbeitung unterschiedlicher Informationsarten – einschließlich visueller und auditiver Daten – involviert ist (Sturm & Wilmes, 2001). Das Salienznetzwerk (SN) fungiert als zentrale Schnittstelle im Gehirn, die an der Verarbeitung und Priorisierung sensorischer, emotionaler und kognitiver Informationen beteiligt ist. Ursprünglich nahm man an, das SN erfülle primär eine Überwachungsfunktion. Es sollte demnach vor allem dazu dienen, relevante und hervorstechende ("saliente") Reize – sei es aus der Umwelt oder dem eigenen inneren Zustand – zu identifizieren und an den lateralen präfrontalen Kortex weiterzuleiten, um notwendige Anpassungen einzuleiten oder die Aufmerksamkeit auf diese salienten Signale zu lenken (Botvinick et al., 1999).

Das Verständnis des Salienznetzwerks (SN) hat sich im Verlauf der neurowissenschaftlichen Forschung erheblich vertieft. Studien belegen, dass das SN eine zentrale Rolle bei der Identifikation und Priorisierung relevanter Informationen spielt – insbesondere im Kontext wiederholter Aufgabenbearbeitung. Durch diesen Mechanismus ist das Gehirn in der Lage, seine kognitive Leistung fortlaufend anzupassen und zu optimieren. Bei wiederholtem Üben eines Klavierstücks zum Beispiel trägt das Salienznetzwerk dazu bei, herausfordernde Passagen gezielt zu erkennen und aufmerksamkeitsrelevante Informationen zu priorisieren. Es lenkt den Fokus in zukünftigen Versuchen darauf, auf diese Bereiche zu achten, was zu einer verbesserten Gesamtleistung führt. Damit zusammenhängend trägt das SN maßgeblich dazu bei, während einer Aufgabe stabile Konstellationen von Regeln und Anweisungen – sog. Aufgabensätze – aufrechtzuerhalten, die dem Gehirn als Richtschnur für die effiziente Ausführung spezifischer Aufgaben dienen. Hierbei erfolgt kontinuierlich eine Aktualisierung der Aufgabensatzparameter, d. h. die Anpassung oder Änderung der Regeln oder Anweisungen, die unser Gehirn zur Ausführung einer bestimmten Aufgabe nutzt, basierend auf den eingehenden Informationen. Dadurch werden unsere gegenwärtigen Aufgabenstrategien überdacht und bei entdeckten Fehlern angepasst werden. Der dACC spielt bei der Fehlerdetektion, der Antwortauswahl, aber auch bei Konfliktlösungen eine Schlüsselrolle.

> Das SN sendet Kontrollsignale in andere Regionen, die für bestimmte Aufgaben zuständig sind, überwacht, ob feststehende Pläne richtig ausgeführt werden, und weist auf Fehler hin (Monitoring). Es hilft in der Sprachverarbeitung, relevante sprachliche Informationen aus einem Meer von Stimuli herauszufiltern und zu priorisieren. Das SN unterstützt aber nicht nur das Erkennen von Sprachsignalen in einer lauten Umgebung (Cocktailpartyeffekt), sondern ermöglicht auch die Anpassung der Sprachproduktion in Echtzeit, indem es hilft, die eigene Sprechweise – etwa die Lautstärke oder den Tonfall – den Gegebenheiten anzupassen. Dadurch trägt das SN maßgeblich zur Effizienz und Effektivität der Sprachverarbeitung und -produktion bei, was insbesondere in dynamischen und sozialen Interaktionen von großer Bedeutung ist.

Subjektive Salienz wurde ursprünglich im Kontext von Aufmerksamkeits- und Wahrnehmungsprozessen beschrieben, geht jedoch darüber hinaus: Sie bezeichnet die Hervorhebung eines Reizes – sei es ein Objekt (Wahrnehmung), ein Gefühl (Emotion) oder ein Bedürfnis (Homöostase) –, der aufgrund individueller Relevanz oder spezifischer Eigenschaften besonders ins Bewusstsein tritt. Die Priorisierung mithilfe des SN erfolgt durch individuell gesetzte Filter aufgrund von inneren Faktoren wie persönlichen Zielen, Erfahrungen oder Erwartungen, wodurch die Aufmerksamkeit des Individuums absichtlich oder unbeabsichtigt auf den auslösenden Reiz gelenkt wird (Top-down). Die AI zusammen mit dem dACC scheinen modalitätsübergreifend Top-down-Kontrollmechanismen zu initiieren, die dazu dienen, innere oder äußere Reize für die Wahrnehmung, die Emotion und die Homöostase auf Relevanz zu überprüfen, sie aufrechtzuhalten und ihnen ein emotionales Gewicht zu verleihen (Seeley, 2019). Je nach gestellter Anforderung werden dann verschiedene Regionen dieses Netzwerks aktiv. Zusammen mit einem Teil des medialen präfrontalen Kortex, dem dACC, und weiteren subkortikalen Areale – vor allem der Amygdala, dem ventralen Striatum und der ventralen tegmentalen Area/substantia nigra – regelt die anteriore Insula den Grad subjektiver Salienz (Goulden et al., 2014; Menon, 2015). In dieser Hinsicht ist die Beziehung des SN zu DMN, den Aufmerksamkeitsnetzwerken (DAN/VAN) und dem ECN sehr wichtig. Während einer kognitiven Aufgabe schwächt das SN die Aktivität des DMN ab (Jilka et al., 2014). Auf diese Weise werden den Netzwerken für die nach außen gerichtete

Aufmerksamkeit und dem ECN, Ressourcen bereitgestellt (Sridharan et al., 2008), sodass ihre Aktivität zunimmt.

Das Salienznetzwerk erhält eingehende Signale aus subkortikalen Regionen des Gehirns aus der Amygdala, dem ventralen Striatum und dem ventralen tegmentalen Areal (VTA)/Substantia nigra (Posner & Petersen, 1990; Dosenbach et al., 2007; Menon & Uddin, 2010; Goulden et al., 2014; Menon, 2015) und projiziert efferent in den rechten ventrolateralen präfrontalen Kortex (VLPFC; Teil des VAN) (◘ Abb. 5.4). Es erfüllt daher eine wichtige Schaltfunktion für die kognitive und emotional-motivationale Kontrolle und ist an der Integration von Empfindungen und intern erzeugten Gedanken beteiligt.

Das AI beteiligt sich als eines der Hauptknoten des SN ebenfalls bei sozialen und affektiven Aufgaben, während der dACC bei der kognitiven Kontrolle involviert ist (Menon, 2015). Beide Gebiete sind dafür verantwortlich, dass eine Emotion oder ein Bedürfnis mit einer Zielorientierung verknüpft werden, d. h., sie sind für die Regulierung der Motivation zuständig.

SN und ECN – Regulation des Arousals und der Wachheit

Das Salienznetzwerk, in Verbindung mit dem Locus coeruleus des Hirnstamms und dem thalamischen Nucleus reticularis, steuert den Aktivitätszustand des Gehirns, indem es das Grundniveau an Wachheit und situationsgerechtes Arousal reguliert (Posner & Petersen, 1990; Sadaghiani et al., 2009). Die Verbindung mit dem Exekutivkontrollnetzwerk ist am stärksten, wenn die tonische Aktivität moderat ausfällt, was durch eine umgekehrte U-Kurve repräsentiert wird. Das tonische Erregungsniveau korreliert mit der Aktivität im oberen Alpha-Band (10–12 Hz), die vor allem parietookzipital gemessen werden kann. Veränderungen in den Alpha-Leistungen dieser Bereiche gehen mit Veränderungen in der Aktivität oder Konnektivität des SN einher. Bekanntermaßen wirken Alpha-Band-Oszillationen hemmend (Klimesch et al., 2007). Das SN nutzt diese Oszillationen, um verrauschte Informationen zu beseitigen, Ablenkungen zu unterdrücken und kognitive Ressourcen für aktuelle Aufgaben freizuhalten (Sadaghiani et al., 2010). Somit wirkt sich das Aktivitätsniveau des SN auf die Geschwindigkeit aus, mit der sensorische Systeme einen Stimulus verarbeiten (Ruiz-Rizzo et al., 2018). Wenn die Alpha-Aktivität schwankt und niedriger wird, kann dies darauf hindeuten, dass eine Person aufmerksam und wachsam ist, möglicherweise aufgrund einer erhöhten kognitiven Anforderung oder einer Situation, die eine erhöhte Aufmerksamkeit erfordert. Wenn die Alpha-Aktivität hingegen stabiler und höher ist, deutet dies auf einen Zustand der Entspannung oder geringeren Wachsamkeit hin.

Auf der anderen Seite korreliert das ECN mit der Synchronität der Alpha-Phase und reflektiert phasische Hemmungen. Wenn die Alpha-Aktivität in verschiedenen Gehirnregionen synchronisiert ist, bedeutet dies, dass die Alpha-Wellen in diesen Regionen in einer ähnlichen Phase oder im Einklang miteinander schwingen und die Aktivität dieser Regionen unterdrücken. Das ECN ist für die vorübergehende, zeitlich begrenzte Unterdrückung (phasische Hemmung) der neuronalen Aktivität verantwortlich. Es sorgt für die kurzfristige Anpassung der Wachheit und des Arousals in Reaktion auf spezifische Anforderungen oder Aufgaben, die unsere Aufmerksamkeit erfordern. Das exekutive Kontrollnetzwerk zeigt eine verminderte Aktivität in Zuständen reduzierter Wachheit oder tiefer Entspannung, z. B. während der Meditation oder in der Einschlafphase. Dies ist auf seine primäre Funktion bei der kognitiven Kontrolle und der Aufmerksamkeitssteuerung zurückzuführen, die in diesen Phasen an Bedeutung verlieren. Im Gegensatz dazu wird das ECN bei hoher Wachheit und Aufmerksamkeit, wie sie bei der Bearbeitung komplexer Probleme oder bei akuten Stressreaktionen auftreten, verstärkt aktiviert. In solchen Situationen erfordert die Bewältigung anspruchsvoller Aufgaben oder die Regulation von Stressreaktionen eine erhöhte kognitive Kontrollleistung (◘ Abb. 5.5).

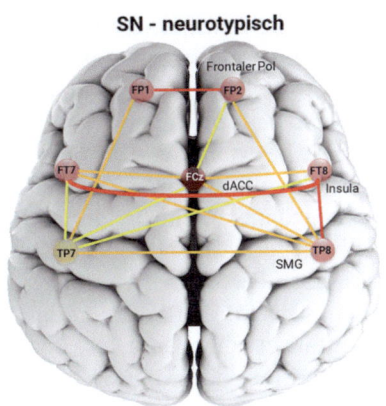
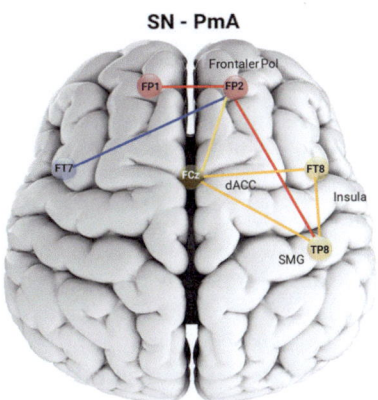

■ **Abb. 5.5** Das Salienznetzwerk bei neurotypischen Menschen im Vergleich zu Personen mit Aphasie nach einem Schlaganfall. Auf der linken Seite ist das SN bei neurotypischen Individuen abgebildet, während die rechte Seite das SN bei Personen mit Aphasie (PmA) abbildet. Warme Farben (Rot und Braun) stehen für statistisch signifikante positive Korrelationen, während neutrale Töne wie Gelb auf statistisch weniger ausgeprägte Korrelationen hindeuten. Kühle Farben (Blau) signalisieren statistisch signifikante negative Korrelationen (Antikorrelationen). (Nach Sandberg, 2017; Sidiropoulos, 2023; iStock 178724471)

SN und Aphasie

Die Erforschung der funktionalen Konnektivität bei Schlaganfallpatienten mit Aphasie (PmA) fokussiert sich in den letzten Jahren auf die Hirnaktivität im Ruhezustand. Dabei werden die Aktivierungsmuster dieser Patienten mit denen gesunder Kontrollpersonen verglichen. Erste Studien deuten darauf hin, dass im Akutstadium der Erkrankung die Konnektivität innerhalb des Salienznetzwerks bei PmA gegenüber gesunden Individuen reduziert ist, wie in ■ Abb. 5.5 dargestellt wird. Eine solche ungewöhnliche Verringerung der funktionellen Konnektivität kann darauf hindeuten, dass das Netzwerk im Ruhezustand weniger synchron arbeitet als üblich, was möglicherweise auf eine Fehlfunktion hinweist. Diese Beeinträchtigung in der funktionellen Verbindung des SN kann zu Schwierigkeiten in der Planung, Durchführung und Anpassung sprachlicher Handlungen führen (Baldassarre et al., 2019). Eine höhere Synchronisation und eine effizientere Netzwerkkonfiguration im SN könnte zu einer verbesserten Netzwerkfunktion und somit zu einer besseren Allokation von Aufmerksamkeitsressourcen führen. Dies ermöglicht es PmA, sich besser auf relevante Stimuli und Aufgabenanforderungen zu konzentrieren, wodurch sie besser in die Behandlung einbezogen werden und mehr davon profitieren können (Falconer et al., 2024).

Personen mit Aphasie und solche mit Hirnverletzungen können in der subakuten und chronischen Phase bei Konfrontation mit anspruchsvollen Sprachaufgaben eine pathologische Hochregulierung einiger Gehirnregionen zeigen, insbesondere jener, die zu den Salienz-, Exekutivkontroll- und Default-Mode-Netzwerken gehören (▶ Abschn. 5.2.2). Diese erhöhte Aktivierung wurde als Reich-wird-reicher-Phänomen bezeichnet (Hillary et al., 2014). Es wurde beobachtet, dass Gehirnregionen, die vor einer Verletzung bereits eine starke Konnektivität aufwiesen, nach der Verletzung eine noch stärkere Verbindung zueinander zeigten. Dieses Phänomen könnte als Hinweis auf einen plastischen Kompensationsmechanismus gesehen werden, durch den das Gehirn versucht, die durch die Verletzung oder den Schlaganfall verursachte Minderung der funktionellen Konnektivität auszugleichen. So zeigten Zhang und Kollegen (2021) eine erhöhte funktionelle Konnektivität im SN insbesondere innerhalb der Inselrinde (Intranetzwerk Funktionsverbindung). Der linke Bereich der Inselrinde wies eine erhöhte Aktivität auf, was als Indikator für eine kompensatorische Neustrukturierung des SN in der subakuten und chronischen Phase des Schlaganfalls interpretiert wurde.

Auch eine Zunahme der Internetzwerkfunktionsverbindung zwischen SN und ECN wurde beschrieben. Brownsett und Kollegen (2014) fanden, dass die Aktivität des superioren Frontalgyrus und des darunterliegenden dACC (als Teile des SN) positiv mit den kommunikativen Fähigkeiten von Personen mit chronischer Aphasie korrelierten, und zwar unabhängig von ihrer Läsionsgröße und ihrem Alter. Darüber hinaus folgerten sie, dass der dACC bei der Regulierung und Steuerung der kognitiven Prozesse beteiligt ist, die für die Verarbeitung von Sprache notwendig sind, unabhängig davon, ob es sich um rezeptive oder expressive Aspekte handelt. Das Salienznetzwerk (SN) ist entscheidend für die kognitive Flexibilität, unsere Fähigkeit zum adaptiven Wechsel zwischen unterschiedlichen kognitiven Anforderungen. Ein paradigmatisches Beispiel stellt der sprachliche Registerwechsel dar, bei dem Sprecher ihre Sprachproduktion dynamisch an wechselnde kommunikative Kontexte anpassen müssen.

Das Reich-wird-reicher-Phänomen trägt dazu bei, bestimmte Mechanismen der Aphasie verständlicher zu machen, auch wenn es die tatsächlichen, oft komplexen Vorgänge nicht vollständig abbildet. Sandberg (2017) und Chen et al. (2021) liefern überzeugende Evidenzen für veränderte Konnektivitätsmuster bei Aphasiepatienten, die auf eine gestörte Netzwerkfunktion hinweisen. Chen et al. (2021) berichten von signifikanten Reduktionen im Knotengrad bei Aphasiepatienten, einer Metrik, welche die Anzahl direkter Verbindungen eines neuronalen Knotenpunkts zu anderen innerhalb des Gehirnnetzwerks angibt. Diese Veränderungen deuten auf eine modifizierte Netzwerkintegration hin, die potenziell die Kommunikations- und Verarbeitungskapazität des Gehirns beeinträchtigt. Darüber hinaus wurde auch eine Anpassung der lokalen Knoteneffizienz beobachtet, die als Maß für die Effektivität des Informationsaustauschs in der unmittelbaren Umgebung eines Knotens dient. Eine Beeinträchtigung in dieser Domäne deutet auf eine reduzierte Fähigkeit zur lokalen Informationsverarbeitung hin.

Die Feststellung, dass positive Korrelationen, die auf synchrone Aktivitäten zwischen verschiedenen Gehirnregionen hindeuten, bei Aphasiepatienten im Vergleich zu neurotypischen Personen vermindert sind, lässt auf eine Beeinträchtigung der Netzwerkintegration schließen. Diese könnte als zentrales Merkmal der Aphasie betrachtet werden. Besonders hervorzuheben ist hier die Rolle der linken Insula (in etwa unterhalb der Elektrodenpositionen FT7) des dorsalen anterioren zingulären Kortex (dACC) und des linken supramarginalen Gyrus (in etwa bei TP7), deren abgeschwächte Verbindungen zu anderen Regionen eine Schlüsselkomponente in der Pathophysiologie der Aphasie darstellen könnten (Jakab et al., 2012; Chen et al. 2021).

Ferner zeigen sich bei PmA im Vergleich zu neurotypischen Personen innerhalb des SN-Netzwerks negative Korrelationen, und zwar zwischen dem rechten frontalen Pol (FP, in etwa FP2) und dem linken insulären Kortex (IC, in etwa FT7). Diese Beobachtung weist auf eine verstärkte funktionelle Trennung zwischen diesen beiden Regionen des Netzwerks hin. Diese gegenläufigen Aktivitätsmuster könnten die Grundlage für die gestörte Verarbeitung salienter Informationen sein und somit die Schwierigkeiten in der Sprachverarbeitung und -produktion bei Aphasie widerspiegeln.

> Erste Studien bei Personen mit Aphasie liefern Hinweise, dass eine wirkungsvolle Wiederherstellung der sprachlichen Kommunikation nicht nur durch die Behandlung spezifischer Sprachprozesse erreicht werden kann. Vielmehr sollten auch jene Netzwerke wie das SN und ECN berücksichtigt werden, die uns eine übergeordnete kognitive Kontrolle ermöglichen und uns befähigen, unterschiedliche Denkprozesse einzusetzen und fließend zwischen ihnen zu wechseln.

5.3.3 Das Exekutivkontrollnetzwerk

Das bereits beschriebene Salienznetzwerk (SN) agiert als eine Art Schaltzentrale, um relevante Informationen zu identifizieren und zu priorisieren. Beim Erlernen einer Sprache z. B. spielt das SN eine entscheidende Rolle, indem es auf Ungereimtheiten, wie beispielsweise falsche Grammatik oder Aussprache, aufmerksam macht. Es stellt sicher, dass unser Lernprozess und die Anwendung des Gelernten den Regelwerken der (neuen) Sprache entsprechen. Für die spezifischeren und komplexeren Aspekte des Sprachenlernens ist ein weiteres Netzwerk verantwortlich, das sog. Exekutivkontrollnetzwerk (ECN). Dieses Netzwerk erleichtert die Bildung komplexer Sätze, unterstützt das Verstehen von Idiomen und Redewendungen und hilft dabei, den richtigen Kontext für die Verwendung spezifischer Wörter und Phrasen zu ermitteln. Zusammen mit weiteren Netzwerken im Gehirn tragen das SN und das ECN dazu bei, dass das Erlernen und die Verwendung einer neuen Sprache effektiv erfolgen. Neben seiner wesentlichen Rolle in der Sprachverarbeitung trägt das ECN maßgeblich zur Regulation des Arbeitsgedächtnisses bei, steuert sowohl die nach innen als auch die nach außen gerichtete Aufmerksamkeit und ist entscheidend an fortgeschrittenen Exekutivfunktionen beteiligt. Hierzu zählen u. a. die zeitliche Einschätzung und die kognitive Flexibilität. Die genaue Rolle des SN und des ECN in Bezug auf Sprache ist bislang noch nicht vollständig geklärt und bedarf weiterer Forschung.

5.3.3.1 Anatomie des Exekutivkontrollnetzwerks

Das ECN ist vorwiegend in der linken Hemisphäre angesiedelt und umfasst den anterioren dorsolateralen präfrontalen Kortex sowie den hinteren Teil des anterioren zingulären Gyrus. Zu den Kernbereichen des ECN zählt man auch das dorsale Striatum (◘ Abb. 5.6). Das ECN steht in Verbindung mit dem dorsalen Aufmerksamkeitsnetzwerk (DAN) und dem Default-Mode-Netzwerk (DMN), indem es als Vermittler zwischen diesen beiden fungiert. Diese Netzwerke konvergieren im frontoparietalen Kontrollnetzwerk (FPCN), welches eine zentrale Rolle in der Koordination exekutiver Funktionen spielt (Menon 2015). Die frontalen Bereiche sind über Assoziationsfasern des Zingulums mit den parietalen Arealen verbunden, was auch Bezeichnungen wie frontozinguläres (FCN) oder zingulo-frontoparietales (CFPN) Netzwerk der Exekutivfunktionen begründet. In diesem Buch wird die neutralere Bezeichnung Exekutivkontrollnetzwerk bevorzugt. Zusätzlich geht das ECN Verbindungen mit dem SN und dem Kleinhirn ein, ebenso wie mit dem supplementär-motorischen Areal (SMA) und dem limbischen System.

5.3.3.2 Funktionen des Exekutivkontrollnetzwerks

SN und ECN – dynamische Verschiebung der Aufmerksamkeit

Das Salienznetzwerk (SN) hat eine wichtige Funktion in der Abstimmung und Verschiebung des Fokus zwischen verschiedenen großen Gehirnnetzwerken, insbesondere dem DMN und dem frontoparietalen Netzwerk. Es hilft dem Gehirn zu entscheiden, wann es sich auf interne, selbstreferenzielle Gedanken konzentrieren (die durch das DMN moduliert werden) und wann es auf zielgerichtete Aufgaben und Verhaltensweisen (die durch das FPN moduliert werden) fokussieren sollte. Es fungiert somit als eine Art Schaltzentrale, die den Wechsel zwischen ECN_A/DMN und ECN_B/DAN erleichtert (Sridharan et al., 2008; Goulden et al., 2014) und somit die Ausrichtung (intern vs. extern) der Aufmerksamkeit regelt.

Wenn externe Reize wahrgenommen und die Aufmerksamkeit gezielt im Raum verschoben werden soll (external gerichtete Aufmerksamkeit), wird das dorsale Aufmerksamkeitsnetzwerk (DAN) aktiviert. Dieser Prozess erfolgt über den mittleren frontalen Kortex (BA 46) des ECN_B unter der Leitung der anterioren Insula. Dadurch wird eine Top-down-Modulation der Aufmerksamkeit ermöglicht, um relevante Umweltreize effektiv zu verarbeiten. Hervorstechende oder auf-

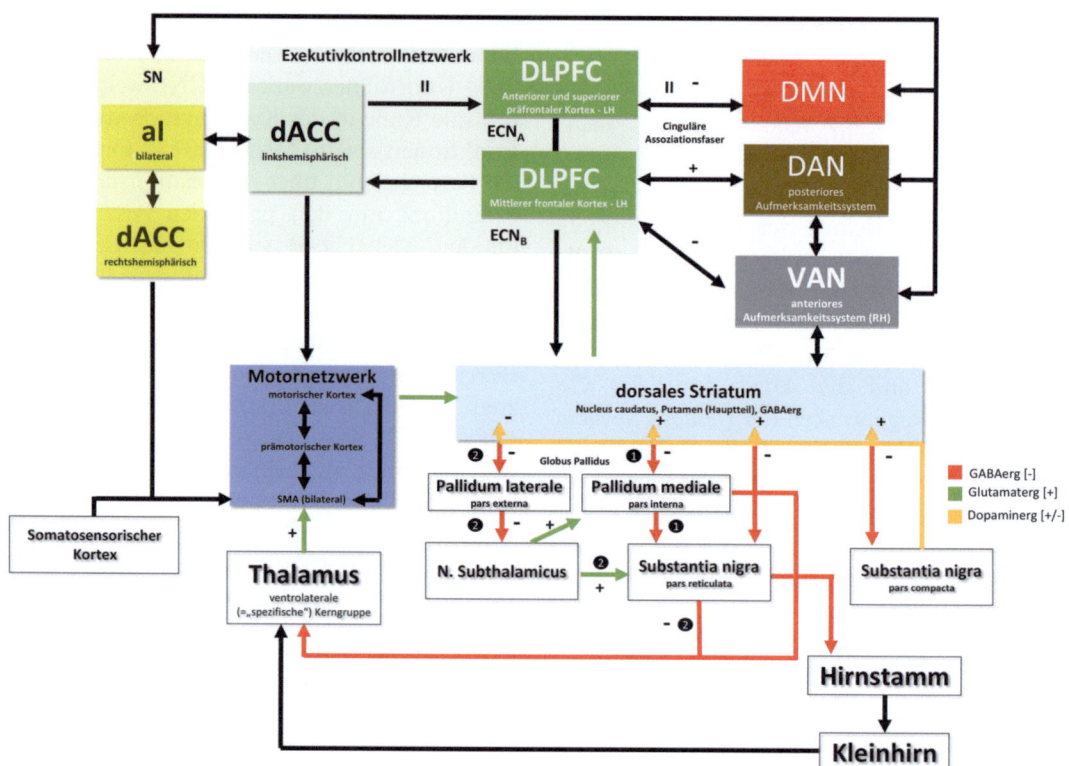

Abb. 5.6 Das dopaminerge Exekutivkontrollnetzwerk (ECN). Das ECN ist auf der linken Hemisphäre lateralisiert. Seine Kerngebiete umfassen den anterioren dorsolateralen präfrontalen Kortex (aDLPFC) und den dorsalen anterioren zingulären Gyrus (dACC). Der dACC geht Verbindungen sowohl mit Strukturen der linken als auch der rechten Hemisphäre ein und koordiniert die Aktivität zwischen den Exekutivnetzwerken ECN_A und ECN_B und den Aufmerksamkeitsnetzwerken (DAN und VAN). Das Minuszeichen in der oberen Hälfte der Abbildung weist darauf hin, dass zwischen den betroffenen Regionen, wie dem DLPFC und dem Default Mode Network (DMN), eine negative Korrelation (Antikorrelation) besteht. Das Pluszeichen hingegen signalisiert eine positive Korrelation. Zusätzlich sind das dorsale Striatum und seine Verbindungen zum Motornetzwerk dargestellt. Die farbigen Linien sowie die Plus- und Minuszeichen in diesem Bereich verdeutlichen, welche Art von Neurotransmittern an den jeweiligen Verbindungen beteiligt ist. (Aus Sidiropoulos, 2023)

fällige Stimuli werden ebenfalls unter Vermittlung des ECN_B verarbeitet. Dabei wird das ventrale Aufmerksamkeitsnetzwerk (VAN) angesprochen, und je nach Neuigkeitsgehalt des Stimulus kann das SN ebenfalls beteiligt sein (◘ Abb. 5.6). Erste Hinweise deuten darauf hin, dass in solchen Fällen durch die Vermittlung des sog. ECN_A das Theta-Band-Aktivitätsniveau im DMN abnimmt (Greicius et al., 2003; Dixon et al., 2018; Kam et al., 2019). Das ECN_A umfasst den anterioren präfrontalen Kortex (BA 10), den dorsalen anterioren zingulären Kortex (dACC) und den superioren frontalen Gyrus (BA 9), wie von Yeo et al. (2011) und Kam et al. (2019) beschrieben. (s. auch „Wissenbox: Formen der Aufmerksamkeit und Aphasie").

Wenn die Aufmerksamkeit nach innen gerichtet werden soll (internal gerichtete Aufmerksamkeit), wird das DMN direkt vom SN (◘ Abb. 5.6, Route I) oder indirekt über das ECN_A aktiviert (◘ Abb. 5.6, Route II) (Yeo et al., 2011), und es kommt zwischen diesen Bereichen zu einer verstärkten Theta-Konnektivität (Kam et al., 2019). Auf diese Weise können im DMN einerseits äußere Reize intern ausgewertet (z. B. interne visuell-räumliche Fokussierung) und andererseits selbstreferenziell interne Signale und Prozesse initiiert und koordiniert werden. Parallel zur Aktivierung des intrinsischen Bereitschaftsnetzwerks DMN findet eine Wahrnehmungsentkopplung statt, und das DAN wird inaktiv. Der genaue Mechanismus, wie diese Wahrnehmungsentkopplung erfolgt, ist weitgehend unerforscht. Ebenfalls unbekannt ist, ob und wie die beiden Subsysteme des Exekutivkontrollnetzwerks ECN_A und ECN_B miteinander wechselwirken, um die externalen vs. internalen Aufmerksamkeitsprozesse zu unterstützen. Unumstritten ist hingegen, dass zwischen dem DMN und den aufgabenspezifischen Netzwerken (DAN und VAN) stets eine negative Korrelation (Antikorrelation) besteht. Das bedeutet: Wenn das eine Netzwerk aktiv ist, wird das andere deaktiviert (Fox et al., 2009). Die Exekutivkontrollnetzwerke gemeinsam mit DMN, DAN und VAN könnten als Teile eines größeren Netzwerks verstanden werden, die bei intern vs. extern gerichteten Aufmerksamkeitsprozessen antagonistisch tätig sind (Pace-Schott & Picchioni, 2017). Wenn keine externen Stimuli auftreten, erlauben uns die aufgabenspezifischen Netzwerke eine bewusste Wahrnehmung der Umgebung.

Wissenbox: Formen der Aufmerksamkeit und Aphasie

Die Aufmerksamkeit spielt eine zentrale Rolle bei der menschlichen Informationsverarbeitung und ist besonders relevant im Kontext der Sprachverarbeitung. Bei Personen mit Aphasie sind verschiedene Aufmerksamkeitsprozesse oft gestört. Diese Störungen können tiefgreifende Auswirkungen auf die Fähigkeit zur Sprachproduktion und -verarbeitung haben (▶ Abschn. 14.1).

Aufmerksamkeit ist entscheidend, weil das Gehirn aus der Fülle von sensorischen Eingaben diejenigen auswählt, die für die aktuelle Aufgabe oder Situation am wichtigsten sind, und irrelevante Informationen ignoriert. Diese Fähigkeit, relevante Teile einer Information herauszufiltern, wird selektive Aufmerksamkeit genannt. Die spezifischen Gewichte, die diesen relevanten Teilen zugewiesen werden, um ihre Bedeutung innerhalb der Aufgabe oder Situation zu betonen, bezeichnen wir als kognitive Gewichtung. Selektive Aufmerksamkeit und kognitive Gewichtung sind entscheidend in Umgebungen mit vielen Ablenkungen, wie z. B. bei einem Gespräch in einer lauten Umgebung, wo es darauf ankommt, den Gesprächspartner klar zu verstehen und andere Hintergrundgeräusche zu ignorieren. Verantwortlich für die zielgerichtete, willentliche Steuerung der Aufmerksamkeit auf relevante Aufgaben oder Reize und die Gewichtung ist neben dem SN und ECN das dorsale Aufmerksamkeitsnetzwerk (DAN) (◘ Abb. 5.7). Das SN identifiziert relevante und bedeutsame Reize und signalisiert dem DAN, wohin die Aufmerksamkeit gelenkt werden soll. Das ECN übernimmt anschließend die exekutive Kontrolle und sorgt dafür, dass die Aufmerksamkeit nicht nur gehalten, sondern auch flexibel an die jeweiligen Aufgabenanforderungen angepasst wird.

Während selektive Aufmerksamkeit die Fähigkeit beschreibt, aus einer Vielzahl von Reizen die relevanten auszuwählen und sie zu gewichten, konzentriert sich die fokussierte Aufmerksamkeit darauf, die gesamte kognitive Energie gezielt auf eine einzelne Aufgabe oder Reizquelle zu richten. Dies wird durch die Fähigkeit eines neuronalen Netzwerks bewerkstelligt, bestimmte Hirnregionen verstärkt zu aktivieren (z. B. präfrontalen Kortex und sensorische Bereichen), die spezifisch für die aktuelle Aufgabe sind, und andere weniger relevante Regionen durch die Aktivität des Thalamus und anderer subkortikaler Strukturen zu hemmen. Die fokussierte Aufmerksamkeit ist notwendig, um in eine Aufgabe einzutauchen, etwa einen komplizierten Text zu lesen oder eine mathematische Gleichung zu lösen, ohne sich von anderen Gedanken oder externen Ablenkungen stören zu lassen.

Beide Prozesse – die selektive und die fokussierte Aufmerksamkeit – arbeiten oft Hand in Hand, um eine effiziente und effektive Informationsverarbeitung zu gewährleisten, insbesondere in anspruchsvollen oder ablenkungsreichen Umgebungen. Über die allgemeine fokussierte Aufmerksamkeit hinaus geht die zielgerichtete oder Top-down Aufmerksamkeit. Diese bezieht sich auf die Fähigkeit, die Aufmerksamkeit gezielt auf spezifische Aspekte oder Positionen innerhalb einer Aufgabe zu richten und aufrechtzuerhalten. Dieser bewusster Prozess beinhaltet sowohl die Auswahl relevanter Informationen als auch die intensive Konzentration auf bestimmte Aspekte einer Aufgabe. Die zielgerichtete Aufmerksamkeitsfokussierung kombiniert Elemente der fokussierten und selektiven Aufmerksamkeit und ist entscheidend für die erfolgreiche Durchführung von Aufgaben, die intensive Konzentration (z. B. intensives Studieren eines komplexen Themas) und Detailverarbeitung (z. B. Durchführung eines chirurgischen Eingriffs) erfordern.

Unsere kognitiven Ressourcen sind nicht immer auf eine einzige Aufgabe fokussiert, sondern können auch auf verschiedene Aufgaben oder Reize aufgeteilt werden – ein Prozess, den man Aufmerksamkeitsallokation nennt. Wenn jemand in einem lauten Café ein Buch liest, muss er entscheiden, wie viel Aufmerksamkeit er dem Lesen und wie viel er den Umgebungsgeräuschen widmet. Hierbei wird die Aufmerksamkeit auf eine primäre Aufgabe (Lesen) und die Hintergrundüberwachung (Geräusche) verteilt. Wenn unerwartete oder bedeutungsvolle Reize das Verhältnis zwischen primärer und sekundärer Aufgabe stören, kommt es zu einer Umorientierung der Aufmerksamkeit. Hierfür ist das ventrale Aufmerksamkeitsnetzwerk (VAN), bestehend aus dem ventralen präfrontalen Kortex und dem temporoparietalen Übergangsbereich, sehr wichtig (◘ Abb. 5.7).

Die Beeinträchtigung der verschiedenen Arten der Aufmerksamkeit bei Aphasikern kann erhebliche Auswirkungen auf deren Alltag und Therapie haben. Aphasiker könnten Schwierigkeiten haben, relevante von irrelevanten Informationen zu unterscheiden. Diese Störung in der selektiven Aufmerksamkeit kann zu Missverständnissen und Problemen beim Verstehen von Gesprächen führen, insbesondere in Umgebungen mit Hintergrundgeräuschen oder mehreren Sprechern. Störungen bei der Auswahl relevanter Informationen aus einer Fülle von Reizen können das Bewältigen alltäglicher Aufgaben erheblich erschweren. Zum Beispiel könnte das Verfolgen von Anweisungen oder das Führen eines Gesprächs in einer lauten Umgebung schwierig sein. Betroffene könnten überfordert sein von der Menge an Reizen in sozialen Situationen, was zu sozialem Rückzug führen kann. Schwierigkeiten bei der selektiven Aufmerksamkeit auf therapeutische Aufgaben könnten außerdem den Genesungsverlauf verlangsamen. Daher müssen Therapeuten während einer Therapie Strategien entwickeln, um Ablenkungen zu minimieren und die Aufmerksamkeit gezielt zu lenken.

Aphasiker könnten auch Probleme haben, ihre Aufmerksamkeit über längere Zeiträume (Daueraufmerksamkeit) aufrechtzuerhalten, was die Durchführung von Aufgaben, die Konzentration erfordern, beeinträchtigen kann. Es könnte ihnen schwerfallen, sich auf Details zu konzentrieren, was zu Fehlern bei alltäglichen Aktivitäten wie Lesen, Schreiben oder Kochen führen kann. Die ständige Anstrengung, die Aufmerksamkeit aufrechtzuerhalten, kann zu einer schnelleren geistigen Ermüdung führen. Therapiestunden müssen daher kürzer oder in kleinere, überschaubare Einheiten unterteilt werden, um der reduzierten Aufmerksamkeitsspanne gerecht zu werden. Übungen zur Stärkung der fokussierten Aufmerksamkeit können in den Therapieplan aufgenommen werden, um die Konzentrationsfähigkeit schrittweise zu verbessern. Häufige Pausen könnten notwendig sein, um die geistige Ermüdung zu reduzieren und die Effektivität der Therapie zu maximieren.

Auch Schwierigkeiten bei der Aufmerksamkeitsallokation können das gleichzeitige Verarbeiten mehrerer Aufgaben erschweren, was zu Überforderung und ineffizientem Arbeiten führt. Probleme bei der Priorisierung und Zuweisung von Aufmerksamkeit auf verschiedene Aufgaben können die Fähigkeit beeinträchtigen, den Alltag zu organisieren und zu planen. Ständige Schwierigkeiten, die Aufmerksamkeit angemessen zu verteilen, können zu erhöhter Verwirrung und Stress im täglichen Leben führen. Die Therapie muss möglicherweise gezielt auf die Verbesserung der Fähigkeit zur Aufmerksamkeitsallokation ausgerichtet werden, um Aphasikern zu helfen, ihre Aufmerksamkeit effizienter zu verteilen. Therapeuten könnten realitätsnahe Situationen schaffen, in denen die Patienten ihre Aufmerksamkeitsallokationsfähigkeiten üben und verbessern können.

Spezifische Übungen, die darauf abzielen, die Fähigkeit zur Aufmerksamkeitsallokation zu stärken, könnten ein wesentlicher Bestandteil der Therapie sein.

ECN – Arbeitsgedächtnis

Das Exekutivkontrollnetzwerk (ECN) und die exekutiven Regelkreise haben gemeinsam die Aufgabe, den Informationsfluss innerhalb der verschiedenen Komponenten des Arbeitsgedächtnisses zu priorisieren, zu integrieren und zu steuern. Dies beinhaltet die Koordination von auditiven und visuellen Modulen sowie das Abrufen von verbalen und nonverbalen Inhalten aus dem Langzeitgedächtnis. Diverse kortikale Areale und Netzwerke tragen zu den vielfältigen Aspekten des Arbeitsgedächtnisses bei.

Zusammen mit dem ECN ist der ventrolaterale präfrontale Kortex (VLPFC), ein Bestandteil des ventralen Aufmerksamkeitsnetz-

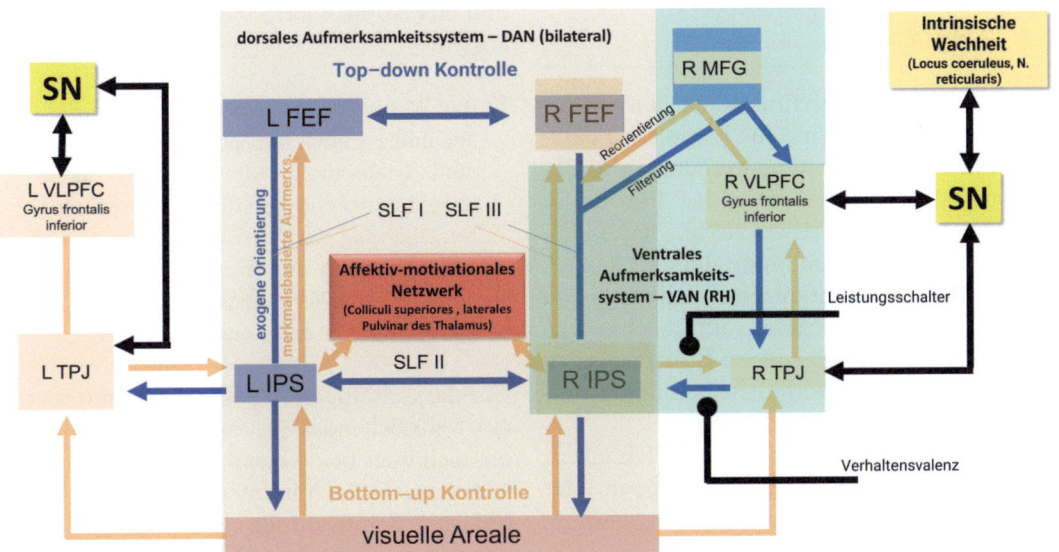

Abb. 5.7 Cholinerge extrinsische Bereitschaftsnetzwerke. Dorsales (DAN) und ventrales Aufmerksamkeitssystem (VAN). I. Die Kerngebiete des DAN (beige) sind das rechts- und linkshemisphärische frontale Augenfeld („frontal eye field", FEF) und der intraparietale Sulcus (IPS)/Lobulus parietalis superior (sLP). II. Das VAN (grün) ist auf die rechte Hemisphäre beschränkt und umfasst den temporoparietalen Übergang (TPJ), den Lobulus parietalis inferior/Gyrus temporalis superior (iLP) und den ventrolateralen präfrontalen Kortex (VLPFC)/inferioren frontalen Gyrus (IFG)/mittleren frontalen Gyrus (MFG). Die superioren longitudinalen Faszikel (SLF I–III) verbinden die frontoparietale Regionen. SN – Salienznetzwerk. (Aus Sidiropoulos, 2023)

werks (VAN), bei der aktiven Wiederholung („rehearsal") involviert, um den Zerfallsprozess von Gedächtnisinhalten zu verzögern. Der linke DLPFC (ECN_B) übernimmt hingegen wesentliche exekutive Kontrollprozesse im Arbeitsgedächtnis, wie die Unterstützung bei der Aktualisierung und Überwachung von Informationen, um sicherzustellen, dass diese für die anstehende Aufgabe relevant bleiben (Baddeley, 2003; van Gaal et al., 2008; Yuan & Raz, 2014). Der rechte DLPFC spielt eine Schlüsselrolle dabei, Pläne im Auge zu behalten und kognitive Flexibilität zu gewährleisten (Barbey et al., 2013). Der linkshemisphärische dACC (als Teil des ECN) koordiniert die Zusammenarbeit zwischen dem DLPFC und dem inferioren parietalen Kortex (IPC). Dort werden die passenden Reize und Reaktionen aus dem Langzeitgedächtnis selektiert, was eine effiziente Informationsverarbeitung und Entscheidungsfindung ermöglicht.

5.3.4 Exekutivkontrollnetzwerk und Salienznetzwerk – Hemmung

Die drei Kernexekutivfunktionen, die oft als grundlegende Bausteine für komplexe kognitive Prozesse betrachtet werden, sind das Arbeitsgedächtnis, die kognitive Flexibilität und die Hemmung (Miyake et al., 2000; Diamond, 2013). Die Hemmung umfasst das geschickte Management unseres Verhaltens und unserer mentalen Prozesse, um angemessene Reaktionen in verschiedenen Situationen zu gewährleisten. Die Verhaltenshemmung umfasst zwei wichtige Aspekte:
1. Motorische Inhibition, d. h. die Fähigkeit, körperliche Bewegungen zu stoppen oder zu unterdrücken, die nicht angemessen oder zielführend sind
2. Antwortinhibition, d. h. die Fähigkeit, eine impulsiv vorbereitete Reaktion zurückzuhalten, insbesondere in Situationen, in denen Genauigkeit wichtiger ist als Schnelligkeit

Nach der Verhaltenshemmung, die uns dabei hilft, impulsive Handlungen zu kontrollieren, spielt auch die kognitive Inhibition eine zentrale Rolle. Während sich die Verhaltenshemmung auf das Stoppen oder Zurückhalten von motorischen Reaktionen konzentriert, geht es bei der kognitiven Inhibition darum, störende oder irrelevante Informationen zu unterdrücken, um eine klare und zielgerichtete Informationsverarbeitung zu ermöglichen. Auf kognitiver Ebene ermöglicht uns die Distraktorinhibition, irrelevante Informationen auszublenden und uns auf das Wesentliche zu konzentrieren, während die Interferenzkontrolle das Unterdrücken von konkurrierenden Gedanken oder sensorischen Informationen (z. B. phonologisch ähnlichen Wörtern) betrifft, die unsere Fähigkeit, relevante Informationen zu erinnern oder zu verarbeiten, beeinträchtigen könnten (Stroop-Test). Zusätzlich zur kognitiven Inhibition spielt die emotionale Inhibition eine entscheidende Rolle. Sie hilft uns, unsere emotionalen Reaktionen zu regulieren und in sozialen sowie beruflichen Kontexten angemessene Gefühlsäußerungen zu zeigen, um impulsive emotionale Reaktionen zu vermeiden und eine kontrollierte Interaktion zu gewährleisten.

> Im Wesentlichen dient die Hemmung als mentales Filter, das zwischen relevanten und irrelevanten Informationen unterscheidet und eine geordnete Informationsverarbeitung gewährleistet. Die Hemmung wird derzeitig in verschiedene Subtypen unterteilt: die Verhaltensinhibition, die kognitive und die emotionale Inhibition.

Für die vielfältigen Aspekte der Hemmung ist ein weitreichendes Netzwerk verantwortlich, das sich über beide Hemisphären des Gehirns erstreckt. Dabei nimmt die anteriore Insula (AI) eine Schlüsselrolle ein und ist an der Regulierung aller drei Dimensionen der Inhibitionsregulierung – der Verhaltens-, kognitiven und emotionalen Inhibition – maßgeblich beteiligt. Die AI fungiert als integraler Bestandteil des Salienznetzwerks und spielt eine zentrale Rolle bei der Initiierung und Aufrechterhaltung von Kontrollmechanismen über verschiedene Modalitäten hinweg. Sie leitet dabei die Kontrollsignale an spezialisierte Hirnregionen weiter, die je nach den aktuellen Anforderungen aktiviert werden, um eine präzise Steuerung der Verhaltens-, kognitiven und emotionalen Inhibition zu gewährleisten. Diese dynamische Einbindung ermöglicht eine gezielte und situationsangepasste Reaktion des Netzwerks auf Inhibitionsanforderungen. Während der Hemmung auf der Ebene der Wahrnehmung (Interferenzkontrolle) übernehmen die dorsalen frontalen Bereiche des Salienznetzwerks (dACC, DLPFC) in Zusammenarbeit mit den parietalen (IPL) und den frontalen rechtshemisphärischen Regionen des ventralen VAN (VLPFC) die Führung bei der top-down gesteuerten phasischen Inhibition (Pliszka et al., 2006). Eben diese neuronalen Systeme kommen auch bei der Unterdrückung ungewollter Bewegungen zum Einsatz, indem sie automatische Reaktionen und nicht zielführende Handlungsimpulse dämpfen oder aus dem Gedächtnis entfernen. Im Gegensatz dazu obliegt die kontinuierliche Kontrolle der tonischen Hemmung dem linksseitigen DLPFC (als Teil des ECN_B), der zusammen mit dem dorsalen Striatum die Aktivität des präsupplementären motorischen Kortex (pre-SMA) steuert, der eine Schlüsselrolle in der Planung und der Hemmung unerwünschter Bewegungen spielt.

5.3.4.1 Exekutivkontrollnetzwerk – Zeitdiskriminierung und Daueraufmerksamkeit

Zeitdiskriminierung bezieht sich auf die Fähigkeit, zeitliche Aspekte sprachlicher Signale genau zu erkennen und zu unterscheiden, wie beispielsweise die Dauer von Sprachlauten oder Pausen in der Sprache. Dies ist besonders wichtig bei der Verarbeitung von Prosodie, Sprachrhythmus und Intonation. Das ECN, insbesondere der linkseitige anteriore dorsolaterale präfrontale Kortex (DLPFC), unterstützt die Verarbeitung von Prozessen zur Zeitwahrnehmung (Smith et al., 2010; Christakou et al., 2011) und zusammen mit den Temporallappen die Fähigkeit, die zeitlichen Merkmale der Sprache zu überwachen und zu modulieren. Durch die exekutive Kontrolle hilft das ECN, relevante zeitliche Sprachsignale zu identifizieren und irrelevante Informationen auszublenden. Im Laufe der Entwicklung verstärken sich die Verbindung und Kommunikation zwischen dem linken und dem rechten DLPFC, ebenso wie die Verknüpfungen zu den superioren parietalen Regionen, zum dorsalen Striatum und zum Kleinhirn. Diese zunehmende interhemisphärische Konnektivität ermöglicht es Erwachsenen, bei Zeitdiskriminierungsaufgaben auf Ressourcen beider Gehirnhälften zurückzugreifen. Diese fortgeschrittene Integration fördert die Fähigkeit, kurze Zeitintervalle sowohl im Millisekunden- als auch im Sekundenbereich präzise zu erfassen – eine Kompetenz, die insbesondere für die Wahrnehmung und Produktion von Sprache von entscheidender Bedeutung ist (▶ Abschn. 6.3.2 und 6.3.3).

Die Daueraufmerksamkeit bezieht sich auf die Fähigkeit, über einen längeren Zeitraum hinweg aufmerksam zu bleiben, um längere sprachliche Informationen, wie etwa Gespräche, Vorträge oder Lesungen, zu verfolgen und zu verstehen. Das ECN hilft dabei, die Aufmerksamkeit während des Zuhörens aufrechtzuerhalten und Ablenkungen zu minimieren, sodass man relevante Informationen aus dem sprachlichen Input kontinuierlich verarbeiten kann. Das ECN zusammen mit dem dorsomedialen präfrontalen Kortex (Teil des DMN) und dem Salienznetzwerk (SN) spielt eine wesentliche Rolle bei der Aufrechterhaltung der Daueraufmerksamkeit.

Sowohl das Netzwerk für die Zeitdiskriminierung als auch das für die Daueraufmerksamkeit synchronisieren ihre Aktivitäten, um kognitive Prozesse kontinuierlich zu überwachen. Durch die Interaktion dieser Aufmerksamkeitsüberwachungssysteme mit sensomotorischen Arealen auf einer grundlegenderen Ebene wird eine Verstärkung aufgabenrelevanter und eine Abschwächung aufgabenirrelevanter kognitiver Prozesse ermöglicht (Clayton et al., 2015). Diese dynamische Anpassung optimiert fortlaufend die Effektivität der Aufmerksamkeitsmechanismen. Zentral für diese Überwachungs- und Kontrollfunktionen ist das frontomediale Theta (fM-θ), welches entscheidend zur Feinabstimmung der kognitiven Leistungsfähigkeit beiträgt (Clayton et al., 2015).

5.3.4.2 Exekutivkontrollnetzwerk und Aphasie

Aphasie betrifft nicht nur die Fähigkeit, Sprache zu verstehen und zu verwenden, sondern wirkt sich auch auf exekutive Funktionen aus, die für die Sprachverarbeitung essenziell sind (▶ Kap. 14). Diese beinhalten Aufmerksamkeitssteuerung, kognitives Monitoring sowie Flexibilität und Kontrolle in der sprachlichen Verarbeitung. Diese Defizite führen dazu, dass Betroffene Schwierigkeiten haben, sich auf relevante Informationen zu konzentrieren und Störungen während der Kommunikation zu minimieren. Daher sind exekutive Funktionen entscheidend für die Erholung von sprachlichen Beeinträchtigungen, indem sie die zielgerichtete Verarbeitung unterstützen.

In der Forschung besteht aktuell bei den untersuchten neuronalen Netzwerken keine Einigkeit über die genauen Komponenten dieser Netzwerke und ihrer Wechselwirkungen. Grund dafür ist, dass unterschiedliche Parzellierungsansätze und funktionelle Konnektivitätsmethoden verwendet werden. Dies zeigt sich bei Exekutivkontrollnetzwerken besonders bei der Betrachtung des linken frontoparietalen Netzwerks (lFPN). Neben den klassischen Regionen des Exekutivkontrollnetzwerks (ECN), wie dem dorsolateralen präfrontalen Kortex (DLPFC) und dem Gyrus angularis, können auch Regionen, die traditionell dem Default-Mode-Netzwerk (DMN) (z. B. Precuneus, DMPFC, posterior zingulärer Gyrus) oder anderen Netzwerken wie dem Salienznetzwerk (SN) (z. B. Gyrus supramarginalis) zugeordnet werden, mit einbezogen sein. Dies zeigt aber auch, dass die Netzwerke überlappend und flexibel sein können, abhängig von der zu lösenden Aufgabe (s. Zhu et al., 2014; Zhang et al., 2021). Ähnlich verhält es sich mit dem rechten frontoparietalen Netzwerk (rFPN), das sowohl Regionen des ECN wie den rechten DLPFC und den Gyrus angularis als auch Teile des DMN und des dorsalen Aufmerksamkeitsnetzwerks (DAN) umfasst (Balaev et al., 2016).

In der subakuten Phase weisen die Patienten mit Aphasie nach Schlaganfall eine reduzierte funktionelle Konnektivität zwischen dem linken und rechten FPN auf, was auf strukturelle und funktionelle Störungen hindeutet, die mit der Sprachverarbeitung in Zusammenhang stehen (Zhang et al., 2021). Bei Menschen mit chronischer Aphasie zeigen sich spezifische Schwächen in der Verbindung im linken frontoparietalen Netzwerk (FPN), speziell zwischen dem DLPFC (F3) und dem Gyrus angularis (AG, P7). Ähnlich ist die Verbindung zwischen den linken präfrontalen Regionen und dem bilateralen zingulären und parazingulären Kortex dysfunktional (Sandberg, 2017). Dies betrifft die linkshemisphärische Verbindung von F3 bzw. FP1 zum anterioren zingulären Kortex (FC1 und FC2) bzw. zum parazingulären Gyrus (in etwa auf F1). Auch die Konnektivität des zingulären Kortex zum linkshemisphärischen Gyrus angularis (FC1-P7 und FC2-P7) ist sehr schwach ausgeprägt (◘ Abb. 5.8). Diese Störungen in der funktionellen Konnektivität, insbesondere zwischen dem Gyrus angularis und dem anterioren zingulären Kortex, wirken sich auf die Sprachverständnisfähigkeit, weil diese Gehirnregionen daran beteiligt sind, die Bedeutung und den Zusammenhang (Kohärenz) zwischen aufeinanderfolgenden Sätzen zu erkennen (Zhu et al., 2014).

Es gibt erste Hinweise, dass die transkranielle Gleichstromstimulation (tDCS) in den kortikalen Bereichen des ECN positive Effekte auf die Sprachfähigkeiten von Patienten mit chronischer Aphasie nach Schlaganfall hat. Die tDCS verbessert sowohl den lexikalischen Zugang als auch die verbale Flüssigkeit bei diesen Patienten, was auf die Bedeutung des ECN für die Sprachrehabilitation hinweist. Diese Ergebnisse unterstützen die Hypothese, dass die Wiederherstellung von Sprachfähigkeiten nach einem Schlaganfall mit der Integrität der verbleibenden extraläsionalen Netzwerke zusammenhängt (▶ Kap. 14) und unterstreichen die Notwendigkeit, das ECN in die Therapie von Aphasien einzubeziehen, um die Rehabilitation zu optimieren.

Aphasie – kognitive Steuerungssysteme des Gehirns

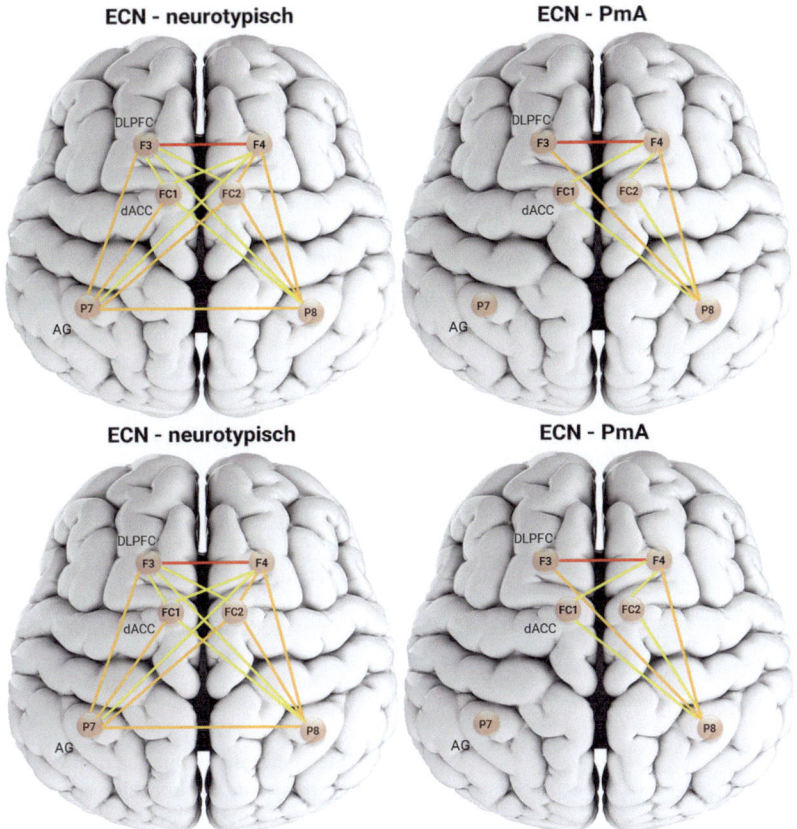

Abb. 5.8 Unterschiede in den neuronalen Verbindungen des Exekutivkontrollnetzwerks (ECN) zwischen einem neurotypischen Gehirn (links) und dem Gehirn von Patienten mit Aphasie (PmA) (rechts). Die gelben Linien repräsentieren die funktionellen Verbindungen zwischen verschiedenen Hirnregionen dieses Netzwerks, wie dem DLPFC, dem dACC und anderen. Die Unterschiede in der Konnektivität (z. B. zwischen F3 und F4 gezeigt durch die rote Linie) können Hinweise auf die Auswirkungen von Aphasie auf die exekutiven Funktionen des Gehirns geben. (Nach Sandberg, 2017; Sidiropoulos; 2023; iStock 178724471)

› Erste Studien zeigen charakteristische Veränderungen in den kognitiven Kontrollnetzwerken (SN und ECN) von Schlaganfallpatienten: Die Informationsverarbeitung ist sowohl in ihrer spezifischen Aufgabenerfüllung als auch in ihrer modularen Organisation beeinträchtigt. Die gestörte Funktion der Kontrollnetzwerke führt zu Defiziten in der globalen Integration von Informationen über das gesamte neuronale Netzwerk. Klinische Relevanz erlangen diese Erkenntnisse durch den Nachweis, dass eine bessere Erholung von aphasischen Symptomen mit einer höheren globalen Integration und modularen Spezialisierung korreliert (Falconer et al., 2024). Daraus ergibt sich ein therapeutisches Paradigma: Effektive Aphasietherapie sollte nicht nur sprachspezifische Fertigkeiten trainieren, sondern gezielt die exekutive Kontrolle - einen zentralen Mechanismus der Sprachverarbeitung - stärken. Die Erforschung der kognitiven kognitiver Kontrollnetzwerke bildet die Grundlage für neuartige Therapiekonzepte, bei denen linguistisches Training mit modulatorischen Interventionen synergistisch wirkt, um pathologisch veränderte Netzwerkarchitekturen zu normalisieren.

Literatur

Abo, M., Senoo, A., Watanabe, S., et al. (2004). Language related brain function during word repetition in post-stroke aphasics. *NeuroReport, 15,* 1891–1894.

Allman, J., Hakeem, A., & Watson, K. (2002). Two phylogenetic specializations in the human brain. *Neuroscientist, 8,* 335–346.

Baddeley, A. (2003). Working memory: Looking back and looking forward. *Nature Reviews Neuroscience, 4,* 829–839.

Balaev, V., Petrushevsky, A., & Martynova, O. (2016). Changes in functional connectivity of default mode network with auditory and right frontoparietal networks in poststroke aphasia. *Brain Connectivity, 6,* 714–723.

Baldassarre, A., Metcalf, N. V., Shulman, G. L., & Corbetta, M. (2019). Brain networks' functional connectivity separates aphasic deficits in stroke. *Neurology, 92*(2), e125–e135.

Barbey, A. K., Königs, M., & Grafman, J. (2013). Dorsolateral prefrontal contributions to human working memory. *Cortex, 49*(5), 1195–1205.

Basso, A., Gardelli, M., Grassi, M. P., & Mariotti, M. (1989). The role of the right hemisphere in recovery from aphasia: Two case studies. *Cortex, 25,* 555–556.

Bates, E., Wilson, S. M., Saygin, A. P., Dick, F., Sereno, M. I., Knight, R. T., & Dronkers, N. F. (2003). Voxel-based lesion-symptom mapping. *Nature Neuroscience, 6*(5), 448–450.

Boes, A. D., Prasad, S., Liu, H., Liu, Q., Pascual-Leone, A., Caviness, V. S., & Fox, M. D. (2015). Network localization of neurological symptoms from focal brain lesions. *Brain, 138,* 3061–3075.

Botvinick, M., Nystrom, L. E., Fissell, K., Carter, C. S., & Cohen, J. D. (1999). Conflict monitoring versus selection-for-action in anterior cingulate cortex. *Nature, 402,* 179–181.

Brownsett, S. L., Warren, J. E., Geranmayeh, F., Woodhead, Z., Leech, R., & Wise, R. J. (2014). Cognitive control and its impact on recovery from aphasic stroke. *Brain, 137*(1), 242–254.

Butti, C., Santos, M., Uppal, N., & Hof, P. R. (2013). Von Economo neurons: clinical and evolutionary perspectives. *Cortex, 49*(1), 312–326.

Cahana-Amitay, D., Oveis, A. C., Sayers, J. T., Pineles, S. L., Spiro, A., & Albert, M. L. (2015). Biomarkers of "Linguistic Anxiety" in aphasia: A proof-of-concept case study. *Clinical Linguistics & Phonetics, 29*(5), 401–413.

Carrera, E., & Tononi, G. (2014). Diaschisis: past, present, future. *Brain, 137*(Pt 9), 2408–2422.

Chen, X., Chen, L., Zheng, S., Wang, H., Dai, Y., Chen, Z., & Huang, R. (2021). Disrupted brain connectivity networks in Aphasia revealed by resting-state fMRI. *Frontiers in Aging Neuroscience, 13,* 666301.

Chih, Y. C., Tsai, M. J., Stierwalt, J. A. G., & LaPointe, L. L. (2020). Assessing physiological stress responses to word retrieval in individuals with aphasia: A preliminary study. *Folia Phoniatrica et Logopaedica, 73,* 134–145.

Christakou, A., Brammer, M., & Rubia, K. (2011). Maturation of limbic corticostriatal activation and connectivity associated with developmental changes in temporal discounting. *NeuroImage, 54*(2), 1344–1354.

Christensen, S. C., & Wright, H. H. (2014). Quantifying the effort individuals with aphasia invest in working memory tasks through heart rate variability. *American Journal of Speech-Language Pathology, 23*(2), S361–S371.

Clayton, M. S., Yeung, N., Cohen, K., & R. (2015). The roles of cortical oscillations in sustained attention. *Trends in Cognitive Sciences, 19*(4), 188–195.

Collins, L., Boddington, L., Steffan, P. J., & McCormick, D. (2021). Vagus nerve stimulation induces widespread cortical and behavioral activation. *Current Biology, 31,* 2088–2098.

Di Pino, G., Pellegrino, G., Assenza, G., Capone, F., Ferreri, F., Formica, D., Ranieri, F., Tombini, M., Ziemann, U., Rothwell, J. C., & Di Lazzaro, V. (2014). Modulation of brain plasticity in stroke: a novel model for neurorehabilitation. *Nature Reviews Neurology, 10,* 597–608.

Diamond, A. (2013). Executive functions. *Annual Review of Psychology, 64,* 135–168.

Dixon, M. L., De La Vega, A., Mills, C., et al. (2018). Heterogeneity within the frontoparietal control network and its relationship to the default and dorsal attention networks. *Proceedings of the National Academy of Sciences USA, 115*(7), E1598–E1607.

Dosenbach, N. U., Fair, D. A., Miezin, F. M., Cohen, A. L., Wenger, K. K., Dosenbach, R. A., Fox, M. D., Snyder, A. Z., Vincent, J. L., Raichle, M. E., Schlaggar, B. L., & Petersen, S. E. (2007). Distinct brain networks for adaptive and stable task control in humans. *Proceedings of the National Academy of Sciences USA, 104*(26), 11073–11078.

Fajardo, C., Escobar, M. I., Buriticá, E., Arteaga, G., Umbarila, J., Casanova, M. F., & Pimienta, H. (2008). Von Economo neurons are present in the dorsolateral (dysgranular) prefrontal cortex of humans. *Neuroscience Letters, 435*(3), 215–218.

Falconer, I., Varkanitsa, M., & Kiran, S. (2024). Resting-state brain network connectivity is an independent predictor of responsiveness to language therapy in chronic post-stroke aphasia. *Cortex, 173,* 296–312.

Foulon, C., Cerliani, L., Kinkingnéhun, S., Levy, R., Rosso, C., Urbanski, M., et al. (2018). Advanced lesion symptom mapping analyses and implementation as BCBtoolkit. *GigaScience, 7,* 1–17.

Fox, M. D., Zhang, D., Snyder, A. Z., & Raichle, M. E. (2009). The global signal and observed anticorrelated resting state brain networks. *Journal of Neurophysiology, 101*(6), 3270–3283.

Friston, K. (2009). Causal modelling and brain connectivity in functional magnetic resonance imaging. *PLoS Biology, 7,* e33.

van Gaal, S., Ridderinkhof, K. R., Fahrenfort, J. J., Scholte, H. S., & Lamme, V. A. F. (2008). Frontal cortex mediates unconsciously triggered inhibitory control. *Journal of Neuroscience, 28*, 8053–8062.

Gleichgerrcht, E., Fridriksson, J., Rorden, C., & Bonilha, L. (2017). Connectome-based lesion-symptom mapping (CLSM): A novel approach to map neurological function. *NeuroImage: Clinical, 16*, 461–467.

Gordon, E. M., Laumann, T. O., Gilmore, A. W., Newbold, D. J., Greene, D. J., Berg, J. J., Ortega, M., Hoyt-Drazen, C., Gratton, C., Sun, H., et al. (2017). Precision functional mapping of individual human brains. *Neuron, 95*, 791–807.e7.

Gordon, E. M., Lynch, C. J., Gratton, C., Laumann, T. O., Gilmore, A. W., Greene, D. J., Ortega, M., Nguyen, A. L., Schlaggar, B. L., Petersen, S. E., Dosenbach, N. U. F., & Nelson, S. M. (2018). Three distinct sets of connector hubs integrate human brain function. *Cell Reports, 24*(7), 1687–1695.e4.

Goulden, N., Khusnulina, A., Davis, N. J., Bracewell, R. M., Bokde, A. L., McNulty, J. P., & Mullins, P. G. (2014). The salience network is responsible for switching between the default mode network and the central executive network: Replication from DCM. *NeuroImage, 99*, 180–190.

Grafman, J. (2000). Evidence for four forms of neuroplasticity. *Journal of Communication Disorders, 33*, 345–356.

Gratton, C., Nomura, E. M., Perez, F., & D'Esposito, M. (2012). Focal brain lesions to critical locations cause widespread disruption of the modular organization of the brain. *Journal of Cognitive Neuroscience, 24*, 1275–1285.

Gratton, C., Sun, H., & Petersen, S. E. (2018). Control networks and hubs. *Psychophysiology, 55*(3), e13032.

Greicius, M. D., Krasnow, B., Reiss, A. L., & Menon, V. (2003). Functional connectivity in the resting brain: A network analysis of the default mode hypothesis. *Proceedings of the National Academy of Sciences USA, 100*, 253–258.

Hartwigsen, G., & Saur, D. (2019). Neuroimaging of stroke recovery from aphasia – Insights into plasticity of the human language network. *NeuroImage, 190*, 14–31.

He, Y., Wang, J., Wang, L., Chen, Z. J., Yan, C., Yang, H., Tang, H., Zhu, C., Gong, Q., Zang, Y., & Evans, A. C. (2009). Uncovering intrinsic modular organization of spontaneous brain activity in humans. *PLoS ONE, 4*, e5226.

Hillary, F. G., Rajtmajer, S. M., Roman, C. A., Medaglia, J. D., Slocomb-Dluzen, J. E., Calhoun, V. D., et al. (2014). The rich get richer: Brain injury elicits hyperconnectivity in core subnetworks. *PLoS ONE, 9*, e104021.

Jakab, A., Molnár, P. P., Bogner, P., Béres, M., & Berényi, E. L. (2012). Connectivity-based parcellation reveals interhemispheric differences in the insula. *Brain Topography, 25*, 264–271.

Jilka, S. R., Scott, G., Ham, T., Pickering, A., Bonnelle, V., Braga, R. M., Leech, R., & Sharp, D. J. (2014). Damage to the salience network and interactions with the default mode network. *Journal of Neuroscience, 34*(33), 10798–10807.

Johnson, A. L. (2021). *Physiological arousal, emotion, and word retrieval in Aphasia: Effects and relationships*. Brigham Young University. Thesis.

Kam, J. W. Y., Lin, J. J., Solbakk, A. K., Endestad, T., Larsson, P. G., & Knight, R. T. (2019). Default network and frontoparietal control network theta connectivity supports internal attention. *Nature Human Behaviour, 3*, 1263–1270.

Karnath, H. O., Himmelbach, M., & Rorden, C. (2002). The sub-cortical anatomy of human spatial neglect: Putamen, caudate nucleus, and pulvinar. *Brain, 125*, 350–360.

von Keyserlingk, D., de Bleser, R., & Poeck, K. (1983). Stereographic reconstruction of human brain CT series. *Acta Anatomica, 115*(4), 336–344.

Kilian, B., & Sidiropoulos, K. (2023). Neurowissenschaftliche Erklärungsansätze und -modelle. In K. Sidiropoulos (Hrsg.), *EEG-Neurofeedback bei ADS und ADHS: Innovative Behandlung von Kindern, Jugendlichen und Erwachsenen* (1. Aufl.). Springer.

Klimesch, W., Sauseng, P., & Hanslmayr, S. (2007). EEG alpha oscillations: The inhibition-timing hypothesis. *Brain Research Reviews, 53*, 63–88.

Laures, J. S., Odell, K. H., & Coe, C. L. (2003). Arousal and auditory vigilance in individuals with aphasia during a linguistic and nonlinguistic task. *Aphasiology, 17*(12), 1122–1152.

Laures-Gore, J., Cahana-Amitay, D., & Buchanan, T. W. (2019). Diurnal cortisol dynamics, perceived stress and language production in aphasia. *Journal of Speech, Language, and Hearing Research, 62*(5), 1416–1426.

Liew, S. L., Zavaliangos-Petropulu, A., Jahanshad, N., et al. (2022). The ENIGMA stroke recovery working group: Big data neuroimaging to study brain-behavior relationships after stroke. *Human Brain Mapping, 43*(1), 129–148.

Menon, V. (2015). Salience network. In A. W. Toga (Hrsg.), *Brain mapping: An encyclopedic reference* (Bd. 2, S. 597–611). Academic Press/Elsevier.

Menon, V., & Uddin, L. Q. (2010). Saliency, switching, attention and control: A network model of insula function. *Brain Structure and Function, 214*(5-6), 655–667.

Mesulam, M. M. (1990). Large-scale neurocognitive networks and distributed processing for attention, language, and memory. *Annals of Neurology, 28*, 597–613.

Miyake, A., Friedman, N. P., Emerson, M. J., Witzki, A. H., & Howerter, A. (2000). The unity and diversity of executive functions and their contributions to complex "frontal lobe" tasks: A latent variable analysis. *Cognitive Psychology, 41*(1), 49–100.

von Monakow, K. (1914). *Die Lokalisation im Grosshirn und der Abbau der Funktion durch kortikale Herde*. J.F. Bergmann Verlag.

Nelson, S. M., Dosenbach, N. U., Cohen, A. L., Wheeler, M. E., Schlaggar, B. L., & Petersen, S. E. (2010). Role of the anterior insula in task-level control and focal attention. *Brain Structure and Function, 214*, 669–680.

Nomura, E. M., Gratton, C., Visser, R. M., Kayser, A., Perez, F., & D'Esposito, M. (2010). Double dissociation of two cognitive control networks in patients with focal brain lesions. *Proceedings of the National Academy of Sciences USA, 107*, 12017–12022.

Pace-Schott, E. F., & Picchioni, D. (2017). The neurobiology of dreaming. In M. H. Kryger, T. Roth, & W. C. Dement (Hrsg.), *Principles and practice of sleep medicine* (6. Aufl., S. 529–538). Elsevier.

Pliszka, S. R., Glahn, D. C., Semrud-Clikeman, M., Franklin, C., Perez, R., 3rd, Xiong, J., & Liotti, M. (2006). Neuroimaging of inhibitory control areas in children with attention deficit hyperactivity disorder who were treatment naive or in long-term treatment. *American Journal of Psychiatry, 163*(6), 1052–1060.

Poeck, K., et al. (1984). Neurolinguistic status and localisation of lesion in patients with exclusively CV-speech production. *Brain, 107*, 200–217.

Posner, M. I., & Petersen, S. E. (1990). The attention system of the human brain. *Annual Review of Neuroscience, 13*, 25–42.

Rehme, A. K., Fink, G. R., von Cramon, D. Y., & Grefkes, C. (2011). The role of the contralesional motor cortex for motor recovery in the early days after stroke assessed with longitudinal fMRI. *Cerebral Cortex, 21*, 756–768.

Riley, E. A., & Owora, A. (2020). Relationship between physiologically measured attention and behavioral task engagement in persons with chronic aphasia. *Journal of Speech, Language, and Hearing Research, 63*(5), 1430–1445. https://doi.org/10.1044/2020_JSLHR-19-00016.

Rorden, C., & Karnath, H. O. (2004). Using human brain lesions to infer function: a relic from a past era in the fMRI age? *Nature Reviews Neuroscience, 5*(10), 813–819.

Rosen, H. J., Petersen, S. E., Linenweber, M. R., Snyder, A. Z., White, D. A., Chapman, L., Dromerick, A. W., Fiez, J. A., & Corbetta, M. D. (2000). Neural correlates of recovery from aphasia after damage to left inferior frontal cortex. *Neurology, 55*(12), 1883–1894.

Ruiz-Rizzo, A. L., Neitzel, J., Müller, H. J., Sorg, C., & Finke, K. (2018). Distinctive correspondence between separable visual attention functions and intrinsic brain networks. *Frontiers in Human Neuroscience, 12*, 89.

Sadaghiani, S., Hesselmann, G., & Kleinschmidt, A. (2009). Distributed and antagonistic contributions of ongoing activity fluctuations to auditory stimulus detection. *Journal of Neuroscience, 29*(42), 13410–13417.

Sadaghiani, S., Scheeringa, R., Lehongre, K., Morillon, B., Giraud, A. L., & Kleinschmidt, A. (2010). Intrinsic connectivity networks, alpha oscillations, and tonic alertness: A simultaneous electroencephalography/functional magnetic resonance imaging study. *Journal of Neuroscience, 30*(30), 10243–10250.

Sandberg, C. W. (2017). Hypoconnectivity of resting-state networks in persons with Aphasia compared with healthy age-matched adults. *Frontiers in Human Neuroscience, 11*, 91.

Schlaug, G., Marchina, S., & Norton, A. (2008). From singing to speaking: why singing may lead to recovery of expressive language function in patients with Broca's Aphasia. *Music Perception, 25*, 315–323.

Schmachtenberg, A., Hündgen, R., & Zeumer, H. (1983). Ein EDV-adaptiertes Rastermodell des Gehirns zur topographischen Analyse von Läsionen im kranialen Computertomogramm. RöFo, *Fortschritte auf dem Gebiet der Röntgenstr, 139*(11), 499–502.

Schmidt, R., LaFleur, K. J. R., de Reus, M. A., van den Berg, L. H., & van den Heuvel, M. P. (2015). Kuramoto model simulation of neural hubs and dynamic synchrony in the human cerebral connectome. *BMC Neuroscience, 16*, 1–13.

Seeley, W. W. (2019). The salience network: A neural system for perceiving and responding to homeostatic demands. *Journal of Neuroscience, 39*(50), 9878–9882.

Seeley, W. W., Menon, V., Schatzberg, A. F., Keller, J., Glover, G. H., Kenna, H., Reiss, A. L., & Greicius, M. D. (2007). Dissociable intrinsic connectivity networks for salience processing and executive control. *Journal of Neuroscience, 27*, 2349–2356.

Sidiropoulos, K. (2014). Methoden neurofunktioneller Zuordnung bei hirngeschädigten Patienten mit erworbenen Sprachstörungen (Aphasien). *Nervenheilkunde, 7–8*, 493–572.

Sidiropoulos, K. (2023a). Neuronale Netzwerke und ADHS – Basale Netzwerke (Das Wachheitssystem). In K. Sidiropoulos (Hrsg.), *EEG-Neurofeedback bei ADS und ADHS: Innovative Behandlung von Kindern, Jugendlichen und Erwachsenen* (1. Aufl.). Springer.

Sidiropoulos, K. (2023b). Neuronale Netzwerke und ADHS – Intrinsische Bereitschaftsnetzwerke (DMN). In K. Sidiropoulos (Hrsg.), *EEG-Neurofeedback bei ADS und ADHS: Innovative Behandlung von Kindern, Jugendlichen und Erwachsenen* (1. Aufl.). Springer.

Sidiropoulos, K. (2023c). Neuronale Netzwerke und ADHS – Vermittlernetzwerke (SN und ECN). In K. Sidiropoulos (Hrsg.), *EEG-Neurofeedback bei ADS und ADHS: Innovative Behandlung von Kindern, Jugendlichen und Erwachsenen* (1. Aufl.). Springer.

Sidiropoulos, K., Ackermann, H., Wannke, M., & Hertrich, I. (2010). Temporal processing capabilities in repetition conduction aphasia. *Brain and Cognition, 73*(3), 194–202.

Smith, D. V., Hayden, B. Y., Truong, T. K., Song, A. W., Platt, M. L., & Huettel, S. A. (2010). Distinct value signals in anterior and posterior ventromedial prefrontal cortex. *Journal of Neuroscience, 30*(7), 2490–2495.

Sridharan, D., Levitin, D. J., & Menon, V. (2008). A critical role for the right fronto-insular cortex in switching between central-executive and default-mode networks. *Proceedings of the National Academy of Sciences USA, 105*, 12569–12574.

Sturm, W., & Willmes, K. (2001). On the functional neuroanatomy of intrinsic and phasic alertness. *NeuroImage, 14*, 76–84.

Takeuchi, N., Oouchida, Y., & Izumi, S. (2012). Motor control and neural plasticity through interhemispheric interactions. *Neural Plasticity, 2012*, 823285.

Tao, Y., & Rapp, B. (2021). Investigating the network consequences of focal brain lesions through comparisons of real and simulated lesions. *Scientific Reports, 11*(1), 2213.

Thompson, C. K. (2000). Neuroplasticity: Evidence from aphasia. *Journal of Communication Disorders, 33*(4), 357–366.

Tomasello, R., Wennekers, T., Garagnani, M., & Pulvermüller, F. (2019). Visual cortex recruitment during language processing in blind individuals is explained by Hebbian learning. *Scientific Reports, 9*(1), 3579.

Warren, D. E., Power, J. D., Bruss, J., Denburg, N. L., Waldron, E. J., Sun, H., Petersen, S. E., & Tranel, D. (2014). Network measures predict neuropsychological outcome after brain injury. *Proceedings of the National Academy of Sciences USA, 111*, 14247–14252.

Wawrzyniak, M., Schneider, H. R., Klingbeil, J., Stockert, A., Hartwigsen, G., Weiller, C., & Saur, D. (2022). Resolution of diaschisis contributes to early recovery from post-stroke aphasia. *NeuroImage, 251*, 119001.

Wehrwein, E. A., Orer, H. S., & Barman, S. M. (2016). Overview of the anatomy, physiology, and pharmacology of the autonomic nervous system. *Comprehensive Physiology, 6*(3), 1239–1278.

Yeo, B. T., Krienen, F. M., Sepulcre, J., Sabuncu, M. R., Lashkari, D., Hollinshead, M., Roffman, J. L., Smoller, J. W., Zöllei, L., Polimeni, J. R., Fischl, B., Liu, H., & Buckner, R. L. (2011). The organization of the human cerebral cortex estimated by intrinsic functional connectivity. *Journal of Neurophysiology, 106*(3), 1125–1165.

Yuan, P., & Raz, N. (2014). Prefrontal cortex and executive functions in healthy adults: A meta-analysis of structural neuroimaging studies. *Neuroscience & Biobehavioral Reviews, 42*, 180–192.

Zhang, C., Xia, Y., Feng, T., Yu, K., Zhang, H., Sami, M. U., Xiang, J., & Xu, K. (2021). Disrupted functional connectivity within and between resting-state networks in the subacute stage of post-stroke Aphasia. *Frontiers in Neuroscience, 15*, 746264.

Zhang, Y., Suo, X., Ding, H., Liang, M., Yu, C., & Qin, W. (2019). Structural connectivity profile supports laterality of the salience network. *Human Brain Mapping, 40*(18), 5242–5255.

Zhu, D., Chang, J., Freeman, S., Tan, Z., Xiao, J., Gao, Y., & Kong, J. (2014). Changes of functional connectivity in the left frontoparietal network following aphasic stroke. *Frontiers in Behavioral Neuroscience, 8*, 167.

Neuronale Netzwerke der Sprachperzeption

Kyriakos Sidiropoulos

Inhaltsverzeichnis

6.1 Verarbeitung auditiver Signale im Gehirn – 104
6.1.1 Periphere Verarbeitung auditiver Signale – 104
6.1.2 Kortikale Verarbeitung auditiver Signale – 105

6.2 Aufbau und anatomische Organisation des auditiven Kortex – eine Übersicht – 110
6.2.1 Spektrotemporale Dynamiken in der auditiven Sprachverarbeitung – 110
6.2.2 Schlüsselareale der Sprachwahrnehmung – 111

6.3 Prozesse der auditiven Wahrnehmung: Analyse, Integration und lexikalischer Zugriff – 115
6.3.1 Suprasegmentale oder prosodische Analyse – 115
6.3.2 Feinzeitliche Analyse – Unterscheidung von Lauten im ersten auditorischen Operator – 117
6.3.3 Kurz- und Langzeitintegration – prälexikalische Decodierung – 121
6.3.4 Das Arbeitsgedächtnis und der phonologisch-lexikalische Zugriff – 125

6.4 Die traktalen Verbindungen – 127

Literatur – 129

© Der/die Autor(en), exklusiv lizenziert an Springer-Verlag GmbH, DE, ein Teil von Springer Nature 2025
K. Sidiropoulos (Hrsg.), *Transkranielle Gleichstromstimulation bei Aphasien und erworbenen Sprechstörungen*, https://doi.org/10.1007/978-3-662-70454-7_6

6.1 Verarbeitung auditiver Signale im Gehirn

6.1.1 Periphere Verarbeitung auditiver Signale

Die Verarbeitung von Schallsignalen im Gehör beginnt in den Haarzellen der Cochlea, die für bestimmte Frequenzbereiche empfindlich sind. Dabei werden hohe Frequenzen im vorderen und tiefe im hinteren Teil der Cochlea wahrgenommen. Dieser Vorgang ist als Tonotopie bekannt und beschreibt die systematische Zuordnung von Frequenzen zu bestimmten Orten in der Cochlea (geordnete Frequenz-Orts-Transformation). Bei der Verarbeitung niedrigfrequenter Signale reproduzieren die Hörnervenfasern die Feinstruktur dieser Signale durch ein synchronisiertes phasengekoppeltes Feuermuster. Für Signale oberhalb der maximalen Entladungsrate der Nervenfasern (1000 Spikes/s) feuern die Nervenzellen in der Cochlea zeitlich versetzt, was das Signal in verschiedene Frequenzbereiche zerlegt, ohne die zeitliche Information zu verlieren (Bandpassfilter). Dabei geht die zeitliche Information, die im Eingangssignal enthalten ist, nicht verloren, weil sie in den Maxima der Amplitudenschwankungen des Trägersignals mitcodiert ist. Die Einhüllende eines Signals, definiert als dessen maximale Amplitude über die Zeit, offenbart die Schwankungen der Lautstärke und wird durch Halbwellengleichrichtung vereinfacht bestimmt. Diese Amplitudenmodulation erleichtert die Wahrnehmung von Tonhöhe und Lautstärke. Nach Extraktion der Einhüllenden wird das Signal tiefpassgefiltert, um unerwünschte hohe Frequenzanteile oberhalb einer bestimmten Grenze (1 KHz) zu unterdrücken, bevor es weiter zum Hirnstamm übertragen wird.

Dort sind adaptive, also nichtlineare Effekte zu beobachten, die typisch für das auditorische System sind. Im Gegensatz zu linearen Effekten, bei denen die Veränderungen in der Wahrnehmung proportional zu den Änderungen der physikalischen Eigenschaften des Schallsignals sind, sind adaptive Effekte nicht proportional und können durch komplexe Mechanismen wie neuronale Anpassungsprozesse oder Änderungen in der Aufmerksamkeit entstehen. Ein Beispiel hierfür ist die Kontextabhängigkeit der Lautheit oder die auditive Adaptation an konstante akustische Reize über einen längeren Zeitraum hinweg (Püschel, 1988). Die bioelektrischen Impulse der Haarzellen werden über afferente neuronale Bahnen zum Hirnstamm weitergeleitet (Zenner, 1994). Der anteroventrale Cochleariskern analysiert akustische Informationen breitbandig und mit hoher zeitlicher Präzision, während der dorsale Cochleariskern sich auf spezifische Frequenzbereiche konzentriert. Die Hörbahn teilt sich anschließend in zwei Bahnen auf, um den Informationsaustausch zwischen den rechten und linken Kernen zu ermöglichen. Im Colliculus inferior wird die Tonotopie der Cochlea in eine dreidimensionale Darstellung überführt. In den zentralen Kernen (NC) des Colliculus inferior sprechen bestimmte Schichten von Prinzipalzellen besonders empfindlich auf ihre charakteristische Frequenz („characteristic frequency", CF) sowie auf eine bevorzugte Modulationsfrequenz („best modulation frequency", BMF) an.

Diese spezialisierten Isofrequenzflächen der Prinzipalzellen im NC des Colliculus inferior organisieren sich sowohl nach Tonhöhe (tonotop) als auch nach der Amplitudenmodulationsfrequenz (periotop) des akustischen Signals. Die neuronale Aktivität innerhalb dieser Isofrequenzflächen ist abhängig von der synchronen Ankunft der Signale aus verschiedenen Gehirnregionen. Das bedeutet, dass die Integration dieser Signale ausschließlich dann erfolgt, wenn die Modulationsperiode des Eingangssignals entweder direkt mit der Integrationszeit der Nervenzellen übereinstimmt oder ein ganzzahliges Vielfaches dieser Zeit beträgt (Langner & Schreiner, 1988; Winer & Schreiner, 2005). Abschließend verzweigen sich die Bahnen vom Colliculus inferior in Haupt-, Gürtel- und Parabeltprojektionen, die jeweils unterschiedliche Aspekte der auditiven Verarbeitung abdecken.

> Die duale Organisation der Prinzipalzellen nach CF und bevorzugter BMF ermöglicht eine außerordentlich differenzierte Verarbeitung akustischer Signale. Auf diese Weise werden nicht nur reine Töne, sondern auch deren Modulation präzise verarbeitet. Die Empfindlichkeit für Modulationsfrequenzen spielt eine Schlüsselrolle bei der Decodierung von Kommunikationssignalen, insbesondere bei der Spracherkennung, wo die Modulation der Grundfrequenz und der Amplitude wesentliche Träger der Information sind. Die Analyse von Amplitudenmodulationen hilft dem Gehör, Rhythmus und Betonungsmuster zu identifizieren, die für das Verständnis und die Unterscheidung von Sprachlauten unerlässlich sind. Ebenso ist die Fähigkeit, Frequenzmodulationen zu erkennen, entscheidend für die Wahrnehmung von Klangfarbe und Tonhöhe, die essenziell für das Verständnis von Musik sowie für die emotionale Reaktion auf Klänge und Sprache sind.

6.1.2 Kortikale Verarbeitung auditiver Signale

6.1.2.1 Die Dual-Stream-Hypothese

In ▶ Abschn. 6.1.1 haben wir die Prozesse der peripheren Verarbeitung auditiver Signale nur stichwortartig umrissen. Aus der knappen Darstellung ist jedoch ersichtlich, dass der Verarbeitungspfad akustischer Signale innerhalb des auditorischen Systems keineswegs einer einfachen, linearen Trajektorie folgt. Beginnend bei den Haarzellen und fortschreitend bis hin zum primären auditorischen Kortex, durchläuft die Signalverarbeitung eine Reihe von hochgradig komplexen und spezialisierten Verarbeitungsschritten. Diese Anfangsphasen im auditorischen Verarbeitungsweg zeichnen sich durch eine außerordentliche Komplexität aus, insbesondere wenn man auch die aktive Beteiligung von Top-down-Mechanismen in Betracht zieht. Diese Mechanismen, die entlang der absteigenden Bahnen bis zu den Haarzellen in der Cochlea wirken, ermöglichen die Integration von Informationen höherer Ordnung. Diese Integration spielt eine entscheidende Rolle bei der selektiven Aufmerksamkeit und der Fähigkeit, akustische Signale in geräuschvollen Umgebungen zu identifizieren und zu interpretieren. Dadurch wird eine dynamische Anpassung der Hörwahrnehmung an komplexe und sich verändernde akustische Landschaften ermöglicht, was essenziell für die Navigation und das Verstehen in unserer klagvollen Umgebung ist.

Aktuell existieren verschiedene Ansichten bezüglich der Verarbeitung auditiver Signale im zentralen Hörsystem, wobei die Dual-Stream-Hypothese als einer der einflussreichsten Theorien angesehen wird. Ursprünglich für das visuelle System formuliert, hat sie sich ebenso auf das auditive System und die Sprachverarbeitung als anwendbar erwiesen. Diese Hypothese postuliert, dass zwei parallele Verarbeitungsbahnen für auditive Informationen im Gehirn bestehen. Die ventrale Verarbeitungsbahn umfasst die Spracherkennung, einschließlich des Zugriffs auf lexikalische und semantische Informationen (▶ Kap. 7). Sie ist bilateral angelegt und spielt eine entscheidende Rolle in der Erkennung und dem Verständnis sowohl gesprochener als auch geschriebener Sprache.

Der Begriff der Erkennung umfasst hier das aktive Verstehen und Interpretieren dessen, was wahrgenommen wird, und geht weit über die einfache sensorische Erfassung von Lauten oder Graphemen hinaus. Aus diesem Grund wird diese Verarbeitungsbahn oft als Was-Pfad („what stream") bezeichnet. Dieser Pfad ist essenziell für die Identifikation und Differenzierung von Sprachlauten (Phonemen), was die Grundlage für das Erkennen von Wörtern und Phrasen bildet. Außer der Spracherkennung ist die ventrale Bahn fundamental für das Erfassen der Bedeutung von Wörtern und Sätzen, indem sie Sprachsignale, sei es akustisch oder visuell, über eine phonologisch-lexikalische Schnittstelle mit den entsprechenden Bedeutungen aus unserem Gedächtnis abgleicht (semantisches Verständnis). Dieser Weg fördert zudem die Einbettung von Wortbedeutungen in umfassendere sprachliche Kontexte und ermöglicht es uns, komplexe Sätze und Texte zu verstehen.

Obgleich er primär für das Verständnis der Bedeutung von Wörtern und einfachen Sätzen verantwortlich ist, unterstützt der ventrale Verarbeitungspfad auch das Verständnis komplexer syntaktischer Strukturen, indem er die Beziehungen zwischen Wörtern in einem Satz verdeutlicht. In der späten Version des Modells (Hickok & Poeppel, 2007) erstrecken sich die Netzwerke für die spektrotemporale und die akustisch-phonetische Analyse bilateral. Die spektrotemporale Analyse erfolgt im supratemporalen Plan (Teil des PAC in den superioren STGs, entspricht den Heschl'schen Windungen), während die akustisch-phonetische Analyse im mittleren bis posterioren Bereich des Sulcus temporalis superior („mid-post STS") durchgeführt wird. Die phonologisch-lexikalische Schnittstelle breitet sich im posterioren mittleren Temporallappen sowie im posterioren inferioren temporalen Sulcus beider Hemisphären aus, wobei sich eine leichte Dominanz der linken Hemisphäre in der Verarbeitung zeigt. Über diese Schnittstelle werden lexikalische Informationen abgerufen und anschließend mit semantischen Netzwerken im anterioren Temporallappen verbunden, wodurch das Verstehen und Interpretieren sprachlicher Bedeutungen ermöglicht wird. In den späteren Versionen des Modells wird das mentale Lexikon als ein weitreichendes Netzwerk verstanden, das temporale, parietale und frontale Regionen umfasst (Damasio, 1989). Es ermöglicht auf diese Weise eine umfassende Verarbeitung und Integration sprachlicher Informationen. Durch Schäden im ventralen Verarbeitungspfad, insbesondere im posterioren Teil des linken superioren Temporallappens (Wernicke-Areal) kommt es zu Problemen im Sprachverständnis, da der ventrale Pfad für die Verarbeitung von Bedeutungen auditiver Informationen zuständig ist. So können Patienten mit Wernicke-Aphasie flüssig sprechen, aber das Gesagte ergibt oft keinen Sinn, und das Sprachverständnis ist stark beeinträchtigt.

Die dorsale Verarbeitungsbahn, primär in der linken Hemisphäre angesiedelt, spielt eine zentrale Rolle in der Verarbeitung räumlicher Wo-Informationen („where streams") und der Lokalisierung von Schallquellen. Ihre Bedeutung erstreckt sich jedoch weit über diese Funktionen hinaus, indem sie entscheidend an der Verknüpfung von auditiven Sprachinformationen mit motorischen und sensorischen Prozessen beteiligt ist, die für die Sprachproduktion und -wahrnehmung unerlässlich sind. Aufgrund ihrer Schlüsselfunktion in der Entscheidungsfindung darüber, wie Sprache verarbeitet und produziert wird – insbesondere bezüglich Artikulation und motorischen Aspekten der Sprachverwendung –, wird sie manchmal auch als Wie-Pfad („who stream") bezeichnet. Die dorsale Bahn ist essenziell für die sprachmotorische Programmierung. Diese beinhaltet die Umwandlung eines abstrakten sprachlichen (phonologischen) Codes in spezifische, zeitlich und räumlich koordinierte Muskelbewegungsmuster, die für die Artikulation und Produktion von Sprache und für präzise Sprachbewegungen (Spencer & Rogers, 2005) sehr wichtig ist (▶ Kap. 8). Die Integration von sensorischen Signalen mit motorischen Plänen findet im linken sensomotorischen Integrationsareal Spt statt, einem Bereich, der den supramarginalen Gyrus sowie angrenzende obere temporale und untere parietale Regionen umfasst. Hierbei ist auch die posteriore Insula beteiligt. Nach der Dual-Stream-Hypothese führt eine Beeinträchtigung des Spt-Areals zu signifikanten Störungen in der phonologischen Codierung und im phonologischen Kurzzeitgedächtnis, wie es charakteristisch für die Leitungsaphasie ist (▶ Abschn. 2.2.3; Hickok et al., 2000; Buchsbaum et al., 2011). Ist hingegen primär die motorische Ausführung der Sprachbewegungen gestört, kommt es zu einer Dysarthrie (Fridriksson et al., 2018).

Außer der sensomotorischen Integration spielt die ventrale Verarbeitungsbahn eine zentrale Rolle in zwei weiteren kritischen sensomotorischen Prozessen, die unter Mithilfe des Arbeitsgedächtnisses stattfinden. Zum einen ist sie verantwortlich für die Übertragung abstrakter syntaktischer Strukturen, wie der Wortanordnung in Sätzen, in sprachliche Handlungspläne. Zum anderen ist sie entscheidend für die Umwandlung von Sprachbedeutungen in die zugehörigen motorischen Handlungen (▶ Abschn. 7.4). Diese Prozesse der motorischen Sprachplanung und -ausführung sind fundamental für die Transformation von Gedanken in flüssige, verständliche Sprache, was uns ermöglicht, sowohl komplexe Ideen zu formulieren als auch auf diese zu reagieren. Das Erlernen der korrekten Zuweisung von Lauten zu deren artikulatorischen Äquivalenten spielt eine entscheidende Rolle im Prozess des Spracherwerbs bei Kindern. Das für die motorische Sprachplanung und -ausführung zuständige neuronale Netzwerk erstreckt sich über die Pars opercularis und triangularis des inferioren frontalen Gyrus (Broca-Areal), der anterioren Insula und umfasst auch die prä- und postzentralen Regionen und Teile des parietalen Lappens. Schäden entlang des für die motorische Sprachplanung und -ausführung verantwortlichen Netzwerks können zu Sprechapraxie (vor allem G. opercularis und praecentralis) oder zur Broca-Aphasie (vor allem im linken IFG) führen (Fridriksson et al., 2018).

Im weiteren Verlauf dieses Kapitels konzentriert sich die Diskussion vornehmlich auf den ventralen Verarbeitungspfad, der eine signifikante Rolle in der Spracherkennung spielt. Detaillierte Informationen zur Dual-Stream-Hypothese und zu den anatomischen Gegebenheiten finden sich in einer Reihe von Übersichtsartikeln der Forschungsgruppen um Hickok und Poeppel (2000, 2004, 2007; Hickok et al., 2009).

> Die ventrale Verarbeitungsbahn ermöglicht das schnelle und effiziente Verstehen von Sprache, indem sie sprachliche Informationen entschlüsselt und sie mit unserem vorherigen Wissen und unseren Erfahrungen verknüpft. Dieser Prozess ist essenziell für die Kommunikation und das Sprachverständnis im Alltag. Der dorsale Verarbeitungsweg hingegen spielt eine entscheidende Rolle in der Verknüpfung von Gehörtem mit der Sprachproduktion und motorischen Aktionen. Er transformiert akustische Sprachsignale in motorische Befehle, die es uns ermöglichen, Wörter zu artikulieren und Sätze zu formen. Indem er die Verbindung zwischen dem, was wir hören, und dem, wie wir es ausdrücken, herstellt, unterstützt dieser Pfad die Entwicklung und Anpassung unserer sprechmotorischen Fähigkeiten. Neuere Forschungsergebnisse verdeutlichen, dass die funktionelle Struktur des Sprachsystems weitaus komplexer gestaltet ist, als es die einfache Unterteilung in zwei Verarbeitungswege nahelegt.

6.1.2.2 Dynamische neuronale Prozesse und die Grenzen der Dual-Stream-Theorie

Trotz ihrer weitreichenden Akzeptanz und ihres Beitrags zum Verständnis der komplexen Natur der Sprach- und Hörverarbeitung stieß die Dual-Stream-Hypothese auch auf Kritik. Verschiedene Arbeitsgruppen (vgl. z. B. Belin & Zatorre, 2000; Zatorre et al., 2002; Bornkessel-Schlesewsky & Schlesewsky, 2013) haben die strikte Trennung dieser Verbindungsbahnen hinterfragt. Im Kern der Kritik steht die Beobachtung, dass die Hypothese die tatsächlichen dynamischen neuronalen Prozesse zu stark vereinfacht, indem sie zwischen der Erkennung und Verarbeitung von Sprachinhalten („Was" – ventraler Pfad) und der Verarbeitung der sprachlichen Handlung bzw. Artikulation („Wie" – dorsaler Pfad) unterscheidet. So gehen z. B. Belin und Zatorre (2000) von einem Modell aus, bei dem sowohl der ventrale als auch der dorsale Verarbeitungsweg die Sprachwahrnehmung unterstützen. Der ventrale Pfad ist an der Identifizierung von auditiven Objekten beteiligt, indem er „akustische Signaturen" extrahiert, also die invariantesten Merkmale, die die Identifikation von Schallquellen ermöglichen. Der dorsale Pfad hingegen erfasst bei der Sprachwahrnehmung primär die zeitliche Entwicklung des Signals, was als Spektralbewegung bezeichnet wird. Dies beinhaltet die Analyse von Änderungen der akustischen Energie über die Frequenzdimension hinweg, insbesondere in tierischen Vokalisationen und menschlicher Sprache, wo die zeitliche Entwicklung der Formantfrequenzen phonemische Informationen enthält. Rauschecker und Scott (2009) sowie De Witt und Rauschecker (2012) erweitern die Kritik an der Dual-Stream-Hypothese, indem sie betonen, dass zusätzliche oder alternative Verarbeitungsbahnen existieren könnten, die an der Sprachverarbeitung beteiligt sind, was die Notwendigkeit einer nuancierteren Betrachtung dieser Prozesse unterstreicht. Ein anschauliches Beispiel für die Komplexität kognitiver Prozesse liefert die Entdeckung der frontalen Schrägbahn (Frontal Aslant Tract, FAT), die sich sowohl links- als auch rechtshemisphärisch ausbreitet und eine zentrale Rolle in der Integration von Sprachverarbeitung, Arbeitsgedächtnis und Exekutivfunktionen spielt. Im Gegensatz zur Annahme der Dual-Stream-Hypothese, welche die Verarbeitung dieser Funktionen primär der dorsalen Bahn zuschreibt, zeigt die Entdeckung des FAT, dass diese kognitiven Prozesse durch komplexere, netzwerkübergreifende Verbindungen unterstützt werden. Die neuronale Struktur des FAT zeichnet sich durch einen von vorn nach hinten verlaufenden Gradienten aus, der die Broca-Region, einschließlich der Brodmann-Areale 44 und 45, mit verschiedenen Teilen des medialen Frontalkortex verbindet. Während die vorderen Bereiche der Broca-Region vorrangig mit den Brodmann-Arealen 8 und 9 im dorsolateralen präfrontalen Kortex verbunden sind, was semantische Prozesse der Sprachverarbeitung unterstützt, gehen die hinteren Bereiche der Broca-Region Verbindungen zum Prä-SMA und SMA ein. Diese spezifischen Verknüpfungen förden die Integration und Koordination von Sprachfunktionen, insbesondere bezüglich syntaktischer und phonologischer Aspekte. Zusätzlich ist der FAT auf beiden Hemisphären in übergeordnete Funktionen wie die Initiierung, das Timing und die inhibitorische Kontrolle der Sprachproduktion involviert. In Verbindung mit dem inferioren frontalen Gyrus (IFG) nimmt der FAT eine Schlüsselrolle bei der Regulierung des Sprechens ein. Während der rechte IFG dazu neigt, den Redefluss zu hemmen, unterstützt der linke IFG aktiv die flüssige Sprachproduktion. Diese laterale Differenzierung unterstreicht die komplexe Wechselwirkung zwischen den beiden Hemisphären bei der Sprachverarbeitung und -produktion. Der FAT, präsent in beiden Gehirnhälften, bildet somit ein fundamentales Netzwerk, das sowohl die fein abgestimmte Kontrolle des Sprechens als auch die flüssige Sprachproduktion ermöglicht, indem er eine kritische Brücke zwischen kognitiven und motorischen Komponenten der Sprache schlägt (◘ Abb. 6.3, artikulatorische Schnittstelle).

Weitere Argumente gegen die Dual-Stream-Hypothese beziehen sich auf die starken Annahmen, dass zum einen die phonetisch-akustische Analyse bilateral erfolgt und zum anderen, damit zusammenhängend, zwei getrennte Verarbeitungsrouten verwendet werden, um akustische Informationen in unterschiedlichen Zeitskalen abzutasten (▶ Abschn. 6.3.3.1 und „Wissenbox: Das Asymmetric-Sampling-in-Time-Modell"). Abschließend lässt sich feststellen, dass die Dual-Stream-Hypothese die anatomischen Strukturen und die Symptome der beiden Subtypen der Leitungsaphasie nur teilweise korrekt erfasst (Sidiropoulos et al., 2010, 2015; ▶ Abschn. 6.3.3.2) und die Verläufe der Faserbündel insbesondere des ventralen Pfads nicht korrekt wiedergibt (▶ Abschn. 6.4).

Neuronale Netzwerke der Sprachperzeption

Wissensbox: Asymmetric-Sampling-in-Time-Modell

Das AST-Modell geht davon aus, dass die Gehirnhälften neuronale Populationen mit divergierenden Zeitkonstanten aufweisen. Das Modell beruht auf der früheren theoretischen Annahme, dass die linke Gehirnhälfte effizienter in der Verarbeitung von schnelleren, strukturierten Informationen wie Sprache (z. B. phonetische Analyse) geeignet ist, was auf eine höhere Taktgeschwindigkeit ihrer neuronalen Netzwerke hindeutet (Milner, 1971). Die rechte Hemisphäre ist hingegen besser für die Verarbeitung von langsameren und weniger strukturierten Informationen geeignet, wie sie bei nichtsprachlichen Lauten wie Musik, Umweltgeräuschen oder emotionalen Aspekten in der Stimme üblich sind. In den primären auditorischen Kortizes sowohl der linken als auch der rechten Hemisphäre wird das auditive Signal innerhalb eines kurzen Integrationsfensters von etwa 25–50 ms verarbeitet. Dies impliziert, dass beide Hemisphären ähnliche neuronale Mechanismen zur Verarbeitung schneller akustischer Modulationen aufweisen (symmetrische Integration). Dennoch zeigt sich in den sekundären auditorischen Kortexarealen eine funktionelle Asymmetrie in der Verarbeitung. Der linke sekundäre auditorische Kortex (linkshemisphärisches Planum polare nach Poeppel [2003] bzw. bilaterales Mid-post STS nach Hickok & Poeppel [2007]) verwendet weiterhin ein kurzes Integrationsfenster von etwa 25–50 ms (50–20 Hz entspricht die γ-Band Aktivität), während der rechte sekundäre auditorische Kortex ein längeres Integrationsfenster von etwa 200–300 ms (3–5 Hz entspricht die θ-Band Aktivität) nutzt. Die Wahl des eingesetzten Mechanismus hängt von der jeweiligen Aufgabe ab, wodurch eine Asymmetrie zwischen den Hemisphären in Bezug auf die Zeitdomäne entsteht. Diese Asymmetrie bedeutet, dass die linke Hemisphäre besser darin ist, schnelle akustische Transitionen (wie phonologische Übergänge) zu verarbeiten, während die rechte Hemisphäre besser darin ist, langsamere akustische Veränderungen (wie Intonation und rhythmische Muster) zu integrieren.

Einwände gegen das AST-Modell

Trotz der weitreichenden Akzeptanz und Anwendung dieser Hypothese wurden mehrere gewichtige Argumente und empirische Beweise formuliert, die gegen die Gültigkeit des AST-Modells sprechen. Eine der zentralen Kritiken am AST-Modell betrifft die Misscharakterisierung der Sprachinformation selbst. Die Sprachverarbeitung umfasst nicht ausschließlich kurze, schnelle zeitliche Übergänge. Verschiedene Sprachlaute, wie Frikative, Affrikate, Nasale, Liquide und Vokale, besitzen deutlich längere Dauer als das von Poeppel vorgeschlagene 40-ms-Fenster. Diese längeren Zeitfenster sind für eine vollständige und präzise Sprachverarbeitung unerlässlich, werden jedoch im AST-Modell nicht ausreichend berücksichtigt. Ähnlich geht die AST-Hypothese davon aus, dass phonemische Informationen über kurze Zeitfenster in der linken Hemisphäre verarbeitet werden. Dies steht im Widerspruch zu neurolinguistischen Studien, welche die Bedeutung von suprasegmentalen Strukturen wie Onset-Reim-Strukturen und Silben hervorheben. Solche Strukturen erfordern eine Verarbeitung über längere Zeitfenster, oft im Bereich von Hunderten von Millisekunden, um die prosodischen und rhythmischen Aspekte der Sprache zu erfassen. Die Beschränkung auf kurze Zeitfenster vernachlässigt diese kritischen Aspekte der Sprachverarbeitung und stellt eine erhebliche Einschränkung des AST-Modells dar (McGettigan & Scott, 2012).

Empirische Studien haben gezeigt, dass die linke Hemisphäre nicht ausschließlich auf schnelle zeitliche Übergänge spezialisiert ist. Vielmehr reagiert die linke Hemisphäre sowohl auf schnelle als auch auf langsame Formantübergänge. Dies widerspricht der Annahme, dass die linke Hemisphäre ausschließlich für die Verarbeitung schneller zeitlicher Übergänge zuständig ist, und deutet auf eine komplexere und vielseitigere Rolle hin (McGettigan & Scott, 2012). Auch Untersuchungen bei Erwachsenen mit erworbenen Sprachstörungen unterstützen diese Kritikpunkte. So können einseitige Läsionen im Bereich des posterioren superioren temporalen Gyrus (pSTG) und der linken supratemporalen Ebene zu nennenswerten Schwierigkeiten führen, längere Stilleintervalle oder Lücken innerhalb eines kontinuierlichen akustischen Signals (Ton oder Rauschen) zu erkennen. Je nach experimentellem Aufbau, den verwendeten Stimuli und den individuellen Hörunterschieden berichten einige Studien bei gesunden Probanden Schwellenwerte im Bereich von 1–5 ms, 20–40 ms (Kurzzeitintegration) bzw. von 150–300 ms (Langzeitintegration), während bei Patienten diese Schwellenwerte signifikant höher liegen (Divenyi & Robinson, 1989; Stefanatos et al., 2007; Sidiropoulos et al., 2010, 2015). Studien bei Patienten mit einseitigen linkshemisphärischen Läsionen im pSTG zeigen außerdem, dass diese nicht in der Lage sind, natürliche Umweltgeräusche oder andere nonverbalen Stimuli zu hören, obwohl sie keine peripheren Hörstörungen haben (Saygin et al., 2003). Durch die Analyse der Gehirnaktivität mittels intrakortikaler Ableitungen berichten neueste Studien unter Verwendung von elektrokortikografische Aufzeichnungen (ECoG), dass sprachliche suprasegmentale Eigenschaften Neuronen im Bereich des mittleren superioren temporalen Gyrus (mSTG) der linken Hemisphäre aktivieren (Hamilton et al., 2021) und dass der pSTG nicht ausschließlich durch Sprache aktiviert wird, sondern auch durch nichtsprachliche und künstlich erzeugte Geräusche (Hamilton et al., 2018). All dies legt nahe, dass die tatsächliche Organisation der zeitlichen Verarbeitung im Gehirn möglicherweise komplexer ist und nicht nur auf die im AST-Modell beschriebenen zeitlichen Bereiche beschränkt ist. Die zentrale Annahme des AST-Modells, dass die linken Temporallappen spezifischer auf die Verarbeitung kurzer Zeitskalen und schnellerer akustischer Änderungen reagieren, während die rechten auf längere Zeitskalen und kontinuierliche akustische Informationen spezialisiert sind, ist daher nicht haltbar (▶ Abschn. 6.3.3.2).

6.2 Aufbau und anatomische Organisation des auditiven Kortex – eine Übersicht

6.2.1 Spektrotemporale Dynamiken in der auditiven Sprachverarbeitung

Jedes Modell zentral auditiver Verarbeitung muss bei der auditiven Wahrnehmung und der Identifizierung von Sprachlauten zumindest drei zeitlich unterscheidbare Verarbeitungsebenen annehmen:

1. Merkmalsextraktion und feinzeitliche Analyse: Merkmalsextraktion und feinzeitliche Analyse sind essenzielle Prozesse innerhalb des auditorischen Systems, die es ermöglichen, komplexe Schallinformationen präzise zu verarbeiten. Diese Prozesse beruhen auf einer detaillierten spektrotemporalen Analyse, durch die kleinste akustische Details extrahiert werden, die entscheidende Informationen über zeitliche Fluktuationen und Frequenzveränderungen innerhalb des Schallsignals bereithalten. Bei der Merkmalsextraktion werden spezifische Charakteristika des akustischen Signals isoliert, wozu frequenzbezogene (spektrale) und zeitliche (temporale) Aspekte zählen. Die spektralen Eigenschaften umfassen die Frequenzzusammensetzung des Schallsignals, einschließlich Merkmale wie Tonhöhe und Intensität, während die temporalen Eigenschaften sich auf die zeitlichen Muster der Schallwelle beziehen, einschließlich Dauer, Amplitude und die Reihenfolge der auftretenden Schallereig-

Neuronale Netzwerke der Sprachperzeption

nisse. Die feinzeitliche Analyse ergänzt diese Merkmalsextraktion, indem sie die Fähigkeit des auditorischen Systems hervorhebt, sehr schnelle zeitliche Änderungen zu erfassen und zu interpretieren. Dies ist vor allem für die Sprachverarbeitung von Bedeutung, da die präzise Erkennung der zeitlichen Abfolge von Lauten für die Unterscheidung zwischen ähnlich klingenden Phonemen und das Verständnis der Prosodie unerlässlich ist. Der Prozess der spektrotemporalen Analyse ist auf einer kurzen Zeitskala angesiedelt, typischerweise im Bereich von 1–3 ms, und spezialisiert auf die Verarbeitung der feinen Details von Sprachsignalen. Diese Analyse ermöglicht es, aus dem kontinuierlichen Strom von akustischen Signalen, die wir hören, bedeutungsvolle Informationen zu extrahieren, indem sie sowohl die zeitlichen als auch die frequenzbezogenen Informationen codiert.

2. Kurz- und Langzeitintegration: Nach der feinzeitlichen Analyse und der Merkmalsextraktion werden die kleinste Höreindrücke über variable Zeitfenster hinweg integriert, sodass sich eine interne Stimulusrepräsentation bildet. Dieser zweite Mechanismus arbeitet auf einer gleitenden Zeitskala von 20–250 ms und ist je nach Aufgabenstellung verantwortlich für die Verarbeitung von Silben (20–40 ms), Wörtern (etwa 150 ms) und prosodischen Informationen (150–250 ms).

3. Aktive Aufrechterhaltung: Die mentale Repräsentation des Reizes wird kurzweilig (bis zu 30 s) im Arbeitsgedächtnis aufrechterhalten, was u. a. einen Vergleich mit bereits im Langzeitgedächtnis gespeicherten Inhalten (Hörobjekten) ermöglicht. Erfahrungen können zur Bildung neuer interner Repräsentationen von Sprache, Umweltgeräuschen und Tönen führen, wodurch bestehende auditive Objekte modifiziert und erweitert werden. Diese auditiven Objekte, einschließlich der Klänge menschlicher Sprache, Musikinstrumente sowie Geräusche verschiedener Objekte und Lebewesen, sind in spezifische Kategorien organisiert.

6.2.2 Schlüsselareale der Sprachwahrnehmung

Derzeit gibt es sowohl über die Abfolge der einzelnen Verarbeitungsschritte als auch hinsichtlich der neuronalen Struktur der Sprachperzeptionsnetzwerke keine Übereinkunft. Unterschiedliche Studien, die auf bildgebenden Verfahren und elektrophysiologischen Messungen basieren, haben zu unterschiedlichen Hypothesen und Annahmen geführt. Bei allen Modellen ist jedoch Konsens, dass verschiedene temporale, parietale und frontale Regionen des Kortex zusammenarbeiten, um die verschiedenen Aspekte der auditiven Sprachwahrnehmung zu ermöglichen und ein kohärentes Verständnis von gesprochener Sprache zu gewährleisten. Zu diesen Regionen gehören beispielsweise:

- die Heschl-Querwindungen (HG-1 und HG-2), die durch den Heschel'schen Sulcus getrennt werden das Planum polare
- das Planum temporale (PT)
- der Posteriore superiore Gyrus temporalis (pSTG, BA 22)
- der Mittlere superiore Gyrus temporalis (mSTG) und
- die Inferiore Parietallappen (Gyrus angularis und Supramarginalis).

In der Vergangenheit wurde argumentiert, dass der pSTG zusammen mit den inferioren Parietallappen, dem mittleren und inferioren temporalen Gyrus das Wernicke-Gebiet bilden (Bogen & Bogen, 1976). Aktuell wird davon ausgegangen, dass sich dieses Gebiet auf den anatomischen Bereich des pSTG (posteriorer Anteil des Brodmann-Areals 22), des SMG (BA 40) (Binder, 2015) und des lateralen PT erstreckt. Die genannten temporalen Hirnareale sind über längeren Nervenfasern mit den frontalen Arealen verbunden, wobei das sog. Geschwind-Bündel als wichtigste Verbindung eine Schlüsselrolle bei der Koordination von Sprachverständnis und -produktion spielt.

Die herkömmliche Vorstellung ist, dass die Sprachverarbeitung im Gehirn schrittweise erfolgt, wobei jeder Schritt auf den vorherigen aufbaut und eine hierarchische Sequenz bildet. Der primäre Hörkortex, lokalisiert im Bereich des PAC/HG-1, ist zuständig für die Verarbeitung einfacher akustischer Informationen. Diese Informationen werden anschließend über kortikokortikale Verbindungen an den unteren Bereich des superioren temporalen Gyrus (laterales STG) weitergeleitet, der für die Verarbeitung komplexerer Sprach- und Hörinformationen verantwortlich ist (Okada et al., 2010). Diese Sichtweise einer seriellen Verarbeitung wurde jedoch in den letzten Jahrzenten aufgegeben. Die Sprachverarbeitung wird nicht als ein rein hierarchischer, sondern als ein kooperativer Prozess verstanden, bei dem Informationen aus verschiedenen Hirnregionen zusammenwirken und integriert werden.

Der primäre Hörkortex (PAC oder A1) liegt auf der oberen (supratemporalen) Ebene des Temporalgyrus (STG) und besteht aus den Heschl'schen Gyri (HG), die sich durch quer verlaufende Faltungen auszeichnen (◘ Abb. 6.1). Diese als Gyri temporales transversi bezeichneten Regionen umfassen die Broadmann-Areale 41 (aHG, „core" und „belt") und 42 („parabelt") und sind für die Verarbeitung grundlegender akustischer Merkmale wie Tonhöhe („pitch"), Lautstärke („loudness") und Klangfarbe („timbre") zuständig. Der homologe Bereich des PAC liegt

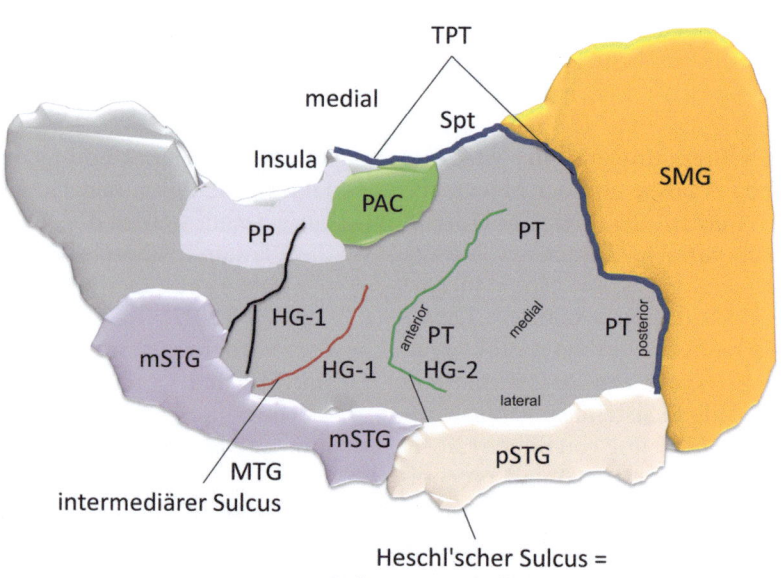

◘ **Abb. 6.1** Anatomische Darstellung der supratemporalen Ebene des menschlichen Gehirns, mit besonderem Fokus auf die auditorischen und sprachverarbeitenden Regionen. Die Heschl'schen Querwindungen (HG-1 und HG-2) werden durch den Heschl'schen Sulcus (Sulcus temporalis transversus) getrennt. Der intermediäre Sulcus (rot eingezeichnet) liegt lateral und leicht inferior zu HG-1. Er markiert hier eine Grenze zwischen dem medialen Anteil von HG-1 und angrenzenden temporalen Arealen – ein variabler sekundärer Sulcus, wie er in individuellen Gehirnen häufig auftritt. Anterior an HG-1 schließt sich das Planum polare (PP) an, posterior das Planum temporale (PT), das in mediale, laterale und posteriore Bereiche untergliedert ist. Die blaue Linie anterior zu HG-1 markiert die Grenze zwischen dem Planum polare (PP) und der darunterliegenden Insula. Der primäre auditorische Kortex (PAC) befindet sich auf dem anteromedialen Anteil von HG-1. Der mittlere (mSTG) und der posteriore superior temporale Gyrus (pSTG) bilden zusammen mit dem mittleren temporalen Gyrus (MTG) die lateralen Sprachverarbeitungsareale. Der Übergang zwischen Temporallappen und Parietallappen ist durch das temporo-parietale Übergangsareal (TPT) markiert, das auch die Region Spt (Sylvian-parieto-temporale Übergangszone) umfasst. Der supramarginale Gyrus (SMG) ist in gelb dargestellt und bildet zusammen mit dem angrenzenden angularen Gyrus (AG, nicht beschriftet) den inferioren Parietallappen. Die Insula liegt medial zur HG-Region, verdeckt durch das Operculum rechts etwas weiter vorn. Der erste Heschl'sche Gyrus, der am weitesten vorn liegt (aHG oder HG-1, BA 41), wird als Teil des primären auditorischen Kortex angesehen, während alle anderen Heschl'schen Gyri (z. B. HG-2), die weiter hinten liegen, als eine Erweiterung des Planum temporale angesehen werden und dem sekundären auditorischen Assoziationskortex zugeordnet werden (Upadhyay et al., 2008) (◘ Abb. 6.1). Die Anatomie des supratemporalen Bereichs bei neurotypischen Menschen ist sehr variabel, und es können mehrere quer verlaufende Heschl-Gyri auf beiden Seiten des Gehirns vorkommen. Sofern im Bereich hinter der Insula eine zusätzliche, quer verlaufende Furche (lat. „sulcus") unabhängig vom ersten Heschl'schen Gyrus entsteht, wird gemäß Definition ein neuer Heschl'scher Gyrus konstatiert (Shapleske et al., 1999).

Vor dem anterioren Heschl'schen Gyrus (HG-1) befindet sich das Planum polare (PP; ◘ Abb. 6.1, helllila markiert). Es gibt unterschiedliche Auffassungen darüber, ob das PP zum primären oder sekundären auditorischen Kortex gehört. Unabhängig davon scheint das PP eine wichtige Rolle bei der Verarbeitung akustischer Informationen zu spielen, die für die Wahrnehmung und Interpretation von Schallereignissen im Gehirn notwendig sind.

Der auditorische Assoziationskortex oder sekundärer auditorischer Kortex (SAC) spielt eine wichtige Rolle bei der Verarbeitung komplexer akustischer Informationen. Er umfasst Schlüsselregionen wie das Planum temporale (PT) und den posterioren Gyrus temporalis superior (pSTG). Zudem zählen einige Forschungsgruppen auch das PP zum SAC.

Die anteromedialen Regionen des PT (Teil des SAC) erhalten efferente Informationen vom posterioren HG (Teil des PAC). Das Planum temporale (PT; ◘ Abb. 6.1, grau markiert) befindet sich hinter dem posterioren Heschl'schen Gyrus. Frühere Studien haben gezeigt, dass das PT in der linken Hemisphäre des Gehirns im Durchschnitt größer ist als in der rechten Hemisphäre, was nahelegt, dass es eine wichtige Rolle bei der Sprachverarbeitung spielt und mit der Sprachdominanz zusammenhängt (Pfeifer, 1920; Geschwind & Levitsky, 1968; Galaburda et al., 1978). Es gibt jedoch Divergenzen bei den Schätzungen der Größe und des Ausmaßes der Asymmetrie, und zwar aufgrund unterschiedlicher Definitionen der (vor allem posterioren) Ausdehnung des PT (Habib et al., 1995). In neueren Untersuchungen wird das Planum temporale hinsichtlich seiner Funktion und Zytoarchitektur in mindestens drei verschiedene Subregionen unterteilt, nämlich in einen anteromedialen, einen lateralen und einen posterioren Bereich (Galaburda & Sanides, 1980; Wallace et al., 2002). Der Heschl'sche Sulcus (Sulcus temporalis transversus) dient zur Abgrenzung des anterioren PT vom HG, während der Übergang zwischen lateralem PT und pSTG (BA 22, Teil des Wernicke-Sprachbereichs) einerseits und posteriorem PT und SMG andererseits nicht klar definiert ist. Die Grenzen zwischen diesen benachbarten Hirnregionen können interindividuell variieren.

An der Grenze zwischen dem Temporal- und dem Parietallappen befindet sich der temporo-parietale Übergang (temporo-parietal transition area, TPT). Er ist Teil des posterioren Planum Temporale und wird in der Literatur – etwa bei Buchsbaum et al. (2005) – als Sylvische-parieto-temporale Area (Spt) bezeichnet. (Spt) genannt wurde. Der TPT-Bereich stellt eine Übergangszone zwischen dem auditiven Assoziationskortex und dem Gyrus angularis (BA 39) dar. Letzterer bildet gemeinsam mit dem anterodorsal gelegenen Gyrus supramarginalis (BA 40) den inferioren Parietallappen. Der Gyrus supramarginalis (SMG; ◘ Abb. 6.1 und 6.2, orange markiert) umschließt das Ende des Sulcus lateralis (auch als Fissura Sylvii bezeichnet) und liegt nahe dem Gyrus temporalis superior. Anatomisch grenzt der Gyrus supramarginalis an den Gyrus postcentralis (den primären somatosensorischen Kortex) und liegt vor dem Gyrus angularis. Anatomisch wird der Gyrus angularis (AG; ◘ Abb. 6.2, gelb markiert) durch den Sulcus intraparietalis von dem Gyrus supramarginalis getrennt und liegt posterior zum Gyrus postcentralis.

Die laterale Furche, auch bekannt als Sulcus lateralis, definiert die Grenzlinie, die den Temporallappen von den Frontal- und Parietallappen abtrennt. Sie setzt sich aus verschiedenen Verzweigungen zusammen, zu

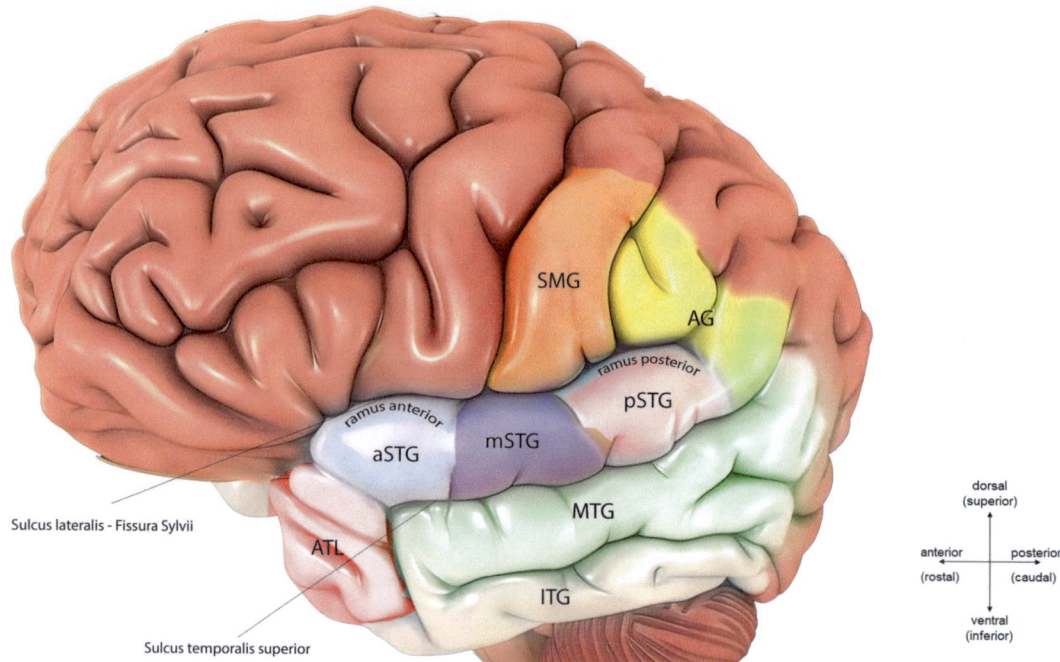

Abb. 6.2 Sprachrelevante Hirnregionen in der linken Hemisphäre (lateralen Ansicht). Die farblich markierten Areale zeigen die spezifischen Regionen innerhalb des Temporallappens und ihre Nachbarschaft zum Parietallappen. Der supramarginale Gyrus (SMG, orange) und der angrenzende Gyrus angularis (AG, gelb) sind Teil des Parietallappens. Unterhalb des SMG befindet sich der mittlere superiore temporale Gyrus (mSTG, lila), der posteriore superiore temporale Gyrus (pSTG, pink-lila) und der anteriore superiore temporale Gyrus (aSTG, helllila). Der mittlere (MTG) und inferiore temporale Gyrus (ITG) sind in verschiedenen Nuancierungen hellgrün gefärbt. Furchen, wie die des Sulcus lateralis und temporalis superior dienen als Orientierungspunkte. (iStock 484757150)

denen die vorderen („anterior"), aufsteigenden („ascendens") und hinteren („posterior") Äste („rami") gehören. In den tiefen Abschnitten des Sulcus lateralis befindet sich das operculoinsuläre Kompartiment, das das Operculum und die Insula umfasst. Das Operculum ist ein Überlappungsbereich der Frontal-, Parietal- und Temporallappen. Das frontale, parietale und temporale Operculum verdecken die zentrale (Sulcus centralis) und laterale Furche (Sulcus lateralis) und fungieren als Deckel (lat. „operculum") für die darunterliegende Inselrinde (Insula). Grund für die Bedeckung der Insula ist die starke Größenzunahme (Operkularisation) der genannten kortikalen Strukturen während der Ontogenese. Die Insula geht durch den Sulcus circularis insulae (scir) in den jeweiligen Opercula kontinuierlich über. Die Inselrinde wird makroanatomisch in einem rostroventralen (anteriore Insula), einem zentroventralen (mittlere Insula) und einem kaudodorsalen (posteriore Insula) Teil gegliedert (Mesulam & Mufson, 1985). Die anterobasale Begrenzung zur Hirnrinde wird Limen insulae oder Inselpol genannt. Die Insula bildet Verbindungen zu anderen Gehirnregionen, deren zelluläre Struktur und Organisation sie reflektiert, indem sie sich den spezifischen strukturellen Eigenschaften jeder angrenzenden Region anpasst (Mufson & Mesulam, 1982a und 1982b). Innerhalb der insulären Bereiche besteht eine starke Interkonnektivität (Augustine, 1996; Kurth et al., 2010).

6.3 Prozesse der auditiven Wahrnehmung: Analyse, Integration und lexikalischer Zugriff

6.3.1 Suprasegmentale oder prosodische Analyse

Bei der suprasegmentalen Verarbeitung erfolgt während der auditiven Wahrnehmung eine Merkmalsextraktion über einzelne Segmente (z. B. Phoneme oder Silben) oder Einheiten (z. B. Wörter). Suprasegmentale Merkmale sind Aspekte wie Betonung, Intonation, Tonhöhe, Lautstärke, Klangfarbe, Sprechgeschwindigkeit und Sprechpausen, die dazu beitragen, die Bedeutung, den Ausdruck und die Struktur von Sprache zu vermitteln. Einerseits handelt es sich hierbei um eine spektrale Verarbeitung, da diese Merkmale auf der Analyse der Frequenzanteile des Signals basieren. Andererseits spielt auf dieser Verarbeitungsebene neben der spektralen auch die zeitliche Struktur von Signalen eine wichtige Rolle bei der Merkmalsextraktion, insbesondere bei der Erkennung von rhythmischen Mustern oder prosodischen Merkmalen, wie die Intonation oder die Betonung. Die Intonation bezieht sich auf die Melodie oder den Tonfall der Sprache. Sie dient dazu, Stimmungen und Emotionen auszudrücken oder Fragen zu signalisieren. Durch die Betonung hingegen heben wir bestimmte Silben oder Wörter in einem Satz hervor. Dies verstärkt oder verändert ihre Bedeutung. Zum Beispiel kann die Frage „Du kommst heute?" je nach Intonation Überraschung oder einfache Erwartung ausdrücken, während die Betonung auf „Du" oder „heute" die Bedeutung leicht verschiebt und den Fokus ändert. Die Analyse suprasegmentaler Eigenschaften erfolgt nicht in festen Zeitfenstern, da diese Eigenschaften über längere Zeiträume und über mehrere Sprachsegmente (z. B. Phoneme oder Silben) hinweg variieren können. Die zeitliche Dauer der suprasegmentalen Merkmale hängt von verschiedenen Faktoren ab, wie der Sprechgeschwindigkeit, der Sprache und dem jeweiligen Kontext. Da die suprasegmentalen Merkmale über verschiedene Zeiträume und Sprachsegmente hinweg variieren, gibt es keine festen Zeitfenster für ihre Analyse. Vielmehr findet zwischen verschiedenen Ebenen (suprasegmentale Analyse, akustische Verarbeitungseinheit etc.) ein bidirektionaler Informationsaustausch.

6.3.1.1 Anatomische Netzwerke für die Merkmalsextraktion

Wie bereits in ▶ Abschn. 6.1.1 erörtert, spielt die Cochlea eine entscheidende Rolle bei der Analyse spektraler Eigenschaften, indem sie Töne in ihre einzelnen Frequenzkomponenten zerlegt, ein Prozess, der für die Merkmalsextraktion fundamental ist. Die tonotop organisierten Kerne des Hirnstamms – etwa der Cochleariskern und der Colliculus inferior – leiten die Frequenzinformationen präzise an übergeordnete auditorische Verarbeitungszentren im Gehirn weiter. Der primäre auditorische Kortex (PAC) zusammen mit dem HG-1 erhalten Informationen vom ventralen Corpus geniculatum mediale des Thalamus (VCGM) (Galaburda & Sanides, 1980; Bartlett, 2013) und reagieren spezifisch auf bestimmte Frequenzbereiche (spektrale Selektivität). Dadurch sind wir in der Lage, die tatsächliche Tonhöhe eines Klangs (absolute Tonhöhe), unabhängig von anderen Klängen oder Kontexten, zu hören. Ein auditiver Stimulus löst entlang des PAC/HG-1 neuronale Antworten hoher Amplitude aus, die spektral an den Stimulus gebunden sind und während der gesamten Dauer der akustischen Stimulation anhalten. In ähnlicher Weise wie in den zentralen Kernen des unteren Hügels (Colliculus inferior) zeigen die spektrotemporalen rezeptiven Felder im PAC/HG-1 eine charakteristische Frequenz (CF) und Reaktionsgeschwindigkeit (CR) sowie eine spezifische Modulationsfrequenz (BMF) (▶ Abschn. 6.1.1). Eine der prominentesten Eigenschaften von PAC ist seine tonotope Organisation. Das bedeutet, dass benachbarte Regionen im PAC auf ähnliche Frequenzen reagieren, während weiter auseinanderliegende Areale auf zunehmend unterschiedliche Frequenzbereiche ansprechen (Baumann et al., 2013). Im PAC/HG-1 werden verschiedene akustische Merkmale oder

Eigenschaften der Schallsignale extrahiert, die zur Unterscheidung von reinen Tönen beitragen (Griffiths & Warren, 2002). Diese Regionen zeigen schnelle Reaktionslatenzen auf Klickreize und ermöglichen uns, Veränderungen der Tonhöhe z. B. in reinen Tönen, nachzuverfolgen.

Neueste Ergebnisse legen nahe, dass die Fähigkeit zur Unterscheidung von reinen Tönen und die Verarbeitung von phonetischen Merkmalen der Sprache in zwei räumlich getrennten Verarbeitungseinheiten stattfinden und einen unterschiedliche thalamischen Input zugrunde legen. Der pSTG erhält Informationen vom dorsalen Corpus geniculatum mediale des Thalamus (DCGM) und dem Pulvinar (Bartlett, 2013) und ist unabhängig vom PAC/HG-1-Input. So fanden Hamilton et al. (2021), dass die Stärke der Reaktionen auf Sprache entlang einer medial-zu-lateralen Achse zunimmt – beginnend im primären auditorischen Kortex (PAC) innerhalb von HG1, über den mittleren (mSTG) bis hin zum posterioren superioren temporalen Gyrus (pSTG) – während die Reaktionsstärke auf reine Töne in dieser Richtung abnimmt. Der Bereich zwischen pSTG und mSTG scheint vorwiegend an der Kodierung zentraler sprachlicher Merkmale beteiligt zu sein, etwa Formanten, Formantenübergängen, akustischen Einsetzkanten, Amplitudenmodulationen sowie weiteren Eigenschaften wie Tonhöhe und Klangfarbe (Young, 2008).

Dabei ist zu beachten, dass trotz tonotoper Organisation die primären Bereiche der Hörrindenregionen (PAC/HG-Kontinuum und mSTG) breitflächig aktiviert werden, um Veränderungen von spektralen Eigenschaften wie z. B. Tonhöhe oder Klangfarbe zu extrahieren. Statt einer punktuellen Zuständigkeit einzelner Regionen übernehmen unterschiedliche Neuronengruppen innerhalb der supratemporalen Ebene und des STG gemeinsam die Repräsentation dieser akustischen Eigenschaften. Es spricht vieles dafür, dass es sich hierbei um ein in den beiden Hirnhälften verteiltes Codierungssystem handelt, das eine flexible und kontextabhängige Verarbeitung auditiver Informationen ermöglicht. Auf diese Weise entsteht ein Populationscode. Ein bestimmtes Merkmal ist in einer Population von Neuronen codiert, die gleichzeitig aktiv sind. Jedes Neuron in der Population trägt einen Teil der Information bei, aber die Information wird durch das gemeinsame Muster der Aktivierung über die Population hinweg repräsentiert. Da verschiedene Aspekte der Wahrnehmung auf verschiedene Arten kombiniert werden, kann eine breitere Palette von Klängen und Sprachen repräsentiert werden (Allen et al., 2017). Die zentrale Herausforderung bei der Merkmalsextraktion besteht darin, akustische Merkmale zunächst aus dem kontinuierlichen Signal herauszufiltern und sie anschließend über längere Zeitabschnitte hinweg zu integrieren, um einen kohärenten Höreindruck zu erzeugen. Während der mSTG maßgeblich an der Identifikation einzelner akustischer Merkmale beteiligt ist, übernimmt der linke pSTG eine Schlüsselrolle bei der zeitlichen Bündelung suprasegmentaler Informationen. Aus diesem Grund werden Strukturen wie das PAC/HG-1 oder der mSTG und der pSTG in der Regel parallel aktiviert, um eine umfassende temporale Integration auditiver Signale zu ermöglichen (▶ Abschn. 6.3.3).

Ist die Merkmalsextraktion infolge eines Schlaganfalls oder einer Hirnverletzung beeinträchtigt, können – abhängig von der Lokalisation der Schädigung – unterschiedliche Störungen der auditiven Verarbeitung auftreten. Bei einer generalisierten auditorischen Agnosie gibt es aufgrund mehrerer kleiner oder einer breitflächigen bilateralen vaskulären Läsion entlang der medial-zu-lateralen Achse (PAC/HG-1/mSTG) Schwierigkeiten bei der Erkennung und Verarbeitung akustischer Informationen, sowohl verbaler als auch nonverbaler Natur (▶ Abschn. 2.1.2). Dabei ist die periphere Hörleistung unbeeinträchtigt. Dies kann dazu führen, dass die betroffene Person Schwierigkeiten hat, Sprache, Musik oder andere komplexe auditive Informationen zu unterscheiden und zu erkennen (Miceli & Caccia, 2022). Je nach Lokalisation der Hirnverletzung entlang der lateral-zu-medial Achse können Betroffene verschiedene auditorische Störungen und Formen des auditiven Halluzinierens entwickeln.

6.3.2 Feinzeitliche Analyse – Unterscheidung von Lauten im ersten auditorischen Operator

Die meisten linguistischen Modelle der Sprachwahrnehmung nehmen an, dass Phoneme die kleinsten Einheiten der gesprochenen Sprache sind, die eine Bedeutungsunterscheidung zwischen Wörtern ermöglichen (Phillips & Farmer, 1990). In der psychophysischen Literatur hingegen wird davon ausgegangen, dass sowohl die spektrotemporalen Eigenschaften eines auditiven Signals als auch das Auflösungsvermögen unseres Gehirns Einfluss auf die Verarbeitungsweise und die Qualität des Gehörten haben. Einerseits ist unser auditives System in der Lage, kurze Schallereignisse (z. B. Lücken im Schallsignal) von nur wenigen Millisekunden (1–5 ms) zu unterscheiden. Andererseits kann es mehrere Schallereignisse über einen Zeitraum von mehreren Millisekunden (20–300 ms) zusammenbündeln und als ein einziges Perzept erkennen. Anfänglich wurde diese Fähigkeit, sehr kurze Schallereignisse mit hoher zeitlicher Auflösung zu unterscheiden und gleichzeitig mehrere Schallereignisse über längere Zeiträume zu integrieren, als widersprüchlich angesehen (Auflösungs-Integrations-Paradoxon). Es erscheint paradox, dass ein System, das auf die Integration über Zeit hinweg ausgelegt ist, dennoch in der Lage sein soll, rasche Veränderungen präzise zu erfassen. Umgekehrt würde man erwarten, dass ein System mit hoher zeitlicher Auflösung Schwierigkeiten hat, Informationen über längere Zeitabschnitte hinweg zusammenzuführen. Ein typisches Beispiel für diese doppelte Verarbeitungsleistung liefert eine alltägliche akustische Szene: Während im Vordergrund eine Reihe schnell aufeinanderfolgender Töne erklingt – etwa das rhythmische Ticken einer Uhr –, entfaltet sich im Hintergrund allmählich eine Melodie. Das menschliche Gehör ist in der Lage, beide Informationsströme gleichzeitig zu verarbeiten. Es detektiert die kurzen, zeitlich exakt getakteten Tickgeräusche mit hoher Präzision und verfolgt zugleich die langsamen, sich entwickelnden melodischen Strukturen über einen längeren Zeitraum hinweg, um sie zu einem kohärenten akustischen Gesamteindruck zu integrieren.

Das sog. Auflösungs-Integrations-Paradoxon stellte eine Herausforderung für die Theorien der auditiven Verarbeitung dar, da es schwierig war, beide Aspekte der Verarbeitung in einer Theorie zu vereinen. Viemeister und Wakefield (1991) fanden, dass das Gehirn in der Lage ist, komplexe akustische Signale in relevante und irrelevante Bestandteile zu segmentieren. Der relevante Teil der Schallleistung wird für die Signalverarbeitung ausgewählt, während Rauschen oder andere irrelevante Signalbestandteile ignoriert werden. Die Multiple-Look-Theorie von Viemeister und Wakefield löst dieses Paradoxon auf, indem sie postuliert, dass das auditorische System verschiedene Mechanismen verwendet, um Schallintensität auf unterschiedlichen Zeitskalen zu integrieren. Analog zur Multiple-Look-Theorie nehmen wir hier an, dass das auditive Signal in einer initialen Phase mit einer hohen Frequenz (1–5 ms) abgetastet wird. Diese Verarbeitungsinstanz bezeichnen wir als primären auditorischen Operator (AO-I) (◘ Abb. 6.3). Innerhalb dieses kurzen Zeitfensters entstehen je nach Stimuluslänge ein bis mehrere Schnipsel ("Looks"), die dem Gehör ermöglichen, schnell auf rasche Veränderungen in der Schallumgebung zu reagieren. Ein Look ist nichts anders als ein linearer Code, der direkt mit der Schallintensität und dem Schalspektrum zusammenhängt. Für längere Zeitskalen schlägt die Multiple-Look-Theorie vor, dass das auditorische System Schallintensitäten über längere Zeiträume integrieren kann, indem es die Looks über diese Zeiträume hinweg miteinander kombiniert.

Ähnlich wie die Multiple-Look-Theorie gehen wir hier davon aus, dass das Gehirn zusätzlich zur Schallenergie auch andere Merkmale des Schalls wie seine Frequenzstruktur berücksichtigt. So ist es möglich, durch die Integration des Signals in einem gleitenden Zeitfenster von 20–300 ms sowohl langsame als auch schnelle Veränderungen im Signal zu er-

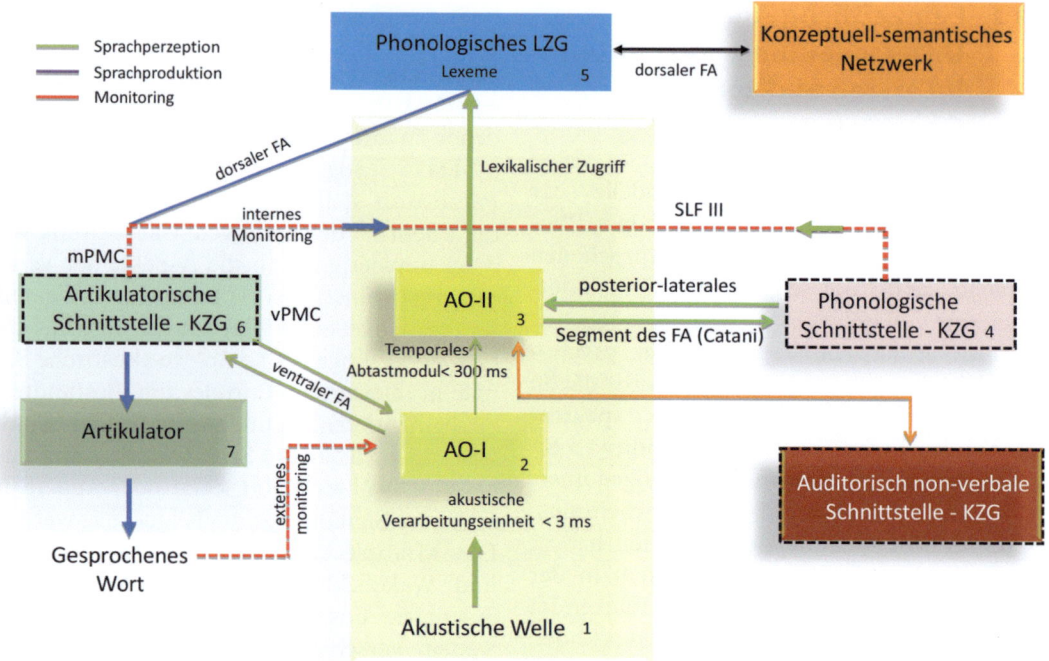

Spektrotemporale Analyse

□ Abb. 6.3 Modell auditorischer Operatoren (AO): I. Kortikale Gebiete: 1. Spektrotemporale Analyse von verbalen und nonverbalen Tönen, 2. AO-I: a. bei reinen Tönen: NC des colliculus inferiores, ventaler corpus geniculatum mediale, PAC/HG1/mSTG Kontinuum, b. bei komplexeren Tönen: CL des colliculus inferiores, dorsaler corpus geniculatum mediale pSTG/mSTG, 3. AO-II: laterales Planum Temporale, posterior superiorer temporaler Gyrus (pSTG) und posteriorer Anteil der Insula 4. Phonologische Schnittstelle: Gyrus supramarginalis (SMG, BA 40), 5. Phonologisches LZG: posteriore Anteile des mittleren (MTG) und superioren Gyrus temporalis (STG), 6. Artikulatorische Schnittstelle: Pars opercularis (Teil des Broca-Areals, BA 44) und medialer (mPMC: prä-SMA und SMA, BA 6) und ventraler (vPMC, BA 6) prämotorischer Kortex, 7. Artikulator: posteriorer Teil des inferioren Frontalgyrus (pIFG) bestehend vorwiegend aus dem Pars triangularis (BA 45) und orbitalis (BA 47), bei einigen Aufgaben kommt es zu einer Überlappung in den Aktivierungen von BA 44 und BA 45, Kontrolle der Muskelbewegungen: primär motorischer Kortex (M1, BA 4). II. Traktale Komponenten angelehnt an Catani & FFytche (2005) und Wang et al., (2015), superiorer longitudinaler Fasciculus (SLF), fasciculus Arcuatus (FA). STM – Kurzzeitgedächtnis, LTM-Langzeitgedächtnis. Aufmerksamkeitsabhängige oder bewusste Verarbeitungsprozesse sind mit gestrichelten Linien dargestellt (aus Sidiropoulos, 2023, ▶ Kap. 7))

fassen. Die feinzeitliche Analyse, ergänzt durch den Prozess der Integration, bietet einen bedeutsamen Vorteil. Bei der Verarbeitung von längeren akustischen Signalen, beispielsweise solchen, die länger als 5 ms dauern, erhöht sich die Anzahl der Looks. Dadurch steigt die Wahrscheinlichkeit, dass mindestens ein Look über die Erkennungsschwelle liegt, um wahrgenommen zu werden. Lang andauernde Signale können folglich zu einer niedrigeren Hörschwelle beitragen, was die Fähigkeit verbessert, auch leise Geräusche oder Töne zu detektieren (Buus, 1999).

Ein Look stellt den kleinsten Höreindruck des auditiv-sensorischen Gedächtnisses dar, mit dessen Hilfe man einzelne Laute unterscheiden, aber nicht identifizieren kann. Die Unterscheidung von Lauten bezieht sich darauf, ob der Hörende in der Lage ist, zwei ähnlich klingende Laute auseinanderzuhalten, z. B. das Unterscheiden von /p/ und /b/. Die Erkennung von Lauten hingegen umschreibt die Fähigkeit einer Person, den korrekten Laut als solchen zu identifizieren. Wenn jemand z. B. den Laut /p/ ausspricht, muss der Hörende in der Lage sein zu erkennen, dass es sich um genau diesen Laut handelt (Cutler & Clifton, 1999). Sind die Abstände zwischen den Signalen größer als 5 ms, sind die Looks und somit die Höreindrücke für jedes Signal zwei getrennte Entitäten. Die Informationen mehrerer Looks können durch die Kombination kurzer Abtastungen mit verschiedenen Zeitskalen integriert werden, oder das auditive Signal kann mithilfe eines Leaky-Integrator-Mechanismus kontinuierlich verarbeitet werden (▶ Abschn. 6.3.3).

Vom primären auditorischen Operator aus gibt es zwei qualitativ verschiedenartige Verarbeitungswege. Beim passiven oder unaufmerksamen Hören wird das Gehörte auf Einzelwortebene automatisch in einem artikulatorischen Code überführt (◘ Abb. 6.3, Route 2→6), wobei die Verarbeitungsgeschwindigkeit zulasten der Genauigkeit steigt. Nonverbale Laute, die sich nicht im Fokus der Aufmerksamkeit befinden, bekommen keine zusätzliche semantische Bedeutung, außer beispielsweise einer Orientierungsreaktion, und ihre Verarbeitung endet hier. Beim aufmerksamen, bewussten Hören (◘ Abb. 6.3, Route 2→3) werden die kleinsten segmentalen Einheiten in variablen Zeitfenstern einer Dauer von 10–300 ms zusammengebündelt. Aus den einzelnen Looks entstehen prälexikalisch abstrakte, interne phonologische Repräsentationen. Diese setzen sich aus diskreten phonologischen Einheiten zusammen (Luce & McLennan, 2005) und können im Arbeitsgedächtnis für bis zu etwa 20 s aufrechterhalten werden.

6.3.2.1 Neuronale Systeme zur Analyse feinzeitlicher Informationen

Der erste Verarbeitungsschritt akustisch-phonetischer Analyse besteht darin, dass das auditive Perzept mit einer hohen Rate (1–5 ms) abgetastet wird, wobei kurze Zeitfenster, die Looks, entstehen, die es dem Gehör ermöglichen, schnell auf Veränderungen in der Schallumgebung zu reagieren. Es ist bislang unklar, ob der Mechanismus der feinzeitlichen Verarbeitung auf peripheren oder zentralen Hörstrukturen basiert und welche kortikalen Strukturen daran beteiligt sind. Die Fähigkeit von Neuronen, ihre Aktivität an die Amplitudenhüllkurve („envelope") eines akustischen Signals zu koppeln, spielt in diesem Zusammenhang eine entscheidende Rolle. Wenn Neuronen ein sog. Envelope Locking aufweisen, verändert sich ihre Aktivität, wie beispielsweise die Feuerrate, synchron zur Amplitudenhüllkurve des akustischen Signals. Dies impliziert, dass diese Neuronen Informationen über die zeitlichen Schwankungen des Signals vermitteln, die für die auditive Wahrnehmung sowie die Verarbeitung von Sprache und anderen komplexen akustischen Signalen von Bedeutung sind. Der Mechanismus des Envelope Locking lässt sich auf verschiedenen Ebenen der auditorischen Verarbeitung beobachten. Dabei nimmt die maximale zeitliche Präzision dieses Mechanismus typischerweise vom peripheren in den zentralen Bereichen der auditiven Verarbeitung ab. Innerhalb des inferioren Colliculus zeigen zwei spezialisierte Subregionen besonders hohe zeitliche Auflösung: der Nucleus centralis (NC) und die großen Neurone des Colliculus inferior (CL). Während der NC bevorzugt an der präzisen Verarbeitung einfacher akustischer Reize – etwa reiner Töne – beteiligt ist, übernehmen die CL-Zellen vorrangig die Analyse sprachlich relevanter, zeitlich komplexer Signale. Beide Zellgruppen weisen Envelope-Locking mit sehr hoher zeitlicher Frequenz auf – bis zu 256 Hz, was einem Zeitfenster von etwa 3 ms entspricht. Diese Verarbeitungseinheit wird im hier vorgestellten Modell als primärer auditorischer Operator (AO-I) bezeichnet (vgl. Abb. 3). (◘ Abb. 6.3, Box 2). Die Weiterleitung und Verarbeitung auditiver Information erfolgt über unterschiedliche thalamische Pfade: Der NC projiziert über die auditorischen Kerne des ventralen Corpus geniculatum mediale des Thalamus (VCGM) zum primären auditorischen Kortex (PAC) und zum Heschl'schen Gyrus (▶ Abschn. 6.1.1). Die CL-Neuronen hingegen leiten ihre Signale über den dorsalen (DCGM) und medialen (MCGM) Teil des thalamischen Corpus geniculatum mediale weiter und erreichen kortikal das Planum temporale (PT) sowie den medialen (mSTG) und posterioren Abschnitt des superioren Temporallappens (pSTG).

Für die psychophysischen Untersuchung der feinzeitlichen Auflösungsfähigkeit werden üblicherweise Modulationswahrnehmungs- oder Lückenerkennungsaufgaben eingesetzt. Letztere erfordern das Erkennen von Lücken zwischen zwei reinen Tönen oder zwei Schmal- bzw. Breitbandrauschen, die sukzessiv kleiner werden. Dabei können die Töne spektral identisch („within channel"-Bedingung) oder verschieden („between channel"-Bedingung) sein. Bei der „within channel"-Bedingung sind auf beiden Hirnhälften Regionen des PAC/HG-1 involviert, unabhängig davon, ob es sich um reine Töne, Schmal- oder Breitbandrauschen handelt, da die spektrale Klaviatur dieser Töne in diesen Bereichen lokalisiert ist (Heinrich et al., 2004). Die Verarbeitung perzeptiver Aspekte verbaler und komplexer nonverbaler akustischer Signale (z. B. Lückenerkennung bei einer „between channel"-Bedingung) erfolgt hingegen entlang des linkshemisphärischen PT/mSTG/pSTG-Kontinuums (▶ Abschn. 6.3.3). Entscheidend für die Auswahl der auditorischen Verarbeitungsroute ist weniger die kategoriale Einteilung eines Reizes als verbal oder nonverbal, sondern vielmehr dessen spektrotemporale Struktur. Ein Ton, dessen spektrotemporale Muster denen eines sprachlichen Stimulus ähneln, wird tendenziell linkshemisphärisch entlang des PT/mSTG/pSTG-Kontinuums verarbeitet.

Im Gegensatz dazu sind bei Patienten. Patienten mit verbalen auditiven Agnosien (Wortlauttaubheit) weisen typischerweise Läsionen im linkshemisphärischen oder bilateralen pSTG auf (Vignolo, 1982, 2003). Bei Patienten mit einer non-verbalen Tonagnosie finden sich dagegen häufiger Läsionen im bilateralen PAC/HG-1 (z. B. Albert et al., 1972; Kaga et al., 2000) oder, in der linken (z. B. Saygin et al., 2010) oder rechten Hemisphäre (Fujii et al., 1990). Das Asymmetric Sampling in Time-Modell (AST) von Poeppel (2003) postuliert eine klare laterale Differenzierung: Die linke Hemisphäre operiert mit kurzen Zeitfenstern (20–40 ms) zur Analyse sprachrelevanter Reize, während die rechte Hemisphäre längere Zeitfenster (150–300 ms) für prosodische Merkmale nutzt. Allerdings stößt dieses Modell an Grenzen, wenn man es mit empirischen Befunden vergleicht. Das AST vernachlässigt die komplexe Hierarchie der auditorischen Verarbeitung. So beruht die initiale zeitliche Auflösung auf subkortikalen und frühen kortikalen Mechanismen (Colliculus inferior, mediales Geniculatum, PAC/HG-1), die eine extrem präzise Analyse im Bereich von 1–5 ms ermöglichen – etwa bei der Lückenerkennung oder der Unterscheidung kurzer Klickreize. Diese frühe Verarbeitungsstufe wird im AST nicht adäquat abgebildet. Zudem passt das Modell nicht zu den klinischen Daten: Bei Patienten mit nicht-verbaler Tonagnosie finden sich Läsionen oft im PAC/HG-1, einem Areal, das für die grundlegende spektrotemporale Analyse zuständig ist. Das AST kann nicht erklären, warum diese Störung sowohl links- als auch rechtshemisphärisch oder bilateral auftritt, obwohl das Modell eine klare laterale Spezialisierung postuliert. Auch in Bezug auf die Wortlauttaubheit gibt es Diskrepanzen: Obwohl der pSTG laut AST für die Sprachverarbeitung zuständig ist, zeigen Patienten mit pSTG-Läsionen erhöhte Fusionsschwellen (15–30 ms; Auerbach et al., 1982), obwohl der PAC/HG-1 (und damit die Präzisionsverarbeitung im 1–5 ms-Bereich) intakt ist. Diese Diskrepanzen verweisen auf unterschiedliche Ebenen der zeitlichen Analyse im auditorischen System, die hierarchisch organisiert und funktionell aufeinander abgestimmt sind. Die Detektion sehr kurzer akustischer Ereignisse (1–5 ms) – etwa in Lückenerkennungstests – basiert auf subkortikalen Mechanismen wie Phase-Locking (Cochlea-Nukleus, Colliculus inferior) und frühen kortikalen Prozessen im PAC/HG-1, die über Envelope-Locking die Hüllkurve von Schallsignalen kodieren. Diese hierarchische Verarbeitung bilden die Grundlage der extrem präzisen zeitlichen Auflösung, die für die initiale auditorische Segmentierung notwendig ist. In dem hier vorgestellten Modell wird diese Stufe als primärer auditorischer Operator bezeichnet, eine sensorisch getriebene Verarbeitungsinstanz, in der das Signal in kurze zeitliche Einheiten („Looks") segmentiert wird. Läsionen im PAC/HG-1, wie sie bei Patienten mit non-verbalen Tonagnosien häufig auftreten (Albert et al., 1972; Kaga et al., 2000; Saygin et al., 2010; Fujii et al., 1990), beeinträchtigen genau diese anfängliche sensorische Abtastung. Das führt dazu, dass grundlegende auditive Parameter – obwohl in reinem Tönen oder Rauschen noch teilweise erfasst – nicht adäquat in ein konsistentes akustisches Perzept überführt werden können. Die Looks stellen allerdings noch keine bewussten auditorischen Perzepte dar. Erst durch ihre Bündelung und Kombination in nachfolgenden kortikalen Arealen – etwa im linkshemisphärischen posterioren STG – entstehen Repräsentationen, die für die Lautdiskrimination und phonemische Klassifikation notwendig sind. Die dabei genutzten gleitenden Zeitfenster liegen typischerweise im Bereich von 10–300 ms und erlauben sowohl die Erkennung feiner zeitlicher Unterschiede als auch die Integration über längere Abschnitte hinweg (vgl. ▶ Abschn. 6.3.3). Bei Patienten mit verbalen auditiven Agnosien (Wortlauttaubheit) liegen typischerweise Läsionen im linkshemisphärischen oder bilateralen pSTG vor. Trotz einer intakten initialen Analyse im PAC/HG-1 ist hier die Bündelung der sensorischen Fragmente gestört. Dies erklärt, warum grundlegende Funktionen wie die Verarbeitung von reinen Tönen oder Rauschen erhalten bleiben, während die phonemische Klassifikation und Lautdiskrimination – und damit das Sprachverständnis – beeinträchtigt sind. Die erhöhten Fusionsschwellen (15–30) unterstreichen diesen gestörten Integrationsprozess. Dieses zweistufiges Modell, das zwischen sensorischer Abtastung und kortikaler Integration unterscheidet, erklärt die klinischen Befunde konsistenter und integriert physiologische Erkenntnisse, die das AST ausblendet.

6.3.3 Kurz- und Langzeitintegration – prälexikalische Decodierung

Während der feinzeitlichen Analyse wird das kontinuierlich ankommende auditive Signal diskret mit hoher Geschwindigkeit abgetastet. Die kurzen Looks werden dabei auf optimale Weise integriert, indem das Gehirn unterschiedliche zeitliche Auflösungen oder Abtastraten verwendet, um verschiedene Aspekte der Sprachsignale zu analysieren. Dies steht im Gegensatz zu früheren Annahmen (z. B. von Green & Swets, 1966), nach denen die auditive Informationsverarbeitung kontinuierlich abläuft, indem sie dem Prinzip eines Leaky Integrator" folgt, bei dem Signale fortlaufend erfasst und neuere Informationen stärker gewichtet werden als ältere. In Anlehnung an die Multiple-Look-Theorie von Viemeister und Wakefield (1991) wird hier angenommen, dass das auditorische System zwei unterschiedliche zeitliche Integrationsfenster nutzt:

1. Ein Fenster mit einer schnelleren Abtastrate von 20–40 ms, das primär für die Analyse von phonetischen Informationen eingesetzt wird. Diese schnelle Abtastung ermöglicht es, schnelle und kurzzeitige Schwankungen in akustischen Signalen zu erfassen. Dies ist essenziell für die Erkennung verschiedener nonverbaler Laute sowie für die Identifikation von Silben in der gesprochenen Sprache.
2. Ein Fenster mit einer langsameren Abtastrate von 150–300 ms, das zur Analyse von Informationen genutzt wird, die sich auf langsamere und lang anhaltende Veränderungen in akustischen Signalen beziehen. Dies erlaubt die Wahrnehmung von Sprachmelodien, Betonungen und Sprechpausen innerhalb gesprochener Sprache und spielt bei der Verarbeitung einzelner Wörter eine entscheidende Rolle, insbesondere bei der Bildung einer internen Wortrepräsentation. Auch nonverbale Schallsignale werden innerhalb dieser Zeitfensters zur Langzeitintegration verarbeitet.

Die Integration kann durch gleitende Zeitfenster mit unterschiedlichen Zeitskalen erfolgen und beruht auf der Verbindung von kurzen Abtastungen (1–5 ms). Abhängig von der Stimulusdauer werden die sog. Looks in einem oder mehreren Vektoren, den Proben (Samples"), vollständig abgebildet. Eine unterschiedliche Gewichtung der einzelnen Looks stellt sicher, dass die spektrotemporalen Eigenschaften des eingehenden (verbalen oder nonverbalen) auditiven Signals optimal rekonstruiert werden. Dabei wird dem Primär- und Rezenzeffekt Rechnung getragen, indem Looks am Anfang und Ende eines Signals stärker gewichtet werden als mittlere, wobei finale Looks eine höhere Gewichtung als initiale aufweisen. In dieser präassoziativen bzw. prälexikalischen Stufe der Verarbeitung werden auditiv nonverbale bzw. verbale Laute erkannt, wobei „Erkennung" hier bedeutet, dass die Laute als eigenständige Einheiten identifiziert und von anderen akustischen Ereignissen differenziert werden. Informationen über die linguistische Identität der Laute werden in der nächsten Verarbeitungsstufe extrahiert (▶ Abschn. 6.3.4). An dieser Stelle endet die gemeinsame Verarbeitung auditiv-verbaler und nonverbaler Töne.

6.3.3.1 Neuronale Netzwerke und Integrationsmechanismen

Im hier vorgestellten Modell auditorischer Operatoren übernimmt der sekundäre Operator (AO-II) eine wichtige Rolle bei der Integration. Dieses temporale Abtastmodul nutzt das Planum temporale (PT) als zentralen Berechnungsknotenpunkt („computational hub"). In Zusammenarbeit mit dem mittleren (mSTG) und posterioren superioren temporalen Gyrus (pSTG) sowie der posterioren Insula (pIns) der linken Hemisphäre übernehmen es die Kurz- (20–40 ms) und Langzeitintegration (150–300 ms) von verbalen und nonverbalen Schallsignalen (◘ Abb. 6.3, Box 3) (Zatorre et al., 1992; Binder et al., 2000; Belin et al., 2000; Griffiths & Warren, 2002). Die Neuronen im PT/mSTG/pSTG/pIns der linken Hemisphäre sind in der Lage, zeitliche Muster von Schallsignalen zu erkennen und zu integrieren, um eine kohärente Wahrnehmung des Schallsignals zu erzeugen. Die zeitliche Integration ist notwendig, um komplexe auditive Informationen wahrzunehmen und in sinnvolle Einheiten zu kategorisieren. Insbesondere das laterale PT scheint eine wichtige Rolle bei der Integration von verbalen (Belin et al., 2000; Binder et al., 1996) und das posteriore PT von nonverbalen Lauten wie Tönen, Schmalband- oder Breitbandrauschen zu spielen (Binder et al., 1996). Wenn uns die akustischen Signale Informationen über unsere Umwelt oder soziale Situationen vermitteln und uns helfen, auf Ereignisse oder Veränderungen in unserer Umgebung zu reagieren, dann tragen diese auditiven Signale eine Bedeutung. In diesem Fall erzeugt das Gehirn unter Beteiligung des PT und des pSTG eine interne Repräsentation sowohl für Sprache als auch für bedeutungstragende Umgebungsgeräusche (z. B. Tierlaute oder Naturgeräusche wie Wind und Regen) (Saygin et al., 2003) oder Gesang. Durch die Integration bedeutungstragender auditiver Information wird eine interne Repräsentation erstellt, sodass die aktuell gehörten Lautfolgen mit gespeicherten Vorlagen verglichen werden können. Die Neuronen im PT/mSTG/pSTG/pIns unterstützen dabei die Analyse und Verarbeitung akustischer Signale, indem sie verschiedene Aspekte wie Tonhöhe, Lautstärke und zeitliche Struktur integrieren. Durch die Kombination dieser Informationen kann das Gehirn eine sinnvolle und zusammenhängende Wahrnehmung der auditiven Umgebung erzeugen. Dabei erfolgt die Verarbeitung akustischer Merkmale, zeitlicher und semantischer Information teilweise parallel und unabhängig voneinander. Dennoch gibt es auch wechselseitige Interaktionen zwischen diesen Verarbeitungsebenen, bei denen z. B. die Verarbeitung von akustischen Merkmalen die semantische Verarbeitung beeinflusst und umgekehrt.

Elektrokortikografische Studien unterstützen die Annahme, dass im pSTG eine interne Repräsentation gebildet wird, indem sie aufzeigen, dass sowohl wichtige Aspekte natürlicher, kontinuierlicher Sprache als auch ungewöhnlicher oder künstlich generierter Sprachsignale präzise aus neuronalen STG-Reaktionen rekonstruiert werden können. Dabei liefern modulationsbasierte auditive Darstellungen insbesondere bei hohen zeitlichen Modulationsraten genauere Vorhersagen als spektrogrammbasierte Darstellungen (Chi et al., 1999; Pasley et al., 2012). Nichtlineare Modulationsmodelle sind besser geeignet, um rasche zeitliche Modulationen (insbesondere bei Modulationsraten von ≥4 Hz, 250 ms) in neuronalen Reaktionen im STG des Menschen vorherzusagen, was auf eine energiebasierte Codierung der auditiven Signale in dieser Region hindeutet. Das

Multiple-Look-Modell, aus dem sich das hier präsentierte Modell auditiver Operatoren ableitet, kann als ein nichtlineares Modulationsmodell angesehen werden, da es die zeitlichen Eigenschaften akustischer Signale durch die Kombination mehrerer nichtlinearer Verarbeitungsschritte abbildet.

6.3.3.2 Patienten mit Hirnläsionen und Integrationsmechanismen

> **Wissensbox: Die Voice Onset Time**
> Für die Verarbeitung von phonetischen Informationen sind schnellere Zeitskalen (20–40 ms) erforderlich. Diese Informationen beziehen sich auf kürzere und schnellere Veränderungen in akustischen Signalen. Sie tragen dazu bei, verschiedene Laute und Silben innerhalb der gesprochenen Sprache zu identifizieren. In dieser Zeitordnung operiert die Voice Onset Time (VOT). Die VOT ist eine akustische Maßzahl, die den Zeitunterschied zwischen dem Beginn eines Konsonanten-Bursts (eines plötzlichen Schallereignisses) und dem Beginn der Stimmgebung (Kehlkopfpulsieren) beschreibt. VOT ist wichtig für die Unterscheidung zwischen stimmhaften Konsonanten (wie /b/) und stimmlosen Konsonanten (wie /p/). Auch die Fähigkeit, Konsonant-Vokal-Silben wie /pa/ und /ba/ zu erkennen, hängt mit der VOT zusammen. Der Hörende muss in der Lage sein, schnelle Veränderungen im Sprachsignal während des Einsetzens der Stimmgebung zu analysieren. Im Deutschen und Englischen haben stimmhafte Konsonanten kurze VOT-Werte (<30 ms), während stimmlose Konsonanten längere VOT-Werte (30–80 ms) aufweisen. Bilabiale Verschlusslaute (z. B. /p/, /b/) weisen kürzere, alveolare Verschlusslaute (z. B. /t/, /d/), mittlere und velare Verschlusslaute (z. B. /k/, /g/) längere VOT-Werte auf (John et al., 2010).

Um den Zeitunterschied zwischen dem Beginn eines Konsonanten-Bursts und der Stimmgebung wahrzunehmen („Wissenbox: Voice Onset Time"), muss man in der Lage sein, schnelle Veränderungen im Sprachsignal im Bereich von wenigen Millisekunden (20–40 ms) wahrzunehmen. Beeinträchtigte VOT-Verarbeitung wurde bei verschiedenen sprachpathologischen Syndromen wie Leitungsaphasie, Broca- und Wernicke-Aphasie beobachtet (Bachmann & Albert, 1988). Obwohl die genannten Syndrome unterschiedliche pathophysiologische Mechanismen aufweisen, sind aufgrund der ähnlichen Läsionstopologie auch kombinierte Störungsbilder denkbar. In allen drei erwähnten Aphasieformen liegt die Schädigung in unterschiedlichen Bereichen entlang des PT/mSTG/pSTG-Netzwerks. Menschen mit flüssiger Aphasie (▶ Abschn. 2.2.2 und 2.2.3), wie z. B. Personen mit Wernicke- oder Leitungsaphasie des Repetitionstyps („repetition conduction aphasia", CA_{rep}), können sowohl Defizite im internen Monitoring als auch in der phonologischen Planung aufweisen. Dabei kann die Fähigkeit beeinträchtigt sein, die korrekte Abfolge von Lauten bereits vor der Artikulation intern zu überprüfen – ein Monitoringprozess, der die sprachliche Planung begleitet und potenzielle Fehler frühzeitig erkennt (Blumstein et al., 1980; Baum et al., 1993). Ist dieses System beeinträchtigt, kann es beim Nachsprechen von Wörtern zu phonemischen Paraphasien kommen (◘ Abb. 6.3, Route 3→6). Die Patienten lassen Laute aus, vertauschen oder ersetzen sie, was zu fehlerhaftem Nachsprechen von Wörtern und Sätzen führt. Andererseits kann der Abruf von Wörtern aus dem Lexikon verlangsamt und ungenau erfolgen, wenn das Sampling auditiver Informationen im sekundären auditiven Operator fehlerhaft erfolgt (◘ Abb. 6.3, Route 3→5). Grund dafür ist, dass bei der CA_{rep} eine Verlangsamung der Sampling-Rate des sekundären auditorischen Operators (AO-II) vorliegt, was zu einer Überlastung des Arbeitsgedächtnisses an der phonologischen Schnittstelle führen kann (Sidiropoulos et al., 2008, 2010). Die zugrunde liegenden Läsionen betreffen vorwiegend laterale Abschnitte des PT sowie des pSTG (Benson et al., 1973; Damasio & Damasio, 1980; Axer et al., 2001; Bates et al., 2003; Sidiropoulos et al., 2015).

Eine ähnliche Störung kann auch bei einigen Menschen mit Wernicke Aphasie vorliegen. Aufgrund der weitreichenden läsionalen Topologie bei der Wernicke-Aphasie ist die Sampling-Rate im AO-II-Bereich stärker beeinträchtigt, was zu schwerwiegenden Störungen auf der Ebene der phonologisch-lexikalischen Verarbeitung und gleichzeitig auch zu Beeinträchtigungen im Arbeitsgedächtnis an der phonologischen Schnittstelle führt. Die Störung beim lexikalischen-Zugang kann wiederum auch Auswirkungen auf die semantische Verarbeitung von Sprache haben. Wernicke-Aphasie ist ebenfalls auf Läsionen im lateralen PT und pSTG zurückzuführen, wobei bei einem Teil der Patienten die Läsionen breitflächiger sind und in diversen Stellen des weit verbreiteten lexikalisch-semantischen Netzwerks auftreten können. Dieses Netzwerk umfasst die posterioren mittleren und inferioren Anteile des Gyrus temporalis sowie den Gyrus angularis (vgl. Fiez et al., 1995; Price et al., 1999; Glasser & Rilling, 2008) und ist von den Verarbeitungseinheiten für das amodale semantische Wissen zu unterscheiden. Letzteres umfasst das Wissen über Konzepte, die nicht direkt durch Wörter beschrieben werden können, und ist in den vorderen (anterioren) Temporallappen lokalisiert (Patterson et al., 2007), während das lexikalisch-semantische Netzwerk für die Verarbeitung von Wortbedeutungen und Konzepten zuständig ist.

Menschen mit nichtflüssiger Aphasie, wie solche mit Broca- oder Leitungsaphasie des Reproduktionstyps („reproduction conduction aphasia, CA_{repro}"), könnten hingegen Defizite in der phonetischen Umsetzung aufweisen (weitere Einzelheiten zu diesen Aphasieformen s. ▶ Abschn. 2.2.2 und 2.2.3). Bei der CA_{repro} liegt eine postlexikalische Störung bei der phonologischen Encodierung vor, und die Patienten begehen bei sämtlichen sprachlichen Produktionsaufgaben (Nachsprechen, Benennen und Lautlesen) Fehler, die in phonologischer Hinsicht den korrekten Wörtern ähneln oder Nichtwörter sind. Dabei benötigen die betroffenen Personen mehrere Versuche, um das gewünschte Wort korrekt auszusprechen, und nähern sich dabei schrittweise der richtigen Wortform an („conduite d'approche"). In Anlehnung an Shattuck-Hufnagel (1992) könnte man vermuten, dass bei der CA_{repro} eine Dysfunktion bei der Erstellung des korrekten Produktionsframes vorliegt (◻ Abb. 6.3, Route 4–6), der in der Pars opercularis (Teil des Broca-Areals) und in den prämotorischen Arealen verarbeitet wird. Dies führt jedoch zu schwerwiegenderen Störungen vor allem beim Sprachfluss und zur Broca-Aphasie. Eine Schädigung hingegen des ventralen Fasciculus arcuatus könnte zu derartigen phonologischen Encodierungsfehlern wie bei der CA_{repro} führen (◻ Abb. 6.3, Route 2–6, und ▶ Abschn. 6.4).

Eine Läsion in den inferioren Parietallappen, allen voran im SMG, oder eine Schädigung der weißen Substanz im SLF III alleine oder in der Capsula externa kann generell auch zu Leitungsaphasie führen. Der häufige Befund, dass die posteriore Insel bei der Leitungsaphasie mitbetroffen ist, könnte aufgrund des räumlichen Zusammenhangs zwischen der Capsula externa und der Insula auftreten, denn durch eine Störung der Capsula externa können umgebende (wie operkuläre Strukturen) oder unterliegende Strukturen wie die Insula mitbetroffen sein. Die Capsula externa ist eine wichtige Verbindungsbahn in der weißen Substanz des Gehirns, die verschiedene kortikale Regionen miteinander verbindet, einschließlich der Verbindungen zwischen dem Hörkortex und dem prämotorischen Frontallappen. Eine Schädigung der weißen Substanz in der Capsula externa kann daher Auslöser für eine Leitungsaphasie sein und mit Schwierigkeiten beim Nachsprechen einhergehen (Damasio & Damasio, 1980). In einer Gruppenstudie bei Menschen mit Leitungsaphasie, in der die Beziehung zwischen einem Gewebeschaden und dem Verhalten auf Voxelebene untersucht wurde, zeigte sich, dass die posteriore Insula eine kritische Rolle in der zeitlichen Verarbeitung von Reizen spielt, was für die Stabilität der internen Repräsentationen von wesentlicher Bedeutung ist. Eine Läsion tritt bei Menschen mit CA_{rep} auf und führt dazu, dass die Personen Schwierigkeiten haben, stabile interne Reizrepräsentationen zu erzeugen (Sidiropoulos et al., 2015). Obwohl in den letzten Jahren durch bildgebende und traktografische Verfahren erhebliche Fortschritte im Wissen erzielt wurden, ist das genaue Zusammenspiel zwischen dem phonologisch-lexikalischen Langzeitgedächtnis, dem AO-II und der phonologischen sowie artikulatorischen Schnittstelle noch nicht vollständig aufgeklärt.

6.3.4 Das Arbeitsgedächtnis und der phonologisch-lexikalische Zugriff

Wie in ▶ Abschn. 6.3.3 ausführlich besprochen, wird die akustisch-phonetische Informationen je nach Aufgabestellung in größeren Einheiten (Samples) zusammengebündelt. Bei längeren Sequenzen, wie beispielsweise Wörtern innerhalb eines Satzes oder bei der Erfassung von Prosodie, nimmt die Anzahl der Looks bzw. Samples drastisch zu. Um diese Herausforderung zu bewältigen und dennoch eine effektive Verarbeitung der Informationen zu ermöglichen, kommt an dieser Stelle das auditive Arbeitsgedächtnis zum Einsatz. Durch das auditive Arbeitsgedächtnis aktiv gehalten, werden die ankommenden verbalen und nonverbalen Informationen durch das auditorische System in einer internen Repräsentation umgewandelt, die dann für verschiedene Arten von Berechnungen und Vergleichen zur Verfügung stehen (Aufrechterhaltungsphase). Die interne Repräsentation kann als ein dreidimensionaler Vektor von mehreren Samples oder Looks betrachtet werden. Eine Achse dieses Datenfelds repräsentiert die zentralen Frequenzen des Signals, eine zweite den zeitlichen Verlauf und eine dritte den Pegel (Moore, 2003, 2007). Die internen Repräsentationen werden mit bereits gespeicherten Inhalten aus dem phonologisch-lexikalischen Langzeitgedächtnis (Abrufphase) verglichen – ein Vorgang, den man phonologischen Abruf („phonological retrieval") bezeichnet.

Die internen Repräsentationen sind nicht nur bei der phonologisch-lexikalischen Selektion, sondern auch bei Prozessen beteiligt, die eine zeitabhängige Programmierung sprachmotorischer Funktionen benötigen. Viele Modelle der Sprachwahrnehmung nehmen an, dass die sensorischen und motorischen Systeme miteinander verbunden sind. Um dieser Verbindung Rechnung zu tragen, ging z. B. die Motortheorie (Liberman & Mattingly, 1985) davon aus, dass die Wahrnehmung von Sprache auf der direkten Wahrnehmung von Bewegungen der Organe im Ansatzrohr zur Erzeugung der Sprechlaute und dem Lippenlesen basiert. Das Gehirn verfügt demnach bereits über interne Repräsentationen der artikulatorisch-gestischen Bewegungen, daher ist nur eine minimale Decodierung des akustischen Inputs notwendig. Mit anderen Worten, das Gehirn nutzt seine Erfahrung mit der Produktion von Sprache und ermöglicht dadurch die Wahrnehmung von Sprache. Einer der grundlegendsten Einwände gegen die Motortheorie der Sprachwahrnehmung ergibt sich aus entwicklungspsychologischen und klinischen Beobachtungen. Die Theorie postuliert, dass die Lautwahrnehmung auf internen artikulatorischen Repräsentationen beruht - dies würde jedoch voraussetzen, dass Säuglinge bereits über vollständig entwickelte motorische Programme verfügen müssten, bevor sie überhaupt Sprache wahrnehmen können (ein klassisches Bootstrapping-Problem). Zudem widersprechen klinische Befunde der Theorie: Patienten mit angeborenen oder entwicklungsbedingten Artikulationsdefiziten zeigen häufig intakte Fähigkeiten in der Phonemdiskrimination, obwohl ihre artikulatorische Produktion stark beeinträchtigt ist. Ausgehend von diesen Kritikpunkten argumentierten Caplan und Waters (1992), dass die Fähigkeit, angemessene Wahrnehmungen zu formen, auf etwas Abstrakterem als der internen motorisch-gestischen Repräsentationen der Sprechbewegungen basiert. Die interne Repräsentation, die im linken PT/pSTG gebildet und kurzfristig gehalten wird, könnte diese abstrakte Komponente sein, die sowohl für die Sprachperzeption als auch für die Sprachproduktion notwendig ist (Sidiropoulos, 2011). Kinder und Erwachsene, die eine (Fremd-)Sprache erlernen, können demnach Wörter nicht nur aufgrund ihrer Artikulationskenntnisse erkennen, sondern auch aufgrund ihrer Fähigkeit, zeitkritische Parameter eines auditiven Signals zu erfassen. Dieser Prozess ist genauso wichtig wie die Artikulation von Sprache selbst.

Aus den vorhergehenden Ausführungen wird ersichtlich, dass der Vorgang der Lautidentifikation weit über die bloße Erkennung von Schallwellen hinausgeht. Auditiv wahrgenommene Informationen werden codiert, kategorisiert und basierend auf früheren Erfahrungen identifiziert. Dies erfordert die Zusammenarbeit verschiedener Hirnregionen. Die Codierung der internen Repräsentation im AO-II erfolgt für auditiv wahrgenommenen Stimuli im lateralen Planum temporale unter Beteiligung der posterioren superioren Temporallappen. Das Netzwerk des phonologisch-lexikalischen Langzeitgedächtnisses besteht aus den posterioren Anteilen des mittleren (pMTG) und des superioren Gyrus temporalis (pSTG) sowie dem Gyrus angularis (Binder et al., 2009). Früher nahm man an, dass die Informationen im Arbeitsgedächtnis kurzzeitig aufbewahrt und mit Inhalten des phonologisch-lexikalischen Langzeitgedächtnisses abgeglichen werden. Derzeit geht man jedoch davon aus, dass die internen Repräsentationen über die phonologische Schnittstelle (◘ Abb. 6.3, Box 4) direkt das Netzwerk des phonologisch-lexikalischen Langzeitgedächtnisses aktivieren (lexikalischer Abruf; ◘ Abb. 6.3, Route 3→5). Tatsächlich führen selektive Läsionen im pSTG nicht zu Beeinträchtigungen des Arbeits- und Kurzzeitgedächtnisses (s. aber Takayama et al., 2004).

Es gibt zahlreiche wissenschaftliche Untersuchungen, die darauf hindeuten, dass der lexikalische Abruf, der unter Beteiligung von PT/pSTG (AO-II) erfolgt, von den Prozessen zur kurzfristigen Speicherung der Information in den inferioren Parietallappen (phonologische Schnittstelle) abgekoppelt ist und einen anderen Zweck erfüllt. In Anlehnung an Baddeley (2003) postulieren wir im vorgestellten Modell auditiver Operatoren, dass für die kurzzeitige Aufbewahrung einer internen Repräsentation zwei Schnittstellen notwendig sind – eine phonologische und eine artikulatorische –, die wechselseitig interagieren.

Die phonologische Schnittstelle (◘ Abb. 6.3, Box 4) ist ein passiver Speicher. Einträge, die in einem phonologischen Format vorliegen, haben eine begrenzte Lebensdauer von 1–2 s und unterliegen einem Zerfallsprozess. Um ein gespeichertes Element nicht zu verlieren, muss eine aktive „Auffrischung" erfolgen. Diese Aufgabe übernimmt die artikulatorische Schleife (SR, „subvocal rehearsal"), eine Art aktives „inneres Aufsagen" oder „inneres Sprechen". Zudem können graphemische oder nonverbale Daten wie schriftsprachliche oder visuelle Materialien durch diesen artikulatorischen Kontrollprozess in ein phonologisches Format umcodiert und in der phonologischen Schnittstelle gespeichert werden. Die Aufteilung des phonologischen Subsystems in ein passives und ein aktives (SR) Modul wurde in zahlreichen Studien mit gesunden Probanden und Patienten nachgewiesen (vgl. Übersichtsartikel, Sidiropoulos et al. 2005; Baddeley, 2007, 2012). Die phonologische Schnittstelle ist in den inferioren Parietallappen, insbesondere im Gyrus supramarginalis lokalisiert (Geschwind-Areal). Sie sorgt hauptsächlich dafür, dass die akustischen Sprachrepräsentationen mit ihren artikulatorischen Entsprechungen im frontalen Kortex verbunden werden und koordiniert und überwacht somit die Sprachproduktion, sodass Sprachfehler vermieden werden. Die phonologische Schnittstelle ist somit nicht nur für das Nachsprechen wichtig, sondern nimmt eine zentrale Rolle bei der Planung von Sprache ein, insbesondere bei der Anordnung einer Abfolge lexikalischer Elemente für eine bevorstehende Äußerung (Page et al., 2007). Die Übertragung von Informationen von der phonologischen (Geschwind-Areal) zur artikulatorischen Schnittstelle (Broca-Areal, prämotorischer Kortex) erfolgt über das SLF III (vgl. Tallal et al., 1993; Binder, 2015; Papagno et al., 2017).

Neben der phonologischen Schnittstelle wird im Modell auditiver Operatoren auch eine artikulatorische Schnittstelle (◘ Abb. 6.3, Box 6) angenommen, die aus einem weit verzweigten Netzwerk besteht, welches die Pars opercularis (Teil des Broca-Areals) sowie die prämotorischen Kortexbereiche medial (prä-SMA und SMA, BA 6) und ventral (vPMC, BA 6) umfasst. Die artikulatorische Schnittstelle wandelt unter Beteilung des Kleinhirn-Frontallappen-Netzwerks phonologische Repräsentationen aus dem Langzeitgedächtnis (◘ Abb. 6.3, Route 5→6) bzw. auditiv wahrgenommene Information (◘ Abb. 6.3, Route 4→6) in motorische Steuerungsinstruktionen um. Diese steuern die Sprechorgane, um die für die Aussprache notwendigen Laute zu erzeugen. Die artikulatorische Schnittstelle wandelt demnach abstrakte phonologisch-lexikalische bzw. auditive Repräsentationen in konkrete motorische Aktionen für die Sprachproduktion um. Die Annahme von einer phonologischen und einer artikulatorischen Schnittstelle unterscheidet sich von der vieler neuro- und psycholinguistischer Modelle der Sprachverarbeitung, die einen Input-Buffer für die Sprachperzeption und einem Output-Buffer für die Sprachproduktion annehmen (s. z. B. McClelland & Rumelhart, 1981; Rumelhart & McClelland, 1982; Martin et al., 1999).

Beide Schnittstellen übernehmen im Modell auditiver Operatoren zwar Arbeitsgedächtnisfunktionen, spielen jedoch nur indirekt eine Rolle bei der Sprachwahrnehmung und -produktion. So sind z. B. Patienten, die nach vaskulären Läsionen eine Beeinträchtigung des (phonologischen oder artikulatorischen) Kurzzeitgedächtnisses entwickelt haben, trotz ihrer Störung in der Lage, gesprochene Sprache in Echtzeit zu verstehen und darauf angemessen zu reagieren. Die Existenz dieser Patienten legt nahe, dass eine Trennung zwischen „Speicherfunktionen" und den damit verbundenen Sprachwahrnehmungs- und Sprachproduktionsprozessen besteht (vgl. die Übersichtsarbeiten von Vallar & Papagno, 2002; Buchsbaum & D'Exposito, 2008; Papagno et al., 2017; Shallice & Papagno, 2019).

6.4 Die traktalen Verbindungen

Bei der Sprachverarbeitung spielen die assoziative Faserbündel, allen voran das superiore Längsfaserbündel (SLF) und der Fasciculus arcuatus (FA), eine entscheidende Rolle, da sie die verschiedenen Hirnregionen miteinander verbinden. Früher wurde angenommen, dass der FA das Wernicke- mit dem Broca-Areal verbindet. Neueste traktografische Studien unter Verwendung von Diffusions-Tensor-Bildgebung (DTI) deuten hingegen darauf hin, dass sowohl die Verschaltung zwischen den genannten Hirnarealen als auch die beteiligte Faserbündelstruktur komplexer als angenommen ist. Der exakte Verlauf des SLF ist derzeit Gegenstand aktueller Forschung und noch nicht vollständig geklärt. Eine der Hypothesen, die durch die Verwendung von diffusionsgewichteter Bildgebung aufgestellt wurde, postuliert bei Menschen, ähnlich wie bei nichtmenschlichen Primaten, eine Dreiteilung des SLF und vertritt die Ansicht, dass der SLF-IV-Abschnitt nichtmenschlicher Primaten dem FA bei Menschen entspricht (Petrides & Pandya, 1984; Makris et al., 2005; Bernal & Altman, 2010; Thiebaut et al., 2012).

Neuere traktografische Studien, die durch Fasermikrodissektionstechniken ergänzt wurden, hinterfragen jedoch die genannte Einteilung des SLF und unterteilen es nur noch in ein dorsales (SLF II) und ein ventrales (SLF III) Segment und sehen das SLF I als Teil des Zingulums an. In diesem Rahmen wird der SLF als überwiegend frontoparietales System interpretiert, wohingegen frontotemporale Verbindungen – insbesondere solche mit temporalen Projektionszonen – nicht mehr dem SLF zugeordnet, sondern als eigenständige, vom SLF separate Fasertrakte klassifiziert werden (Fernandez-Miranda et al., 2008; Wang et al., 2016). Im Gegensatz zum klassischen Modell, wie es ursprünglich von Geschwind und Wernicke postuliert wurde, stellen die faszikulären Bahnen keine ausschließliche Direktverbindung zwischen den Broca-Arealen im inferioren Frontallappen und den Wernicke-Arealen im posterioren oberen Temporallappen her (Schmahmann & Pandya, 2006). Vielmehr sind sie Teil eines komplexeren Netzwerks von Verbindungen. So entspringt das dorsale Segment (SLF II) der frontoparietalen Trakte dem inferioren Parietallappen (vor allem Gyrus angularis, AG; BA 39), verläuft bis zum posterioren mittleren Frontal- (BA 6/8) und superioren präzentralen Gyrus (BA 4/6) durch den Kern des Centrum semiovale oberhalb der Insula. Diese Konnektivität ist nur auf der linken Hemisphäre vorfindbar (Wang et al., 2016) und ihre Funktion derzeit unbekannt. Vorstellbar wäre, dass das SLF II eine wichtige Rolle bei der Planung und Koordination der Bewegungen spielt, die für die Sprachproduktion erforderlich sind, wie z. B. die Bewegungen der Lippen, Zunge und des Kehlkopfs. Darüber hinaus könnte das SLF II auch an der Verarbeitung von Syntax beteiligt sein. Dies ist entscheidend für die Erzeugung von grammatikalisch korrekten und verständlichen Sätzen während der Sprachproduktion (◘ Abb. 6.4).

Das ventrale Segment (SLF III) verläuft vom Gyrus supramarginalis, anterior zum Gyrus angularis, bis zu den ventralen prämotorischen (Teil des inferioren präzentralen Gyrus) und präfrontalen Bereichen des Broca-Areals (Pars opercularis, BA 44). Diese Konnektivität ist sowohl auf der linken als auch auf der rechten Hemisphäre vorfindbar. Dennoch gibt es einen Unterschied: Während das rechte SLF III in der Pars triangularis endet, verläuft das linke SLF III bis zur Pars opercularis (Maldonado et al., 2011; Wang et al.,

2016). Wie in ▶ Abschn. 6.3.4. bereits erläutert, verbindet das SLF III die phonologische mit der artikulatorischen Schnittstelle. Es sorgt dafür, dass die phonologische Repräsentation über die artikulatorische Schleife kurzfristig gehalten wird. Die medialen prämotorischen Gebiete (prä-SMA und SMA) übernehmen daraufhin die sequenzielle Anordnung der Bestandteile und sind für die Rahmenstruktur, das Betonungsschema und die zeitliche Abstimmung verantwortlich.

Der linke Fasciculus arcuatus verläuft ebenfalls in einem ventralen und einem dorsalen Pfad und verbindet frontale und temporale Areale miteinander. Der ventrale („innere") FA, auch als langes Segment des FA bekannt, verbindet die obere Pars opercularis (Teil des Broca-Areals, BA 44) und den ventralsten Teil des prämotorischen Kortex (vPMC, BA 6) mit den oberen und rostralen mittleren Temporallappen (BA 21) und dem pSTG (Teil des Wernicke-Areals, BA 22 und 42). Der ventraler FA verbindet den AO-I mit

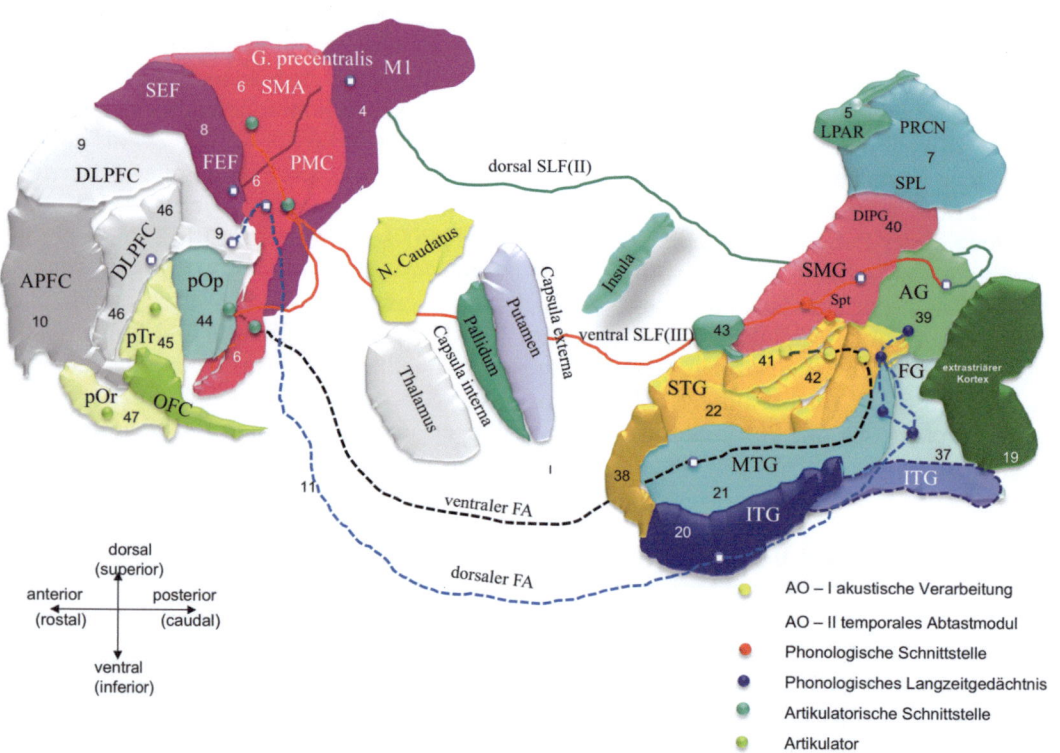

◘ Abb. 6.4 Laterale Ansicht der linken Gehirnhemisphäre mit farblich markierten Regionen, die verschiedene anatomische Areale repräsentieren. Zusätzlich werden verschiedene Faserverbindungen des superioren longitudinalen Fasciculus (SLF) und Fasciculus arcuatus (FA) dargestellt

den lateralen prämotorischen Bereichen (ventraler PMC, BA 6) der artikulatorischen Schnittstelle. Auf diese Weise wird mithilfe des akustischen Inputs eine motorische Aktivität gesteuert, bevor sie tatsächlich ausgeführt wird (Feedforward-Steuerung; ◘ Abb. 6.3, Route 2–6). Es wird angenommen, dass die bilateralen oberen Regionen des Kleinhirns eine wichtige Rolle bei der Feedforward-Steuerung der Sprachproduktion spielen, insbesondere bei der Überwachung des auditorischen Feedbacks und der Anpassung der motorischen Aktivität zur Produktion von Sprachlauten (vgl. Günther et al., 2006). Der SMG überprüft dabei, ob die geplante motorische Aktivität im PMC/M1 mit den tatsächlichen sensorischen Informationen aus dem Sprechapparat übereinstimmt (◘ Abb. 6.3, Route 4–6). Auch hier spielt das Kleinhirn, insbesondere seine rechte Hemisphäre eine wichtige Rolle bei der Feinabstimmung und Koordination von motorischen Aktivitäten, einschließlich der Steuerung von Timing und Rhythmus (Spencer & Slocomb, 2007).

Der dorsale („äußere") FA verläuft vom ventralen dorsolateralen präfrontalen (vDLPFC, BA 9) und präzentralen Kortex (BA 6) hin zum inferioren Gyrus temporalis (BA 20, ITG) und dem kaudalen mittleren und inferioren Temporallappen (BA 37, Gyrus fusiformis). Es ist denkbar, dass der dorsale FA eine wichtige Funktion im Bereich der lexikalisch-semantischen Verarbeitung (▶ Kap. 7) und der Exekutivfunktionen (▶ Kap. 5) hat, insbesondere bei der Planung und Organisation von Sprache. Der Verlust der Verbindung zum DLPFC führt zu Fehlern bei der Auswahl zwischen konkurrierenden Wörtern und zu einer Reduktion des Fehlermonitorings (Zhao et al., 2022). Darüber hinaus sind Exekutivfunktionen sehr bedeutsam für die Sprachproduktion (Verarbeitung von syntaktischen Regeln, Erzeugung von Satzstruktur und Erkennung von Bedeutungszusammenhängen), einschließlich der Fähigkeit, flüssig und spontan zu sprechen, Grammatikfehler zu vermeiden und das Gesprächsthema angemessen beizubehalten.

Wie zuvor erwähnt, gibt es noch keine endgültige Klarheit über den genauen Verlauf des SLF/FA und die Funktionen der einzelnen Segmente des SLF und der beteiligten Areale (s. Übersichtsartikel von Sidiropoulos et al., 2014; Janelle et al., 2022). Unter der Annahme, dass sich SLF/FA seitlich abzweigen, könnte man die verschiedenen auf den ersten Blick widersprüchlichen Verläufe der Fasertrakte vereinen. Eine seitliche Abzweigung des ventralen („inneren") FA würde z. B. das posterior-laterale Segment des FA in den Studien von Catani und Kollegen (2004, 2005) entsprechen, welches die Areale pSTG, SMG und MTG miteinander verbindet. Unumstritten ist, dass die Dichte des linken superioren longitudinalen Fasciculus (SLF) im Vergleich zur Dichte des rechten größer ist, während keine Asymmetrien zwischen den kortikospinalen Fasern auf der linken und rechten Seite bestehen. Dies könnte mit der Lateralisierung der Sprachfunktionen auf der linken Hemisphäre in Zusammenhang stehen.

Die bisherigen Studien zeigten ebenfalls, dass eine große interindividuelle Variabilität in der Anatomie dieser Sprachwege besteht, was auf unterschiedliche Sprachverarbeitungsstrategien bei verschiedenen Menschen hindeutet (Catani et al., 2005; Nucifora et al., 2005; Glasser & Rilling, 2008; Bernal & Ardila, 2009). Eine Schädigung der genannten linkshemisphärischen Faserverbindungen, insbesondere des FA, führt zu einer Aphasie und beeinträchtigt auch die Reorganisation subkortikaler Komponenten des gesamten Sprachnetzwerks, die für die Erholung von Aphasie erforderlich wären (Di Cristofori et al., 2021). Hierbei weisen der ventrale („innere") und dorsale („äußere") FA unterschiedliche funktionelle und pathologische Eigenschaften auf (Wang et al., 2016; Glasser & Rilling, 2008).

Literatur

Albert, M. L., & Bear, D. (1957). Time to understand. A case study of word deafness with reference to the role of time in auditory comprehension. *Brain, 97*, 373–384.

Albert, M. L., Sparks, R., Stockert, T. V., & Sax, D. (1972). A case study of auditory agnosia: Linguistic and non-linguistic processing. *Cortex, 8*, 427–443.

Allen, E. J., Burton, P. C., Olman, C. A., & Oxenham, A. J. (2017). Representations of pitch and timbre variation in human auditory cortex. *The Journal of Neuroscience, 37*(5), 1284–1293.

Auerbach, S. H., Allard, T., Naeser, M., Alexander, M. P., & Albert, M. L. (1982). Pure word deafness: Analysis of a case with bilateral lesions and a defect at the prephonemic level. *Brain, 105*, 271–300.

Augustine, J. R. (1996). Circuitry and functional aspects of the insular lobe in primates including humans. *Brain Research Brain Research Reviews, 22*(3), 229–244.

Axer, H., von Keyserlingk, A. G., Berks, G., & von Keyserlingk, D. G. (2001). Supra- and infrasylvian conduction aphasia. *Brain and Language, 76*(3), 317–331.

Bachmann, D. L., & Albert, M. L. (1988). Auditory comprehension in aphasia. In F. Boller & J. Grafman (Hrsg.), Handbook of neuropsychology (Bd. 1, S. 281–306). Amsterdam: Elsevier.

Baddeley, A. D. (2003). Working memory: Looking back and looking forward. *Nature Reviews Neuroscience, 4*, 829–839.

Baddeley, A. D. (2007). *Working Memory, Thought, and Action* (S. 215). Oxford University Press.

Baddeley, A. D. (2012). Working memory: Theories, models, and controversies. *Annual Review of Psychology, 63*, 1–29.

Bartlett, E. L. (2013). The organization and physiology of the auditory thalamus and its role in processing acoustic features important for speech perception. *Brain and Language, 126*(1), 29–48.

Bates, E., Wilson, S. M., Saygin, A. P., Dick, F., Sereno, M. I., Knight, R. T., & Dronkers, N. F. (2003). Voxel-based lesion–symptom mapping. *Nature Neuroscience 6*, 448–450.

Baum, S. R., & Ryan, L. (1993). Rate of speech effects in aphasia: Voice onset time. *Brain and Language, 44*(4), 431–445.

Baumann, S., Petkov, C. I., & Griffiths, T. D. (2013). A unified framework for the organization of the primate auditory cortex. *Frontiers in Systems Neuroscience, 7*, 11.

Belin, P., & Zatorre, R. J. (2000). "What", "where" and "how" in auditory cortex. *Nature Neuroscience, 3*, 965–966.

Belin, P., Zatorre, R., Lafaille, P., et al. (2000). Voice-selective areas in human auditory cortex. *Nature, 403*, 309–312.

Benson, D. F., Sheremata, W., Bouchard, R., Segarra, J. M., Price, N., & Geschwind, N. (1973). Conduction aphasia: A clinicopathological study. *Archives of Neurology, 28*, 339–346.

Bernal, B., & Altman, N. (2010). The connectivity of the superior longitudinal fasciculus: A tractography DTI study. *Magnetic Resonance Imaging, 28*, 217–225.

Bernal, B., & Ardila, A. (2009). The role of the arcuate fasciculus in conduction aphasia. *Brain, 132*(9), 2309–2316.

Binder, J. R. (2015). The Wernicke area: Modern evidence and a reinterpretation. *Neurology, 85*(24), 2170–2175.

Binder, J. R., Desai, R. H., Graves, W. W., & Conant, L. L. (2009). Where is the semantic system? A critical review and meta-analysis of 120 functional neuroimaging studies. *Cerebral Cortex, 19*(12), 2767–2796.

Binder, J. R., Frost, J. A., Hammeke, T. A., Rao, S. M., & Cox, R. W. (1996). Function of the left planum temporale in auditory and linguistic processing. *Brain, 119*(Pt 4), 1239–1247.

Binder, J. R., Frost, J. A., Hammeke, T. A., Bellgowan, P. S., Springer, J. A., Kaufman, J. N., & Possing, E. T. (2000). Human temporal lobe activation by speech and nonspeech sounds. *Cerebral Cortex, 10*, 512–528.

Blumstein, S., Cooper, W., Goodglass, H., Statlender, S., & Gottlieb, J. (1980). Production deficits in aphasia: A voice-onset time analysis. *Brain and Language, 9*, 153–570.

Bogen, J. E., & Bogen, G. M. (1976). Wernicke's region: where is it? *Annals of the New York Academy of Sciences, 290*, 834–843.

Bornkessel-Schlesewsky, I., & Schlesewsky, M. (2013). Reconciling time, space and function: A new dorsal-ventral stream model of sentence comprehension. *Brain and Language, 125*(1), 60–76.

Buchsbaum, B. R., Baldo, J., Okada, K., Berman, K. F., Dronkers, N., D'Esposito, M., & Hickok, G. (2011). Conduction aphasia, sensory-motor integration, and phonological short-term memory – an aggregate analysis of lesion and fMRI data. *Brain and Language, 119*(3), 119–128.

Buchsbaum, B. R., & D'Esposito, M. (2008). The search for the phonological store: From loop to convolution. *Journal of Cognitive Neuroscience, 20*, 762–778.

Buchsbaum, B. R., Olsen, R. K., Koch, P. F., Kohn, P., Kippenhan, J. S., & Berman, K. F. (2005). Reading, hearing, and the planum temporale. *NeuroImage, 24*(2), 444–454.

Buus, S. (1999). Temporal integration and multiple looks, revisited: Weights as a function of time. *The Journal of the Acoustical Society of America, 105*(4), 2466–2475.

Caplan, D., & Waters, G. (1992). Issues arising regarding the nature and consequences of reproduction conduction aphasia. In S. E. Kohn (Hrsg.), Conduction aphasia (S. 117–150). Hillsdale, NJ: Lawrence Erlbaum Associates.

Catani, M., Jones, D. K., & Ffytche, D. H. (2005). Perisylvian language networks of the human brain. *Annals of Neurology, 57*, 8–16.

Chi, T., Gao, Y., Guyton, M. C., Ru, P., & Shamma, S. (1999). Spectro-temporal modulation transfer functions and speech intelligibility. *The Journal of the Acoustical Society of America, 106*, 2719–2732.

Cutler, A., & Clifton, C. (1999). Comprehending spoken language: A blueprint for the listener. In C. Brown

& P. Hagoort (Hrsg.), *The neurocognition of language* (S. 123–166). Oxford University Press.

Damasio, A. R. (1989). The brain binds entities and events by multiregional activation from convergence zones. *Neural Computation, 1*, 123–132.

Damasio, H., & Damasio, A. R. (1980). The anatomical basis of conduction aphasia. *Brain, 103*, 337–350.

De Witt, I., & Rauschecker, J. P. (2012). Phoneme and word recognition in the auditory ventral stream. *Proceedings of the National Academy of Sciences, 109*(8), E505–E514.

Di Cristofori, A., Basso, G., de Laurentis, C., Mauri, I., Sirtori, M. A., Ferrarese, C., Isella, V., & Giussani, C. (2021). Perspectives on (A)symmetry of arcuate fasciculus: A short review about anatomy, tractography, and TMS for arcuate fasciculus reconstruction in planning surgery for gliomas in language areas. *Frontiers in Neurology, 12*, 639822.

Divenyi, P. L., & Robinson, A. J. (1989). Nonlinguistic auditory capabilities in aphasia. *Brain and Language, 37*(2), 290–326.

Fernandez-Miranda, J. C., Rhoton, A. L., Jr., Alvarez-Linera, J., Kakizawa, Y., Choi, C., & de Oliveira, E. P. (2008). Three-dimensional microsurgical and tractographic anatomy of the white matter of the human brain. *Neurosurgery, 62*, 989–1026.

Fiez, J. A., Raichle, M. E., Miezin, F. M., & Petersen, S. E. (1995). PET studies of auditory and phonological processing: Effects of stimulus characteristics and task demands. *Journal of Cognitive Neuroscience, 7*(3), 357–375.

Fridriksson, J., den Ouden, D. B., Hillis, A. E., Hickok, G., Rorden, C., Basilakos, A., Yourganov, G., & Bonilha, L. (2018). Anatomy of aphasia revisited. *Brain, 141*(3), 848–862.

Fujii, T., Fukatsu, R., Watabe, S., Ohnuma, A., Teramura, K., Kimura, I., et al. (1990). Auditory sound agnosia without aphasia following a right temporal lobe lesion. *Cortex, 26*, 263–268.

Galaburda, A., & Sanides, F. (1980). Cytoarchitectonic organization of the human auditory cortex. *The Journal of Comparative Neurology, 190*, 597–610.

Galaburda, A. M., LeMay, M., Kemper, T. L., & Geschwind, N. (1978). *Right-left asymmetries in the brain. Science, 199*(4331), 852–856.

Geschwind, N., & Levitsky, W. (1968). Human brain: left-right asymmetries in temporal speech region. *Science, 161*(3837), 186–187.

Glasser, M. F., & Rilling, J. K. (2008). DTI tractography of the human brain's language pathways. *Cerebral Cortex, 18*, 2471–2482.

Green, D. M., & Swets, J. A. (1966). *Signal detection theory and psychophysics* (Bd. 1). Wiley.

Griffiths, T. D., & Warren, J. D. (2002). The planum temporale as a computational hub. *Trends in Neurosciences, 25*(7), 348–353.

Günther, F. H., Ghosh, S. S., & Tourville, J. A. (2006). Neural modeling and imaging of the cortical interactions underlying syllable production. *Brain and Language, 96*(3), 280–301.

Habib, M., Robichon, F., Lévrier, O., Khalil, R., & Salamon, G. (1995). Diverging asymmetries of temporoparietal cortical areas: A reappraisal of Geschwind/Galaburda theory. *Brain and Language, 48*(2), 238–258.

Hamilton, L. S., Edwards, E., & Chang, E. F. (2018). A spatial map of onset and sustained responses to speech in the human superior temporal gyrus. *Current Biology, 28*(12), 1860–1871.e4.

Hamilton, L. S., Oganian, Y., Hall, J., & Chang, E. F. (2021). Parallel and distributed encoding of speech across human auditory cortex. *Cell, 184*(18), 4626–4639.e13.

Heinrich, A., Alain, C., & Schneider, B. A. (2004). Within- and between-channel gap detection in the human auditory cortex. *Neuroreport, 15*(13), 2051–2056.

Hickok, G., & Poeppel, D. (2000). Towards a functional neuroanatomy of speech perception. *Trends in Cognitive Sciences, 4*, 131–138.

Hickok, G., & Poeppel, D. (2004). Dorsal and ventral streams: A framework for understanding aspects of the functional anatomy of language. *Cognition, 92*, 67–99.

Hickok, G., & Poeppel, D. (2007). The cortical organization of speech processing. *Nature Reviews. Neuroscience, 8*, 393–402.

Hickok, G., Poeppel, D., & Scott, S. K. (2000). A functional magnetic resonance imaging study of the role of left posterior superior temporal gyrus in speech production: Implications for the explanation of conduction aphasia. *Neuroscience Letters, 287*, 156–160.

Hickok, G., Okada, K., & Serences, J. T. (2009). Area Spt in the human planum temporale supports sensory-motor integration for speech processing. *Journal of Neurophysiology, 101*(5), 2725–2732.

Janelle, F., Iorio-Morin, C., D'amour, S., Fortin, D. (2022). Superior longitudinal fasciculus: A review of the anatomical descriptions with functional correlates. *Frontiers in Neurology, 27*(13), 794618, 1–13.

John, H., Sharmistha, S., & Wooil, K. (2010). Automatic voice onset time detection for unvoiced stops (/p/,/t/,/k/) with application to accent classification. *Speech Communication, , 52*(10), 777–789.

Kaga, K., Shindo, M., Tanaka, Y., & Haebara, H. (2000). Neuropathology of auditory agnosia following bilateral temporal lobe lesions: A case study. *Acta Oto-Laryngologica, 120*, 259–262.

Kurth, F., Zilles, K., Fox, P. T., Laird, A. R., & Eickhoff, S. B. (2010). A link between the systems: functional connectivity of the insula and cingulate. *Brain Structure and Function, 214*(5–6), 519–534.

Langner, G., & Schreiner, C. (1988). Periodicity coding in the inferior colliculus of the cat: I neuronal mechanism. *Journal of Neurophysiology, 60*, 1799–1822.

Liberman, A. M., & Mattingly, I. G. (1985). The motor theory of speech perception revised. *Cognition, 21*, 1–36.

Lichtheim, L. (1885). On Aphasia. *Brain, 7*, 433–484.

Luce, P. A. (1986). Neighborhoods of words in the mental lexicon. Ph.D. dissertation, Indiana University, Bloomington.

Luce, P. A., & McLennan, C. T. (2005). Spoken word recognition: The challenge of variation. In D. B. Pisoni & R. E. Remez (Hrsg.), *The handbook of speech perception* (S. 591–610). Blackwell.

Luce, P. A., & Pisoni, D. B. (1998). Recognizing spoken words: The neighborhood activation model. *Ear and Hearing, 19*, 1–36.

Makris, N., Kennedy, D. N., McInerney, S., Sorensen, A. G., Wang, R., & Caviness, V. S., Jr. (2005). Segmentation of subcomponents within the superior longitudinal fascicle in humans: A quantitative, in vivo. *DT-MRI study. Cerebral Cortex, 15*(6), 854–869.

Maldonado, I. L., Moritz-Gasser, S., & Duffau, H. (2011). Does the left superior longitudinal fascicle subserve language semantics? A brain electrostimulation study. *Brain Structure and Function, 216*(3), 263–274.

Martin, R. C., Lesch, M. F., & Bartha, M. C. (1999). Independence of input and output phonology in word processing and short-term memory. *Journal of Memory and Language, 41*, 3–29.

Marslen-Wilson, W. D., Moss, H., & van Halen, S. (1996). Perceptual distance and competition in lexical access. *Journal of Experimental Psychology: Human Perception and Performance, 22*(6), 1376–1392.

McClelland, J. L., & Rumelhart, D. E. (1981). An interactive activation model of context effects in letter perception: Part 1. *An account of basic findings. Psychological Review, 88*(5), 375–407.

McGettigan, C., & Scott, S. K. (2012). Cortical asymmetries in speech perception: What's wrong, what's right and what's left? *Trends in Cognitive Sciences, 16*(5), 269–276. https://doi.org/10.1016/j.tics.2012.04.006

Mesulam, M. M., & Mufson, E. J. (1985). The insula of Reil in man and monkey: Architectonics, connectivity and function. In A. Peters & E. G. Jones (Hrsg.), *Cerebral cortex* (S. 179–226). Plenum Press.

Miceli, G., & Caccia, A. (2022). Cortical disorders of speech processing: Pure word deafness and auditory agnosia. *Handbook of Clinical Neurology, 187*, 69–87.

Milner, B. (1971). Interhemispheric differences in the localization of psychological processes in man. *British Medical Bulletin, 27*(3), 272–277.

Moore, B. C. J. (2003). Temporal integration and context effects in hearing. *Journal of Phonetics, 31*, 563–574.

Moore, B. C. J. (2007). Basic auditory processes involved in the analysis of speech sounds. *Philosophical Transactions of the Royal Society of London. Series B, Biological Sciences, 7*;363(1493), 947–963.

Mufson, E. J., & Mesulam, M. M. (1982a). Insula of the Old World monkey. I. Cytoarchitecture and organization of cortical afferents. *The Journal of Comparative Neurology, 212*(1), 1–22.

Mufson, E. J., & Mesulam, M. M. (1982b). Insula of the Old World monkey. II. Efferent cortical output and comments on function. *The Journal of Comparative Neurology, 212*(1), 23–37.

Nucifora, P. G., Verma, R., Melhem, E. R., Gur, R. E., & Gur, R. C. (2005). Leftward asymmetry in relative fiber density of the arcuate fasciculus. *Neuroreport, 16*, 791–794.

Okada, K., Rong, F., Venezia, J., Matchin, W., Hsieh, I. H., Saberi, K., Serences, J. T., & Hickok, G. (2010). Hierarchical organization of human auditory cortex: Evidence from acoustic invariance in the response to intelligible speech. *Cerebral Cortex, 20*(10), 2486–2495.

Page, M. P. A., Madge, A., Cumming, N., & Norris, D. (2007). Speech errors and the phonological similarity effect in short-term memory: Evidence suggesting a common locus. *Journal of Memory and Language, 56*, 49–64.

Papagno, C., Comi, A., Riva, M., Bizzi, A., Vernice, M., Casarotti, A., Fava, E., & Bello, L. (2017). Mapping the brain network of the phonological loop. *Human Brain Mapping, 38*(6), 3011–3024.

Pasley, B. N., David, S. V., Mesgarani, N., Flinker, A., Shamma, S. A., Crone, N. E., Knight, R. T., & Chang, E. F. (2012). Reconstructing speech from human auditory cortex. *PLoS Biology, 10*(1), e1001251.

Patterson, J. H., & Green, D. M. (1970). Discrimination of transient signals having identical energy spectra. *Journal of the Acoustical Society of America, 48*, 536–553.

Patterson, K., Nestor, P., & Rogers, T. (2007). Where do you know what you know? The representation of semantic knowledge in the human brain. *Nature Reviews. Neuroscience, 8*, 976–988.

Petrides, M., & Pandya, D. N. (1984). Projections to the frontal cortex from the posterior parietal region in the rhesus monkey. *The Journal of Comparative Neurology, 228*, 105–116.

Pfeifer, R. A. (1920). Mylogenetisch-anatomische Untersuchungen über das kortikale Ende der Hörleitung, *Abhandlungen der Mathematisch-Physischen Klasse der Sächsischen Akademie der Wissenschaften*, 37 (2), S. 1–54).

Phillips, D. P., & Farmer, M. E. (1990). Acquired word deafness and the temporal grain of sound representation in the primary auditory cortex. *Behavioural Brain Research, 40*, 85–94.

Poeppel, D. (2003). The analysis of speech in different temporal integration windows: cerebral lateralization as "asymmetric sampling in time." *Speech Communication, 41*(1), 245–255.

Price, C. J., Mummery, C. J., Moore, C. J., Frackowiak, R. S. J., & Friston, K. J. (1999). Delineating necessary and sufficient neural systems with functional imaging studies of neuropsychological patients. *Journal of Cognitive Neuroscience, 11*(4), 371–382.

Püschel, D. (1988). Prinzipien der zeitlichen Analyse beim Hören (Dissertation). Physikalisches Institut III, Göttingen.

Rauschecker, J. P., & Scott, S. K. (2009). Maps and streams in the auditory cortex: Nonhuman primates illuminate human speech processing. *Nature Neuroscience, 12*(6), 718–724.

Rumelhart, D. E., & McClelland, J. L. (1982). An interactive activation model of context effects in letter perception: Part 2. The contextual enhancement effect and some tests. Psychological Review, 89(1), 60–94.

Saygin, A. P., Dick, F., Wilson, S. M., Dronkers, N. F., & Bates, E. (2003). Neural resources for processing language and environmental sounds: Evidence from aphasia. Brain, 126(4), 928–945.

Saygin, A. P., Leech, R., & Dick, F. (2010). Nonverbal auditory agnosia with lesion to Wernicke's area. Neuropsychologia, 48(1), 107–113.

Schmahmann, J. D., & Pandya, D. N. (2006). Fiber pathways of the brain. Oxford University Press.

Shallice, T., & Papagno, C. (2019). Impairments of auditory-verbal short-term memory: Do selective deficits of the input phonological buffer exist? Cortex, 112, 107–121.

Shapleske, J., Rossell, S. L., Woodruff, P. W. R., & David, A. S. (1999). The planum temporale: A systematic, quantitative review of its structural, functional and clinical significance. Brain Research Reviews, 29(1), 26–49.

Shattuck-Hufnagel. (1992). The role of word structure in segmental serial ordering. Cognition, 42, 213–259.

Sidiropoulos, K. (2011). Zerebrale Korrelate auditiv zeitlicher Verarbeitung bei hirngeschädigten Patienten. Inaugur. Diss., Universität Tübingen.

Sidiropoulos, K., de Bleser, R., Preilowski, B., & Ackermann, H. (2005). Ist die Unterscheidung zwischen einem phonologischen Kurzzeit- und dem Langzeitgedächtnis noch zeitgemäß? Ein Streifzug durch die Literatur. Neurolinguistik, 19(1–2), 5–23.

Sidiropoulos, K., de Bleser, R., Ackermann, H., & Preilowski, B. (2008). Pre-lexical disorders in repetition conduction aphasia. Neuropsychologia, 46(14), 3225–3238.

Sidiropoulos, K., Ackermann, H., Wannke, M., & Hertrich, I. (2010). Temporal processing capabilities in repetition conduction aphasia. Brain and Cognition, 73(3), 194–202.

Sidiropoulos, K., Bormann, T., & Ackermann, H. (2014). Cortical and fiber tract interrelations in conduction aphasia. Aphasiology, 28(10), 1151–1167.

Sidiropoulos, K., de Bleser, R., Ablinger, I., & Ackermann, H. (2015). The relationship between verbal and nonverbal auditory signal processing in conduction aphasia: Behavioral and anatomical evidence for common decoding mechanisms. Neurocase, 21(4), 377–393.

Spencer, K. A., & Rogers, M. A. (2005). Speech motor programming in hypokinetic and ataxic dysarthria. Brain and Language, 94(3), 347–366.

Spencer, K. A., & Slocomb, D. L. (2007). The neural basis of ataxic dysarthria. Cerebellum, 6(1), 58–65.

Spreen, O., Benton, A. L., & Fincham, R. W. (1965). Auditory agnosia without aphasia. Archives of Neurology, 13, 84–92.

Stefanatos, G. A., Braitman, L. E., & Madigan, S. (2007). Fine grain temporal analysis in aphasia: Evidence from auditory gap detection. Neuropsychologia, 45, 1127–1133.

Stefanatos, G. A., Gershkoff, A., & Madigan, S. (2005). On pure word deafness, temporal processing, and the left hemisphere. Journal of the International Neuropsychological Society, 11(4), 456–470; discussion 455.

Takayama, Y., Kinomoto, K., & Nakamura, K. (2004). Selective impairment of the auditory-verbal short-term memory due to a lesion of the superior temporal gyrus. European Neurology, 51(2), 115–117.

Tallal, P., Miller, S., & Fitch, R. H. (1993). Neurobiological basis of speech: A case for the preeminence of temporal processing. In P. Tallal, A. Galaburda, R. R. Mllinás, & C. v. Euler (Hrsg.), Temporal information processing in the nervous system: special reference to dyslexia and dysphasia. Annals of the New York Academy of Sciences, 682, 27–47.

Thiebaut de Schotten, M., Dell'Acqua, F., Valabregue, R., & Catani, M. (2012). Monkey to human comparative anatomy of the frontal lobe association tracts. Cortex, 48(1), 82–96.

Upadhyay, J., Silver, A., Knaus, T. A., Lindgren, K. A., Ducros, M., Kim, D. S., & Tager-Flusberg, H. (2008). Effective and structural connectivity in the human auditory cortex. The Journal of Neuroscience, 28(13), 3341–3349.

Vallar, G., & Papagno, C. (2002). Neuropsychological impairments of short-term memory. In A. D. Baddeley, M. Kopelman, & B. Wilson (Hrsg.), Handbook of memory disorders (S. 249–270). Wiley.

Viemeister, N. F. & Wakefield, G. H. (1991). Temporal integration and multiple looks. Journal of the Acoustical Society of America, 90, 858–865.

Vignolo, L. (1982). Auditory agnosia. Philosophical Transactions of the Royal Society of London. Series B, Biological Sciences, 298(1089), 49–57.

Vignolo, L. (2003). Music agnosia and auditory agnosia: Dissociations in stroke patients. Annals of the New York Academy of Sciences, 999(1), 50–57.

Wagner, A. D., et al. (2001). Recovering meaning: Left prefrontal cortex guides controlled semantic retrieval. Neuron, 31, 329–338.

Wallace, M. N., et al. (2002). Histochemical identification of cortical areas in the auditory region of the human brain. Experimental Brain Research, 143, 499–508.

Wang, X., Pathak, S., Stefaneanu, L., Yeh, F. C., Li, S., & Fernandez-Miranda, J. C. (2016). Subcomponents and connectivity of the superior longitudinal fasciculus in the human brain. Brain Structure and Function, 221(4), 2075–2092.

Winer, J. A., & Schreiner, C. E. (2005). The central auditory system: A functional analysis. In J. A. Winer & C. E. Schreiner (Eds.), The inferior colliculus (pp. 1–68). Springer.

Young, E. D. (2008). Neural representation of spectral and temporal information in speech. Philosophical Transactions of the Royal Society B: Biological Sciences, 363(1493), 923–945.

Zatorre, R. J., Bouffard, M., Ahad, P., & Belin, P. (2002). Where is 'where' in the human auditory cortex? *Nature Neuroscience, 5*(9), 905–909.

Zatorre, R. J., Evans, A. C., Meyer, E., & Gjedde, A. (1992). Lateralization of phonetic and pitch discrimination in speech processing. *Science, 256*, 846–849.

Zenner, H. P. (1994). Hören. Physiologie, Biochemie, Zell- und Neurobiologie, Stuttgart: Thieme Verlag.

Zhao, J., Li, Y., Zhang, X., Yuan, Y., Cheng, Y., Hou, J., Duan, G., Liu, B., Wang, J., & Wu, D. (2022). Alteration of network connectivity in stroke patients with apraxia of speech after tDCS: A randomized controlled study. *Frontiers in Neurology, 13*, 969786.

Semantische und syntaktische Netzwerke im Gehirn

Sandra Martin und Gesa Hartwigsen

Inhaltsverzeichnis

7.1 Einführung – 136

7.2 Semantische Verarbeitung – 136
7.2.1 Neuronale Korrelate semantischer Repräsentation – 137
7.2.2 Neuronale Korrelate semantischer Kontrolle – 139

7.3 Syntaktische Verarbeitung – 140
7.3.1 Neuronales Netzwerk der syntaktischen Verarbeitung – 141
7.3.2 Neuronale Faserverbindungen in der syntaktischen Verarbeitung – 142

7.4 Vom Konzept über das Wort zum vollständigen Satz: Das Dual-Stream-Modell – 143

7.5 Die Rolle von domänenallgemeinen Netzwerken in der semantischen und syntaktischen Verarbeitung – 146

7.6 Schlussfolgerungen und Ausblick – 148

Literatur – 148

© Der/die Autor(en), exklusiv lizenziert an Springer-Verlag GmbH, DE, ein Teil von Springer Nature 2025
K. Sidiropoulos (Hrsg.), *Transkranielle Gleichstromstimulation bei Aphasien und erworbenen Sprechstörungen*, https://doi.org/10.1007/978-3-662-70454-7_7

7.1 Einführung

Die einzigartige Fähigkeit des Menschen, aus Lauten Wörter zu bilden, diese gemäß strukturellen Regeln zu größeren sprachlichen Einheiten zu kombinieren und somit Bedeutung zu vermitteln, hat Linguisten, Neurologen und Philosophen seit jeher fasziniert. Die Arbeiten der Anatomen Paul Broca und Carl Wernicke Mitte des 19. Jahrhunderts zu Patienten mit einer erworbenen Sprachstörung (Aphasie) nach Schlaganfall lieferten die ersten grundlegende Beweise, dass Sprache in spezifischen Regionen des Gehirns verarbeitet wird. Seither hat die neurowissenschaftliche und neurolinguistische Erforschung der neuronal-funktionalen Korrelate von Sprache riesige Fortschritte gemacht. Die Nutzung moderner Bildgebungsverfahren wie der Elektroenzephalografie (EEG), Magnetoenzephalografie (MEG) und Magnetresonanztomografie (MRT) sowie von nichtinvasiven Hirnstimulationsmethoden im gesunden sowie geschädigten Gehirn haben umfassende Erkenntnisse zur Lokalisation von Sprachfunktionen geliefert. Heute wissen wir, dass die verschiedenen Komponenten von Sprache wie Semantik, Syntax und Phonologie nicht in einzelnen, isolierten Arealen verarbeitet werden, sondern auf großflächigen Netzwerken basieren, die zudem mit anderen, domänenallgemeinen Netzwerken interagieren. Dieses Kapitel legt den Fokus auf die neuronalen Netzwerke von Semantik und Syntax. Es zeigt, wie Bedeutungen repräsentiert und sprachlich verarbeitet sowie zu größeren linguistischen Einheiten kombiniert werden. Im Folgenden werden zunächst die neuronalen Korrelate von Semantik und Syntax einzeln betrachtet, bevor ihre Kombination zu Phrasen und Sätzen besprochen wird. Im letzten Abschnitt wird die Rolle von domänenallgemeinen Netzwerken in der Verarbeitung von Semantik und Syntax beleuchtet.

7.2 Semantische Verarbeitung

Die Fähigkeit des menschlichen Gehirns, Bedeutungen zu verstehen, zu repräsentieren und anzuwenden, ist ein zentrales Element unserer kognitiven Fähigkeiten. Diese Prozesse, die unter dem Begriff der semantischen Kognition zusammengefasst werden, sind essenziell für die Art und Weise, wie wir Wissen erwerben, speichern und abrufen. Die semantische Kognition ist eine grundlegende menschliche Fähigkeit, die den flexiblen Umgang mit erworbenem Wissen ermöglicht und sowohl Kommunikation als auch Handlungen unterstützt. Das semantische Gedächtnis umfasst dabei alle Fakten und Informationen, die wir über die Lebensspanne erwerben und auf die wir bei Bedarf selektiv zugreifen können (Binder et al., 2009). Es beinhaltet modalitätsübergreifende Repräsentationen, die neben sprachlich relevanten Informationen innerhalb des mentalen Lexikons, z. B. den Wortbedeutungen, ebenso sensorische, motorische und emotionale Komponenten beinhalten. Sprache ist fundamental und zentral für das semantische Gedächtnis. Bedeutungen können darüber hinaus aber auch über andere Modalitäten, z. B. in Form von Bildern oder akustischen Signalen, abgespeichert werden. Der Zugriff auf das semantische Gedächtnis wird über semantische Kontrollprozesse geregelt, um in einem bestimmten Kontext nur relevante Informationen abzurufen und Irrelevantes zu unterdrücken.

Dies lässt sich an einem Beispiel verdeutlichen: Wenn wir ein Klavier bei einem Umzug die Treppe hinauftragen, müssen wir Merkmale wie das Gewicht und die Größe des Klaviers abrufen. Hören wir uns im Gegenzug ein Klavierstück an, konzentrieren wir uns auf den Klang und die musikalischen Eigenschaften des Klaviers. Um kontextabhängige Anpassungen vornehmen zu können, ist das Zusammenspiel von semantischer Repräsentation und semantischer Kontrolle entschei-

Semantische und syntaktische Netzwerke im Gehirn

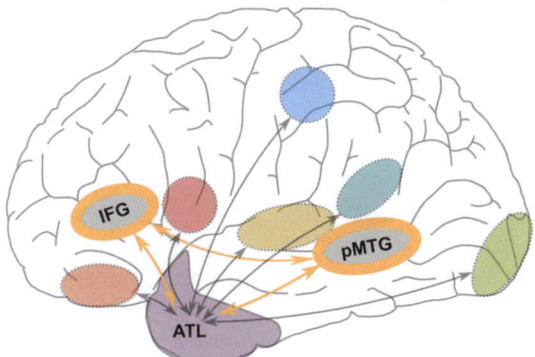
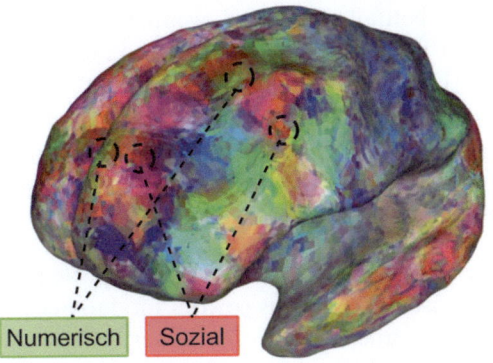

Abb. 7.1 **a** Semantische Kognition besteht aus einem Netzwerk für semantische Kontrolle (gelb) mit Schlüsselregionen im Gyrus frontalis inferior (IFG) und posterioren mittleren Temporalkortex (pMTG) und einem Netzwerk für das semantische Gedächtnis. Dieses besteht aus einem amodalen Hub im anterioren Temporallappen (ATL; violett), der die Merkmale aus den modalitätsspezifischen Arealen (Spokes; mehrfarbig, gestrichelte Umrandung) bindet und zu kohärenten Konzepten zusammenfügt. **b** Moderne Analysen mittels Machine-Learning-Ansätzen zeigen das großflächige kortikale Netzwerk für semantische Repräsentationen. In der Studie von Huth et al. (2016) wurden die individuellen Wörter in Podcasts auf dem Kortex decodiert. Dabei sind semantisch nahe Konzepte gruppiert in mehreren Regionen repräsentiert. Die Abbildung zeigt dies beispielhaft für Konzepte von numerischer und sozialer Kognition. (Aus ▶ gallantlab.org/viewer-huth-2016)

dend. Dieses Zusammenspiel ermöglicht gezieltes Denken und Handeln. Die Unterscheidung zwischen semantischer Repräsentation und semantischer Kontrolle basiert auf neuropsychologischen Studien an Patient*innen, die entweder isolierte Defizite in der semantischen Kontrolle (semantische Aphasie) oder übergreifende Beeinträchtigungen in den semantischen Repräsentationen (semantische Demenz) aufweisen. Zusätzlich stützen sich diese Erkenntnisse auf Evidenz aus Bildgebungsstudien im gesunden Gehirn. Das Controlled Semantic Cognition Framework verbindet die beiden Elemente, semantische Repräsentation und semantische Kontrolle, und beschreibt ihre Interaktion auf neuronaler Ebene (○ Abb. 7.1a; Jefferies, 2013; Lambon Ralph et al., 2017). Im Folgenden werden die kortikalen Netzwerke beider Prozesse vorgestellt.

7.2.1 Neuronale Korrelate semantischer Repräsentation

Ein Konzept setzt sich aus mehreren Merkmalen zusammen, die gemeinsam dessen Repräsentation im semantischen Gedächtnis bilden. Diese Merkmale sind mehrdimensional und beinhalten Informationen zu verschiedenen Modalitäten, wie motorische und sensorische Informationen. Die Merkmale eines Konzepts variieren außerdem in ihrer Salienz, d. h., wie stark wir ein bestimmtes Merkmal mit einem Konzept assoziieren. Beispielsweise ist das Gewicht (Merkmal) eines Klaviers (Konzept) im Allgemeinen weniger relevant und salient als sein Klang, kann aber im Kontext eines Umzugs besonders wichtig sein.

Zahlreiche Studien haben sich mit der Frage beschäftigt, wie und wo die Merkmale eines Konzepts auf neuronaler Ebene im Gehirn repräsentiert sind. Die Ergebnisse zeigen, dass semantische Repräsentationen in einem großflächigen kortikalen Netzwerk abgespeichert sind (Binder et al., 2009; Binder & Desai, 2011; Kumar, 2021). Dieses Netzwerk ist modalitätsspezifisch organisiert, was bedeutet, dass die konzeptuellen Merkmale in den kortikalen Regionen repräsentiert sind, die auch mit der tatsächlichen Wahrnehmung und dem Umgang mit diesen Objekten verbunden sind. So konnten frühe Bildgebungsstudien zeigen, dass die Wörter „Messer" und „Beil" bei Rechtshändern Areale im linken prämotorischen Kortex aktivieren (Lewis,

2006). Das sind die Bereiche, die an der Planung von motorischen Handlungen beteiligt und ebenfalls aktiv sind, wenn wir ein Messer oder Beil tatsächlich in die Hand nehmen.

Diese Befunde stehen in Einklang mit modernen Methoden, die Machine-Learning-Ansätze nutzen, um Muster in neuronalen Aktivierungen für eine Vielzahl von Wörtern und Bildern zu identifizieren. Diese Analysen belegen, dass konzeptuelles Wissen in der Tat in einem großflächigen kortikalen Netzwerk repräsentiert ist, das sowohl modalitätsspezifisch als auch nach semantischer Nähe organisiert ist (Huth et al., 2012, 2016). Es scheint also nicht ein einzelnes Areal im Gehirn für jedes Konzept zu geben, sondern Neuronenpopulationen speichern Merkmale, die semantisch sehr nahe beieinander sind und für verschiedene Konzepte abgerufen werden (◘ Abb. 7.1b). Betrachten wir z. B., wie das Konzept des Messers neuronal repräsentiert ist: Informationen darüber, wie ein Messer aussieht, wofür es verwendet wird und wie man es hält, sind über verschiedene Gehirnregionen verteilt. Diese Regionen gehören zu Netzwerken, die für Wahrnehmung, sensorische Verarbeitung und motorische Funktionen zuständig sind.

Die Beobachtung, dass konzeptuelle Repräsentationen von konkreten Objekten sowie sensorischen Erfahrungen in den kortikalen Regionen verankert sind, die die Wahrnehmung und Handlungen unseres Körpers verarbeiten und koordinieren, führte zur Entwicklung der Begriffe „körperbasierte Kognition" (Embodied Cognition) und „verankerte Kognition" (Grounded Cognition) im Bereich der semantischen Verarbeitung (Barsalou, 2008; Pulvermüller, 1999). Die Idee der körperbasierten Kognition wurde ursprünglich im 20. Jahrhundert in der Philosophie und den Kognitionswissenschaften entwickelt. Vertreter dieser Theorie argumentierten, dass Psyche und Körper nicht unabhängig voneinander gedacht werden könnten und dass ihre Wechselwirkung in kognitionswissenschaftlichen Modellen Beachtung finden müsse (Lakoff & Johnson, 1981; Varela et al., 1993). Im Gegensatz zur körperbasierten Kognition, die eine exklusive Verarbeitung von konkreten Objekten in perzeptiven und motorischen Systemen annimmt (Gallese & Lakoff, 2005; Varela et al., 1993), geht der Ansatz der verankerten Kognition von einer zusätzlichen abstrakten Repräsentationsebene aus, auf der verschiedene modalitätsspezifische Merkmale in ein ganzheitliches Konzept integriert werden (Binder & Desai, 2011; Kuhnke et al., 2020).

Die Theorie der verankerten Kognition wird durch Ergebnisse aus modernen Bildgebungsstudien zur Repräsentation abstrakter Konzepte, wie etwa Gefühle und soziale Interaktionen, unterstützt. So zeigte eine Metaanalyse über viele Bildgebungsstudien zur Verarbeitung emotionaler Stimuli, dass die Wahrnehmung solcher Stimuli, unabhängig davon, ob sie als Wörter oder Bilder präsentiert wurden, neben visuellen und auditiven Arealen auch ein Netzwerk im dorsomedialen präfrontalen Kortex und im limbischen System aktiviert, das ebenfalls in der Generierung von Gefühlen involviert ist (Kober et al., 2008). Ähnlich scheinen die konzeptuellen Repräsentationen für soziale Interaktionen innerhalb des Netzwerks für soziale Kognition gespeichert zu sein: Gesichter, Gerüche, Berührungen sowie Sprache und Prosodie werden zunächst in den jeweiligen domänenspezifischen Arealen vom visuellen, olfaktorischen, somatosensorischen sowie sprachlichen System verarbeitet, bevor die klassischen Areale des sozialen Gehirns im Temporallappen aktiviert werden (Adolphs, 2009; Binney & Ramsey, 2020).

Moderne Theorien zu den neuronalen Korrelaten semantischer Repräsentationen gehen neben den modalitätsspezifischen Arealen, den sog. Spokes, von einer zusätzlichen, amodalen Ebene der semantischen Verarbeitung aus, dem Hub (Lambon Ralph et al., 2017; Patterson et al., 2007). Der Hub dient dazu, die verschiedenen multimodalen Merkmale in ein ganzheitliches Konzept zu integrieren. Die sog. Hub-and-Spoke-Architektur stützt sich dabei nicht nur auf Erkenntnisse aus Bildgebungsstudien zur semantischen Verarbeitung im gesunden Gehirn, sondern zusätzlich auf Beobachtungen bei Patient*innen mit semantischer Demenz. Bei dieser Demenzform tritt frühzeitig eine progrediente Atrophie im beidseitigen anterioren Temporallappen auf, die zu einem fortschreitenden Verlust des semantischen Gedächtnisses führt, unabhängig von Modalität und Domäne eines Konzepts. Es wird daher angenommen, dass der anteriore Temporallappen, insbesondere der anteriore Temporalpol, ein essenzieller Knotenpunkt (Hub) in der semantischen Verarbeitung ist, in dem das semantische Wissen aus den verschiedenen Spokes konvergiert und kohärente Konzepte gebildet werden (◘ Abb. 7.1a und ▸ Abschn. 5.1.1).

7.2.2 Neuronale Korrelate semantischer Kontrolle

Wie in ▸ Abschn. 7.2 besprochen, geht das Controlled Semantic Cognition Framework davon aus, dass es neben dem Hub-and-Spoke-Netzwerk der semantischen Repräsentationen auch ein separates Netzwerk für die semantische Kontrolle gibt. Dieses ermöglicht uns, bestimmte Merkmale eines Konzepts zielgerichtet und flexibel abzurufen und nichtrelevante Informationen zu unterdrücken. Erste Evidenz für ein separates Netzwerk der semantischen Kontrolle beruht auf neuropsychologischen Studien an Patient*innen mit einer semantischen Aphasie, die eine isolierte Störung der semantischen Kontrolle zeigen, während das konzeptuelle Wissen per se intakt bleibt (Corbett et al., 2009; Jefferies et al., 2008; Jefferies & Lambon Ralph, 2006). Ein charakteristisches Merkmal dieser Störung ist das Auftreten von inkonsistenten Fehlern, die stark vom kognitiven Anspruch der jeweiligen Aufgabe abhängen. So deuten Beobachtungen aus Benennstudien darauf hin, dass Menschen mit einer semantischen Aphasie Schwierigkeiten haben, irrelevante Informationen und Ablenker zu unterdrücken, die dem Zielwort semantisch nahe stehen. Ein typischer Fehler bei gestörter semantischer Kontrolle wäre beispielsweise die Nennung von „Pyramide" anstelle des Zielwortes „Kamel" (Jefferies & Lambon Ralph, 2006). Im Gegensatz dazu weisen Menschen mit semantischer Demenz, wie bereits in ▸ Abschn. 7.2.1 beschrieben, Defizite in den semantischen Repräsentationen auf. Diese äußern sich z. B. durch das Benennen von hochfrequenten und übergeordneten Begriffen, wie „Pferd" oder „Tier" anstelle von „Kamel".

Die Areale, die mit Störungen der semantischen Kontrolle assoziiert sind, befinden sich im linken Gyrus frontalis inferior (IFG) und im posterioren mittleren Temporallappen (pMTL; Noonan et al., 2010), wie in ◘ Abb. 7.1a dargestellt. Neben Untersuchungen an Patient*innen mit isolierten Defiziten der semantischen Kontrolle liefern Bildgebungsstudien im gesunden Gehirn sowie Studien mittels transkranieller Magnetstimulation (TMS) weitere Belege für die Schlüsselrolle beider Areale beim kontrollierten Zugriff auf semantische Repräsentationen. Studien zeigen, dass beide Areale bei jungen, gesunden Erwachsenen besonders dann essenziell sind, wenn die kognitive Anforderung steigt, beispielsweise bei der Unterscheidung von semantisch sehr nahen Konzepten (Whitney et al., 2011). Zudem führt die Hemmung des linken IFG mittels TMS zu erhöhter Aktivität im posterioren MTL (Hallam et al., 2016). Dies unterstützt die Annahme eines funktionellen Netzwerks beider Areale, in dem die Störung des IFG zu einer kompensatorischen Hochregulierung des posterioren MTL führt.

> Semantische Kognition bezieht sich auf die flexible Nutzung erworbenen Wissens für Kommunikation und Handlungen. Das semantische Gedächtnis umfasst Fakten und Informationen, die modalitätsübergreifend repräsentiert sind, einschließlich sensorischer, motorischer und emotionaler Komponenten. Das Hub-and-Spoke-Modell beschreibt die semantische Verarbeitung durch modalitätsspezifische Areale (Spokes) und eine zentrale amodale Integrationsstelle (Hub) im anterioren Temporallappen. Semantische Kontrolle ermöglicht den gezielten Abruf relevanter Informationen. Das Controlled Semantic Cognition Framework beschreibt das Zusammenspiel dieser beiden Netzwerke für gezieltes Denken und Handeln.

7.3 Syntaktische Verarbeitung

Wir kommunizieren nicht in einzelnen Wörtern, sondern in einem System von Regeln und Strukturen, das uns ermöglicht, komplexe Gedanken und Ideen auszudrücken. Syntax ist die Grundlage unserer Fähigkeit, Wörter zu Sätzen zu kombinieren und somit Bedeutung auf einer höheren Ebene zu erzeugen. Was Syntax besonders faszinierend macht, ist ihre Universalität und Variabilität. Alle menschlichen Sprachen haben eine syntaktische Struktur, auch wenn diese unterschiedlich ausgedrückt werden. Im Deutschen folgt die Wortstellung meist Subjekt-Verb-Objekt, während im Japanischen Subjekt-Objekt-Verb typisch ist. Trotz dieser Unterschiede folgen beide Sprachen grundlegenden syntaktischen Prinzipien, die die gleichen kognitiven Fähigkeiten widerspiegeln. Ein Kernmerkmal von Syntax ist ihre Hierarchie. Sätze bestehen nicht nur aus einer linearen Abfolge von Wörtern, sondern aus hierarchisch organisierten Einheiten, die als Phrasen oder Satzglieder bezeichnet werden. Über den Mechanismus Merge werden einzelne Elemente zu neuen Einheiten kombiniert, die ihrerseits in eine größere Struktur integriert werden können (Zaccarella & Friederici, 2015). Zum Beispiel kann die einfache Phrase „das rote Auto" in den Satz „Ich sehe das rote Auto" integriert werden, der wiederum in einen komplexeren Satz wie „Ich sehe das rote Auto, das an der Ecke geparkt ist" eingebettet werden kann. Diese hierarchische Organisation ermöglicht es uns, Sätze zu verschachteln und komplexe Relationen zwischen Wörtern und Phrasen auszudrücken.

Die Erforschung der syntaktischen Strukturen im Gehirn ist geprägt von der Kontroverse über die Theorie zur Autonomie von Syntax. Dieser Ansatz wurde in der Mitte des 20. Jahrhunderts von Vertretern des Formalismus in der Linguistik eingeführt. Seine Vertreter argumentieren, dass syntaktische Strukturen durch rein formale Regeln und Prinzipien bestimmt werden, unabhängig von anderen Systemen wie der Semantik und Phonologie. Somit ist Syntax ein in sich geschlossenes System. Das bedeutet, dass grammatische Strukturen auch dann gebildet werden können, wenn sie keinen Sinn ergeben oder im realen Kontext nicht vorkommen würden (Chomsky, 1957). Kognitive Grammatikmodelle, die dieser Theorie des syntaktischen Autonomismus folgen, sehen Syntax als eine eigenständige Ebene der sprachlichen Verarbeitung, die mit anderen Ebenen interagiert, um Kommunikation zu ermöglichen (Adger, 2018). Eine strenge Auslegung der Theorie zur Autonomie von Syntax würde demnach ein eigenständiges Netzwerk für die syntaktische Verarbeitung im Gehirn erwarten.

Ergebnisse aus neurowissenschaftlichen Studien zeichnen jedoch ein komplexeres Bild, was auch der Schwierigkeit Rechnung trägt, Syntax experimentell von Semantik abzugrenzen. So hat die wiederholte Beobachtung, dass sowohl syntaktische als auch semantische Verarbeitungsprozesse ein ähnliches Netzwerk in linken frontotemporalen Regionen aktivieren, zur Entwicklung von alternativen Theorien geführt, die die Autonomie eines syntaktischen Systems in der Sprache infrage stellen (Fedorenko et al., 2012, 2020). Dabei schließen sich die verschiedenen Ansätze jedoch nicht unbedingt aus, sondern spiegeln vermutlich die eng miteinander verbundene Verarbeitung von Syntax und Semantik in einem sprachspezifischen Netzwerk wider, das über verschiedene Subnetzwerke und unterschiedliche zeitliche Verläufe die partielle Unabhängigkeit beider Systeme beinhaltet (z. B. Zhu et al., 2022). Und schließlich wäre selbst die Abwesenheit eines eigenständigen syntaktischen Systems auf neurobiologischer Ebene kein hinreichender Beleg dafür, dass Syntax auf kognitiver Ebene nicht autonom verarbeitet wird (Coopmans & Zaccarella, 2023; Poeppel & Embick, 2005). Der Grundgedanke hinter dieser Aussage ist, dass die Existenz oder Nichtexistenz eines spezifischen, isolierten syntaktischen Systems auf der neurobiologischen Ebene nicht automatisch Rückschlüsse auf die kognitive Verarbeitung der Syntax zulässt. Im Folgenden werden zunächst die kortikalen Regionen des syntaktischen Netzwerks besprochen und daran anschließend die Faserverbindungen, die diese Regionen miteinander verbinden und eine syntaktische Verarbeitung ermöglichen.

7.3.1 Neuronales Netzwerk der syntaktischen Verarbeitung

Zahlreiche Studien haben zwei Schlüsselregionen der syntaktischen Verarbeitung im Gehirn identifiziert (Rodd et al., 2015): den posterioren Gyrus frontalis inferior (pIFG), der die Pars opercularis und Pars triangularis umfasst, sowie den posterioren Temporallappen (pTL), der die Gyri medialis und superior beinhaltet (◐ Abb. 7.2). Während der pIFG traditionell mit der Produktion von Sprache assoziiert wird, ist der pTL an der hierarchischen Verarbeitung syntaktischer Strukturen sowohl in der Sprachproduktion als auch im Sprachverständnis beteiligt.

Der pIFG, oft auch als Broca-Areal bezeichnet, ist ein Schlüsselareal in der syntaktischen Verarbeitung. Evidenz dafür stammt zunächst von Patient*innen, die nach einer Läsion im Broca-Areal an einem Agrammatismus leiden (▶ Abschn. 2.1.1 und 2.2.2), also Schwierigkeiten haben, grammatische Strukturen zu nutzen und vollständige Sätze zu bilden (Goodglass, 1963; Mauner et al., 1993; Schwartz et al., 1980). Dies deutet darauf hin, dass der pIFG eine Schlüsselrolle bei der Sequenzierung morphosyntaktischer Elemente spielt. Bildgebungsstudien im gesunden Gehirn unterstützen diese Ansicht und belegen, dass der pIFG aktiv ist, wenn eine strukturelle Manipulation des Satzes nötig ist. Syntaktisch komplexe Sätze, die nicht der kanonischen Wortfolge einer Sprache entsprechen, führen dabei zu einer besonders starken Aktivierung des pIFG. Objektrelativsätze wie „Ich sehe den Jungen, den der Vater umarmt" benötigen daher zusätzliche morphosyntaktische Operationen im Vergleich zu kanonischen Sätzen wie „Der Vater, der den Jungen umarmt". Diese erhöhte Aktivierung im pIFG wurde in verschiedenen Sprachen nachgewiesen (Ben-Shachar et al., 2003; Chen et al., 2023; Friederici et al., 2006; Kinno et al., 2008).

Darüber hinaus gibt es eine Vielzahl von Belegen, die den pIFG mit weiteren syntaktischen Operationen assoziiert. Dazu gehört zum einen die Verarbeitung von Phrasen und Sätzen im Vergleich zu einfachen Wortlisten (z. B. Matchin et al., 2017; Zaccarella & Friederici, 2015). So wurde eine erhöhte Aktivierung des pIFG sowohl für einfache Zwei-Wort-Phrasen wie „dieses Boot" (Zaccarella et al., 2017) als auch für sog. Jabberwocky-Sätze (Goucha & Friederici, 2015) nachgewiesen, die zwar grammatikalisch korrekt, aber semantisch unsinnig sind, etwa „Die schlichte Toven wirrten und wimmelten in Waben". Zum anderen ist der pIFG auch bei der Verarbeitung sog. künstlicher Grammatik aktiv, wenn diese bestimmten hierarchischen Organisationsprinzipien folgt (z. B. Chen et al., 2021).

Derzeit wird kontrovers diskutiert, ob der pIFG neben seiner Rolle in der Sprachproduktion auch im Sprachverständnis in der syntaktischen Verarbeitung involviert ist. Anlass zu dieser Diskussion gaben einerseits Befunde bei agrammatischen Patient*innen, die neben den Defiziten in der Satzproduktion auch Schwierigkeiten im Verständnis komplexer Satzstrukturen aufweisen (z. B. Mesulam et al., 2015). Zudem finden zahlreiche Bildgebungsstudien an gesunden Personen eine erhöhte Aktivität im pIFG während des Sprachverständnisses (Rodd et al., 2015). Diese Befunde haben zur Entwicklung von Theorien geführt, die den pIFG als eine kriti-

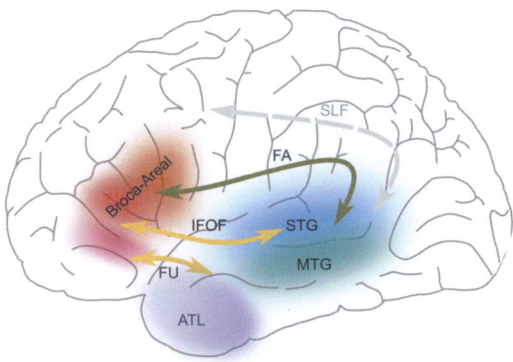

◐ Abb. 7.2 Das syntaktische Netzwerk besteht aus einem ventralen Netzwerk, das die Verarbeitung lokaler syntaktischer Abhängigkeiten unterstützt, und einem dorsalen Netzwerk, das für die Verarbeitung hierarchischer und komplexer syntaktischer Strukturen verantwortlich ist. FA: Fasciculus arcuatus, IFOF: inferiorer frontookzipitaler Fasciculus, FU: Fasciculus uncinatus, SLF: superiorer longitudinaler Fasciculus, ATL: anteriorer Temporallappen, MTG: mittlerer Gyrus temporalis, STG: superiorer Gyrus temporalis. (Adaptiert nach Friederici, 2016, Abb. 29.1)

sche Struktur für die syntaktische Verarbeitung ansehen, unabhängig davon, ob es sich um Satzproduktion oder Satzverständnis handelt (Friederici, 2011; Hagoort, 2014). Alternative Ansätze beschränken die Rolle des pIFG hingegen auf die Sprachproduktion (Gonering & Corina, 2023; Matchin & Hickok, 2020). Diese Ansätze nehmen neben artikulatorischen Prozessen lineare morphosyntaktische Operationen im IFG an, dem aber keine direkte Rolle für die Verarbeitung hierarchischer Strukturen zugesprochen wird. Zukünftige Studien müssen daher die Rolle des IFG in der syntaktischen Verarbeitung genauer definieren.

Die zweite Schlüsselregion der syntaktischen Verarbeitung befindet sich im posterioren mittleren Temporallappen (pTL). Neuropsychologische Untersuchungen an Patient*innen mit Läsionen in diesem Bereich zeigen, dass diese als Kardinalsymptom Defizite im Satzverständnis aufweisen (Dronkers et al., 2004; Fridriksson et al., 2018; Pillay et al., 2017). Ein weiteres häufiges Symptom dieser Patient*innen ist Paragrammatismus in der Sprachproduktion, der sich durch Satzabbrüche, Verschränkungen sowie fehlerhafte Flexionsformen und Funktionswörter auszeichnet (▶ Kap. 2).

Auch Bildgebungsstudien im gesunden Gehirn zeigen eine entscheidende Beteiligung des pTL im Verständnis von Sätzen (Goucha & Friederici, 2015; Matchin et al., 2017; Rogalsky et al., 2008). Im Gegensatz zum pIFG ist der pTL jedoch sowohl in der Verarbeitung einfacher als auch komplexer Satzstrukturen involviert (Matchin & Hickok, 2020). Auch Untersuchungen, die mittels multivariater Verfahren nach Mustern in der Hirnaktivität für die syntaktische Verarbeitung suchen, bestätigen die zentrale Rolle des pTL. In einer Studie lasen Proband*innen Sätze, die einer simplen kanonischen Satzstruktur folgten, wie z. B. „Der Hund verfolgte den Mann" und „Das Mädchen wurde von der Katze gekratzt" (Frankland & Greene, 2015). Die Ergebnisse zeigten, dass Areale im posterioren mittleren und superioren Temporallappen die Informationen „Wer tut etwas?" (Agens) und „Wem passiert etwas?" (Patiens) codierten. Diese Befunde unterstützen Theorien, welche die Rolle dieser Region über die semantische Verarbeitung hinaus erweitern.

Die genannten Befunde haben zu der These geführt, dass der pTL die Verarbeitung von hierarchischen syntaktischen Strukturen im Gehirn ermöglicht. Während klassische theoretische Ansätze (Friederici, 2011; Hagoort, 2005) den pIFG als eigenständiges Areal für die syntaktische Verarbeitung betrachten, postulieren alternative Ansätze eine integrierte Struktur von lexikalisch-semantischer und morphosyntaktischer Verarbeitung im linken temporalen Kortex (Blank et al., 2016; Fedorenko et al., 2020). Offen bleibt hierbei weiterhin, ob eine eigenständige neurobiologische Basis von Syntax existiert oder ob diese in der lexikalisch-semantischen Verarbeitung integriert ist. Wie in ▶ Abschn. 7.2 besprochen, sind beide Strukturen ebenfalls Schlüsselareale des semantischen Kontrollnetzwerks, was die duale Struktur des Sprachnetzwerks unterstreicht.

7.3.2 Neuronale Faserverbindungen in der syntaktischen Verarbeitung

Im vorangegangenen Abschnitt wurde dargelegt, dass die Verarbeitung syntaktischer Strukturen auf der koordinierten Interaktion von Regionen im frontalen und temporalen Kortex beruht. Diese Interaktion wird über Faserbahnen in der weißen Substanz ermöglicht. Faserbahnen sind Bündel von Nervenfasern, die als Leitungsbahnen die Kommunikation zwischen Hirnregionen ermöglichen. Mittels diffusionsgewichteter MRT können diese Faserbahnen im Gehirn sichtbar gemacht werden. So konnten Studien zeigen, dass die frontalen und temporalen Sprachregionen über verschiedene Faserbündel miteinander verbunden sind, die als dorsale und ventrale Faserbahnen bezeichnet werden. Während im nächsten Abschnitt die Rolle dieser Verbindungen im Rahmen eines ganzheitlichen Modells der semantischen und syntaktischen Verarbeitung diskutiert wird, konzentriert sich dieser Abschnitt auf die Faserbahnen, die für die syntaktische Verarbeitung relevant sind.

Die Verarbeitung syntaktischer Informationen im Gehirn kann in zwei Hauptnetzwerke unterteilt werden: ein ventrales Netzwerk, das die Verarbeitung lokaler syntaktischer Abhängigkeiten unterstützt, und ein dorsales Netzwerk, das für die Verarbeitung hierarchischer und komplexer syntaktischer Strukturen verantwortlich ist (◘ Abb. 7.2; Friederici, 2016; Griffiths et al., 2013). Das ventrale Netzwerk besteht aus zwei Faserbündeln, die frontale und temporale Hirnregionen miteinander verbinden. Der Fasciculus uncinatus verbindet den anterioren IFG mit dem anterioren Temporallappen, während der inferiore frontookzipitale Fasciculus den anterioren Teil des IFG über die Capsula extrema mit dem vorderen superioren und mittleren Temporallappen verbindet. Beide Faserbahnen unterstützen die Verarbeitung von einfachen syntaktischen Strukturen, wie z. B. das Verstehen von Präpositionalphrasen oder kanonischen Sätzen (Griffiths et al., 2013; Saur et al., 2008). Weitere Evidenz für die Rolle des ventralen Pfads im Satzverständnis stammt aus Studien zu Aphasie infolge frontotemporaler Läsionen, die neben kortikalen Arealen häufig auch Faserverbindungen in der weißen Substanz schädigen. So war in einer Studie mit 100 Personen mit Aphasie die Schädigung des ventralen syntaktischen Netzwerks mit einem schlechteren Sprachverständnis auf Wort- und Satzebene assoziiert (Kümmerer et al., 2013).

Das dorsale Netzwerk besteht ebenfalls aus zwei Faserbündeln, von denen aber nur eines als relevant für die syntaktische Verarbeitung angesehen wird (Friederici, 2016; Gierhan, 2013). Dabei handelt es sich um den Fasciculus arcuatus, der den posterioren Anteil des IFG mit dem posterioren Teil des superioren und mittleren Temporallappens verbindet. Mehrere Untersuchungen im geschädigten Gehirn belegen die Rolle dieser Faserbahn im Verstehen komplexer syntaktischer Strukturen, wie z. B. von nichtkanonischen Sätzen und Relativsätzen (Griffiths et al., 2013; Rolheiser et al., 2011; Wilson et al., 2011). Eine Studie zum Spracherwerb bei Kindern zeigte zudem, dass die zunehmende Myelinisierung des Fasciculus arcuatus mit einem besseren Verständnis von komplexen Satzstrukturen korreliert (Skeide et al., 2014).

> Syntax ermöglicht es uns, komplexe Gedanken durch strukturelle Regeln auszudrücken, wobei alle Sprachen grundlegende syntaktische Prinzipien teilen. Schlüsselregionen des syntaktischen Netzwerks befinden sich im linken Gyrus frontalis inferior sowie im posterioren mittleren und superioren Temporallappen. Untersuchungen belegen eine duale Struktur, bestehend aus einem ventralen Netzwerk für die Verarbeitung lokaler Referenzen und einem dorsalen Netzwerk für die hierarchische Verarbeitung von syntaktischen Strukturen. Dorsale und ventrale Faserbahnen ermöglichen die Kommunikation zwischen frontalen und temporalen Regionen. Derzeit wird kontrovers diskutiert, ob dieses syntaktische Netzwerk im Gehirn eigenständig existiert oder eng mit dem lexikalisch-semantischen Netzwerk integriert ist.

7.4 Vom Konzept über das Wort zum vollständigen Satz: Das Dual-Stream-Modell

Die vorangegangenen Abschnitte über die neuronalen Grundlagen von Semantik und Syntax verdeutlichen, dass für eine effektive Sprachverarbeitung Areale im frontalen, temporalen und parietalen Kortex koordiniert zusammenarbeiten. Diese Interaktion wird über funktionale Verbindungen zwischen den Regionen ermöglicht, die als Pfade bezeichnet werden. Das Dual-Stream-Modell (Zwei-Pfade-Modell) für Sprache (Hickok & Poeppel, 2004, 2007) bietet ein Rahmenwerk zur umfassenden Erklärung der komplexen Sprachverarbeitungsprozesse (▶ Abschn. 6.1.2.1). Das Modell unterscheidet zwei Hauptpfade: einen dorsalen und einen ventralen Pfad (◘ Abb. 7.3). Der dorsale Pfad übersetzt sensorische Sprachsignale in motorische Befehle und unterstützt die Verarbeitung von Sequenzen. Er ist damit besonders relevant für das Erlernen und die Kontrolle von Sprechbewegungen während der Sprachproduktion. Der ventrale Pfad hingegen verknüpft auditive Sprachsignale mit dem semantischen System und ermöglicht so das

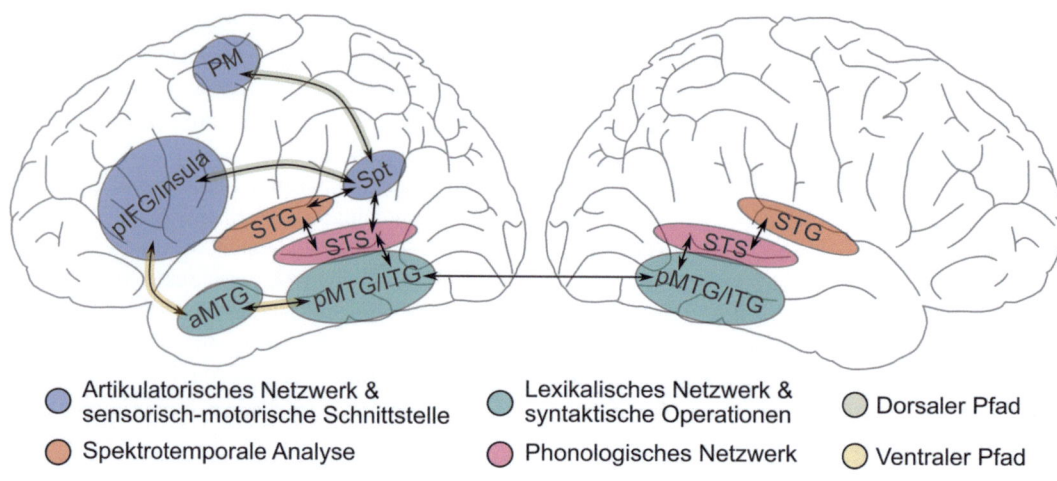

Abb. 7.3 Das Dual-Stream-Modell nimmt einen dorsalen und einen ventralen Pfad für die Sprachverarbeitung an. Der dorsale Pfad ermöglicht die sensorisch-motorische Verarbeitung, was besonders für die Sprachproduktion relevant ist. Der ventrale Pfad unterstützt die lexikalisch-semantische Verarbeitung und ist daher für das Sprachverständnis wichtig. PM: Prämotorischer Kortex, pIFG: posteriorer Gyrus frontalis inferior, STG: Gyrus temporalis superior, Spt: parietotemporale Sylvian Fissure, STS: Sulcus temporalis superior, (a/p)MTG: (anteriorer/posteriorer) mittlerer Gyrus temporalis, ITG: inferiorer Gyrus temporalis. (Adaptiert nach Hickok & Poeppel, 2007, Abb. 1)

Sprachverständnis. Beide Pfade erfüllen folglich unterschiedliche, aber komplementäre Funktionen in der Sprachverarbeitung.

Der dorsale Pfad ist stark linkshemisphärisch dominant und umfasst Strukturen im posterioren IFG sowie im posterioren Temporallappen und parietalen Operculum (Abb. 7.3). Wie in ▶ Abschn. 7.3.2 besprochen, ist der Fasciculus arcuatus eine essenzielle Faserverbindung des dorsalen Sprachnetzwerks für die syntaktische Verarbeitung. Darüber hinaus gehört dem dorsalen Pfad der superiore longitudinale Fasciculus (SLF) an, der den posterioren temporalen und inferioren parietalen Kortex mit dem prämotorischen Kortex verbindet. Diese Faserbahn ist primär für die Koordination zwischen sensorischen Inputs und motorischen Outputs relevant, was die Artikulation von Lauten und eine flüssige Sprachproduktion ermöglicht (Saur et al., 2008). In diesem Rahmen unterstützt der SLF auch die phonologische Schleife, die eine zentrale Komponente des Arbeitsgedächtnismodells von Baddeley und Hitch (1974) darstellt. Diese Schleife ermöglicht es, sprachliche Informationen kurzfristig zu speichern und zu manipulieren, was für die Sprachwahrnehmung und -produktion essenziell ist. Eine bekannte Folge einer gestörten phonologischen Schleife und damit einer Schädigung dieser Faserbahn ist die Leitungsaphasie, die durch Schwierigkeiten bei der Wiederholung von Sprache gekennzeichnet ist (Ardila, 2010).

Im Gegensatz zum dorsalen Pfad wird für den ventralen Pfad eine bilaterale Organisation angenommen (Abb. 7.3). Dies basiert zum einen auf Ergebnissen von Studien an gesunden Sprecher*innen, die zeigen, dass während Sprachverständnisaufgaben im fMRT nicht nur linke, sondern beidseitige Areale im frontalen und temporalen Kortex involviert sind (Hickok & Poeppel, 2007). Zum anderen zeigen Patient*innen mit Läsionen im ventralen Pfad zwar Defizite im Sprachverständnis, diese sind jedoch häufig auf komplexe syntaktische Strukturen begrenzt und ein grundlegendes Sprachverständnis bleibt trotz teilweiser großer Schädigungen erhalten (Fridriksson et al., 2018; Schlaug, 2018). Diese Beobachtungen unterstützen die Annahme einer bilateralen Organisation des ventralen

Systems. Untersuchungen weisen jedoch auf eine Linksdominanz für primärsprachliche Funktionen wie Phonologie, Syntax und Semantik hin, während die rechte Hemisphäre vermutlich das Verständnis von prosodischen und pragmatischen Aspekten unterstützt (Specht, 2014).

Wie in ▶ Abschn. 7.3.2 beschrieben, gehören dem ventralen Pfad der Fasciculus uncinatus sowie der inferiore frontookzipitale Fasciculus an, die den anterioren IFG über die Capsula extrema mit dem superioren und mittleren Temporalkortex verbinden. Da der ventrale Pfad somit die Schlüsselregionen von semantischer Repräsentation (anteriorer Temporallappen) und semantischer Kontrolle (IFG und posteriorer Temporallappen) durchläuft, liegt es nahe, dass er die semantische Verarbeitung unterstützt (Saur et al., 2008; Ueno et al., 2011). Es wird zudem angenommen, dass zumindest ein Teil des ventralen Systems für die Auflösung lokaler syntaktischer Relationen relevant ist (z. B. Friederici, 2009, 2011), wie bereits in ▶ Abschn. 7.3.2 besprochen. Das Dual-Stream-Modell versucht, diese teilweise paradoxen Funde zu vereinen, indem es eine sequenzielle Verarbeitung auf Wortebene im Sprachverständnis vorschlägt: Es wird angenommen, dass der akustische Input zunächst über den superioren temporalen Kortex (Gyrus und Sulcus temporalis superior) verarbeitet wird, indem sprachspezifische Phoneme und sublexikale Einheiten identifiziert werden. Anschließend findet der Zugriff auf das mentale Lexikon und das semantische Gedächtnis im posterioren mittleren Temporalkortex statt, bevor eine Weiterleitung für kombinatorische Prozesse im anterioren Temporallappen erfolgt (Hickok & Poeppel, 2007). Ob diese Verarbeitung tatsächlich sequenziell oder doch parallel abläuft, ist derzeit noch umstritten und wird weiter untersucht. Es gibt zwar inzwischen ausreichend Evidenz für eine strukturelle Organisation des Sprachnetzwerks in zwei Pfaden (z. B. Bornkessel-Schlesewsky et al., 2015; Fridriksson et al., 2016; Friederici, 2011; Hagoort, 2014), doch verschiedene Ansätze ordnen den Pfaden unterschiedliche sprachliche Funktionen zu (Bornkessel-Schlesewsky et al., 2016; Bornkessel-Schlesewsky & Schlesewsky, 2013; Skipper et al., 2017), sodass weitere Forschung bezüglich der genauen Mechanismen beider Pfade nötig ist.

Bezüglich der zeitlichen Dynamik im Verständnis von Phrasen und Sätzen stützen sich bestehende Modelle auf das Dual-Stream-Modell und umfassen sowohl serielle als auch parallele Verarbeitungselemente (Friederici, 2012; Hagoort, 2005). Aufgrund ihrer hohen zeitlichen Auflösung ist die Elektroenzephalografie (EEG) besonders gut geeignet, um den zeitlichen Verlauf vom Satzverständnis zu untersuchen. Studien zeigen, dass die Verarbeitung in mehreren Phasen verläuft, die durch verschiedene elektrophysiologische Komponenten gekennzeichnet sind. Frühe Verarbeitungsphasen beinhalten die semantische und syntaktische Analyse, dargestellt durch die N400-Komponente (200–400 ms nach Stimulus), die auf semantische Inkongruenzen reagiert. Die LAN-Komponente (300–500 ms nach Stimulus) reflektiert morphosyntaktische Prozesse und zeigt Aktivität bei syntaktischen Inkonsistenzen. Späte Verarbeitungsphasen werden durch die P600-Komponente (500–900 ms nach Stimulus) gekennzeichnet, die syntaktische Integrations- und Reparaturprozesse anzeigt. Eine Studie zur Satzverarbeitung, die EEG mit TMS kombinierte, konnte zudem die Relevanz einzelner sprachlicher Areale im zeitlichen Verlauf analysieren (Schroën et al., 2023). Demnach beginnt der Bottom-up-Prozess der Satzverarbeitung mit der initialen phonologischen und lexikalischen Analyse im posterioren superioren Temporallappen innerhalb der ersten 200 ms nach Stimuluspräsentation. Der Top-down-Prozess folgt, indem der IFG zwischen 150–350 ms die syntaktische Integration übernimmt. Anschließend fließen die Informationen zurück zum posterioren mittleren Temporalkortex, um die semantische Integration abzuschließen.

> Das Dual-Stream-Modell beschreibt zwei Hauptpfade der Sprachverarbeitung: den dorsalen und den ventralen Pfad. Der links lateralisierte dorsale Pfad übersetzt sensorische Sprachsignale in motorische Befehle und unterstützt Sequenzverarbeitung. Der ventrale Pfad verknüpft

auditive Signale mit dem semantischen System und ermöglicht Sprachverständnis, wobei eine bilaterale Organisation dieses Pfads angenommen wird. Aktuelle Untersuchungen zeigen, dass die Satzverarbeitung ein dynamischer, mehrstufiger Prozess ist, der sowohl serielle als auch parallele Verarbeitungskomponenten umfasst und eine enge Interaktion von Arealen in frontalen und temporalen Kortizes erfordert.

7.5 Die Rolle von domänenallgemeinen Netzwerken in der semantischen und syntaktischen Verarbeitung

Viele Prozesse in der semantischen und syntaktischen Verarbeitung sind komplex, wie z. B. die Selektion eines Konzepts aus einem semantischen Netzwerk mit vielen konkurrierenden Alternativen oder die Auflösung hierarchischer Strukturen im Satzverständnis. Um diese Fähigkeiten möglichst effizient und mühelos zu realisieren, greifen sprachliche Operationen auf allgemeine kognitive Prozesse zurück, die auch andere kognitive Domänen unterstützen. Dazu gehören u. a. die Zuweisung von Aufmerksamkeitsressourcen, die Auflösung von Konflikten, die Unterdrückung irrelevanter Informationen sowie das Speichern und Aktualisieren von Daten im Arbeitsgedächtnis (Federmeier et al., 2020). Eine Vielzahl von Bildgebungsstudien belegt mittlerweile den Beitrag von domänenallgemeinen exekutiven Netzwerken zur Sprachverarbeitung, besonders wenn die kognitiven Anforderungen steigen (▶ Kap. 5). Das Multiple-Demand-Netzwerk (MDN) ist ein domänenübergreifendes funktionales Netzwerk im frontalen, temporalen und parietalen Kortex (◘ Abb. 7.4). Es ist an vielen verschiedenen kognitiven Domänen beteiligt, wie mathematischem Denken, räumlicher Vorstellung und dem verbalen Arbeitsgedächtnis. Zudem trägt das MDN zur erfolgreichen Auf-

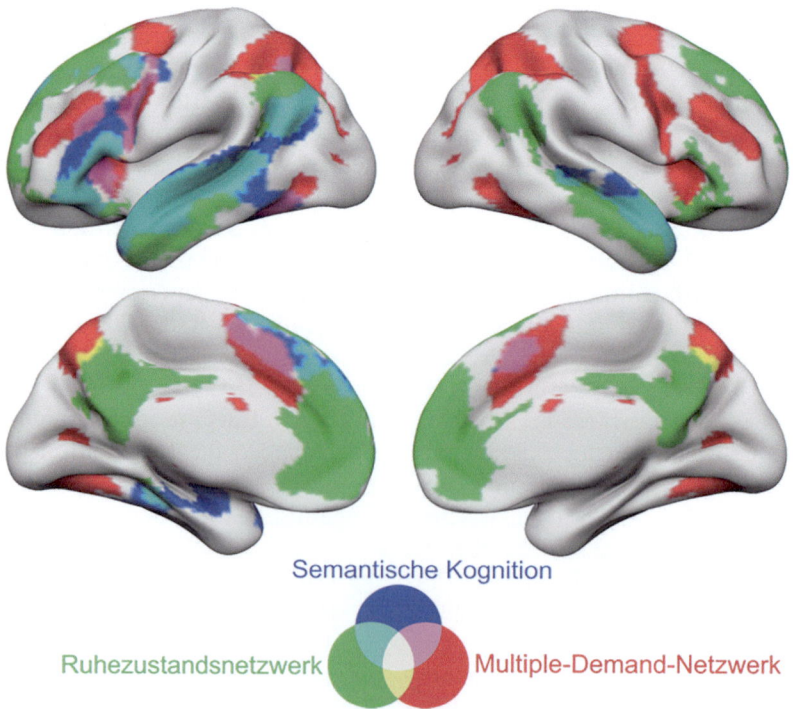

◘ Abb. 7.4 Überschneidungen vom Netzwerk für semantische Kognition (inkl. semantischer Kontrolle) mit zwei domänenallgemeinen Netzwerken: dem Ruhezustandsnetzwerk und dem exekutiven Multiple-Demand-Netzwerk

gabenbearbeitung bei, wenn erhöhte kognitive Kontrolle erforderlich ist (Duncan, 2010; Fedorenko et al., 2013). Bei schwierigen syntaktischen Strukturen, z. B. Sätzen mit Ambiguitäten oder grammatischen Fehlern, ist das MDN aktiv und unterstützt deren erfolgreiche Auflösung (z. B. January et al., 2009; Kuperberg et al., 2003). In einer funktionellen MRT-Studie lasen die Teilnehmer*innen Sätze mit unklaren Referenzen in den Pronomen (z. B. „Die Mutter füttert das Kind. Er schmollt."). Die Ergebnisse zeigten erhöhte Aktivität in frontalen Regionen des MDN während der Auflösung der Ambiguität im zweiten Satz (McMillan et al., 2012). Zusätzliche Evidenz für die unterstützende Rolle des MDN in der syntaktischen Verarbeitung stammt von Studien an gesunden älteren Erwachsenen und Patient*innen mit Aphasie, die häufig eine frühere Hochregulierung in MDN-Regionen zeigen als jüngere Menschen (Peelle, 2019; Peelle et al., 2010; Stockert et al., 2020).

Auch in der semantischen Verarbeitung leisten domänenallgemeine Netzwerke einen wichtigen Beitrag. Bildgebungsstudien zeigen zum einen Überschneidungen vom semantischen Netzwerk und dem Ruhezustandsnetzwerk (Default-Mode-Netzwerk) (▶ Kap. 9). Diese Beobachtung basiert darauf, dass einige semantische Schlüsselregionen (inferiorer Parietallappen, mittlere und vordere Temporallappen) auch während des Ruhezustands in der funktionellen MRT aktiv sind, wenn Teilnehmer*innen in semantisch reichhaltiges Tagträumen und selbstgerichtetes Denken vertieft sind (Binder et al., 1999). Es wurde außerdem gezeigt, dass ein temporoparietales Subsystem des Ruhezustandsnetzwerks aktiviert wird, wenn automatisiertes semantisches Wissen abgerufen wird und die kognitiven Anforderungen gering sind (Lanzoni et al., 2020; Vatansever et al., 2017).

Zum anderen aktivieren Aufgaben mit erhöhter kognitiver Kontrolle nicht nur die Schlüsselregionen des semantischen Kontrollnetzwerks (IFG und pTL), sondern auch das domänenallgemeine MDN (◘ Abb. 7.4). Dies erscheint sinnvoll, da die Funktionen beider Netzwerke deutlich überlappen, beispielsweise die selektive Aufmerksamkeit auf einen Stimulus, der Abruf von zielgerichtetem Wissen und das Hemmen von irrelevanten Informationen. Eine Reihe von Studien hat sich daher mit der Frage beschäftigt, ob das semantische Kontrollnetzwerk tatsächlich ein eigenständiges Netzwerk oder ein Subsystem des MDN ist. Evidenz aus Bildgebungsstudien und Metaanalysen zeigt, dass es zwar Überschneidungen zwischen beiden Netzwerken gibt (◘ Abb. 7.4), diese aber dennoch eigenständige Systeme darstellen (Chiou et al., 2023; Hodgson et al., 2024; Jackson, 2021; Noonan et al., 2013). Dabei scheinen Regionen des semantischen Kontrollnetzwerks eine Präferenz für semantische Stimuli und Manipulationen zu zeigen, während MDN-Regionen zwar auch Prozesse von semantischer Inhibition und Auswahl unterstützen, aber nicht die gleiche Selektivität für semantische Verarbeitung demonstrieren (Gao et al., 2021; Hodgson et al., 2024). Ähnlich wie bei der syntaktischen Verarbeitung verändern sich die Netzwerkinteraktionen über die Lebensspanne. So zeigen ältere Erwachsene höhere Aktivität und Konnektivität im domänenallgemeinen MDN, wenn die kognitiven Anforderungen hoch sind, z. B. während einer semantischen Wortflüssigkeitsaufgabe (Martin et al., 2022, 2023). Solche Ergebnisse stimmen mit der Annahme überein, dass das semantische Gedächtnis über die Lebensspanne bis ins hohe Alter intakt bleibt, während die kontinuierliche Verschlechterung von kognitiver Kontrolle zu Verlangsamungen führt, beispielsweise während des Wortabrufs (Wu & Hoffman, 2023).

> In den letzten Jahren wird zunehmend die Bedeutung domänenallgemeiner Netzwerke im Gehirn für die Verarbeitung von Sprache untersucht. Diese Netzwerke, die kognitive Funktionen wie Aufmerksamkeit, Gedächtnis und Exekutivfunktionen unterstützen, spielen eine zentrale Rolle bei der semantischen und syntaktischen Verarbeitung. Dazu gehört vor allem das Multiple-Demand-Netzwerk, das aktiv wird, wenn die Anforderungen an kognitive Kontrolle steigen. Die Erkenntnisse legen nahe, dass Sprachprozesse nicht isoliert in spezialisierten Gehirnregionen

stattfinden, sondern das Ergebnis dynamischer Interaktionen zwischen spezialisierten und allgemeinen kognitiven Netzwerken sind.

7.6 Schlussfolgerungen und Ausblick

Die grundlegende Erkenntnis der Neuroanatomen Broca und Wernicke Mitte des 19. Jahrhunderts, dass Sprachverarbeitung links lateralisiert ist, beflügelte die neurolinguistische Forschung. Seitdem wurde das Feld durch Verhaltens- und Bildgebungsstudien im gesunden sowie geschädigten Gehirn umfassend erweitert. Semantik und Syntax, zwei Grundbausteine menschlicher Sprache, werden in sprachspezifischen neuronalen Netzwerken verarbeitet, die mit anderen domänenallgemeinen Netzwerken interagieren. Hier ist vor allem das aufgabenspezifische Multiple-Demand-Netzwerk relevant, das bei erhöhten kognitiven Anforderungen sowohl in der semantischen als auch in der syntaktischen Verarbeitung aktiv wird. Das MDN trägt zur effizienten Bewältigung komplexer sprachlicher Aufgaben bei und unterstützt die flexible Nutzung und Kontrolle von Sprachressourcen.

Zukünftige Forschung sollte darauf abzielen, die genauen Mechanismen der Interaktion zwischen sprachspezifischen und domänenübergreifenden Netzwerken weiter zu klären. Insbesondere die zeitliche Dynamik der Sprachverarbeitung und die Rolle verschiedener kortikaler und subkortikaler Strukturen bedarf einer tiefergehenden Untersuchung. Moderne Bildgebungsverfahren, kombiniert mit Machine-Learning-Ansätzen, bieten vielversprechende Möglichkeiten, um detailliertere Modelle der semantischen und syntaktischen Verarbeitung zu entwickeln. Ein weiterer vielversprechender Ansatz ist die Untersuchung der Plastizität und Anpassungsfähigkeit des Sprachverarbeitungssystems bei verschiedenen Bevölkerungsgruppen, einschließlich älterer Erwachsener und Personen mit Sprachstörungen. Besonders die Frage, inwiefern domänenallgemeine Netzwerke ein Potenzial für die Erholung von Fähigkeiten nach Schlaganfall bieten, ist von großer klinischer Relevanz (▶ Kap. 6 und 10). Durch diese weiterführenden Studien könnten wir nicht nur ein tieferes Verständnis der neuronalen Grundlagen der Sprache erlangen, sondern auch neue Ansätze für die Diagnostik und Therapie von Sprachstörungen entwickeln.

Literatur

Adger, D. (2018). The autonomy of syntax. In *Syntactic structures after 60 years* (S. 153–176). De Gruyter Mouton. https://doi.org/10.1515/9781501506925-157

Adolphs, R. (2009). The social brain: Neural basis of social knowledge. *Annual Review of Psychology, 60*, 693–716. https://doi.org/10.1146/annurev.psych.60.110707.163514

Ardila, A. (2010). A review of conduction aphasia. *Current Neurology and Neuroscience Reports, 10*(6), 499–503. https://doi.org/10.1007/s11910-010-0142-2

Baddeley, A. D., & Hitch, G. (1974). Working memory. In G. H. Bower (Hrsg.), *Psychology of learning and motivation* (Bd. 8, S. 47–89). Academic Press. https://doi.org/10.1016/S0079-7421(08)60452-1

Barsalou, L. W. (2008). Grounded cognition. *Annual Review of Psychology, 59*, 617–645. https://doi.org/10.1146/annurev.psych.59.103006.093639

Ben-Shachar, M., Hendler, T., Kahn, I., Ben-Bashat, D., & Grodzinsky, Y. (2003). The neural reality of syntactic transformations: Evidence from functional magnetic resonance imaging. *Psychological Science, 14*(5), 433–440. https://doi.org/10.1111/1467-9280.01459

Binder, J. R., & Desai, R. H. (2011). The neurobiology of semantic memory. *Trends in Cognitive Sciences, 15*(11), 527–536. https://doi.org/10.1016/j.tics.2011.10.001

Binder, J. R., Frost, J. A., Hammeke, T. A., Bellgowan, P. S. F., Rao, S. M., & Cox, R. W. (1999). Conceptual processing during the conscious resting state: A functional MRI study. *Journal of Cognitive Neuroscience, 11*(1), 80–93. Scopus. https://doi.org/10.1162/089892999563265

Binder, J. R., Desai, R. H., Graves, W. W., & Conant, L. L. (2009). Where is the semantic system? A critical review and meta-analysis of 120 functional neuroimaging studies. *Cerebral Cortex, 19*(12), 2767–2796. https://doi.org/10.1093/cercor/bhp055

Binney, R. J., & Ramsey, R. (2020). Social Semantics: The role of conceptual knowledge and cognitive control in a neurobiological model of the social brain. *Neuroscience & Biobehavioral Reviews, 112*, 28–38. https://doi.org/10.1016/j.neubiorev.2020.01.030

Blank, I., Balewski, Z., Mahowald, K., & Fedorenko, E. (2016). Syntactic processing is distributed across the language system. *NeuroImage, 127*, 307–323. https://doi.org/10.1016/j.neuroimage.2015.11.069

Bornkessel-Schlesewsky, I., & Schlesewsky, M. (2013). Reconciling time, space and function: A new dorsal-ventral stream model of sentence comprehension. *Brain and Language, 125*(1), 60–76. https://doi.org/10.1016/j.bandl.2013.01.010

Bornkessel-Schlesewsky, I., Schlesewsky, M., Small, S. L., & Rauschecker, J. P. (2015). Neurobiological roots of language in primate audition: Common computational properties. *Trends in Cognitive Sciences, 19*(3), 142–150. https://doi.org/10.1016/j.tics.2014.12.008

Bornkessel-Schlesewsky, I., Staub, A., & Schlesewsky, M. (2016). Chapter 49 – The timecourse of sentence processing in the brain. In G. Hickok & S. L. Small (Hrsg.), *Neurobiology of language* (S. 607–620). Academic Press. https://doi.org/10.1016/B978-0-12-407794-2.00049-3

Chen, L., Goucha, T., Männel, C., Friederici, A. D., & Zaccarella, E. (2021). Hierarchical syntactic processing is beyond mere associating: Functional magnetic resonance imaging evidence from a novel artificial grammar. *Human Brain Mapping, 42*(10), 3253–3268. https://doi.org/10.1002/hbm.25432

Chen, L., Gao, C., Li, Z., Zaccarella, E., Friederici, A. D., & Feng, L. (2023). Frontotemporal effective connectivity revealed a language-general syntactic network for Mandarin Chinese. *Journal of Neurolinguistics, 66*, 101127. https://doi.org/10.1016/j.jneuroling.2023.101127

Chiou, R., Jefferies, E., Duncan, J., Humphreys, G. F., & Lambon Ralph, M. A. (2023). A middle ground where executive control meets semantics: The neural substrates of semantic control are topographically sandwiched between the multiple-demand and default-mode systems. *Cerebral Cortex, 33*(8), 4512–4526. https://doi.org/10.1093/cercor/bhac358

Chomsky, N. (1957). *Syntactic structures*. De Gruyter. https://doi.org/10.1515/9783112316009

Coopmans, C. W., & Zaccarella, E. (2023). Three conceptual clarifications about syntax and the brain. *Frontiers in Language Sciences, 2*. https://doi.org/10.3389/flang.2023.1218123

Corbett, F., Jefferies, E., Ehsan, S., & Lambon Ralph, M. A. (2009). Different impairments of semantic cognition in semantic dementia and semantic aphasia: Evidence from the non-verbal domain. *Brain, 132*(9), 2593–2608. https://doi.org/10.1093/brain/awp146

Dronkers, N. F., Wilkins, D. P., Van Valin, R. D., Redfern, B. B., & Jaeger, J. J. (2004). Lesion analysis of the brain areas involved in language comprehension. *Cognition, 92*(1–2), 145–177. https://doi.org/10.1016/j.cognition.2003.11.002

Duncan, J. (2010). The multiple-demand (MD) system of the primate brain: Mental programs for intelligent behaviour. *Trends in Cognitive Sciences, 14*(4), 172–179. https://doi.org/10.1016/j.tics.2010.01.004

Federmeier, K. D., Jongman, S. R., & Szewczyk, J. M. (2020). Examining the Role of General Cognitive Skills in Language Processing: A Window Into Complex Cognition. *Current Directions in Psychological Science, 29*(6), 575–582. https://doi.org/10.1177/0963721420964095

Fedorenko, E., Duncan, J., & Kanwisher, N. (2012). Language-selective and domain-general regions lie side by side within Broca's area. *Current Biology, 22*(21), 2059–2062. https://doi.org/10.1016/j.cub.2012.09.011

Fedorenko, E., Duncan, J., & Kanwisher, N. (2013). Broad domain generality in focal regions of frontal and parietal cortex. *Proceedings of the National Academy of Sciences, 110*(41), 16616–16621. https://doi.org/10.1073/pnas.1315235110

Fedorenko, E., Blank, I. A., Siegelman, M., & Mineroff, Z. (2020). Lack of selectivity for syntax relative to word meanings throughout the language network. *Cognition, 203*, 104348. https://doi.org/10.1016/j.cognition.2020.104348

Frankland, S. M., & Greene, J. D. (2015). An architecture for encoding sentence meaning in left mid-superior temporal cortex. *Proceedings of the National Academy of Sciences, 112*(37), 11732–11737. https://doi.org/10.1073/pnas.1421236112

Fridriksson, J., Yourganov, G., Bonilha, L., Basilakos, A., Den Ouden, D.-B., & Rorden, C. (2016). Revealing the dual streams of speech processing. *Proceedings of the National Academy of Sciences, 113*(52), 15108–15113. https://doi.org/10.1073/pnas.1614038114

Fridriksson, J., den Ouden, D.-B., Hillis, A. E., Hickok, G., Rorden, C., Basilakos, A., Yourganov, G., & Bonilha, L. (2018). Anatomy of aphasia revisited. *Brain, 141*(3), 848–862. https://doi.org/10.1093/brain/awx363

Friederici, A. D. (2009). Pathways to language: Fiber tracts in the human brain. *Trends in Cognitive Sciences, 13*(4), 175–181. https://doi.org/10.1016/j.tics.2009.01.001

Friederici, A. D. (2011). The brain basis of language processing: From structure to function. *Physiological Reviews, 91*(4), 1357–1392. https://doi.org/10.1152/physrev.00006.2011

Friederici, A. D. (2012). The cortical language circuit: From auditory perception to sentence comprehension. *Trends in Cognitive Sciences, 16*(5), 262–268. https://doi.org/10.1016/j.tics.2012.04.001

Friederici, A. D. (2016). The neuroanatomical pathway model of language. In *Neurobiology of language* (S. 349–356). Elsevier. https://doi.org/10.1016/B978-0-12-407794-2.00029-8

Friederici, A. D., Bahlmann, J., Heim, S., Schubotz, R. I., & Anwander, A. (2006). The brain differentiates human and non-human grammars: Functional localization and structural connectivity. *Proceedings of the National Academy of Sciences of the United States of America, 103*(7), 2458–2463. https://doi.org/10.1073/pnas.0509389103

Gallese, V., & Lakoff, G. (2005). The Brain's concepts: The role of the sensory-motor system in conceptual knowledge. *Cognitive Neuropsychology, 22*(3), 455–479. https://doi.org/10.1080/02643290442000310

Gao, Z., Zheng, L., Chiou, R., Gouws, A., Krieger-Redwood, K., Wang, X., Varga, D., Ralph, M. A. L., Smallwood, J., & Jefferies, E. (2021). Distinct and common neural coding of semantic and non-semantic control demands. *NeuroImage, 236*, 118230. https://doi.org/10.1016/j.neuroimage.2021.118230

Gierhan, S. M. E. (2013). Connections for auditory language in the human brain. *Brain and Language, 127*(2), 205–221. https://doi.org/10.1016/j.bandl.2012.11.002

Gonering, B., & Corina, D. P. (2023). The neurofunctional network of syntactic processing: Cognitive systematicity and representational specializations of objects, actions, and events. *Frontiers in Language Sciences, 2*. https://doi.org/10.3389/flang.2023.1176233

Goodglass, H. (1963). *Studies on the grammar of aphasics* [dataset]. https://doi.org/10.1037/e535052008-002

Goucha, T., & Friederici, A. D. (2015). The language skeleton after dissecting meaning: A functional segregation within Broca's area. *NeuroImage, 114*, 294–302. https://doi.org/10.1016/j.neuroimage.2015.04.011

Griffiths, J. D., Marslen-Wilson, W. D., Stamatakis, E. A., & Tyler, L. K. (2013). Functional organization of the neural language system: Dorsal and ventral pathways are critical for syntax. *Cerebral Cortex, 23*(1), 139–147. https://doi.org/10.1093/cercor/bhr386

Hagoort, P. (2005). On Broca, brain, and binding: A new framework. *Trends in Cognitive Sciences, 9*(9), 416–423. https://doi.org/10.1016/j.tics.2005.07.004

Hagoort, P. (2014). Nodes and networks in the neural architecture for language: Broca's region and beyond. *Current Opinion in Neurobiology, 28*, 136–141. https://doi.org/10.1016/j.conb.2014.07.013

Hallam, G. P., Whitney, C., Hymers, M., Gouws, A. D., & Jefferies, E. (2016). Charting the effects of TMS with fMRI: Modulation of cortical recruitment within the distributed network supporting semantic control. *Neuropsychologia, 93*, 40–52. https://doi.org/10.1016/j.neuropsychologia.2016.09.012

Hickok, G., & Poeppel, D. (2004). Dorsal and ventral streams: A framework for understanding aspects of the functional anatomy of language. *Cognition, 92*(1–2), 67–99. https://doi.org/10.1016/j.cognition.2003.10.011

Hickok, G., & Poeppel, D. (2007). The cortical organization of speech processing. *Nature Reviews Neuroscience, 8*(5), 393–402. https://doi.org/10.1038/nrn2113

Hodgson, V. J., Ralph, M. A. L., & Jackson, R. L. (2024). Disentangling the neural correlates of semantic and domain-general control: The roles of stimulus domain and task process. *Imaging Neuroscience, 2*, 1–21. https://doi.org/10.1162/imag_a_00092

Huth, A. G., Nishimoto, S., Vu, A. T., & Gallant, J. L. (2012). A continuous semantic space describes the representation of thousands of object and action categories across the human brain. *Neuron, 76*(6), 1210–1224. https://doi.org/10.1016/j.neuron.2012.10.014

Huth, A. G., de Heer, W. A., Griffiths, T. L., Theunissen, F. E., & Gallant, J. L. (2016). Natural speech reveals the semantic maps that tile human cerebral cortex. *Nature, 532*(7600), 453–458. https://doi.org/10.1038/nature17637

Jackson, R. L. (2021). The neural correlates of semantic control revisited. *NeuroImage, 224*, 117444. https://doi.org/10.1016/j.neuroimage.2020.117444

January, D., Trueswell, J. C., & Thompson-Schill, S. L. (2009). Co-localization of stroop and syntactic ambiguity resolution in Broca's area: Implications for the neural basis of sentence processing. *Journal of Cognitive Neuroscience, 21*(12), 2434–2444. https://doi.org/10.1162/jocn.2008.21179

Jefferies, E. (2013). The neural basis of semantic cognition: Converging evidence from neuropsychology, neuroimaging and TMS. *Cortex, 49*(3), 611–625. https://doi.org/10.1016/j.cortex.2012.10.008

Jefferies, E., & Lambon Ralph, M. A. (2006). Semantic impairment in stroke aphasia versus semantic dementia: A case-series comparison. *Brain, 129*(8), 2132–2147. https://doi.org/10.1093/brain/awl153

Jefferies, E., Patterson, K., & Ralph, M. A. L. (2008). Deficits of knowledge versus executive control in semantic cognition: Insights from cued naming. *Neuropsychologia, 46*(2), 649–658. https://doi.org/10.1016/j.neuropsychologia.2007.09.007

Kinno, R., Kawamura, M., Shioda, S., & Sakai, K. L. (2008). Neural correlates of noncanonical syntactic processing revealed by a picture-sentence matching task. *Human Brain Mapping, 29*(9), 1015–1027. https://doi.org/10.1002/hbm.20441

Kober, H., Barrett, L. F., Joseph, J., Bliss-Moreau, E., Lindquist, K., & Wager, T. D. (2008). Functional grouping and cortical-subcortical interactions in emotion: A meta-analysis of neuroimaging studies. *NeuroImage, 42*(2), 998–1031. https://doi.org/10.1016/j.neuroimage.2008.03.059

Kuhnke, P., Kiefer, M., & Hartwigsen, G. (2020). Task-dependent recruitment of modality-specific and multimodal regions during conceptual processing. *Cerebral Cortex*. https://doi.org/10.1093/cercor/bhaa010

Kumar, A. A. (2021). Semantic memory: A review of methods, models, and current challenges. *Psychonomic Bulletin & Review, 28*(1), 40–80. https://doi.org/10.3758/s13423-020-01792-x

Kümmerer, D., Hartwigsen, G., Kellmeyer, P., Glauche, V., Mader, I., Klöppel, S., Suchan, J., Karnath, H.-O., Weiller, C., & Saur, D. (2013). Damage to ventral and dorsal language pathways in acute aphasia. *Brain, 136*(2), 619–629. https://doi.org/10.1093/brain/aws354

Kuperberg, G. R., Holcomb, P. J., Sitnikova, T., Greve, D., Dale, A. M., & Caplan, D. (2003). Distinct patterns of neural modulation during the processing of conceptual and syntactic anomalies. *Journal of Cognitive Neuroscience, 15*(2), 272–293. https://doi.org/10.1162/089892903321208204

Lakoff, G., & Johnson, M. (1981). *Metaphors we live by* (W. a new Afterword, Ed.). University of Chicago Press.

Lambon Ralph, M. A., Jefferies, E., Patterson, K., & Rogers, T. T. (2017). The neural and computational bases of semantic cognition. *Nature Reviews Neuroscience, 18*(1), 42–55. https://doi.org/10.1038/nrn.2016.150

Lanzoni, L., Ravasio, D., Thompson, H., Vatansever, D., Margulies, D., Smallwood, J., & Jefferies, E. (2020). The role of default mode network in semantic cue integration. *NeuroImage, 219.* https://doi.org/10.1016/j.neuroimage.2020.117019

Lewis, J. W. (2006). Cortical networks related to human use of tools. *The Neuroscientist, 12*(3), 211–231. https://doi.org/10.1177/1073858406288327

Martin, S., Saur, D., & Hartwigsen, G. (2022). Age-dependent contribution of domain-general networks to semantic cognition. *Cerebral Cortex, 32*(4), 870–890. https://doi.org/10.1093/cercor/bhab252

Martin, S., Williams, K. A., Saur, D., & Hartwigsen, G. (2023). Age-related reorganization of functional network architecture in semantic cognition. *Cerebral Cortex, 33*(8), 4886–4903. https://doi.org/10.1093/cercor/bhac387

Matchin, W., & Hickok, G. (2020). The cortical organization of syntax. *Cerebral Cortex (New York, NY), 30*(3), 1481–1498. https://doi.org/10.1093/cercor/bhz180

Matchin, W., Hammerly, C., & Lau, E. (2017). The role of the IFG and pSTS in syntactic prediction: Evidence from a parametric study of hierarchical structure in fMRI. *Cortex, 88,* 106–123. https://doi.org/10.1016/j.cortex.2016.12.010

Mauner, G., Fromkin, V. A., & Cornell, T. L. (1993). Comprehension and acceptability judgments in agrammatism: Disruptions in the syntax of referential dependency. *Brain and Language, 45*(3), 340–370. https://doi.org/10.1006/brln.1993.1050

McMillan, C. T., Clark, R., Gunawardena, D., Ryant, N., & Grossman, M. (2012). fMRI evidence for strategic decision-making during resolution of pronoun reference. *Neuropsychologia, 50*(5), 674–687. https://doi.org/10.1016/j.neuropsychologia.2012.01.004

Mesulam, M.-M., Thompson, C. K., Weintraub, S., & Rogalski, E. J. (2015). The Wernicke conundrum and the anatomy of language comprehension in primary progressive aphasia. *Brain: A Journal of Neurology, 138*(Pt 8), 2423–2437. https://doi.org/10.1093/brain/awv154

Noonan, K. A., Jefferies, E., Corbett, F., & Lambon Ralph, M. A. (2010). Elucidating the nature of deregulated semantic cognition in semantic aphasia: Evidence for the roles of prefrontal and temporoparietal cortices. *Journal of Cognitive Neuroscience, 22*(7), 1597–1613. https://doi.org/10.1162/jocn.2009.21289

Noonan, K. A., Jefferies, E., Visser, M., & Lambon Ralph, M. A. (2013). Going beyond inferior prefrontal involvement in semantic control: Evidence for the additional contribution of dorsal angular gyrus and posterior middle temporal cortex. *Journal of Cognitive Neuroscience, 25*(11), 1824–1850. https://doi.org/10.1162/jocn_a_00442

Patterson, K., Nestor, P. J., & Rogers, T. T. (2007). Where do you know what you know? The representation of semantic knowledge in the human brain. *Nature Reviews Neuroscience, 8*(12), Article 12. https://doi.org/10.1038/nrn2277

Peelle, J. E. (2019). Language and aging. In G. de Zubicaray & N. O. Schiller (Hrsg.), *The Oxford handbook of neurolinguistics*. Oxford University Press.

Peelle, J. E., Troiani, V., Wingfield, A., & Grossman, M. (2010). Neural processing during older adults' comprehension of spoken sentences: Age differences in resource allocation and connectivity. *Cerebral Cortex, 20*(4), 773–782. https://doi.org/10.1093/cercor/bhp142

Pillay, S. B., Binder, J. R., Humphries, C., Gross, W. L., & Book, D. S. (2017). Lesion localization of speech comprehension deficits in chronic aphasia. *Neurology, 88*(10), 970–975. https://doi.org/10.1212/WNL.0000000000003683

Poeppel, D., & Embick, D. (2005). *Defining the relation between linguistics and neuroscience. Twenty-first century psycholinguistics: Four cornerstones*. Ed. A. Cutler.

Pulvermüller, F. (1999). Words in the brain's language. *Behavioral and Brain Sciences, 22*(2), 253–279. https://doi.org/10.1017/S0140525X9900182X

Rodd, J. M., Vitello, S., Woollams, A. M., & Adank, P. (2015). Localising semantic and syntactic processing in spoken and written language comprehension: An activation likelihood estimation meta-analysis. *Brain and Language, 141,* 89–102. https://doi.org/10.1016/j.bandl.2014.11.012

Rogalsky, C., Matchin, W., & Hickok, G. (2008). Broca's area, sentence comprehension, and working memory: An fMRI Study. *Frontiers in Human Neuroscience, 2,* 14. https://doi.org/10.3389/neuro.09.014.2008

Rolheiser, T., Stamatakis, E. A., & Tyler, L. K. (2011). Dynamic processing in the human language system: Synergy between the arcuate fascicle and extreme capsule. *The Journal of Neuroscience: The Official Journal of the Society for Neuroscience, 31*(47), 16949–16957. https://doi.org/10.1523/JNEUROSCI.2725-11.2011

Saur, D., Kreher, B. W., Schnell, S., Kümmerer, D., Kellmeyer, P., Vry, M.-S., Umarova, R., Musso, M., Glauche, V., Abel, S., Huber, W., Rijntjes, M., Hennig, J., & Weiller, C. (2008). Ventral and dorsal pathways for language. *Proceedings of the National Academy of Sciences, 105*(46), 18035–18040. https://doi.org/10.1073/pnas.0805234105

Schlaug, G. (2018). Even when right is all that's left: There are still more options for recovery from aphasia. *Annals of Neurology, 83*(4), 661–663. https://doi.org/10.1002/ana.25217

Schroën, J. A. M., Gunter, T. C., Numssen, O., Kroczek, L. O. H., Hartwigsen, G., & Friederici, A. D. (2023). Causal evidence for a coordinated temporal interplay within the language network. *Proceedings of the National Academy of Sciences, 120*(47), e2306279120. https://doi.org/10.1073/pnas.2306279120

Schwartz, M. F., Saffran, E. M., & Marin, O. S. M. (1980). The word order problem in agrammatism: I. Comprehension. *Brain and Language, 10*(2), 249–262. https://doi.org/10.1016/0093-934X(80)90055-3

Skeide, M. A., Brauer, J., & Friederici, A. D. (2014). Syntax gradually segregates from semantics in the developing brain. *NeuroImage, 100*, 106–111. https://doi.org/10.1016/j.neuroimage.2014.05.080

Skipper, J. I., Devlin, J. T., & Lametti, D. R. (2017). The hearing ear is always found close to the speaking tongue: Review of the role of the motor system in speech perception. *Brain and Language, 164*, 77–105. https://doi.org/10.1016/j.bandl.2016.10.004

Specht, K. (2014). Neuronal basis of speech comprehension. *Hearing Research, 307*, 121–135. https://doi.org/10.1016/j.heares.2013.09.011

Stockert, A., Wawrzyniak, M., Klingbeil, J., Wrede, K., Kümmerer, D., Hartwigsen, G., Kaller, C. P., Weiller, C., & Saur, D. (2020). Dynamics of language reorganization after left temporo-parietal and frontal stroke. *Brain, 143*(3), 844–861. https://doi.org/10.1093/brain/awaa023

Ueno, T., Saito, S., Rogers, T. T., & Lambon Ralph, M. A. (2011). Lichtheim 2: Synthesizing aphasia and the neural basis of language in a neurocomputational model of the dual dorsal-ventral language pathways. *Neuron, 72*(2), 385–396. https://doi.org/10.1016/j.neuron.2011.09.013

Varela, F. J., Thompson, E., & Rosch, E. (1993). *The embodied mind: Cognitive science and human experience* (14. print). MIT Press.

Vatansever, D., Menon, D. K., & Stamatakis, E. A. (2017). Default mode contributions to automated information processing. *Proceedings of the National Academy of Sciences, 114*(48), 12821–12826. https://doi.org/10.1073/pnas.1710521114

Whitney, C., Kirk, M., O'Sullivan, J., Lambon Ralph, M. A., & Jefferies, E. (2011). The neural organization of semantic control: TMS evidence for a distributed network in left inferior frontal and posterior middle temporal gyrus. *Cerebral Cortex, 21*(5), 1066–1075. https://doi.org/10.1093/cercor/bhq180

Wilson, S. M., Galantucci, S., Tartaglia, M. C., Rising, K., Patterson, D. K., Henry, M. L., Ogar, J. M., DeLeon, J., Miller, B. L., & Gorno-Tempini, M. L. (2011). Syntactic processing depends on dorsal language tracts. *Neuron, 72*(2), 397–403. https://doi.org/10.1016/j.neuron.2011.09.014

Wu, W., & Hoffman, P. (2023). Age differences in the neural processing of semantics, within and beyond the core semantic network. *Neurobiology of Aging, 131*, 88–105. https://doi.org/10.1016/j.neurobiolaging.2023.07.022

Zaccarella, E., & Friederici, A. D. (2015). Merge in the human brain: A sub-region based functional investigation in the left pars opercularis. *Frontiers in Psychology, 6*. https://doi.org/10.3389/fpsyg.2015.01818

Zaccarella, E., Meyer, L., Makuuchi, M., & Friederici, A. D. (2017). Building by syntax: The neural basis of minimal linguistic structures. *Cerebral Cortex, 27*(1), 411–421. https://doi.org/10.1093/cercor/bhv234

Zhu, Y., Xu, M., Lu, J., Hu, J., Kwok, V. P. Y., Zhou, Y., Yuan, D., Wu, B., Zhang, J., Wu, J., & Tan, L. H. (2022). Distinct spatiotemporal patterns of syntactic and semantic processing in human inferior frontal gyrus. *Nature Human Behaviour, 6*(8), 1104–1111. https://doi.org/10.1038/s41562-022-01334-6

Netzwerk der Sprachproduktion

Jana Klaus

Inhaltsverzeichnis

8.1 Einführung – 154

8.2 Vom Konzept zur Artikulation: Psycholinguistische Ebenen der Sprachproduktion – 154

8.3 Gehirnkorrelate der Sprachproduktion – 156
8.3.1 Lokalisation: Der linke Gyrus frontalis inferior – 156
8.3.2 Auf dem Weg zu einem Sprachproduktionsnetzwerk – 157
8.3.3 Bilinguale Wortproduktion – 159
8.3.4 Sprachproduktion jenseits der Einzelwortbenennung – 160

8.4 Ein Ausblick – 160

Literatur – 161

© Der/die Autor(en), exklusiv lizenziert an Springer-Verlag GmbH, DE, ein Teil von Springer Nature 2025
K. Sidiropoulos (Hrsg.), *Transkranielle Gleichstromstimulation bei Aphasien und erworbenen Sprechstörungen*, https://doi.org/10.1007/978-3-662-70454-7_8

8.1 Einführung

Sprachproduktion, d. h. die mündliche Artikulation eines gefassten Gedankens, ist eine einzigartige Fähigkeit, die den Menschen von anderen Säugetieren unterscheidet. Wir artikulieren durchschnittlich zwei bis fünf Wörter pro Minute und tun dies überraschend fehlerfrei: Im Schnitt enthält nur 1 von 1000 geäußerten Wörtern einen Sprechfehler. Trotz dieser beeindruckenden Bilanz wird Sprachproduktion als psycholinguistisches und neurowissenschaftliches Forschungsgebiet gegenüber dem „großen Bruder" Sprachverstehen oft vernachlässigt. Dies ist der Tatsache geschuldet, dass sich Sprachproduktion bedeutend schwieriger unter experimentell kontrollierten Bedingungen untersuchen lässt als Sprachverstehen. Während Studien zum Sprachverstehen für alle Probanden dieselben akribisch kontrollierten Stimuli verwenden und untersuchen können, wie Individuen auf denselben Input reagieren, wird die der Sprachproduktion zugrunde liegende Kreativität der Forschung zum Verhängnis. Ein so simples Beispiel wie die Bildbenennung einer Couch kann so unterschiedliche Äußerungen wie „Couch", „Sofa", „Sitzmöbel" etc. evozieren. Dennoch haben Psycho- und Neurolinguisten in den letzten Jahrzehnten ein detailliertes Sprachproduktionssystem beschrieben, welches sowohl auf behavioraler als auch auf neurowissenschaftlicher Ebene untersucht wird. Im Folgenden werden kurz psycholinguistische Verarbeitungsebenen besprochen. Ein weiterer Abschnitt beschreibt, inwiefern diese Modelle im Gehirn abgebildet werden können, gefolgt von einer Exkursion in die bilinguale Forschung sowie über die Einzelwortbenennung hinaus.

8.2 Vom Konzept zur Artikulation: Psycholinguistische Ebenen der Sprachproduktion

Um unsere Gedanken in gesprochene Sprache zu übersetzen, durchlaufen sie eine Reihe von Prozessen, die letztendlich in einer verbalen Äußerung kulminieren. Gängige Sprachproduktionsmodelle gehen davon aus, dass es sich um drei Phasen handelt: Konzeptualisierung, Formulierung und Artikulation (Caramazza, 1997; Dell, 1986; Levelt, 1989; Levelt et al., 1999; ◘ Abb. 8.1).

Bei der Konzeptualisierung wird ein abstraktes Konzept in eine präverbale Botschaft übersetzt. Hierbei spielt die Einnahme verschiedener Perspektiven („Wie vermittle ich meine kommunikative Intention angemessen meinem Gegenüber?") eine zentrale Rolle. Am Ende dieser Phase steht das lexikalische Konzept, welches die semantischen Eigenschaften der intendierten Wortbedeutung integriert. Neben dem Zielkonzept, d. h. dem Wort, das tatsächlich ausgesprochen werden soll, sind weitere Kompetitoren aktiviert, die auch in die folgende Phase mitgenommen werden (Levelt et al., 1999). Zentrale Prozesse während der Formulierung sind die lexikalische Selektion und die morphophonologische und phonetische Enkodierung. Für das anfänglich ausgewählte lexikalische Konzept werden dabei semantische, phonologische und morphologische Eigenschaften gezielt selektiert. Gleichzeitig werden andere, parallel ak-

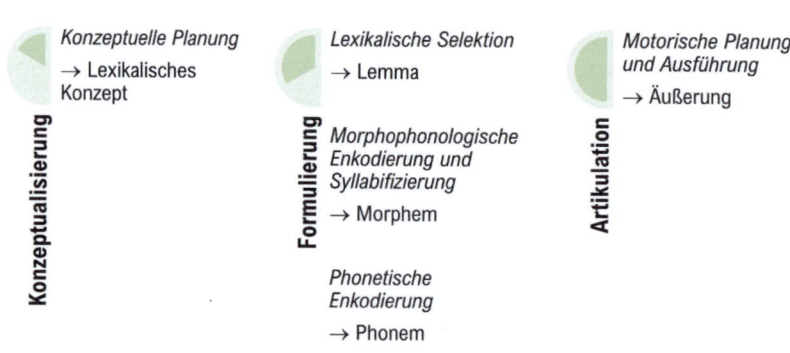

◘ Abb. 8.1 Verarbeitungsebenen der Sprachproduktion

tivierte Konzepte aktiv unterdrückt. Das resultierende Lemma bildet eine abstrakte Verarbeitungseinheit, die linguistische Informationen über die Zieläußerung (z. B. Genus, grammatikalische Kategorie, Transitivität) enthält.

Die Selektionsmechanismen unterliegen dabei probabilistischen Prinzipien. Laut dem einflussreichen computationalen WEAVER++-Modell (Roelofs, 1992) ergibt sich die Wahrscheinlichkeit, dass ein bestimmtes Lemma selektiert wird, aus dem Verhältnis der Aktivierung des Ziellemmas und der Aktivierung aller parallel aktivierten Lemmata. Morphologische und segmentale Eigenschaften werden während der Formenkodierung abgerufen. Hierbei wird in der Forschung diskutiert, ob dies ausschließlich für das selektierte Lemma (*„serial processing"*) oder auch für co-aktivierte Kompetitoren (*„cascaded processing"*) geschieht. Die selektierten phonologischen Codes werden gebündelt und entsprechend der für die Zielsprache gültigen metrischen Regeln zu einem aus Silben bestehenden phonologischen Wort zusammengesetzt. Letztendlich wird das phonologische Wort in Gesten übersetzt, die zur motorischen Artikulation führen. Hierbei wird auf das Syllabar zugegriffen, welches die gängigsten Silben der jeweiligen Sprache abgespeichert hat, um zu vermeiden, dass die Gesten für jedes Wort neu generiert werden müssen. Im Englischen sind beispielsweise 500 Silben ausreichend, um 80 % aller Sprachtokens zu produzieren.

Trotz der zu Beginn erwähnten Herausforderung, gesprochene Sprache experimentell zu untersuchen, gibt es eine Reihe von Methoden, die es ermöglichen, unterschiedliche Aspekte der Wort- und Satzproduktion genauer zu erforschen. Das Erstellen von Sprechfehlerkorpora war die erste Methode, die die Forschung ab den 1960er Jahren antrieb. Hierbei wurden natürlich vorkommende Sprechfehler gesammelt und deren Frequenzen analysiert, was Schlüsse auf die repräsentationalen Verarbeitungsebenen des Sprachproduktionssystems zuließ (Boomer & Laver, 1968; Fromkin, 1973; Garrett, 1975). Zentraler Befund hierbei war, dass Sprechfehler erstaunlich oft linguistischen Regeln folgen, d. h. nicht beliebig auftreten. Grob kann zwischen zwei Formen von Sprechfehlern unterschieden werden: den Wortaustauschen und den Klangaustauschen. Wortaustauschfehler (z. B. „Is there a cigarette building in this machine?" statt „Is there a cigarette machine in this building?") entstehen auf funktionaler (Lemma-)Ebene und werden durch syntaktische Faktoren begrenzt, d. h. Fehler befinden sich in der Regel zwischen Wörtern derselben grammatikalischen Kategorie. Dahingegen entstehen Klangaustauschfehler (z. B. „foon speeding" statt „spoon feeding") auf positionaler, segmentaler Ebene und zwischen benachbarten Wörtern in einer Äußerung, unabhängig von deren grammatikalischer Kategorie.

Andere Methoden, die Sprachproduktion auf Millisekunden genau erfassen können, werden jedoch im Labor sowie in neuropsychologischem Kontext bevorzugt. Neben reiner Bildbenennung, die Nomen-, Verb- und Satzproduktion evoziert, bildet das sog. Bild-Wort-Interferenz-Paradigma einen Meilenstein psycholinguistischer Forschung. Basierend auf dem bekannten Stroop-Effekt werden Probanden hierbei gebeten, ein Bild zu benennen und ein visuell oder auditiv präsentiertes Distraktorwort zu ignorieren. Die Relation zwischen Zieläußerung und Distraktorwort kann dabei systematisch manipuliert werden, um semantische bzw. phonologische Verarbeitung zu untersuchen (Schriefers et al., 1990). Soll beispielsweise das Bild einer Katze benannt werden, verzögert ein semantisch verwandtes Distraktorwort (z. B. „Ente") die Benennung im Vergleich zu einem unrelatierten Wort (z. B. „Lampe"). Dies wird als Beweis dafür interpretiert, dass mehrere Lemmata (in diesem Fall von Tieren) parallel aktiviert sind; erhält ein Lemma durch einen externen Stimulus zusätzlich Aktivierung, inhibiert dies die Verarbeitung des Ziellemmas (semantische Interferenz). Auf phonologischer Ebene hingegen beschleunigt ein relatiertes Distraktorwort (z. B. „Karte") die Benennung, da für die Zieläußerung relevante Segmente zusätzliche Aktivierung erhalten (phonologische Erleichterung). Durch die Präsentation des Ablenkerwortes zu verschiedenen Zeitpunkten im Verhältnis zur Darbietung des zu benennenden Bildes lässt sich der zeitliche Ablauf der Planungsprozesse, die für die Sprachproduktion von Bedeutung sind, detailliert untersuchen. Dies ermöglichte den Nachweis, dass semantische Planungsprozesse den phonologischen vorausgehen, was wiederum in Einklang mit Befunden aus Sprechfehlerkorpora steht.

Zudem sind Wortflüssigkeitstests in der Neuropsychologie weit verbreitet. Bei diesen Tests wird den Teilnehmenden entweder eine semantische Kategorie oder ein Buchstaben vorgelegt und sie sollen daraufhin so viele zutreffende Wörter wie möglich innerhalb eines festgelegten Zeitraums, üblicherweise einer Minute, generieren. Der zugrunde liegende Gedanke dieser Tests ist es ebenfalls, zwischen semantischer und phonologischer Verarbeitung unterscheiden zu können. Allerdings herrscht Uneinigkeit darüber, ob diese Aufgaben tatsächlich die Sprachplanung und -produktion abbilden oder eher domänenunabhängige exekutive Kontrollfunktionen messen (Shao et al., 2014).

Sprachproduktion kann zudem untersucht werden, indem absichtlich versucht wird, sie zu stören. In Anlehnung an die eingangs erwähnte Sprechfehlerforschung können z. B. Zungenbrecher evoziert werden, um Fehlermonitoring zu messen (z. B. Gauvin et al., 2016; McMillan & Corley, 2010). Außerdem gibt die Untersuchung sog. *tip of the tongue states* – des buchstäblichen „Es liegt mir auf der Zunge!" – Aufschluss über Prozesse, die einem gestörten oder fehlerhaften Wortabruf zugrunde liegen (Brown, 1991; Schwartz & Metcalfe, 2011).

8.3 Gehirnkorrelate der Sprachproduktion

Die wohl bekannteste neuropsychologische Fallstudie zur Sprachproduktion ist der Patient Leborgne des Pariser Chirurgen Paul Broca (Broca, 1861a, b). Leborgne war ein 51-jähriger Mann, der seit seiner Jugend an Epilepsie litt und zum Zeitpunkt seiner Einweisung in ein Pariser Krankenhaus bereits jahrelang nur noch die Silbe „tan" aussprechen konnte. Nach seinem Tod untersuchte Broca dessen Gehirn und fand eine substanzielle Läsion im linken Frontallappen, zwischen der Pars opercularis und der Pars triangularis. Dieser und folgende Befunde ließen Broca und seine damaligen Kollegen schlussfolgern, dass dieses Gebiet ausschlaggebend ist für produktive Sprache, d. h. die Artikulation eigener Gedanken über die bedeutungslose Repetition von Segmenten hinaus. Das von Broca umschriebene Hirnareal wurde Broca-Areal benannt, und Patienten, die ebenfalls an einer Unfähigkeit, Sprache zu produzieren, litten, wurden mit Broca-Aphasie diagnostiziert (▶ Abschn. 2.2.2). Fast zweieinhalb Jahrhunderte später erhielten amerikanische Forscher Zugriff auf das konservierte Gehirn von Leborgne und analysierten es mittels struktureller Magnetresonanztomografie (Dronkers et al., 2007). Dabei entdeckten sie zum einen, dass das Zentrum von Leborgnes Läsion in einem mehr anterior gelegenen Teils des Gyrus frontalis inferior (IFG) liegt als ursprünglich von Broca beschrieben, und zum anderen, dass das Gehirn substanzielle Läsionen in großen Teilen der linken Hirnhälfte aufwies (neben frontalen auch in parietalen, temporalen und subkortikalen Regionen sowie in einigen Faserverbindungen). Diese und weitere empirische Befunde aus der modernen Bildgebungstechnik haben zu der Erkenntnis geführt, dass bestimmte Bereiche des linken Frontallappens zwar notwendig, jedoch nicht hinreichend für die Sprachproduktion sind. Vielmehr ist diese menschliche Fähigkeit von einem umfänglichen Netzwerk abhängig (Duffau, 2018; Tremblay & Dick, 2016). Im Folgenden werden ausgewählte Befunde zum Broca-Areal beschrieben und anschließend erweitert, um das komplexe Sprachproduktionsnetzwerk darzustellen.

8.3.1 Lokalisation: Der linke Gyrus frontalis inferior

Trotz Uneinigkeit über die genaue Lokalisation des Broca-Areals ist unbestritten, dass der linke IFG (entsprechend den Brodmann-

Arealen [BA] 44, 45 und 47) eine wesentliche Rolle in der Sprachproduktion spielt. Erste Positronen-Emissions-Tomografie-(PET-) und Funktionelle-Magnetresonanztomografie-(fMRT-)Studien zur Wortproduktion, in denen Probanden ein passendes Verb zu einem präsentierten Nomen generieren mussten, fanden – ganz in der Tradition Brocas – erhöhte hämodynamische Aktivität im linken präfrontalen Kortex relativ zu simpler Wortwiederholung (McCarthy et al., 1993; Petersen et al., 1988). Darüber hinaus haben Studien mit transkranieller Magnetstimulation (TMS) gezeigt, dass die Produktion gesprochener Sprache durch Stimulation des IFG signifikant beeinträchtigt oder sogar vollständig unterbrochen werden kann (Epstein et al., 1999; Pascual-Leone et al., 1991; Rogić et al., 2014).

Die Frage nach der Parzellierung dieses ausgedehnten Hirnareals in funktionelle Subregionen initiierte eine Reihe von Studien. So legten Forschungsarbeiten, die sich auf Wortflüssigkeitstests stützten, offen, dass die phonologische Wortgenerierung vorrangig die Subregion BA 44 des Broca-Areals beansprucht, während die semantische Wortgenerierung ein differenziertes Aktivierungsmuster aufweist: Sie involviert teils exklusiv die Subregion BA 45, teils manifestiert sich eine Überlappung in den Aktivierungen von BA 44 und BA 45 (Costafreda et al., 2006; Heim et al., 2009; Wagner et al., 2014).

Eine Fallstudie an einem Tumorpatienten unterstützt die Hypothese einer funktionalen Parzellierung des linken IFG. Obwohl der Patient unfähig war, Synonyme zu produzieren oder Bilder zu benennen, konnte er Wörter wiederholen, wenn intraoperativ der anteriore Teil des IFG (~BA 45) stimuliert wurde (Klein et al., 1997). Im Einklang mit dieser Theorie stehen auch Befunde einer TMS-Studie mit gesunden Probanden, die ein Mitglied derselben Kategorie (z. B. „Birne" für den Stimulus „Apfel"; semantische Aufgabe) oder Reime (z. B. „Tatze" für den Stimulus „Katze"; phonologische Aufgabe) produzieren mussten (Klaus & Hartwigsen, 2019). Im Vergleich zu einer Kontrollbedingung (Stimulation des Vertex) zeigten die Probanden eine längere Benennungslatenz bei der semantischen Aufgabe, wenn die Pars orbitalis (BA 47) stimuliert wurde. Im Gegensatz dazu waren sie bei der phonologischen Aufgabe schneller, sobald die Pars opercularis (BA 44) Ziel der Stimulation war.

Die beobachtete behaviorale Doppeldissoziation untermauert die Theorie, dass der anteriore Teil des IFG hauptsächlich für semantische Aspekte der Wortproduktion zuständig ist, während der posteriore Teil phonologische Aufgaben übernimmt. Ergänzend hierzu ergab eine andere Studie, dass die inhibierende Stimulation des BA 44, aber nicht BA 45, den phonologischen Fazilitationseffekt im Bild-Wort-Interferenz-Paradigma signifikant reduzierte, was die funktionelle Spezifität innerhalb des IFG weiter bekräftigt (Sakreida et al., 2019). Interessanterweise führte eine intrakortikale Stimulation des IFG bei Patienten mit Epilepsie und Hirntumoren ausschließlich zu einer vollständigen Sprachhemmung. Phonologische und semantische Paraphasien wurden dagegen nur bei Stimulation der linken temporalen Hirnregionen beobachtet, was die differenzierte Rolle dieser Areale in der Sprachverarbeitung hervorhebt (Chang et al., 2017; Corina et al., 2010).

8.3.2 Auf dem Weg zu einem Sprachproduktionsnetzwerk

Nahezu jede fMRT-Studie, die sich der Sprachproduktion widmet, findet nicht nur eine Aktivierung im Bereich des IFG, sondern auch in anderen, vornehmlich links lateralisierten, temporalen und parietalen Gebieten. Aufgrund der schlechten zeitlichen Auflösung von fMRT ist es allerdings schwierig, die in ▶ Abschn. 8.2 genannten Verarbeitungsebenen bestimmten Regionen zuzuordnen, da sich diese Prozesse im Millisekundenbereich abspielen. Elektroenzephalografie (EEG) und Magnetoenzephalografie (MEG) sind daher exzellente komplementäre neurowissenschaftliche Methoden, die Aufschluss über die zeitlichen Aspekte der Sprachproduktion geben. Indem sie Forschungsergebnisse aus Verhaltens-, PET-, fMRT-, EEG- und MEG-

Studien aggregierten, lieferten Indefrey und Levelt (Indefrey, 2007, 2011; Indefrey & Levelt, 2004) den bisher detailliertesten Überblick über die anatomischen Komponenten, die der Sprachproduktion zugrunde liegen. Sie beschrieben dabei ein Kern-Wortproduktionsnetzwerk, das elf links lateralisierte und vier rechts lateralisierte Regionen umfasst. Neben dem IFG beinhaltet dieses Netzwerk den Gyrus praecentralis, die Gyri temporalis superior und medius (STG/MTG), den Gyrus fusiformis, das supplementär-motorische Areal (SMA), den Thalamus, die Insula und das Kleinhirn (◘ Abb. 8.2).

Über mehrere Studien hinweg wurde demnach die frühe, konzeptuelle Verarbeitung, die mit der Lemmaselektion endet, im anterioren und medialen MTG lokalisiert. Neben Befunden von fMRT- und MEG-Studien basiert diese Schlussfolgerung u. a. auch auf einer Studie bei Aphasiepatienten, die zeigen konnte, dass semantische Fehler in der Produktion eine starke Assoziation mit Läsionen in diesem Areal aufweisen (Schwartz et al., 2009). Die folgende phonologische Verarbeitung wird vornehmlich im posterioren Abschnitt des STG verortet. Aktivität in dieser Region ließ sich beispielsweise durch Wortfrequenz manipulieren (Graves et al., 2007) und konnte bei der Pseudowortwiederholung, d. h. der Produktion von „Wörtern" ohne semantische Bedeutung, nachgewiesen werden (Graves et al., 2008). Eine ähnliche Aufteilung, d. h. semantische Verarbeitung im anterioren und medialen MTG und phonologische Verarbeitung im posterioren STG, wurde in einem späteren Übersichtsartikel, der auch aktuellere Studien diskutiert, bestätigt (de Zubicaray & Piai, 2019).

Dem (posterioren) IFG wird lediglich eine Rolle in der phonetischen Enkodierung, genauer gesagt in der Silbenbildung, zugeschrieben. Keine der diskutierten Studien mit zeitlicher Auflösung fand IFG-Aktivierung vor 450 ms nach Stimuluspräsentation. Indefrey und Levelt (2004) arbeiteten unter der Annahme, dass die Produktion eines einzelnen Wortes ca. 600 ms dauert. Demnach sollte der IFG bei einfacher Bildbenennung in der Tat lediglich in späteren Verarbeitungsstufen involviert sein. Passend

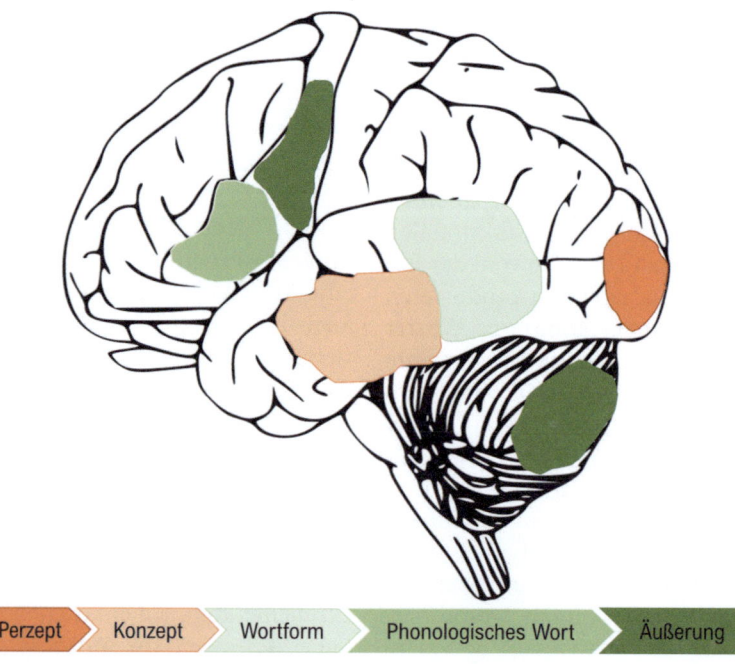

◘ Abb. 8.2 Gehirnareale, die den Repräsentationsebenen der Sprachproduktion zugrunde liegen. Nicht dargestellt sind Thalamus und Insula, die bei der Artikulation involviert sind (adaptiert nach Indefrey & Levelt, 2004; Indefrey, 2011)

dazu wurde stärkere IFG-Aktivierung abhängig von der Wortlänge (Sahin et al., 2009) sowie bei der Produktion zweisilbiger im Vergleich zu einsilbigen Wörtern (Ghosh et al., 2008) gefunden.

Die motorische Planung, die in der Artikulation des geplanten Wortes endet, wird neben dem SMA und Gyrus praecentralis auch der anterioren Insula und dem Thalamus im Subkortex in der linken Hemisphäre sowie dem Kleinhirn zugeschrieben. Dabei kontrastieren Studien oftmals verdeckte mit offener Artikulation, um spezifische Hirnkorrelate von artikulatorischer Planung und Ausführung abbilden zu können. Jedoch greift eine solche Betrachtungsweise vor allem für das Kleinhirn zu kurz, da diese vielseitige Struktur nicht nur in basale motorische Funktionen eingebunden ist, sondern auch in einer Vielzahl von kognitiven Funktionen involviert ist (King et al., 2019; Stoodley & Schmahmann, 2009), darunter auch Sprachverarbeitung und -produktion (Mariën et al., 2014; Molinari & Leggio, 2016).

Eine aktuelle Metaanalyse beschreibt zudem, welche Hirnareale bei den in ▶ Abschn. 8.2 erwähnten Phänomenen semantische Interferenz und phonologische Erleichterung involviert sind (Arrigoni et al., 2024). Trotz einer vergleichsweise geringen Anzahl an Studien, die inkludiert werden konnten, konvergierten die Aktivierungsmuster für semantische Interferenz in der linken Pars orbitalis und dem MTG und für phonologische Fazilitation im linken Lobulus parietalis inferior und im rechten Gyrus supramarginalis. Im Gegensatz zu Indefrey und Levelt (2004) sowie Indefrey (2011) konnte diese Arbeit demnach durchaus den IFG mit semantischer Verarbeitung während der Sprachproduktion in Verbindung bringen, jedoch in einem mehr anterior gelegenen Teil dieses Areals (BA 47 statt BA 44). Die Autoren interpretierten diesen Befund im Rahmen einer möglichen domänenunspezifischen Rolle der Pars orbitalis und betrachteten die Lemmaselektion als eine von vielen Formen der Antwortselektion. Gleichzeitig ließen sie die Möglichkeit offen, dass dieses Areal auf semantische Verarbeitung spezialisiert sein könnte, wie im vorherigen Abschnitt diskutiert. Es muss jedoch darauf hingewiesen werden, dass diese Metaanalyse auf relativ wenigen Studien basiert und die zugrunde liegenden Paradigmen große methodische Unterschiede aufweisen.

8.3.3 Bilinguale Wortproduktion

Die bisherigen Ausführungen bezogen sich auf Sprachproduktion in der jeweiligen Muttersprache. Angesichts der Tatsache, dass mehr als die Hälfte der Weltbevölkerung mindestens zwei Sprachen spricht (Bialystok et al., 2012), wird auch untersucht, inwiefern sich Sprachproduktion in der Muttersprache (L1) von der in einer Zweit- (L2) oder Drittsprache (L3) unterscheidet (▶ Abschn. 3.3.2). Prinzipiell wird davon ausgegangen, dass diese Sprachen ein weitgehend identisches Netzwerk einnehmen, aber aufgrund konstanter aktiver Inhibitionsprozesse zusätzlich domänenunspezifische Kontrollgebiete wie den dorsolateralen präfrontalen Kortex und den anterioren zingulären Kortex rekrutieren (Abutalebi & Green, 2007, 2016; Green & Abutalebi, 2013). Zusätzlich beeinflussen das Ausmaß der Immersion in der jeweiligen Sprache sowie die individuelle Sprachbeherrschung den Grad der Aktivierung verschiedener Sprachareale im Gehirn (Klaus & Schriefers, 2019). So wiesen bilinguale Sprecher mit hoher syntaktischer Beherrschung im Vergleich zu weniger flüssigen Sprechern stärkere funktionale Vernetzung innerhalb eines umschriebenen Sprachnetzwerks in ihrer L2 relativ zu ihrer L1 auf (Dodel et al., 2005). Außerdem zeigten katalanische Muttersprachler, die weniger oft ihrer L2 Spanisch ausgesetzt waren, stärkere Aktivierung im linken Frontal- und Parietallappen (Perani et al., 2003). Bessere Sprachbeherrschung und regelmäßige Ausübung einer Zweitsprache scheint somit fokale Aktivierung zu reduzieren und Netzwerkkonnektivität zu erhöhen.

8.3.4 Sprachproduktion jenseits der Einzelwortbenennung

Im Bereich der Sprachproduktion werden die meisten Studien auf der Basis von Einzelwortbenennungen durchgeführt. Wie eingangs beschrieben, ist dieses Vorgehen bereits mit einer Reihe von Herausforderungen verbunden. Es ist jedoch wichtig zu bedenken, dass wir im Alltag nicht lediglich einzelne Wörter, sondern vollständige Sätze formulieren. Neben den Repräsentationsebenen der Einzelwortbenennung spielen hierbei auch syntaktische Integration sowie die Vorausplanung über Phrasen hinweg eine Rolle. Bereits aus der Sprechfehlerforschung gab es erste Anzeichen, dass semantisch-syntaktische Planung über Phrasen hinaus geschieht, während phonologische Planung räumlich beschränkt ist. Dennoch konnte im Deutschen gezeigt werden, dass einfache Satz-Verb-Objekt-Sätze bis zum letzten Element phonologisch vorausgeplant werden, noch bevor die Artikulation des ersten Elements begonnen hat (Oppermann et al., 2010). Darüber hinaus reduziert eine parallel auszuführende räumliche Arbeitsgedächtnisaufgabe diese Vorausplanungsspanne weder auf semantischer noch auf phonologischer Ebene, während das gleichzeitige Merken von Ziffern (verbales Load) die phonologische, nicht aber die semantische Planungsspanne reduziert (Klaus et al., 2017).

Eine Reihe von fMRT-Studien hat zudem untersucht, inwiefern sich die Gehirnkorrelate während der Satzproduktion von der der Einzelwortbenennung unterscheiden. Dabei konnte gezeigt werden, dass die Produktion einfacher Sätze relativ zu Wort- oder Satzlesen mit stärkerer Aktivierung des linken IFG (BA 44/45) verbunden ist (Haller et al., 2005), was im Kontext von syntaktischer Integration während der Satzgenerierung interpretiert wurde. Eine kürzlich erschienene Studie zeigt allerdings, dass der IFG hierbei keine produktionsspezifische Rolle spielt, da dieses Areal sowohl während der Satzgenerierung als auch während des Satzverstehens aktiviert war (Hu et al., 2023). Interessant ist allerdings, dass die Produktionsbedingung konsistent stärkere Aktivierung im linkshemisphärischen Sprachnetzwerk, bestehend aus dem IFG, anterioren und posterioren MTG, Gyrus angularis und Gyrus frontalis medius, evozierte: Sprachproduktion scheint demnach mehr kognitive Ressourcen zu beanspruchen als Sprachverstehen.

8.4 Ein Ausblick

Sowohl fMRT- als auch EEG- und MEG-Studien ermöglichen zwar eine detailliertere Abbildung der bei der Sprachproduktion involvierten räumlichen und zeitlichen Aspekte, unterliegen aber allesamt demselben Mangel: Sprachproduktion im eigentlichen Sinne erfordert eine offene Verbalisierung der Äußerung und ist darum mit Gesichtsmuskelbewegungen verbunden, welche wiederum in jedem Bildgebungsverfahren Artefakte verursachen. Frühere Studien griffen daher auf verdeckte (*covert*) Produktion zurück, d. h. Probanden wurden gebeten, eine bestimmte Äußerung nur innerlich zu tätigen, statt sie offen zu artikulieren. Obwohl diese Methode aus experimenteller Sicht nachvollziehbar ist, bleiben die entsprechenden Befunde zweifelhaft, da keinerlei Kontrolle darüber besteht, ob und inwiefern die Probanden die Instruktionen tatsächlich befolgt haben. Analysemethoden werden fortgehend verfeinert, um diese Motorartefakte aus dem gemessenen Signal herauszufiltern. Die stetige Verbesserung dieser Techniken ist ausschlaggebend für die Reliabilität der berichteten Ergebnisse (de Zubicaray & Piai, 2019).

Die methodische Heterogenität der verwendeten Aufgaben, um Sprachproduktion zu untersuchen, erschwert zudem die Verallgemeinerbarkeit individueller Befunde. Wenngleich dies der Vielfältigkeit dieser Fähigkeit gerecht wird, ist es doch notwendig, eine Reihe experimenteller Standards festzulegen, um die zugrunde liegenden Prozesse detaillierter untersuchen und zwischen Studien vergleichen zu können (Arrigoni et al., 2024). Dies betrifft sowohl die Einzel- als auch die Mehrwortbenennung in der Mutter- sowie der Zweit- und Drittsprache.

Wie in ▶ Abschn. 8.3 erwähnt, hat sich die neurolinguistische Forschung zunehmend von der Vorstellung verabschiedet, dass ein einziges Hirnareal federführend für Sprachproduktion ist. Dennoch werden auch im aktuellen Kontext gefundene Areale noch stets zu fokal betrachtet, sodass Mechanismen der Reorganisation in der Forschung bisher wenig Aufmerksamkeit erhalten haben. Die systematische Untersuchung von Plastizitätseffekten, d. h. der Funktionsübernahme durch bestimmte Netzwerkknoten im Falle eines Funktionsausfalls auf Verhaltens- und neuronaler Ebene stellt eine interessante Forschungsaussicht dar, die wichtige neue Erkenntnisse zu gesunder und dysfunktionaler Sprachproduktion bieten kann. Zudem sind aktivere Bemühungen, Sprachproduktion abseits der Großhirnrinde, d. h. auch im Kleinhirn und in subkortikalen Regionen, zu betrachten, wünschenswert, um schlussendlich ein umfassendes Bild dieser einzigartigen menschlichen Funktion zu erhalten.

Literatur

Abutalebi, J., & Green, D. (2007). Bilingual language production: The neurocognition of language representation and control. *Journal of Neurolinguistics, 20*(3), 242–275. https://doi.org/10.1016/j.jneuroling.2006.10.003

Abutalebi, J., & Green, D. W. (2016). Neuroimaging of language control in bilinguals: Neural adaptation and reserve. *Bilingualism: Language and Cognition, 19*(4), 689–698. https://doi.org/10.1017/S1366728916000225

Arrigoni, E., Rappo, E., Papagno, C., Romero Lauro, L. J., & Pisoni, A. (2024). Neural correlates of semantic interference and phonological facilitation in picture naming: A systematic review and coordinate-based meta-analysis. *Neuropsychology Review*. https://doi.org/10.1007/s11065-024-09631-9

Bialystok, E., Craik, F. I. M., & Luk, G. (2012). Bilingualism: Consequences for mind and brain. *Trends in Cognitive Sciences, 16*(4), 240–250. https://doi.org/10.1016/j.tics.2012.03.001

Boomer, D. S., & Laver, J. D. M. (1968). Slips of the tongue. *International Journal of Language & Communication Disorders, 3*(1), 2–12. https://doi.org/10.3109/13682826809011435

Broca, P. (1861a). Perte de la parole, ramouissement chronique et destruction partielle du lobe antérieur gauche du cerveau. *Bulletins de la Société Anthropologique de Paris, 2*, 235–238.

Broca, P. (1861b). Remarques sur le siège de la faculté du langage articulé, suivies d'une observation d'aphémie (perte de la parole). *Bulletins de la Société Anthropologique de Paris, 6*, 330–357.

Brown, A. S. (1991). A review of the tip-of-the-tongue experience. *Psychological Bulletin, 109*(2), 204–223. https://doi.org/10.1037/0033-2909.109.2.204

Caramazza. (1997). How many levels of processing are there in lexical access? *Cognitive Neuropsychology, 14*(1), 177–208.

Chang, E. F., Breshears, J. D., Raygor, K. P., Lau, D., Molinaro, A. M., & Berger, M. S. (2017). Stereotactic probability and variability of speech arrest and anomia sites during stimulation mapping of the language dominant hemisphere. *Journal of Neurosurgery, 126*(1), 114–121. https://doi.org/10.3171/2015.10.JNS151087

Corina, D. P., Loudermilk, B. C., Detwiler, L., Martin, R. F., Brinkley, J. F., & Ojemann, G. (2010). Analysis of naming errors during cortical stimulation mapping: Implications for models of language representation. *Brain and Language, 115*(2), 101–112. https://doi.org/10.1016/j.bandl.2010.04.001

Costafreda, S. G., Fu, C. H. Y., Lee, L., Everitt, B., Brammer, M. J., & David, A. S. (2006). A systematic review and quantitative appraisal of fMRI studies of verbal fluency: Role of the left inferior frontal gyrus. *Human Brain Mapping, 27*(10), 799–810. https://doi.org/10.1002/hbm.20221

Dell, G. S. (1986). A spreading-activation theory in retrieval in sentence production. *Psychological Review, 93*(3), 283–321.

Dodel, S., Golestani, N., Pallier, C., ElKouby, V., Le Bihan, D., & Poline, J.-B. (2005). Condition-dependent functional connectivity: Syntax networks in bilinguals. *Philosophical Transactions of the Royal Society B: Biological Sciences, 360*(1457), 921–935. https://doi.org/10.1098/rstb.2005.1653

Dronkers, N. F., Plaisant, O., Iba-Zizen, M. T., & Cabanis, E. A. (2007). Paul Broca's historic cases: High resolution MR imaging of the brains of Leborgne and Lelong. *Brain, 130*, 1432–1441. https://doi.org/10.1093/brain/awm042

Duffau, H. (2018). The error of Broca: From the traditional localizationist concept to a connectomal anatomy of human brain. *Journal of Chemical Neuroanatomy, 89*, 73–81. https://doi.org/10.1016/j.jchemneu.2017.04.003

Epstein, C. M., Meador, K. J., Loring, D. W., Wright, R. J., Weissman, J. D., Sheppard, S., Lah, J. J., Puhalovich, F., Gaitan, L. E., & Davey, K. R. (1999). Localization and characterization of speech arrest during transcranial magnetic stimulation. *Clinical Neurophysiology, 110*(6), 1073–1079. https://doi.org/10.1016/S1388-2457(99)00047-4

Fromkin, V. A. (Hrsg.). (1973). *Speech errors as linguistic evidence*. Mouton.

Garrett, M. F. (1975). The analysis of sentence production. In G. H. Bower (Hrsg.), *Psychology of learning and motivation* (Bd. 9, S. 133–177). Academic Press.

Gauvin, H. S., De Baene, W., Brass, M., & Hartsuiker, R. J. (2016). Conflict monitoring in speech processing: An fMRI study of error detection in speech production and perception. *NeuroImage, 126*, 96–105. https://doi.org/10.1016/j.neuroimage.2015.11.037

Ghosh, S. S., Tourville, J. A., & Guenther, F. H. (2008). A neuroimaging study of premotor lateralization and cerebellar involvement in the production of phonemes and syllables. *Journal of Speech, Language, and Hearing Research, 51*(5), 1183–1202. https://doi.org/10.1044/1092-4388(2008/07-0119)

Graves, W. W., Grabowski, T. J., Mehta, S., & Gordon, J. K. (2007). A neural signature of phonological access: Distinguishing the effects of word frequency from familiarity and length in overt picture naming. *Journal of Cognitive Neuroscience, 19*(4), 617–631. https://doi.org/10.1162/jocn.2007.19.4.617

Graves, W. W., Grabowski, T. J., Mehta, S., & Gupta, P. (2008). The left posterior superior temporal gyrus participates specifically in accessing lexical phonology. *Journal of Cognitive Neuroscience, 20*(9), 1698–1710. https://doi.org/10.1162/jocn.2008.20113

Green, D. W., & Abutalebi, J. (2013). Language control in bilinguals: The adaptive control hypothesis. *Journal of Cognitive Psychology, 25*(5), 515–530. https://doi.org/10.1080/20445911.2013.796377

Haller, S., Radue, E. W., Erb, M., Grodd, W., & Kircher, T. (2005). Overt sentence production in event-related fMRI. *Neuropsychologia, 43*(5), 807–814. https://doi.org/10.1016/j.neuropsychologia.2004.09.007

Heim, S., Eickhoff, S. B., & Amunts, K. (2009). Different roles of cytoarchitectonic BA 44 and BA 45 in phonological and semantic verbal fluency as revealed by dynamic causal modelling. *NeuroImage, 48*(3), 616–624. https://doi.org/10.1016/j.neuroimage.2009.06.044

Hu, J., Small, H., Kean, H., Takahashi, A., Zekelman, L., Kleinman, D., Ryan, E., Nieto-Castañón, A., Ferreira, V., & Fedorenko, E. (2023). Precision fMRI reveals that the language-selective network supports both phrase-structure building and lexical access during language production. *Cerebral Cortex, 33*(8), 4384–4404. https://doi.org/10.1093/cercor/bhac350

Indefrey, P. (2007). Brain-imaging studies of language production. In G. Gaskell (Hrsg.), *Oxford handbook of psycholinguistics* (S. 547–564). Oxford University Press.

Indefrey, P. (2011). The spatial and temporal signatures of word production components: A critical update. *Frontiers in Psychology, 2*. https://doi.org/10.3389/fpsyg.2011.00255

Indefrey, P., & Levelt, W. J. M. (2004). The spatial and temporal signatures of word production components. *Cognition, 92*(1), 101–144. https://doi.org/10.1016/j.cognition.2002.06.001

King, M., Hernandez-Castillo, C. R., Poldrack, R. A., Ivry, R. B., & Diedrichsen, J. (2019). Functional boundaries in the human cerebellum revealed by a multi-domain task battery. *Nature Neuroscience, 22*(8), 1371–1378. https://doi.org/10.1038/s41593-019-0436-x

Klaus, J., & Hartwigsen, G. (2019). Dissociating semantic and phonological contributions of the left inferior frontal gyrus to language production. *Human Brain Mapping, 40*, 3279–3287. https://doi.org/10.1002/hbm.24597

Klaus, J., & Schriefers, H. (2019). Bilingual word production. In J. W. Schwieter & M. Paradis (Hrsg.), *The handbook of the neuroscience of multilingualism* (S. 214–229). Wiley. https://doi.org/10.1002/9781119387725.ch10

Klaus, J., Mädebach, A., Oppermann, F., & Jescheniak, J. D. (2017). Planning sentences while doing other things at the same time: Effects of concurrent verbal and visuospatial working memory load. *The Quarterly Journal of Experimental Psychology, 70*(4), 811–831. https://doi.org/10.1080/17470218.2016.1167926

Klein, D., Olivier, A., Milner, B., Zatorre, R. J., Johnsrude, I., Meyer, E., & Evans, A. C. (1997). Obligatory role of the LIFG in synonym generation. *NeuroReport, 8*(15), 3275–3278. https://doi.org/10.1097/00001756-199710200-00017

Levelt, W. J. M. (1989). *Speaking: From intention to articulation*. MIT Press, Cambridge.

Levelt, W. J. M., Roelofs, A., & Meyer, A. S. (1999). A theory of lexical access in speech production. *Behavioral and Brain Sciences, 22*(1), 1–38. https://doi.org/10.1017/S0140525X99001776

Mariën, P., Ackermann, H., Adamaszek, M., Barwood, C. H. S., Beaton, A., Desmond, J., De Witte, E., Fawcett, A. J., Hertrich, I., Küper, M., Leggio, M., Marvel, C., Molinari, M., Murdoch, B. E., Nicolson, R. I., Schmahmann, J. D., Stoodley, C. J., Thürling, M., Timmann, D., Wouters, E., & Ziegler, W. (2014). Consensus paper: Language and the cerebellum: An ongoing enigma. *The Cerebellum, 13*(3), 386–410. https://doi.org/10.1007/s12311-013-0540-5

McCarthy, G., Blamire, A. M., Rothman, D. L., Gruetter, R., & Shulman, R. G. (1993). Echo-planar magnetic resonance imaging studies of frontal cortex activation during word generation in humans. *Proceedings of the National Academy of Sciences, 90*(11), 4952–4956. https://doi.org/10.1073/pnas.90.11.4952

McMillan, C. T., & Corley, M. (2010). Cascading influences on the production of speech: Evidence from articulation. *Cognition, 117*(3), 243–260. https://doi.org/10.1016/j.cognition.2010.08.019

Molinari, M., & Leggio, M. (2016). Cerebellum and verbal fluency (Phonological and semantic). In P. Mariën & M. Manto (Hrsg.), *The linguistic cerebellum* (S. 63–80). Academic Press. https://doi.org/10.1016/B978-0-12-801608-4.00004-9

Oppermann, F., Jescheniak, J. D., & Schriefers, H. (2010). Phonological advance planning in sentence production. *Journal of Memory and Language, 63*(4), 526–540. https://doi.org/10.1016/j.jml.2010.07.004

Pascual-Leone, A., Gates, J. R., & Dhuna, A. (1991). Induction of speech arrest and counting errors with rapid-rate transcranial magnetic stimulation. *Neurology, 41*(5), 697–702. https://doi.org/10.1212/WNL.41.5.697

Perani, D., Abutalebi, J., Paulesu, E., Brambati, S., Scifo, P., Cappa, S. F., & Fazio, F. (2003). The role of age of acquisition and language usage in early, high-proficient bilinguals: An fMRI study during verbal fluency. *Human Brain Mapping, 19*(3), 170–182. https://doi.org/10.1002/hbm.10110

Petersen, S. E., Fox, P. T., Posner, M. I., Mintun, M., & Raichle, M. E. (1988). Positron emission tomographic studies of the cortical anatomy of single-word processing. *Nature, 331*(6157), 585–589. https://doi.org/10.1038/331585a0

Roelofs, A. (1992). A spreading-activation theory of lemma retrieval in speaking. *Cognition, 42*(1–3), 107–142. https://doi.org/10.1016/0010-0277(92)90041-F

Rogić, M., Deletis, V., & Fernández-Conejero, I. (2014). Inducing transient language disruptions by mapping of Broca's area with modified patterned repetitive transcranial magnetic stimulation protocol. *Journal of Neurosurgery, 120*(5), 1033–1041. https://doi.org/10.3171/2013.11.JNS13952

Sahin, N. T., Pinker, S., Cash, S. S., Schomer, D., & Halgren, E. (2009). Sequential processing of lexical, grammatical, and phonological information within Broca's area. *Science, 326*(5951), 445–449. https://doi.org/10.1126/science.1174481

Sakreida, K., Blume-Schnitzler, J., Heim, S., Willmes, K., Clusmann, H., & Neuloh, G. (2019). Phonological picture-word interference in language mapping with transcranial magnetic stimulation: An objective approach for functional parcellation of Broca's region. *Brain Structure and Function, 224*(6), 2027–2044. https://doi.org/10.1007/s00429-019-01891-z

Schriefers, H., Meyer, A. S., & Levelt, W. J. M. (1990). Exploring the time course of lexical access in language production: Picture-word interference studies. *Journal of Memory and Language, 29*(1), 86–102. https://doi.org/10.1016/0749-596X(90)90011-N

Schwartz, B. L., & Metcalfe, J. (2011). Tip-of-the-tongue (TOT) states: Retrieval, behavior, and experience. *Memory & Cognition, 39*(5), 737–749. https://doi.org/10.3758/s13421-010-0066-8

Schwartz, M. F., Kimberg, D. Y., Walker, G. M., Faseyitan, O., Brecher, A., Dell, G. S., & Branch Coslett, H. (2009). Anterior temporal involvement in semantic word retrieval: Voxel-based lesion-symptom mapping evidence from aphasia. *Brain, 132*(12), 3411–3427. https://doi.org/10.1093/brain/awp284

Shao, Z., Janse, E., Visser, K., & Meyer, A. S. (2014). What do verbal fluency tasks measure? Predictors of verbal fluency performance in older adults. *Frontiers in Psychology, 5*, 772. https://doi.org/10.3389/fpsyg.2014.00772

Stoodley, C. J., & Schmahmann, J. D. (2009). Functional topography in the human cerebellum: A meta-analysis of neuroimaging studies. *NeuroImage, 44*(2), 489–501. https://doi.org/10.1016/j.neuroimage.2008.08.039

Tremblay, P., & Dick, A. S. (2016). Broca and Wernicke are dead, or moving past the classic model of language neurobiology. *Brain and Language, 162*, 60–71. https://doi.org/10.1016/j.bandl.2016.08.004

Wagner, S., Sebastian, A., Lieb, K., Tüscher, O., & Tadić, A. (2014). A coordinate-based ALE functional MRI meta-analysis of brain activation during verbal fluency tasks in healthy control subjects. *BMC Neuroscience, 15*, 19. https://doi.org/10.1186/1471-2202-15-19

de Zubicaray, G. I., & Piai, V. (2019). Investigating the spatial and temporal components of speech production. In G. I. de Zubicaray & N.O. Schiller (Hrsg.), *The Oxford handbook of neurolinguistics*. Oxford University Press. https://doi.org/10.1093/oxfordhb/9780190672027.013.19

Ruhezustandsnetzwerk

Kyriakos Sidiropoulos

Inhaltsverzeichnis

9.1   **Das Ruhezustandsnetzwerk – Einführung – 166**

9.2   **Anatomie des Default-Mode-Netzwerks – 167**

9.3   **Funktionen des Default-Mode-Netzwerks – 167**
9.3.1   Aufgaben des posterioren und anterioren Default-Mode-Netzwerks – 168
9.3.2   Default-Mode-Netzwerk und Sprache – 169
9.3.3   Die Dynamik des Default-Mode-Netzwerks im Kontext der Alterung – 171
9.3.4   Default-Mode-Netzwerk und Aphasie – 172

Literatur – 174

© Der/die Autor(en), exklusiv lizenziert an Springer-Verlag GmbH, DE, ein Teil von Springer Nature 2025
K. Sidiropoulos (Hrsg.), *Transkranielle Gleichstromstimulation bei Aphasien und erworbenen Sprechstörungen*, https://doi.org/10.1007/978-3-662-70454-7_9

9.1 Das Ruhezustandsnetzwerk – Einführung

Das Ruhezustandsnetzwerk (Default Mode Network, DMN) (◘ Abb. 9.1) ist eine Gruppe von Gehirnregionen, die zusammenarbeiten und besonders aktiv sind, wenn sich ein Individuum in einem ruhigen und wachen Zustand befindet, aber nicht auf die Außenwelt fokussiert oder in einer spezifischen Aufgabe engagiert ist. Das Konzept des DMN wurde erstmals Anfang der 2000er-Jahre mittels Positronenemissionstomografie identifiziert (Raichle et al., 2001). Man beobachtete, dass gewisse Gehirnregionen simultan ihre Aktivität verringerten, sobald die Probanden eine Aufgabe begannen. Wurden diese Aufgaben abgeschlossen und die Probanden kehrten in einen mental entspannten Zustand zurück, erhöhte sich die Aktivität (kleiner als 0,1 Hz) dieser Regionen spontan und synchron (Biswal et al., 1995). Weitere Untersuchungen verdeutlichten, dass zwischen den Gebieten des DMN nicht nur funktionelle, sondern auch signifikante strukturelle Verbindungen durch Nervenfasern existieren (Greicius et al., 2003, 2009). Basierend auf empirischen Studien verfügen wir heute über ein gutes Verständnis der diversen Funktionen, die das DMN erfüllt:

- Es übernimmt eine wesentliche Rolle bei der Hemmung und Überwachung sensorischer Reize.
- Es spielt eine entscheidende Rolle bei Lernprozessen und dem episodischen Gedächtnis.

Gebieten des DMN wider.

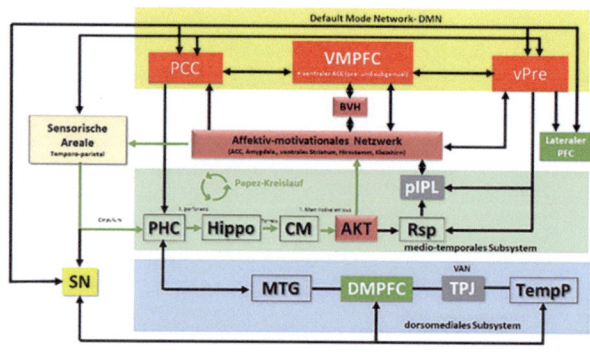

I.

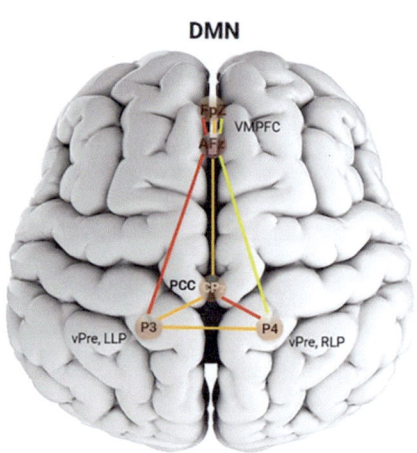

II.

◘ **Abb. 9.1** Default-Mode-Netzwerk (DMN). I. Zentrale Kerngebiete des DMN (gelb hinterlegt). **a** Ventromedialer präfrontaler Kortex (VMPFC), **b** hinterer Teil des Gyrus cinguli (PCC, „posterior cingulate cortex"), **c** ventraler Precuneus (vPre). Beide gehen Verbindungen mit zwei weiteren Subsystemen ein: dem mediotemporalen (grüne hinterlegt) und dem dorsomedialen Subsystem (blau hinterlegt). II. Schematische Darstellung des DMN. Auf dem Gehirn sind mehrere Regionen markiert und mit Beschriftungen versehen, die typischerweise zum DMN gehören. Warme Farben (Rot und Braun) stehen für statistisch signifikante positive Korrelationen, während neutrale Töne wie Gelb auf statistisch weniger ausgeprägte Korrelationen hindeuten. Weitere anatomische Kernregionen des DMN: BVH – basales Vorderhirn, PHC – Gyrus parahippocampalis (endorhinaler Kortex), Hippo – Hippocampus, CM – Corpora mammillaria, AKT – anteriore Kerne des Thalamus, Rsp – retrosplenialer Kortex, SN – Salienznetzwerk, MTG – mittlerer temporaler Gyrus, DMPFC – dorsomedialer präfrontaler Kortex, TPJ – temporoparietaler Übergang, TempP – Temporalpol. LLP – lateraler Parietallappen, mit spezifischen Punkten auf beiden Seiten des Gehirns, die als P3 (links) und P4 (rechts) markiert sind, LLP als Teil des ventrale Precuneus (vPre). Weitere Erläuterungen im Text. Die Zeichnung entstand hauptsächlich anhand der. (Nach Sandberg, 2017; Sidiropoulos, 2023; istock 178724471)

- Es ermöglicht uns, uns durch Selbstprojektion in Raum und Zeit vorwärts und rückwärts zu bewegen.
- Es trägt zur Bildung einer Selbst- und Fremdwahrnehmung bei, was uns erfolgreiche soziale Interaktionen ermöglicht.
- Es befähigt uns, unsere Perspektive zu ändern und anderen Individuen ein inneres geistiges Leben zuzuschreiben.

Diese fünf kognitiven Fähigkeiten spiegeln sich in den kortikalen Gebieten des DMN wider.

9.2 Anatomie des Default-Mode-Netzwerks

Das DMN bildet ein funktionelles Netzwerk, das vorwiegend während des Ruhezustands aktiviert ist und sich durch eine koordinierte Aktivität zwischen seinen Hauptkomponenten auszeichnet (◘ Abb. 9.1). Die Parameter für den Prozess der Einteilung des Gehirns in kleinere, unterscheidbare Einheiten oder Regionen (Parzellisierung) können von Studie zu Studie variieren, abhängig von der gewählten Methode der Bildgebung, der Auflösung der Daten, den statistischen Schwellenwerten für die Identifizierung signifikanter Verbindungen oder der theoretischen Perspektive auf die funktionale Architektur des Gehirns. In aufgabenbasierten Studien zeigen sich einige Knotenpunkte des DMN konsistenter in ihrer Aktivierung als andere. Insbesondere zählen zu diesen Bereichen der ventromediale präfrontale Kortex (VMPFC), der posteriore zinguläre Kortex (PCC) sowie bilateral der ventrale Precuneus und die lateralen Parietallappen (LLP), wie in diversen Forschungsarbeiten dokumentiert (Cavanna & Trimble, 2006; Andrews-Hanna et al., 2010; Zhang & Li, 2012) und in ◘ Abb. 9.1 (rot markiert) dargestellt wird.

Die Kerngebiete des DMN interagieren mit zwei distinkten Untergruppen: dem mediotemporalen und dem dorsomedialen Subsystem. Das mediotemporale Subsystem, visualisiert in grüner Farbe in ◘ Abb. 9.1, umfasst den parahippocampalen Kortex (PHC), den Hippocampus (Hippo), die Corpora mammillaria (CM) und die anterioren Thalamuskerne (AKT), die sich weiter bis zum retrosplenialen Kortex (Rsp) erstrecken. Es ist auch mit dem posterioren inferioren Parietallappen (pIPL) verbunden, was eine Schnittstelle zum affektiv-motivationalen Netzwerk und zum ventromedialen präfrontalen Kortex (VMPFC) bildet. Das in blau dargestellte dorsomediale Subsystem setzt sich zusammen aus dem dorsomedialen präfrontalen Kortex (DMPFC), dem temporoparietalen Übergang (TPJ), dem mittleren (MTG) und inferioren temporalen Gyrus (ITG) sowie dem Temporalpol (TempP). Diese komplexen Verbindungen ermöglichen ein breites Spektrum an kognitiven Funktionen und emotionalen Prozessen.

9.3 Funktionen des Default-Mode-Netzwerks

Das DMN ist vor allem dann aktiv, wenn das Gehirn nicht mit kognitiv fordernden Aufgaben beschäftigt ist, quasi in einem „Standby-Modus". In diesem Basiszustand sind verschiedene Netzwerke aktiv, die durch Synchronisation neuronaler Aktivitäten kommunizieren, um das Gehirn auf zukünftige Aufgaben vorzubereiten, das Gedächtnis zu konsolidieren oder interne mentale Prozesse zu regulieren (de Luca et al., 2006). Das DMN gliedert sich funktionell in einen anterioren Teil (aDMN), bestehend aus dem ventromedialen präfrontalen Kortex (VMPFC) und dem anterioren zingulären Kortex (ACC), sowie einen posterioren Teil (pDMN), der sich im posterioren Zingulum (PCC), dem Precuneus und den beidseitigen inferioren Parietallappen (vor allem G. angularis) erstreckt, die jeweils unterschiedliche Funktionen erfüllen.

9.3.1 Aufgaben des posterioren und anterioren Default-Mode-Netzwerks

Im entspannten, ruhigen Zustand zeigen der posteriore zinguläre Kortex (PCC) und der Precuneus erhöhte Stoffwechselaktivität, was auf ihre zentrale Rolle hinweist (Raichle et al., 2001). Diese Regionen sind als Teile des posterioren DMN (pDMN) sowohl an der Verarbeitung von internen als auch externen Stimuli involviert und unterstützen die kontinuierliche Überwachung der Umgebung sowie Funktionen wie Aufmerksamkeit, Gedächtnisabruf und emotionale Verarbeitung. Der ventrale Precuneus und der retrospleniale Kortex sind besonders für den Abruf autobiografischer Erinnerungen (episodisches Gedächtnis) wichtig, während der posteriore inferiore parietale Lobus (IPL), insbesondere der Gyrus angularis, temporäre Speicherfunktionen übernimmt und bei der Interpretation sensorischer Informationen aus verschiedenen Quellen sowie der Verarbeitung räumlicher Beziehungen hilft (Myskiw & Izquierdo, 2012; Zhang & Li, 2012). Zusätzlich ist das IPL an Sprachverarbeitungsaufgaben beteiligt und unterstützt das Verständnis von Sätzen und Erzählungen (Ferstl et al., 2008) sowie die Verarbeitung metaphorischer Sprache, die oft eine Art von räumlichem Denken erfordert. Die parahippocampalen Regionen, gemeinsam mit dem retrosplenialen Kortex und dem PCC, tragen zur räumlichen Orientierung und der Vorstellung zukünftiger Ereignisse bei. Diese Fähigkeit ermöglicht es uns, verschiedene Szenarien zu durchdenken und Vorhersagen über künftige Ereignisse zu treffen.

Als Teil des anterioren DMN (aDMN) spielt der VMPFC eine Schlüsselrolle bei der emotionalen Bewertung von Gedächtnisinhalten, indem er sowohl mit anderen Bereichen des DMN als auch mit dem limbischen System interagiert. Die Aktivität des VMPFC steht in Wechselwirkung mit tonisch-kortikalen Aktivitätsänderungen und beeinflusst affektive Zustände, wobei eine erhöhte Aktivität im anterioren Bereich zu positiven Affekten und einer Reduktion von Angst führt, während eine verstärkte Aktivität im posterioren Bereich mit negativen Affekten verknüpft wird (Zhang et al., 2013). Im VMPFC findet zudem eine präattentive Handlungskontrolle statt, die als selbstreflektiver Mechanismus der Impulskontrolle dient, indem sie die Aktivität von limbischen Strukturen wie der Amygdala dämpft, was eine angemessene Risikobewertung und Reaktionsbildung ermöglicht. Der MPFC und der ACC als weitere Bestandteile des aDMN sind hingegen besonders aktiv bei selbstbezogenem Denken, das sich auf Persönlichkeitseigenschaften, Überzeugungen und Wünsche erstreckt und sowohl gegenwarts- als auch zukunftsorientiert sein kann, einschließlich Zukunftsplanung und Entscheidungsfindung. Dies fördert die Selbstreflexion, bei der Individuen introspektiv ihre eigenen Gedanken und Emotionen bewerten, wie das Hinterfragen der Ursachen eigener Gefühle oder die Reflexion über persönliche Glaubenssätze. Das aDMN unterstützt uns zudem dabei, unsere Eigenschaften, Fähigkeiten und Errungenschaften mit denen anderer zu vergleichen.

Im Anschluss an die umfassende Erläuterung der funktionellen Spezialisierung der zentralen Komponenten des DMN ist es von Bedeutung, die Rolle der kooperierenden Subsysteme, insbesondere des mediotemporalen und des dorsomedialen Subsystems, hervorzuheben. Diese Subsysteme tragen signifikant sowohl zur kognitiven Verarbeitung als auch zur sozialen Kognition bei, indem sie eine konzeptionelle Verbindung zwischen persönlichen Erinnerungen, der Antizipation zukünftiger Ereignisse, der Selbstreflexion und der sozialen Empathie herstellen. Die Verschmelzung von individuellen Erfahrungen mit sozialen Verständnisprozessen verdeutlicht die fundamentale Bedeutung, die das DMN einnimmt. Weitere Einblicke in die spezifischen Beiträge dieser Subsysteme findet man bei Sidiropoulos (2023).

9.3.2 Default-Mode-Netzwerk und Sprache

In den letzten Jahren hat das wissenschaftliche Interesse am DMN, insbesondere im Kontext der Sprachverarbeitung, erheblich zugenommen. Dieses Netzwerk, das traditionell mit Ruhezuständen des Gehirns assoziiert wurde, zeigt eine verminderte Aktivität bei der Ausführung zielgerichteter Aufgaben im Vergleich zu Phasen, in denen das Gehirn nicht auf spezifische äußere Anforderungen ausgerichtet ist. Überraschenderweise offenbaren neuere Studien, dass das DMN auch während komplexer kognitiver Prozesse beteiligt ist, die eng mit dem Abrufen von Bedeutungen und der Nutzung von Wissen verknüpft sind. Auffällig ist, dass diejenigen Gehirnregionen, die bei der Verarbeitung von semantischen Informationen aktiv sind, in Ruhephasen ähnliche Muster von Gehirnaktivität zeigen. Aufgaben, die eine tiefgehende semantische Analyse erfordern, wie beispielsweise das Bewerten von Merkmalen gehörter Wörter, führen zu einer reduzierten Deaktivierung des DMN (Binder et al., 1997). Diese Erkenntnisse wurden durch die Untersuchung von Blutflussveränderungen über verschiedene visuelle Aufgaben hinweg, die sowohl sprachbezogene als auch nichtsprachbezogene Prozesse umfassten, weiter untermauert. Insbesondere zeigen die Ergebnisse von Shulman et al. (1997), dass der posteriore zinguläre Kortex (PCC) und der Precuneus, als Hauptknotenpunkte des pDMN, bei inneren (aktiven) Sprachproduktionsaufgaben stärker deaktiviert werden als bei passiven Aufgaben wie dem Zuhören von Sprache. Dies könnte darauf hindeuten, dass das DMN stärker in Prozesse involviert ist, die weniger aktive kognitive Anstrengung erfordern und automatisiert sind, während es bei Aufgaben, die eine höhere mentale Aktivität erfordern, deaktiviert wird (kognitive Anstrengungshypothese) (van de Ven et al., 2009). Unterschiede in der Aktivität des DMN wurden innerhalb verschiedener Sprachverarbeitungsaufgaben beobachtet. So vergleichen Meinzer und Kollegen (Meinzer et al., 2012) die Ergebnisse zweier Aufgaben, einer einfacheren (semantischen Aufgabe) und einer schwierigeren (phonemische Aufgabe). Das DMN wurde bei der Gruppe der jungen Erwachsenen im Vergleich zur semantischen Aufgabe während der phonemischen stärker deaktiviert. Es scheint, dass anspruchsvollere oder komplexere kognitive Aufgaben, wie die Verarbeitung von Sprachklängen, stärker auf die Ressourcen des Gehirns zugreifen und daher die Aktivität des DMN stärker reduzieren. Bei älteren Erwachsenen (Abschn. 9.3.3) war diese negative Aktivität weniger ausgeprägt, was darauf hindeuten könnte, dass sie weniger in der Lage sind, ihre kognitiven Ressourcen entsprechend den Anforderungen der Aufgabe zu verschieben.

Die Betrachtung der Rolle des DMN in einem umfassenderen Rahmen, der weit über seine traditionelle Assoziation mit Ruhephasen hinausgeht, gewinnt zunehmend an Bedeutung. Die durchgängig beobachteten Aktivierungs- und Deaktivierungsmuster des DMN bei einer Vielzahl von Aufgabenstellungen verdeutlichen seine umfassende Einbindung in kognitive Prozesse. Das DMN wird tendenziell während kognitiver und phonetisch oder phonologischer Aufgaben deaktiviert, während es bei Aufgaben mit semantischer Relevanz eine geringere Deaktivierung zeigt (Binder et al., 2008). Interessanterweise scheint der spezifische Inhalt der zu verarbeitenden Informationen (phonetisch vs. semantisch) dabei eine untergeordnete Rolle zu spielen (Meinzer et al., 2012).

Es scheint, dass dieses Netzwerk eine zentrale Rolle bei der Steuerung unserer Aufmerksamkeit und der bewussten Wahrnehmung spielt – ein Balanceakt zwischen den Anforderungen unserer Umwelt und unseren inneren Gedankenwelten. Besonders interessant ist der Zusammenhang zwischen dem Grad der DMN-Deaktivierung und den Sprachüberwachungsmechanismen. Es scheint, dass, je intensiver Überwachungsprozesse während der Sprachverarbeitung aktiviert werden, das DMN desto stärker deaktiviert wird. Mit anderen Worten, das Gehirn konzentriert seine Ressourcen verstärkt auf die aktive Sprachverarbeitung und lenkt sie von den Aktivitäten ab, die normalerweise im Zuständigkeitsbereich des DMN liegen. Diese Einsichten unterstreichen die dynamische Anpassungsfähigkeit des Gehirns an kognitive Anforderungen und die wichtige Funktion des DMN bei der Regulation kognitiver Prozesse über ein weites Spektrum von Aufgaben hinweg.

Zur Präzisierung der zugrunde liegenden Mechanismen, die Aktivierung und Deaktivierung von neuronalen Netzwerken wie dem DMN steuern, ist es notwendig, die Konzepte der Komplexität und der kognitiven Anforderung differenziert zu betrachten. Eine komplexe Aufgabe kann mehrere kognitive Funktionen, wie Gedächtnis, Aufmerksamkeit, Sprachverarbeitung und Problemlösungsfähigkeiten, gleichzeitig beanspruchen. Hohe Anforderung hingegen bezieht sich auf das Level an kognitiver Anstrengung oder Ressourcen, die benötigt werden, um eine Aufgabe erfolgreich auszuführen, unabhängig von ihrer Komplexität. Eine Aufgabe mit hoher Anforderung kann also auch eine sein, die repetitive oder monotone Prozesse beinhaltet, welche hohe Konzentration über längere Zeit erfordern, ohne notwendigerweise komplex zu sein. In Bezug auf die Aktivität des DMN kann eine hohe Anforderung an die kognitive Kontrolle und Aufmerksamkeit zu einer Deaktivierung des DMN führen, da das Gehirn Ressourcen von selbstbezogenen, internen Prozessen zu aufgabenbezogenen, externen Prozessen verschiebt. Andererseits kann eine Aufgabe mit hoher Komplexität, die beispielsweise tiefgehende semantische Verarbeitung und Integration von Informationen aus verschiedenen Quellen erfordert, das DMN unterschiedlich beeinflussen, je nachdem, wie stark sie interne und selbstbezogene Verarbeitungsprozesse einbezieht.

Die gegenläufigen Befunde zur Aktivität des DMN bei verschiedenen kognitiven Aufgaben könnten durch eine integrative Hypothese verbunden werden, die die Rolle des DMN bei der Bewertung der Relevanz von Informationen für das Individuum hervorhebt. Diese Perspektive nimmt an, dass das DMN nicht nur bei „Ruhezuständen" aktiv ist, sondern auch eine aktive Rolle bei der Verarbeitung und Bewertung von Informationen spielt, die für selbstbezogene Verarbeitungsprozesse bedeutsam sind. Eine solche Hypothese könnte als Relevanz-Bewertungs-Hypothese des DMN bezeichnet werden. Demnach kann die Aktivierung oder Deaktivierung des DMN je nach Kontext variieren, abhängig davon, wie relevant oder bedeutsam die Information oder Aufgabe für das Individuum ist. In Aufgaben, die eine tiefgreifende semantische Verarbeitung erfordern (wie bei den von Binder et al., 1997, untersuchten Fällen), könnte eine stärkere Aktivierung des DMN beobachtet werden, weil die Inhalte möglicherweise als relevanter für das Individuum und seine persönlichen Erfahrungen angesehen werden. Andererseits könnten Aufgaben, die weniger direkte Selbstbezug oder persönliche Relevanz haben (wie die von Shulman et al., 1997, beschriebenen simpleren sprachbezogenen Aufgaben), zu einer Deaktivierung des DMN führen, da sie weniger Bewertung durch das „innere Selbst" erfordern. Diese Hypothese bietet einen Rahmen, um die scheinbar widersprüchlichen Ergebnisse zu vereinen, indem sie vorschlägt, dass die DMN-Aktivität nicht nur ein Binärzustand von aktiviert vs. deaktiviert ist, sondern vielmehr ein dynamischer Prozess, der von der persönlichen Relevanz der kognitiven Aufgabe abhängt. Die Relevanz-Bewertungs-Hypothese könnte auch erklären, warum ähnliche Aufgaben unterschiedliche Reaktionen im DMN hervorrufen können, basierend auf individuellen Unterschieden in der Wahrnehmung von Relevanz und Bedeutung.

> Zusammengefasst spielt das Default-Mode-Netzwerk eine wichtige Rolle in der Sprachverarbeitung, wobei sein Aktivitätsniveau eng mit dem Grad der geistigen Anstrengung und somit dem Grad der kognitiven Kontrolle zusammenhängt. Das bedeutet, dass mit zunehmender geistiger Anstrengung und dem Grad an Kontrolle, die eine Aufgabe erfordert, die Aktivität des DMN tendenziell reduziert wird. Dieses Verständnis wird durch die Relevanz-Bewertungs-Hypothese des DMN erweitert, die vorschlägt, dass die Aktivierung oder Deaktivierung des DMN nicht nur eine Frage der kognitiven Anstrengung ist, sondern auch davon ab-

hängt, wie relevant oder bedeutsam die verarbeitete Information für das Individuum ist, was die Rolle des DMN als ein dynamisches Netzwerk unterstreicht, das an der Bewertung der persönlichen Bedeutung von Informationen beteiligt ist.

9.3.3 Die Dynamik des Default-Mode-Netzwerks im Kontext der Alterung

Mehrere Studien haben gezeigt, dass das Alter sowohl auf die strukturelle als auch auf funktionelle Konnektivität des DMN auswirkt. Die Änderungen können sich auf die Art und Weise beziehen, wie verschiedene Bereiche des Gehirns miteinander verbunden sind (Änderung der Konnektivitätsmuster). Wenn jüngere Erwachsene eine Aufgabe ausführen, arbeiten der PCC/Precuneus als Teile des pDMN enger zusammen – es gibt eine stärkere „funktionelle Kopplung" zwischen diesen Bereichen im Vergleich zum VMPFC (Teil des aDMN). Bei älteren Erwachsenen ist die Kopplung des pDMN schwächer, d. h., PCC und Precuneus arbeiten während der Aufgabenausführung weniger synchron zusammen und sind somit unabhängiger voneinander (Andrews-Hanna et al., 2007). Umgekehrt wurde bei älteren Menschen festgestellt, dass die verschiedenen Regionen, die den aDMN ausmachen, im Ruhezustand stärker miteinander verbunden sind oder zusammenarbeiten als bei jüngeren Menschen. Interessanterweise wurde für den pDMN bei älteren Probanden kein solcher Anstieg der funktionellen Konnektivität im Ruhezustand beobachtet. Diese Beobachtung lässt darauf schließen, dass sich im Laufe des Alterns die funktionelle Konnektivität verändert – wobei diese Veränderungen im anterioren DMN anders auftreten als im posterioren DMN (Jones et al., 2011). Diese Veränderung in den Konnektivitätsmustern könnte die Dynamik der kognitiven Verarbeitung und die Durchführung von Aufgaben beeinflussen.

Um eine spezielle Aufgabe durchzuführen, die kognitive Anstrengung erfordert, können bestimmte Bereiche des pDMN (PCC/Precuneus) bei älteren Menschen, die keine erkennbaren kognitiven Beeinträchtigungen aufweisen, aktiver sein als bei jüngeren Menschen (erhöhte neuronale Aktivität bei kognitiver Anstrengung) (Grady et al., 2006). Aufgrund der schwachen funktionellen Kopplung mobilisiert das Gehirn zusätzliche Ressourcen oder kompensatorische Prozesse, um die kognitive Leistung aufrechtzuerhalten. Die erhöhte neuronale Aktivität des pDMN während einer spezifischen Aufgabe könnte auch ein Hinweis darauf sein, dass die Fähigkeit, die Aktivität des pDMN zu regulieren (hier zu deaktivieren), in fortgeschrittenem Alter nachlässt. Umgekehrt ist bei älteren Menschen die Aktivität des pDMN während der Ruhephasen (wenn sie nicht aktiv an einer Aufgabe arbeiten) tendenziell niedriger als bei jüngeren Probanden. Es besteht eine inverse Korrelation zwischen Alter und Aktivitätslevel, d. h., je älter eine Person ist, desto niedriger ist das Aktivitätsniveau des DMN in Ruhezustand (van de Ven et al., 2009).

Die erhöhte Aktivität des pDMN (mangelnde Modulationsfähigkeit) während spezifischer Aufgaben im Alter und die Tatsache, dass das Aktivitätsniveau des pDMN in Ruhe bei älteren Menschen im Vergleich zu jüngeren Menschen niedriger ist, steht im Einklang mit dem Phänomen der PASA (Posterior-Anterior Shift with Aging). Das Phänomen des posterior-anterioren Shifts bezieht sich auf die Tatsache, dass im Alter eine Abnahme der Aktivität und funktioneller Konnektivität in den hinteren (posterioren) Bereichen des Gehirns und eine Zunahme in den vorderen (anterioren) beobachtet werden (Grady et al., 1994; Damoiseaux et al., 2008; Davis et al., 2008). Die altersbedingte Reorganisation des DMN entlang einer Posterior-anterior-Achse kann zu Schwierigkeiten bei der Konzentration und beim Gedächtnis führen und wird oft als ein Anzeichen kognitiver Alterung oder sogar als Vorläufer von neurodegenerativen Erkrankungen wie Alzheimer angesehen.

Einen anderen Erklärungsansatz, der auf den ersten Blick gegensätzlich zu PASA wirkt, bietet die Last-in-First-out-Hypothese (LIFO). Das Last-in-First-out-Prinzip besagt, dass kognitive Funktionen, die später in der Hirnentwicklung entstehen (z. B. höhere kognitive Funktionen wie exekutive Kontrolle und Arbeitsgedächtnis, die mit dem präfrontalen Kortex assoziiert sind), tendenziell die ersten sind, die im Alterungsprozess degenerieren (also „last in", „first out"). Hingegen neigen evolutionär und ontogenetisch früh entwickelte Hirnareale dazu, im Laufe des Lebens relativ stabil zu bleiben. Diese Bereiche umfassen Strukturen wie den Hirnstamm, das Kleinhirn, den Thalamus und Bereiche des limbischen Systems wie den Hippocampus und die Amygdala und kortikale Areale wie die primären sensorischen Areale. Die scheinbare Gegensätzlichkeit entsteht, weil PASA darauf hinweist, dass der präfrontale Kortex im Alter stärker aktiviert wird, um kognitive Leistung aufrechtzuerhalten, während LIFO davon ausgeht, dass präfrontale Funktionen als Erste nachlassen.

Beide Befunde sind aber miteinander vereinbar, wenn man sie so versteht, dass der präfrontale Kortex im Alter zwar stärker rekrutiert wird (PASA), aber trotz dieser Rekrutierung nicht so effizient arbeitet wie in jüngeren Jahren. Die zunehmende Aktivierung wird bei der LIFO als Zeichen für die abnehmende Effizienz kognitiver Funktionen im Alter interpretiert. Es scheint allerdings, dass die LIFO auf die alterungsbedingten Veränderungen in der Myelinisierung beschränkt und nicht auf die Veränderungen der grauen Gehirnsubstanz im zerebralen Kortex anwendbar ist (Raz, 2001). So zeigten Salat und Kollegen (2004) mittels struktureller T1-gewichteter MRT-Scans, dass im mittleren Alter eine Abnahme (Atrophie) der Dicke der Großhirnrinde einsetzt, die sowohl den präfrontalen Kortex als auch primäre sensorische Bereiche betreffen. Altersspezifische Veränderungen, die zur kortikalen Atrophie führen, sind jedoch subtiler, treten auf synaptischer Ebene und/oder in der extrazellulären Matrix auf und gehen nicht wie bei den neurodegenerativen Erkrankungen mit Zelltod in den betroffenen Regionen einher (Morrison & Hof, 1997). Für die Interpretation der Daten kommt erschwerend hinzu, dass die Varianz der Gehirnvolumenmessungen bei gesunden Individuen mit zunehmendem Alter zunimmt (Dickie et al., 2013).

> Theorien wie PASA und LIFO adressieren verschiedene, dennoch miteinander interagierende Aspekte des Alterungsprozesses im Gehirn. Es können sowohl funktionelle als auch strukturelle Veränderungen in der Konnektivität der Netzwerke erfolgen. Die strukturellen Veränderungen betreffen sowohl die graue und als auch die weiße Hirnsubstanz; es scheint jedoch, dass sie möglicherweise unterschiedlichen Alterungsprozessen unterliegen. Es ist wichtig zu beachten, dass Alterung ein individueller Prozess ist und die genauen Auswirkungen von Alterung auf das DMN von Person zu Person variieren können.

9.3.4 Default-Mode-Netzwerk und Aphasie

Die unabhängige Komponentenanalyse (Independent Component Analysis, ICA) ist eine statistische Technik, die dazu dient, gemessene Signale (in diesem Fall die Aktivitätsmuster verschiedener Gehirnregionen im Ruhezustand) in unabhängige Komponenten zu zerlegen. Diese Komponenten repräsentieren Gruppen von Neuronen, die gemeinsam aktiv sind und somit möglicherweise zusammenarbeiten. Obwohl die ICA ein nützliches Werkzeug zur Identifizierung von Netzwerken im Gehirn ist, ist sie störungsanfällig gegenüber Bewegungsartefakten und physiologischen Faktoren wie Herzschlag und Atmung. Daher verwendet man zusätzlich eine auf Region of Interest (ROI) basierte Analyse, um nicht-neurales Rauschen aus den Daten zu entfernen. Unter Anwendung dieser Methoden zeigte sich, dass innerhalb des DMN eine verringerte funktionelle Konnektivität bei Schlaganfallpatienten im Vergleich zu Kontrollpersonen besteht. Fokale Hirnläsionen haben nicht nur lokale Auswirkungen, sondern initiieren darüber hinaus signifikante Veränderungen in großflächigen Netzwerken wie dem DMN.

Erste Studien weisen darauf hin, dass bei Patienten mit Aphasie im akuten Stadium der

Erkrankung die Verbindung zwischen pDMN und dem mittleren linken präfrontalen Kortex (DLPFC und VLPFC) geschwächt ist (Zhang et al., 2021). Ähnlich verhält es sich bei Patienten mit Broca-Aphasie, bei denen die Verbindung zwischen dem linken und rechten Precuneus reduziert ist (Wang et al., 2014). Zudem zeigt sich eine verringerte Aktivität in den Schlüsselregionen des pDMN, wie dem posterioren zingulären Kortex und dem medialen präfrontalen Kortex (Tuladhar et al., 2013). Darauf basierend knüpfen erste therapeutische Ansätze an, wie beispielsweise die intensive semantische Merkmalsanalysetherapie, welche eine Verstärkung der funktionalen Vernetzung innerhalb des pDMN bewirkt. Diese Optimierung der Aktivität und Koordination innerhalb dieses Netzwerks könnte zu einer Verbesserung der Sprachfähigkeiten bei Patienten mit Aphasie beitragen. Diese Studie zeigte jedoch, dass die Therapie zu keiner signifikanten Verbesserung der funktionalen Verbindungen zwischen pDMN und den frontalen Regionen bewirkte (Marcotte et al., 2013).

Andere Studien fanden eine positive Korrelation zwischen der Verbesserung der Sprachfähigkeit und der erhöhten Gehirnaktivität im linken Precuneus und in verschiedenen Bereichen des DMN (Dreyer et al., 2021). Eine erhöhte Synchronisation innerhalb des DMN im Sinne einer höheren funktionellen Konnektivität kann die Fähigkeit eines Patienten beeinträchtigen, sich auf externe Aufgaben zu konzentrieren und sich produktiv an Behandlungsaufgaben zu beteiligen, da das Netzwerk weniger effektiv „abgeschaltet" wird. Eine Hyperkonnektivität innerhalb des DMN wird in Verbindung gebracht mit einer anhaltenden Fehlleitung der Aufmerksamkeitsressourcen hin zu internen Gedanken und Gefühlen anstatt zu externen Reizen und zielgerichtetem Verhalten. Dies kann die Teilnahme an Aktivitäten zur Sprachtherapie beeinträchtigen, was zu schlechteren Therapieergebnissen führen kann (Falconer et al., 2024).

Ein etwas differenziertes Bild zeichnet Sandberg (2017). Patienten mit Aphasie zeigen, ähnlich wie sprachgesunde Personen, eine intakte funktionelle Verbindung vom hinteren zingulären Kortex (PCC) zum rechten lateralen parietalen Kortex (RLP) sowie vom PCC zum medialen präfrontalen Kortex (MPFC). Im Vergleich zur gesunden Kontrollgruppe wiesen die Patienten mit Aphasie jedoch eine schwächere funktionelle Konnektivität zwischen dem linken (LLP, P3) und dem rechten lateralen parietalen Kortex (RLP, P4), zwischen dem LLP und dem PCC (CPz) sowie zwischen dem LLP und dem MPFC (CPz, AFz) auf (◘ Abb. 9.2).

Die Rehabilitationsmaßnahmen bei neuromodulatorischen Verfahren zielen darauf ab, die gestörten funktionellen Verbindungen des DMN wiederherzustellen und seine Hauptknoten zu aktivieren, wodurch die normalen Muster der intrinsischen Aktivität wiederhergestellt werden kann (Baldassarre et al., 2019; Dreyer et al., 2021). Dadurch könnte die Fähigkeit zur Nachahmung verbessert werden, eine Kernkompetenz, die für den Erwerb und die Aufrechterhaltung von Sprache entscheidend ist (Musso et al., 1999). Eine Verbesserung der funktionellen Konnektivität innerhalb des DMN nach Sprachtherapie oder anderen Verfahren (wie der tDCS) könnte auch eine intensivere Einbindung von vorangegangenen Erfahrungen und gespeichertem Wissen – auch bekannt als episodisches Gedächtnis – in den Prozess der Sprachverarbeitung bewirken (Fridriksson et al., 2007). Diese Normalisierung der DMN-Aktivität nach Therapie im chronischen Stadium könnte als allgemeiner Hinweis für eine verbesserte geistige Effizienz bei den PmA gedeutet werden. Eine Erhöhung der Aktivität im Precuneus z. B. könnte darauf hinweisen, dass die Patienten nach der Sprachtherapie in der Lage sind, ihre Aufmerksamkeitsressourcen effizienter zu nutzen, was zu einer Verbesserung der Sprachverarbeitung führt.

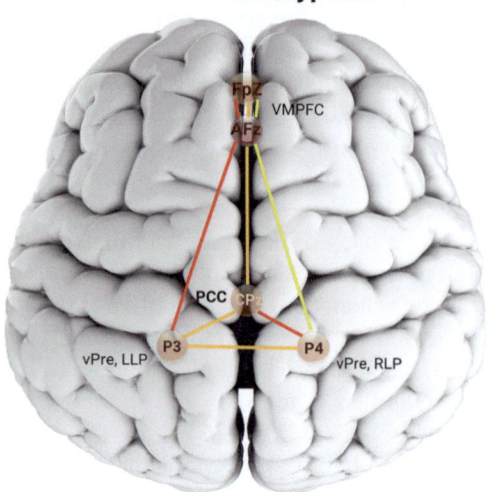
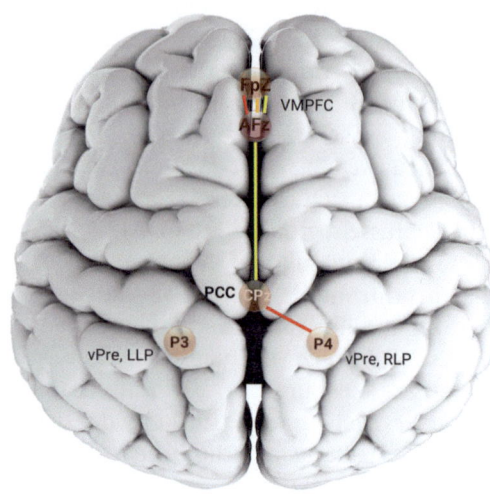

Abb. 9.2 Das DMN bei neurotypischen Menschen (links) im Vergleich zu Personen mit Aphasie (PmA; rechts) nach einem Schlaganfall. Wichtige Knotenpunkte des DMN, wie der präfrontale Kortex (FPz, AFz), der posteriore zinguläre Kortex (PCC), und parietale Bereiche (P3, P4), sind hervorgehoben. Die gelben Linien repräsentieren die funktionellen Verbindungen zwischen verschiedenen Hirnregionen des Default-Mode-Netzwerks (DMN), wie dem VMFPC und PCC. Warme Farben, wie die roten Linien, zeigen statistisch signifikante positive Korrelationen an, während kühle Farben statistisch signifikante negative Korrelationen (Antikorrelationen) repräsentieren. (Nach Ausführungen von Sandberg (2017); istock 178724471)

Literatur

Andrews-Hanna, J. R., Snyder, A. Z., Vincent, J. L., Lustig, C., Head, D., Raichle, M. E., & Buckner, R. L. (2007). Disruption of large-scale brain systems in advanced aging. *Neuron, 56*, 924–935.

Andrews-Hanna, J. R., Reidler, J. S., Sepulcre, J., Poulin, R., & Buckner, R. L. (2010). Functional-anatomic fractionation of the brain's default network. *Neuron, 65*(4), 550–562.

Baldassarre, A., Metcalf, N. V., Shulman, G. L., & Corbetta, M. (2019). Brain networks' functional connectivity separates aphasic deficits in stroke. *Neurology, 92*(2), e125–e135.

Binder, J. R., Frost, J. A., Hammeke, T. A., Cox, R. W., Rao, S. M., & Prieto, T. (1997). Human brain language areas identified by functional magnetic resonance imaging. *Journal of Neuroscience, 17*(1), 353–362.

Binder, J. R., Swanson, S. J., Hammeke, T. A., & Sabsevitz, D. S. (2008). A comparison of five fMRI protocols for mapping speech comprehension systems. *Epilepsia, 49*(12), 1980–1997.

Biswal, B., Yetkin, F. Z., Haughton, V. M., & Hyde, J. S. (1995). Functional connectivity in the motor cortex of resting human brain using echo-planar MRI. *Magnetic Resonance in Medicine, 34*, 537–541.

Cavanna, A. E., & Trimble, M. R. (2006). The precuneus: A review of its functional anatomy and behavioural correlates. *Brain, 129*(Pt 3), 564–583.

Damoiseaux, J. S., Beckmann, C. F., Arigita, E. J., Barkhof, F., Scheltens, P., Stam, C. J., Smith, S. M., & Rombouts, S. A. (2008). Reduced resting-state brain activity in the „default network" in normal aging. *Cerebral Cortex, 18*, 1856–1864.

Davis, S. W., Dennis, N. A., Daselaar, S. M., Fleck, M. S., & Cabeza, R. (2008). Que PASA? The posterior-anterior shift in aging. *Cerebral Cortex, 18*(5), 1201–1209.

De Luca, M., Beckmann, C. F., De Stefano, N., Matthews, P. M., & Smith, S. M. (2006). fMRI resting state networks define distinct modes of long-distance interactions in the human brain. *Neuroimage, 29*(4), 1359–1367.

Dickie, D. A., Job, D. E., Gonzalez, D. R., Shenkin, S. D., Ahearn, T. S., Murray, A. D., & Wardlaw, J. M. (2013). Variance in brain volume with advancing age: implications for defining the limits of normality. *PLoS One, 8*(12), e84093.

Dreyer, F. R., Doppelbauer, L., Büscher, V., Arndt, V., Stahl, B., Lucchese, G., Hauk, O., Mohr, B., & Pulvermüller, F. (2021). Increased recruitment of domain-general neural networks in language processing following intensive language-action therapy: fMRI evidence from people with chronic aphasia. *American Journal of Speech-Language Pathology, 30*(1S), 455–465.

Falconer, I., Varkanitsa, M., & Kiran, S. (2024). Resting-state brain network connectivity is an independent predictor of responsiveness to language therapy in chronic post-stroke aphasia. *Cortex, 173*, 296–312.

Ferstl, E. C., Neumann, J., Bogler, C., & von Cramon, D. Y. (2008). The extended language network: A meta-analysis of neuroimaging studies on text comprehension. *Human Brain Mapping, 29*(5), 581–593.

Fridriksson, J., Moser, D., Bonilha, L., Morrow-Odom, K. L., Shaw, H., Fridriksson, A., Baylis, G. C., & Rorden, C. (2007). Neural correlates of phonological and semantic-based anomia treatment in aphasia. *Neuropsychologia, 45*(8), 1812–1822.

Grady, C. L., Maisog, J. M., Horwitz, B., Ungerleider, L. G., Mentis, M. J., Salerno, J. A., Pietrini, P., Wagner, E., & Haxby, J. V. (1994). Age-related changes in cortical blood flow activation during visual processing of faces and location. *Journal of Neuroscience, 14*, 1450–1462.

Grady, C. L., Springer, M. V., Hongwanishkul, D., McIntosh, A. R., & Winocur, G. (2006). Age-related changes in brain activity across the adult lifespan. *Journal of Cognitive Neuroscience, 18*(2), 227–241.

Greicius, M. D., Krasnow, B., Reiss, A. L., & Menon, V. (2003). Functional connectivity in the resting brain: a network analysis of the default mode hypothesis. *Proceedings of the National Academy of Sciences, 100*, 253–258.

Greicius, M. D., Supekar, K., Menon, V., et al. (2009). Resting state functional connectivity reflects structural connectivity in the default mode network. *Cerebral Cortex, 19*, 72–78.

Jones, D. T., Machulda, M. M., Vemuri, P., McDade, E. M., Zeng, G., Senjem, M. L., & Jack, C. R., Jr. (2011). Age-related changes in the default mode network are more advanced in Alzheimer disease. *Neurology, 77*(16), 1524–1531.

Marcotte, K., Perlbarg, V., Marrelec, G., Benali, H., & Ansaldo, A. I. (2013). Default-mode network functional connectivity in aphasia: Therapy-induced neuroplasticity. *Brain and Language, 124*, 45–55.

Meinzer, M., Seeds, L., Flaisch, T., Harnish, S., Cohen, M. L., McGregor, K., et al. (2012). Impact of changed positive and negative task-related brain activity on word-retrieval in aging. *Neurobiology of Aging, 33*(4), 656–669.

Morrison, J. H., & Hof, P. R. (1997). Life and death of neurons in the aging brain. *Science, 278*, 412–419.

Musso, M., Weiller, C., Kiebel, S., Müller, S. P., Bülau, P., & Rijntjes, M. (1999). Training-induced brain plasticity in aphasia. *Brain, 122*(Pt 9), 1781–1790.

Myskiw, J. C., & Izquierdo, I. (2012). Posterior parietal cortex and long-term memory: Some data from laboratory animals. *Frontiers in Integrative Neuroscience, 6*(8), 1–7.

Raichle, M. E., MacLeod, A. M., Snyder, A. Z., Powers, W. J., Gusnard, D. A., & Shulman, G. L. (2001). A default mode of brain function. *Proceedings of the National Academy of Sciences, 98*(2), 676–682.

Raz, N. (2001). Ageing and the brain. In *Encyclopedia of life sciences* (S. 1–6). John Wiley & Sons.

Salat, D. H., Buckner, R. L., Snyder, A. Z., Greve, D. N., Desikan, R. S. R., Busa, E., et al. (2004). Thinning of the cerebral cortex in aging. *Cerebral Cortex, 14*, 721–730.

Sandberg, C. W. (2017). Hypoconnectivity of resting-state networks in persons with aphasia compared with healthy age-matched adults. *Frontiers in Human Neuroscience, 11*, 91.

Shulman, G. L., Fiez, J. A., Corbetta, M., Buckner, R. L., Miezin, F. M., Raichle, M. E., & Petersen, S. E. (1997). Common blood flow changes across visual tasks: II. Decreases in cerebral cortex. *Journal of Cognitive Neuroscience, 9*(5), 648–663.

Sidiropoulos, K. (2023). Neuronale Netzwerke und ADHS – Intrinsische Bereitschaftsnetzwerke (DMN). In K. Sidiropoulos (Hrsg.), *EEG-Neurofeedback bei ADS und ADHS: Innovative Behandlung von Kindern, Jugendlichen und Erwachsenen* (1. Aufl.). Heidelberg, Springer.

Tuladhar, A. M., Snaphaan, L., Shumskaya, E., Rijpkema, M., Fernandez, G., Norris, D. G., et al. (2013). Default mode network connectivity in stroke patients. *PLoS ONE, 8*, e66556.

van de Ven, V., Esposito, F., & Christoffels, I. K. (2009). Neural network of speech monitoring overlaps with overt speech production and comprehension networks: A sequential spatial and temporal ICA study. *Neuroimage, 47*(4), 1982–1991.

Wang, X., Wang, M., Wang, W., Liu, H., Tao, J., Yang, C., et al. (2014). Resting state brain default network in patients with motor aphasia resulting from cerebral infarction. *Chinese Science Bulletin, 59*, 4069–4076.

Zhang, C., Xia, Y., Feng, T., Yu, K., Zhang, H., Sami, M. U., Xiang, J., & Xu, K. (2021). Disrupted functional connectivity within and between resting-state networks in the subacute stage of post-stroke aphasia. *Frontiers in Neuroscience, 15*, 746264.

Zhang, G., Zhang, H., Li, X., Zhao, X., Yao, L., & Long, Z. (2013). Functional alteration of the DMN by learned regulation of the PCC using real-time fMRI. *IEEE Transactions on Neural Systems and Rehabilitation Engineering, 21*(4), 595–606.

Zhang, S., & Li, C. S. (2012). Functional connectivity mapping of the human precuneus by resting state fMRI. *Neuroimage, 59*(4), 3548–3562.

Plastizität und Reorganisation im Sprachnetzwerk nach Schlaganfall

Gesa Hartwigsen und Sandra Martin

Inhaltsverzeichnis

- 10.1 Einführung – 179
- 10.2 Kartierung der Reorganisation im Sprachnetzwerk nach Schlaganfall mittels funktioneller Bildgebung – 179
  - 10.2.1 Netzwerkreorganisation in der akuten und subakuten Phase – 179
  - 10.2.2 Netzwerkreorganisation in der chronischen Phase – 181
- 10.3 Bildgebungsbasierte Erholungsvorhersage im Sprachnetzwerk – 182
- 10.4 Kombination von Bildgebung und Neurostimulation im Sprachnetzwerk – 183
  - 10.4.1 Stimulationsinduzierte Plastizität im gesunden Sprachnetzwerk – 184
  - 10.4.2 Stimulationsinduzierte Plastizität bei Patienten mit Aphasie – 186

© Der/die Autor(en), exklusiv lizenziert an Springer-Verlag GmbH, DE, ein Teil von Springer Nature 2025
K. Sidiropoulos (Hrsg.), *Transkranielle Gleichstromstimulation bei Aphasien und erworbenen Sprechstörungen*, https://doi.org/10.1007/978-3-662-70454-7_10

10.5 Therapieinduzierte Veränderungen im Sprachnetzwerk – 187

10.5.1 Therapieinduzierte Plastizität nach Sprachtherapie – 187

10.5.2 Kombination von Sprachtherapie und nichtinvasiver Hirnstimulation – 189

10.6 Schlussfolgerungen und Ausblick – 190

Literatur – 191

10.1 Einführung

Die Interaktion von Hirnarealen in groß angelegten Netzwerken ermöglicht es dem Gehirn, fokale Hirnläsionen wie einen Schlaganfall dynamisch zu kompensieren. In diesem Kapitel wird erläutert, wie Bildgebungsstudien bei Patienten mit Aphasie nach einem Schlaganfall das aktuelle Wissen über die Neuroplastizität des Sprachnetzwerks erweitern. Diese Studien können dazu beitragen, bestehende Modelle der Sprachorganisation und -reorganisation zu verfeinern, was in Zukunft für die Therapieplanung relevant sein könnte. Zunächst werden die neuronalen Mechanismen beschrieben, die der Reorganisation des Sprachnetzwerks nach einem Schlaganfall zugrunde liegen. Anschließend wird erörtert, wie funktionelle Bildgebung und nichtinvasive Hirnstimulation kombiniert werden können, um das derzeitige Wissen über die adaptive Plastizität und die langfristigen Auswirkungen von Interventionen im Sprachnetzwerk zu erweitern. Zum Schluss wird gezeigt, wie Bildgebung die therapieinduzierte Plastizität auf der Netzwerkebene abbilden kann.

10.2 Kartierung der Reorganisation im Sprachnetzwerk nach Schlaganfall mittels funktioneller Bildgebung

Im Gegensatz zu neurodegenerativen Erkrankungen oder Hirntumoren ist ein Schlaganfall ein plötzlich auftretendes Ereignis. Der Schlaganfall eignet sich somit als Modellerkrankung, um die unmittelbare Reaktion des Gehirns auf fokale Schädigungen zu untersuchen. Für ein besseres Verständnis der Störung und Erholung von Sprachfunktionen ist die Netzwerkorganisation der Sprache im Gehirn von zentraler Bedeutung. So kann Aphasie als Netzwerkstörung aufgefasst werden, wobei für die Spracherholung Reorganisationsprozesse innerhalb und zwischen domänenspezifischen Arealen im Sprachnetzwerk und domänenallgemeinen Netzwerken für kognitive Kontrolle und Arbeitsgedächtnis sowie Aufmerksamkeit relevant sind (Brownsett et al., 2014; Corbetta et al., 2015; Siegel et al., 2016)

10.2.1 Netzwerkreorganisation in der akuten und subakuten Phase

Die Erholung der Sprachfähigkeiten nach Schlaganfall vollzieht sich in unterschiedlichen Phasen. In vielen Studien wird zwischen einer akuten (bis zu einer Woche), subakuten (etwa eine Woche bis sechs Monate) und chronischen Phase (ab etwa sechs Monaten) nach Schlaganfall unterschieden. Dabei tritt die stärkste funktionelle Dynamik der Spracherholung in den ersten Tagen bis Wochen nach dem Schlaganfall auf. Aufgrund der Relevanz für die Erholung wird diese Phase erhöhter neuronaler Plastizität auch als kritische Phase bezeichnet (Krakauer, 2015).

Bei einigen Patienten bleiben langfristig Defizite bestehen, oder sie verbessern sich allmählich über einen längeren Zeitraum und erreichen schließlich nach mehreren Monaten ein Plateau, das zu einer chronischen Aphasie führt. Diese Dynamik der Verhaltensverbesserung deutet darauf hin, dass verschiedene neuronale Mechanismen rekrutiert werden, welche die Spracherholung nach einem Schlaganfall unterstützen.

Die akute Phase ist durch eine Netzwerkstörung gekennzeichnet, die mittels bildgebender Verfahren darstellbar ist. Ein wichtiger Mechanismus, der zu den oft plötzlichen und beeindruckenden Verbesserungen in der akuten Phase beiträgt, ist die Reperfusion der ischämischen Penumbra, also die Wiederherstellung des Blutflusses in dem Hirngewebe, das unmittelbar an das ischämische Kerngebiet angrenzt und noch überlebensfähige Zellen enthält (Hillis et al., 2006).

Mittels funktioneller Magnetresonanztomografie (fMRT) können Änderungen der Sprachaktivierung im Verlauf der Erholung dargestellt werden. Allerdings haben bisher nur wenige Studien die dynamische Entwicklung der Sprachaktivierung von der akuten bis zur chronischen Phase im Längsschnitt untersucht. Die erste Studie in diesem Bereich von Saur et al. (2006) hat dabei verschiedene Mechanismen im Verlauf der Erholung gezeigt und ein Dreiphasenmodell der Spracherholung postuliert. Insgesamt zeigte sich auf Gruppenebene eine reduzierte Sprachaktivierung in der akuten Phase, bilateral erhöhte Aktivierung in der frühen subakuten Phase, insbesondere im rechten frontalen Kortex, und eine anschließende Normalisierung der Aktivierung in der chronischen Phase. Die verringerte Sprachaktivierung in der frühen Phase wird als globale Netzwerkstörung interpretiert. Eine Schädigung kritischer Knotenpunkte des Netzwerks bzw. ihrer Verbindungen kann dabei nicht nur zu einer lokalen Dysfunktion des geschädigten Areals führen, sondern auch zu einer Dysfunktion verbundener intakter Hirnregionen. Dieses Phänomen pathophysiologischer Veränderungen entfernter Regionen wird als Diaschisis bezeichnet (Carrera & Tononi, 2014). Einige Studien haben gezeigt, dass strukturelle Schäden an ventralen und dorsalen Faserbahnen der weißen Substanz, die Sprachareale im Frontal- und Temporallappen verbinden, entscheidend zu dem akuten Defizit im Sinne einer strukturellen Diskonnektion (Unterbrechung der Verbindung) beitragen (Corbetta et al., 2015; Kummerer et al., 2013).

Die Hochregulierung insbesondere beidseitiger frontaler Hirnareale in der frühen subakuten Phase lässt sich womöglich durch die Auflösung der Diaschisis erklären. Dabei erlangen Netzwerkareale ihre Funktionsfähigkeit zurück. Andererseits kann die Hochregulierung auf die Kompensation durch die Rekrutierung von domänenallgemeinen (frontalen) Netzwerken hinweisen (Brownsett et al., 2014; Geranmayeh et al., 2014). Dabei hängen die Reorganisationsmuster vom Läsionsort ab. So konnte in einer weiteren Studie gezeigt werden, dass insbesondere Patienten mit temporalen Läsionen eine starke globale Netzwerkstörung aufweisen, die durch eine reduzierte Aktivierung infolge der Diaschisis charakterisiert ist. In der subakuten Phase zeigte sich bei diesen Patienten eine deutlich stärkere Reaktivierung des Netzwerks (Stockert et al., 2020). Bei frontalen Läsionen war hingegen bereits früh eine homologe und bilaterale domänenallgemeine Aktivierung zu beobachten. Unabhängig vom Läsionsort nahm die periläsionale sowie die bilaterale Aktivierung in domänenallgemeinen Arealen in der subakuten Phase zu. Bezüglich der Verhaltensrelevanz zeigten sich läsionsunabhängige Korrelationen in der Zunahme der Aktivierung im linken Gyrus frontalis inferior (IFG, Broca-Areal) mit der Spracherholung. Eine Zunahme der Aktivierung in domänenallgemeinen sowie temporalen Arealen war nur in Patienten mit temporalen Läsionen mit einer Sprachverbesserung korreliert.

Ergänzend zur aufgabenbasierten fMRT kann die aufgabenfreie Ruhezustands-fMRT (rs-fMRT) zur Untersuchung der Mechanismen von Netzwerkstörungen und Erholung nach Schlaganfall eingesetzt werden. Insbesondere bei Patienten mit akuter Aphasie ist die rs-fMRT hilfreich, da sie leicht durchführbar ist. Basierend auf der rs-fMRT in einer großen Kohorte von Patienten in der subakuten Phase nach Schlaganfall wurde ein Netzwerkphänotyp für die Beeinträchtigungen nach Schlaganfall vorgeschlagen (Siegel et al., 2016). Dieser war durch die folgenden Änderungen gekennzeichnet:

— Läsionsbedingte verringerte interhemisphärische Interaktion, die das Verhaltensdefizit am besten vorhersagte,
— Veränderungen der ipsi- und kontraläsionalen Interaktion innerhalb des Netzwerks
— Erhöhte ipsiläsionale Interaktion zwischen Netzwerken, die normalerweise antikorreliert sind

Dabei war die Sprache die einzige Domäne, in der sowohl die Topografie der Läsion als auch die Interaktion (Konnektivität) die Verhaltensvarianz in ähnlichem Ausmaß vorhersagten. Zudem war das Sprachdefizit neben der gestörten interhemisphärischen Konnektivität auch von einer verminderten Konnektivität innerhalb der linken Hemisphäre abhängig, was die Rolle der linken Hirnhälfte für die Sprachverarbeitung unterstreicht. Die prädiktive Relevanz von gestörter Konnektivität im Ruhezustand für die Interaktion verschiedener Hirnareale während sprachlicher Aufgaben bei Patienten mit Aphasie bleibt jedoch unklar.

> Die akute Phase nach dem Schlaganfall ist durch eine globale Netzwerkstörung charakterisiert. Diese zeigt sich durch eine Runterregulierung der sprachbezogenen Hirnaktivität sowie verminderte Interaktionen in der sprachdominanten linken Hirnhälfte und zwischen der linken und rechten Hirnhälfte (d. h. reduzierte intra- und interhemisphärische Konnektivität). In der subakuten Phase nach dem Schlaganfall kommt es zu einer Hochregulierung der Aktivität, insbesondere im rechten Präfrontalkortex, und einer Zunahme der intra- und interhemisphärischen Interaktion.

10.2.2 Netzwerkreorganisation in der chronischen Phase

In der chronischen Phase nach Schlaganfall sind die frühen Mechanismen der Netzwerkunterbrechung und der Auflösung der Diaschisis abgeschlossen. Zahlreiche Studien nutzen voxelbasiertes Läsions-Symptom-Mapping (VLSM), um die chronische Sprachbeeinträchtigung auf der Grundlage der Läsion zu erklären. VLSM-Studien liefern Einblick in die Struktur-Funktions-Beziehung für die Sprache und können aphasische Symptome, Syndrome oder Cluster von Verhaltenswerten erklären (Fridriksson et al., 2016; Henseler et al., 2014). Allerdings kann die Interpretation des Zusammenhangs zwischen Hirnstrukturen und ihren Funktionen durch Anpassungsprozesse (Reorganisation) komplexer werden. Wenn das Gehirn versucht, verloren gegangene Funktionen zu ersetzen, indem andere Bereiche stärker aktiviert werden, könnte man die ursprüngliche Bedeutung des geschädigten Bereichs für bestimmte Hirnfunktionen unterschätzen. Dies macht es herausfordernder, die spezifischen Aufgaben eines Hirnbereichs zu verstehen und den tatsächlichen Einfluss einer Schädigung auf das Netzwerk zu bewerten. Neuere Ansätze mit konnektombasiertem Läsions-Symptom-Mapping zielen darauf ab, spezifische Defizite mit funktionellen oder strukturellen Netzwerkstörungen zu assoziieren (Bonilha et al., 2017). Diese Ansätze werden durch fMRT-Studien gestützt, die eine veränderte Aktivierung in entfernten, funktionell mit der Läsion verbundenen Bereichen festgestellt haben, was zeigt, dass das verbleibende Defizit Folge einer veränderten funktionellen Netzwerkdynamik ist (Robson et al., 2014).

Bezüglich der Spracherholung zeigen fMRT-Studien, dass das chronisch reorganisierte Sprachsystem sowohl intakte Areale und periläsionale Regionen in der linken Hirnhälfte als auch (homologe) rechtshemisphärische Regionen umfasst (Hartwigsen & Saur, 2019). In Abhängigkeit von Läsionsort und -größe sowie dem verbleibenden Defizit können diese Bereiche im Vergleich zu gesunden Personen stärker aktiviert sein. Spezifischere Schlussfolgerungen über die funktionelle Relevanz dieser Aktivierungsmuster können durch Korrelationen mit der Sprachleistung gezogen werden. Verschiedene Studien stützen den Beitrag periläsionaler Sprachareale und bilateraler, domänenallgemeiner Areale für die Spracherholung (z. B. Brownsett et al., 2014; Geranmayeh et al., 2014). Diese Studien zeigen, dass die Rekrutierung domänenallgemeiner Kontrollprozesse ein wichtiger Faktor für die Spracherholung ist. Studien zur funktionellen Konnektivität bei chronischer Aphasie zeigen überdies eine verstärkte Interaktion intakter frontaler und parietaler Areale, die sich im gesunden Gehirn vor allem unter erschwerten Verarbeitungsbedingungen ergibt (Sharp et al., 2010). Einige Studien mit voxelbasierter Morphometrie deuten überdies darauf hin, dass auch strukturelle Plastizität für die Spracherholung eine Rolle spielt, wobei die lokale Zunahme der grauen Substanz im rechten temporalen Kortex mit einer verbesserten Sprachleistung korreliert (Hope et al., 2017). Die wichtigsten Befunde zur Reorganisation

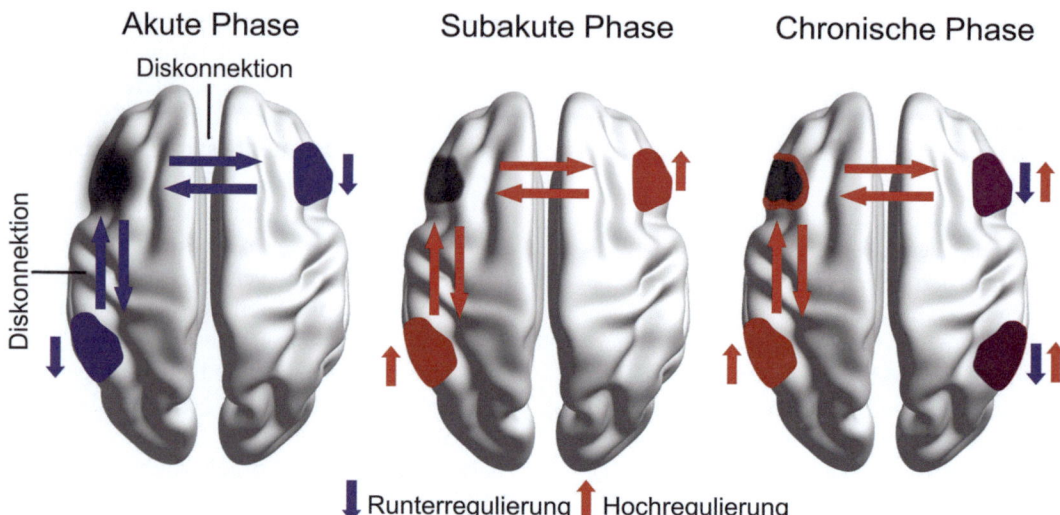

Abb. 10.1 Reorganisation im Sprachnetzwerk nach Schlaganfall. Übersicht über die Dynamik der Reorganisation von der akuten bis zur chronischen Phase. Die akute Phase nach dem Schlaganfall ist durch eine globale Netzwerkstörung charakterisiert, die sich sowohl als Runterregulierung der Hirnaktivität in beiden Hirnhälften als auch als funktionelle Diskonnektion (Störung der intra- und interhemisphärischen Interaktion) zeigt. Die subakute Phase nach dem Schlaganfall ist durch eine Hochregulierung der Aktivität im Sprachnetzwerk und in homologen Arealen der rechten Hirnhälfte sowie einer Zunahme der intra- und interhemisphärischen Konnektivität charakterisiert. In der chronischen Phase normalisiert sich die Netzwerkaktivität und -interaktion; es kommt zu einer Zunahme der Aktivität in periläsionalen Arealen und insgesamt zu einer Verschiebung der Aktivität in die linke Hirnhälfte. Areale der rechten Hirnhälfte können in Abhängigkeit von Läsionsort, Läsionsgröße und Defizit verstärkt aktiv bleiben oder wieder runterreguliert werden. (Modifiziert nach Hartwigsen & Saur (2019). Reprinted with permission from Elsevier, 2019)

im Sprachnetzwerk von der akuten bis zur chronischen Phase sind schematisch in Abb. 10.1 zusammengefasst.

> Zusammenfassend zeigen Bildgebungsstudien bei chronischer Aphasie nach einem Schlaganfall, dass die Spracherholung sowohl Sprachareale als auch domänenallgemeine Netzwerke einschließt. Es gibt bisher nur wenige Hinweise auf eine Funktionsübernahme in Bereichen, die zuvor nicht mit der Sprachverarbeitung in Verbindung standen.

Die Beteiligung der rechten Hemisphäre bei der Spracherholung könnte dabei von folgenden Faktoren abhängen (Hartwigsen & Saur, 2019):
- Ausmaß der individuellen Lateralisierung vor der Schädigung: Patienten, die vor der Schädigung eine stärkere bilaterale Sprachrepräsentation zeigten, könnten homologe rechtshemisphärische Areale besser nutzen, da diese bereits vor dem Schlaganfall in die Sprachverarbeitung eingebunden waren.
- Der Lateralisierung der spezifischen Sprachfunktion: Bilateral organisierte Funktionen könnten rechtshemisphärische Areale stärker einbeziehen.
- Ort und Größe der linkshemisphärischen Läsion: Kleine strategische oder große linkshemisphärische Schädigungen führen wahrscheinlich eher zu einer dauerhaften Beteiligung homologer Areale.

10.3 Bildgebungsbasierte Erholungsvorhersage im Sprachnetzwerk

Viele Studien zielen darauf ab, anhand von Bildgebungsparametern aus der frühen Phase die spätere Erholung nach einem Schlaganfall vorherzusagen. So zeigten beispielsweise Corbetta et al. (2015) mit struktureller Bildgebung und einem probabilistischen Traktografie-Atlas, wie der Ort der Schädigung und die Läsion der weißen Substanz zum Verhaltensdefizit einige Wochen nach dem Schlaganfall beitragen. Weiterhin kann eine automatisierte Klassifizierung auf Grundlage der Schädigung von im Atlas definierten Hirnarealen zwischen verschiedenen Aphasietypen unterscheiden (Yourganov et al., 2015). Diese Studien sind für das Verständnis der neurobiologischen Mechanismen relevant, die die Beeinträchtigung verursachen. Eine frühzeitige Vorhersage könnte künftig die Therapieplanung maßgeblich verbessern. Dafür sind allerdings Parameter erforderlich, die eine erfolgreiche Genesung zuverlässig vorhersagen können. Zu den bekannten Faktoren gehören der ursprüngliche Schweregrad des Sprachdefizits sowie das Alter der Patienten (Pedersen et al., 1995). Bezüglich möglicher Prädiktoren aus der Bildgebung werden zunehmend sensitive, multivariate Klassifikationsalgorithmen eingesetzt, um die Spracherholung anhand von früher Aktivierung, Konnektivität oder Läsionsmustern vorherzusagen. Einige Ergebnisse legen nahe, dass die Sprachaktivierung in der subakuten Phase ein Vorhersageindikator für die spätere Spracherholung sein kann (Saur et al., 2010). Komplementär zur funktionellen Bildgebung haben sich andere Studien auf anatomische Vorhersagefaktoren für die Spracherholung konzentriert. Zum Beispiel nutzten Forkel et al. (2014) das Volumen oder die Integrität der großen Faserbahnen in der intakten Hemisphäre zur Vorhersage der Spracherholung.

Insgesamt scheint ein netzwerkorientierter Ansatz erfolgversprechender für die Vorhersage der Spracherholung zu sein als Methoden, die sich lediglich auf einzelne Strukturen oder Verbindungen stützen. Neuere Studien untersuchen zudem große Kohorten von über 1000 Patienten mit hierarchischen Bayes-Modellen und maschinellem Lernen, um verteilte Läsionsmuster im Gehirn zu identifizieren, die (individuelle) Sprachdefizite und andere kognitive Beeinträchtigungen nach Schlaganfall vorhersagen können (z. B. Bonkhoff et al., 2021; Hartwigsen et al., 2024). Allerdings verwenden diese Kohortenstudien häufig recht kurze und oberflächliche Sprachtests, sodass eine genaue Charakterisierung der Defizite schwierig ist. Ein anderer Ansatz wird mithilfe großer Datenbanken verfolgt, die Bildgebungsdaten sowie unterschiedliche Verhaltensdaten enthalten (Seghier et al., 2016). Auf Grundlage dieser Daten sollen Vorhersagen für einzelne Patienten erreicht werden, die auf ähnlichen Läsions- und Verhaltensprofilen von anderen Patienten beruhen. Ziel ist die Vorhersage auf der Grundlage eines einzigen strukturellen Hirnscans, was in Zukunft auch in der klinischen Routine anwendbar sein sollte.

> Insgesamt deuten erste Untersuchungen darauf hin, dass bildgebende Verfahren wertvolle Informationen liefern können, um die Prognose der Spracherholung nach einem Schlaganfall zu verbessern. Ein entscheidender Faktor für den praktischen Einsatz dieser Techniken ist, dass die erforderlichen Messungen einfach und ohne großen Aufwand im Rahmen der üblichen akuten Schlaganfallbehandlung durchgeführt werden können. Hierbei erweist sich die strukturelle MRT als besonders geeignet, da diese in der Regel sowieso im Rahmen der Diagnostik durchgeführt wird. Überdies wäre die aufgabenfreie rs-fMRT leicht in die Routinediagnostik zu integrieren, was jedoch praktisch schwieriger umzusetzen ist, da diese nicht unmittelbar diagnostisch relevant ist.

10.4 Kombination von Bildgebung und Neurostimulation im Sprachnetzwerk

Die Kombination von nichtinvasiver Hirnstimulation (NIBS) und Bildgebung im gesunden Sprachnetzwerk bietet die Möglichkeit, stimulationsinduzierte Plastizität zu erfassen und Modelle zur Kurzzeitreorganisation (d. h., der schnellen Anpassung des Netzwerks auf eine kurzzeitige Störung) zu etablieren, die auf Patienten mit Aphasie nach Schlaganfall übertragen werden können. Ein besseres Verständnis der stimulationsinduzierten Plastizität im gesunden Gehirn könnte das

Verständnis des Kompensationspotenzials innerhalb und zwischen Netzwerken verbessern und letztlich dazu beitragen, effektive Stimulationsprotokolle für therapeutische Zwecke zu etablieren. Gängige plastizitätsinduzierende Stimulationsprotokolle umfassen verschiedene Formen der repetitiven transkraniellen Magnetstimulation (rTMS) und die transkranielle Gleichstromstimulation (tDCS). Im Allgemeinen können solche Protokolle entweder eine hemmende (inhibierende) oder anregende (fazilitierende) Wirkung entfalten, wobei die Nachwirkungen einer einzelnen Sitzung über das Ende der Stimulation hinaus anhalten können.

10.4.1 Stimulationsinduzierte Plastizität im gesunden Sprachnetzwerk

Der Grundgedanke bei der Anwendung von inhibitorischer NIBS im gesunden Gehirn besteht darin, die funktionelle Relevanz einer spezifischen Region zu untersuchen und das Kompensationsvermögen anderer Regionen bei einer gezielten (fokalen) Störung zu untersuchen. Kombinierte TMS-fMRT-Studien an gesunden Probanden haben gezeigt, dass nach einer fokalen Störung einer Sprachregion homologe frontale oder temporoparietale Regionen sowie andere Regionen innerhalb derselben Hemisphäre eine kompensatorische Hochregulierung (Mehraktivierung) aufweisen, die zur Aufrechterhaltung der Aufgabenverarbeitung beitragen könnte (für eine Übersicht s. Hartwigsen, 2016). Allerdings bleibt die funktionelle Relevanz dieser Kurzzeitreorganisation weitgehend unklar. Nichtsdestotrotz stützen diese Studien die Hypothese einer adaptiven Rolle der rechten Hemisphäre bei der (frühen) Spracherholung. Einige dieser Studien unterstreichen die Netzwerkauswirkungen einer durch NIBS hervorgerufenen Störung. Die Ergebnisse zeigen korrelative Zusammenhänge zwischen aufgabenbezogener Konnektivität und Verhalten und deuten darauf hin, dass die Stimulationseffekte auch in weit entfernten Bereichen des Netzwerks verhaltensrelevant sein können.

Diese Befunde decken sich gut mit den oben beschriebenen Netzwerkeffekten bei Patienten mit Aphasie nach Schlaganfall. Gleichzeitig weisen einige dieser Studien auch auf das Potenzial benachbarter Netzwerke für eine potenzielle Kompensation der Störung hin.

Basierend auf diesen Studien wurde ein Modell für die Anpassungsfähigkeit des Sprachnetzwerks an fokale Störungen entwickelt (Hartwigsen, 2018; ◘ Abb. 10.2). Dieses Modell postuliert zwei Hauptmechanismen: die Anpassung *innerhalb* des Sprachnetzwerks sowie die Anpassung *zwischen* Netzwerken. Für die Anpassung innerhalb des Sprachnetzwerks wird angenommen, dass die Störung eines Schlüsselareals durch eine vermehrte Rekrutierung der verbliebenen Areale im Sprachnetzwerk kompensiert werden kann (◘ Abb. 10.2a). Zusätzlich könnten auch Areale rekrutiert werden, die sich vorher an der Schwelle zur Aktivierung befunden haben. Außerdem wird die verstärkte Rekrutierung homologer Areale in der nichtdominanten Hemisphäre angenommen. Der Grundgedanke der Kompensation innerhalb des Netzwerks ist, dass durch eine Hemmung die Balance im Netzwerk verschoben wird und eine stärkere, kompensatorische Aktivierung der anderen Bereiche erfolgt.

Für die *Anpassung zwischen Netzwerken* ist die Grundannahme, dass eine Netzwerkstörung zu einer ausgeprägten Hemmung innerhalb des spezialisierten Sprachnetzwerks führt. In einigen Fällen ist es möglich, die Funktion bis zu einem gewissen Grad aufrechtzuerhalten, indem benachbarte Netzwerke rekrutiert werden, die für andere spezialisierte Funktionen zuständig sind. So konnte beispielsweise nach einer Hemmung im semantischen Netzwerk eine stärkere Aktivierung im benachbarten phonologischen Netzwerk gezeigt werden, die wahrscheinlich für die Störung kompensiert hat (Hartwigsen et al., 2017).

Zusätzlich oder alternativ kann nach einer Störung des spezialisierten Sprachnetzwerks eine verstärkte Aktivierung domänenallgemeiner Netzwerke zur Kompensation beitragen (◘ Abb. 10.2b). Domänenallgemeine Netzwerke umfassen Hirnregionen für grundlegende kognitive Funktionen wie Aufmerk-

Plastizität und Reorganisation im Sprachnetzwerk nach Schlaganfall

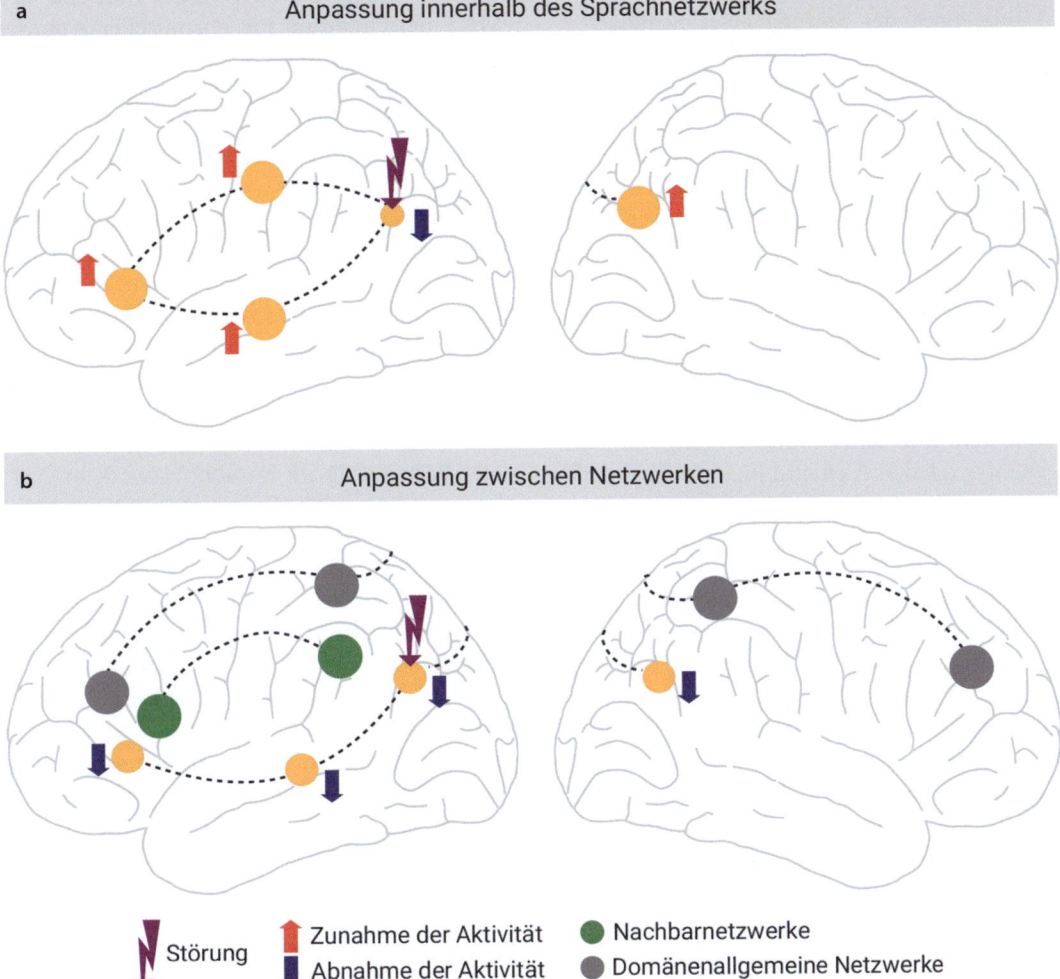

◘ **Abb. 10.2** Modell zur flexiblen Anpassung im Sprachsystem. **a** Nach einer Störung eines Schlüsselareals durch inhibitorische nichtinvasive Hirnstimulation oder eine Hirnläsion (lila Blitz) wird der Beitrag dieses Areals herabgesetzt (blauer Pfeil). Dies kann zu einer kompensatorischen Mehraktivität in anderen Arealen des Netzwerks oder des homologen Areals in der anderen Hemisphäre führen (rote Pfeile). **b** Eine Störung kann auch zu einer Hemmung im gesamten Netzwerk führen (blaue Pfeile). In diesem Fall können Nachbarnetzwerke (grün) oder domänenallgemeine Netzwerke (grau) rekrutiert werden, um für die Störung zu kompensieren. (Modifiziert nach Hartwigsen (2018). Reprinted with permission from Cell Press, Elsevier, 2018)

samkeit, Arbeitsgedächtnis und kognitive Kontrolle, die für alle höher-kognitiven Funktionen wie Sprache relevant sind. Ein Schlüsselnetzwerk ist das sogenannte *Multiple Demand Netzwerk* (übersetzt etwa: Multifunktionelles Netzwerk), das insbesondere bei Aufgaben aktiv ist, die ein hohes Maß an kognitiver Kontrolle benötigen. Wichtig ist dabei zu betonen, dass dieses Modell nicht postuliert, dass domänenspezifische Funktionen durch domänenallgemeine Funktionen *ersetzt* werden können, sondern lediglich durch diese unterstützt werden.

❯ Zusammenfassend zeigt die flexible Anpassung im gesunden Sprachsystem nach NIBS-induzierten Störungen, dass sowohl benachbarte Netzwerke als auch homologe Areale in der nichtdominanten Hirnhälfte und domänenallgemeine Netzwerke das Potenzial haben könnten, die Verarbeitung nach der Störung einer Schlüsselregion teilweise zu kompensieren, was Modelle der Sprachreorganisation nach einem Schlaganfall beeinflussen könnte.

In einem komplementären Ansatz kombinierten andere Studien anodale tDCS mit gleichzeitiger fMRT. Ziel war es, die neuronalen Korrelate der durch die Stimulation bewirkten Verbesserungen bei verschiedenen Sprachaufgaben zu untersuchen (Fiori et al., 2018; Holland et al., 2011; Meinzer et al., 2012). Dabei war eine Verhaltensverbesserung im Allgemeinen mit einer Verringerung der aufgabenbezogenen Aktivität im stimulierten Gebiet oder Netzwerk assoziiert, was als Zeichen einer effizienteren Aufgabenverarbeitung gedeutet wurde. Zusätzlich wurden teilweise auch Veränderungen in der Ruhezustandskonnektivität oder während der Aufgabenbearbeitung beobachtet. Allerdings ist die Bedeutung dieser Aktivitäts- und Konnektivitätsänderungen für das Verhalten nicht in allen Studien eindeutig, und auch die Richtung der Änderungen ist zwischen den Untersuchungen unterschiedlich. Ob eine stimulationsinduzierte Zu- oder Abnahme der Konnektivität förderlich für das Verhalten ist, hängt wahrscheinlich von der jeweiligen Aufgabe und dem aktuellen Zustand des Gehirns ab (z. B. Ruhe vs. Aufgabe). Wichtige Einflussfaktoren könnten außerdem altersbedingte Veränderungen der Hirnfunktionen sowie die individuelle Aufgabenleistung sein.

10.4.2 Stimulationsinduzierte Plastizität bei Patienten mit Aphasie

Die meisten Studien an Patienten mit Aphasie nach Schlaganfall verwenden NIBS-Techniken zur Förderung (Fazilitierung) der Spracherholung. Allerdings haben bisher nur relativ wenige Studien die funktionelle Relevanz des reorganisierten Sprachnetzwerks oder stimulationsinduzierte Änderungen der Konnektivität bei Patienten mit Aphasie nach Schlaganfall untersucht. In einer Untersuchung wurde anodale tDCS während der fMRT bei Patienten mit chronischer Aphasie angewendet, um Netzwerkeffekte der Stimulation während des Bildbenennens zu entschlüsseln (Darkow et al., 2017). Die tDCS wurde über dem linken primären motorischen Kortex verabreicht. Um Stimulationseffekte unabhängig von Leistungsänderungen zu untersuchen, wählten die Autoren gezielt Bilder aus, die die Patienten auch ohne therapeutische Behandlung zuverlässig benennen konnten. Unter der Wirkung anodaler tDCS zeigte sich eine deutliche Aktivitätsabnahme in den Regionen für kognitive Kontrolle, während gleichzeitig die Aktivität und funktionelle Vernetzung im Sprachnetzwerk im Vergleich zu gesunden Teilnehmenden verstärkt wurde. Diese Änderungen deuten auf eine Normalisierung der Netzwerkaktivität und -konnektivität hin, wobei die insgesamt verringerte Aktivität als gesteigerte neuronale Effizienz interpretiert werden kann. Die Bedeutung dieser Veränderungen für das Verhalten ist allerdings noch nicht vollständig geklärt. Dennoch sind derartige Untersuchungen unerlässlich, um zu verstehen, wie die tDCS die neuronale Aktivität unabhängig von den Auswirkungen einer Sprachtherapie moduliert.

In einer komplementären TMS-Studie bei Patienten mit chronischer Aphasie nach Schlaganfall und Läsionen im linken (temporo-)parietalen Kortex wurde untersucht, wie das reorganisierte Sprachnetzwerk auf fokale TMS-induzierte Störungen des linken IFG reagiert (Hartwigsen et al., 2020). Dabei wurde die inhibitorische TMS in verschiedenen Sitzungen über dem anterioren oder posterioren IFG verabreicht. Im Anschluss führten die Patienten phonologische und semantische Entscheidungsaufgaben während der fMRT durch. Auf der Verhaltensebene zeigte sich eine funktionell-anatomische Dissoziation der Effekte zwischen TMS-Region und Aufgabe: So verzögerte die TMS über dem anterioren IFG selektiv die Reaktionsgeschwindigkeit bei semantischen Entscheidungen, während sie über dem posterioren IFG die Reaktionsgeschwindigkeit bei phonologischen Entscheidungen beeinflusste. Diese Befunde legen nahe, dass die funktionellen Spezialisierungen im IFG auch nach Läsionen in entfernten Netzwerkarealen intakt bleiben. Sie unterstreichen zudem die funktionelle Bedeutung verschiedener parietofrontaler Netzwerke für die unterschiedlichen Aspekte des Sprachverständnisses. Auf neuronaler Ebene zeigte sich eine aufgabenspezifische Hemmung im stimulierten Areal.

Die individuelle durch TMS induzierte Reaktionszeitverzögerung bei der phonologischen Aufgabe sagte überdies eine Aktivitätssteigerung im läsionshomologen Bereich im rechten parietalen Kortex vorher. Dies könnte einen Versuch widerspiegeln, die Beeinträchtigung des phonologischen Netzwerks in der linken Hemisphäre auszugleichen. Darüber hinaus zeigte sich, dass eine stärkere Traktintegrität einzelner Faserbahnen in der rechten Hemisphäre mit einer geringeren Verhaltensstörung zusammenhing. Dies deutet darauf hin, dass eine stärkere Integrität der Faserbahnen zwischen sprachhomologen Regionen als Marker für eine höhere Widerstandsfähigkeit gegenüber Störungen angesehen werden könnte. Diese Erkenntnisse geben Einblick in die adaptive Kurzzeitplastizität im reorganisierten Sprachnetzwerk und stehen im Einklang mit der kompensatorischen Rolle der rechten Hemisphäre. Die genaue funktionelle Bedeutung dieser Veränderungen bleibt allerdings noch unklar. Zudem lassen sich aus dieser Studie keine therapeutischen Empfehlungen ableiten.

> Insgesamt können Ergebnisse aus Studien, die NIBS und fMRT im gesunden und reorganisierten Sprachnetzwerk kombinieren, einen wertvollen Beitrag zur Identifizierung von kortikalen Zielorten und vielversprechenden Stimulationsprotokollen für die therapeutische Anwendung von NIBS bei der Aphasiebehandlung leisten. Besonders interessant sind Befunde, die bei gesunden Personen Sprachleistungsverbesserungen nach Stimulation von Gehirnregionen außerhalb des primären Sprachnetzwerks zeigen, wie beispielsweise nach anodaler tDCS über dem rechten Kleinhirn (Turkeltaub et al., 2016). Diese Erkenntnisse deuten darauf hin, dass die Stimulation von motorischen und domänenallgemeinen Arealen zukünftig die Rehabilitation von Aphasie sinnvoll ergänzen könnte.

10.5 Therapieinduzierte Veränderungen im Sprachnetzwerk

10.5.1 Therapieinduzierte Plastizität nach Sprachtherapie

Über die letzten Jahre haben Studien vermehrt die behandlungsinduzierte Plastizität nach Sprachtherapie untersucht (z. B. Crinion & Leff, 2015). In den meisten Studien wurde die Sprachtherapie in der chronischen Phase nach dem Schlaganfall angewendet, da behandlungsbedingte Verbesserungen in den frühen Phasen mit spontanen Erholungseffekten interagieren können. Insgesamt konnte gezeigt werden, dass die Wirksamkeit der Sprachtherapie von der Behandlungsintensität abhängt (Barthel et al., 2008) und sich die sprachliche Erholung auch mehrere Jahre nach dem Schlaganfall noch deutlich verbessern lässt (Breitenstein et al., 2017). Die genaue Rolle einzelner Hirnareale in beiden Hemisphären ist jedoch noch unklar, da einige Studien positive Behandlungseffekte mit einer Zunahme der Aktivität entweder in der linken oder in der rechten Hemisphäre assoziiert haben, während in anderen Studien eine Zunahme in bilateralen Regionen oder eine Abnahme der Aktivität in rechtshemisphärischen Regionen mit der Sprachverbesserung verbunden war.

Auffallend ist, dass selbst eine kurzzeitige Behandlung mit hoher Intensität zu starken Aktivierungssteigerungen in der rechten Hemisphäre führen kann (Musso et al., 1999). Die verstärkte Aktivität in der rechten Hemisphäre war in einer Studie auch drei Monate nach Therapieende noch nachweisbar, wobei die Patienten eine Verhaltensgeneralisierung auf nichttrainierte Wörter zeigten (Benjamin et al., 2014). Diese Ergebnisse stützen die Theorie einer kompensatorischen Rolle der rechten Hemisphäre bei der Spracherholung. Andere Studien fanden jedoch, dass therapiebedingte Verbesserungen der Sprachleistung mit Aktivierungsabnahmen in rechtshemisphärischen Regionen korreliert sind (Nardo et al., 2017). Diese Ergebnisse stehen eher im Einklang mit einer Rückverlagerung der sprachbezogenen Aktivität nach erfolgreicher Behandlung in linkshemisphärische Regionen. Die Abnahme der aufgabenbezogenen Aktivität im rechten frontalen Kortex nach erfolgreicher Therapie wird zum Teil als Hinweis auf eine effizientere Aufgabenverarbeitung interpretiert. Dies stützt die Idee einer aktiven Rolle der rechten Hemisphäre, wobei der Beitrag weniger wichtig wird, wenn sich die Sprache verbessert hat. Diese Erklärung steht im Einklang mit der Hypothese, dass der rechte frontale Kortex hauptsächlich domänenallgemeine Ressourcen wie kognitive Kontrolle und Aufmerksamkeit zur Sprachverarbeitung beiträgt (Brownsett et al., 2014). Dabei konnte gezeigt werden, dass die individuellen Reorganisationsprofile vom jeweiligen Läsionsmuster abhängen (Abel et al., 2015). Insgesamt zeigten die Patienten in dieser Studie eine bilaterale Hochregulierung vor der Therapie, die als kompensatorische Strategie interpretiert wurde. Der Therapieerfolg war mit Aktivitätsabnahme in Sprachregionen und domänenallgemeinen Arealen verbunden, was auf eine höhere Verarbeitungseffizienz zurückgeführt werden kann.

Andere Untersuchungen fanden allerdings einen Zusammenhang zwischen therapiebedingten Sprachverbesserungen und einer erhöhten Aktivierung in bilateralen Regionen (z. B. Mohr et al., 2016) oder einer selektiven Reaktivierung in periläsionalen bzw. intakten linkshemisphärischen Arealen (z. B. Mattioli et al., 2014). Zudem fanden Fridriksson et al. (2012), dass vor allem Aktivitätszunahmen in „klassischen" periläsionalen Spracharealen eine behandlungsbedingte Steigerung der Benennungsleistung vorhersagten.

Die Heterogenität der Ergebnisse lässt sich am besten durch Unterschiede in dem untersuchten Sprachprozess, der Aufgabenschwierigkeit, dem Läsionsort, dem Aphasietyp sowie der Art und Intensität der Behandlung erklären. Bei der Interpretation von Veränderungen in der aufgabenbezogenen Sprachaktivität nach einem Schlaganfall müssen verschiedene Faktoren berücksichtigt werden: Eine erhöhte Aktivierung kann kurzfristig eine Reaktion auf erhöhte Aufgabenanforderungen darstellen. Langfristig könnte sie jedoch auch auf eine (erfolgreiche) Reorganisation hinweisen. In bestimmten Fällen, insbesondere in einigen Bereichen rechtshemisphärischer Regionen, kann eine verstärkte Aktivierung allerdings auch ein Zeichen für maladaptive Plastizität (also Fehlanpassung) sein. Das komplexe Zusammenspiel von ipsi- und kontraläsionalen Regionen verdeutlicht, dass die Reorganisation ein dynamischer Prozess ist. Dieser Prozess variiert im Verlauf der Erholung und könnte sowohl die gestiegenen Anforderungen in der akuten Phase nach einem Schlaganfall und eine reduzierte transkallosale Hemmung nach linkshemisphärischen Läsionen als auch Plastizitätseffekte und effizientere Verarbeitung nach Therapie oder Spontanerholung widerspiegeln. Daher ist es wichtig, die Veränderungen im Zeitverlauf der Erholung mit Verhaltensverbesserungen in Verbindung zu bringen. Dabei ist zu beachten, dass nicht alle Patienten nach der Therapie eine Verhaltensverbesserung zeigen.

> Trotz der berichteten Variabilität in der Rekrutierung kontraläsionaler sowie periläsionaler und intakter Regionen der linken Hemisphäre zeigt die Mehrheit der Studien, dass eine Remodellierung kortikaler Funktionen auch Jahre nach dem Schlaganfall noch möglich ist. Die therapieinduzierte Reorganisation findet dabei in denselben Netzwerken statt, die auch für die spontane Erholung identifiziert wurden.

10.5.2 Kombination von Sprachtherapie und nichtinvasiver Hirnstimulation

In vielen Studien wurden NIBS-Protokolle zur Verbesserung der Spracherholung nach einem Schlaganfall eingesetzt. Aufgrund der oben beschriebenen Heterogenität der Ergebnisse von Bildgebungsstudien zu plastischen Veränderungen nach einer Sprachtherapie sind eindeutige Vorhersagen über vielversprechende Stimulationsorte zur Förderung der Spracherholung allerdings derzeit nur schwer möglich.

Während die Ergebnisse vieler NIBS-Behandlungsstudien bei Patienten mit Aphasie im Allgemeinen vielversprechend sind (Bucur & Papagno, 2019; Ding et al., 2022), sind die meisten älteren Studien durch geringe Stichprobengrößen und relativ kleine Effektstärken limitiert. Darüber hinaus sind die neurobiologischen Mechanismen der positiven Stimulationseffekte noch weitgehend unklar. Kürzlich wurden erste (z. T. multizentrische) Studien an größeren Kollektiven begonnen (Zumbansen et al., 2022). Allerdings haben nur wenige dieser Studien die neuronalen Korrelate der positiven Auswirkungen von NIBS auf die Spracherholung untersucht und konzentrierten sich überwiegend auf mögliche Veränderungen der Sprachlateralisierung nach einer NIBS-Behandlung. Die meisten NIBS-Studien zur Aphasietherapie zielen entweder auf die Hemmung des kontralateralen homologen IFG oder auf die Anregung (Fazilitierung) periläsionaler und intakter Regionen der linken Hemisphäre ab (s. Bucur & Papagno, 2019; Ding et al., 2022). Diese Studien werden in der Regel in der subakuten oder chronischen Phase nach dem Schlaganfall durchgeführt. Die Idee der stimulationsinduzierten Hemmung des kontraläsionalen rechten präfrontalen Kortex basiert auf dem Konzept der maladaptiven Plastizität (Fehlanpassung durch Herabsetzung der transkallosalen Hemmung der dominanten linken auf die rechte Hemisphäre) infolge eines Schlaganfalls. Eine Hemmung dieser „Überaktivierung" nach wiederholten TMS-Sitzungen soll eine bessere Modulation in den verbleibenden Netzwerken der linken Hemisphäre ermöglichen, die sich z. T. in einer Rückverlagerung der Aktivierung in die linke Hemisphäre zeigt (Zumbansen et al., 2022). Dabei ist die beobachtete Hochregulierung kontraläsionaler Areale nicht spezifisch für Sprachfunktionen, sondern stellt vielmehr ein allgemeines Phänomen nach schlaganfallinduzierten Läsionen dar, wobei die Rolle der kontraläsionalen Hemisphäre sowohl im Sprachbereich als auch in der Motorik noch diskutiert wird. Im Unterschied zum Konzept der maladaptiven Plastizität in der rechten Hemisphäre berichteten einige Studien auch über sprachliche Verbesserungen nach fazilitierender NIBS über der rechten Hemisphäre (z. B. Flöel et al., 2011).

Die teils widersprüchlichen Ergebnisse verschiedener Studien könnten durch Unterschiede im Läsionsort, in der Beeinträchtigung, im untersuchten Zeitpunkt nach dem Schlaganfall sowie in Zielvariablen, Sprachparadigmen und Stimulationsprotokollen zu erklären sein. Zudem könnten einige Areale der rechten Hemisphäre die Erholung unterstützen, während andere sie behindern (Turkeltaub et al., 2012). Aufgrund der Dynamik der Spracherholung ist es wahrscheinlich, dass der positive Effekt einer Hemmung der maladaptiven Plastizität im rechten präfrontalen Kortex auf die späte subakute und chronische Phase nach dem Schlaganfall beschränkt ist. Darüber hinaus deuten einige Ergebnisse darauf hin, dass die Kombination aus kontraläsionaler Hemmung und ipsiläsionaler Fazilitierung von Vorteil sein könnte (Khedr et al., 2014). Die neuronalen Korrelate dieser Verbesserungen wurden jedoch bisher nicht untersucht. Einige Studien verwenden fMRT-Localizer zur individuellen Bestimmung des Stimulationsortes (z. B. Szaflarski et al., 2011). Dieser Ansatz berücksichtigt die interindividuelle Variabilität bezüglich der Lage und Größe der Läsion sowie die Reorganisation des Netzwerks. Allerdings ist eine individuelle fMRT-Lokalisierung teuer und zeitaufwendig und nur bedingt für die Umsetzung in der täglichen Routine von Rehabilitationseinrichtungen geeignet.

> Insgesamt sind die neurobiologischen und verhaltensbezogenen Langzeiteffekte verschiedener NIBS-Protokolle während der Spracherholung größtenteils noch unerforscht. Aus den vorliegenden Ergebnissen kann abgeleitet werden, dass die Effekte von den spezifischen Stimulationsprotokollen, der Aufgabe und dem Zeitpunkt der Intervention abhängen. Zukünftige Studien an größeren Kollektiven sind erforderlich, um mögliche Langzeit- und Generalisierungseffekte von NIBS in Kombination mit Sprachtherapie zu untersuchen. Das wichtigste Ziel ist dabei, die sprachliche Erholung auf einem klinisch relevanten Niveau zu verbessern. Bislang scheint es am vielversprechendsten zu sein, entweder die verbleibende Restaktivität der linken Hemisphäre zu fördern und/oder kontraläsionale Regionen in der rechten Hemisphäre zu hemmen.

Zukünftige Studien könnten die Zielorte für NIBS auf der Grundlage individueller Genesungskarten optimieren (Shah-Basak et al., 2015). Da die sprachlichen Verbesserungen in den ersten Monaten nach einem Schlaganfall am ausgeprägtesten sind und danach schrittweise nachlassen, erscheint der Einsatz von NIBS in der subakuten Phase nach dem Schlaganfall als besonders wirkungsvoll (vgl. Zumbansen et al., 2022).

10.6 Schlussfolgerungen und Ausblick

In den letzten zwei Jahrzehnten haben Bildgebungsstudien das Wissen über Sprachverlust und -erholung nach Schlaganfall erheblich erweitert. Längsschnittstudien geben Aufschluss über die dynamischen Veränderungen der Sprachaktivität und den Beitrag beider Hirnhälften. Viele Fragen bleiben jedoch offen. So ist die Rolle der rechten Hemisphäre im Verlauf der Erholung ein viel diskutiertes Thema. Basierend auf aktuellen Erkenntnissen kann die Hypothese aufgestellt werden, dass ein phasenspezifischer Modulationsansatz mit nichtinvasiver Hirnstimulation zur Verbesserung der Spracherholung beitragen könnte, wobei der rechte präfrontale Kortex je nach Phase angeregt (aktive und frühe subakute Phase) oder gehemmt (späte subakute und chronische Phase) werden könnte (◘ Abb. 10.3). Dabei bleibt unklar, ob die frühe Hochregulierung des kontraläsionalen rechten frontalen Kortex mit dem Beitrag von sprachspezifischen oder eher domänenallgemeinen Prozessen verbunden ist.

Eine weitere Frage betrifft die neurobiologischen Mechanismen der behandlungsinduzierten Plastizität. Die bisherige Literatur zeigt, dass die Behandlung auch in der chronischen Phase nach dem Schlaganfall plastische Veränderungen bewirken kann. Künftige Stu-

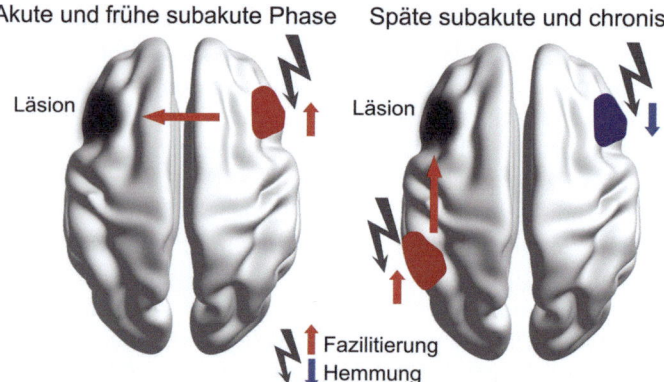

◘ **Abb. 10.3** Phasenspezifische Neurostimulation bei der Spracherholung nach Schlaganfall. Nach einem Schlaganfall in der linken Hemisphäre könnte in der frühen Phase (links) eine Fazilitierung homologer Areale in der rechten Hemisphäre förderlich sein, während in der späten subakuten und chronischen Phase (rechts) eher eine Hemmung homologer Areale und eine Fazilitierung intakter linkshemisphärischer Regionen unterstützend zur Therapie verwendet werden könnte. (Modifiziert nach Hartwigsen, 2016; Copyright © 2016 Gesa Hartwigsen)

dien an größeren Kohorten sollten die Generalisierbarkeit der Behandlungseffekte auf die Alltagskommunikation prüfen. Angesichts der großen Variabilität zwischen den Patienten in Bezug auf Läsionsort, Größe und Symptomen nach einem Schlaganfall bleibt die Auswahl homogener Patientengruppen eine große Herausforderung. Zukünftige Studien könnten Untergruppen definieren, um gemeinsame Mechanismen für bestimmte Läsionsmuster oder aphasische Syndrome zu identifizieren.

Während sich der Großteil der Forschung zur behandlungsinduzierten Plastizität vorrangig auf Veränderungen in der aufgabenbezogenen neuronalen Aktivität fokussiert hat, haben bislang nur wenige Studien die plastischen Veränderungen in der Konnektivität der weißen Substanz eingehend untersucht. Dabei sollten Daten aus multimodalen und komplementären Ansätzen wie funktioneller und struktureller Bildgebung und NIBS kombiniert werden. Die aktuelle Literatur zu den neuronalen Korrelaten der NIBS-induzierten Plastizität im reorganisierten Sprachnetzwerk ist spärlich. Kombinationen von NIBS und fMRT können dabei zeitlich getrennt oder simultan angewendet werden. Während die simultane Kombination von TMS und fMRT technisch herausfordernd ist, ist die gleichzeitige Anwendung von tDCS während der fMRT einfacher und damit besonders geeignet, die unmittelbaren neuronalen Grundlagen der stimulationsinduzierten Verbesserungen beim Wiedererlernen von Sprache zu untersuchen. Zusätzlich könnte die Elektroenzephalografie (EEG) verwendet werden, um die elektrophysiologischen Prozesse bei der Sprachverarbeitung und Veränderungen in der zeitlichen Dynamik auf der Netzwerkebene zu messen. Dabei sollten sensitive, multivariate Analysen eingesetzt werden, um die Veränderungen auf der Netzwerkebene zu erfassen.

Literatur

Abel, S., Weiller, C., Huber, W., Willmes, K., & Specht, K. (2015). Therapy-induced brain reorganization patterns in aphasia. *Brain, 138*(Pt 4), 1097–1112. https://doi.org/10.1093/brain/awv022

Barthel, G., Meinzer, M., Djundja, D., & Rockstroh, B. (2008). Intensive language therapy in chronic aphasia: Which aspects contribute most? *Aphasiology, 22*, 408–421.

Benjamin, M. L., Towler, S., Garcia, A., Park, H., Sudhyadhom, A., Harnish, S., McGregor, K. M., Zlatar, Z., Reilly, J. J., Rosenbek, J. C., Gonzalez Rothi, L. J., & Crosson, B. (2014). A behavioral manipulation engages right frontal cortex during aphasia therapy. *Neurorehabilitation and Neural Repair, 28*(6), 545–553. https://doi.org/10.1177/1545968313517754

Bonilha, L., Hillis, A. E., Hickok, G., den Ouden, D. B., Rorden, C., & Fridriksson, J. (2017). Temporal lobe networks supporting the comprehension of spoken words. *Brain, 140*(9), 2370–2380. https://doi.org/10.1093/brain/awx169

Bonkhoff, A. K., Lim, J.-S., Bae, H.-J., Weaver, N. A., Kuijf, H. J., Biesbroek, J. M., Rost, N. S., & Bzdok, D. (2021). Generative lesion pattern decomposition of cognitive impairment after stroke. *Brain Communications, 3*(2), fcab110. https://doi.org/10.1093/braincomms/fcab110

Breitenstein, C., Grewe, T., Flöel, A., Ziegler, W., Springer, L., Martus, P., Huber, W., Willmes, K., Ringelstein, E., Haeusler, K., Abel, S., Glindemann, R., Domahs, F., Regenbrecht, F., Schlenck, K., Thomas, M., Obrig, H., de Langen, E., Rocker, R., et al. (2017). Intensive speech and language therapy in patients with chronic aphasia after stroke: A randomised, open-label, blinded-endpoint, controlled trial in a health-care setting. *Lancet, 389*(10078), 1528–1538.

Brownsett, S. L., Warren, J. E., Geranmayeh, F., Woodhead, Z., Leech, R., & Wise, R. J. (2014). Cognitive control and its impact on recovery from aphasic stroke. *Brain, 137*(Pt 1), 242–254. https://doi.org/10.1093/brain/awt289

Bucur, M., & Papagno, C. (2019). Are transcranial brain stimulation effects long-lasting in post-stroke aphasia? A comparative systematic review and meta-analysis on naming performance. *Neuroscience and Biobehavioral Reviews, 102*, 264–289. https://doi.org/10.1016/j.neubiorev.2019.04.019

Carrera, E., & Tononi, G. (2014). Diaschisis: Past, present, future. *Brain, 137*(Pt 9), 2408–2422. https://doi.org/10.1093/brain/awu101

Corbetta, M., Ramsey, L., Callejas, A., Baldassarre, A., Hacker, C. D., Siegel, J. S., Astafiev, S. V., Rengachary, J., Zinn, K., Lang, C. E., Connor, L. T., Fucetola, R., Strube, M., Carter, A. R., & Shulman, G. L. (2015). Common behavioral clusters and subcortical anatomy in stroke. *Neuron, 85*(5), 927–941. https://doi.org/10.1016/j.neuron.2015.02.027

Crinion, J. T., & Leff, A. P. (2015). Using functional imaging to understand therapeutic effects in poststroke aphasia. *Current Opinion in Neurology, 28*(4), 330–337. https://doi.org/10.1097/WCO.0000000000000217

Darkow, R., Martin, A., Wurtz, A., Flöel, A., & Meinzer, M. (2017). Transcranial direct current stimulation effects on neural processing in post-stroke aphasia. *Human Brain Mapping, 38*(3), 1518–1531. https://doi.org/10.1002/hbm.23469

Ding, X., Zhang, S., Huang, W., Zhang, S., Zhang, L., Hu, J., Li, J., Ge, Q., Wang, Y., Ye, X., & Zhang, J. (2022). Comparative efficacy of non-invasive brain stimulation for post-stroke aphasia: A network meta-analysis and meta-regression of moderators. *Neuroscience and Biobehavioral Reviews, 140*, 104804. https://doi.org/10.1016/j.neubiorev.2022.104804

Fiori, V., Kunz, L., Kuhnke, P., Marangolo, P., & Hartwigsen, G. (2018). Transcranial direct current stimulation (tDCS) facilitates verb learning by altering effective connectivity in the healthy brain. *NeuroImage, 181*, 550–559. https://doi.org/10.1016/j.neuroimage.2018.07.040

Flöel, A., Meinzer, M., Kirstein, R., Nijhof, S., Deppe, M., Knecht, S., & Breitenstein, C. (2011). Short-term anomia training and electrical brain stimulation. *Stroke, 42*(7), 2065–2067. https://doi.org/10.1161/STROKEAHA.110.609032

Forkel, S. J., Thiebaut de Schotten, M., Dell'Acqua, F., Kalra, L., Murphy, D. G., Williams, S. C., & Catani, M. (2014). Anatomical predictors of aphasia recovery: A tractography study of bilateral perisylvian language networks. *Brain, 137*(Pt 7), 2027–2039. https://doi.org/10.1093/brain/awu113

Fridriksson, J., Richardson, J. D., Fillmore, P., & Cai, B. (2012). Left hemisphere plasticity and aphasia recovery. *NeuroImage, 60*(2), 854–863. https://doi.org/10.1016/j.neuroimage.2011.12.057

Fridriksson, J., Yourganov, G., Bonilha, L., Basilakos, A., Den Ouden, D. B., & Rorden, C. (2016). Revealing the dual streams of speech processing. *Proceedings of the National Academy of Sciences of the United States of America, 113*(52), 15108–15113. https://doi.org/10.1073/pnas.1614038114

Geranmayeh, F., Brownsett, S. L., & Wise, R. J. (2014). Task-induced brain activity in aphasic stroke patients: What is driving recovery? *Brain, 137*(Pt 10), 2632–2648. https://doi.org/10.1093/brain/awu163

Hartwigsen, G. (2016). Adaptive plasticity in the healthy language network: Implications for language recovery after stroke. *Neural Plasticity, 2016*, 9674790. https://doi.org/10.1155/2016/9674790

Hartwigsen G., Bzdok D., Klein M., Wawrzyniak M., Stockert A., Wrede K., Classen J., & Saur D. (2017). Rapid short-term reorganization in the language network eLife 6:e25964. https://doi.org/10.7554/eLife.25964

Hartwigsen, G. (2018). Flexible redistribution in cognitive networks. *Trends in Cognitive Sciences, 22*(8), 687–698. https://doi.org/10.1016/j.tics.2018.05.008

Hartwigsen, G., & Saur, D. (2019). Neuroimaging of stroke recovery from aphasia – Insights into plasticity of the human language network. *NeuroImage, 190*, 14–31. https://doi.org/10.1016/j.neuroimage.2017.11.056

Hartwigsen, G., Stockert, A., Charpentier, L., Wawrzyniak, M., Klingbeil, J., Wrede, K., Obrig, H., & Saur, D. (2020). Short-term modulation of the lesioned language network. *eLife, 9*. https://doi.org/10.7554/eLife.54277

Hartwigsen, G., Lim, J.-S., Bae, H.-J., Yu, K.-H., Kuijf, H.-J., Weaver, N. A., Biesbroek, J. M., Kopal, J., & Bzdok, D. (2024). Bayesian modeling disentangles language versus executive control disruption in stroke. *Brain Communications 6(3):fcae129*. https://doi.org/10.1093/braincomms/fcae129

Henseler, I., Regenbrecht, F., & Obrig, H. (2014). Lesion correlates of patholinguistic profiles in chronic aphasia: Comparisons of syndrome-, modality- and symptom-level assessment. *Brain, 137*(Pt 3), 918–930. https://doi.org/10.1093/brain/awt374

Hillis, A. E., Kleinman, J. T., Newhart, M., Heidler-Gary, J., Gottesman, R., Barker, P. B., Aldrich, E., Llinas, R., Wityk, R., & Chaudhry, P. (2006). Restoring cerebral blood flow reveals neural regions critical for naming. *The Journal of Neuroscience, 26*(31), 8069–8073. https://doi.org/10.1523/JNEUROSCI.2088-06.2006

Holland, R., Leff, A. P., Josephs, O., Galea, J. M., Desikan, M., Price, C. J., Rothwell, J. C., & Crinion, J. (2011). Speech facilitation by left inferior frontal cortex stimulation. *Current Biology, 21*(16), 1403–1407. https://doi.org/10.1016/j.cub.2011.07.021

Hope, T. M. H., Leff, A. P., Prejawa, S., Bruce, R., Haigh, Z., Lim, L., Ramsden, S., Oberhuber, M., Ludersdorfer, P., Crinion, J., Seghier, M. L., & Price, C. J. (2017). Right hemisphere structural adaptation and changing language skills years after left hemisphere stroke. *Brain, 140*(6), 1718–1728. https://doi.org/10.1093/brain/awx086

Khedr, E. M., Abo El-Fetoh, N., Ali, A. M., El-Hammady, D. H., Khalifa, H., Atta, H., & Karim, A. A. (2014). Dual-hemisphere repetitive transcranial magnetic stimulation for rehabilitation of post-stroke aphasia: A randomized, double-blind clinical trial. *Neurorehabilitation and Neural Repair, 28*(8), 740–750. https://doi.org/10.1177/1545968314521009

Krakauer, J. W. (2015). The applicability of motor learning to neurorehabilitation. In V. Dietz & N. S. Ward (Hrsg.), *Oxford textbook of neurorehabilitation* (S. 55–63). Oxford University Press.

Kummerer, D., Hartwigsen, G., Kellmeyer, P., Glauche, V., Mader, I., Kloppel, S., Suchan, J., Karnath, H. O., Weiller, C., & Saur, D. (2013). Damage to ventral and dorsal language pathways in acute aphasia. *Brain, 136*, 619–629. https://doi.org/10.1093/Brain/Aws354

Mattioli, F., Ambrosi, C., Mascaro, L., Scarpazza, C., Pasquali, P., Frugoni, M., Magoni, M., Biagi, L., & Gasparotti, R. (2014). Early aphasia rehabilitation is associated with functional reactivation of the left inferior frontal gyrus: A pilot study. *Stroke, 45*(2), 545–552. https://doi.org/10.1161/STROKEAHA.113.003192

Meinzer, M., Antonenko, D., Lindenberg, R., Hetzer, S., Ulm, L., Avirame, K., Flaisch, T., & Flöel, A. (2012). Electrical brain stimulation improves cognitive performance by modulating functional connectivity and task-specific activation. *The Journal of Neuroscience, 32*(5), 1859–1866. https://doi.org/10.1523/JNEUROSCI.4812-11.2012

Mohr, B., MacGregor, L. J., Difrancesco, S., Harrington, K., Pulvermuller, F., & Shtyrov, Y. (2016). Hemispheric contributions to language reorganisation: An MEG study of neuroplasticity in chronic post stroke aphasia. *Neuropsychologia, 93*(Pt B), 413–424. https://doi.org/10.1016/j.neuropsychologia.2016.04.006

Musso, M., Weiller, C., Kiebel, S., Muller, S. P., Bulau, P., & Rijntjes, M. (1999). Training-induced brain plasticity in aphasia. *Brain, 122*(Pt 9), 1781–1790.

Nardo, D., Holland, R., Leff, A. P., Price, C. J., & Crinion, J. T. (2017). Less is more: Neural mechanisms underlying anomia treatment in chronic aphasic patients. *Brain, 140*(11), 3039–3054. https://doi.org/10.1093/brain/awx234

Pedersen, P. M., Jorgensen, H. S., Nakayama, H., Raaschou, H. O., & Olsen, T. S. (1995). Aphasia in acute stroke: Incidence, determinants, and recovery. *Annals of Neurology, 38*(4), 659–666. https://doi.org/10.1002/ana.410380416

Robson, H., Zahn, R., Keidel, J. L., Binney, R. J., Sage, K., & Lambon Ralph, M. A. (2014). The anterior temporal lobes support residual comprehension in Wernicke's aphasia. *Brain, 137*(Pt 3), 931–943. https://doi.org/10.1093/brain/awt373

Saur, D., Lange, R., Baumgaertner, A., Schraknepper, V., Willmes, K., Rijntjes, M., & Weiller, C. (2006). Dynamics of language reorganization after stroke. *Brain, 129*(Pt 6), 1371–1384.

Saur, D., Ronneberger, O., Kümmerer, D., Mader, I., Weiller, C., & Klöppel, S. (2010). Early functional magnetic resonance imaging activations predict language outcome after stroke. *Brain, 133*(Pt 4), 1252–1264. https://doi.org/10.1093/brain/awq021

Seghier, M. L., Patel, E., Prejawa, S., Ramsden, S., Selmer, A., Lim, L., Browne, R., Rae, J., Haigh, Z., Ezekiel, D., Hope, T. M. H., Leff, A. P., & Price, C. J. (2016). The PLORAS database: A data repository for predicting language outcome and recovery after stroke. *NeuroImage, 124*(Pt B), 1208–1212. https://doi.org/10.1016/j.neuroimage.2015.03.083

Shah-Basak, P. P., Norise, C., Garcia, G., Torres, J., Faseyitan, O., & Hamilton, R. H. (2015). Individualized treatment with transcranial direct current stimulation in patients with chronic non-fluent aphasia due to stroke. *Frontiers in Human Neuroscience, 9*, 201. https://doi.org/10.3389/fnhum.2015.00201

Sharp, D. J., Turkheimer, F. E., Bose, S. K., Scott, S. K., & Wise, R. J. (2010). Increased frontoparietal integration after stroke and cognitive recovery. *Annals of Neurology, 68*(5), 753–756. https://doi.org/10.1002/ana.21866

Siegel, J. S., Ramsey, L. E., Snyder, A. Z., Metcalf, N. V., Chacko, R. V., Weinberger, K., Baldassarre, A., Hacker, C. D., Shulman, G. L., & Corbetta, M. (2016). Disruptions of network connectivity predict impairment in multiple behavioral domains after stroke. *Proceedings of the National Academy of Sciences of the United States of America, 113*(30), E4367–E4376. https://doi.org/10.1073/pnas.1521083113

Stockert, A., Wawrzyniak, M., Klingbeil, J., Wrede, K., Kummerer, D., Hartwigsen, G., Kaller, C. P., Weiller, C., & Saur, D. (2020). Dynamics of language reorganization after left temporo-parietal and frontal stroke. *Brain, 143*(3), 844–861. https://doi.org/10.1093/brain/awaa023

Szaflarski, J. P., Vannest, J., Wu, S. W., DiFrancesco, M. W., Banks, C., & Gilbert, D. L. (2011). Excitatory repetitive transcranial magnetic stimulation induces improvements in chronic post-stroke aphasia. *Medical Science Monitor, 17*(3), CR132-9.

Turkeltaub, P. E., Coslett, H. B., Thomas, A. L., Faseyitan, O., Benson, J., Norise, C., & Hamilton, R. H. (2012). The right hemisphere is not unitary in its role in aphasia recovery. *Cortex, 48*(9), 1179–1186. https://doi.org/10.1016/j.cortex.2011.06.010

Turkeltaub, P. E., Swears, M. K., D'Mello, A. M., & Stoodley, C. J. (2016). Cerebellar tDCS as a novel treatment for aphasia? Evidence from behavioral and resting-state functional connectivity data in healthy adults. *Restorative Neurology and Neuroscience, 34*(4), 491–505. https://doi.org/10.3233/RNN-150633

Yourganov, G., Smith, K. G., Fridriksson, J., & Rorden, C. (2015). Predicting aphasia type from brain damage measured with structural MRI. *Cortex, 73*, 203–215. https://doi.org/10.1016/j.cortex.2015.09.005

Zumbansen, A., Kneifel, H., Lazzouni, L., Ophey, A., Black, S. E., Chen, J. L., Edwards, D., Funck, T., Hartmann, A. E., Heiss, W.-D., Hildesheim, F., Lanthier, S., Lespérance, P., Mochizuki, G., Paquette, C., Rochon, E., Rubi-Fessen, I., Valles, J., Wortman-Jutt, S., & Thiel, A. (2022). Differential effects of speech and language therapy and rTMS in chronic versus subacute post-stroke aphasia: Results of the NORTHSTAR-CA trial. *Neurorehabilitation and Neural Repair, 36*(4–5), 306–316. https://doi.org/10.1177/15459683211065448

Elektrische Stimulationsmethoden

Inhaltsverzeichnis

Kapitel 11 Die verschiedenen Elektrostimulationsmethoden – 197
Kyriakos Sidiropoulos

Kapitel 12 Allgemeine Wirkmechanismen der Gleichstromstimulation – 213
Robert Darkow, Kyriakos Sidiropoulos und Carsten Kroker

Kapitel 13 Wichtige Parameter der Gleichstromstimulation – 225
Carsten Kroker, Robert Darkow und Kyriakos Sidiropoulos

Kapitel 14 tES-basierte Interventionen zur Verbesserung der kognitiven Kontrolle bei Sprachverarbeitungsstörungen – 243
Alberto Pisoni, Eleonora Arrigoni und Costanza Papagno

Kapitel 15 Transkranielle Gleichstromstimulation bei Aphasie nach Schlaganfall – 267
Marcus Meinzer, Nina Unger, Anna Uta Rysop und Agnes Flöel

Kapitel 16 Transspinale Gleichstromstimulation bei Aphasie – 291
Paola Marangolo

Kapitel 17 **tDCS-induzierte Effekte bei Aphasie, Sprechapraxie und Dysarthrophonie – 307**
Robert Darkow

Kapitel 18 **Transkranielle Gleichstromstimulation bei primär progressiver Aphasie – 319**
Donna Tippett und Kyrana Tsapkini

Kapitel 19 **Aphasie – Ausblick auf die Zukunft und Schlussfolgerungen – 345**
Paola Marangolo

Die verschiedenen Elektrostimulationsmethoden

Kyriakos Sidiropoulos

Inhaltsverzeichnis

11.1 Die transkranielle Wechselstromstimulation (tACS) – 199
11.1.1 Neuronale Synchronität und kognitive Prozesse – 201
11.1.2 tACS und kortikale Rhythmen – 203

11.2 Die transkranielle randomisierte Rauschstrom-stimulation (tRNS) – 205
11.2.1 Wirkmechanismen der tRNS – 206
11.2.2 Effekte der tRNS auf die neuronale Aktivität und die kognitiven Funktionen – 208

Literatur – 210

© Der/die Autor(en), exklusiv lizenziert an Springer-Verlag GmbH, DE, ein Teil von Springer Nature 2025
K. Sidiropoulos (Hrsg.), *Transkranielle Gleichstromstimulation bei Aphasien und erworbenen Sprechstörungen*, https://doi.org/10.1007/978-3-662-70454-7_11

Transkranielle Elektrostimulationen (tES) umfassen verschiedene Arten der nicht-invasiven Gehirnstimulation:
- Transkranielle Gleichstromstimulation (tDCS, „transcranial direct-current stimulation")
- Transkranielle Wechselstromstimulation (tACS, „transcranial alternating current stimulation")
- Transkranielle (randomisierte) Rauschstromstimulation (tRNS, „transcranial random noise stimulation")

Obwohl sich diese Techniken in ihren Wirkmechanismen unterscheiden, basieren alle drei auf einem gemeinsamen Grundprinzip: Sie nutzen schwache elektrische Ströme, um neuronale Aktivität im Gehirn gezielt zu modulieren, was sich auf verschiedene kognitive und neurologische Funktionen auswirken kann. Sie gründen auf der Prämisse, dass die Modifikation der elektrischen Umgebung der Neuronen deren Verhalten sowie die dazugehörigen Funktionen beeinflussen kann.

Die tDCS nutzt einen konstanten, niedrigen Strom, der durch zwei Elektroden geleitet wird, die auf der Kopfhaut platziert werden (◘ Abb. 11.1).

Die Widerstandseigenschaften des Schädels spielen eine wichtige Rolle in allen tES-Methoden. Der Schädel, mit seinem kompakten Knochenmaterial, stellt einen erheblichen Widerstand für den Stromfluss dar, was zur Folge hat, dass nur ein kleiner Teil des angewandten Stroms das Gehirn erreicht. Die genaue Menge an Strom, die das Gehirn beeinflusst, hängt von zahlreichen Faktoren ab, darunter der Stärke der angelegten Stimulation, der Platzierung und Größe der Elektroden, der Dichte und Dicke des Schädels sowie individuellen Unterschieden in der Anatomie des Gehirns und des Kopfes (▶ Kap. 12). Grundsätzlich zielen alle tES-Verfahren darauf ab, durch elektrische Felder die Erregbarkeit neuronaler Netzwerke zu beeinflussen – sei es durch direkte Verschiebung des Membranpotenzials, durch Modulation rhythmischer Aktivität oder durch Veränderung synaptischer Plastizität.

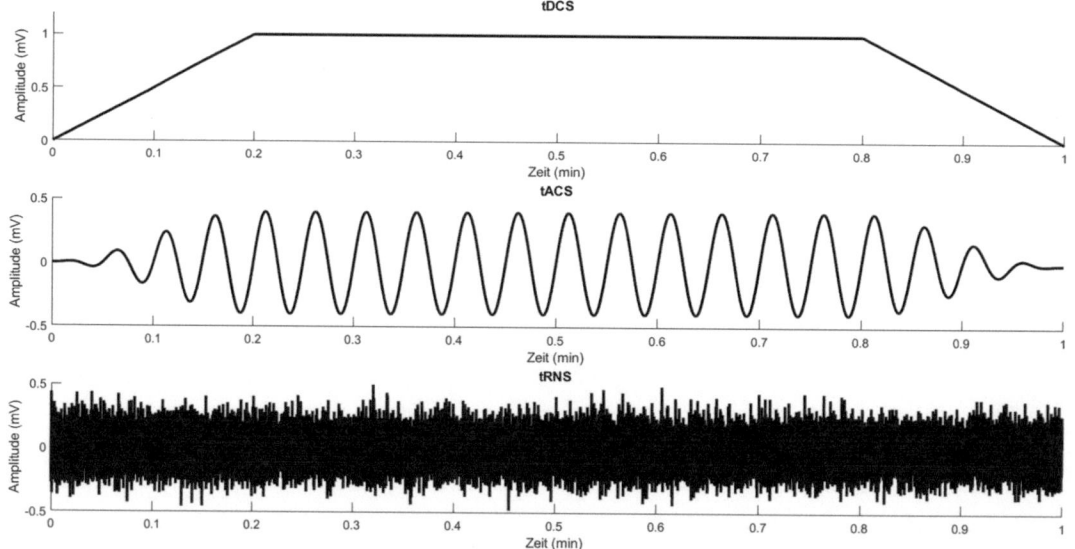

◘ **Abb. 11.1** Vergleichende Darstellung der Amplitudenmodulation bei verschiedenen Formen der transkraniellen elektrischen Stimulation (tES) über die Dauer von 1 min. Oben: Die transkranielle Gleichstromstimulation (tDCS) zeigt einen initialen Anstieg und dann eine gleich bleibende Amplitude, die die konstante Applikation eines niedrigen Stroms illustriert. Mitte: Die Wechselstromstimulation (tACS) generiert sinusförmige Oszillationen, die die Anpassung der Stimulationsfrequenz zur Modulation spezifischer Gehirnwellenmuster verdeutlichen. Unten: Die transkranielle (randomisierte) Rauschstromstimulation (tRNS) präsentiert ein zufälliges Rauschen in der Amplitude, was auf die breite Frequenzvariation und das Potenzial zur Erhöhung der neuronalen Plastizität hinweist. (@Sidiropoulos)

Bei der tDCS besteht der zentrale Wirkmechanismus darin, dass der applizierte elektrische Strom direkt oder indirekt das Ruhemembranpotenzial der Nervenzellen moduliert. Das Ruhemembranpotenzial, d. h. die vorherrschende elektrische Ladungsdifferenz zwischen intra- und extrazellulärem Raum, ist entscheidend für die Erregbarkeit einer Nervenzelle. Schon geringe Verschiebungen dieses Potenzials können dazu führen, dass ein Neuron leichter oder schwerer auf synaptische Eingänge reagiert. Diese subtile Modulation führt zwar nicht direkt zur Auslösung eines Aktionspotenzials, verändert aber die Wahrscheinlichkeit einer nachfolgenden neuronalen Aktivierung - ein Effekt, der gezielt für therapeutische und experimentelle Zwecke genutzt werden kann. Je hyperpolarisierter das Ruhemembranpotenzial ist, desto größer muss die Reizstärke sein, um ein Aktionspotenzial auszulösen und eine neuronale Signalweiterleitung zu initiieren. Durch das Ändern des Ruhemembranpotenzials kann die tDCS die Schwelle, bei der ein Aktionspotenzial ausgelöst wird, erhöhen oder senken. Wenn das Ruhemembranpotenzial näher an der Schwelle liegt, kann ein Neuron leichter feuern, was zu einer erhöhten neuronalen Entladungsrate führt. Umgekehrt, wenn das Ruhemembranpotenzial weiter von der Schwelle entfernt ist, ist es schwieriger für das Neuron zu feuern, was zu einer verringerten Entladungsrate führt. Da die grundlegenden Wirkmechanismen und wesentlichen Parameter der tDCS umfassender in ▶ Kap. 12 und 13 dieses Buches behandelt werden, beschränken wir uns in diesem Kapitel auf die tACS und tRNS.

Im Gegensatz zur tDCS nutzt die transkranielle Wechselstromstimulation (tACS) einen oszillierenden Strom, um neuronale Oszillationen zu modulieren (▶ Abschn. 11.1 und ◘ Abb. 11.1, Mitte). Durch das Anpassen der Frequenz des angelegten Wechselstroms kann die tACS potenziell spezifische Gehirnwellenmuster (wie Alpha-, Beta-, Gamma-Oszillationen) synchronisieren oder desynchronisieren. Erste Studien deuten darauf hin, dass die tACS sowohl zur Behandlung von Erkrankungen wie Epilepsie oder Parkinson als auch zur Verbesserung ko-gnitiver Funktionen bei gesunden und Individuen mit zerebralen Läsionen eingesetzt werden könnte. Eine weitere Variante innerhalb der tES-Methoden stellt die transkranielle Rauschstromstimulation (tRNS) dar. Dabei kommen probabilistisch variierende Frequenzen und Stromintensitäten zum Einsatz, was zu einer breiteren, weniger vorhersehbaren Stimulation führt (▶ Abschn. 11.2 und ◘ Abb. 11.1, unten).

> Die tDCS moduliert das Ruhemembranpotenzial der Neuronen durch einen konstanten Strom und beeinflusst damit deren Erregbarkeit. Im Gegensatz dazu synchronisiert oder desynchronisiert die tACS spezifische neuronale Oszillationen durch einen oszillierenden Strom, um Gehirnwellenmuster zu beeinflussen. Die tRNS steigert ihrerseits die neuronale Aktivität und Plastizität durch zufällig variierende Stromfrequenzen und -intensitäten, was kognitive Funktionen verbessern kann.

11.1 Die transkranielle Wechselstromstimulation (tACS)

Die transkranielle Wechselstromstimulation (tACS) repräsentiert eine nichtinvasive Methode zur Gehirnstimulation, bei der Wechselstrom mittels zweier oder mehrerer auf der Kopfhaut platzierten Elektroden geleitet wird. Dabei wechselt die Polarität des Stroms kontinuierlich. In elektrischen Systemen, einschließlich derer, die in der Neuromodulation wie bei der tACS verwendet werden, sind wichtigste Parameter, welche die Wirkung der tACS beeinflussen können, die Amplitude, die Frequenz und die Phase. Bei der tACS bezieht sich die Amplitude spezifisch auf die maximale Stärke des elektrischen Stroms, der an die Elektroden angelegt wird, um das Gehirn zu stimulieren. Sie wird in Milliampere (mA) gemessen und beschreibt die Höhe des Stromflusses von einem Spitzenwert zum anderen innerhalb eines Stimulationszyklus. Die Amplitude bei der tACS bestimmt, wie stark das elektrische Feld ist, das durch das Gehirn erzeugt wird. In der Praxis steuert die Amplitude bei der tACS die Intensität der elektrischen Stimulation, ähnlich der Lautstärke eines Tons. Eine höhere Amplitude bedeutet eine stärkere Stimulation, die potenziell mehr Neuronen aktiviert oder inhibiert. Die Amplitude legt daher direkt fest, wie stark die Neuronen im Gehirn durch den angelegten Wechselstrom beeinflusst werden. Die Frequenz eines oszillierenden Signals beschreibt die Anzahl der Schwingungszyklen pro Sekunde, wobei in der Neurologie unterschiedliche Frequenzbänder – spezifische Bereiche der Frequenz wie Delta, Theta, Alpha, Beta und Gamma – mit verschiedenen kognitiven und physiologischen Zuständen assoziiert sind (▶ Abschn. 11.1.1).

Die Interaktion eines neuronalen Oszillators mit einem externen Antriebssignal wird maßgeblich durch die relative Frequenz und Intensität des externen Signals im Vergleich zum internen neuronalen Rhythmus bestimmt. Bei geringer Intensität des externen Signals und einer deutlichen Frequenzabweichung von der des internen Rhythmus bleibt eine Synchronisation aus. Allerdings erhöht sich die Wahrscheinlichkeit einer Synchronisation, wenn die Frequenz des externen Signals, bei konstanter Intensität, näher an der Frequenz des internen Signals liegt. Diese Nähe fördert die Phasenkopplung zwischen den beiden Oszillationen, was zu einer effektiveren Modulation der neuronalen Aktivität führen kann (Vosskuhl et al., 2015). Dabei gibt die Phase an, wo sich in seinem Zyklus ein oszillierendes Signal zu einem bestimmten Zeitpunkt befindet. Bei der phasengekoppelten tACS ist es in der Regel das Ziel, das externe Stimulationsmuster des Wechselstroms, typischerweise in sinusförmiger Form, mit den natürlichen Oszillationen des Gehirns zu synchronisieren (Antal & Paulus, 2013). Dies wird als frequenzspezifisches Entrainment oder Phasenresynchronisation bezeichnet. Eine Phase von 0° in der Stimulation könnte bedeuten, dass sie genau dann beginnt, wenn eine bestimmte neuronale Oszillation in einem Tiefpunkt ist, während eine Phase von 180° bedeuten könnte, dass die Stimulation im Hochpunkt dieser Oszillation beginnt. Das Prinzip hierbei ist, dass die extern zugeführte (exogene) Stimulation so abgestimmt wird, dass sie zur richtigen Zeit mit den endogenen (inneren, natürlichen) Oszillationen des Gehirns interagiert, um diese zu verstärken, abzuschwächen oder anderweitig zu modulieren (◘ Abb. 11.2). Es ist diese Eigenschaft des Wechselstroms – seine rhythmische, wellenförmige Natur – die tACS nutzt, um gezielt und präzise auf die endogene neuronale Aktivität des Gehirns einzuwirken.

Zur Optimierung der tACS kommen sog. Finite-Elemente-Modelle (FEM) zum Einsatz. Diese computergestützten Simulationstools werden verwendet, um die Verteilung des elektrischen Feldes im Gehirn während der Stimulation zu berechnen und zu visualisieren. FEM erlauben es, die elektrischen Eigenschaften der verschiedenen Gewebe im Kopf zu modellieren – einschließlich Haut, Schädel, Hirngewebe und Liquor – und zu verstehen, wie der Strom durch die komplexen anatomischen Strukturen des menschlichen Gehirns fließt. Auf diese Weise wird die variierende elektrische Leitfähigkeit seiner verschiedenen Gewebe bei der Stimulation berücksichtigt. Diese Modelle sind besonders wertvoll, weil sie dabei helfen können, die Stimulationsparameter (Amplitude, Frequenz und Phase) für tACS zu optimieren, indem sie vorhersagen, welche Hirnregionen tatsächlich stimuliert werden und wie stark. Durch die Visualisierung und Analyse können die Effektivität und Sicherheit der tACS-Behandlungen verbessert werden, da sie es ermöglichen, die Stimulation gezielt an die individuelle Anatomie und die spezifischen Bedürfnisse der Patienten anzupassen (Neuling et al., 2012).

> Die tACS beeinflusst die endogene Hirnaktivität mittels extern angelegter elektrischer Felder auf verschiedene Weise. Dadurch erhofft man sich, das EEG positiv zu beeinflussen und folglich die kognitiven Leistungen und die Effizienz des Gehirns zu steigern. Finite-Elemente-Modelle tragen dabei zur Gestaltung sicherer und wirksamer tACS-Protokolle bei, indem sie präzise Einblicke für die Bestimmung optimaler Stimulationsparameter liefern.

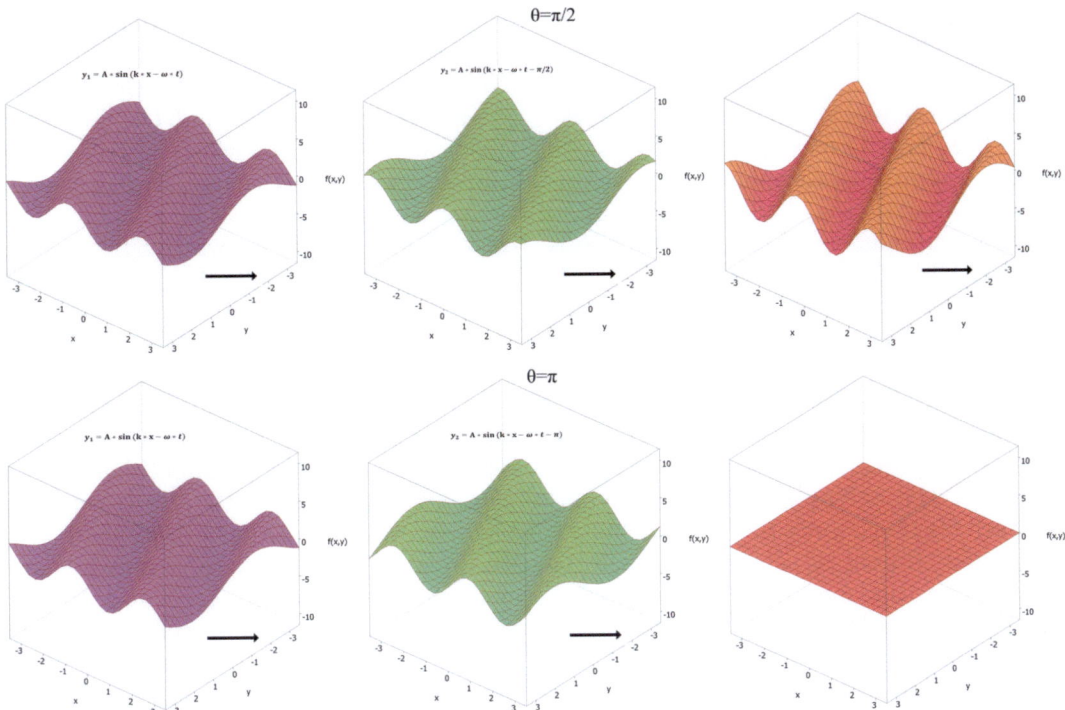

Abb. 11.2 Vereinfachte Visualisierung des Prinzips der Interaktion zwischen einer natürlichen Oszillation im Gehirn, dargestellt in Lila, und einem durch transkranielle Wechselstromstimulation (tACS) induzierten Muster in Grün. Jede Reihe repräsentiert unterschiedliche Phasenverschiebungen (θ) zwischen den beiden Wellen. Die linken Diagramme zeigen die individuellen Oszillationen, die mittleren die durch tACS induzierte Aktivität und die rechten das resultierende Interferenzmuster nach der Interaktion. Das finale Muster variiert von komplexen Wellenformen bis zur vollständigen Auslöschung, abhängig von der Phasenbeziehung. (@Sidiropoulos)

11.1.1 Neuronale Synchronität und kognitive Prozesse

In einem gesunden Gehirn optimiert die synchronisierte Aktivität verschiedener Hirnregionen die Kommunikation zwischen ihnen. Gleich einem Orchester, in dem jeder Musiker harmonisch zum Gesamtklang beiträgt, agieren die Neuronen in diesen synchronisierten Momenten gleichzeitig. Diese harmonische Interaktion spiegelt sich in den verschiedenen rhythmischen Aktivitäten des Gehirns wider: Schnellere Rhythmen sind oft innerhalb langsamerer Rhythmen verschachtelt. Die Verschachtelung (auch Nesting oder Cross-Frequency Coupling genannt) von neuronalen Oszillationen bezeichnet das Phänomen, bei dem die Phase einer langsameren Oszillation (z. B. Theta-Rhythmen) die Amplitude einer schnelleren Oszillation (z. B. Beta- oder Gamma-Rhythmen) moduliert. Diese Verschachtelung kann helfen, Informationen aus verschiedenen Gehirnbereichen zu integrieren. Die langsamen Oszillationen könnten dabei als eine Art Taktgeber fungieren und weit entfernte Netzwerke verbinden, während die schnellen Oszillationen spezifische Informationsinhalte tragen und sich auf spezifischere, lokale Informationen fokussieren. In diesem Zusammenspiel stellt die Verschachtelung eine Art Kommunikationsbrücke zwischen verschiedenen Hirnregionen dar und ermöglicht einen koordinierten Informationsaustausch zwischen diesen Ebenen. Um die Modulation kortikaler Rhythmen durch die tACS zu verstehen, ist es zunächst notwendig, kurz die grundlegenden kortikalen Rhythmen zu umreißen.

Der kortikale Theta-Rhythmus im erwachsenen Gehirn zeigt sich als synchronisierte Oszillationen im Frequenzband von 4–7 Hz. Er beeinflusst die neuronale Konnektivität über lange Distanzen (z. B. F3–P3) und steht in engem Zusammenhang mit Arbeitsgedächtnisfunktionen, Informationsüberwachung, episodischem Gedächtnis und positiven affektiven Zuständen (Klimesch, 2012). Darüber hinaus weist eine erhöhte frontoparietale Theta-Leistung bei verminderter Alpha-Leistung auf entspannte und meditative Zustände hin. Überhöhte frontozentrale Thetawellen im Ruhezustand deuten hingegen auf Müdigkeit, geistige Abwesenheit oder eine verzögerte Hirnreifung hin. Thetawellen gelten auch als Indikatoren für aktive kognitive Beteiligung, sowohl bei Kindern als auch bei Erwachsenen, und korrelieren umgekehrt mit der Aktivität im DMN (vgl. Sidiropoulos & Kilian, 2023).

Alpha-Oszillationen (8–12 Hz) treten hingegen hauptsächlich im entspannten, wachen Zustand bei geschlossenen Augen auf und entstehen im thalamischen Nucleus reticularis und der Insula. Traditionell als Zeichen des „kortikalen Leerlaufs" betrachtet, haben neuere Forschungen ergeben, dass sie sowohl in tonischer (globaler) als auch in arhythmischer (ereignisbezogener) Form existieren. Tonische Alpha-Oszillationen treten besonders dominant in den parietookzipitalen Bereichen auf, wenn sich eine Person in einem entspannten Wachzustand mit geschlossenen Augen befindet. Sie unterdrücken die allgemeine Erregbarkeit von Hirnregionen und stehen in einem negativen Zusammenhang mit dem kortikalen Arousal. Im Gegensatz dazu sind arhythmische Alpha-Oszillationen mit spezifischen kognitiven Ereignissen verknüpft. Sie sind sowohl bei selektiven Aufmerksamkeitsprozessen und bei der Emotionsverarbeitung beteiligt.

Die Beta-Oszillationen (12–30 Hz) variieren in ihrer Synchronität und haben unterschiedliche Lokalisierungen im Gehirn. Im Bereich von 12–15 Hz treten synchrone, spindelförmige Schwingungen auf. Diese als Beta1 bekannten Oszillationen entstehen bottom-up im mediodorsalen Thalamus und Nucleus subthalamicus und top-down im Frontallappen. Entlang des sensomotorischen Streifens (C3, Cz, C4) werden sie sensomotorische Rhythmen (SMR) genannt und treten dort besonders stark auf. Der SMR tritt hervor, wenn die sensorische und motorische Aktivität durch den Thalamus reduziert wird, was auf eine kontinuierliche sensomotorische Integration hinweist. Es wird angenommen, dass der SMR eine Rolle bei der Hemmung zufälliger Bewegungen und bei der Steigerung der Fokussierung spielt. Im Gegensatz dazu stehen die asynchronen frontozentralen Betawellen, die insbesondere bei kognitiven Tätigkeiten dominieren, traditionell mit dem Arbeitsgedächtnis in Zusammenhang. Ihre Entstehung liegt sowohl im Hirnstamm als auch in verschiedenen kortikalen Regionen. Die Beta-Band-Kopplungen spielen bei aufmerksamkeitsgesteuerten Top-down Prozessen eine Schlüsselrolle und stabilisieren den aktuellen motorischen, sensomotorischen oder kognitiven Zustand, wodurch sie eine fokussierte oder selektive Aufmerksamkeit unterstützen. Sie schützen die Informationsverarbeitung vor den Auswirkungen neuartiger oder unerwarteter externer Ereignisse und helfen, den aktuellen Zustand durch Feedback-Mechanismen zu überwachen und bei Bedarf neu zu kalibrieren.

Gamma-Oszillationen sind schließlich die schnellsten bekannten Hirnwellen und liegen typischerweise im Frequenzbereich von etwa 30–100 Hz. Diese Oszillationen sind für ihre Rolle bei der schnellen lokalen Informationsverarbeitung bekannt und können dazu beitragen, lern- und gedächtnisbezogene Informationen über nahe gelegene Regionen hinweg zu integrieren. Sie werden oft mit der Bindung von Informationen und der Erstellung eines kohärenten Bewusstseinsbildes assoziiert. Man spricht in diesem Zusammenhang von der Bindungstheorie. Diese besagt, dass Gamma-Oszillationen dazu beitragen, dass verschiedene Aspekte einer Wahrnehmung (z. B. Farbe, Form und Bewegung) in einem kohärenten Bild zusammengeführt werden (Gray & Singer, 1989; Gray et al., 2006). Sie treten besonders prominent in Regionen wie dem Temporallappen und dem präfrontalen Kortex auf, wo höhere kognitive Prozesse und integrative Funktionen stattfinden.

Die verschiedenen Elektrostimulationsmethoden

> Neuronale Oszillationsverschachtelungen optimieren die Informationsverarbeitung und -integration im Gehirn und nehmen bei zahlreichen kognitiven Prozessen eine zentrale Rolle ein. Obwohl sie intensiv erforscht werden, um ihre genauen Mechanismen und Implikationen zu verstehen, sind die zentralen Auswirkungen dieser synchronisierten Rhythmen auf unsere kognitiven Fähigkeiten in der Wissenschaft noch nicht abschließend verstanden. Das menschliche Gehirn verfügt über verschiedene Oszillationsrhythmen, die mit unterschiedlichen kognitiven Aufgaben korrelieren. Während Theta-Oszillationen neuronale Konnektivität und Gedächtnis beeinflussen, sind Alpha-Rhythmen in entspannten Zuständen prominent. Beta-Oszillationen betreffen Aufmerksamkeit, und Gamma-Oszillationen sind für schnelle Informationsverarbeitung und integrative Prozesse zuständig.

11.1.2 tACS und kortikale Rhythmen

Die transkranielle Wechselstromstimulation im konventionellen EEG-Frequenzbereich (1–45 Hz) beeinflusst die kortikale Erregbarkeit durch den Einsatz externer elektrischer Felder. Diese Felder interagieren mit den natürlichen Gehirnrhythmen und modifizieren dadurch deren Dynamik (Antal & Paulus, 2013). Dies gilt nur, wenn die tACS innerhalb des konventionellen EEG-Frequenzbereichs eingesetzt wird. Wenn man mit Frequenzen von 140 Hz oder im Bereich von 1–5 kHz stimuliert, wird die Erregbarkeit der darunterliegenden Areale ähnlich wie bei der tDCS erhöht (Moliadze et al., 2010).

Im konventionellen EEG-Frequenzbereich werden die hirneigenen oszillatorischen Eigenfrequenzen durch die tACS moduliert, indem es zu einer Interferenz kommt, ein Phänomen, bei dem sich zwei oder mehr Wellen überlagern. Dadurch beeinflussen sie die resultierende Wellenamplitude in einem bestimmten Raum- und Zeitpunkt. Dies kann zu einer Verstärkung oder Abschwächung der resultierenden Wellenamplitude führen, je nachdem, wie die Phasen der sich überlagernden Wellen zueinanderstehen (◘ Abb. 11.2). Indem die tACS das Timing des neuronalen Feuerns beeinflusst, kommt es zu einer direkten Einflussnahme auf die Eigenschaften kortikaler Oszillationen (Siegel et al., 2012). Wenn zwei oder mehr Hirnregionen gleichzeitig in einem ähnlichen Rhythmus schwingen (d. h. synchron oszillieren), kann dies zu einer verbesserten Kommunikation und Zusammenarbeit zwischen diesen Regionen führen. Diese synchronisierte Aktivität kann für diverse kognitive und perzeptive Aufgaben entscheidend sein. Dabei sind bestimmte Frequenzbänder bei verschiedenen kognitiven Prozessen beteiligt.

> Die tACS ermöglicht eine Synchronisation der endogenen Hirnwellenphasen mit der Phase des angelegten Stroms, wodurch sowohl die Phase als auch, indirekt, die Amplituden der zerebralen Oszillationen moduliert werden können.

Verschiedene Studien haben die tACS verwendet, um die Veränderung der Synchronisation neuronaler Oszillationen in unterschiedlichen Gehirnregionen zu untersuchen. Dabei wurde festgestellt, dass sowohl Online- als auch Offline-tACS-Protokolle bestimmte kognitive Fähigkeiten signifikant fördern können. Besonders auffällig waren die Verbesserungen in den Theta- und Gamma-Frequenzbändern. So verbesserte eine Online-tACS im Theta-Bereich die exekutiven Funktionen im präfrontalen (PFC) und posterioparietalen Kortex (PPC), wie Lee und Mitarbeiter (2023) berichteten. Ebenso beeinflusste die Anwendung von Offline-tACS im Theta-Band die exekutive Funktion im PFC positiv. In beiden Fällen könnte dies mit der Langzeitpotenzierung (LTP) zusammenhängen. Die LTP kennzeichnet eine dauerhafte Verstärkung synaptischer Verbindungen, die häufig durch das synchrone Feuern von Neuronen ausgelöst wird – ein zentrales Prinzip der neuronalen Plastizität, die von der Zeitabfolge der Potenzialbildung abhängt („spike-timing dependent plasticity", STDP). Durch die Synchronisation von Theta-Oszillationen während der tACS kann das zeitliche Feuern der Neuronen optimiert werden, was zur Verbesserung kognitiver Prozesse wie der exekutiven Funktionen führt. Zudem wird angenommen, dass Offline-tACS die synaptische Plastizität (LTP) fördert, indem es die Aktivierung von NMDA-Rezeptoren erhöht und langfristige Veränderungen in den neuronalen Netzwerken bewirkt (Lee et al., 2023).

Online-tACS im Gamma-Band (typischerweise 30–80 Hz) förderte sowohl die exekutiven als auch die perzeptuell-motorischen Fähigkeiten im PPC (Lee et al., 2023). Ein 60-Hz-Gamma-Band über dem visuellen Kortex verbesserte die Fähigkeit, Kontraste bei jungen Erwachsenen zu unterscheiden (Laczó et al., 2012), während eine Stimulation im 40-Hz-Gamma-Band zu einer Verbesserung der Gedächtnisleistungen führte (Zaehle et al., 2010). Die Veränderungen in den Theta- und Gamma-Frequenzbändern lassen sich durch das Phänomen der Phasen-Amplituden-Kopplung (PAC) erklären. Bei dieser Interaktion dient die Phase einer niederfrequenten Oszillation, etwa die des Theta-Bandes, als eine Art Taktgeber. Sie beeinflusst die Amplitude einer höherfrequenten Oszillation wie die des Gamma-Bandes. Während die Theta-Oszillationen, die sich über weite Teile des Gehirns erstrecken, als eine Art übergeordnetes Steuersignal agieren, fokussieren sich die Gamma-Oszillationen auf eng begrenzte, lokale Bereiche, wodurch Informationen im Arbeitsgedächtnis besser aufrechterhalten und sensorische Informationen besser integriert werden.

Man könnte den Effekt der PAC zwischen Theta- und Gamma-Oszillationen mit Musikinstrumenten in einem Orchester vergleichen. Die Theta-Oszillation entspricht dem Taktstock des Dirigenten, der den Rhythmus und die Geschwindigkeit des gesamten Orchesters vorgibt – eine großflächige, übergreifende Kontrolle. Das spezifische Zupfen einer Geigensaite oder das Schlagen einer Trommel (entsprechend der Gamma-Oszillation) folgt diesem vorgegebenen Rhythmus, ist aber in seiner exakten Ausführung und Position sehr lokalisiert. Obwohl der Dirigent (Theta) nicht direkt jedes Instrument spielt, beeinflusst er den Zeitpunkt und die Intensität (Amplitude) jedes gespielten Tons (Gamma). Wenn die tACS eingesetzt wird, um sowohl die Theta- als auch die Gamma-Oszillationen zu beeinflussen, ist das Ziel, ihre wechselseitige Interaktion – die PAC – zu modulieren, um kognitive Abläufe wie das Arbeitsgedächtnis oder der visuellen Informationsverarbeitung zu optimieren. In der musikalischen Analogie eines Orchesters wirkt die tACS wie eine fortgeschrittene Schulung, die sowohl den Dirigenten als auch die einzelnen Instrumentalisten trainiert: Sie verfeinert den Gesamtrhythmus, den der Dirigent (Theta) vorgibt, und optimiert gleichzeitig die Präzision jedes einzelnen Instruments (Gamma), um die gesamte musikalische Darbietung zu verbessern.

Neben den Theta- und Gamma-Frequenzbändern wurde die tACS auch in anderen relevanten Frequenzbereichen wie Alpha und Beta angewandt, die jeweils ihre eigenen charakteristischen Einflüsse auf kognitive Funktionen haben. Wie bereits in ▶ Abschn. 11.1.1 beschrieben, werden Beta-Oszillationen oft mit der Hemmung unnötiger Bewegungen und der Feinsteuerung motorischer Aktivitäten in Verbindung gebracht. Durch die Anwendung der Beta-tACS (typischerweise im Bereich von 20 Hz) können neuronale Netzwerke, die an der Motorik beteiligt sind, besser synchronisiert werden, was zu einer verbesserten Feinmotorik führen kann. Die tACS im Beta-Frequenzbereich kann aber, abhängig von der Phase der Stimulation, komplexe Auswirkungen auf die motorischen und exekutiven Funktionen haben (für weitere Informationen hierzu s. Übersichtsartikel von Klink et al., 2020). Die Anwendung von Beta-Frequenz-tACS kann auch die Koordination zwischen den skalpaufgezeichneten Aktivitäten und der elektromyografischen Aktivität beeinflussen, was die motorische Steuerung verändern kann. Eine Untersuchung zeigte z. B., dass die Beta-tACS über dem primären motorischen Kortex (M1) die kortikospinale Erregbarkeit erhöhte und gleichzeitig die Kohärenz zwischen EEG und EMG signifikant verbesserte. Dies führt zu einer optimierten motorischen Kontrolle, was bei feinmotorischen Aufgaben wichtig ist (Rjosk et al., 2016).

Die verschiedenen Elektrostimulationsmethoden

Während die Ergebnisse im Beta-Bereich aktuell noch uneinheitlich sind, zeigt sich im Alpha-Bereich, dass Online-tACS die Synchronisation von externen elektrischen Stimuli mit den intrinsischen Oszillationen bei 10 Hz in bestimmten (z. B. posteriookzipitalen) Hirnregionen verstärkt (Brignani et al., 2013; Vossen et al., 2015). Die tACS im Alpha-Frequenzbereich kann die Synchronisation neuronaler Aktivitäten fördern, wobei die Wirksamkeit von der individuellen endogenen Frequenzstärke abhängt. Eine niedrigere endogene Alpha-Leistung erhöht die Empfänglichkeit des Gehirns für die tACS, wodurch die Modulation dieser Wellen effektiver wird (Neuling et al., 2013). Die tACS im Alpha-Band kann die endogene Alpha-Leistung verstärken und so zur Fokussierung der Aufmerksamkeit und Verbesserung der selektiven Wahrnehmung beitragen. Dies könnte insbesondere in ruhigen, entspannten Zuständen von Bedeutung sein, in denen das Gehirn irrelevante Informationen unterdrücken muss (Klink et al., 2020; Antal & Paulus, 2013). Metaphorisch gesprochen, ähnelt die tACS-Anwendung im Alpha-Bereich einem fein abgestimmten Radio, das darauf ausgerichtet ist, eine bestimmte Frequenz oder einen Kanal (in diesem Fall das Alpha-Frequenzband) klarer zu empfangen. Durch die Synchronisation von extern erzeugten elektrischen Stimuli mit den natürlichen Oszillationen des Gehirns agiert die tACS als ein Verstärker, der die intrinsische Alpha-Oszillationsaktivität hervorhebt und stärkt, ähnlich wie ein Radio, das Störungen minimiert und einen klaren Klang für einen ausgewählten Sender bietet. Eine Stimulation mit 10 Hz (Alpha-Frequenzband) kann genutzt werden, um die pathologisch hohe bzw. niedrigen Alpha-Oszillationen bei Patienten zu verringern bzw. zu erhöhen.

Um die Effekte der Stimulation auf spezifische kognitive oder motorische Funktionen zu untersuchen, kommt aktuell das Single-Site-tACS-Verfahren sehr häufig zum Einsatz, bei dem die elektrische Stimulation über eine einzige Hirnregion gezielt appliziert wird. Der Fokus auf eine einzige Region erlaubt eine präzise Modulation der neuronalen Aktivität, ohne das Risiko von Interferenzen zwischen mehreren Arealen. Beim Dual-Site-tACS-Verfahren (dS-tACS) werden hingegen zwei Hirnregionen entweder gleichzeitig synchron („in-phase") oder gegenphasig („anti-phase") stimuliert, um gezielt deren Synchronisation oder Desynchronisation zu beeinflussen. Bei der synchronen Stimulation erreichen die Ströme in beiden Bereichen simultan ihren Höhe- bzw. Tiefpunkt, wohingegen sie bei der gegenphasigen Stimulation zeitlich versetzt zueinander agieren. Die Anwendung der ds-tACS über die linken präfrontalen und parietalen Hirnregionen im Theta-Frequenzband (6 Hz) verbesserte signifikant die Reaktionszeiten in einem visuellen Gedächtnistest (Polanía et al., 2012).

In einer weiteren Untersuchung wurde ein vergleichbarer Ansatz verfolgt. Der Schwerpunkt der Modulation lag auf dem Einfluss der oszillatorischen Desynchronisation im Gamma-Band über den frontoparietalen Kortex. Durch diese Intervention wurde eine Beeinträchtigung der Genauigkeit erzielt, Entscheidungen bezüglich Nahrungsmittelbelohnungen zu treffen (Polanía et al., 2015). Insgesamt ist gegenwärtig die Anwendung der tACS explorativ, und deren Effekte sind noch nicht durch große randomisierte Kontrollstudien bestätigt worden.

11.2 Die transkranielle randomisierte Rauschstromstimulation (tRNS)

Die transkranielle Applikation von randomisiertem Rauschstrom (tRNS) wurde erstmals 2008 von Terney et al. als neuromodulatorische Methode beschrieben und deren exzitatorische Wirkung auf den Motorcortex nachgewiesen. Diese Methode knüpft an eine lange Tradition therapeutischer Anwendungen elektrischen Rauschens (z. B. in TENS-Systemen) an, die bis in die Schmerztherapie der 1980er Jahre zurückreicht. Bei der tRNS wird über Kopfhautelektroden ein schwacher Wechselstrom (1–2 mA) mit randomisiert oszillierender Frequenz (0.1–640 Hz) appliziert.

Das entstehende breitbandige Rauschsignal resultiert aus der stochastischen Variation von Frequenz und Amplitude des Stimulationsstroms. Die elektrischen Impulse folgen einer gaußschen Normalverteilung, wobei die Mehrheit der Stimuli im mittleren Intensitätsbereich (1–2 mA) liegt, während Extremwerte (unter 0,5 mA oder über 2,5 mA) seltener auftreten. Diese stochastische Verteilung gewährleistet ein authentisches Rauschprofil mit physiologisch relevanten Modulationen (Elyamany et al., 2021). Ein charakteristisches Merkmal der tRNS ist, dass die Stromstärke und Polarität zufällig variieren. Dies führt zu einem charakteristischen Oszillationsmuster, bei dem der Stromfluss zufällig zwischen den beiden angelegten Elektroden hin und her wechselt. Im Durchschnitt hebt sich über die Zeit der Stromfluss zwischen positiven und negativen Impulsen auf, wodurch kein dauerhaft gerichtetes elektrisches Feld entsteht. Im Gegensatz zur tDCS, die eine feste Polarität und somit eine festgelegte Stromrichtung hat, wechselt bei der tRNS die Stromrichtung zufällig. Dies führt dazu, dass kein dauerhaft, gerichtetes elektrisches Feld erzeugt wird, das die Erregbarkeit in eine bestimmte Richtung fördert, da beide Elektroden abwechselnd anodal (positiv) oder kathodal (negativ) wirken können. Durch die Unabhängigkeit von der Polarität können bei der tRNS beide Elektroden gleichzeitig zur Stimulation unterschiedlicher kortikaler Regionen eingesetzt werden. Dies ist besonders nützlich, wenn mehrere Knotenpunkte eines neuronalen Netzwerks simultan angeregt werden sollen (▶ Abschn. 5.1.1). Allerdings ist eine sorgfältige Platzierung der Elektroden entscheidend, um unerwünschte Stimulation von benachbarten Regionen zu vermeiden, die nicht Teil der gewünschten therapeutischen oder experimentellen Intervention sind. Zum aktuellen Zeitpunkt ist noch unklar, ob tRNS die neuronale Erregbarkeit an beiden Elektroden gleichermaßen erhöht, da die zufällige Stromrichtung die Aktivierung von Neuronen möglicherweise unterschiedlich beeinflusst. Weitere Forschung ist notwendig, um die genauen Effekte auf die neuronale Erregbarkeit zu klären (s. auch Elyamany et al., 2021; van der Groen et al., 2022).

11.2.1 Wirkmechanismen der tRNS

11.2.1.1 Frequenzbreite

Beim Vollspektrum-tRNS umfasst das Frequenzband des Rauschens Frequenzen zwischen 0,1 und 640 Hz. Es können auch speziell aufbereitete Geräusche mit niedrigeren Frequenzanteilen bis 100 Hz (lf-tRNS) oder solche mit höheren Frequenzanteilen von 101–640 Hz (hf-tRNS) verwendet werden (Terney et al., 2008). Diese Einteilung in Frequenzbereiche ist willkürlich gewählt. Erste Studien zeigen, dass die Applikation von Rauschsignalen im unteren Frequenzbereich keinen nachweisbaren Effekt auf die Erregbarkeit des Gehirns hat. Dies liegt nicht an den niedrigen Frequenzen selbst, sondern an der begrenzten Bandbreite dieses Frequenzbereichs. Dies zeigte sich bei der Anwendung von Rauschsignalen im höheren Frequenzbereich, die nachweislich eine Wirkung auf die Erregbarkeit des Gehirns haben. Untersuchungen haben gezeigt, dass eine zehnminütige Stimulation mit Frequenzen zwischen 100 und 700 Hz sowie einer Intensität von 1,5 mA die Amplituden der motorisch evozierten Potenziale (MEP) 10 und 20 min nach der Stimulation erhöht. Interessanterweise wurde diese Veränderung nicht unmittelbar nach der Stimulation beobachtet. Wurde das Hochfrequenzband der tRNS in zwei engere Frequenzbereiche aufgeteilt, zeigte sich kein modulierender Effekt auf die kortikale Erregbarkeit (Moret et al., 2019).

> Die Reduktion der Frequenzbreite vermindert die Diversität der im Rauschen enthaltenen Frequenzen, was die Effektivität der Stimulierung beeinträchtigen kann. Für eine messbare Beeinflussung der kortikalen Erregbarkeit ist es entscheidend, die volle Bandbreite des Hochfrequenzbereichs zu nutzen.

11.2.1.2 Stromstärke

Für eine sichere und effektive tRNS-Anwendung müssen sowohl die Frequenzbreite als auch die Intensität des Rauschsignals sorgfältig kontrolliert werden. Eine zu hohe Intensität könnte potenziell schädlich sein, während eine zu niedrige Intensität möglicherweise nicht die gewünschten Effekte erzielt. Eine Einzelfallstudie hat ergeben, dass die tRNS (10 min, offline) mit einer niedrigen Intensität (0,4 mA) über den primären motorischen Kortex 20 min danach inhibitorisch wirkte und seine Erregbarkeit reduzierte, während eine höhere Intensität (1 mA) sie unmittelbar erhöhte. Mittlere Intensitäten (zwischen 0,6 und 0,8 mA) wirkten hingegen nicht auf die Erregbarkeit ein (Moliadze et al., 2012). Diese Befunde legen nahe, dass die Stimulationsintensität ein entscheidender Faktor für die Wirksamkeit der tRNS ist – und dass ihre Effekte zudem stark vom Zeitpunkt der Messung abhängig sein können (van der Groen et al., 2022).

Van der Groen et al. (2022) weisen darauf hin, dass in der Literatur zwei unterschiedliche Definitionen zur Angabe der tRNS-Intensität verwendet werden, die sich auf die Messweise der Stromamplitude beziehen: a. die Peak-to-Peak- und b. die Peak-to-Baseline-Definition. Bei der Peak-to-Peak-Definition wird die Differenz zwischen dem höchsten und dem niedrigsten Punkt (Spitzenwert) des Signals gemessen. Eine gemessene Intensität von 1 mA in der Peak-to-Peak-Definition bedeutet, dass 99 % aller gemessenen Werte des Signals zwischen −0,5 mA und +0,5 mA liegen. Der gesamte Bereich (oder die gesamte Amplitude) des Signals beträgt daher 1 mA. Im Gegensatz dazu wird bei der Peak-to-Baseline-Definition die Amplitude des Signals im Vergleich zu einem Basiswert (der Baseline) gemessen, der häufig 0 mA beträgt. Bei einer gemessenen Intensität von 1 mA in der Peak-to-Baseline-Definition liegen 99 % aller gemessenen Werte des Signals zwischen −1 mA und +1 mA. Somit beträgt der gesamte Signalbereich in diesem Fall 2 mA. In vielen veröffentlichten Studien wird nicht angegeben, welche dieser beiden Messmethoden verwendet wurde. Dies kann den Vergleich der Ergebnisse zwischen verschiedenen Studien erschweren, da eine gemessene Intensität von 1 mA je nach Messmethode unterschiedliche Bedeutungen haben kann.

Eine Erhöhung der Intensität des Rauschens führt zunächst zu einer Verbesserung der neuronalen Reaktion. Nach Erreichen eines bestimmten Intensitätsniveaus führt jedoch jede weitere Erhöhung der Intensität zu einer Abnahme der neuronalen Reaktion. Dies entspricht einer umgekehrten U-förmigen Funktion, da sie auf einem Diagramm, das die Rauschintensität auf der x-Achse und die neuronale Reaktion auf der y-Achse abbildet, wie ein auf den Kopf gestelltes U erscheint. Diese umgekehrte U-förmige Funktion tritt bei höheren tRNS-Intensitäten auf, allerdings variiert interindividuell die optimale Intensität der Rauschoszillationen. Es gibt folglich bei der tRNS-Intensität keine optimale Stärke des elektrischen Stroms, und daher muss sie bei der Behandlung individuell angepasst werden (van der Groen & Wenderoth, 2016).

Wie bereits erwähnt, überlagern sich bei der tRNS die zufällig variierenden Intensitäten und Frequenzen der Rauschsignale mit den endogenen neuronalen Oszillationen. Dabei kann es zu einem Phänomen kommen, das als stochastische Resonanz bekannt ist (Terney et al., 2008; Chaieb et al., 2011; McDonnell & Abbott, 2009). Die stochastische Resonanz ist ein Prozess, bei dem ein schwaches Signal (in diesem Fall die hirneigenen Oszillationen) eines nichtlinearen Systems durch das Hinzufügen eines zufälligen Rauschens (hier die durch die tRNS erzeugten Rauschoszillationen) verstärkt wird. In diesem Fall bezieht sich der Begriff „Nichtlinearität" auf die Art und Weise, wie Neuronen auf elektrische Signale reagieren. Neuronen feuern nämlich nicht einfach in direkter Proportionalität zu dem eingehenden Signal, sondern haben einen Schwellenwert – sie feuern nur, wenn das eingehende Signal einen bestimmten Wert überschreitet. Durch die Interferenz mit den Rauschoszillationen der tRNS wird die kortikale Erregbarkeit der Neuronen, die sich nahe an ihrer Aktivierungsschwelle befinden, exzitatorisch beeinflusst (Fertonani et al., 2011). Die tRNS moduliert somit nicht direkt das Ruhemembranpotenzial, sondern erhöht die Erregbarkeit der Neuronen durch stochastische Resonanz.

Voraussetzung dafür ist, dass die stimulierten Bereiche sog. intrinsische Oszillatoren sind, die gemeinsam in synchroner Oszillation aktiviert werden können, auch wenn sie nicht direkt miteinander verbunden sind (Wang, 2010). Zwei intrinsische Oszillatoren können durch einen gemeinsamen, zufälligen (internen oder externen wie bei der tRNS) Input synchronisiert werden, wenn dieser schneller als der normale Rhythmus der Oszillatoren ist. Dadurch können die intrinsischen Oszillatoren dazu gebracht werden, ihren Rhythmus zu ändern. Das ist ähnlich wie in einem Stadion voller Zuschauer, in dem anfangs jeder in seinem eigenen individuellen Rhythmus klatscht. Sobald jedoch eine ausreichende Anzahl von Zuschauern einen schnelleren, gemeinsamen Rhythmus einleitet, beginnen die anderen, sich diesem anzupassen. Schließlich synchronisieren sich alle Zuschauer und klatschen im Gleichklang.

Auf neuronaler Ebene wird angenommen, dass tRNS die Kinetik bestimmter Ionenkanäle in der Zellmembran beeinflusst und dadurch deren Aktivierung oder Öffnungsverhalten moduliert. Wenn diese Kanäle geöffnet sind, fließen Natriumionen in die Zelle und verursachen eine Depolarisation, d. h. eine Änderung des elektrischen Potenzials der Zellmembran, die die Zelle erregbarer macht. Die wiederholte Stimulation durch die tRNS könnte dazu führen, dass die Natriumkanäle häufiger geöffnet werden. Dies würde zu einer zeitlichen Summierung kleiner Membranpotenziale führen. Die einzelnen durch die Stimulation verursachten Änderungen des Membranpotenzials könnten sich über die Zeit aufsummieren und auf diese Weise eine größere Gesamtänderung verursachen. Durch die Änderung der Kinetik von Natriumkanälen kann die Informationsverarbeitung im Gehirn verbessert und die Wahrnehmung geschärft werden.

11.2.1.3 Dauer der Stimulation

Neben der Frequenzbreite und der Stromintensität ist auch die Dauer der tRNS ein wesentlicher Parameter, der maßgeblich die Effektivität der Stimulation bestimmt und entscheidend beeinflusst, wie stark und nachhaltig neuronale Aktivität sowie kognitive Funktionen moduliert werden. So konnte gezeigt werden, dass bereits eine 10-minütige tRNS-Anwendung (1 mA, Vollspektrum-tRNS oder hochfrequente tRNS) über dem primären motorischen Kortex (M1) die kortikale Erregbarkeit signifikant erhöhte und dieser Effekt noch rund eine Stunde nach Beendigung der Stimulation anhielt (Terney et al., 2008; Chaieb et al., 2011). Hingegen waren mindestens 5 Minuten Stimulationsdauer notwendig, um nachhaltige Veränderungen der kortikospinalen Erregbarkeit hervorzurufen (Terney et al., 2008). Die minimale Stimulationsdauer, die erforderlich ist, um vergleichbare Effekte in sensorischen, kognitiven oder sprachlichen Netzwerken auszulösen, ist bisher nicht umfassend geklärt. Erste Studien zeigen allerdings, dass längere Stimulationsintervalle in diesen Bereichen häufig mit deutlicheren Effekten einhergehen (Herpich et al., 2019; van der Groen & Wenderoth, 2016; Fertonani et al., 2011). Künftige Studien sollten daher systematisch untersuchen, ab welcher minimalen Dauer tRNS signifikante und klinisch relevante Effekte auf unterschiedliche neuronale Netzwerke entfalten kann.

11.2.2 Effekte der tRNS auf die neuronale Aktivität und die kognitiven Funktionen

Sowohl die anodale tDCS als auch die tRNS wirken auf bestimmten Regionen des Gehirns erregend, und zwar unabhängig von der Lage der Elektroden. Einige Studien zeigen, dass die tRNS kognitive Funktionen wie das Arbeitsgedächtnis oder die Aufmerksamkeit besser als die tDCS modulieren kann. Grund dafür ist, dass nach einer anodalen tDCS homöostatische Effekte einsetzen. Homöostatische Mechanismen dienen dazu, neuronale Aktivität langfristig auf einem stabilen Niveau zu halten. Konkret bedeutet dies, dass wiederholte tDCS-Anwendungen nach anfänglicher Steigerung der neuronalen Erregbarkeit nicht einer weiteren Erhöhung bewirken, sondern aufgrund kompensatorischer Prozesse sogar zu einer Abnahme der Erregbarkeit führen können. Im Gegensatz dazu verhindert das zufällig variierende elektrische Feld der tRNS die Aktivierung solcher homöostatischen Regelmechanismen, wodurch tRNS langfristig stärkere und stabilere Veränderungen der neuronalen Erregbarkeit bewirken könnte als andere Stimulationsmethoden (Fertonani et al., 2011).

Die tRNS kann auch mit einem Gleichstrom-Offset (DC-Offset) kombiniert werden. Sie verwendet ein zufälliges Rauschsignal, um die Gehirnaktivität zu stimulieren, wodurch die neuronale Plastizität erhöht und die Informationsverarbeitung im Gehirn verbessert wird. Allerdings kann die Wirkung der tRNS variieren, da das Rauschsignal zufällig ist. Auf der anderen Seite erzeugt die tDCS einen konstanten Stromfluss, der dazu dient, die neuronale Aktivität in eine spezifische Richtung zu lenken. Dies kann zur Verbesserung bestimmter kognitiver Funktionen beitragen, birgt jedoch auch das Risiko einer Überstimulation. Die Kombination der tRNS mit einem Gleichstrom-Offset versucht, die Vorzüge beider Techniken auszunutzen. Das zufällige Rauschsignal, das durch die tRNS erzeugt wird, kann die neuronale Plastizität fördern, während der Gleichstrom der tDCS dazu benutzt wird, die neuronale Aktivität gezielt in einer bestimmten Richtung zu verschieben. Auf diese Weise wird angestrebt, die Effektivität der Gehirnstimulation zu steigern und gleichzeitig das Risiko einer Überstimulation zu minimieren (Ho et al., 2015).

Wie bereits ausführlich dargelegt, wirkt tRNS, indem sie ein stochastisches externes Signal – ein „weißes Rauschen" – auf das Gehirn appliziert. Diese zusätzliche elektrische Aktivität kann mit der endogenen neuronalen Aktivität interferieren und dadurch Prozesse der Plastizität anregen. Dies wiederum kann die Lernfähigkeit steigern und sich positiv auf verschiedene kognitive Funktionen auswirken. So führte eine hf-tRNS (20 min, 1 mA, offline) zu einer Verbesserung der Wahrnehmung von visuellen (Herpich et al., 2019) und taktilen Signalen (Manjarrez et al., 2003), insbesondere wenn diese Signale schwer erkennbar waren (van der Groen & Wenderoth, 2016). Die bilaterale Anwendung der tRNS (100–640 Hz, 1,5 mA) auf den primären visuellen Kortex (V1) verbesserte und beschleunigte das visuelle Wahrnehmungslernen (z. B. Bewegungsintegration, Tiefenwahrnehmung, Mustererkennung) bei gesunden Kontrollprobanden und Menschen mit kortikaler Blindheit. Insbesondere verbesserten sich die Teilnehmer, die sowohl ein visuelles Training als auch die tRNS erhielten, in ihrer Fähigkeit, Bewegungen zu integrieren. Die positiven Auswirkungen wurden ausschließlich dann beobachtet, wenn die Stimulation während des eigentlichen Lernprozesses und nicht vor Beginn des Trainings angewendet wurde (Fertonani et al., 2011; Pirulli et al., 2013). Neben den Verbesserungen der visuellen und taktilen Wahrnehmungsleistungen wurde die tRNS erfolgreich in Kombination mit arithmetischen Lernaufgaben eingesetzt. Unter Verwendung einer hf-tRNS (100–640 Hz) auf dem bilateralen DLPFC mit einer Spitze-zu-Spitze-Stromstärke von 1 mA und einer Dauer von 20 min konnten signifikante Verbesserungen bei arithmetischen Lernaufgaben erzielt werden (Popescu et al., 2016).

Darüber hinaus zeigen Studien, dass tRNS nicht nur sensorische Wahrnehmungen, sondern auch komplexere kognitive Prozesse wie Aufmerksamkeitssteuerung und Gedächtnisleistungen fördern kann. So wurde gezeigt, dass bei gesunden Erwachsenen eine tRNS mit einem Gleichstrom-Offset über dem linken DLPFC die Genauigkeit bei Arbeitsgedächtnisaufgaben signifikant verbessert. Die unmittelbare Verbesserung der Leistung im Arbeitsgedächtnis korrelierte mit der Zunahme der Theta-ereigniskorrelierten Synchronisation (ERS) und der Abnahme der Gamma-ereigniskorrelierten Desynchronisation (ERD), während der Codierungsphase des Arbeitsgedächtnisses. Im Gegensatz dazu zeigten weder die tDCS noch die Scheinstimulation, die auf dieselbe Region angewandt wurden, signifikante Auswirkungen auf die kognitiven Fähigkeiten (Murphy et al., 2020). Harty und Cohen (2019) untersuchten die neurophysiologischen Auswirkungen der tRNS auf die Daueraufmerksamkeit mithilfe von EEG-Scans. Sie fanden heraus, dass eine tRNS (1 mA, Peak to Peak) über dem rechten dorsolateralen präfrontalen Kortex (DLPFC) und dem rechten inferioren

Parietallappen (IPL) die anhaltende Aufmerksamkeit verbesserte und das Theta/Beta-Verhältnis verringerte. Auf welche Weise die tRNS das Arbeitsgedächtnis und die Sprachfunktionen moduliert, ist noch in Details ungeklärt (van der Groen et al., 2022). Erste klinische Daten legen nahe, dass tRNS bei gezielter Stimulation sprachassoziierter Areale die Sprachverarbeitung bei Gesunden und Patienten mit erworbenen Sprachstörungen verbessern könnte. So konnten Rufener und Kollegen (2019) bei Erwachsenen mit einer Lese-Rechtschreib-Störung nachweisen, dass die zielgerichtete Anwendung der tRNS auf den auditorischen Kortex bilateral die Genauigkeit der Phonemkategorisierung deutlich verbessert. Dies geschieht durch Modulation der sensorischen Verarbeitung innerhalb des auditorischen Kortex, was letztendlich zu einer optimierten Verarbeitung der Phoneme führt.

Die bisherige Forschungsergebnisse deuten darauf hin, dass tRNS die Aktivitätsmuster neuronaler Netzwerke modulieren und insbesondere die Synchronisation zwischen benachbarten Hirnregionen fördern kann. Durch eine solche Synchronisation könnten Kommunikationsprozesse innerhalb neuronaler Netzwerke optimiert werden, was wiederum therapeutische Effekte begünstigen könnte. Die Kombination von tRNS und gezieltem kognitivem Training könnte bei Patienten dazu beitragen, die neuronale Aktivität in geschädigten Hirnregionen zu stimulieren oder die Funktion gesunder Hirnareale zu optimieren und damit die Interaktion mit dem geschädigten Areal zu verbessern. Aktuelle Hypothesen gehen davon aus, dass tRNS durch stochastische Resonanzphänomene die Signal-zu-Rausch-Ratio neuronaler Aktivität verbessert, was zu erhöhter kortikaler Erregbarkeit führt. Der postulierte Mechanismus beinhaltet eine Optimierung der neuronalen Feuerraten und eine verstärkte Synchronisation oszillatorischer Aktivität in spezifischen Frequenzbändern. Allerdings bleiben die exakten Wirkprinzipien auf zellulärer und netzwerkbezogener Ebene weiterhin Gegenstand der Forschung. Künftige Studien mit standardisierten Protokollen und multimodalen Messansätzen (EEG-fMRI-Kopplung, Einzelzellableitungen) sind notwendig, um die neurophysiologischen Grundlagen systematisch aufzuklären.

Literatur

Antal, A., & Paulus, W. (2013). Transcranial alternating current stimulation (tACS). *Frontiers in Human Neuroscience, 7*, 317.

Brignani, D., Ruzzoli, M., Mauri, P., & Miniussi, C. (2013). Is transcranial alternating current stimulation effective in modulating brain oscillations? *PLoS One, 8*(2), e56589.

Chaieb, L., Paulus, W., & Antal, A. (2011). Evaluating aftereffects of short-duration transcranial random noise stimulation on cortical excitability. *Neural Plasticity, 2011*, 105927.

Elyamany, O., Leicht, G., Herrmann, C. S., & Mulert, C. (2021). Transcranial alternating current stimulation (tACS): From basic mechanisms towards first applications in psychiatry. *European Archives of Psychiatry and Clinical Neuroscience, 271*(1), 135–156.

Elyamany, O., Leicht, G., Herrmann, C. S., & Mulert, C. (2021). Transcranial Random Noise Stimulation (tRNS): A scoping review. *NeuroImage: Clinical, 31*, 102711.

Fertonani, A., Pirulli, C., & Miniussi, C. (2011). Random noise stimulation improves neuroplasticity in perceptual learning. *The Journal of Neuroscience, 31*, 15416–15423.

Gray, C. M., & Singer, W. (1989). Stimulus-specific neuronal oscillations in orientation columns of cat visual cortex. *Proceedings of the National Academy of Sciences of the United States of America, 86*, 1698–1702.

Gray, J. A., Parslow, D. M., Brammer, M. J., Chopping, S., Vythelingum, G. N., & Ffytche, D. H. (2006). Evidence against functionalism from neuroimaging of the alien colour effect in synaesthesia. *Cortex, 42*(2), 309–318.

van der Groen, O., & Wenderoth, N. (2016). Transcranial random noise stimulation of visual cortex: Stochastic resonance enhances central mechanisms of perception. *The Journal of Neuroscience, 36*(19), 5289–5298.

van der Groen, O., Potok, W., Wenderoth, N., Edwards, G., Mattingley, J. B., & Edwards, D. (2022). Using noise for the better: The effects of transcranial random noise stimulation on the brain and behavior. *Neuroscience and Biobehavioral Reviews, 138*, 104702.

Harty, S., & Cohen Kadosh, R. (2019). Suboptimal Engagement of High-Level Cortical Regions Predicts Random-Noise-Related Gains in Sustained Attention. *Psychological Science, 30*(9), 1318–1332.

Herpich, F., Melnick, M. D., Agosta, S., Huxlin, K. R., Tadin, D., & Battelli, L. (2019). Boosting learning efficacy with noninvasive brain stimulation in intact and brain-damaged humans. *The Journal of Neuroscience, 39*(28), 5551–5561.

Ho, K. A., Taylor, J. L., & Loo, C. K. (2015). Comparison of the effects of transcranial random noise stimulation and transcranial direct current stimulation on motor cortical excitability. *The Journal of ECT, 31*(1), 67–72.

Klimesch, W. (2012). Alpha-band oscillations, attention, and controlled access to stored information. *Trends in Cognitive Science, 16*(12), 606–617.

Klink, K., Paßmann, S., Kasten, F. H., & Peter, J. (2020). The modulation of cognitive performance with transcranial alternating current stimulation: A systematic review of frequency-specific effects. *Brain Sciences, 10*(12), 932.

Laczó, B., Antal, A., Niebergall, R., Treue, S., & Paulus, W. (2012). Transcranial alternating stimulation in a high gamma frequency range applied over V1 improves contrast perception but does not modulate spatial attention. *Brain Stimulation, 5*(4), 484–491.

Lee, T. L., Lee, H., & Kang, N. (2023). A meta-analysis showing improved cognitive performance in healthy young adults with transcranial alternating current stimulation. *npj Science of Learning, 8*(1), 1.

Lee, T. M., Lee, K. H., & Kang, D. H. (2023). A meta-analysis showing improved cognitive performance in healthy young adults with transcranial alternating current stimulation. *npj Science of Learning, 8*(1), 1–9.

Manjarrez, E., Rojas-Piloni, G., Mendez, I., & Flores, A. (2003). Stochastic resonance within the somatosensory system: Effects of noise on evoked field potentials elicited by tactile stimuli. *Journal of Neuroscience, 23*, 1997–2001.

McDonnell, M. D., & Abbott, D. (2009). What is stochastic resonance? Definitions, misconceptions, debates, and its relevance to biology. *PLoS Computational Biology, 5*, e1000348.

Moliadze, V., Antal, A., & Paulus, W. (2010). Boosting brain excitability by transcranial high frequency stimulation in the ripple range. *The Journal of Physiology, 588*(Pt 24), 4891–4904.

Moliadze, V., Atalay, D., Antal, A., & Paulus, W. (2012). Close to threshold transcranial electrical stimulation preferentially activates inhibitory networks before switching to excitation with higher intensities. *Brain Stimulation, 5*(4), 505–511.

Moret, B., Donato, R., Nucci, M., Cona, G., & Campana, G. (2019). Transcranial random noise stimulation (tRNS): A wide range of frequencies is needed for increasing cortical excitability. *Scientific Reports, 9*(1), 15150.

Murphy, O. W., Hoy, K. E., Wong, D., Bailey, N. W., Fitzgerald, P. B., & Segrave, R. A. (2020). Transcranial random noise stimulation is more effective than transcranial direct current stimulation for enhancing working memory in healthy individuals: Behavioural and electrophysiological evidence. *Brain Stimulation, 13*(5), 1370–1380.

Neuling, T., Wagner, S., Wolters, C. H., et al. (2012). Finite-element model predicts current density distribution for clinical applications of tDCS and tACS. *Frontiers in Psychiatry, 3*, 83.

Neuling, T., Rach, S., & Herrmann, C. S. (2013). Orchestrating neuronal networks: sustained after-effects of transcranial alternating current stimulation depend upon brain states. *Frontiers in Human Neuroscience, 7*, 161.

Pirulli, C., Fertonani, A., & Miniussi, C. (2013). The role of timing in the induction of neuromodulation in perceptual learning by transcranial electric stimulation. *Brain Stimulation, 6*(4), 683–689.

Polanía, R., Nitsche, M. A., Korman, C., Batsikadze, G., & Paulus, W. (2012). The importance of timing in segregated theta phase-coupling for cognitive performance. *Current Biology, 22*(14), 1314–1318.

Polanía, R., Moisa, M., Opitz, A., Grueschow, M., & Ruff, C. C. (2015). The precision of value-based choices depends causally on fronto-parietal phase coupling. *Nature Communications, 6*, 8090.

Popescu, T., Krause, B., Terhune, D. B., Twose, O., Page, T., Humphreys, G., & Cohen Kadosh, R. (2016). Transcranial random noise stimulation mitigates increased difficulty in an arithmetic learning task. *Neuropsychologia, 81*, 255–264.

Rjosk, V., Kaminski, E., Hoff, M., Gundlach, C., Villringer, A., Sehm, B., & Ragert, P. (2016). Transcranial alternating current stimulation at beta frequency: Lack of immediate effects on excitation and interhemispheric inhibition of the human motor cortex. *Frontiers in Human Neuroscience, 3*(10), 560.

Rufener, K. S., Krauel, K., Meyer, M., Heinze, H. J., & Zaehle, T. (2019). Transcranial electrical stimulation improves phoneme processing in developmental dyslexia. *Brain Stimulation, 12*(4), 930–937.

Sidiropoulos, K., & Kilian, B. (2023). Elektroenzephalografie und ADHS - ADHS-relevante Rhythmen. In: Sidiropoulos, K. (Hrsg.) EEG-Neurofeedback bei ADS und ADHS: Innovative Behandlung von Kindern, Jugendlichen und Erwachsenen. 1. Auflage. Heidelberg, Springer, S. 138–152.

Siegel, M., Donner, T. H., & Engel, A. K. (2012). Spectral fingerprints of large-scale neuronal interactions. *Nature Reviews. Neuroscience, 13*(2), 121–134.

Terney, D., Chaieb, L., Moliadze, V., Antal, A., & Paulus, W. (2008). Increasing human brain excitability by transcranial high-frequency random noise stimulation. *Journal of Neuroscience, 28*(52), 14147–14155.

Vossen, A., Gross, J., & Thut, G. (2015). Alpha power increase after transcranial alternating current stimulation at alpha frequency (α-tACS) reflects plastic changes rather than entrainment. *Brain Stimulation, 8*(3), 499–508.

Vosskuhl, J., Struber, D., & Herrmann, C. S. (2015). Transcranial alternating current stimulation. Entrainment and function control of neuronal networks. *Nervenarzt, 86*(12), 1516–1522.

Wang, X.-J. (2010). Neurophysiological and computational principles of cortical rhythms in cognition. *Physiological Reviews, 90*(3), 1195–1268.

Zaehle, T., Rach, S., & Herrmann, C. S. (2010). Transcranial alternating current stimulation enhances individual alpha activity in human EEG. *PLoS One, 5*(11), e13766.

Allgemeine Wirkmechanismen der Gleichstromstimulation

Robert Darkow, Kyriakos Sidiropoulos und Carsten Kroker

Inhaltsverzeichnis

12.1 Intra- und interindividuelle Einflussfaktoren elektrischer Hirnstimulation – 215

12.1.1 Der Einfluss anatomischer Eigenheiten auf die Hirnstimulation – 215
12.1.2 Der Einfluss des Arousals auf die Hirnstimulation – 217
12.1.3 Alter – 218
12.1.4 Geschlecht – 218
12.1.5 Ausbildung und Beruf – 219

12.2 Neuroplastizität und homöostatische Metaplastizität – 220

12.3 Wirkmechanismen bei Gesunden und Patienten mit neurologischen und psychiatrischen Erkrankungen – 221

Literatur – 222

© Der/die Autor(en), exklusiv lizenziert an Springer-Verlag GmbH, DE, ein Teil von Springer Nature 2025
K. Sidiropoulos (Hrsg.), *Transkranielle Gleichstromstimulation bei Aphasien und erworbenen Sprechstörungen*, https://doi.org/10.1007/978-3-662-70454-7_12

Die Idee, Nervenzellen durch elektrische Ströme zu stimulieren, ist nicht ganz neu. Der römische Arzt Sribonius Largos beschrieb im 1. Jahrhundert n. Chr., wie Zitterrochen und die von ihnen ausgehenden elektrischen Ströme gegen Kopfschmerzen eingesetzt werden können (Lefaucheur, Jean-Pascal, Wendling, Fabrice (2019) Mechanisms of Action of tDCS: A Brief and practical overview. Neurophysiologie Clinique 49(4):269-275). In den zurückliegenden Jahrzehnten wurde das Prinzip einer elektrischen Stimulation von Nervenzellen als Verfahren der transkraniellen Gleichstromstimulation bekannt und in einer zunehmenden Anzahl von Forschungsprojekten evaluiert. Derzeit dokumentieren viele Studien die Wirksamkeit und Sicherheit bei verschiedenen Anwendungen, darunter Schmerzmanagement, Rehabilitation nach Schlaganfall, Stimmungsregulation und kognitive Verbesserung. Dies macht die tDCS zu einer der eher verstandenen transkraniellen Stimulationstechniken. Bei der tDCS fließt der Strom über Elektroden, die auf der Kopfoberfläche des Teilnehmers angebracht werden, gleichförmig stets in einer Richtung (Gleichstrom) von der negativ geladenen Kathode zur positiv geladenen Anode, um gezielt neuronale Prozesse zu modifizieren (Paulus, 2014).

Durch die kontinuierliche Anwendung eines schwachen Gleichstroms von 1–2 mA kann die kortikale Erregbarkeit in bestimmten Hirnregionen nahe der Schädeloberfläche reversibel verändert werden. Diese Effekte sind fokussiert, selektiv, reversibel und weisen nur milde Nebenwirkungen wie Rötung unter der Elektrode und leichte Kopfschmerzen auf, wodurch sie sicher und gut verträglich sind. Vom physikalischen Standpunkt aus betrachtet, bildet der Kopf des Probanden in diesem einfachen Stromkreis die Stelle, an der elektrische Energie umgewandelt wird (vor allem in chemische Energie), was bedeutet, dass er als Verbraucher fungiert. Dabei werden zwei Elektroden mit unterschiedlicher Polarität – eine oberflächenpositive Anode und eine oberflächennegative Kathode – am Kopf angebracht. In dem stimulierten Gebiet wird durch Anwendung eines schwachen elektrischen Stroms auf die Kopfhaut ein elektrisches Feld erzeugt. Dieses Feld beeinflusst bei gesunden Probanden das Ruhemembranpotenzial der Neuronen, die sich innerhalb des stimulierten Gebiets befinden. Das Membranpotenzial ergibt sich aus dem Unterschied in der Konzentration und der Ladung der Ionen zwischen dem Innen- und dem Außenraum der Zelle. Das elektrische Feld, das durch die tDCS erzeugt wird, kann die Bewegung dieser Ionen durch ihre Kanäle beeinflussen und damit das Membranpotenzial der Neuronen verschieben. Typischerweise wird unter der Anode eine Verschiebung des Ruhemembranpotenzials in Richtung Depolarisierung und unter der Kathode in Richtung Hyperpolarisierung beschrieben (vgl. Lang et al., 2005). Eine Erhöhung der Erregbarkeit (Depolarisierung) würde es für ein Neuron einfacher machen, ein Aktionspotenzial auszulösen und somit elektrische Impulse oder Signale im Gehirn zu senden. Umgekehrt würde eine Verringerung der Erregbarkeit (Hyperpolarisierung) es schwieriger machen, ein Aktionspotenzial auszulösen. Nervenzellen leiten ein Signal nach dem Alles-oder-nichts-Prinzip weiter. Wenn ein eingehendes Signal zu schwach ist, wird keine Depolarisierung ausgelöst, was zur Folge hat, dass das Signal nicht weitergeleitet wird. Durch die tDCS kann die Empfindlichkeit des Signaleingangs moduliert werden. Somit werden je nach Polung mehr oder weniger Signale weitergeleitet.

Es ist wichtig zu verstehen, dass die tDCS die Wahrscheinlichkeit, dass ein Neuron ein Aktionspotenzial auslöst, verändert, anstatt direkt Aktionspotenziale zu erzeugen. In anderen Worten, es ändert die „Bereitschaft" der Neuronen zu feuern, anstatt sie direkt zum Feuern zu zwingen. Dadurch wird die Wahrscheinlichkeit, ein Aktionspotenzial auszulösen, beeinflusst und nicht die Feuerrate (wie oft die Neuronen feuern). Die Wirkung der tDCS hängt von mehreren Faktoren ab, darunter Polarität, Stromstärke und Dauer der Stimulation, Position der Elektroden, individuellen anatomischen Unterschieden und dem Aktivierungszustand des Gehirns während der Stimulation (Nitsche et al., 2008; Zaghi et al., 2010).

In unilateralen Stimulationsszenarien wird eine Elektrode mit der gewünschten Polarität über dem zu stimulierenden Areal platziert

Allgemeine Wirkmechanismen der Gleichstromstimulation

und als aktive Elektrode genutzt (atDCS = aktive Anode, kathodale Referenz; ctDCS = aktive Kathode, anodale Referenz). Die zweite Elektrode mit umgekehrter Polarität schließt zwar den Stromkreis, besitzt jedoch keine direkten physiologischen Effekte und dient somit als Referenzelektrode. Eine größere Oberfläche der Referenzelektrode sorgt für eine niedrige Stromflussdichte. Dies ist von Bedeutung, da für die neuronale Modulation weniger die absolute Stromstärke (I) entscheidend ist, sondern die spezifisch im Kortex erzeugte Stromflussdichte (J). Es gilt:

$$J = \frac{I}{A}$$

Dabei ist J die Stromdichte, gemessen in Ampere pro Quadratmeter (A/m^2), I die Stromstärke, gemessen in Ampere (A), und A die Größe (Fläche) der Elektrode, gemessen in Quadratmetern (m^2). Diese Formel verdeutlicht, dass hohe Stromdichten aus starker Stromstärke oder kleiner Applikationsfläche resultieren. Physikalisch ist die Stromstärke im gesamten Stromkreis konstant. Somit wird die gleiche Energie bei der physiologisch inaktiven Elektrode auf eine größere Fläche verteilt und ist somit auch physiologisch unwirksamer. In dualen Stimulationsszenarien sind beide Elektroden aktiv. Dabei wird das darunterliegende Gewebe durch die Anode stimuliert und gleichzeitig durch die Kathode gehemmt. Die unmittelbaren Auswirkungen dieser Modifikationen der Erregbarkeit lassen sich anhand der spontanen neuronalen Entladungsfrequenz und des regionalen zerebralen Blutflusses messen. Neurophysiologische Auswirkungen werden beispielsweise durch motorisch evozierte Potenziale (MEP) dargestellt.

> Die tDCS als eine neuromodulatorische Methode beeinflusst die Plastizität des kortikalen Gewebes, was die Grundlage für Lernprozesse darstellt. Die unmittelbare Depolarisierung interagierender Neuronen induziert Veränderungen in der funktionellen Plastizität und verstärkt somit die synaptische Übertragung. Es wird angenommen, dass diese Vorgänge die beobachteten Verhaltensänderungen begründen.

Solche funktionellen Veränderungen können strukturelle Anpassungen nach sich ziehen, einschließlich der Morphologie von Synapsen, Axonen und Dendriten. Dadurch können neue Fähigkeiten und Wissen erworben werden, in einem Prozess, der als Langzeitpotenzierung (LTP) bekannt ist. Die Modulation postsynaptischer Neuronen bei der tDCS scheint ähnliche Prozesse wie die LTP auszulösen oder zu imitieren (Lomo, 2003). Diese Mechanismen gelten als mögliche Grundlage für die sprachliche Verbesserungen, die sogar nach dem Ende der Stimulation weiterhin zu beobachten sind.

12.1 Intra- und interindividuelle Einflussfaktoren elektrischer Hirnstimulation

12.1.1 Der Einfluss anatomischer Eigenheiten auf die Hirnstimulation

Die Wirksamkeit und die spezifischen Effekte der Hirnstimulation werden maßgeblich durch die anatomischen Besonderheiten des Gehirns beeinflusst. Zu diesen hirnanatomischen Faktoren, die eine zentrale Rolle spielen, zählen:

— Die Dicke der Schädelkalotte und deren inhomogene Leitfähigkeit, welche die Intensität und Verteilung des elektrischen Feldes innerhalb des Gehirns beeinflussen (Hwang et al., 1999)
— Die Eigenschaften des Liquors, der als leitendes Medium agiert und somit die Ausbreitung elektrischer Signale modifiziert
— Die Beschaffenheit des subkutanen Fettgewebes, das die Übertragungseffizienz von extern applizierten Stimuli auf das Gehirn beeinträchtigen kann
— Die Anordnung und Struktur der Gyri, die sich auf die räumliche Verteilung der Stimulationswirkung beeinflussen
— Die räumliche Ausrichtung der stimulierten Neuronen, die entscheidend für die Richtung und Effektivität der neuronalen Aktivierung ist (Rademacher et al., 1993)

Die Einsicht, dass anatomische Gegebenheiten entscheidend die Wirkung der Hirnstimulation beeinflussen, hebt die Bedeutung maßgeschneiderter Stimulationsprotokolle hervor, um die bestmöglichen therapeutischen Erfolge zu gewährleisten. Bislang fehlen jedoch spezifische Methoden, die eine Anpassung der Stimulationsprotokolle an die individuellen anatomischen und physiologischen Unterschiede zwischen Personen ermöglichen. Einfacher zu kontrollieren ist das Vorhandensein regionaler anatomischer Besonderheiten wie Narben in der Haut und, ggf. über Bildgebung oder Befunde zu prüfen, verheilte Läsionen der Kalotte. Liegen diese anatomischen Auffälligkeiten unterhalb der Elektrode, können sie für eine Bündelung des Stroms sorgen, weswegen von einer Stimulation über Narbengewebe dringend abgeraten wird. In den Ein- und Ausschlusskriterien zur geplanten tDCS-Applikation sollte dieser Aspekt Berücksichtigung finden.

Nach einem ischämischen Schlaganfall oder einer Hirnblutung können verschiedene strukturelle Veränderungen im Gehirn der Patienten auftreten, welche die tDCS-Anwendung beeinflussen. Bei einem Schlaganfall kommt es zu einem Infarkt, einer Gewebeverletzung durch die Unterbrechung der Blutzufuhr, was zum Absterben von Gehirnzellen führt. Bei einer Hirnblutung hingegen tritt Blut aus den Gefäßen in das umgebende Gehirngewebe aus, was ebenfalls zu Gewebeschäden führt. Nach dem Absterben von Gehirngewebe kann der Bereich, den das Gewebe zuvor einnahm, mit Zerebrospinalflüssigkeit (CSF) gefüllt werden, was zur Bildung von Hohlräumen führt. Die CSF hat eine höhere elektrische Leitfähigkeit als Gehirngewebe. Wenn infolge eines Schlaganfalls Hohlräume im Gehirn entstehen, die mit CSF gefüllt sind, oder wenn die Ventrikel, die ebenfalls CSF enthalten, vergrößert sind, kann dies die Ausbreitung des von der tDCS applizierten elektrischen Feldes im Gehirn verändern. Diese Veränderungen können dazu führen, dass der Strom entlang dieser leitfähigeren Bereiche mit geringerem Widerstand fließt, was eine weniger gezielte Stimulation der beabsichtigten Gehirnregionen zur Folge haben kann. Dies beeinträchtigt nicht nur die Effizienz der tDCS, indem die Fokussierung des Stimulationsfeldes erschwert wird, sondern kann auch unvorhergesehene Effekte in benachbarten oder entfernten Regionen hervorrufen, die nicht das primäre Ziel der Behandlung sind. Darüber hinaus könnte diese veränderte Dynamik des elektrischen Feldes die Intensität der Stimulation in den Zielregionen verringern und somit die therapeutische Wirksamkeit der tDCS mindern.

Allerdings wird über die Rolle des periläsionalen Gewebes in der sprachlichen Rehabilitation kontrovers diskutiert (Walenski et al., 2022). Computergestützte Modellierungen des Stromflusses bei Schlaganfallpatienten haben eine erhöhte Stromdichte im Gewebe rund um die Läsion aufgezeigt. Diese Erhöhung resultiert aus der gesteigerten Leitfähigkeit des Liquors, der die Läsion umgibt – ein Phänomen, das selbst dann auftritt, wenn die Elektroden nicht direkt über der kortikalen Schädigung positioniert sind. Bei anodaler Stimulation des Motorkortex führen Elektrodenanordnungen mit Kathoden im orbitofrontalen Bereich tendenziell zu Stromflüssen in oberen Hemisphärenanteilen, wobei sich der Strom im frontalen Bereich zwischen den Elektroden konzentriert. Eine Positionierung der Kathode auf der kontralateralen Schulter oder am kontralateralen Mastoid bewirkt hingegen eine Zunahme der Stromdichte in den temporalen Regionen und im Hirnstamm. (Datta et al., 2011). Diese eher diffusen Stromflüsse mit Bündelungen des Stroms zwischen den Elektroden sind typisch für das etablierte Set-up mit zwei großflächigen, rechteckigen Elektroden. Im Gegensatz dazu führt ein 4+1-Ringelektroden-Set-up zu einer gezielteren Erhöhung der Stromflüsse direkt unterhalb der Elektroden. Dies erweist sich besonders vorteilhaft für die Stimulation von kortikalen Bereichen, die direkt unter der Schädeldecke (Konvexität) liegen (Datta et al., 2012; Rampersad et al., 2013). Zudem wird die Rolle genetischer Faktoren in diesem Kontext untersucht (Hayek et al., 2021).

12.1.2 Der Einfluss des Arousals auf die Hirnstimulation

Arousal charakterisiert den Grad der physiologischen und psychologischen Aktivierung des Gehirns sowie des gesamten Organismus. Dieser Zustand ist durch eine Vielzahl von Komponenten bestimmt, einschließlich der Wachheit, der Aufmerksamkeitsspanne und der allgemeinen Bereitschaft zu reagieren. Entscheidend für das Verständnis des Arousals ist seine Funktion als dynamisches Kontinuum, das sich von niedrigen bis zu hohen Aktivitätsniveaus erstreckt. Diese Dynamik ist essenziell für die Anpassung an verschiedene Anforderungen und Situationen und spielt eine zentrale Rolle bei der Modulation der kortikalen Erregbarkeit. Insbesondere im Kontext der elektrischen Hirnstimulation, wie beispielsweise der tDCS, beeinflusst das Arousal-Niveau maßgeblich, wie das Gehirn auf die Stimulation reagiert und welche langfristigen Effekte erzielt werden können.

Die initiale Exploration des Arousal-Konzepts und dessen Einfluss auf kognitive Prozesse liefert eine fundamentale Basis für das Verständnis der differenziellen Reaktionsmuster von Individuen mit Aphasie gegenüber kognitiven Anforderungen, unabhängig von neuromodulatorischen Interventionen. Frühe Forschungsarbeiten offenbarten signifikante Differenzen im Arousal und in der auditiven Vigilanz zwischen Teilnehmenden mit Aphasie und neurologisch gesunden Kontrollprobanden. In einer Studie von Laures et al. (2003) wurden physiologische Arousal-Indikatoren, darunter Blutdruck und Cortisolspiegel, herangezogen, um das Arousal-Niveau der Teilnehmer während der Bearbeitung sowohl linguistischer als auch nichtlinguistischer Aufgaben zu evaluieren. Diese physiologischen Messungen erlaubten es den Forschenden, Unterschiede in der physiologischen Aktivierung zwischen Personen mit Aphasie nach einem Schlaganfall in der linken Hirnhemisphäre und neurologisch unbeeinträchtigten Personen zu identifizieren. Es zeigte sich, dass das Arousal-Niveau bei der aphasischen Gruppe während der Verarbeitung beider Informationsarten suboptimal war, was auf eine grundlegende Störung in der Regulation des Arousals hinweist, die über sprachspezifische Aufgaben hinausgeht. Diese Erkenntnisse bestätigen frühere Befunde aus der Literatur und suggerieren, dass aphasische Personen möglicherweise nicht fähig sind, das Arousal adäquat zu mobilisieren, um den Anforderungen experimenteller Aufgabenstellungen gerecht zu werden.

Andere Untersuchungen (z. B. Erickson et al., 1996) kamen wiederum zum Schluss, dass Personen mit Aphasie unter einfachen Aufgabenbedingungen der auditiven Vigilanz ähnliche Kompetenzen wie neurologisch unbeeinträchtigte Kontrollgruppen aufweisen. Die Integration einer zusätzlichen, simultanen Aufgabe (Doppelaufgabenbedingung) enthüllte jedoch bedeutende Leistungseinbußen bei den aphasischen Teilnehmern. Diese Resultate weisen auf Schwierigkeiten in der Verteilung der Aufmerksamkeitsressourcen und in der Allokation kognitiver Ressourcen bei Individuen mit Aphasie hin, besonders in Situationen, die eine erhöhte kognitive Anforderung darstellen (► Kap. 14).

In diesem Kontext eröffnen erste Studien zur Anwendung neuromodulatorischer Methoden, wie etwa die tDCS, neue Perspektiven auf die Rolle des Arousals bei der Modulation neurologischer und kognitiver Prozesse. Erste Studien legen nahe, dass das Arousal-Niveau eines Individuums die Reaktion auf tDCS beeinflussen kann, wobei eine optimale Wirkung bei moderaten Arousal-Levels beobachtet wurde (Esposito et al., 2022). Zu hohe oder zu niedrige Arousal-Levels könnten die Effektivität der tDCS mindern, was auf die Bedeutung der Zustandsabhängigkeit der neuronalen Antwort hinweist. Diese Erkenntnisse unterstreichen die Komplexität der Interaktion zwischen der tDCS und dem Arousal-Zustand, wobei moderate Arousal-Levels die günstigsten Bedingungen für eine positive Reaktion auf die tDCS zu bieten scheinen, möglicherweise durch eine optimale Balance zwischen neuronaler Plastizität und synaptischer Effizienz. Die Studie von Esposito et al. deutet darauf hin, dass das Arousal-Level einer Person die Reaktion auf die tDCS beeinflussen kann und dadurch die inter- sowie intrapersonellen Unterschiede in der Wirkung der

Stimulation erklärt. Ein höheres Arousal-Level könnte mit einer verbesserten kortikalen Reaktionsbereitschaft verbunden sein, was zu einer vergleichsweise verstärkten Wirkung der tDCS führen könnte. Diese verstärkte Wirkung könnte durch eine gesteigerte neuronale Plastizität oder verbesserte synaptische Effizienz erklärt werden, die bei höherem Arousal-Level beobachtet werden.

Es gibt verschiedene Ansätze, das Arousal-Level während der tDCS zu beeinflussen oder zu berücksichtigen. Marshall und Kollegen (2004) versuchten, das Arousal-Level durch Aufgaben oder Aktivitäten vor der Stimulation zu beeinflussen. Andere Forschungsgruppen, wie Frase et al. (2016), haben die Stimulationsparameter so angepasst, dass sie das Arousal-Level direkt modifizierten, indem sie die Stimulationsparameter variierten oder zeitlich mit bestimmten Arousal-States synchronisierten. Die Berücksichtigung des Arousals während der tDCS könnte eine bedeutende Rolle bei der Optimierung der Stimulationseffekte spielen. Zukünftige Studien sollten sich darauf konzentrieren, wie das Arousal-Level die tDCS-Ergebnisse bei verschiedenen neurologischen und psychiatrischen Zuständen beeinflusst. Eine genauere Untersuchung dieser Beziehung könnte dazu beitragen, personalisierte tDCS-Protokolle zu entwickeln und die Wirksamkeit dieser vielversprechenden Therapiemethode zu verbessern.

12.1.3 Alter

Altersbedingte Veränderungen im Gehirn können die Reaktion auf neuromodulatorische Interventionen beeinflussen. Im Allgemeinen weisen Studien darauf hin, dass die tDCS unterschiedliche Effekte bei jüngeren im Vergleich zu älteren Erwachsenen haben kann, was auf verschiedene altersbedingte anatomische, physiologische und neurochemische Veränderungen zurückzuführen ist. In einer Studie von Fertonani (2013) zeigte sich, dass bei gesunden jungen Teilnehmern sowohl Offline- als auch Online-Anwendungen der atDCS zu verkürzten verbalen Reaktionszeiten führten. Bei älteren Teilnehmern konnte dieser Effekt jedoch ausschließlich während der Online-Durchführung der tDCS beobachtet werden. Es besteht die Annahme, dass mit dem Alter einhergehenden Veränderungen in der Anatomie und Physiologie des Gehirns die Möglichkeit zur Förderung neuronaler Plastizität mittels Offline-Exzitabilitätsmodulation einschränken könnten (Fjell & Walhovd, 2010). Mit zunehmendem Alter erfährt das Gehirn umfassende Veränderungen – in seiner Struktur, Funktion und Physiologie (Caserta et al., 2009). Dabei steht weniger der Verlust von Nervenzellen im Vordergrund als vielmehr eine Beeinträchtigung der Fähigkeit zur Bildung synaptischer Verbindungen (Morrison & Baxter, 2012).

> Untersuchungen zeigen, dass eine leichte Steigerung der Erregbarkeit allein, wie sie durch die tDCS beim Verändern des Ruhemembranpotenzials erzielt wird, nicht ausreicht, um Prozesse zu aktivieren, die der Langzeitpotenzierung (LTP) ähneln. Stattdessen ist eine deutliche, durch die tDCS unterstützte Erhöhung der Erregbarkeit in Kombination mit kognitiven Trainingsmaßnahmen erforderlich. Vor dem Hintergrund, dass das Durchschnittsalter von Schlaganfallpatienten immer noch recht hoch ist – aktuell bei etwa 69 Jahren (Kissela et al., 2021) –, könnte dies darauf hinweisen, dass Online-tDCS-Protokolle, die während kognitiver Aufgaben angewendet werden, besonders für die Mehrheit der Patienten mit vaskulärer Aphasie empfehlenswert sind (▶ Kap. 15).

12.1.4 Geschlecht

Das biologische Geschlecht kann Einfluss auf die Wirkung der tDCS haben, da geschlechtsspezifische Unterschiede in der Neuroanatomie, Neurochemie und Hormonregulation bestehen, die die Reaktion auf die Stimulation beeinflussen können. In drei Arbeiten konnte gezeigt werden, dass das elektrische Feld im Zielgebiet geschlechtsspezifisch unterschiedlich ausgeprägt ist. In Untersuchungen zu geschlechtsspezifischen Reaktionen auf die tDCS zeigten sich sowohl bei Frauen in der höheren (Bhattacharjee et al., 2022) als auch in der mittleren Altersklasse signifikant höhere Stromdichten bei einer Stimulation über C3/FP2 (Thomas et al., 2019). Bei jüngeren Probanden hingegen entdeckten Bhattacharjee et al. (2022) lediglich bei Männern höhere Werte, speziell bei einer parietalen Elektrodenanordnung. Russell et al. (2014) fanden heraus, dass bei Männern durchgehend stärkere elektrische Felder im stimulierten parietalen Kortex messbar waren als bei Frauen, was die Autoren auf anatomische Unterschiede der Schädelknochen zurückführten.

Diese Ergebnisse legen nahe, dass das biologische Geschlecht eine wichtige Rolle bei der Effektivität der tDCS spielt. Noch relevanter für die praktische Anwendung könnte jedoch die geschlechtsspezifische Auswirkung der Stimulation auf das Verhalten sein. So zeigten Wang et al. (2019), dass die anodale Stimulation des medialen präfrontalen Kortex bei Männern signifikant wirksamer in Bezug auf Verhaltensänderungen war als bei Frauen. Diese Befunde sind jedoch nicht eindeutig. So stellte Adenzato et al. (2017) fest, dass Frauen tatsächlich stärker von der anodalen Stimulation des medialen präfrontalen Kortex profitierten – ein Ergebnis, das auch in den Studien von Gao et al. (2018) und Weller et al. (2023) für den dorsolateralen präfrontalen Kortex (DLPFC) bestätigt wurde. Diese divergierenden Ergebnisse unterstreichen die Komplexität geschlechtsspezifischer Reaktionen auf die tDCS und die Notwendigkeit weiterer Forschung in diesem Bereich.

Bei der Bewertung dieser Ergebnisse ist besonders relevant, dass die beobachteten Verhaltensänderungen auf unterschiedlichen Ebenen gemessen wurden. Wang et al. (2019) fokussierten auf geschlechtsspezifische Stereotypien, während Adenzato et al. (2017) die Fähigkeiten in Bezug auf die Theory of Mind (ToM) untersuchten. Weller et al. (2023) richteten ihr Augenmerk auf kognitive Fähigkeiten, und Gao et al. (2018) analysierten moralisches Verhalten, konkret Betrug, in einem spielerischen Kontext.

Es ist zu betonen, dass im Moment die methodischen Herangehensweisen der Studien uneinheitlich sind. Die direkte Quantifizierung des Stroms, der den Kortex erreicht, ist nur indirekt möglich, da eine exakte Quantifizierung ohne den Einsatz komplexer technischer Verfahren nicht realisierbar ist. Wichtiger als die exakte am Kortex wirkende Stromstärke sind die induzierten Verhaltensänderungen. Diese wurden jedoch lediglich in vier der genannten Untersuchungen – Adenzato et al. (2017), Weller et al. (2023), Gao et al. (2018) und Wang et al. (2019) – explizit analysiert und bezogen sich ausschließlich auf den frontalen Kortex. Zudem fanden alle Studien an gesunden Versuchspersonen statt, was die Übertragbarkeit der Ergebnisse auf neurologische Patientenpopulationen limitiert.

> Insgesamt reicht die derzeitige Datenlage nicht für definitive Schlussfolgerungen aus. Es zeichnet sich eine Tendenz ab, dass Frauen tendenziell stärker von der tDCS profitieren als Männer, allerdings variiert dies möglicherweise je nach Alter und spezifischen Bedingungen. Ferner wurde in den Studien ausschließlich das biologische Geschlecht berücksichtigt.

12.1.5 Ausbildung und Beruf

Die tDCS hat sich als vielversprechendes Verfahren zur Modulation der neuronalen Aktivität und zur Verbesserung kognitiver Funktionen erwiesen. Allerdings offenbart die Forschung eine bemerkenswerte Variabilität in den individuellen Reaktionen auf diese Behandlungsform. Neben biologischen Faktoren wie Alter, Geschlecht und genetischer Disposition wird zunehmend erkannt, dass auch soziodemografische Variablen, insbesondere die Ausbildung und der berufliche Hintergrund eines Individuums, einen signifikanten Einfluss auf die Effektivität der tDCS ausüben können.

Lebenslanges Lernen und berufliche Herausforderungen tragen zur Förderung der neuronalen Plastizität bei und schaffen damit eine optimierte Basis für Neurorehabilitationsmaßnahmen. In diesem Kontext dienen Bildung und Beruf als objektive Indikatoren für die prämorbide kognitive Kapazität eines Individuums. Erste Forschungsergebnisse untermauern diesen Zusammenhang. So zeigen z. B. Johnson et al. (2022), dass ältere, gesunde Personen mit höherem Bildungsniveau signifikant stärker von der tDCS-Anwendung auf den dorsolateralen präfrontalen Kortex profitierten, insbesondere mit dem Ziel der Arbeitsgedächtnisverbesserung. Diese Befunde wurden von Krebs et al. (2023) bestätigt, die ähnliche Effekte bei älteren Personen und unter denselben Bedingungen nachweisen konnten. Es ist jedoch zu beachten, dass die Ergebnisse beider Studien auf Untersuchungen mit gesunden Probanden beruhen.

> Erste Untersuchungen legen nahe, dass der individuelle Bildungsweg und die beruflichen Erfahrungen nicht nur die kognitive Reserve und die Plastizität des Gehirns beeinflussen, sondern auch die Reaktionsfähigkeit auf neuromodulatorische Interventionen wie die tDCS. Damit öffnet sich ein neues Feld für personalisierte Ansätze in der Anwendung der tDCS, welche die soziodemografischen Hintergründe der Individuen berücksichtigen. Bislang ist jedoch auch hier die Datenlage unzureichend.

12.2 Neuroplastizität und homöostatische Metaplastizität

Das menschliche Gehirn ist eine außergewöhnlich anpassungsfähige Struktur, dessen Fähigkeit zur Neuorganisation – bekannt als Neuroplastizität – die Grundlage für Lernen, Gedächtnis und Erholung bildet. Diese bemerkenswerte Eigenschaft ermöglicht es dem Gehirn, sich kontinuierlich an neue Erfahrungen, Erkenntnisse und Herausforderungen anzupassen. Gleichzeitig sorgt das Prinzip der homöostatischen Metaplastizität dafür, dass diese Anpassungen innerhalb sinnvoller Grenzen stattfinden, um eine Über- oder Unterstimulation neuronaler Netzwerke zu verhindern. Diese dynamische Balance zwischen Anpassung und Stabilität ist entscheidend für die Aufrechterhaltung der kognitiven Funktionen und die Prävention neurologischer Dysfunktionen. Im Rahmen der Neurorehabilitation und der damit einhergehenden Modulation der kortikalen Erregbarkeit ist die Kontextualisierung von absoluter Wichtigkeit. Diese tDCS-induzierte Modulation erfolgt nicht isoliert, sondern steht in einem komplexen Wechselverhältnis mit anderen Interventionen und deren Potenzialen zur Modulation der kortikalen Erregbarkeit, wie beispielsweise gezieltem Training oder Übungen, die parallel zur tDCS durchgeführt werden:

> Unter homöostatische Metaplastizität versteht man die Fähigkeit des Gehirns, die Schwelle für die Induktion von Langzeitpotenzierung (LTP) und Langzeitdepression (LTD) zu modulieren, um eine stabile neuronale Aktivität aufrechtzuerhalten (Karabanov et al., 2012). Diese Regulation erfolgt durch eine Vielzahl homöostatischer Mechanismen, welche die synaptische Effizienz stabilisieren. Gleichzeitig sorgt sie dafür, dass die Membranerregbarkeit innerhalb eines physiologisch sicheren Bereichs gehalten wird, um die neuronale Erregbarkeit zu kontrollieren. Homöostatische Effekte werden oft beobachtet, wenn zwei nichtinvasive Gehirnstimulationsprotokolle sequenziell angewendet werden, und sind entscheidend für die Aufrechterhaltung eines physiologischen Niveaus neuronaler Aktivität. Diese Effekte können die Richtung einer Intervention von einem LTP- zu einem LTD- induzierenden Protokoll än-

dern – und umgekehrt –, abhängig vom zeitlichen Abstand zwischen der primären Stimulation und der Testintervention.

Das Verständnis dieser Wechselwirkungen zwischen externen (tDCS) und internen (Übung/Training) Faktoren ist für die erfolgreiche Anwendung der tDCS von zentraler Bedeutung. Die als Gating bekannte Interaktion zwischen diesen Faktoren wirkt möglicherweise als regulierender Mechanismus, der sicherstellt, dass neuronale Veränderungen nur innerhalb eines physiologisch sinnvollen Bereichs stattfinden. Diese Einsicht ist besonders relevant für die Konzeption von Studien und Therapieprogrammen.

Interessanterweise kann eine vorherige Erhöhung der kortikalen Erregung, beispielsweise durch eine atDCS-Sitzung außerhalb des Lernkontexts (Offline-tDCS), die Reaktion des Gehirns auf anschließende stimulationsabhängige Aktivitäten verändern. Solche Veränderungen tendieren dazu, Prozesse zu fördern, die der Langzeitdepression (LTD) ähnlich sind, was unter Umständen die Therapieeffizienz beeinträchtigt. Dies wird auf die Prinzipien der homöostatischen Metaplastizität zurückgeführt, welche die synaptische Signalübertragung bei Überstimulation temporär abschwächen können (Siebner & Ziemann, 2007). Im Gegensatz dazu zeigt sich, dass eine nichtsimultane Anwendung der tDCS – wenn die kathodale tDCS (ctDCS) entweder vor oder nach einer Trainingseinheit angewendet wird – zu einer verbesserten therapeutischen Reaktion führen kann (Monti et al., 2008). Diese Beobachtung stützt sich auf die Annahme, dass die Induktion von Langzeitpotenzierung (LTP) besonders effektiv ist, wenn das Ausgangsniveau der kortikalen Erregbarkeit niedrig war.

> Die gleichzeitige Anwendung der tDCS während einer übungsinduzierten Stimulation (Online-tDCS) vermeidet potenzielle Konflikte durch Gating-Prozesse und verspricht, besonders effektiv zu sein, wenn das neuronale Netzwerk zuvor wenig aktiv war. Die Implikationen dieser Erkenntnisse für Empfehlungen zur Gestaltung der Rehabilitationspraxis, insbesondere in Bezug auf den optimalen Zeitpunkt und die Abfolge therapeutischer Interventionen, sind jedoch noch Gegenstand aktueller Forschung und Diskussionen.

12.3 Wirkmechanismen bei Gesunden und Patienten mit neurologischen und psychiatrischen Erkrankungen

Verschiedene Untersuchungen legen nahe, dass die tDCS zur Behandlung verschiedener neurologischer und psychiatrischer Störungen sowie zur Leistungssteigerung bei gesunden Individuen eingesetzt werden kann. Der Grundmechanismus der tDCS beruht darauf, mittels eines schwachen, konstanten elektrischen Stroms die Erregbarkeit des Gehirns zu modifizieren, was wiederum die kortikale Aktivität beeinflusst. Die Auswirkungen der tDCS können bei Patienten mit hirnorganischen Läsionen oder psychiatrischen Erkrankungen von den Effekten bei gesunden Personen abweichen.

Um diesen Sachverhalt zu illustrieren, sei auf spezifische Beobachtungen hingewiesen: Bei gesunden Probanden führte die Anwendung kathodaler tDCS (ctDCS) erwartungsgemäß zu einer Abnahme der Amplitude motorisch evozierter Potenziale (MEP), während anodale tDCS (atDCS) eine Zunahme der MEP-Amplitude bewirkte. Hingegen wurde bei einigen Schlaganfallpatienten ein Anstieg der MEP-Amplitude sowohl nach kathodaler als auch nach anodaler Stimulation beobachtet. Zudem führte sowohl die atDCS als auch die ctDCS zu einer erhöhten Erregbarkeit im stimulierten primären motorischen Kortex (Suzuki et al., 2012). Diese Befunde deuten darauf hin, dass die durch die tDCS hervorgerufene Modulation der kortikalen Erregbarkeit nicht nur von der Art der Stimulation abhängt, sondern auch von den intrinsischen Gehirnzuständen und -mechanismen, die bei Patienten mit neurologischen Erkrankungen verändert sein können.

Literatur

Adenzato, M., Brambilla, M., Manenti, R., De Lucia, L., Trojano, L., Garofalo, S., Enrici, I., & Cotelli, M. (2017). Gender differences in cognitive Theory of Mind revealed by transcranial direct current stimulation on medial prefrontal cortex. *Scientific Reports, 7*, 41219.

Bhattacharjee, S., Kashyap, R., Goodwill, A., O'Brien, B., Rapp, B., Oishi, K., Desmond, J., & Chen, A. (2022). Sex difference in tDCS current mediated by changes in cortical anatomy: A study across young, middle and older adults. *Brain Stimulation, 15*(1), 125.

Caserta, M. T., Bannon, Y., Fernandez, F., Giunta, B., Schoenberg, M. R., & Tan, J. (2009). Normal brain aging: Clinical, immunological, neurophysiological and neuroimaging features. *International Review of Neurobiology, 84*, 1–19.

Datta, A., Baker, J., Bikson, M., & Fridriksson, J. (2011). Individualized model predicts brain current flow during transcranial direct-current stimulation treatment in responsive stroke patient. *Brain Stimulation, 4*, 169–174.

Datta, A., Truong, D., Minhas, P., Parra, L., & Bikson, M. (2012). Inter-Individual Variation during transcranial direct current stimulation and Normalization of Dose using MRI-Derived Computational Models. *Frontiers in Psychiatry, 3*, 91.

Erickson, R. J., Goldinger, S. D., & LaPointe, L. L. (1996). Auditory vigilance in aphasic individuals: Detecting nonlinguistic stimuli with full or divided attention. *Brain and Cognition, 30*(2), 244–253.

Esposito, M., Ferrari, C., Fracassi, C., Miniussi, C., & Brignani, D. (2022). Responsiveness to left-prefrontal tDCS varies according to arousal levels. *European Journal of Neuroscience, 55*(3), 762–777.

Fertonani, A. (2013). Anodal tDCS improves language functions in young and elderly. TES Workshop, Brescia.

Fjell, A., & Walhovd, K. (2010). Structural brain changes in aging: Courses, causes and cognitive consequences. *Reviews in the Neurosciences, 21*(3), 187–221.

Frase, L., Piosczyk, H., Zittel, S., Jahn, F., Selhausen, P., & Krone, L. (2016). Modulation of total sleep time by transcranial direct current stimulation (tDCS). *Neuropsychopharmacology, 41*(10), 2577–2586.

Gao, M., Yang, X., Shi, J., Lin, Y., & Chen, S. (2018). Does gender make a difference in deception? The effect of transcranial direct current stimulation over dorsolateral prefrontal cortex. *Frontiers in psychology, 9*, 1321.

Hayek, D., Antonenko, D., Witte, V., Lehnerer, S., Meinzer, M., Külzow, N., Prehn, K., Rujescu, D., Schneider, A., Grittner, U., & Flöel, A. (2021). Impact of COMT val158met on tDCS-induced cognitive enhancement in older adults. *Behavioural Brain Research, 401*, 113081.

Hwang, K., Kim, J. H., & Baik, S. H. (1999). The thickness of the skull in Korean adults. *Journal of Craniofacial Surgery, 10*, 395–399.

Johnson, E. L., Arciniega, H., Jones, K. T., Kilgore-Gomez, A., & Berryhill, M. E. (2022). Individual predictors and electrophysiological signatures of working memory enhancement in aging. *NeuroImage, 250*, 1–9.

Karabanov, A. N., Ziemann, U., Classen, J., & Siebner, H. R. (2012). Understanding homeostatic metaplasticity. In C. Miniussi, W. Paulus, & P. M. Rossini (Hrsg.), *Transcranial brain stimulation* (S. 231–246). CRC Press.

Kissela, B. M., Khoury, J. C., Alwell, K., Moomaw, C. J., Woo, D., Adeoye, O., et al. (2021). Age at stroke. *Neurology, 79*(17), 1781–1787.

Krebs, C., Peter, J., Brill, E., Klöppel, S., & Brem, A. K. (2023). The moderating effects of sex, age, and education on the outcome of combined cognitive training and transcranial electrical stimulation in older adults. *Frontiers in Psychology, 14*, 1243099.

Lang, N., Siebner, H. R., Ward, N. S., Lee, L., Nitsche, M. A., Paulus, W., et al. (2005). How does transcranial DC stimulation of the primary motor cortex alter regional neuronal activity in the human brain? *European Journal of Neuroscience, 22*(2), 495–504.

Laures, J. S., Odell, K. H., & Coe, C. L. (2003). Arousal and auditory vigilance in individuals with aphasia during a linguistic and nonlinguistic task. *Aphasiology, 17*(12), 1133–1152.

Lomo, T. (2003). The discovery of long-term potentiation. *Philosophical Transactions of the Royal Society of London. Series B: Biological Sciences, 358*, 617–620.

Marshall, L., Mölle, M., Hallschmid, M., & Born, J. (2004). Transcranial direct current stimulation during sleep improves declarative memory. *Journal of Neuroscience, 24*(44), 9985–9992.

Monti, A., Cogiamanian, F., Marceglia, S., Ferrucci, R., Mameli, F., Mrakic-Sposta, S., Vergari, M., Zago, S., & Priori, A. (2008). Improved naming after transcranial direct current stimulation in aphasia. J Neurol Neurosurg Psychiatry. 79(4):451–453. https://doi.org/10.1136/jnnp.2007.135277. Epub 2007 Dec 20. PMID: 18096677.

Morrison, J. H., & Baxter, M. G. (2012). The aging cortical synapse: Hallmarks and implications for cognitive decline. *Nature Reviews Neuroscience, 13*, 240–250.

Nitsche, M. A., Cohen, L. G., Wassermann, E. M., Priori, A., Lang, N., Antal, A., Paulus, W., Hummel, F., Boggio, P. S., Fregni, F., & Pascual-Leone, A. (2008). Transcranial direct current stimulation: State of the art 2008. *Brain Stimulation, 1*(3), 206–223.

Paulus, W. (2014). Transcranial brain stimulation: Potential and limitations. *e-Neuroforum, 5*, 29–36.

Rademacher, J., Caviness, V. S., Steinmetz, H., & Galaburda, A. M. (1993). Topographical variation of the human primary cortices: Implications for neuroimaging, brain mapping, and neurobiology. *Cerebral Cortex, 3*, 313–329.

Rampersad, S., Stegeman, D., & Ostendorp, T. (2013). Optimized tDCS electrode configurations for five targets determined via an inverse FE modeling approach. *Clinical Neurophysiology, 124*, e61–e62.

Russell, M., Goodman, T., Wang, Q., Groshong, B., & Lyeth, B. G. (2014). Gender differences in current received during transcranial electrical stimulation. *Frontiers in Psychiatry, 5*, 104.

Siebner, H. R., & Ziemann, U. (2007). *Das TMS-Buch – Handbuch der transkraniellen Magnetstimulation.* Springer.

Suzuki, K., Fujiwara, T., & Tanaka, N. (2012). Comparison of the after-effects of transcranial direct current stimulation over the motor cortex in patients with stroke and healthy volunteers. *International Journal of Neuroscience, 122*, 675–681.

Thomas, C., Ghodratitoostani, I., Delbem, A., Ali, A., & Datta, A. (2019). Influence of gender-related differences in transcranial direct current stimulation: A computational study. In *IEEE EMBC, 41st Annual Conference* (S. 5196–5199).

Walenski, M., Chen, Y., Litzcofsky, K., Caplan, D., Kiran, S., Rapp, B., Parrish, T., & Thompson, C. (2022). Perilesional perfusion in chronic stroke-induced aphasia and its response to behavioral treatment interventions. *Neurobiology of Language, 3*(2), 345–363.

Wang, S., Wang, J., Guo, W., Ye, H., Lu, X., Luo, J., & Zheng, H. (2019). Gender difference in gender bias: Transcranial direct current stimulation reduces male's gender stereotypes. *Frontiers in Human Neuroscience, 13*, 403.

Weller, S., Derntl, B., & Plewnia, C. (2023). Sex matters for the enhancement of cognitive training with transcranial direct current stimulation (tDCS). *Biology of Sex Differences, 14*, 78.

Yoon, M. J., Park, H. J., Yoo, Y. J., Oh, H. M., Im, S., Kim, T. W., & Lim, S. H. (2024). Electric field simulation and appropriate electrode positioning for optimized transcranial direct current stimulation of stroke patients: An in Silico model. *Scientific Reports, 14*(1), 2850.

Zaghi, S., Acar, M., Hultgren, B., Boggio, P. S., & Fregni, F. (2010). Noninvasive brain stimulation with low-intensity electrical currents: Putative mechanisms of action for direct and alternating current stimulation. *The Neuroscientist, 16*(3), 285–307.

Wichtige Parameter der Gleichstromstimulation

Carsten Kroker, Robert Darkow und Kyriakos Sidiropoulos

Inhaltsverzeichnis

13.1 Polarität der Stimulation – 226

13.2 Bestimmung des Stimulationsortes zur Elektrodenplatzierung – 227
13.2.1 Uni- vs. bihemisphärischer tDCS-Aufbau – 232

13.3 Stimulationsdauer und -intensität – 232

13.4 Stimulationshäufigkeit – 234

13.5 Größe und Abstand der Elektroden zueinander – 234

13.6 Befeuchtung der Elektroden – 236

13.7 Online- vs. Offline-Stimulation – 237

13.8 Sicherheit – 237
13.8.1 Vorsichtsmaßnahmen – 238
13.8.2 Positive Nebeneffekte und Nebenwirkungen – 240

Literatur – 241

© Der/die Autor(en), exklusiv lizenziert an Springer-Verlag GmbH, DE, ein Teil von Springer Nature 2025
K. Sidiropoulos (Hrsg.), *Transkranielle Gleichstromstimulation bei Aphasien und erworbenen Sprechstörungen*, https://doi.org/10.1007/978-3-662-70454-7_13

13.1 Polarität der Stimulation

Während der transkraniellen Gleichstromstimulation (tDCS) wird ein geringer elektrischer Strom mit einer Stärke von typischerweise 1–2 mA von der Stromquelle durch Elektroden geleitet. Dieser Strom durchdringt den Schädelknochen (transkraniell) und erreicht das Gehirn. Es ist wichtig anzumerken, dass diese elektrischen Ströme nicht direkt Aktionspotenziale auslösen, sondern vielmehr die bestehende kortikale Erregbarkeit der Nervenzellen modulieren. Die Wirkung der tDCS auf die neuronalen Aktivitäten und deren therapeutische sowie kognitive Effekte sind eng mit der Polarität des angelegten Stroms verknüpft. Diese Polarität, gekennzeichnet durch die Positionierung der Anode (Pluspol) und Kathode (Minuspol) auf der Kopfoberfläche, determiniert die Richtung des elektrischen Stromflusses im Gehirn. Da elektrischer Strom aus der Bewegung negativ geladener freier Elektronen besteht, die von der Kathode zur Anode fließen, wird die neuronale Erregbarkeit direkt durch diese Elektronenbewegung beeinflusst. Somit spielt die Polarität eine entscheidende Rolle bei der Modulation der neuronalen Aktivität, indem sie festlegt, ob eine anodale oder kathodale Stimulation vorliegt, was wiederum bestimmt, ob der Strom in das Gewebe eintritt oder es verlässt.

Bei der kathodalen Stimulation (ctDCS) fließt der Strom von der Elektrode (Kathode) in das Gewebe und wird von dort aus in die Anode geleitet. Dies hat tendenziell eine hemmende (hyperpolarisierende) Wirkung auf das darunterliegende Gewebe, indem es die Ruhemembranpotenziale der Neuronen senkt und dadurch die Wahrscheinlickkeit reduziert, dass Aktionspotenziale (also elektrische Aktivität der Neuronen) ausgelöst werden. Die ctDCS wird daher häufig verwendet, um die Aktivität in bestimmten Gehirnregionen zu senken (Hyperpolarisierung) oder zu hemmen. Bei der atDCS hingegen fließt der Strom vom Gewebe zur Elektrode (Anode), was tendenziell eine erregende (depolarisierende) Wirkung auf das darunterliegende neuronale Gewebe hat. Es erhöht die Ruhemembranpotenziale der Neuronen, und dadurch wird die Wahrscheinlichkeit der spontanen neuronalen Entladungsrate gesteigert (Fazilitierung der Depolarisierung). Daher wird die atDCS häufig verwendet, um die Aktivität in bestimmten Gehirnregionen zu erhöhen (Purpura & McMurtry, 1965). Dabei ist zu beachten, dass die tDCS nicht direkt Aktionspotenziale induziert. Stattdessen verändert sie die Erregbarkeit der Neuronen, indem sie das Membranpotenzial verändert. Dies bedeutet, dass sie die Wahrscheinlichkeit des Auftretens eines spontanen Aktionspotenzials erhöht (bei anodaler Stimulation) oder verringert (bei kathodaler Stimulation) (Nitsche et al., 2008).

Die Auswirkungen der tDCS variieren bei den verschiedenen Neuronentypen und sind von mehreren Faktoren abhängig, u. a. von der Tiefe der kortikalen Schichten, in denen die Neuronen sich befinden. Neuronen in oberflächennahen kortikalen Schichten neigen dazu, stärker auf das durch die Elektroden erzeugte elektrische Feld zu reagieren, da sie räumlich näher an den Elektroden liegen und sich ihre Ausrichtung stärker nach dem Feld richtet. Folglich sind die Membranpotenziale dieser Neuronen eher direkt von der Polarität der Stimulation abhängig – sie erhöhen sich bei anodaler und verringern sich bei kathodaler Stimulation. Im Gegensatz dazu können die Neuronen in tieferen kortikalen Schichten durch die Komplexität der kortikalen Architektur und die Stärke des elektrischen Felds, das durch die tDCS erzeugt wird, auf unterschiedliche Weise beeinflusst werden. Insbesondere Neuronen, deren Zellkörper tief und deren dendritische Äste in oberflächennäheren Schichten liegen, könnten eine umgekehrte Reaktion zeigen, d. h. eine Erhöhung des Membranpotenzials bei der ctDCS und eine Verringerung bei der atDCS (Purpura & McMurtry, 1965).

Erste Studien zeigen, dass eine zehnminütige anodale Stimulation mit 1 mA eine Veränderung in der Exzitabilität verursachen kann, die bis zu 2 h anhalten kann (Nitsche et al., 2011). Es ist gegenwärtig jedoch nicht abschließend geklärt, ob die positiven Effekte der tDCS in Form einer Langzeitpotenzierung Stunden oder sogar Tage anhalten oder ob es sich lediglich um eine Verstärkung handelt, die nur wenige Sekunden bis Minuten (Kurzzeitpotenzierung) anhält. Untersuchungen mit Aphasiepatienten legen jedoch eher eine Langzeitpotenzierung nahe und zeigen, dass die vorteilhaften Wirkungen einer atDCS auf die Benennleistungen vier Monate später noch messbar waren und dass die Patienten auch 21 Wochen später Leistungen über den Ausgangswert erbrachten (Lucilla et al., 2014).

> Zusammenfassend lässt sich festhalten, dass der elektrische Strom während einer anodalen Stimulation durch die Kopfhaut und den Schädel fließt und ein elektrisches Feld erzeugt. Dieses Feld wirkt auf die darunterliegenden somatischen Regionen der pyramidalen kortikalen Neuronen und faszilitiert eine Depolarisation dieser Bereiche, was die Wahrscheinlichkeit des Auftretens von Aktionspotenzialen erhöht. Der Strom verlässt schließlich den Körper über die Anode. Im Gegensatz dazu verursacht eine kathodale Stimulation eine Hyperpolarisation der pyramidalen kortikalen Neuronen, was die Wahrscheinlichkeit des Auftretens von Aktionspotenzialen reduziert und damit eine dämpfende Wirkung hat. Es ist wichtig zu betonen, dass die Effekte von Anregung und Hemmung nicht nur von der Polarität des Stroms abhängen, sondern auch von weiteren Parametern wie der Stromstärke und Dauer der Stimulation.

13.2 Bestimmung des Stimulationsortes zur Elektrodenplatzierung

Die Wahl des optimalen Stimulationsortes für die Elektrodenplatzierung ist ein entscheidender Schritt in der Anwendung transkranieller elektrischer Stimulationstechniken (tES), einschließlich der tDCS. Dieser Abschnitt widmet sich den methodischen Grundlagen und strategischen Überlegungen, die notwendig sind, um den präzisesten Stimulationsort für die Anwendung dieser neuromodulatorischen Verfahren zu bestimmen. Die Effektivität der tES hängt maßgeblich von der gezielten Modulation spezifischer Gehirnregionen ab, die für die jeweiligen klinischen oder experimentellen Ziele relevant sind. Daher sind eine sorgfältige Planung und Durchführung der Elektrodenplatzierung unerlässlich, um die gewünschten neurophysiologischen Effekte zu erzielen und die Sicherheit der Personen zu gewährleisten.

Eine entscheidende Rolle in der praktischen Umsetzung dieser individuellen Anpassung bei der Bestimmung des Stimulationsortes spielt das 10-20-System, das die Elektrodenpositionierung bei der Ableitung von EEG-Signalen standardisiert hat. Das 10-20-System definiert vier feste Referenzpunkte am Kopf:
1. das Nasion, den tiefsten Punkt an der Nasenwurzel am Übergang zur Stirn,
2. das Inion, den unteren Knochenhöcker in der Mittellinie des Hinterkopfs am Ansatz der Nackenmuskulatur,
3. die präaurikularen Punkte rechts
4. die präaurikularen Punkte links

Über diese Landmarken und deren Verbindungen können in Schritten zu 10 oder 20 % der Gesamtlänge spezifische Punkte unter Berücksichtigung der individuellen Ausprägung des Schädels lokalisiert werden. Die resultierenden EEG-Punkte folgen einer klaren Nomenklatur, die verschiedene Bereiche des Kopfes kennzeichnet und durch Ziffern ergänzt wird, um die Position relativ zur Mittellinie und den Seiten des Kopfes anzugeben (◘ Abb. 13.1).

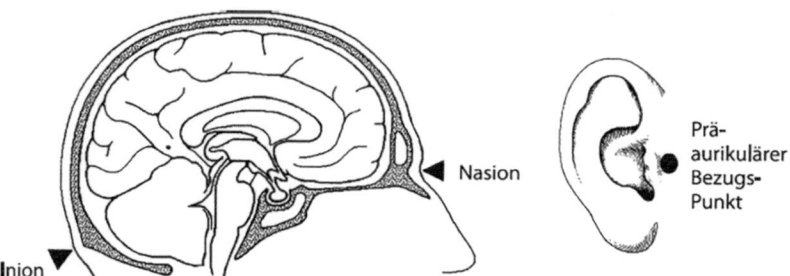

● Abb. 13.1 Verschiedene kraniale Referenzpunkte, die in der klinischen EEG-Praxis häufig verwendet werden. Das Nasion markiert die Verbindung zwischen dem Stirnbein und dem Nasenbein, das Inion ist der vorstehende Punkt am Hinterhauptbein, und der präaurikuläre Referenzpunkt liegt vor dem Ohr. (Aus Zschocke & Hansen, 2023)

Das 10-20-Elektrodensystem

Für die präzise Elektrodenplatzierung im Rahmen der Elektroenzephalografie (EEG) und der transkraniellen Stimulation ist das 10-20-System (● Abb. 13.2) eine essenzielle Richtlinie, die auf der Vermessung anatomischer Landmarken des Kopfes basiert. Dieses System nutzt Buchstaben, um spezifische Gehirnregionen zu kennzeichnen:
— F für die frontale Region
— Fp für die frontopolare Region
— T für die temporale (seitliche) Region
— P für die parietale (oberhalb des Hinterkopfs gelegene) Region
— O für die okzipitale (hinterste) Region
— Z für Positionen entlang der Mittellinie des Kopfes

Zur weiteren Spezifizierung der genauen Position werden diese Buchstaben mit Zahlen kombiniert. Dabei bezeichnen ungerade Zahlen Positionen auf der linken Seite des Kopfes und gerade Zahlen solche auf der rechten Seite. Eine höhere Zahl weist darauf hin, dass der Messpunkt weiter von der Mittellinie entfernt liegt.

Einige Studien haben vorgeschlagen, die räumliche Auflösung des 10-20-Systems durch die Einführung zusätzlicher Messpunkte in 5 %-, 10 %- und 20 %-Schritten zwischen den Hauptmesspunkten zu verfeinern. Diese Modifikation ermöglicht eine noch genauere Lokalisierung und ist besonders nützlich in Forschung und Praxis, um spezifische Gehirnaktivitäten oder -regionen gezielter zu stimulieren oder zu untersuchen. Durch die Anwendung dieser verfeinerten Methode kann die Elektrodenplatzierung präziser an die individuellen anatomischen Gegebenheiten angepasst werden, was die Genauigkeit und Wirksamkeit der neurophysiologischen Messungen und Interventionen signifikant verbessert (Oostenveld & Praamstra, 2001).

Für die gezielte Platzierung der Elektroden bei der tDCS, bei typischen Stimulationsorte wie dem Gyrus frontalis inferior oder dem Handmotorkortex, bietet die Integration von EEG-Hauben, basierend auf dem 10-20-System, eine praktische Lösung. Die Effektivität dieser Methode setzt voraus, dass die EEG-Haube nicht nur über Markierungen für den gewünschten Stimulationsort verfügt, sondern auch den Kopfumfang des Individuums entspricht. Eine bedeutende Brücke zwischen den durch das 10-20-System definierten EEG-Punkten und den spezifischen kortikalen Arealen, bekannt als Brodmann-Areale, wurde durch die Arbeit von Homan et al. (1987) dargelegt. Diese Korrelation erleichtert die präzise Lokalisierung von Stimulationszielen, die über die durch die EEG-Haube vorgegebenen Punkte hinausgehen, und ermöglicht eine fundierte Navigation innerhalb der kortikalen Strukturen. Diese methodische Verbindung zwischen EEG-Punkten und kortikaler Lokalisation erweitert somit das Spektrum an erreichbaren Stimulationsorten und unterstützt eine präzisere Anpassung der

Wichtige Parameter der Gleichstromstimulation

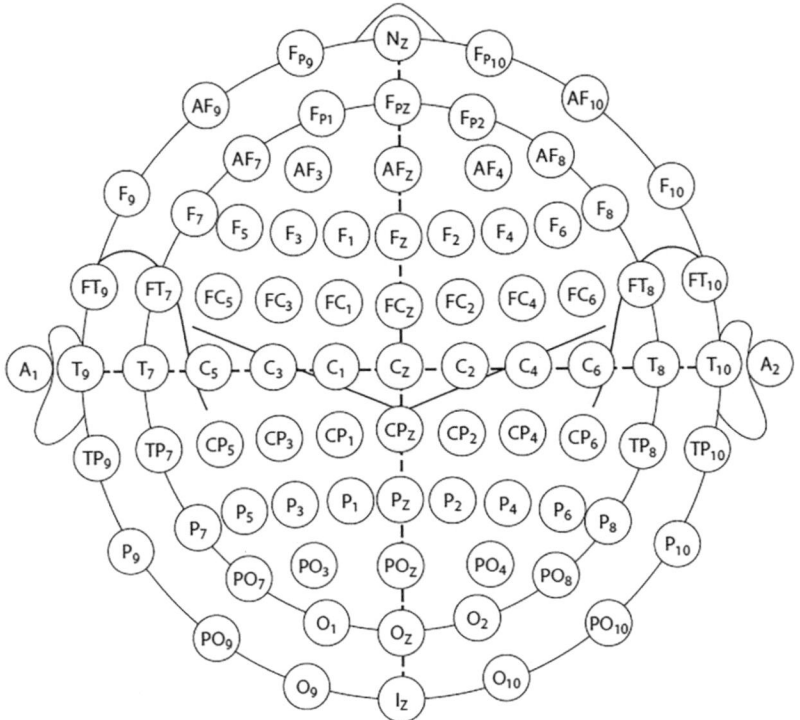

Abb. 13.2 Das 10-20-System ist eine international anerkannte Methode zur Platzierung von EEG-Elektroden auf der Kopfhaut. Es basiert auf festen prozentualen Abständen zwischen anatomischen Orientierungspunkten wie dem Nasion und dem Inion. Die Elektrodenpositionen sind durch eine Kombination von Buchstaben und Zahlen gekennzeichnet. Buchstaben bezeichnen die Hirnregionen (z. B. F für Frontal, C für Zentral, P für Parietal, O für Okzipital), gerade Zahlen (2, 4, 6, 8) stehen für die rechte und ungerade Zahlen (1, 3, 5, 7) für die linke Hemisphäre, während z für die Mittellinie (zentrale Position) steht. (Aus Zschocke & Hansen, 2023)

tDCS an die individuellen anatomischen Gegebenheiten (Tab. 13.1).

Hinsichtlich der prinzipiellen Auswahl kortikaler Areale ist auffällig, dass sowohl sämtliche gewählten Bereiche der linken Hemisphäre im Mediastromgebiet als auch die frontalen Bereiche der rechten Hemisphäre auf die tDCS reagieren (Darkow & Flöel, 2018). Es lässt sich keine Überlegenheit bestimmter Stimulationssorte, beispielsweise periläsional vs. perisylvisch, feststellen. Dies könnte auf die gleichzeitige Anwendung anderer therapeutischer Interventionen zurückzuführen sein, insbesondere wurde häufig ein Benenntraining parallel durchgeführt. Das Benennen ist nicht allein auf eine einzelne kortikale Region beschränkt, sondern umfasst semantische, lexikalische und motorische Funktionen sowie interne Rückkopplungsschleifen, möglicherweise auch Strategieabruf oder -umsetzung.

Die wesentlichste Bedingung, damit die tDCS signifikante Verhaltensänderungen hervorrufen kann, scheint die Platzierung der Elektrode über für die Aufgabe funktionell relevanten Hirnarealen zu sein. Dies wurde in Studien illustriert, in denen Protokolle, die sprachrelevante Areale stimulierten, Verhaltensänderungen induzierten, wohingegen Protokolle mit Elektrodenplatzierungen über Hirnregionen, die nicht direkt an der Sprachverarbeitung beteiligt sind, keine sprachlichen Effekte zeigten. Interessanterweise beschränkt sich die Wirkung der tDCS nicht ausschließlich auf die unmittelbar stimulierten Bereiche oder entspricht nicht immer der erwarteten Polarisierung. Eine Studie, die auf das neuronale Korrelat der tDCS-Wirkung

Tab. 13.1 Beziehung der Elektrodenpositionen nach dem 10-20-System mit den Brodmann-Arealen und anatomischen Lagebeschreibungen. (Aus Homan et al., 1986)

Elektrodenposition	Brodmann-Areal	Kortexareal
Fp 1,2	10	Rostrale Grenze des Gyrus frontalis superior
F3,4	46	Mittlerer frontaler Gyrus, nahe dem oberen Sulcus frontalis; rostrokaudale Lage – auch mit frontaler Pol
F7,8	F7-45 F8-46	Gyrus frontalis inferior, rostraler Teil der Pars triangularis
C3,4	4	Präzentraler Gyrus, Schulter bis Handgelenk, kaudaler bis mittlerer präzentraler Gyrus
P3,4	7	Oberer Parietallappen nahe dem intraparietalen Sulcus, oberhalb des posterioren Teils des Gyrus supramarginalis
TP3,4	40	Inferiorer Scheitellappen, anterior Teil des Gyrus supramarginalis
T5/T6	38	Temporaler Pol überlappend mit superiorem temporalem Sulcus, mehr im mittleren als im oberen temporalen Gyrus
T3,4	T3-21 T4-22	Überlappung des mittleren und oberen Gyrus temporalis, rostrokaudale Lage, posterior zur Fissura rolandica
T5,6	T5-37 T6-19, 37, 39	Links-mittlerer Gyrus temporalis, kaudal bis zum Ende der Fissura sylvica, rechts überlappend mit Sulcus temporalis superior, rostrokaudale Lage auch mit Abschluss der Fissura sylvica
O1,2	17	Okzipitallappen, lateral und superior zum Okzipitalpol, überlappend mit Sulcus calcarinus

bei Restaphasie abzielte, enthüllte, dass die atDCS über dem linken Handmotorkortex zu einer gesteigerten Konnektivität innerhalb des gesamten Netzwerks sprachrelevanter Areale führte. Dieses Ergebnis trat auf, obwohl in der univariaten Analyse Aktivierungsreduktionen in Bereichen, die für Sprache und Kognition relevant sind, beobachtet wurden. Diese Aktivitätsreduktionen wurden als eine durch die atDCS induzierte Effizienzsteigerung in der Aktivierung interpretiert, während der Anstieg der Konnektivität im gesamten Sprachnetzwerk als Korrelat der förderlichen Wirkung der tDCS angesehen wurde. Diese Ergebnisse könnten erklären, warum die vielfältigen berichteten Montagen mit Stimulationen über dem linken Mediastromgebiet eine Performanzveränderung fazilitieren konnten: Möglicherweise genügt es, eine einzelne Komponente des neuronalen Sprachnetzwerks zu fazilitieren (Darkow et al., 2017).

In den oft sehr unterschiedlichen Protokollen fällt auf, dass aktive Kathoden als Referenzelektroden häufig über frontalen Arealen platziert werden. Dies wirft die Frage nach möglichen Wechselwirkungen auf: Wird durch dieses Set-up und die physiologische Wirkung der frontalen ctDCS die Performanz beeinflusst? Werden beispielsweise frontal lokalisierte Funktionen wie Strategieanwendung negativ beeinflusst? Wären die Amplituden der Performanzmodulationen bei physiologisch inaktiver Referenz größer? Weiterhin scheint im Vergleich zur individuellen Platzierung die universelle Platzierung der Elektroden keinen signifikanten Unterschied in Bezug auf ihre Auswirkungen auf den Outcome auszumachen. Dennoch ist eine universelle Platzierung für die Integration der tDCS in den klinischen Alltag unerlässlich: Die Notwendigkeit bildgebender Verfahren zur Elektrodenplatzierung würde den

Einsatz der tDCS in der Routineversorgung verhindern. Aktuelle Studien (z. B. Kolmos et al., 2023) evaluieren derzeit die Umsetzbarkeit eines individuellen Elektroden-Set-ups auf Grundlage der individuellen Modellierung des elektrischen Stromflusses. Sowohl der Vergleich des performativen Outcomes zu universellen Set-ups als auch der Modellfit der herangezogenen Modelle wären in einem weiteren Schritt notwendig, um von der prinzipiellen Machbarkeit eine Motivation zur Implementierung in den klinischen Alltag ableiten zu können.

Aus der aktuellen Datenlage lassen sich folgende Empfehlungen für den Einsatz der tDCS bei Aphasien ableiten:
- Anodale Stimulation der linken Hemisphäre mit 1–2 mA und 5 × 7-cm-Elektroden
- Kathode physiologisch aktiv oder inaktiv kontralateral supraorbital
- Online-tDCS, die Stimulation startet zeitgleich mit der begleitenden, therapeutischen Intervention
- Befestigung der Anode über dem Areal, dem eine maßgebliche Beteiligung an der zeitgleich stattfindenden Aufgabe zugesprochen wird
- Dauer der Stimulation: 20 min, die therapeutische Intervention kann nach Ablauf der Stimulation noch weiterlaufen

Wie in ▶ Abschn. 12.1.1 bereits beschrieben, können nach einem Schlaganfall, sei es durch Ischämie oder Hirnblutung, strukturelle Veränderungen im Gehirn wie Gewebeverlust und die Bildung von mit Zerebrospinalflüssigkeit (CSF) gefüllten Hohlräumen auftreten. Diese Veränderungen beeinflussen das elektrische Feld der tDCS, da die CSF eine höhere elektrische Leitfähigkeit als Gehirngewebe aufweist. Dadurch kann der Strom eher entlang dieser Bereiche fließen, was die Fokussierung des Stimulationsfelds erschwert und die therapeutische Effizienz der tDCS mindert. Computergestützte Modellierungen zeigen, dass die Anpassung der Elektrodenplatzierung essenziell ist, um die Stromdichte in den gewünschten Zielregionen zu erhöhen und eine gezielte Stimulation zu ermöglichen, was die Bedeutung der individuellen Anpassung der tDCS-Therapie bei Schlaganfallpatienten unterstreicht.

Moderne bildgebende Verfahren wie die funktionelle Magnetresonanztomografie (fMRT) und die Computertomografie (CT) in Kombination mit neurophysiologischen Mapping-Techniken schaffen ein tiefgreifendes Verständnis der Zielregionen für die Elektrodenplatzierung. Diese Technologien sind essenziell für die Individualisierung der Stimulation, indem sie die anatomischen und funktionalen Besonderheiten des Gehirns jedes Einzelnen berücksichtigen. So erstellen unter Verwendung von T1-gewichteten Magnetresonanzbildern (MRI) der Teilnehmer Yoon und Mitarbeiter (2024) individuelle Gehirnmodelle. Diese computerisierten Modelle dienten als Grundlage für die Simulation der tDCS-induzierten elektrischen Felder. Für jeden Teilnehmer wurden Simulationen sowohl für konventionelle als auch für optimierte tDCS-Konfigurationen durchgeführt. Die konventionelle tDCS verwendete standardisierte Elektrodenpositionen, während die optimierte tDCS individuell angepasste Elektrodenpositionen nutzte, die auf den Gehirnmodellen basierten, um die Intensität des elektrischen Felds im Zielbereich zu maximieren. Mittels statistischer Tests wurden dann die Unterschiede in den elektrischen Feldern zwischen konventioneller und optimierter tDCS analysiert, um den Einfluss verschiedener Faktoren, wie z. B. die Position der Hirnläsionen, auf die Elektrodenplatzierung und die Feldstärke zu erfassen. Im Vergleich zu konventionellen tDCS-Ansätzen produzierte die optimierte tDCS durch individuell angepasste Elektrodenplatzierungen ein um durchschnittlich 20 % und maximal um 52 % stärkeres elektrisches Feld im Bereich des Handmotorkortex der untersuchten Schlaganfallpatienten.

Die Studie zeigte, dass eine optimierte Elektrodenplatzierung, die auf der individuellen Gehirnstruktur basiert, für jeden Patienten einzigartig war und sich deutlich von den standardisierten Positionen unterschied, was zu einer verbesserten Stimulation führte. Inwiefern diese verstärkten Stromflüsse bei Aphasien zu einer Verbesserung der Leistungsfähigkeit führen können, muss geklärt werden: Zum einen sind die neuronalen Korrelate der aphasischen Sprachprozessierung und ihrer Rehabilitation noch nicht vollständig geklärt. Rechtshemisphärische Aktivierungen werden entweder als maladaptiver Prozess einer interhemisphärischen Enthemmung oder als notwendige Ressource zur Ermöglichung protosprachlicher Ressourcen gesehen (▶ Abschn. 5.2.2 und 10.5.2). Zum anderen zeigen Protokolle, bei denen die Anode über den während der Aufgabe am stärksten aktivierten Arealen platziert wurde, keinen klaren Vorteil gegenüber Protokollen mit universeller Elektrodenanordnung im Hinblick auf das Ergebnis (Darkow & Flöel, 2018).

13.2.1 Uni- vs. bihemisphärischer tDCS-Aufbau

Alle elektrische Neurostimulationsmethoden haben gemeinsam, dass sie aus einer Stromquelle bestehen, die über ein Kabel mit zwei Flächenelektroden verbunden ist. Bei der unihemisphärischen tDCS wird mindestens eine dieser Elektroden, die sog. Zielelektrode, in einem klar definierten Bereich auf den Kopf (zephal) platziert. Die Referenzelektrode kann ebenfalls an einer anderen kranialen Stelle oder extrazephal an den Schultern oder am Oberarm angebracht werden. Bei der bipolaren oder bizephalen Anordnung ist das Ziel, zwei parallel geschaltete kortikale Areale (z. B. den linken [F3] vs. den rechten dorsolateralen präfrontalen Kortex [F4]) gleichzeitig zu stimulieren, sodass die eine Hirnregion hoch- und die andere herunterreguliert wird. Bei der unipolaren oder monozephalen Anordnung wird die Erregbarkeit von nur eine kraniale Stelle hinauf- oder herunterreguliert.

13.3 Stimulationsdauer und -intensität

Die Menge an Strom, die den zu stimulierenden Kortex bei der tDCS erreicht, variiert aufgrund mehrerer Faktoren, einschließlich der individuellen Gehirnanatomie, der Größe und Platzierung der Elektroden, der Stimulationsdauer und -intensität. Daher kann der genaue Prozentsatz der ursprünglichen Stromdichte, die den Kortex erreicht, von Person zu Person variieren und ist schwierig exakt zu bestimmen. Einige Schätzungen auf Basis von Computermodellen und experimentellen Studien deuten darauf hin, dass etwa 20–45 % des ursprünglich angelegten Stroms den Kortex erreichen kann (Rush & Driscoll, 1968). Es ist jedoch wichtig zu beachten, dass diese Schätzungen auf Modellannahmen beruhen und die tatsächliche Stromdichte, die den Kortex erreicht, in jedem Einzelfall variieren kann.

Um den Einfluss der Stromintensität auf die tDCS zu verstehen, ist es wichtig zu berücksichtigen, dass die Stromintensität die Menge des elektrischen Stroms bestimmt, der während der Behandlungssitzung auf die Kopfoberfläche des Individuums übertragen wird. Die Stromintensität beeinflusst sowohl die Tiefe der Stimulation im Gehirn als auch die Größe der stimulierten Gehirnregion.

Die Stromstärke (I) ist physikalisch gleich mit der Spannung (U) durch den gesamten Widerstand (R). Der gesamte Widerstand setzt sich zusammen aus dem Körperwiderstand des Menschen (R_K, etwa 1500 Ohm) und dem Kontaktwiderstand zwischen Elektrode und Haut (R_{KO}, 1000 Ohm). Zusätzlich spielt auch die Größe der Elektroden eine erhebliche Rolle.

Stromstärke (Intensität) ergibt sich somit aus den unveränderlichen Werkstoffeigenschaften Widerstand und Spannung. Bei gängigen tDC-Stimulatoren wird die Stromstärke stabilisiert, d. h., der Widerstand ist als Summe von Kopfwiderstand plus Elektroden-Hautübergangswiderstand eine unveränderliche Größe. Somit muss die Spannung angepasst werden, um den gewünschten Stromfluss zu erreichen. Klinische Studien und Erfahrungen zeigen, dass Stimulationen mit einer Intensität von bis zu 2 mA in der Regel sicher und gut verträglich sind. Bis zu diesem Niveau berichten die meisten Menschen nur von minimalen Nebenwirkungen wie leichtem Juckreiz, Kribbeln oder einer leichten Wärmeempfindung unter der Elektrode während der Stimulation (Abschn. 12.8.2). Schwere Nebenwirkungen, wie z. B. Hautverätzungen, treten seltener auf und meistens nur, wenn die Empfehlungen für die Elektrodenplatzierung und -vorbereitung nicht befolgt wurden.

Ferner wurde in vielen Studien gezeigt, dass eine Stimulation mit bis zu 2 mA effektiv ist, um Änderungen in der Gehirnfunktion zu bewirken. Daher liegt die gegenwärtige Sicherheitsschwelle bei Stimulationen an Menschen bei 2 mA (Lyer et al., 2005), während die niedrigste Stimulationsschwelle 0,2 mA beträgt. Letztere Schwelle basiert auf der Beobachtung von Creutzfeldt und seinen Mitarbeitern (1962), dass es eine lineare Korrelation zwischen der Intensität des verwendeten Stroms und der Wirkung der Stimulation gibt. Wenn die Stromstärke erhöht wird, nimmt die Wirkung der Stimulation ebenfalls zu. Dieser lineare Zusammenhang kann ab einer Stromstärke von 0,2 mA beobachtet werden. In der Regel liegen die angewandten Stromstärken, auch als Stromintensitäten bezeichnet, im Bereich zwischen 0,5 und 2 mA und werden über einen Zeitraum von 5–40 min appliziert (Nitsche & Paulus, 2011). Es ist ferner wichtig, die maximale Stromdichte („current density") zu berücksichtigen, um Hautirritationen oder -schäden zu verhindern. Dies bedeutet konkret, dass eine Stromstärke von 2 mA nicht über Elektroden mit zu geringer Fläche angewendet werden sollte. Für die genannte Intensität ist es notwendig, Elektroden mit einer Mindestgröße von 35 cm^2 zu verwenden.

Die Stimulationsdauer ist bei der tDCS ein weiterer wichtiger Faktor, der sowohl die unmittelbaren als auch die langfristigen Auswirkungen der Behandlung beeinflussen kann. Typischerweise variiert die Stimulationsdauer der tDCS zwischen 10 und 40 min pro Sitzung, je nach spezifischen Zielen der Behandlung und den individuellen Bedürfnissen des Patienten. Längere Stimulationszeiten können tendenziell zu stärkeren und länger anhaltenden Effekten führen, da sie eine längere Exposition der Neuronen gegenüber dem elektrischen Feld ermöglichen. Dies kann die Erregbarkeit der Neuronen stärker beeinflussen und so die Wahrscheinlichkeit erhöhen, dass lang anhaltende Änderungen der neuronalen Aktivität und der damit verbundenen kognitiven oder motorischen Funktionen eintreten. Es ist jedoch zu beachten, dass längere Stimulationszeiten auch das Risiko von Nebenwirkungen erhöhen können, wie z. B. Hautreizungen unter den Elektroden oder unerwünschte Änderungen der Gehirnfunktion.

In der Regel führt die Anwendung einer anodalen Stimulation, bei der eine positive Elektrode verwendet wird, zu einer gesteigerten Erregbarkeit der Neuronen, während eine kathodale Stimulation (negative Elektrode) dazu tendiert, die Erregbarkeit zu verringern. Einige Studien haben gezeigt, dass sich bei längerer Stimulation (mehr als 20 min) diese Wirkung umkehren kann. Eine Studie von Monte-Silva et al. (2013) fand heraus, dass eine längere anodale Stimulation zu einer hemmenden Wirkung führen kann, im Gegensatz zu der erregenden Wirkung, die bei kürzerer Stimulation beobachtet wird. Ebenso fand eine Studie von Batsikadze et al. (2013) heraus, dass eine längere kathodale Stimulation eine erregende Wirkung haben kann, im Gegensatz zur hemmenden Wirkung bei kürzerer Stimulation.

Die minimale bzw. maximale Stimulationsdauer ist nicht streng festgelegt, aber die meisten Studien neigen dazu, innerhalb dieser allgemeinen Parameter zu bleiben. In ihrer Studie untersuchten Nitsche und Paulus (2001) die Wirkung der Stimulationsdauer bei der tDCS auf die motorisch evozierten Potenziale (MEP), die ein objektives Maß für die kortikale Erregbarkeit sind. Sie fanden heraus, dass nach einer 13-minütigen Anwendung der anodalen (positiven) tDCS ein Anstieg der MEP-Amplituden in der frühen Phase nach der Stimulation beobachtet wurde. Das bedeutet, dass die kortikale Erregbarkeit kurz nach der Stimulation erhöht war. Interessanterweise wurde dieser frühe Anstieg der MEP-Amplitude nicht beobachtet, wenn die atDCS nur für 11 min angewendet und 5 min nach der Stimulation gemessen wurde. Dies wurde von den Autoren dahingehend interpretiert, dass eine längere tDCS-Anwendung (11 vs. 13 min) länger anhaltende Auswirkungen auf die kortikale Erregbarkeit haben kann.

In den letzten Jahren mehren sich die Hinweise, dass die Beziehung zwischen

Stimulationsdauer und Nachwirkungen nicht linear ist und dass die optimale Stimulationsdauer für die tDCS von vielen Faktoren abhängen kann, einschließlich der spezifischen Gehirnregion, die stimuliert wird, der spezifischen Aufgabe oder des Verhaltens, das untersucht wird, und individueller Unterschiede zwischen den Probanden.

Studien zur tDCS haben gezeigt, dass die Länge und der Abstand zwischen den Stimulationsperioden die neuroplastischen Effekte beeinflussen. Eine einmalige 5-minütige atDCS erhöht die neuronale Erregbarkeit für 3 min. Wird die Stimulation nach einer Pause von 3 min wiederholt, kommt es zu einem gegenläufigen inhibitorischen Effekt (Fricke et al., 2011). Diese Beobachtungen unterstützen das Konzept der homöostatischen Plastizität, dem zufolge das Gehirn eine Art Gleichgewicht oder „Homöostase" anstrebt und sich an Reize anpasst, die dieses Gleichgewicht stören.

13.4 Stimulationshäufigkeit

Eine weitere wichtige Größe im Stimulationsprotokoll ist die Stimulationshäufigkeit. Eine einmalige Stimulation ist in der Regel reversibel. Um tatsächlich dauerhafte Veränderungen zu erzielen, muss die Stimulation in optimalen Abständen wiederholt werden, um den Effekt der Langzeitpotenzierung zu erreichen. Möglicherweise kann jedoch auch eine zu häufige Stimulation negative Auswirkungen auf das Therapieergebnis haben. In diesem Zusammenhang sei auch noch einmal der limitierende Effekt des Gatings erwähnt (▶ Abschn. 11.2). Alonzo et al. (2012) zeigten in diesem Zusammenhang, dass die Erregbarkeit des Motorkortex (gemessen durch MEP) bei einer täglichen Stimulation höher ausfiel, als wenn zweimal täglich stimuliert wurde. Galvez et al. (2012) wiesen nach, dass eine an fünf aufeinanderfolgenden Tagen erfolgte Stimulation am fünften Tag eine höhere Erregbarkeit erzeugte als am ersten Tag. Boggio et al. (2007) konnten zeigen, dass sich bei Stimulationen, die nur einmal pro Woche stattfinden, kein kumulativer Effekt der neuronalen Erregbarkeit zeigt. Dieser trat jedoch bei der Behandlung an fünf aufeinanderfolgenden Tagen sehr deutlich auf. In den meisten Protokollen der Aphasiebehandlung (vgl. Darkow et al., 2024) hat sich eine Stimulation, die fünfmal pro Woche erfolgte, erfolgreich etabliert.

13.5 Größe und Abstand der Elektroden zueinander

Bei der tDCS können die Elektroden in verschiedenen Größen verwendet werden, abhängig von der spezifischen Anwendung und dem Zielbereich. Allerdings sind die häufig verwendeten Elektroden meistens quadratisch oder rechteckig und messen typischerweise etwa 25–35 cm^2 (z. B. 5 × 5 cm^2 oder 7 × 5 cm^2). Die genaue Elektrodengröße und -platzierung können jedoch je nach Forschungs- oder Therapieprotokoll und spezifischen Zielen variieren. Es ist wichtig zu beachten, dass sowohl die Elektrodengröße als auch die Elektrodenplatzierung (▶ Abschn. 12.2) die Verteilung des elektrischen Felds im Gehirn beeinflussen können, was wiederum die Stimulationsstärke und folglich die Wirksamkeit der tDCS-Behandlung beeinflussen kann. Daher ist eine genaue Anpassung an die individuellen Bedürfnisse und Ziele des Versuchsteilnehmers notwendig.

Für bestimmte Anwendungen oder bei der Stimulation bestimmter Gehirnregionen kann es sinnvoll sein, kleinere oder größere Elektroden zu verwenden. Wenn kleinere Elektroden verwendet werden, wird das elektrische Feld konzentrierter, d. h., es wird auf ein kleineres Hirnareal beschränkt. Das bedeutet, dass die elektrische Stimulation eher punktuell auf eine bestimmte Region des Gehirns abzielt. Dies kann nützlich sein, wenn das Ziel der tDCS eine sehr spezifische Hirnregion ist, die isoliert stimuliert werden soll. Im Gegensatz dazu verteilen größere Elektroden das elektrische Feld über eine größere Gehirnfläche, wodurch eine breiteres Areal stimuliert wird. Dies kann von Vorteil sein, wenn eine all-

Wichtige Parameter der Gleichstromstimulation

gemeinere oder diffusere Stimulation des Gehirns beabsichtigt ist, etwa wenn mehrere nahe gelegene Hirnregionen gleichzeitig stimuliert werden sollen. Außerdem können manchmal speziell geformte oder positionierte Elektroden verwendet werden, um bestimmte Bereiche des Gehirns zu stimulieren, ohne andere Bereiche zu beeinflussen.

Wenn die Elektroden gleich groß sind, ist die Stromdichte, die von beiden Elektroden abgegeben wird, gleich, vorausgesetzt, der Strom ist gleichmäßig über die Elektrodenfläche verteilt. Dies könnte nützlich sein, wenn man beabsichtigt, zwei verschiedene Bereiche des Gehirns mit der entgegengesetzter Stimulation zu versorgen. Die Verwendung von gleich großen Elektroden bedeutet nicht, dass die Stimulation „symmetrisch" oder gleich in den verschiedenen stimulierten Gehirnregionen ist. Der genaue Effekt hängt von vielen Faktoren ab, einschließlich der individuellen Gehirnanatomie und der genauen Positionierung der Elektroden. In der Praxis der tDCS wird häufig eine kleinere, fokalere Elektrode (oft als aktive oder Zielelektrode bezeichnet) verwendet, die auf das spezifische Gehirnareal abzielt, das stimuliert werden soll. Diese Zielelektrode ist für die Übertragung des Hauptteils der elektrischen Stimulation verantwortlich. Die größere Elektrode, oft als „Referenzelektrode" bezeichnet, dient als Rückführpfad für den Strom. Sie wird normalerweise an einer Stelle platziert, die als neutral oder irrelevant für die spezifische tDCS-Anwendung angesehen wird. Die Referenzelektrode ist in der Regel größer, um den Strom über eine größere Fläche zu verteilen und somit die Stromdichte (und damit das Gefühl und die Wirkung der Stimulation) an dieser Stelle zu minimieren. Die Modulation kortikaler Erregbarkeit bei der tDCS wird effektiver, wenn die Stimulationselektrode im Vergleich zur Referenzelektrode kleiner ist (Nitsche et al., 2007).

Die hochauflösende transkranielle Gleichstromstimulation (HD-tDCS) ist eine Variation der traditionellen tDCS, die entwickelt wurde, um eine genauere und fokalere Stimulation des Gehirns zu ermöglichen. Während die traditionelle tDCS oft eine oder zwei größere Elektroden verwendet, die eine breite Stimulation liefern, nutzt die HD-tDCS mehrere kleinere Elektroden in einer bestimmten Anordnung (oft als Ring bezeichnet). Dies ermöglicht eine gezieltere Stimulation, die sich auf eine spezifischere und begrenztere Gehirnregion konzentriert. In der HD-tDCS werden die Elektroden in bestimmten Konfigurationen angeordnet, um das elektrische Feld zu formen und auf einen bestimmten Bereich unter einer zentralen Elektrode zu fokussieren. Dies kann die Wirksamkeit und Präzision der Stimulation verbessern und gleichzeitig mögliche Nebenwirkungen durch die Stimulation nicht zielgerichteter Bereiche minimieren.

Wenn zwei Elektroden (eine Anode und eine Kathode) auf den Kopf einer Person platziert werden, wird ein elektrischer Strom von der Kathode zur Anode geleitet. Dieser Strom fließt jedoch nicht nur direkt zwischen den beiden Elektroden, sondern breitet sich auch seitlich aus, da er dem Weg des geringsten Widerstands folgt: Die durchblutete Kopfhaut stellt einen deutlich besseren Leiter als der knöcherne Schädel dar. Bei der tDCS können deshalb die Platzierung und der Abstand zwischen der Referenz- und der Zielelektrode signifikante Auswirkungen auf das elektrische Feld und somit auf die Ergebnisse der Stimulation haben. Wenn die Elektroden sehr nahe beieinander platziert werden, kann die Stimulation eher zwischen als unter den Elektroden stattfinden.

Es besteht jedoch das Risiko der Shunting-Stimulation, bei der der Strom direkt zwischen den Elektroden fließt und nicht tief genug in das Gehirn eindringt. Dies kann dazu führen, dass hauptsächlich die oberflächennahen Gehirnbereiche stimuliert werden, während tiefer gelegenen Bereiche weniger von der Stimulation profitieren. Wenn die Elektroden sehr weit voneinander entfernt platziert sind, wird möglicherweise ein größerer Bereich des Gehirns stimuliert, bevor er die Kathode erreicht. Dies wiederum kann dazu führen, dass der Strom eine größere Fläche des Gehirns beeinflusst und möglicherweise tiefere Gehirnbereiche erreicht. Das kann es schwieriger machen, die Stimulation auf eine spezifische Gehirnregion zu konzentrieren. Es könnte auch das Risiko erhöhen, dass unerwünschte Nebenwirkungen in Gehirnbereichen auftreten, die eigentlich nicht das Ziel der Stimulation sind (Miranda et al., 2006). Daher erfordert die Platzierung der Elektroden bei der tDCS sorgfältige Überlegungen und Planungen.

Um ungewollte Shunting-Effekte zu vermeiden und dennoch eine effektive Stimulation zu ermöglichen, haben einige Studien einen idealen Mindestabstand der Elektroden vorgeschlagen. Dieser Mindestabstand ist gleich der Länge der Diagonalen der Elektroden. Bei einer quadratischen Elektrode mit einer Kantenlänge von 5 cm beträgt die Diagonale nach dem Pythagoreischen Lehrsatz 7,1 cm, während bei einer rechteckigen Elektrode von 7 × 5 cm die Diagonale etwa 8,6 cm misst. Bei Verwendung von Elektroden der Größe 5 × 5 cm oder 7 × 5 cm bedeutet dies einen Mindestabstand von etwa 7,1–8,6 cm.

13.6 Befeuchtung der Elektroden

Es ist wichtig, dass die Elektroden für die tDCS ausreichend in einer leitfähigen Substanz, beispielsweise einer isotonischen Kochsalzlösung (z. B. NaCl 0,9 %), getränkt werden. Dabei sollte darauf geachtet werden, dass die Elektroden nicht tröpfeln und die Lösung sich nicht auf Haar oder Kopfhaut ausbreitet, da dies die Verteilung und Richtung des Stromflusses beeinflussen könnte (s. Horvath et al., 2014). Als Alternative kommen leitfähige Pasten oder EEG-Gele zum Einsatz, die eine optimale Verteilung des Stroms sicherstellen. Dies ist besonders hilfreich, um bei Personen mit dichtem Haarwuchs eine effektive Verbindung zwischen den Elektroden und der Kopfhaut zu ermöglichen. Es ist jedoch zu beachten, dass Gele schneller austrocknen können, was das Risiko einer Hautreizung erhöht (Lagopoulos & Degabriele, 2008); zudem können Ionen aus dem Gel in die Haut einwandern. (Iontophorese) Daher wird von der Verwendung von EEG-Gele abgeraten (◘ Abb. 13.3). Es dürfen lediglich Gele verwendet werden, die ausdrücklich für die tDCS zugelassen sind.

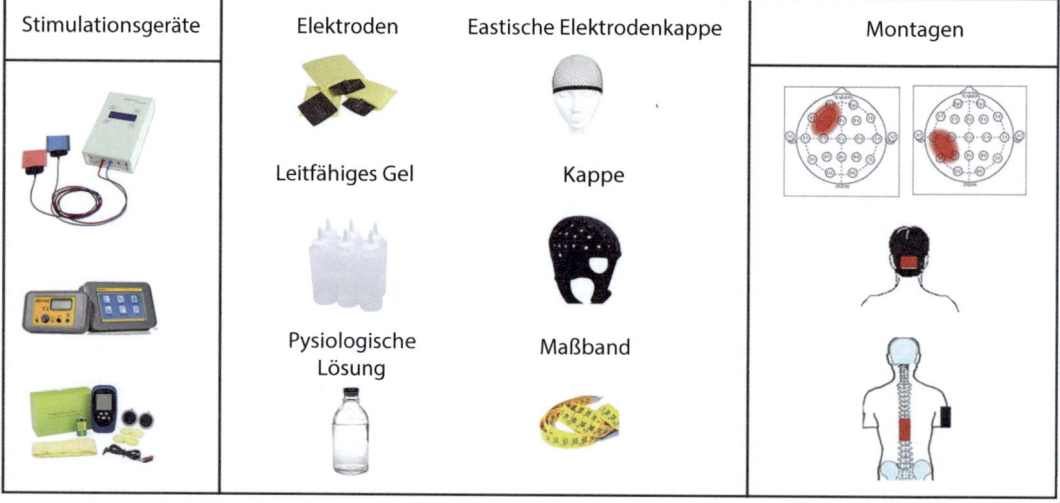

◘ Abb. 13.3 Übersicht der Materialien und Montagen bei der transkraniellen Gleichstromstimulation (tDCS). Links und Mitte: Verschiedene Stimulationsgeräte: Elektroden, leitfähiges Gel, physiologische Lösung sowie Hilfsmittel wie elastisches Kopfnetz, Kappe und Maßband. Rechts: Elektrodenmontagen für die Stimulation von Spracharealen, einschließlich der Platzierung auf dem Kleinhirn (Mitte: rote Markierungen) und am Körper (unten: Wirbelsäule und Oberarm). (Aus Ferrucci et al., 2023)

13.7 Online- vs. Offline-Stimulation

In der Entscheidung, ob die tDCS simultan zu (sprach-)therapeutischen Interventionen oder zeitlich losgelöst appliziert werden soll, muss berücksichtigt werden, dass sowohl die therapeutische Intervention als auch die tDCS zu einer Veränderung der Exzitabilität mit dem Ziel einer neuronalen und synaptischen Modifikation führen. Daher ist es bei der Erstellung des Stimulationsprotokolls unabdingbar, den Zeitpunkt der therapeutischen Intervention mit dem Zeitpunkt und der Polarität der tDCS abzustimmen. Es scheint, dass bei einer hohen Voraktivierung des Kortex, beispielsweise durch vorherige atDCS außerhalb des eigentlichen Lernprozesses, eine nachfolgende erhöhte Erregung durch Übungen eher zu LTD-ähnlichen Prozessen und einem schlechteren Therapieergebnis führen könnten. Dies geschieht, weil die homöostatische Metaplastizität – ein Schutzmechanismus des Gehirns, der eine Überstimulation verhindern soll – eine vorübergehende Abschwächung der synaptischen Signalübertragung bedingt (Siebner & Ziemann, 2007). Wenn das Gehirn folglich bereits stark erregt ist, reagiert es durch die Reduktion der Erregbarkeit, was Lernen behindern kann. In solchen Fällen könnte eine nicht zeitgleiche Anwendung der tDCS zu einem verbesserten Therapieergebnis führen, wenn die ctDCS vor oder nach der Übung eingesetzt wird, da LTP (Langzeitpotenzierung) vor allem bei einem vorher sehr niedrigen Exzitabilitätsniveau induziert werden kann. Diese Protokolle, bei denen die tDCS unabhängig von der Polarität und dem Zeitpunkt der therapeutischen Intervention zeitlich voneinander getrennt wird, werden als Offline-tDCS bezeichnet. Eine gleichzeitige Anregung des Kortex durch den gleichzeitigen Start der Therapie und der Stimulation (Online-tDCS) umgeht diese Einschränkung und könnte besonders effektiv sein, wenn die Amplitude zwischen dem vorherigen und nachfolgenden Exzitabilitätsniveau möglichst groß ist.

13.8 Sicherheit

Nach anfänglich aus Sicherheitsgründen gewählten niedrigen Intensitäten und sehr strengen Einschlusskriterien in Evaluationsstudien zur tDCS gibt es zunehmend umfangreiche Daten zu den Sicherheitsprofilen, die in diesen Studien angewendet wurden. Bewertungen des Sicherheitsprofils analysierten rund 18.000 Stimulationen mit einer Intensität von unter 4 mA bei etwa 8000 Personen (Antal et al., 2017; Bikson et al., 2016). Dabei wurden weder bei gesunden Probanden noch bei Patienten mit neurologischen Erkrankungen schwerwiegende Nebenwirkungen berichtet. Moderate Nebenwirkungen wie leichte Verätzungen auf der Haut, verursacht durch einen erhöhten Widerstand aufgrund unzureichenden Haut-Elektroden-Kontakts, wurden festgestellt. Leichte, nicht behandlungsbedürftige Nebenwirkungen wie Müdigkeit, Kopfschmerzen nach der Stimulation sowie ein Kitzeln, Kribbeln, Brennen und Jucken auf der Haut wurden ebenfalls häufig genannt. Zur Minimierung dieser Nebenwirkungen und zur Vermeidung von Schmerzen wird empfohlen, die Stromdichte auf $1\,mA/35\,cm^2$ zu begrenzen (Nitsche et al., 2003).

Bei einer Stimulation mit einer Stromstärke von 2 mA über 30 min auf einer Fläche von $35\,cm^2$ wird eine Gesamtladung pro Fläche von etwa $0{,}103\,C/cm^2$ erreicht. Berichte über Gewebeschäden beginnen für die atDCS liegen deutlich oberhalb dieses Wertes (Yuen et al., 1981). Es ist wichtig zu betonen, dass diese Vergleiche nicht dazu ermutigen sollen, die empfohlenen Parametergrößen zu überschreiten. Vielmehr sollen sie helfen, im klinischen Einsatz die Nebenwirkungen für die Patienten besser einschätzen zu können.

Hautirritationen treten in seltenen Fällen aufgrund von Hautunreinheiten an den Stimulationspunkten auf und bei wiederholten Stimulationen durch unzureichende Reinigung oder Reste von Desinfektionsmitteln in den Schwämmen. Einfache Hautrötungen stellen an sich noch keine Irritation dar. Galvanische Ströme führen zu einer Weitung der Blutgefäße (Vasodilatation) im

Stimulationsgebiet. Dieser Effekt wird in der klassischen Elektrotherapie durchaus auch therapeutisch genutzt (vgl. Edel, 1991; Bossert et al., 2007) Oft wird eine thermische Belastung der Haut bei unzureichendem Widerstandsmanagement als Ursache für Hautschäden angesehen, obwohl Hautschäden eher mit Gleichströmen als mit ähnlich wärmeerzeugenden Wechselströmen in Verbindung gebracht werden. Daher könnte eher eine Verschiebung des pH-Werts als Ursache für Hautverletzungen anzunehmen sein. Die Veränderungen des Säure-Basen-Haushalts der elektrisch stimulierten Haut sind ein lang bekanntes Problem in der klassischen Elektrotherapie (vgl. Edel, 1991) die Verwendung nichtsaliner Lösungen wie von einfachem Trinkwasser steigert die Gefahr von Nebenwirkungen durch Erhöhung des Widerstands. Von der Verwendung von Elektrodengel wird abgeraten, da Ionen aus dem Gel in die Haut eindringen und Gele im Laufe der Zeit eine deutliche Veränderung des elektrischen Widerstandes zeigen können. Auch mangelhaft entferntes Desinfektionsmittel, Kosmetika auf der Haut und metallhaltige Tätowierungen können durch Elektrostimulation ungewollt in tiefe Hautschichten eingebracht werden. Diesen Vorgang nennt man Iontophorese. Die Verwendung eines anästhetisch wirkenden Elektrodengels ist unnötig, da dies kutane Empfindungsstörungen, die möglicherweise auf einen zu hohen Wiederstand hinweisen, maskieren könnte. Außerdem können durch Elektrolyse der Gele chemische Veränderungen der Wirk- und Hilfsstoffe entstehen. Eine Rötung der Haut unter den Elektroden ist eine übliche Nebenwirkung, die mit ansteigender Stromdichte zunehmen kann. Phosphene lassen sich durch eine allmähliche Erhöhung der Stromstärke zu Beginn vermeiden. Bisher wurde über keinerlei strukturelle oder funktionelle Schäden im kortikalen Gewebe berichtet.

> **Anbringung der Elektroden**
> - Einmessen der Stimulationspunkte und Markierung mit Kajal, Desinfektion und Entfetten des Bereichs zur Vorbereitung auf die Elektrodenplatzierung.
> - Falls die Stimulationspunkte von Haaren bedeckt sind: Leichtes Anfeuchten der Haare in diesem Bereich und vorsichtiges Streichen der Haare weg vom Stimulationspunkt, schrittweises Anfeuchten der Haare und der Haut unter dem späteren Elektrodenbereich. Während der Stimulation werden alle angefeuchteten Bereiche leitend sein. Es ist wichtig sicherzustellen, dass ausschließlich der von der Elektrode bedeckte Bereich angefeuchtet wird. Zu beachten ist, dass zu viel Flüssigkeit verwendet wurde, wenn Tropfen der Kochsalzlösung den Kopf hinunterlaufen.
> - Entfernen von Hörhilfen während der Elektrodenplatzierung, um potenzielle technische Defekte durch eventuelle Tropfen von Kochsalzlösung zu vermeiden
> - Es wird dringend empfohlen, vor dem Beginn der geplanten Stimulation einen kurzen Testlauf zu starten. Auf diese Weise können mögliche erhöhte elektrische Widerstände oder Defekte erkannt werden, noch bevor eine physiologisch wirksame Stimulation eingeleitet oder eine therapeutische Intervention gestartet wird. Einige Sekunden innerhalb des Verum-Stimulationsprotokolls führen nicht zu einer Modulation der Exzitabilität.

13.8.1 Vorsichtsmaßnahmen

Die tDCS ist eine innovative und vielversprechende Methode zur Modulation neuronaler Aktivität, die in verschiedenen Bereichen der Neurowissenschaften, von der Grundlagenforschung bis zur klinischen Anwendung, eingesetzt wird. Trotz ihres Potenzials und ihrer relativen Sicherheit erfordert die Anwendung der tDCS sorgfältige Überlegungen und Vorsichtsmaßnahmen, um das Wohl der Teilnehmenden zu gewährleisten und die Wirksamkeit der Behandlung zu optimieren. Eine sorgfältige Erfassung der medi-

Wichtige Parameter der Gleichstromstimulation

zinischen und psychologischen Vorgeschichte der Teilnehmenden ist daher unerlässlich, um individuelle Risikofaktoren zu identifizieren und auszuschließen. Darüber hinaus ist es von kritischer Bedeutung, dass die Elektroden niemals auf offenen Wunden oder beschädigter Haut angebracht werden, um Hautirritationen oder andere unerwünschte Effekte zu vermeiden. Ferner ist der Einsatz der elektrischen Neurostimulation bei bestimmten Kontraindikationen strikt untersagt, was eine gründliche Vorsichtsmaßnahme erfordert, um das bestmögliche therapeutische Ergebnis zu erzielen und gleichzeitig die Sicherheit aller Beteiligten zu gewährleisten. Kontraindikationen sind:

- Schwangerschaft (oder Verdacht auf Schwangerschaft)
- Selbstmordgedanken (Gedanken über die Beendigung des Lebens)
- Bipolare Störungen (oder Vorgeschichte von hypomanischen/manischen Episoden)
- Epilepsie (oder Vorgeschichte von Anfällen). Gleichzeitig ist aber zu bemerken, dass Epilepsie nicht bei allen Stimulatoren als Kontraindikation genannt ist (z. B. Neuroconn DC Stimulator Mobile Version 6.1.1). Des Weiteren gibt es eine Untersuchung, in der festgestellt wurde, dass durch eine tDCS bisher kein epileptischer Anfall ausgelöst werden konnte (Bikson et al., 2016). Insgesamt ist jedoch im Zweifelsfall immer Vorsicht geboten und die Freigabe durch einen Neurologen einzuholen.
- Herzkrankheit (oder Verdacht auf Herzkrankheit). Hier ist im Zweifelfall immer eine Freigabe durch einen Kardiologen einzuholen.
- Schwerwiegende neurologische oder neuropsychiatrische Erkrankung, wenn die Stimulation das Potenzial hat, bestehende Symptome zu verschlimmern oder Komplikationen zu verursachen.
- Kürzlich erfolgter chirurgischer Eingriff
- Defekt im Neurokranium und/oder Implantat im Schädel
- Aktives, implantiertes medizinisches Gerät (z. B. Herzschrittmacher, Rückenmarkstimulator, Vagusnervstimulator, Ohrstimulator, Elektroden zur Tiefenhirnstimulation, Cochlea-Implantat, implantiertes Hörgerät oder Defibrillator) oder ein anderes implantiertes, metallisches oder elektronisches Gerät. Auch hier sind z. T. Freigaben durch den behandelnden Facharzt möglich. Eine weitere Möglichkeit besteht darin, den Hersteller des aktiven Implantats zu kontaktieren und nach einer Freigabe zu fragen. Gerade bei entfernt liegenden Implantaten, wie z. B. implantierten Medikamentenpumpen im Bauchraum, ist häufig eine Freigabe möglich. Manche elektronische Implantate wie etwa Defibrillatoren können im stationären Setting vom Arzt für die Dauer der Therapie abgeschaltet werden.
- Akute Hirnblutung sowie akute Thrombosen, da galvanischer Strom zur Weitung von Blutgefäßen führt
- Tumore, da Gleichstrom die Zellteilung fördert (trophische Wirkung des Stroms)
- Gerätespezifische Kontraindikationen
- Entzündliche Prozesse (z. B. Meningitis und Enzephalitis) (vgl. Bossert et al., 2007)
- Minderjährigkeit/Kindesalter. In Deutschland ist man auch noch zurückhaltend bei der Anwendung bei Kindern, da hier noch keine ausreichenden Daten vorliegen. In einigen Bedienungsanleitungen wird die Anwendung bei Minderjährigen als Kontraindikation genannt.
- Komatöser Zustand

Verhaltensregeln
- Wir raten unseren Teilnehmern, während der Stimulationszeit einige Verhaltensregeln zu beachten:
- Täglich viel Wasser trinken
- Alkohol vermeiden
- Keine übermäßige sportliche Aktivität ausüben
- Haare nicht mit silikonhaltigen Shampoos waschen und bis zur Stimulation keine silikonhaltigen Haartönungen verwenden, da diese den Stromfluss behindern können

- Keine Kosmetika wie Haargel verwenden, da diese Stoffe durch die Iontophorese in tiefe Hautschichten eingebracht werden können
- Nicht unter Fieber stimulieren
- Nicht unter ausgeprägter Müdigkeit stimulieren

Warnungen
- Setzen Sie die Elektroden *nur* auf den Kopf, wie angewiesen, und nicht auf andere Körperteile auf.
- Halten Sie das tDCS-Gerät trocken und vor Sonnenlicht geschützt.
- Bewahren Sie das tDCS-Gerät außerhalb der Reichweite von Kindern auf.
- Setzen Sie die Elektroden nicht im Freien oder in der Nähe von Wasser auf.
- Setzen Sie die Elektroden nicht während der Fahrt auf.
- Setzen Sie die Elektroden nicht während einer Aktivität ein, die ein signifikantes Verletzungsrisiko birgt.
- Benutzen Sie das tDCS-Gerät nicht, wenn Sie berauscht oder handlungsunfähig sind.
- Setzen Sie das tDCS-Gerät nicht in einer Umgebung mit starken Magnetfeldern auf.
- Setzen Sie die Elektroden nicht ohne die mitgelieferten Pads auf.
- Setzen Sie die Elektroden nicht auf, wenn die Pads ausgetrocknet sind.
- Laden Sie das tDCS-Gerät *nur* mit dem mitgelieferten Ladegerät auf.
- Verwenden sie *nur* zugelassenes Zubehör.
- Beachten sie die Bedienungsanleitung.
- Die Anwendung darf *nur* von geschultem Personal durchgeführt werden.
- Alle Einweisungen in das Gerät müssen dokumentiert sein.
- Die Bedienungsanleitung muss zugänglich sein.

13.8.2 Positive Nebeneffekte und Nebenwirkungen

- Die tDCS ist eine vielversprechende neuromodulatorische Technik, die das Potenzial besitzt, eine Vielzahl von kognitiven Funktionen und psychiatrischen Zuständen positiv zu beeinflussen. Während der primäre Fokus auf den therapeutischen Anwendungen der tDCS liegt, ist es ebenso wichtig, die Begleiterscheinungen dieser Technologie zu betrachten, einschließlich sowohl der positiven Nebeneffekte als auch der potenziellen Nebenwirkungen. Positive Nebeneffekte können unerwartete Vorteile umfassen, die über die ursprünglich beabsichtigten therapeutischen Ziele hinausgehen, wie z. B. eine Verbesserung der Stimmung oder erhöhte Kreativität. Auf der anderen Seite können auch Nebenwirkungen auftreten, die in der Regel mild und vorübergehend sind. Bei sachgemäßer Anwendung sind unerwünschte Nebenwirkungen extrem selten.

Häufige Nebenwirkungen
- Rötungen der Kopfhaupt unter oder in der Nähe der Elektroden sind aufgrund des erhöhten lokalen Blutflusses häufig. Dies ist harmlos und klingt 30–60 min nach dem Gebrauch ab.
- Bei einigen Anwendern kommt es zu Hautirritationen unterhalb der Elektroden. In solchen Fällen sollten die Elektroden nicht erneut auf die gereizte Haut aufgelegt werden.

Seltene Nebenwirkungen
- Anwender, die an Tinnitus leiden, haben in seltenen Fällen von einem Verschlechtern der Symptome wie Lärm oder Klingeln in den Ohren berichtet.
- Daneben werden leichte Müdigkeit, in selteneren Fällen leichte und vorübergehende Übelkeit oder Kopfschmerzen sowie Konzentrationsstörungen und vorübergehende Veränderungen des Sehvermögens genannt.

- **Sehr seltene Nebenwirkungen**
- Sehr selten wurden nach einer tDCS epileptische Anfälle und Synkopen berichtet, vor allem bei Patienten mit einer Vorgeschichte (z. B. Bikson et al., 2016). Die zeitlichen Abstände zwischen der Stimulation und den berichteten Anfällen lässt eher nicht auf einen kausalen Zusammenhang schließen. Das statistische Anfallsrisiko der Gesamtbevölkerung könnte bei einer ausreichend großen Kohorte von Menschen, die tDCS erhalten haben, zu zeitlich, aber nicht kausal mit der Stimulation zusammenhängenden Anfällen führen.
- Sollten Sie während der Stimulation starke Schmerzen oder eine Verschlimmerung Ihrer depressiven Symptome oder sonstige Verhaltensänderungen verspüren, brechen Sie bitte die Behandlung sofort ab und konsultieren Sie ihren behandelten Arzt oder Therapeuten.

Durchführung einer Neurostimulation
- Aufklärung über die Nebenwirkungen einer tDCS: Brennendes Gefühl, Rötungen, Juckreiz, Kribbeln, Kopfschmerzen, Verbrennung an der Kopfhaut. Nebenwirkungen können verstärkt auftreten, wenn der Patient vor der Stimulation erkrankt ist, Alkohol getrunken oder sich intensiv sportlich betätigt hat. Vor der Stimulation ist es wichtig, dass der Patient ausreichend Wasser und keinen Kaffee oder schwarzen Tee getrunken hat.
- Ausschlusskriterien: Ausschluss aus der Untersuchung von Schwangeren und von Menschen mit einer Migräne, mit Kopfhaut- oder Hauterkrankungen (z. B. Ekzem). Bei Letzteren besteht die Gefahr, dass die Beschwerden verschlimmert werden. Bei Kopfhauterkrankungen oder Verletzungen der Haut an Stellen, auf denen die Elektrode läge, ist die tDCS auch nicht indiziert. Auch Menschen mit metallischen Implantaten, intrakraniellen Elektroden, chirurgischen Clips, metallischen Splittern oder einem Herzschrittmacher werden aus der Therapie ausgeschlossen. Menschen mit Epilepsien, insbesondere solche mit besonders empfindlichen Anfallsschwellen, werden von der tDCS ausgeschlossen.
- Auf einen guten Kontakt der Elektroden mit der Kopfhaut achten.
- Nach Platzierung der Elektroden sollte man sie mit einer Kappe, einem Gurt oder einem Schlauchnetz befestigen. Damit die Stromintensität konstant bleibt, sollten die Elektroden während der Stimulation unbeweglich bleiben (Woods et al., 2015).
- Festlegen der Stimulationsdauer und der Stromstärke. Auf niedrige Impedanzwerte achten – ein Hinweis, dass die Leitfähigkeit gut ist.
- Überwachung der Person, die man stimuliert, um auszuschließen, dass Beschwerden auftreten

Literatur

Alonzo, A., Brassil, J., Taylor, J., Martin, D., & Loo, C. (2012). Daily transcranial direct current stimulation (tDCS) leads to greater increases in cortical excitability than second daily transcranial direct current stimulation. *Brain Stimulation, 5*(3), 208–213.

Antal, A., Alekseichuk, I., Bikson, M., Brockmöller, J., Brunoni, A. R., Chen, R., Cohen, L. G., Dowthwaite, G., Ellrich, J., Flöel, A., Fregni, F., George, M. S., Hamilton, R., Haueisen, J., Herrmann, C. S., Hummel, F. C., Lefaucheur, J. P., Liebetanz, D., Loo, C. K., McCaig, C., Miniussi, C., Miranda, P. C., Moliadze, V., Nitsche, M. A., Nowak, R., Padberg, F., Pascual-Leone, A., Poppendieck, W., Priori, A., Rossi, S., Rossini, P. M., Rothwell, J., Rueger, M. A., Ruffini, G., Schellhorn, K., Siebner, H. R., Ugawa, Y., Wexler, A., Ziemann, U., Hallett, M., & Paulus, W. (2017). Low intensity transcranial electric stimulation: Safety, ethical, legal regulatory and application guidelines. *Clinical Neurophysiology, 128*(9), 1774–1809.

Batsikadze, G., Moliadze, V., Paulus, W., Kuo, M. F., & Nitsche, M. A. (2013). Partially non-linear stimulation intensity-dependent effects of direct current stimulation on motor cortex excitability in humans. *The Journal of Physiology, 591*(7), 1987–2000.

Bikson, M., Grossman, P., Thomas, C., Zannou, A. L., Jiang, J., Adnan, T., Mourdoukoutas, A. P., Kronberg, G., Truong, D., & Boggio, P. (2016). Safety of transcranial direct current stimulation: Evidence based update 2016. *Brain Stimulation, 9*, 641–661.

Boggio, P., Nunes, A., Rigonatti, S., Nitsche, M. A., Pascual-Leone, A., & Fregni, F. (2007). Repeated sessions of noninvasive brain DC stimulation is associated with motor function improvement in stroke patients. *Restorative Neurology and Neuroscience, 25*(2), 123–129.

Bossert, J. M., Poles, G. C., Wihbey, K. A., Koya, E., & Shaham, Y. (2007). Differential effects of blockade of dopamine D1-family receptors in nucleus accumbens core or shell on reinstatement of heroin seeking induced by contextual and discrete cues. *Journal of Neuroscience, 27*(46), 12655–12663.

Creutzfeldt, O., Fromm, G., & Kapp, H. (1962). Influence of transcranial d-c currents on cortical neuronal activity. *Experimental Neurology, 5*, 436–452.

Darkow, R., & Flöel, A. (2018). Gleichstromstimulation in der Aphasietherapie. *Neurol Rehabil, 24*(2), 117–129.

Darkow, R., Martin, A., Würtz, A., Flöel, A., & Meinzer, M. (2017). Transcranial direct current stimulation effects on neural processing in post-stroke aphasia. *Human Brain Mapping, 38*(3), 1518–1531.

Darkow, R., Faust, J., & Kroker, C. (2024). *Leitfaden zur Elektrotherapie in der Logopädie*. Schulz-Kirchner Verlag.

Edel, H. (1991). *Fibel der Elektrodiagnostik und Elektrotherapie* (6. Aufl.). Verlag Gesundheit. ISBN 3-333-00582-4.

Ferrucci, R., Ruggiero, F., Mameli, F., Bocci, T., & Priori, A. (2023). Transcranial direct current stimulation (tDCS). In M. Grimaldi, E. Brattico, & Y. Shtyrov (Hrsg.), *Language electrified. Neuromethods* (Bd. 202). Humana.

Galvez, V., Alonzo, A., Martin, D., & Loo, C. (2012). Transcranial direct current stimulation treatment protocols: Should stimulus intensity be constant or incremental over multiple sessions? *International Journal of Neuropsychopharmacology, 16*(1), 13–21.

Homan, R., Herman, J., & Purdy, P. (1987). Cerebral location of international 10–20 system electrode placement. *Electroencephalography and Clinical Neurophysiology, 66*(4), 376–382.

Kolmos, M., Madsen, M., Liu, M., Karabanov, A., Johansen, K., Thielscher, A., Gandrup, K., Lundell, H., Fuglsang, S., Thade, E., Christensen, H., Klingenberg Iversen, H., Siebner, H., & Kruuse, C. (2023). Patient-tailored transcranial direct current stimulation to improve stroke rehabilitation: Study protocol of a randomized sham-controlled trial. *Trials, 24*(1), 216.

Lagopoulos, J., & Degabriele, R. (2008). Feeling the heat: The electrode–skin interface during DCS. *Acta Neuropsychiatry, 20*, 98–100.

Lyer, M., Mattu, U., Grafman, J., Lomarev, M., Sato, S., & Wassermann, E. (2005). Safety and cognitive effect of frontal DC brain polarization in healthy individuals. *Neurology, 64*(5), 872–875.

Miranda, P. C., Lomarev, M., & Hallett, M. (2006). Modeling the current distribution during transcranial direct current stimulation. *Clinical Neurophysiology, 117*(7), 1623–1629.

Monte-Silva, K., Kuo, M., Hessenthaler, S., Fresnoza, S., Liebetanz, D., Paulus, W., & Nitsche, M. A. (2013). Induction of late LTP-like plasticity in the human motor cortex by repeated non-invasive brain stimulation. *Brain Stimulation, 6*(3), 424–432.

Nitsche, M. A., & Paulus, W. (2011). Transcranial direct current stimulation – Update 2011. *Restorative Neurology and Neuroscience, 29*, 463–492.

Nitsche, M. A., Liebetanz, D., Lang, N., Antal, A., Tergau, F., & Paulus, W. (2003). Safety criteria for transcranial direct current stimulation (tDCS) in humans. *Clinical Neurophysiology, 114*, 2220–2222.

Nitsche, M. A., Doemkes, S., Karaköse, T., Antal, A., Liebetanz, D., Lang, N., Tergau, F., & Paulus, W. (2007). Shaping the effects of transcranial direct current stimulation of the human motor cortex. *Journal of Neurophysiology, 97*(4), 3109–3117.

Nitsche, M. A., Cohen, L., Wassermann, E. M., Priori, A., Lang, N., Antal, A., et al. (2008). Transcranial direct current stimulation: State of the art. *Brain Stimulation, 1*, 206–223.

Oostenveld, R., & Praamstra, P. (2001). The five percent electrode system for high-resolution EEG and RP measurements. *Clinical Neurophysiology, 112*(4), 713–719.

Purpura, D. P., & McMurtry, J. G. (1965). Intracellular activities and evoked potential changes during polarization of motor cortex. *Journal of Neurophysiology, 28*, 166–185.

Rush, S., & Driscoll, D. A. (1968). Current distribution in the brain from surface electrodes. *Anesthesia and Analgesia, 47*(6), 717–723.

Siebner, H. R., & Ziemann, U. (2007). *Das TMS-Buch – Handbuch der transkraniellen Magnetstimulation*. Springer.

Yoon, M., Park, H., Yoo, Y., Oh, H., Im, S., Kim, T., & Lim, S. (2024). Electric field simulation and appropriate electrode positioning for optimized transcranial direct current stimulation of stroke patients: An in silico model. *Scientific Reports, 14*(1), 2850.

Yuen, T., Williman, A., Bullara, L., Jacques, S., & McCreery, D. (1981). Histological evaluation of neural damage from electrical stimulation. *Neurosurgery, 9*(3), 292–299.

Zschocke, S., & Hansen, H. C. (2023). Methodische Grundlagen. Elektroden und EEG-Geräte. In S. Zschocke & H. C. Hansen (Hrsg.), *Klinische Elektroenzephalographie*. Springer.

tES-basierte Interventionen zur Verbesserung der kognitiven Kontrolle bei Sprachverarbeitungsstörungen

Alberto Pisoni, Eleonora Arrigoni und Costanza Papagno

Inhaltsverzeichnis

14.1 Aphasie und andere kognitive Defizite – 244
14.1.1 Die Natur nichtsprachlicher kognitiver Defizite bei Aphasie – 245
14.1.2 Nichtsprachliche Defizite bei Patienten:innen mit Aphasie und Kommunikationsfähigkeiten – 246
14.1.3 Nichtsprachliche Defizite bei Patienten:innen mit Aphasie und deren Einfluss auf die Rehabilitation – 247

14.2 Aphasiebehandlung und NIBS – 250

14.3 tES und nichtsprachliche Rehabilitation – 252
14.3.1 Aufmerksamkeit – 252
14.3.2 Exekutivfunktionen – 255
14.3.3 Gedächtnis – 258

14.4 Schlussfolgerung – 262

Literatur – 262

Das vorliegende Kapitel wurde vom Englischen ins Deutsche übersetzt. Die Übersetzung wurde mit künstlicher Intelligenz erstellt und anschließend vom Herausgeber inhaltlich geprüft und überarbeitet.

© Der/die Autor(en), exklusiv lizenziert an Springer-Verlag GmbH, DE, ein Teil von Springer Nature 2025
K. Sidiropoulos (Hrsg.), *Transkranielle Gleichstromstimulation bei Aphasien und erworbenen Sprechstörungen*, https://doi.org/10.1007/978-3-662-70454-7_14

14.1 Aphasie und andere kognitive Defizite

Die Frage, ob Sprache eine eigenständige Funktion darstellt oder eng mit anderen kognitiven Domänen zusammenhängt, wird seit Langem diskutiert. Frühe Hypothesen gehen auf das 19. Jahrhundert zurück, als Broca und Wernicke bereits die Existenz spezifischer mentaler Fähigkeiten für die Sprachproduktion und das Sprachverständnis annahmen (Head, 1926). Die Vorstellung z. B., dass Patienten:innen nach einer Läsion der hinteren oder vorderen Teile der linken Hemisphäre eher isolierte Defizite bei den sensorischen oder motorischen Bildern (d. h. Repräsentationen) von Wörtern aufwiesen, lieferte eine wesentliche Unterstützung für eine lokalisationistische Sichtweise der Sprache und potenziell aller Aspekte des menschlichen Geistes. In der Tat wurden neben Defiziten bei der Sprachdecodierung oder -produktion auch Fälle von eher isolierten Defiziten beim Lesen (Alexie) und Schreiben (Agrafie) sowie andere Syndrome beschrieben, die visuell-räumliche oder mnestische Funktionen betrafen. Nach der Kritik an den pseudowissenschaftlichen Berichten der Phrenologen entwickelten zur selben Zeit einige Wissenschaftler ein alternatives Konzept zur Struktur und Funktionsweise des menschlichen Geistes.

Nach ihrer Ansicht sollte Sprache nicht als isolierte menschliche Fähigkeit betrachtet werden, sondern als integraler Bestandteil des menschlichen Geistes, der ohne klare Trennung zwischen beiden verstanden, beschrieben und behandelt werden sollte. Hughling-Jackson (1878) war der Ansicht, dass Sprachstörungen auf eine Verringerung der „intellektuellen Ausdrucksfähigkeit" zurückzuführen sind, was heute als kognitive Reserve bezeichnet wird. Seiner Auffassung nach beeinträchtigten neuronale Schäden den Geist als Ganzes und nicht nur die sprachlichen Fähigkeiten. Sprachstörungen entstehen gerade aufgrund der hohen Komplexität sprachlicher Prozesse, wodurch Sprache zu einem der störanfälligsten Aspekte menschlichen Verhaltens machte. Eine noch radikalere Ansicht vertrat Marie (1906), indem er das Fehlen spezifischer sprachlicher Defizite bei nichtflüssiger Aphasie postulierte. Er führte die Beeinträchtigung der Sprachproduktion dieser Patienten:innen auf eine schwere Form der Anarthrie zurück, während er bei flüssig sprechenden PmA eine verminderte intellektuelle Leistungsfähigkeit feststellte.

Um klinische Beobachtungen mit der vorhandenen Literatur in Einklang zu bringen, wurden später neue Ansätze zur Beziehung zwischen Sprache und anderen kognitiven Funktionen vorgeschlagen. So stellte Head (1926) das Konzept eines selektiven Sprachdefizits infrage, da betroffene Patienten:innen in der Regel inkonsistente Leistungen zeigten. Ein Patient konnte an einem Tag eine sprachliche Aufgabe nicht bewältigen, während er am nächsten Tag erfolgreich war. Head argumentierte, dass Patienten:innen mit nichtflüssiger Aphasie nicht nur an schwerer Anarthrie litten, sondern auch an einem Defizit im symbolischen Denken. Angesichts der Komplexität sprachlicher Störungen und der vielfältigen Nuancen in klinischen Beobachtungen verzichteten viele Kliniker darauf, diese Phänomene in die damals begrenzte Taxonomie einzuordnen. Ein neuerer Ansatz zur Untersuchung von Sprachdefiziten ermöglichte eine systematischere und umfangreichere Analyse. Während die Methodik für ältere Patienten:innen mit vaskulären Läsionen zu anspruchsvoll erschien, konnte sie erfolgreich auf eine neue Gruppe von PmA angewendet werden: jüngere, verletzte Soldaten, die bereit waren, sich einer detaillierten Untersuchung zu unterziehen. In seiner umfassenden Arbeit schlug Head vor, dass die Intelligenz von PmA zwar nicht direkt durch die Läsion beeinträchtigt sei, jedoch ihre Fähigkeit zu denken (Intellekt), da die Interaktion zwischen symbolischem Denken, Gedächtnis, logischem Denken und Sprachproduktion vermindert war.

Aufbauend auf diesen gegensätzlichen Ansätzen entwickelten Geschwind und seine Mitarbeiter in der zweiten Hälfte des 20. Jahrhunderts eine neue Taxonomie sowie ein diagnostisches Instrument zur Identifizierung der Art und des Ausmaßes von Defiziten bei PmA sowie eine breitere und genaueren Definition der zugrunde liegenden zerebralen Läsionen (Geschwind, 1965, 1970). Dies ermöglichte eine bessere Charakterisierung der Merkmale von Sprachstörungen und deren Beziehung zu anderen kognitiven Funktionen. In der klinischen Praxis zeigt sich zudem häufig, dass PmA nicht nur sprachliche Defizite aufweisen, sondern auch in anderen kognitiven Bereichen beeinträchtigt sind, wobei diese Defizite mehr oder weniger subtil sein können. El Hachioui et al. (2013) berichteten beispielsweise, dass 88 % einer Stichprobe von 147 PmA drei Monate nach dem Schlaganfall in mindestens einem nonverbalen kognitiven Bereich beeinträchtigt waren. Bei 80 % der Patienten:innen bestanden diese Defizite auch nach einem Jahr fort.

Fonseca und Kollegen (2017) führten eine systematische Untersuchung zur Häufigkeit und zum Profil kognitiver Beeinträchtigungen bei Schlaganfallpatienten mit Aphasie durch, um geeignete Diagnoseinstrumente für die Erfassung ihrer kognitiven Defizite zu identifizieren. Dabei wurden 47 Studien ausgewertet, in denen die nonverbalen Leistungen von über 1700 PmA bewertet wurden, um deren kognitive Profile zu erfassen. Die Auswertung ergab, dass in den meisten Studien das visuelle Kurz- und Langzeitgedächtnis, die Aufmerksamkeit, die exekutiven Funktionen und das abstrakte Denken am häufigsten untersucht wurden. In 61 % der Studien zeigten PmA schlechtere Leistungen als gesunde Kontrollpersonen. Dieser Prozentsatz sank auf 29 %, wenn die Kontrollgruppe aus Schlaganfallpatienten ohne Aphasie bestand. Weitere Analysen ergaben, dass Personen mit nichtflüssiger Aphasie in Gedächtnis-, Exekutivfunktions- und Aufmerksamkeitstests schlechtere Leistungen erbrachten, während Patienten:innen mit flüssiger Aphasie vor allem bei Gedächtnistests Defizite aufwiesen. Ein weiterer bemerkenswerter Unterschied zwischen Schlaganfallpatienten mit und ohne Aphasie war das Auftreten höherer Depressionswerte bei PmA, die jedoch nicht mit den nonverbalen kognitiven Defiziten korrelierten (Fonseca et al., 2017). Yao und Kollegen (2020) bestätigten diese Ergebnisse und wiesen insbesondere auf den stärkeren Schweregrad der nonverbalen Defizite bei Patienten:innen mit nichtflüssiger Aphasie hin.

14.1.1 Die Natur nichtsprachlicher kognitiver Defizite bei Aphasie

Verschiedene Theorien wurden vorgeschlagen, um zu erklären, warum und wie nichtsprachliche Defizite bei PmA auftreten. Diese Defizite entstehen entweder durch funktionelle Überschneidungen zwischen sprachlichen und anderen kognitiven Prozessen oder aufgrund der räumlichen Nähe der kortikalen Regionen, die an sprachlichen und anderen kognitiven Funktionen beteiligt sind. Diese Theorien variieren je nach untersuchten nichtsprachlichen kognitiven Funktionen. Einige dieser kognitiven Funktionen – etwa das logische Denken und das Kurzzeitgedächtnis – stehen in engerem Zusammenhang mit der Ausführung sprachlicher Prozesse. Andere hingegen, wie Aufmerksamkeit, kognitive Kontrolle und exekutive Funktionen, scheinen vor allem durch die anatomische Nähe jener Hirnareale beeinflusst zu werden, die sowohl an sprachlichen als auch an nichtsprachlichen Prozessen beteiligt sind. Dennoch herrscht selbst innerhalb einzelner kognitiver Domänen Uneinigkeit darüber, in welcher Weise sprachliche und nichtsprachliche Defizite miteinander verknüpft sind.

Es ist wichtig zu betonen, dass Studien, welche die Wechselwirkungen zwischen sprachlichen und nichtsprachlichen kognitiven Bereichen im gesunden Gehirn untersuchen, nur begrenzt Aufschluss darüber geben können, wie diese nichtsprachlichen Defizite die Leistung bei PmA beeinflussen. Dies liegt daran, dass betroffene Personen allgemeine Funktionen wie Aufmerksamkeit und kognitive Kontrolle anders einsetzen müssen, um sprachliche Aufgaben zu bewältigen. Um die Natur dieser Defizite besser zu verstehen, sind daher gezielte Studien erforderlich, die sich speziell mit den kognitiven Prozessen bei PmA befassen.

Die erste in der Literatur vorgeschlagene funktionelle Erklärung unterstützt weitgehend die Auffassung, dass Sprache und andere kognitive Funktionen mehrere gemeinsame funktionelle Komponenten aufweisen und daher bei einem Patienten:innen gleichzeitig beeinträchtigt sein können. In diesem Zusammenhang wurden zwei unterschiedliche Hypothesen formuliert: Zum einen betrachteten einige Autoren Sprachdefizite bei PmA als einen Teilaspekt eines übergeordneten kognitiven Defizits, das durch die zerebrale Läsion hervorgerufen wird. In diesem Modell werden nonverbale Defizite als Ausdruck einer reduzierten kognitiven Reserve interpretiert. Andere Autoren hingegen führen die nonverbalen Einschränkungen bei PmA auf eine beeinträchtigte verbale Vermittlung höherer kognitiver Funktionen zurück – etwa des logischen Denkens oder Problemlösens –, die für die erfolgreiche Ausführung von derartigen Aufgaben grundlegend sind (für eine Übersicht s. Gainotti, 2014).

Die anatomische Erklärung führt das Auftreten nichtsprachlicher Defizite bei Aphasikern auf die räumliche Nähe der betroffenen Läsionsareale zurück. Kognitive Kontrollfunktionen, Aufmerksamkeit, praktische Fertigkeiten sowie komplexere Fähigkeiten wie logisches Denken und Problemlösen haben ihre neuronalen Korrelate in Regionen, die entweder in der Nähe der bei Aphasikern typischerweise betroffenen Areale liegen oder sich mit diesen überschneiden, nämlich in den linken perisylvischen und frontalen Regionen. Dies kann zu einer schlechteren Leistung bei Aufgaben führen, die diese Funktionen bei PmA erfordern, im Vergleich zu nichtaphasischen Patienten:innen. Studien, die diese Hypothese unterstützen, basieren auf systematischen neuropsychologischen Bewertungen verschiedener kognitiver Funktionen bei PmA. Diese Untersuchungen zeigen, dass keine durchgängige Korrelation zwischen den sprachlichen Fähigkeiten und der Leistung bei nonverbalen Aufgaben besteht. Daher könnte das gleichzeitige Auftreten nichtsprachlicher Beeinträchtigungen eher durch die anatomische Nähe als durch funktionelle Überlappung erklärt werden (vgl. Basso et al., 1973; De Renzi et al., 1972; Mesulam, 1990; für eine Übersicht s. Fedorenko & Varley, 2016).

Aktuelle Fortschritte in der Neurobildgebung haben neue Möglichkeiten eröffnet, die potenzielle Beziehung zwischen sprachlichen und nichtsprachlichen Defiziten bei PmA zu untersuchen. Mithilfe der Analyse individueller Leistungsmuster von PmA und nichtaphasischen Patienten:innen durch voxelbasiertes Läsions-Symptom-Mapping (VLSM) (▶ Abschn. 5.1.3) und eine voxelbasierte Korrelationsmethodik (VBCM) wird deutlich, dass nonverbale Leistungseinbußen bei PmA zwar teilweise durch die räumliche Nähe der Läsionen zu sprachrelevanten Arealen erklärbar sind, jedoch auch eine funktionale Überlappung sprachlicher und nichtsprachlicher Prozesse eine wesentliche Rolle spielt. Insbesondere weisen Studien auf systematische Zusammenhänge zwischen verbalen und nonverbalen Defiziten in Bereichen wie dem verbalen Kurzzeitgedächtnis (Sidiropoulos et al., 2015; Pisoni et al., 2019), der Aufmerksamkeit (Schumacher et al., 2019), den exekutiven Funktionen (Baldo et al., 2005; Schumacher et al., 2019) und der Problemlösung (Baldo et al., 2005, 2010) hin.

14.1.2 Nichtsprachliche Defizite bei Patienten:innen mit Aphasie und Kommunikationsfähigkeiten

Die Sprache ist zwar ein zentraler Bestandteil menschlicher Interaktion, aber funktionale Kommunikation beinhaltet auch andere Arten von nonverbalen Fähigkeiten wie Gestik, Mimik, Körperhaltung und Zeichen. Diese Formen der Kommunikation gehen über den reinen verbalen Austausch hinaus. Daher können zusätzliche nonverbale Defizite bei PmA ihre Kommunikationsfähigkeiten weiter einschränken. Diese sind entscheidend für den Rehabilitationsprozess, da neben der Wiederherstellung sprachlicher Leistungen auch die Verbesserung der Teilnahme an zwischenmenschlicher Kommunikation und der Selbstständigkeit im Alltag im Fokus steht. In jüngster Zeit wird zunehmend die funktionale

Kommunikationsfähigkeit von PmA evaluiert. Es ist wichtig zu verstehen, wie diese Fähigkeit sowohl mit sprachlichen als auch nichtsprachlichen kognitiven Funktionen zusammenhängt. Tests wie Scenario (van der Meulen et al., 2010) und Communication Activities of Daily Living (CADL-2; Holland et al., 1999) messen sowohl verbale als auch nonverbale Leistungen, um die Effizienz der Kommunikation in alltäglichen Situationen zu bewerten. Diese Ansätze ermöglichen eine objektivere und praxisnähere Einschätzung der Kommunikationsfähigkeiten der PmA. Ein weiterer Ansatz - das Communication Outcome After Stroke (COAST; Long et al., 2009) - bewertet die Kommunikationsfähigkeit aus mehreren Perspektiven. Dieses Verfahren bezieht neben der funktionalen Kommunikation auch Aspekte der Lebensqualität ein, ist jedoch stärker subjektiv geprägt, da es auf den Einschätzungen von Patienten:innen, Angehörigen und Therapeuten beruht.

Bei PmA stehen die Messungen der funktionalen Kommunikationsfähigkeit oft in engem Zusammenhang mit den sprachlichen Fähigkeiten, da Sprache das primäre Medium zur Informationsübermittlung ist. Neuere Forschung konzentrierte sich jedoch verstärkt auf die Beziehung der verbalen zu nonverbalen Beeinträchtigungen. Fridriksson et al. (2006) fanden heraus, dass die Ergebnisse der funktionalen Kommunikation, gemessen bei 25 PmA mit dem American Speech-Language Hearing Association Functional Assessment of Communication Skills for Adults (ASHA FACS; Frattali et al., 1995), sowohl mit sprachlichen Tests (BEST 2; West et al., 1998) als auch mit nonverbalen Tests, wie dem Wisconsin Card Sorting Test (WCST 64; Kongs et al., 2000) und dem Color Trails Test (CTT; D'Elia et al., 1996), korrelierten, während die sprachlichen und nonverbalen Tests untereinander keine Korrelation zeigten.

Ähnlich testeten Schumacher et al. (2020) 37 PmA und fanden heraus, dass phonologische Fähigkeiten mit allen Maßen der funktionalen Kommunikation korrelierten, sowohl verbal (gemessen mit dem Amsterdam Nijmegen Everyday Language Test, ANELT; Blomert et al., 1994) als auch nonverbal (gemessen mit dem Scenario-Test und dem COAST). Darüber hinaus korrelierten nonverbale Parameter funktionaler Kommunikation mit exekutiven Kontrollfunktionen, insbesondere solchen, die für den Aufgabenwechsel erforderlich sind (Schumacher et al., 2019). Diese Beziehung scheint mit Läsionen in den dorsalen tempero-parieto-okzipitalen Regionen zusammenzuhängen. Wie auch in anderen klinischen Studien berichtet (Olsson et al., 2019), scheinen nonverbale Fähigkeiten einen stärkeren Einfluss auf die funktionale Kommunikation zu haben, insbesondere bei Patienten:innen mit schweren Sprachstörungen. Dies deutet darauf hin, dass eine gezielte Behandlung nonverbaler Fähigkeiten in der Rehabilitation zu einem besseren funktionalen Ergebnis führen kann.

14.1.3 Nichtsprachliche Defizite bei Patienten:innen mit Aphasie und deren Einfluss auf die Rehabilitation

Nichtsprachliche Funktionen wie Gedächtnis oder Aufmerksamkeit beeinflussen bei PmA nicht nur ihre Fähigkeit zur funktionalen Kommunikation, sondern auch den Erfolg von Rehabilitationsprogrammen, die darauf abzielen, ihre Kommunikationsfähigkeiten zu verbessern. Allerdings gibt es in der wissenschaftlichen Literatur nur wenige Belege dafür, wie stark nichtsprachliche Leistungen diese Kommunikationsfähigkeit tatsächlich beeinflussen. Frühe Berichte hoben hervor, dass Defizite in exekutiven Funktionen, episodischem und Arbeitsgedächtnis, logischem Denken und Aufmerksamkeit den Erfolg der Sprachtherapie beeinträchtigen können (Seniów et al., 2009). Die Rolle dieser Funktionen in der Rehabilitation wurde mit der Fähigkeit in Verbindung gebracht, sich auf das während der Rehabilitation präsentierte Material zu konzentrieren, sich Gegenstände zu merken und sie zu manipulieren.

In einer Studie von Seniów et al. (2009) wurden die verbalen Fähigkeiten (gemessen mit der Boston Diagnostic Aphasia Examination, BDAE, Goodglass & Kaplan, 1972), das logische Denken (Standard Progressive Matrices, Raven et al., 1983) und das visuell-räumliche Arbeitsgedächtnis (Benton Visual Retention Test, BVRT, Benton, 1974) bei 78 Personen mit Aphasie vor und nach der Sprachtherapie untersucht. Die semantischen, phonologischen und syntaktischen Fähigkeiten wurden ebenfalls berücksichtigt. Die Ergebnisse zeigen, dass PmA im Vergleich zu altersgleichen gesunden Kontrollen sowohl bei verbalen als auch nonverbalen Tests schlechter abschnitten. Außerdem korrelierte der Erfolg der Sprachtherapie mit der Punktzahl bei den Arbeitsgedächtnistests, jedoch nicht mit der der Standard Progressive Matrices.

In einer neueren Studie analysierten Van de Sandt-Koenderman und Kollegen (2008) die kognitive Einflussfaktoren auf den Therapieerfolg bei 58 Patienten:innen. Die eingesetzte Testbatterie war breiter angelegt und umfasste fünf Dimensionen:
1. Sprachlich (Aachener Aphasie Test, Huber et al., 1983; ANELT)
2. Somatisch (Art des Schlaganfalls, Größe und Lage der Läsion)
3. Neuropsychologisch (Semantik, Kurzzeit- und Langzeitgedächtnis, exekutive Funktionen, visuell-räumliche Exploration, Praxis, logisches Denken und Aufmerksamkeit)
4. Psychosozial (emotionale Verfassung, Motivation, psychologische Stressoren)
5. Sozioökonomisch (Bildung, Beruf, Hobbys)

Die Verbesserung der sprachlichen Fähigkeiten, insbesondere bei der funktionalen Kommunikation, wurde durch neuropsychologische Faktoren erklärt, vor allem durch nonverbale Fähigkeiten wie Aufmerksamkeit und Gedächtnis sowie exekutive Funktionen. Die Autoren schlugen vor, dass Gedächtnisfähigkeiten entscheidend für den Erwerb neuer sprachlicher Fähigkeiten und Fertigkeiten sind, während exekutive Funktionen die Anwendung der Therapieerfolge im Alltag unterstützen und kompensatorische Strategien erleichtern. Eine Studie von Dignam et al. (2017) bestätigte die zentrale Rolle des Gedächtnisses bei der Sprachtherapie, insbesondere des verbalen Kurzzeitgedächtnisses bei der Generalisierung der Therapieerfolge sowohl direkt nach der Behandlung als auch nach einem Monat. Ebenso zeigten Lambon-Ralph und Kollegen (2010), dass sowohl sprachliche als auch kognitive Faktoren, einschließlich Aufmerksamkeit, exekutiver Funktionen und verbalen Kurzzeitgedächtnisses, die Erholungsrate von PmA vorhersagen und insbesondere dass diese beiden Prädiktoren unabhängig voneinander waren. Entscheidend ist auch, dass die spontane Erholung in den ersten zwölf Monaten nach der Erkrankung negativ mit dem Ausmaß der nonverbalen kognitiven Defizite korreliert (El Hachioui et al., 2013).

Es ist bemerkenswert, dass Neuroimaging-Studien die aktive Rolle allgemeiner kognitiver Funktionen in der Aphasierehabilitation belegen. Fridriksson et al. (2007) verwendeten die fMRT, um die durch eine Benennaufgabe induzierten metabolischen Veränderungen bei drei PmA sowie einer Kontrollgruppe zu untersuchen. Die Ergebnisse zeigten, dass bei den gesunden Kontrollpersonen die Aktivität in motorischen, prämotorischen, dem linken inferioren frontalen Gyrus und linken posterioren perisylvischen Regionen zunahm. Bei den PmA stieg die Aktivität jedoch in nicht-sprachlichen Regionen, darunter im bilateralen Precuneus (Teil des Default Mode Network; ▶ Kap. 9), im rechten posterioren Thalamus und im entorhinalen Kortex. Diese frühen Befunde deuten darauf hin, dass die Erholung bei Aphasie von Hirnarealen abhängt, die mit Gedächtnis, Aufmerksamkeit und der Integration verschiedener Modalitäten verbunden sind, und zwar unabhängig von sprachlichen Prozessen. Diese nicht-sprachliche Prozesse könnten das Ergebnis kompensatorischer Mechanismen sein, die darauf abzielen, die durch die Schädigung der neuronalen Netzwerke verursachten Defizite auszugleichen.

Es sollte jedoch beachtet werden, dass selbst im gesunden Gehirn verschiedene sprachliche Aufgaben die Rekrutierung von Arbeitsgedächtnis, Aufmerksamkeitsressourcen und kognitiver Kontrolle erfordern. Frühere fMRT-Studien haben gezeigt, dass Hirnareale, die für höhere kognitive Funktionen wie Planung und Exekutivfunktionen verantwortlich sind, eng mit den Bereichen des Gehirns zusammenarbeiten, die für die Sprachverarbeitung zuständig sind. Diese Zusammenarbeit ermöglicht eine effiziente Sprachverarbeitung, z. B. beim Satzverständnis und bei der syntaktischen Verarbeitung (Deldar et al., 2020). Eine hohe sprachliche Komplexität erhöht im Allgemeinen die kognitive Belastung und den Bedarf an Aufmerksamkeits- und Exekutivressourcen. Auf neuronaler Ebene führt dies häufig zu einer Verschiebung hin zur rechtshemisphärischen Verarbeitung und zu einer stärkeren Rekrutierung bilateraler präfrontaler und frontoparietaler Regionen. Darüber hinaus wurde eine erhöhte Beteiligung von subkortikalen Strukturen, insbesondere der Basalganglien (z. B. N. Caudatus), sowie der prämotorischen Areale (z. B. prä-SMA) beobachtet und mit der Verarbeitung von hochkomplexen sprachlichen Komponenten in Verbindung gebracht. Daher könnte die beobachtete erhöhte Aktivierung nichtsprachlicher Regionen bei PmA während der Sprachverarbeitung ein minimaler Hinweis darauf sein, dass selbst einfache sprachliche Aufgaben nach einer Hirnschädigung zu einer stärkeren Rekrutierung kognitiver Ressourcen in beiden Hemisphären führen können. Folglich könnten PmA zusätzliche kognitive Strategien einsetzen, um die Sprachverarbeitung über alternative neuronale Pfade zu steuern, die mit der regulären Funktion des Sprachnetzwerks interagieren.

Die Hypothese, dass funktionelle Aufmerksamkeits- und Exekutivnetzwerke an der Genesung von Aphasie beteiligt sind, wurde von Geranmayeh und Kollegen (2014) in einer Übersicht über die Neuroimaging-Ergebnisse zu diesem Thema untermauert. Die Autoren konzentrieren sich insbesondere auf die mögliche Erklärung, die klassischerweise der erhöhten Aktivierung rechtshemisphärischer homologer Regionen während der spontanen oder posttherapeutischen Aphasieerholung zugeschrieben wird (▶ Abschn. 5.2.2 und 10.2). Diese Veränderungen werden in der Regel als eine Verlagerung der Sprachfunktionen in den entsprechenden Bereich der gegenüberliegenden (kontralateralen/homotopen) Gehirnhälfte oder als eine Verringerung der Hemmung dieser Regionen durch die linksseitigen Spracheareale über das Corpus callosum interpretiert.

Im Kontext der Genesung werden diese rechtshemisphärischen und Mittellinienaktivierungen in der Regel mit schlechteren funktionellen Ergebnissen in Verbindung gebracht, während eine „Rückkehr" zu einer linkslateralisierten funktionellen Aktivität mit einer besseren Genesung verbunden ist (Saur, 2006; Saur & Hartwigsen, 2012). Im Gegensatz dazu argumentieren Geranmayeh und Kollegen:innen überzeugend, dass die erhöhten Aktivierungen in mittleren und kontralateralen Gehirnregionen bei Personen mit Aphasie das Ergebnis einer verstärkten Aktivierung von nonverbalen Netzwerken sind. Die Netzwerke für die exekutive Kontrolle und die Aufmerksamkeit werden vermehrt eingesetzt, da sich Aphasiker bei Sprachaufgaben aufgrund der Beeinträchtigung sprachspezifischer Netzwerke stärker anstrengen müssen. Diese Hypothese, zusammen mit dem Nachweis, dass nonverbale Defizite die sprachliche Erholung bei PmA beeinflussen, deutet darauf hin, dass eine geringere Aktivierung von Aufmerksamkeits-, Gedächtnis- und Exekutivnetzwerken zu einer verminderten Erholung führen kann.

Diese Erkenntnisse ebnen den Weg für neue Ansätze in der Aphasierehabilitation: In der Tat könnte die Verbesserung der Funktion in nonverbalen Bereichen genauso wichtig sein wie die Beeinflussung sprachlicher Prozesse. Ein etwas anderes Bild zeigt sich jedoch bei der Betrachtung des langfristigen Genesungserfolgs. Meinzer und Kollegen (2010) fanden heraus, dass die kurzfristige Verbesserung der Benennleistungen, zwei Wochen nach der Behandlung mit einer erhöhten Aktivierung bilateraler parahippocampaler und hippocampaler Regionen einherging. Dies deutet auf eine starke Beteiligung von Gedächtnisfunktionen in dieser Phase hin. Zusätzlich wurde die Erholung der Benennleistung durch die Aktivierung des rechten

Precuneus und des Zingulums unterstützt, die vermutlich an internen kognitiven und Aufmerksamkeitsprozessen beteiligt sind.

Im Gegensatz dazu wurde der langfristige Genesungserfolg - acht Monate nach der Behandlung - mit einer erhöhten Aktivität im rechtshemisphärischen Wernicke-Homolog (BA21/22) sowie in periläsionalen temporalen Arealen der linken Hemisphäre assoziiert. Gleichzeitig zeigte sich eine verringerte Aktivität im linken SMA und rechten BA 40. Dieses Ergebnismuster könnte auf eine funktionelle Kompensation (erkennbar an der Zunahme der Aktivität) sowie auf eine Automatisierung von Sprachprozessen (erkennbar an der Abnahme der Aktivität) über einen längeren Zeitraum hinweg hinweisen. Die Befunde aus bildgebenden Studien weisen auf ein komplexes Zusammenspiel zwischen sprachlichen und nichtsprachlichen Funktionen bei PmA hin, welches die Genesung beeinflusst. Diese Interaktion zeigt sich in Aktivierungsmustern, die sowohl sprachspezifische als auch nichtsprachliche Hirnregionen betreffen.

Ein weiterer relevanter Aspekt für PmA, der ihre funktionalen Kommunikationsfähigkeiten und die Genesung beeinflusst, ist die häufige Komorbidität von Aphasie mit depressiven Symptomen. Depression nach Schlaganfall (Post Stroke Depression, PSD) tritt bei über 30 % der Schlaganfallüberlebenden auf (Mitchell et al., 2017) und betrifft bis zu 62 % der PmA. Sie kann unmittelbar nach dem Schlaganfall oder zu einem späteren Zeitpunkt auftreten und wird als eine Form der vaskulären Depression betrachtet (Ayerbe et al., 2013). Aktuelle Metaanalysen zeigen, dass PSD häufiger nach Läsionen im linken anterioren Kortex auftritt, insbesondere im linken dorsolateralen präfrontalen Kortex, welcher mit einer Verschlechterung der depressiven Symptomatik einhergeht (Grajny et al., 2016), obwohl es hierüber keine allgemeine Übereinstimmung besteht (s. z. B. Carson et al., 2000).

PSD wurde mit ausgeprägten kognitiven Defiziten, einer geringeren Lebensqualität und ungünstigeren Behandlungsergebnissen in Zusammenhang gebracht (Lenzi et al., 2008). Rehabilitationsprogramme bei schlaganfallbedingter Aphasie erfordern daher eine ganzheitliche Betrachtung aller mentalen Ressourcen der Patient:innen – einschließlich kognitiver, motivationaler und emotionaler Faktoren.

14.2 Aphasiebehandlung und NIBS

Wie bereits in diesem Kapitel dargelegt, wird die Genesung bei Aphasien durch eine Vielzahl von Faktoren beeinflusst, die sowohl die Patient:innen als auch die Therapie betreffen. Aufseiten der Patient:innen spielen funktionelle Aspekte der Erkrankung eine Rolle, darunter das Syndrom und der Schweregrad der Aphasie sowie begleitende nichtsprachliche Defizite. Hinzu kommen neurologische Variablen wie die Größe und Lokalisation der Hirnläsion sowie die spontane Erholung, die durch Mechanismen wie die Stabilisierung des Blutflusses, die Auflösung der Diaschisis oder die Wiederherstellung des Gleichgewichts zwischen exzitatorischen und inhibitorischen intra- und interhemisphärischen Aktivitäten gefördert wird.

Die Behandlung von Aphasie kann durch verschiedene Ansätze erfolgen, wobei die Sprach- und Sprechtherapie (Speech and Language Therapy, SLT) traditionell im Vordergrund steht. Wichtige Faktoren dabei sind der Zeitraum zwischen dem Auftreten des Defizits und dem Therapiebeginn sowie die externe Unterstützung durch das soziale Umfeld und das Pflegepersonal (▶ Abschn. 4.3). Obwohl sich jeder PmA in ihrem Profil unterscheidet und eine individualisierte Therapie erfordert, belegen Metaanalysen, dass eine ausreichend intensiv durchgeführte SLT wirksam ist. Allerdings erhalten viele Patient:innen aufgrund begrenzter Ressourcen im Gesundheitswesen keine adäquate Therapie, was besonders bei schweren Fällen oft nur zu einer teilweisen Genesung führt. Vor diesem Hintergrund zielen aktuelle Forschungsansätze darauf ab, innovative Interventionen zu entwickeln, die eine höhere Konsistenz und beschleunigte Fortschritte im Behandlungserfolg gewährleisten.

Da die Genesung von Aphasie mit der Wiederherstellung des Gleichgewichts zwischen periläsionaler Aktivität und kontraläsionaler Hemmung in Verbindung steht, wurden nichtinvasive Hirnstimulationstechniken (Non-invasive Brain Stimulation, NIBS) entwickelt, um diesen Prozess zu unterstützen und die Reorganisation der Sprachnetzwerke nach einem Schlaganfall zu fördern. Neuromodulationstechniken wie die transkranielle Magnetstimulation (TMS), insbesondere die repetitive TMS (rTMS) und die Theta-Burst-Stimulation (TBS), sowie die transkranielle elektrische Stimulation (tES), insbesondere die transkranielle Gleichstromstimulation (tDCS), zielen auf die Modulation der neuronalen Erregbarkeit sowie auf LTP- (Long-Term Potentiation) und LTD (Long-Term Depression)-ähnliche Mechanismen ab, um die spontane kortikale Aktivität zu beeinflussen (für eine ausführliche Diskussion der tES-Techniken s. ▶ Kap. 11, 12 und 13).

Die neuromodulatorischen Effekte von NIBS-Protokollen, insbesondere ihre Fähigkeit, die Plastizität des Gehirns zu beeinflussen, haben mehrere translationale Ansätze eröffnet. Diese Ansätze haben die Forschung im klinischen Bereich ermutigt, Standardtherapien zu ergänzen und die Behandlungsergebnisse bei Patienten:innen zu verbessern (für umfassende Übersichten s. Lefaucheur et al., 2014, 2017, 2020). Allerdings ist die Wirksamkeit von NIBS bei verschiedenen Pathologien, einschließlich Aphasie, weiterhin Gegenstand intensiver Diskussionen. Insbesondere hinsichtlich der Anwendung von NIBS als ergänzende (adjuvante) Behandlung bei Schlaganfallpatienten gibt es widersprüchliche Befunde über die Auswirkungen von hemmenden Protokollen, welche die Aktivierung in der gesunden kontraläsionalen Hemisphäre reduzieren, sowie exzitatorischen Protokollen, die die Aktivität in den periläsionalen Regionen der betroffenen Hemisphäre erhöhen. Insbesondere im Kontext der funktionellen Dynamik während der Aphasiegenesung bleibt offen, ob die Hyperaktivierung der rechten Hemisphäre einen kompensatorischen Nutzen hat oder vielmehr als maladaptive Reorganisation zu bewerten ist. Ob diese Aktivierung eher der Unterstützung nichtsprachlicher Prozesse zur Bewältigung sprachlicher Anforderungen dient, ist bislang nicht abschließend geklärt. In diesem Zusammenhang erscheint es fraglich, ob die gezielte Hemmung kontralateraler homologer Sprachregionen tatsächlich zu den angestrebten Verbesserungen der Sprachleistung führt. Dennoch gelten NIBS-Techniken, insbesondere in Kombination mit SLT, als vielversprechend für die Verbesserung der Sprachfähigkeiten nach einem Schlaganfall (Berube & Hillis, 2019). Studien zeigen, dass die tDCS und die TMS in der Lage sind, signifikante Verbesserungen, insbesondere bei Benennaufgaben, auch noch ein bis sechs Monate nach Behandlungsende aufrechtzuerhalten (Bucur & Papagno, 2019).

Die Metaanalysen weisen jedoch auf erhebliche Variabilitäten in Bezug auf Stimulationsprotokolle und Patientenmerkmale hin. Es wird berichtet, dass die rTMS in Kombination mit SLT bessere Ergebnisse liefert als die tDCS, insbesondere bei subakuten Fällen im Vergleich zu chronischen und bei nichtflüssiger Aphasie im Vergleich zu anderen aphasischen Syndromen. Die NIBS-Protokolle wurden auf verschiedenen Zielarealen, über unterschiedliche Zeiträume und mit variierenden Sitzungsanzahlen angewendet. Darüber hinaus variierten die Patientengruppen in ihrer Phase der Genesung (chronisch, subakut, akut), was die Interpretation der Ergebnisse erschwerte, da sowohl die SLT-Interventionen als auch die spontane Erholungsraten stark schwankten. Ein weiterer Faktor, der zur Variabilität der Behandlungsergebnisse beiträgt, ist die interindividuelle Differenz in Ausdehnung und Lokalisation der Läsionen, welche die Verteilung der durch neuromodulatorische Verfahren erzeugten elektrischen Felder maßgeblich beeinflusst – wodurch jedes Stimulationsprotokoll im Grunde patientenspezifisch ist. Um die Effekte der Protokolle zu standardisieren und sicherzustellen, dass die gleichen oder ähnlichen kortikalen Regionen stimuliert werden, sollte eine Modellierung der Interaktion zwischen den induzierten elektrischen Feldern und der individuellen Geometrie des Hirngewebes durchgeführt werden, um die Montagen und Zielregionen anzupassen. Dies wird jedoch selten gemacht (▶ Kap. 15).

Zukünftige Studien sollten sich verstärkt mit der Individualisierung von NIBS-Protokollen befassen, um die Wirksamkeit der Behandlung zu optimieren. Um die Auswirkungen von NIBS auf bestimmte sprachliche Aspekte zu quantifizieren und den Einfluss von soziodemografischen und therapiebezogenen Faktoren zu bewerten, führten Ding und Kollegen (2022) eine Bayes'sche Metaanalyse zur Aphasie-RCT durch, bei der NIBS als ergänzter Behandlungsansatz eingesetzt wurde. Dabei fanden sie heraus, dass niederfrequente rTMS über dem rechten inferioren frontalen Gyrus (IFG) den aphasischen Schweregrad am effektivsten verringerte, während die tDCS die beste Methode zur Verbesserung von Benennen, Spontansprache und Nachsprechen darstellte (kathodal im rechten und anodal im linken IFG). Faktoren wie die Dauer der Behandlung beeinflussten die Ergebnisse unterschiedlich, wobei längere Behandlungen insbesondere für das Benennen und die Spontansprache zu besseren Ergebnissen führten. Wie von den Autoren hervorgehoben, wurden jedoch die individuellen Läsionen bei der Zielplanung der Stimulation nicht berücksichtigt, was den Einfluss dieses wichtigen Faktors unzureichend quantifiziert.

Die Evidenzen für den Einsatz von NIBS zur Verbesserung einiger Aspekte der verbalen Kommunikation bei Menschen mit Aphasie sind nach wie vor begrenzt, wie aus systematischen Übersichtsarbeiten und Metaanalysen hervorgeht, die durchgeführt wurden, um die Variabilität zwischen den Studien zu minimieren und den besten therapeutischen Ansatz zu identifizieren. Während die Kombination von TMS mit Sprachtherapie gut belegt ist (Lefaucheur et al., 2014, 2020), sind die Belege für die Wirksamkeit von tDCS-Interventionen weniger robust. Es zeigte sich lediglich ein signifikanter Effekt auf wenige Aspekte der Sprache, wie die Benennfähigkeiten. Ein noch komplexeres Bild ergibt sich bei der Anwendung der tES zur Rehabilitation nonverbaler Defizite bei PmA. Für diesen Bereich gibt es nur wenige Studien, und die Forschung befindet sich noch in einem frühen Entwicklungsstadium.

14.3 tES und nichtsprachliche Rehabilitation

Angesichts der offensichtlichen Bedeutung nonverbaler Fähigkeiten für die Kommunikation und Genesung von Menschen mit Aphasie haben einige grundlegende Studien diese Fähigkeiten direkt durch Neuromodulationsprotokolle angesprochen, um eine allgemeine funktionelle Verbesserung bei diesen Patienten:innen zu erzielen. Obwohl die Anzahl der Forschungsarbeiten auf diesem Gebiet noch relativ gering ist, gibt es erste Hinweise darauf, dass NIBS und insbesondere die tES positive Auswirkungen auf einige nonverbale Funktionen und deren Einfluss auf die Sprache bei PmA haben könnten.

14.3.1 Aufmerksamkeit

Aufmerksamkeit wird als eine domänenübergreifende kognitive Funktion betrachtet, die sich auf die Ausführung sowohl sprachlicher als auch nichtsprachlicher Aufgaben auswirkt (z. B. Cohen, 2014; Villard & Kiran, 2015). Aufmerksamkeitsfunktionen spielen zweifellos eine zentrale Rolle für die erfolgreiche Verarbeitung von Sprache, da sie in zahlreiche kognitive Prozesse eingebunden sind, die der Kommunikation zugrunde liegen. So ermöglichen sie unter anderem die gezielte Auswahl und Filterung relevanter interner und externer Informationen, die Aufrechterhaltung kognitiven Engagements über längere sprachliche Aufgaben hinweg sowie die Vermittlung zwischen Kurzzeit- und Langzeitgedächtnis. Diese Teilfunktionen der Aufmerksamkeit beeinflussen direkt die Genauigkeit und Effizienz sprachlicher Leistungen. Darüber hinaus ist die Fähigkeit, sprachliche und nichtsprachliche Informationen parallel zu verarbeiten – wie es in realen Kommunikationssituationen häufig erforderlich ist –, entscheidend für eine funktionale, alltagsnahe Kommunikation. Gerade in solchen Kontexten sind komplexe Multitasking-Ressourcen gefragt, bei denen Aufmerksamkeit als koordinierende Instanz fungiert. In mehreren Studien wurden bei PmA Aufmerksamkeitsdefizite nachgewiesen – sowohl im Vergleich zu neurologisch unauffälligen Kontrollgruppen als auch zu nichtaphasischen Patient:innen (Fonseca et al., 2017; Murray, 1999, 2012).

Forschungen an gesunden Teilnehmern deuten darauf hin, dass Aufmerksamkeit bei der Sprachverarbeitung eine Rolle spielen kann, insbesondere wenn kontextbezogene Anforderungen die Komplexität der Aufgabe erhöhen und zusätzliche anhaltende oder selektive Aufmerksamkeitsressourcen erfordern (z. B. Jongman et al., 2015; Shtyrov et al., 2010). Bei PmA kann die Aufmerksamkeit, die als begrenzte Kapazität und bereichsübergreifende Ressource betrachtet wird, eine dominierende Rolle spielen. Da sprachliche Aufgaben für diese Patient:innen von Natur aus schwieriger sind, wird eine funktionale Erklärung der Sprachdefizite häufig direkt mit einem spezifischen Aufmerksamkeitsdefizit in Verbindung gebracht. In diesem Zusammnhang schlugen Hula und McNeil (2008) vor, dass spezifische Auffälligkeiten in der Sprachleistung von PmA auf Defizite bei der fokussierten Aufmerksamkeitssteuerung und der Auswahl relevanter Informationen zurückzuführen sein könnten – kognitive Prozesse, die wesentlich für eine erfolgreiche sprachliche Verarbeitung und Kommunikation sind. Zur Untermauerung ihrer Hypothese weisen die Autoren darauf hin, dass die sprachlichen Leistungen von PmA nicht nur vorübergehende und graduelle Beeinträchtigungen zeigen können, sondern – und das ist besonders bedeutsam – eine ausgeprägte intraindividuelle Variabilität zwischen einzelnen Sitzungen aufweisen.

Dieser Befund wurde auch in neueren Studien bestätigt, insbesondere im Vergleich mit Patient:innen, die unter anderen kognitiven Defiziten leiden (Villard & Kiran, 2015). Daher könnten die von Sitzung zu Sitzung variierenden sprachlichen Leistungen bei PmA eher auf eine Beeinträchtigung der Daueraufmerksamkeit hinweisen. Diagnostische Sprachuntersuchungen können bis zu zwei Stunden in Anspruch nehmen – ein Zeitraum, in dem eine instabile Aufmerksamkeit wahrscheinlicher als ein Defizit in der Ressourcenzuweisung erscheint. Letzteres würde sich eher darin äußern, dass Sprachaufgaben gar nicht oder nur unvollständig bearbeitet werden, nicht jedoch in wechselhaften Leistungsprofilen. Andere Forscher hingegen schlagen eine differenziertere Sichtweise vor: Aufmerksamkeitsdefizite könnten zwar die sprachlichen Leistungen verschlechtern, bilden jedoch nicht notwendigerweise den Kern des kognitiven Defizits bei PmA (z. B. Murray, 1999; Villard & Kiran, 2017).

Unabhängig von der laufenden Debatte über die Art der Beziehung zwischen Sprache und Aufmerksamkeitsdefiziten scheint die Literatur übereinstimmend über diese Defizite bei PmA zu berichten. Die Auswirkungen solcher Ausmerksamkeitsschwierigkeiten betreffen nicht nur die sprachlichen Defizite im engeren Sinne, sondern auch die kommunikativen Fähigkeiten und die funktionelle Erholung der PmA. Sprach- und Sprechtherapie erfordert in der Tat ein konsequentes Engagement der Patient:innen über lange Zeiträume. Diese Patient:innen müssen daher in der Lage sein, den Fokus ihrer Aufmerksamkeit aufrechtzuerhalten, sich auf die relevanten Reize der Aufgabe zu konzentrieren und ihre Ressourcen effektiv zu verteilen und zu nutzen, um eine Rehabilitationsmaßnahme erfolgreich abzuschließen. Daraus folgt, dass ein effizientes Aufmerksamkeitssystem eine wesentliche Voraussetzung für eine erfolgreiche Genesung ist. Tatsächlich konnte gezeigt werden, dass Aufmerksamkeitsleistungen sowohl prädiktiven Wert für die langfristige funktionelle Erholung bei PmA besitzen (Marcotte et al., 2013) als auch für den Therapieerfolg maßgebend sind (Lambon Ralph et al., 2010).

In der Regel wurde die Rolle der Aufmerksamkeit bei PmA und deren Auswirkung auf die Sprache mithilfe von Doppelaufgaben untersucht. Dabei verglich man die Leistung von PmA bei einer sprachlichen Hauptaufgabe – meist im Bereich des Sprachverständnisses oder der verbalen Produktion – unter zwei Bedingungen: zum einen bei isolierter Ausführung, zum anderen in Kombination mit einer zusätzlichen verbalen oder nonverbalen Aufgabe (Murray, 1999). Wären die sprachlichen Defizite rein sprachspezifischer Natur, müsste die Leistung in der Hauptaufgabe in beiden Bedingungen gleichermaßen beeinträchtigt sein. Die Ergebnisse zeigen jedoch, dass die Leistungen in der Doppelaufgabenbedingung bei PmA signifikant stärker abnehmen als bei nichtaphasischen Patient:innen oder gesunden Kontrollpersonen.

Eine alternative Möglichkeit, die Aufmerksamkeit bei PmA zu messen, besteht darin, das Sprachsystem zu umgehen und direkt nonverbale Aufmerksamkeitsaufgaben durchzuführen. In diesen schneiden die Patienten:innen schlechter ab als die Kontrollpersonen (z. B. Robin & Rizzo, 1989). Schließlich zeigten PmA bei Tests zur Bewertung von Erregung und Vigilanz sowohl in verbalen als auch in nonverbalen Kontexten Leistungseinbußen, was auf eine ausgeprägte Aufmerksamkeitsstörung in dieser Bevölkerungsgruppe hindeutet (Laures et al., 2003).

Ein häufiger Ansatz zur Behandlung der sprachlichen Schwierigkeiten von PmA besteht daher darin, auch die begleitenden Aufmerksamkeitsdefizite anzugehen, um ihre funktionelle Erholung zu verbessern. Ein wegweisender Nachweis wurde von Helm-Estabrooks (1998) erbracht, die eine Behandlung für PmA vorschlug, die auch Aufmerksamkeitsaufgaben umfasste. Sie zeigte, dass Verbesserungen in diesem und anderen kognitiven Funktionen positive Auswirkungen auf die sprachlichen Fähigkeiten der behandelten Patienten:innen hatten. Kürzlich berichteten Zhang et al. (2019), dass ein stufenweises Aufmerksamkeitstraining die Ergebnisse der Sprachtherapie bei PmA verbessern kann.

Bei Schlaganfallpatienten wurde die Behandlung von Aufmerksamkeitsdefiziten durch den Einsatz von tES-Protokollen, insbesondere der tDCS, in Kombination mit Rehabilitationsprogrammen unterstützt. Die Idee der Anwendung der tDCS zur Behandlung dieser Defizite basiert auf dem von Kinsbourne (1993) vorgeschlagenen Modell der interhemisphärischen Rivalität, wonach eine abnormale Hemmung periläsionaler Areale aufgrund der Aktivität kontralateraler homologer Areale mittels neuromodulatorischer Techniken ausgeglichen werden muss. Da Aufmerksamkeitsdefizite häufig durch rechtsparietale Läsionen verursacht werden, umfassen die gängigen Protokolle eine anodale Stimulation (atDCS, verstärkend) über diesen Bereichen, eine kathodale tDCS (ctDCS, hemmend) über den linksparietalen Regionen oder eine bilaterale Stimulation (rechts anodal/links kathodal) zur Wiederherstellung einer ausgewogenen interhemisphärischen Kommunikation.

Jüngste Metaanalysen haben gezeigt, dass dieser Ansatz besonders bei unilateralen räumlichen Neglect-Symptomen vorteilhaft ist, insbesondere durch anodale Stimulation des rechten posterioren parietalen Kortex (PPC), kathodale Stimulation des linken PPC oder duale Stimulation. Darüber hinaus belegen weitere Studien an Schlaganfallpatienten, dass die tDCS auch nichtlateralisierte Aufmerksamkeitsprozesse verbessern kann. Zum Beispiel berichteten Kang et al. (2009), dass die selektive Aufmerksamkeit in einer Go/No-Go-Aufgabe nach anodaler Stimulation des linken dorsolateralen präfrontalen Kortex (DLPFC) zunahm. In ähnlicher Weise fanden Park et al. (2013), dass die Leistung in einem kontinuierlichen Leistungstest durch bilaterale anodale Stimulation des DLPFC bei Schlaganfallpatienten moduliert wurde, was zu einer Verbesserung der Daueraufmerksamkeit in dieser Population führte. Diese Ergebnisse zeigen, dass die gezielte Beeinflussung verschiedener Knotenpunkte des Aufmerksamkeitsnetzwerks die Leistung bei spezifischen Aufmerksamkeitsprozessen bei Schlaganfallpatienten verbessern kann (Olgiati & Malhotra, 2022). Allerdings wurde dieser Ansatz hauptsächlich bei nichtaphasischen Schlaganfallüberlebenden angewandt, oder es wurde zumindest keine Sprachbewertung vor und nach der Behandlung durchgeführt.

Ausgehend von dieser Prämisse haben nur wenige Studien mit tES direkt die Rolle des Aufmerksamkeitsnetzwerks bei sprachlichen Defiziten oder deren Erholung untersucht. Kürzlich verfolgten Pisano et al. (2022) einen solchen Ansatz und berichteten über vielversprechende Ergebnisse. Sie rekrutierten zehn Patienten:innen mit schwerer nichtflüssiger Aphasie mit minimalem bis keinem verbalen Output. Sie führten eine umfassende neuropsychologische Testbatterie durch, die standardisierte Sprachtests (EDL, BADA, Token-Test), Tests zu Kommunikationsaktivitäten des täglichen Lebens (CADL-2), einen visuellen Suchtest, den Corsi-Test für das räumliche Kurzzeitgedächtnis und den Tower of London umfasste. Bei diesem Baseline-Test erzielten die Patienten:innen im Vergleich zu gesunden Kontrollpersonen niedrige Ergebnisse in Standard- und Funktionssprachtests, während sie bei der Aufmerksamkeitsaufgabe grenzwertige Leistungen zeigten.

Anschließend nahmen sie an einer zweiwöchigen, täglich einstündigen Rehabilitationsbehandlung teil. Dabei wurden exekutive Funktionen wie selektive Aufmerksamkeit, Arbeitsgedächtnis und Planung mithilfe einer computergestützten Software trainiert, während parallel eine 20-minütige anodale tDCS-Sitzung mit 2 mA (Stromdichte über der Zielelektrode: 0,08 mA/cm^2) über dem rechten DLPFC durchgeführt wurde. Die Wahl dieser Region basierte auf der zentralen Rolle des DLPFC im Exekutivkontrollnetzwerk (▶ Abschn. 5.3.3). Die gewählte Lateralisierung war bei diesen Patienten:innen relevant, da keine Schädigungen der rechten Hemisphäre vorlagen, wodurch die Stimulation bei allen Probanden konsistent war. Nach einer einmonatigen Washout-Phase unterzogen sich die Patienten:innen demselben Protokoll, wobei aber eine Scheinstimulation durchgeführt wurde (die Reihenfolge der Bedingungen wurde innerhalb der Stichprobe ausgeglichen). Die echte tDCS in Kombination mit dem Rehabilitationsprotokoll führte nicht nur zu einer verbesserten Leistung der Patienten:innen im Aufmerksamkeitstraining, sondern auch zu einer Verbesserung ihrer verbalen Fähigkeiten. Insbesondere zeigten die Patienten:innen Fortschritte beim Benennen von Objekten und Handlungen, im schriftlichen Verständnis und in der funktionalen Kommunikation. Ähnlich wandten Riley und Kollegen (2022) ein atDCS-Protokoll über dem linken DLPFC (Stromdichte über der Zielelektrode: 0,08 mA/cm^2) für 20 min über zehn Sitzungen von jeweils 30 min an, bei denen anhaltende Aufmerksamkeit und Grammatikalität trainiert wurden. Die Ergebnisse zeigten, dass sich sowohl die Aufmerksamkeit als auch die sprachlichen Fähigkeiten gleichzeitig verbesserten, was auf einen möglichen Zusammenhang zwischen der Erregung des linken DLPFC und diesen klinischen Verbesserungen hinweist. Insgesamt sind die Beweise hinsichtlich der Wirksamkeit spezifischer Aufmerksamkeitstrainings in Kombination mit der tES zur Behandlung von Aphasiesymptomen spärlich, aber ermutigend.

14.3.2 Exekutivfunktionen

Die exekutive Kontrolle spielt eine wesentliche Rolle bei der Sprachverarbeitung, insbesondere bei der Überwachung und Kontrolle von Störungen im Sprachverständnis und in der Sprachproduktion (vgl. Ye & Zhou, 2009). Obwohl verschiedene Modelle und Definitionen von exekutiven Funktionen bestehen, insbesondere im klinischen Kontext, sind sich alle einig, dass es sich dabei um kognitive Fähigkeiten höherer Ordnung handelt. Diese Fähigkeiten sind erforderlich, um Ziele zu erreichen, mit anderen Menschen und der Außenwelt zu interagieren sowie das Verhalten und die Planung an die jeweiligen Umstände anzupassen, in denen sich das Individuum befindet. Zu diesen Fähigkeiten gehören kognitive Flexibilität, Planung, Problemlösung und, in gewissem Maße, die Zuweisung von Ressourcen zu bestimmten Prozessen (Suchy et al., 2017). Für PmA werden diese Prozesse besonders relevant, wenn der Zugang zur Sprache beeinträchtigt ist und andere Fähigkeiten genutzt werden müssen, um eine funktionale Kommunikation zu gewährleisten.

In diesem Fall wird die Fähigkeit zur funktionalen Kompensation sprachlicher Defizite entscheidend für die kommunikative

Handlungsfähigkeit von PmA. Wie bereits erwähnt, gibt es zunehmend Belege dafür, dass verschiedene kognitive Funktionen zur funktionalen Erholung bei PmA beitragen können. Insbesondere die exekutiven Funktionen – kognitive Kontrolle, kognitive Flexibilität und logisches Denken – könnten eine entscheidende Rolle dabei spielen, dass PmA andere Fähigkeiten wie das Arbeitsgedächtnis, das Langzeitgedächtnis und die Aufmerksamkeit nutzen, um ihre kommunikativen Ziele zu erreichen, wenn dies über die Standardsprachfunktionen nicht möglich ist (Pisano et al., 2022). Kritisch anzumerken ist, dass mehrere Studien eine enge Beziehung zwischen Problemlösungsdefiziten und sprachlichen Beeinträchtigungen festgestellt haben, was auf eine enge Wechselbeziehung dieser beiden Funktionen hinweist, die gemeinsam zur funktionalen Leistung beitragen (z. B. Baldo et al., 2005). Die Beziehung zwischen Sprache und exekutiven Funktionen hat in den letzten Jahren zunehmend an Bedeutung gewonnen, sowohl für die Definition als auch für die Behandlung von Defiziten bei PmA. Dies hat zu Modellen von exekutiven Funktionen geführt, die sowohl die Bewertung als auch das Rehabilitationsparadigma der Aphasie bestimmten.

Suchy und Kollegen (2017) entwickelten ein Modell, das fünf Facetten exekutiver Funktionen beschreibt und deren Wechselwirkungen mit sprachlichen Prozessen in den Mittelpunkt stellt. Diese reichen von Planung und kognitiver Flexibilität bis hin zur Initiierung und Fortführung von Handlungen und umfassen Reaktionsauswahl, Multitasking und soziale Intelligenz. Es ist offensichtlich, dass diese Teilbereiche höherer Ordnung auch anderen kognitiven Funktionen wie dem Arbeitsgedächtnis und der Aufmerksamkeit gemeinsam sind. In der Literatur wird jedoch oft eine verwirrende Terminologie verwendet, die es erschwert, klare Grenzen zwischen den verschiedenen Funktionen zu ziehen (z. B. Murray, 1999). Neuere Modelle beschreiben das neuronale Netzwerk, das der Sprache zugrunde liegt, als ein weit distribuiertes Netzwerk, welches kortikale Areale in beiden Hemisphären, aber auch subkortikale Strukturen wie den Thalamus und das Kleinhirn umfasst. Dies stützt die Ansicht, dass das Zusammenspiel von spezifisch sprachlichen und allgemeineren kognitiven Prozessen notwendig ist, um Sprache effizient zu nutzen. Diese Hypothese wurde als neuronale Multifunktionalität bezeichnet und beschreibt komplexe neuronale Netzwerke, die adaptive Interaktionen zwischen sprachlichen und nichtsprachlichen Prozessen ermöglichen (Cahana-Amitay & Albert, 2015). Diese Hypothese hat entscheidende Auswirkungen auf die Rehabilitation von PmA, da zunehmend belegt wird, dass exekutive Defizite vorhanden sind, welche die Erholung beeinträchtigen können, wenn sie nicht behandelt werden (Gilmore et al., 2019; Simic et al., 2019).

Ziel der Verbesserung exekutiver Funktionen durch die tES ist die gezielte Modulation verschiedener Teilprozesse, darunter mentale Verlagerung („shifting"), Aktualisierung und Hemmung, wobei verschiedene Protokolle zu unterschiedlichen Ergebnissen führen. Eine Studie zur mentalen Verlagerung zeigte, dass sich die Leistung bei einer Doppelaufgabe nach anodaler Stimulation des linken inferioren frontalen Übergangsbereichs verbesserte. Die Aktualisierung hingegen wurde sowohl durch anodale Stimulation des linken als auch des rechten DLPFC verbessert (Strobach et al., 2015). Schließlich erhöhte die anodale Stimulation des rechten DLPFC die Leistung bei Hemmungsaufgaben (Strobach et al., 2016; für eine Übersicht s. Strobach & Antonenko, 2017). Diese Befunde deuten darauf hin, dass das bilaterale frontozinguläre Netzwerk eine zentrale Rolle bei exekutiven Prozessen spielt (Schumacher et al., 2022) und ein vielversprechender Ansatzpunkt für neuromodulatorische Interventionen sein könnte.

Für PmA liegen jedoch bislang nur wenige Studien vor, die gezielt die Rehabilitation exekutiver Funktionen nach tES-Interventionen untersuchten. Eine Ausnahme bildet die Arbeit von Pisano et al. (2022), die die Planungsfähigkeit von PmA nach anodaler Stimulation des rechten DLPFC evaluierten (s. oben). Das Training umfasste eine Reihe von Aufgaben, bei denen die Patient:innen komplexe Alltagsaufgaben in einer virtuellen Stadt mit möglichst wenigen Zügen und in möglichst kurzer Zeit erledigen mussten. Die Ergebnisse zeigten, dass sich die Planungsfähigkeit der Patient:innen nach anodaler Stimulation im Vergleich zu einer Scheinbehandlung signifikant verbesserten. Bemerkenswert ist, dass diese Verbesserungen sich auch in den sprachlichen und kommunikativen Fähigkeiten widerspiegelten, die anhand funktionaler und ökologischer Skalen gemessen wurden.

Eine weitere Studie untersuchte die Rolle der exekutiven Kontrolle bei PmA nach tES-Interventionen und erzielte ähnliche Ergebnisse. Pestalozzi und Kollegen (2018) zeigten, dass eine 20-minütige anodale Stimulation mit 1 mA (0,04 mA/cm^2) über der F3-Elektrode die phonemische Flüssigkeit im Vergleich zur Scheinstimulation verbesserte. Es ist jedoch wichtig zu betonen, dass diese Aufgabe eine starke sprachliche Komponente enthält, was die Interpretation der spezifischen Auswirkungen der Modulation exekutiver Funktionen auf die Defizite von PmA erschwert.

Neuroimaging-Studien über die Auswirkungen einer Sprachtherapie in Kombination mit tDCS bei PmA zeigen, dass Veränderungen in der Konnektivität und Aktivierung nicht nur auf Sprachregionen beschränkt sind, sondern auch Bereiche betreffen, die der exekutiven Kontrolle unterliegen. Darkow et al. (2017) berichteten über Veränderungen der Aktivität zwischen und innerhalb funktioneller Netzwerke nach tDCS in den frontalen Regionen bei einer Stichprobe von PmA nach einem Schlaganfall. Die Autoren stimulierten M1 mithilfe anodaler tDCS (20 min, 0,04 mA/cm^2) während einer Benennaufgabe und bewerteten die kortikale Aktivität sowie Konnektivität mittels fMRI- und ICA-Analysen. Die Ergebnisse zeigten, dass die Stimulation zu einer reduzierten Reaktion in mehreren Bereichen außerhalb der Sprachregionen führte, wie im bilateralen anterioren zingulären Kortex und in der linken Insula (▶ Abschn. 5.3.2). Diese Regionen zeigten im Vergleich zu gesunden Kontrollpersonen eine abnormal erhöhte Aktivität. Gleichzeitig nahm die Aktivität innerhalb des Netzwerks der Sprachregionen zu. Diese Befunde, die frühere Studien zu Sprachregionen bestätigen (z. B. Holland et al., 2011; Meinzer et al., 2012), sind von Bedeutung, da sie auch Regionen betreffen, die mit kognitiver Kontrolle und Aufmerksamkeit in Zusammenhang stehen. Diese Befunde stützen die Annahme, dass eine effizientere Aktivierung domänenspezifischer Regionen nach tES-Interventionen den Rückgriff auf domänenübergreifende Kontrollnetzwerke bei sprachlichen Anforderungen verringern kann, insbesondere bei PmA.

Tao und Kollegen (2021) untersuchten die Auswirkung einer kombinierten Behandlung der schriftlichen Wortproduktion mit anodaler tDCS über dem linken IFG (15 Sitzungen, 20 min, 0,08 mA/cm^2) bei einer Stichprobe von Patient:innen mit primär progredienter Aphasie – einer Form der Sprachstörung, die sich von der schlaganfallbedingten Aphasie grundlegend unterscheidet. Die Behandlungseffekte wurden sowohl auf Verhaltensebene als auch durch die Analyse des Konnektivitätsprofils der Pars triangularis im linken IFG untersucht. Die Ergebnisse zeigten, dass die Patient:innen ihre Leistung bei der Buchstabengenauigkeit – also der korrekten Produktion von Buchstaben zur Bildung des Zielwortes – signifikant verbesserten. Diese Verbesserung hielt bis zu zwei Monate an. Auf neuronaler Ebene wurde eine Verringerung der Konnektivitätsstärke zwischen der Pars triangularis des linken IFG und verschiedenen anderen Regionen beobachtet, insbesondere solchen, die zum frontoparietalen Netzwerk gehören. Dieses Ergebnis deutet darauf hin, dass die Beteiligung der exekutiven Kontrolle bei den behandelten Patient:innen nach dem Protokoll abnimmt, wahrscheinlich weil weniger Verbindungen zwischen dem sprachlichen Netzwerk und den nonverbalen Modulen erforderlich sind, um die Aufgabe zu bewältigen (im Vergleich zum Zustand vor der Behandlung). Die Art der aphasischen Störung der in die Studie einbezogenen Patient:innen erschwert jedoch die Interpretation der Ergebnisse, da bei Patient:innen mit neurodegenerativen Erkrankungen, die Veränderungen auf neuronaler Ebene relativ weit verbreitet sind und nichtsprachliche Defizite häufig mit der Dauer der Erkrankung einhergehen und damit verbunden sind.

> Aktuelle Forschungsdaten legen nahe, dass Kontrollprozesse eine zentrale Rolle bei der Sprachverarbeitung bei PmA spielen und für deren Erholung von entscheidender Bedeutung sind (Brownsett et al., 2014). Neuere Studien untersuchen, inwiefern sich die neuronalen Korrelate dieser Kontrollprozesse durch tES-Interventionen gezielt modulieren lassen, um die Wiederherstellung sprachlicher Funktionen zu unterstützen. Allerdings fehlen bislang überzeugende Belege, die die Wirksamkeit dieser Ansätze eindeutig untermauern.

14.3.3 Gedächtnis

Wie bereits ausführlich dargelegt, kann Aphasie mit Defiziten im Kurzzeitgedächtnis („short-term memory", STM) und Arbeitsgedächtnis („working memory", WM) einhergehen. Beide Beeinträchtigungen stehen in enger Verbindung mit sprachlichen Defiziten, lassen sich jedoch funktional und empirisch nur schwer voneinander abgrenzen. Theoretisch umfasst das Arbeitsgedächtnis die Fähigkeit, kleine Informationsmengen vorübergehend zu speichern und abzurufen, eine zentrale Voraussetzung für höhere kognitive Leistungen wie Sprachverarbeitung, Lernen und logisches Denken (Baddeley, 1992). Dieses Konzept ging aus dem ursprünglichen Verständnis des Kurzzeitgedächtnisses hervor, das lange Zeit als passiver Speicher ohne aktive Manipulation von Informationen angesehen wurde (Conway et al., 2002).

In den letzten Jahrzehnten haben verschiedene Modelle die Beziehung zwischen STM/WM und Sprachverarbeitung unterschiedlich interpretiert, was wesentliche Auswirkungen auf das Verständnis von Gedächtnisdefiziten bei Menschen mit Aphasie hatte. Das einflussreichste Modell, das auf der Arbeit von Baddeley und Hitch (1974) basiert, ist das Multikomponentenmodell des Arbeitsspeichers. Es umfasst ein phonologisches Schleifensystem, das aus einem phonologischen Speicher besteht, der auditiv-verbale Informationen vorübergehend speichert, und einem subvokalen artikulatorischen Wiederholungsprozess, der den Verfall dieser Informationen durch einen Auffrischungsmechanismus verhindert. Zudem beinhaltet dieses Modell eine zentrale Exekutive, die das System überwacht und kognitive Ressourcen durch Steuerung von Aufmerksamkeit, Planung und Impulskontrolle zuteilt, sowie einen visuell-räumlichen Skizzenblock zur Speicherung visuell-räumlicher Informationen. Anfänglich wurden Arbeitsgedächtnis und Sprache als zwei dissoziierbare Funktionen betrachtet, basierend auf klinischen Beobachtungen von Patienten:innen, die selektive Defizite im verbalen STM bei ansonsten intakter Sprachfunktion aufwiesen (Shallice & Warrington, 1970; Vallar & Baddeley, 1984).

Trotz dieser frühen Befunde hat die neuere Forschung die wechselseitige Abhängigkeit zwischen STM und sprachlichen Prozessen hervorgehoben. Es gibt eine positive Korrelation zwischen der verbalen Kurzzeitgedächtnisspanne und sprachlichen Aufgaben, sowohl in der Produktion als auch im Verständnis. Im gesunden Gehirn hat sich gezeigt, dass das STM eine Rolle im Spracherwerb zu spielen scheint, sowohl bei der kindlichen Entwicklung als auch beim Erlernen einer Zweitsprache (Baddeley et al., 1998). Bei PmA wird die verbale Kurzzeitgedächtnisspanne häufig als reduziert beschrieben, was auf Defizite hinweist, die über die sprachlichen Beeinträchtigungen hinausgehen. Umgekehrt gilt, dass Patienten:innen mit relativ isolierten STM-Defiziten nach einer Hirnverletzung eher selten sind und auditiv-verbale STM-Defizite typischerweise mit begleitenden Sprachstörungen einhergehen. Hirnschädigungen, die mit sprachlichen Defiziten einhergehen, können auch die Fähigkeit beeinträchtigen, Informationen in serieller Abfolge zu speichern oder aktivierte sprachliche Repräsentationen gezielt zu steuern (Majerus, 2018). Viele PmA zeigen geringe Leistungen bei Aufgaben, die ein längeres Behalten sprachlicher Informationen erfordern – etwa beim Verstehen syntaktisch komplexer Sätze mit hoher Gedächtnislast. Dies deutet auf Beeinträchtigungen des STM hin, die über das rein sprachliche Defizit hinausgehen. Viele PmA schneiden bei Aufgaben schlecht ab, die ein längeres Behalten sprachlicher Informationen erfordern, wie z. B. (Gilardone et al., 2023).

Auf neuronaler Ebene wurde vorgeschlagen, dass Läsionen in sprachrelevanten Arealen – insbesondere im linken perisylvischen Kortex – sowohl die Sprachverarbeitung als auch die Leistungen im verbalen Kurzzeitgedächtnis beeinträchtigen können. Dies wurde in der Studie von Koenigs et al. (2011) gezeigt, in der Patient:innen mit Läsionen im linken inferioren Frontallappen und im posterioren temporalen Kortex, sowohl Beeinträchtigungen bei auditiv-verbalen Kurzzeitgedächtnisaufgaben als auch Defizite im Sprachverständnis und in der Sprachproduktion zeigten. Analysen mittels Regressions- und voxelbasiertem Läsions-Symptom-Mapping (VLSM) deuteten darauf hin, dass sich die Hirnnetzwerke, die bei Aufgaben zur Ziffernspanne und Sprachtests aktiviert werden, teilweise überschneiden, ein Hinweis auf ein gemeinsames neuronales Substrat für beide Funktionen.

Neuere Untersuchungen von Pisoni et al. (2019) zeichnen allerdings ein differenzierteres Bild. Sie legen nahe, dass bestimmte Regionen, die an der auditiv-verbalen STM beteiligt sind, zwar mit den klassischen Spracharealen überlappen, es jedoch auch spezialisierte Strukturen wie den linken supramarginalen Gyrus gibt, die ausschließlich für das STM zuständig sind. Diese Befunde unterstützen die Vorstellung, dass es zwar interagierende, aber dennoch separate neuronale Netzwerke für verbales STM und Sprachverarbeitung gibt. Gleichzeitig stellen sie vereinfachende Modelle eines rein phonologischen Speichersystems für das STM infrage und unterstreichen die komplexe Beziehung zwischen diesen beiden Funktionen (▶ Abschn. 6.4).

Empirische Belege deuten darauf hin, dass Interventionen, die auf das Arbeitsgedächtnis (WM) abzielen, die Konnektivität und Aktivierungsmuster im Gehirn modulieren können, insbesondere in präfrontalen und parietalen Regionen, die zugleich eine zentrale Rolle bei Sprachverarbeitung und aphasiebedingter funktioneller Erholung spielen (Murray, 2012). Diese Befunde verdeutlichen die dynamische Beziehung zwischen verbalem WM und Sprachfunktionen, was darauf hindeutet, dass eine Verbesserung der WM-Leistung die Sprachfähigkeiten von Menschen mit Aphasie positiv beeinflussen kann. Während bestimmte Hirnregionen speziell für WM-Aufgaben zuständig sind, gibt es auch Regionen, die sowohl bei WM- als auch bei Sprachverarbeitungsprozessen aktiv sind. Dies unterstreicht die enge Verbindung dieser kognitiven Funktionen und das Potenzial von WM-basierten Interventionen, die Sprachrehabilitation in klinischen Populationen zu fördern.

Defizite im STM und WM können die Wirksamkeit neuropsychologischer Rehabilitationsmaßnahmen zur Verbesserung der sprachlichen Fähigkeiten bei PmA erheblich einschränken. Es ist daher entscheidend, neben der Behandlung von beeinträchtigten Sprachfunktionen, WM-Defizite in die Entwicklung und Durchführung von Rehabilitationsbehandlungen einzubeziehen, um auch kognitive Defizite im WM-Bereich zu beheben oder zu kompensieren. Trotz der überzeugenden theoretischen Grundlage für einen Zusammenhang zwischen STM, WM und sprachlichen Prozessen liegen bislang nur begrenzte empirische Belege für die Wirksamkeit von WM-Training bei PmA vor. Daher ist es unerlässlich, anwendungsnahe empirische Evidenz zu sammeln, um WM-Training in evidenzbasierte Behandlungsempfehlungen für die Aphasierehabilitation integrieren zu können.

Salis et al. (2015) gaben einen Überblick über Studien zur Bewertung und Behandlung von WM-Defiziten bei PmA. Sie betonten, dass die vorhandenen Untersuchungen zur Wirksamkeit entsprechender Interventionen für STM und WM bei Aphasie nach einem Schlaganfall, häufig Aufgaben wie Nachsprechen, Wort- und Satzverarbeitung sowie N-back-Aufgaben einsetzten. Zwar konnten in diesen Studien Verbesserungen in verschiedenen kognitiven Domänen – darunter STM und WM – nachgewiesen werden, doch fanden sich nur vereinzelt auch positive Effekte auf sprachliche Leistungsmaße.

Majerus (2018) untersuchte kürzlich 15 Einzelfallstudien mit 24 Aphasiepatienten. Insgesamt führte die Behandlung des WM zu deutlichen Fast-Transfer-Effekten, die die verbale WM-Leistung häufig auf ein normales Niveau anhoben. Die Bestimmung der Spezifität der WM-Behandlungsergebnisse bleibt allerdings eine herausfordernde Aufgabe, da in vielen Fällen vergleichbare Effekte auch bei Kontrollbehandlungen beobachtet wurden. Zakarias et al. (2019) bewerteten in ähnlicher Weise die methodische Qualität von 17 Studien, die die Wirksamkeit von Behandlungen des STM und WM nach einem Schlaganfall untersuchten. Die meisten dieser Studien verwendeten Behandlungen, die entweder auf das auditive STM (mithilfe von Wiederholungsaufgaben) oder auf das WM (mithilfe von N-Back-Aufgaben) abzielten. In der Regel wurden sowohl die Auswirkungen auf STM/WM-Leistungen als auch auf die Sprachfähigkeiten untersucht. Da sich die Ergebnisse auf beide Aufgaben bezogen, ist es schwierig, klare Schlussfolgerungen zu ziehen.

Ein weiterer entscheidender Aspekt ist, inwieweit eine Intervention zur Verbesserung des WM auch zu signifikanten Verbesserungen in der funktionellen Erholung der Sprachfähigkeiten führt. Nikravesh und Kollegen (2021) zeigten kürzlich das Potenzial einer Generalisierung von WM-Interventionen auf die sprachliche Rehabilitation. Sie untersuchten die Auswirkungen eines intensiven WM-basierten Trainingsprogramms sowohl auf das WM als auch auf die Sprachleistung. PaM, die das WM-Training erhielten, zeigten im Vergleich zur Kontrollgruppe, die nur eine herkömmliche Sprech- und Sprachtherapie erhielt, signifikante Verbesserungen in allen WM-Tests (sowohl trainiert als auch untrainiert) sowie bei den sprachlichen Leistungen nach dem Training.

All diese Aspekte sind besonders relevant für die Anwendung von Neuromodulationstechniken als adjuvante Behandlung zu den Standardinterventionen, die auf die Verbesserung der kognitiven und sprachlichen Fähigkeiten von PmA abzielen. Neuromodulationstechniken wie die tDCS, die auf spezifische Hirnregionen abzielt, die in das WM involviert sind, bieten eine vielversprechende Möglichkeit, die Wirksamkeit von Rehabilitationsmaßnahmen zu steigern. Auf neuronaler Ebene wird das WM durch die Aktivität eines bilateralen, weitreichenden Netzwerks unterstützt, das den frontalen Kortex, den dorsolateralen präfrontalen Kortex, den linken inferioren frontalen Gyrus, prämotorische und supplementär-motorische Areale, den anterioren zingulären Kortex und den posterioren parietalen Kortex umfasst. Da einige dieser Regionen auch Teil des Sprachnetzwerks sind oder Verbindungen mit diesem teilen, stellen sie potenzielle Ansatzpunkte für nichtinvasive Hirnstimulationsprotokolle bei PmA dar.

Bei einer anderen Art von Erkrankung, der degenerativen primär progressiven Aphasie (PPA), untersuchten de Aguiar et al. (2020) die neurophysiologischen Mechanismen, die der Anwendung von tDCS zur Behandlung sprachlicher Defizite zugrunde liegen (▶ Kap. 18). 30 PPA-Patienten erhielten eine atDCS (und eine Scheinstimulation) über dem linken inferioren frontalen Gyrus (LIFG) in Kombination mit einer schriftlichen Benenn- und Buchstabiertherapie. Ziel der Studie war es, anatomische Bereiche zu identifizieren, deren kortikale Volumina die zusätzlichen Vorteile der tDCS über die Sprachtherapie hinaus vorhersagten. Es zeigte sich, dass die Volumina des linken Gyrus angularis und des linken posterioren zingulären Kortex Leistungssteigerungen bei trainierten Wörtern unter tDCS vorhersagten. Allerdings waren die tDCS-bedingten Verbesserungen bei ungeübten Wörtern signifikant mit den Volumina des linken mittleren frontalen Gyrus, des linken supramarginalen Gyrus und des rechten posterioren zingulären Kortex assoziiert. Diese Ergebnisse legen nahe, dass die Aufrechterhaltung und Generalisierung der Stimulationseffekte auf die Sprache durch Hirnregionen erleichtert wird, die häufig mit Aufmerksamkeit und WM in Verbindung stehen. Insgesamt erweitert diese Studie die Evidenz, dass die tDCS nicht nur an der Stelle der Stimulation, sondern auch an entfernten, anatomisch verbundenen Regionen Auswirkungen haben kann, allerdings auf eine andere klinische Population.

Bislang gibt es nur wenige Studien in der Literatur, die die positiven Effekte eines tDCS-Protokolls in Kombination mit einer WM-Intervention bei PmA direkt untersucht haben. Eine der wenigen Studien, die die Vorteile von diesem Ansatz bewerteten, ist die von Pisano et al. (2022). Die Autoren untersuchten die Auswirkungen der tDCS über dem rechten DLPFC in Kombination mit verschiedenen Arten von Exekutivfunktionstrainings bei 20 Personen mit chronischer schwerer nichtflüssiger Aphasie. Der DLPFC wurde aufgrund seiner zentralen Rolle bei der kognitiven Kontrolle und bei exekutiven Funktionen, einschließlich des WM, als Stimulationsziel ausgewählt. Die Teilnehmer absolvierten ein intensives kognitives Training, das neben anderen kognitiven Fähigkeiten (z. B. Wachsamkeit, selektive Aufmerksamkeit, Planung) auch das visuell-räumliche WM umfasste. Dies wurde parallel zu einer atDCS (oder Schein-tDCS) über einen Zeitraum von zehn Sitzungen durchgeführt.

Die Ergebnisse zeigten einen signifikanten Effekt der tDCS-Bedingung (atDCS vs. Schein-tDCS) sowie der Zeit (Baseline, nach Training, 1 Monat Follow-up) auf die Leistung in der visuell-räumlichen Arbeitsgedächtnisaufgabe. Während zu Beginn der Studie kein signifikanter Unterschied zwischen den Bedingungen bestand, schnitten die Patienten:innen in der atDCS-Bedingung nach dem Training und im Follow-up signifikant besser ab als in der Scheinstimulationsbedingung. Eine signifikante Verbesserung der Leistung wurde auch in der Scheinstimulationsbedingung im Laufe der Zeit beobachtet, jedoch waren die Verbesserungen in der echten Stimulationsbedingung stärker ausgeprägt. Insgesamt zeigten die Ergebnisse, dass kognitives Training in Kombination mit atDCS über dem rechten DLPFC die visuell-räumliche Arbeitsgedächtnisleistung bei Menschen mit chronischer Aphasie signifikant verbessern kann.

Bemerkenswert ist, dass nach der Behandlung auch bei funktionellen Kommunikations- und Sprachtests Verbesserungen in der kognitiven Leistung festgestellt wurden. Dies deutet darauf hin, dass die Effekte, die sich aus der Kombination von präfrontaler atDCS und Training der exekutiven Funktionen ergeben, über die trainierten Fähigkeiten hinaus generalisiert wurden und die Spracherholung förderten. Im Gegensatz dazu beeinflussten die Scheinsitzungen lediglich die Leistung bei der kognitiven Aufgabe. Es könnte argumentiert werden, dass das exekutive Funktionstraining allein aufgrund der kurzen Behandlungsdauer von nur zehn Tagen nicht ausreichend war, um die funktionale Kommunikation signifikant zu verbessern. Da die positiven Effekte in der echten tDCS-Bedingung jedoch auch nach einem Monat anhielten, während sie ohne Stimulation abnahmen, deuten die Ergebnisse darauf hin, dass die durch tDCS induzierten metaplastischen Effekte zur langfristigen Aufrechterhaltung der Trainingsvorteile beitragen.

Ein abschließender Hinweis auf den Zusammenhang zwischen Gedächtnis und Sprache bei PmA bezieht sich auf die jüngsten Forschungsarbeiten, die sich auf die Potenzierung von Langzeitgedächtnisprozessen, insbesondere von expliziten und impliziten Lernfähigkeiten, durch tES-Interventionen konzentrieren. Da Lernprozesse – oder das Wiedererlernen – für die Rehabilitation von PmA entscheidend sind, könnte die Stärkung dieser Fähigkeiten ihre funktionellen Ergebnisse verbessern. Meinzer und Kollegen (2014) berichteten beispielsweise, dass eine 15-minütige atDCS mit 1 mA (0,04 mA/cm^2) über dem linken temporoparietalen Übergang an fünf aufeinanderfolgenden Tagen die explizite Lernrate deutlich erhöhte. Ebenso berichten Perikova und Kollegen (2022), dass eine 15-minütige atDCS der Broca-Region mit 1,5 mA (0,06 mA/cm^2) bei gesunden Teilnehmern sowohl das implizite als auch das explizite Lernen neuer Wörter (gemessen durch ein Fast-Mapping-Protokoll) erhöhte. Dieses Forschungsfeld ist besonders interessant, da die beim impliziten Lernen beteiligten Hirnregionen, wie der DLPFC oder das Kleinhirn, in der Regel nicht von den typischen Schädigungen bei PmA betroffen sind. Dies verringert die Wahrscheinlichkeit, dass die für die Stimulation relevanten Zielregionen beschädigt sind. Riley und Kollegen (2022) untersuchten diese Hypothese, indem sie ein Protokoll zum impliziten Grammatiklernen verwendeten und den linken DLPFC in zehn Sitzungen 20 min mit 2 mA (0,08 mA/cm2) anodal stimulierten. Die Behandlung führte zu einer signifikanten Verbesserung der grammatikalischen Urteilsfähigkeit bei PmA und ebnet somit den Weg für zukünftige tES-Interventionen, die darauf abzielen, Langzeitgedächtnisfunktionen zu stärken und Rehabilitationsprotokolle bei PmA zu unterstützen.

14.4 Schlussfolgerung

Wie in diesem Kapitel dargelegt, gibt es erste theoretische und klinische Hinweise auf die positiven Effekte der Behandlung nichtsprachlicher Defizite bei PmA, insbesondere durch den Einsatz von tES-Interventionen. Die aktuelle Evidenzlage ist jedoch begrenzt und uneindeutig, was die Wirksamkeit dieser Ansätze betrifft. Dennoch schafft sie die Grundlage für zukünftige Forschungsbemühungen, um diesen Ansatz weiter zu erforschen. Die maßgeschneiderte Anpassung der Behandlungen an spezifische kognitive Funktionen wird dabei von entscheidender Bedeutung sein. Was die nichtinvasive Hirnstimulation (NIBS) betrifft, ist es entscheidend, die Protokolle individuell an die spezifischen Läsionen und betroffenen kognitiven Funktionen anzupassen, um das Risiko einer ineffektiven Stimulation zu minimieren und die Variabilität der Ergebnisse zu verringern. Aus neuropsychologischer Perspektive ist eine sorgfältige klinische Bewertung, die sich auf intakte und beeinträchtigte nichtsprachliche Prozesse konzentriert, unerlässlich, um die spezifischen Effekte der Rehabilitationsprotokolle besser zu verstehen. Zukünftige Forschungsarbeiten sollten sowohl die direkten als auch die übertragenen Effekte des nichtsprachlichen Trainings auf die sprachlichen Funktionen umfassender untersuchen.

Literatur

de Aguiar, V., Zhao, Y., Ficek, B. N., Webster, K., Rofes, A., Wendt, H., Frangakis, C., Caffo, B., Hillis, A. E., Rapp, B., & Tsapkini, K. (2020). Cognitive and language performance predicts effects of spelling intervention and tDCS in Primary Progressive Aphasia. *Cortex, 124*, 66–84. https://doi.org/10.1016/j.cortex.2019.11.001

Ayerbe, L., Ayis, S., Wolfe, C. D. A., & Rudd, A. G. (2013). Natural history, predictors and outcomes of depression after stroke: Systematic review and meta-analysis. *British Journal of Psychiatry, 202*(1), 14–21. https://doi.org/10.1192/bjp.bp.111.107664

Baddeley, A. (1992). *Working memory*. https://www.science.org

Baddeley, A., Gathercole, S., & Papagno, C. (1998). The phonological loop as a language learning device. *Psychological Review, 105*(1), 158–173. https://doi.org/10.1037/0033-295X.105.1.158

Baddeley, A. D., & Hitch, G. (1974). Working memory. *Psychology of Learning and Motivation, 8*, 47–89.

Baldo, J., Dronkers, N., Wilkins, D., Ludy, C., Raskin, P., & Kim, J. (2005). Is problem solving dependent on language? *Brain and Language, 92*(3), 240–250. https://doi.org/10.1016/j.bandl.2004.06.103

Baldo, J. V., Bunge, S. A., Wilson, S. M., & Dronkers, N. F. (2010). Is relational reasoning dependent on language? A voxel-based lesion symptom mapping study. *Brain and Language, 113*(2), 59–64. https://doi.org/10.1016/j.bandl.2010.01.004

Basso, A., De Renzi, E., Faglioni, P., Scotti, G., & Spinnler, H. (1973). Neuropsychological evidence for the existence of cerebral areas critical to the performance of intelligence tasks. *Brain, 96*(4), 715–728. https://doi.org/10.1093/brain/96.4.715

Benton, A. L. (1974). *Visual retention test*. Psychological Corporation.

Berube, S., & Hillis, A. E. (2019). Advances and innovations in aphasia treatment trials. *Stroke, 50*(10), 2977–2984. https://doi.org/10.1161/STROKEAHA.119.025290

Blomert, L., Kean, M. L., Koster, C., & Schokker, J. (1994). Amsterdam – Nijmegen everyday language test: Construction, reliability and validity. *Aphasiology, 8*(4), 381–407. https://doi.org/10.1080/02687039408248666

Brownsett, S. L. E., Warren, J. E., Geranmayeh, F., Woodhead, Z., Leech, R., & Wise, R. J. S. (2014). Cognitive control and its impact on recovery from aphasic stroke. *Brain, 137*(1), 242–254. https://doi.org/10.1093/brain/awt289

Bucur, M., & Papagno, C. (2019). Are transcranial brain stimulation effects long-lasting in post-stroke aphasia? A comparative systematic review and meta-analysis on naming performance. *Neuroscience & Biobehavioral Reviews, 102*, 264–289. https://doi.org/10.1016/j.neubiorev.2019.04.019

Cahana-Amitay, D., & Albert, M. L. (2015). Neuroscience of aphasia recovery: The concept of neural multifunctionality. *Current Neurology and Neuroscience Reports, 15*(7), 41. https://doi.org/10.1007/s11910-015-0568-7

Carson, A. J., MacHale, S., Allen, K., Lawrie, S. M., Dennis, M., House, A., & Sharpe, M. (2000). Depression after stroke and lesion location: A systematic review. *The Lancet, 356*(9224), 122–126. https://doi.org/10.1016/S0140-6736(00)02448-X

Cohen, R. A. (2014). Models and mechanisms of attention. In *The neuropsychology of attention* (S. 265–280). Springer US. https://doi.org/10.1007/978-0-387-72639-7_11

Conway, A. R. A., Cowan, N., Bunting, M. F., Therriault, D. J., & Minkoff, S. R. B. (2002). A latent variable analysis of working memory capacity, short-term memory capacity, processing speed, and general fluid intelligence. *Intelligence, 30*(2), 163–183. https://doi.org/10.1016/S0160-2896(01)00096-4

D'Elia, L., Satz, P., Uchiyama, C. L., & White, T. (1996). *Color trails test*. PAR.

Darkow, R., Martin, A., Würtz, A., Flöel, A., & Meinzer, M. (2017). Transcranial direct current stimulation effects on neural processing in post-stroke aphasia. *Human Brain Mapping, 38*(3), 1518–1531. https://doi.org/10.1002/hbm.23469

Deldar, M., Khosrowabadi, R., & Nasrabadi, A. M. (2020). The interaction between language and working memory: a systematic review of fMRI studies in the past two decades. *AIMS Neuroscience, 7*(1), 1–21.

De Renzi, E., Faglioni, P., Scotti, G., & Spinnler, H. (1972). Impairment in associating colour to form, concomitant with aphasia. *Brain, 95*(2), 293–304. https://doi.org/10.1093/brain/95.2.293

Dignam, J., Copland, D., O'Brien, K., Burfein, P., Khan, A., & Rodriguez, A. D. (2017). Influence of cognitive ability on therapy outcomes for anomia in adults with chronic poststroke aphasia. *Journal of Speech, Language, and Hearing Research, 60*(2), 406–421. https://doi.org/10.1044/2016_JSLHR-L-15-0384

Ding, X., Zhang, S., Huang, W., Zhang, S., Zhang, L., Hu, J., Li, J., Ge, Q., Wang, Y., Ye, X., & Zhang, J. (2022). Comparative efficacy of non-invasive brain stimulation for post-stroke aphasia: A network meta-analysis and meta-regression of moderators. *Neuroscience & Biobehavioral Reviews, 140*, 104804. https://doi.org/10.1016/j.neubiorev.2022.104804

El Hachioui, H., Lingsma, H. F., Sandt-Koenderman, M. E., Dippel, D. W. J., Koudstaal, P. J., & Visch-Brink, E. G. (2013). Recovery of aphasia after stroke: A 1-year follow-up study. *Journal of Neurology, 260*(1), 166–171. https://doi.org/10.1007/s00415-012-6607-2

Fedorenko, E., & Varley, R. (2016). Language and thought are not the same thing: Evidence from neuroimaging and neurological patients. *Annals of the New York Academy of Sciences, 1369*(1), 132–153. https://doi.org/10.1111/nyas.13046

Fonseca, J., Ferreira, J. J., & Pavão Martins, I. (2017). Cognitive performance in aphasia due to stroke: A systematic review. *International Journal on Disability and Human Development, 16*(2). https://doi.org/10.1515/ijdhd-2016-0011

Frattali, C. M., Thompson, C. M., Holland, A. L., Wohl, C. B., & Ferketic, M. M. (1995). The FACS of life ASHA facs – A functional outcome measure for adults. *ASHA, 37*(4), 40–46.

Fridriksson, J., Nettles, C., Davis, M., Morrow, L., & Montgomery, A. (2006). Functional communication and executive function in aphasia. *Clinical Linguistics & Phonetics, 20*(6), 401–410. https://doi.org/10.1080/02699200500075781

Fridriksson, J., Moser, D., Bonilha, L., Morrow-Odom, K. L., Shaw, H., Fridriksson, A., Baylis, G. C., & Rorden, C. (2007). Neural correlates of phonological and semantic-based anomia treatment in aphasia. *Neuropsychologia, 45*(8), 1812–1822. https://doi.org/10.1016/j.neuropsychologia.2006.12.017

Gainotti, G. (2014). Old and recent approaches to the problem of non-verbal conceptual disorders in aphasic patients. *Cortex, 53*, 78–89. https://doi.org/10.1016/j.cortex.2014.01.009

Geranmayeh, F., Brownsett, S. L. E., & Wise, R. J. S. (2014). Task-induced brain activity in aphasic stroke patients: What is driving recovery? *Brain, 137*(10), 2632–2648. https://doi.org/10.1093/brain/awu163

Geschwind, N. (1965). Disconnexion syndromes in animals and man: Part I. *Brain, 88*, 237–294. https://doi.org/10.1007/s11065-010-9131-0

Geschwind, N. (1970). The organization of language and the brain. *Science, 170*(3961), 940–944. https://doi.org/10.1126/science.170.3961.940

Gilardone, G., Viganò, M., Costantini, G., Monti, A., Corbo, M., Cecchetto, C., & Papagno, C. (2023). The role of verbal short-term memory in complex sentence comprehension: An observational study on aphasia. *International Journal of Language & Communication Disorders, 58*(4), 1182–1190. https://doi.org/10.1111/1460-6984.12851

Gilmore, N., Meier, E. L., Johnson, J. P., & Kiran, S. (2019). Nonlinguistic cognitive factors predict treatment-induced recovery in chronic poststroke aphasia. *Archives of Physical Medicine and Rehabilitation, 100*(7), 1251–1258. https://doi.org/10.1016/j.apmr.2018.12.024

Goodglass, H., & Kaplan, E. (1972). *Boston Diagnostic Aphasia Examination (BDAE)*. Lea & Febiger.

Grajny, K., Pyata, H., Spiegel, K., Lacey, E. H., Xing, S., Brophy, C., & Turkeltaub, P. E. (2016). Depression symptoms in chronic left hemisphere stroke are related to dorsolateral prefrontal cortex damage. *The Journal of Neuropsychiatry and Clinical Neurosciences, 28*(4), 292–298. https://doi.org/10.1176/appi.neuropsych.16010004

Head, H. (1926). *Aphasia and kindred disorders of speech* (Bd. 1). Cambridge University Press.

Helm-Estabrooks, N. (1998). A "cognitive" approach to treatment of an aphasic patient. In N. Helm-Estabrooks & A. Holland (Hrsg.), *Approaches to the treatment of Aphasia* (S. 69–89). Singular.

Holland, A. L., Frattali, C., & Fromm, D. (1999). *Communication activities of daily living: CADL-2*. Pro-ed.

Holland, R., Leff, A. P., Josephs, O., Galea, J. M., Desikan, M., Price, C. J., & Crinion, J. (2011). Speech facilitation by left inferior frontal cortex stimulation. *Current Biology, 21*(16), 1403–1407.

Huber, W., Poeck, K., Weniger, D., & Willmes, K. (1983). *Aachener Aphasie Test (AAT)*. Hogrefe.

Hughlings Jacksons, J. (1878). On affections of speech from disease of the brain. *Brain, 1*, 304–330.

Hula, W., & McNeil, M. (2008). Models of attention and dual-task performance as explanatory constructs in aphasia. *Seminars in Speech and Language, 29*(03), 169–187. https://doi.org/10.1055/s-0028-1082882

Jongman, S. R., Roelofs, A., & Meyer, A. S. (2015). Sustained attention in language production: An individual differences investigation. *Quarterly Journal of Experimental Psychology, 68*(4), 710–730. https://doi.org/10.1080/17470218.2014.964736

Kang, E. K., Baek, M. J., Kim, S., & Paik, N.-J. (2009). Non-invasive cortical stimulation improves poststroke attention decline. *Restorative Neurology and Neuroscience, 27*(6), 647–652. https://doi.org/10.3233/RNN-2009-0514

Kinsbourne, M. (1993). Orientational bias model of unilateral neglect: Evidence from attentional gradients within hemispace. In J. Marshall & I. Robertson (Hrsg.), *Unilateral neglect: Clinical And experimental studies (brain damage, behaviour and cognition)* (S. 63–86). Psychology Press.

Koenigs, M., Acheson, D. J., Barbey, A. K., Solomon, J., Postle, B. R., & Grafman, J. (2011). Areas of left perisylvian cortex mediate auditory-verbal short-term memory. *Neuropsychologia, 49*(13), 3612–3619. https://doi.org/10.1016/j.neuropsychologia.2011.09.013

Kongs, S. K., Thompson, L. L., Iverson, G. L., & Heaton, R. K. (2000). *Wisconsin card sorting test-64 card version*. Psychological Assessment Resources, Inc.

Lambon Ralph, M. A., Snell, C., Fillingham, J. K., Conroy, P., & Sage, K. (2010). Predicting the outcome of anomia therapy for people with aphasia post CVA: Both language and cognitive status are key predictors. *Neuropsychological Rehabilitation, 20*(2), 289–305. https://doi.org/10.1080/09602010903237875

Laures, J., Odell, K., & Coe, C. (2003). Arousal and auditory vigilance in individuals with aphasia during a linguistic and nonlinguistic task. *Aphasiology, 17*(12), 1133–1152. https://doi.org/10.1080/02687030344000436

Lefaucheur, J. P., André-Obadia, N., Antal, A., Ayache, S. S., Baeken, C., Benninger, D. H., Cantello, R. M., Cincotta, M., de Carvalho, M., De Ridder, D., Devanne, H., Di Lazzaro, V., Filipović, S. R., Hummel, F. C., Jääskeläinen, S. K., Kimiskidis, V. K., Koch, G., Langguth, B., Nyffeler, T., et al. (2014). Evidence-based guidelines on the therapeutic use of repetitive transcranial magnetic stimulation (rTMS). *Clinical Neurophysiology, 125*(11), 2150–2206. https://doi.org/10.1016/j.clinph.2014.05.021

Lefaucheur, J. P., Antal, A., Ayache, S. S., Benninger, D. H., Brunelin, J., Cogiamanian, F., Cotelli, M., De Ridder, D., Ferrucci, R., Langguth, B., Marangolo, P., Mylius, V., Nitsche, M. A., Padberg, F., Palm, U., Poulet, E., Priori, A., Rossi, S., Schecklmann, M., et al. (2017). Evidence-based guidelines on the therapeutic use of transcranial direct current stimulation (tDCS). *Clinical Neurophysiology, 128*(1), 56–92. https://doi.org/10.1016/j.clinph.2016.10.087

Lefaucheur, J. P., Aleman, A., Baeken, C., Benninger, D. H., Brunelin, J., Di Lazzaro, V., Filipović, S. R., Grefkes, C., Hasan, A., Hummel, F. C., Jääskeläinen, S. K., Langguth, B., Leocani, L., Londero, A., Nardone, R., Nguyen, J. P., Nyffeler, T., Oliveira-Maia, A. J., Oliviero, A., et al. (2020). Evidence-based guidelines on the therapeutic use of repetitive transcranial magnetic stimulation (rTMS): An update (2014–2018). *Clinical Neurophysiology, 131*(2), 474–528. https://doi.org/10.1016/j.clinph.2019.11.002

Lenzi, G. L., Altieri, M., & Maestrini, I. (2008). Poststroke depression. *Revue Neurologique, 164*(10), 837–840. https://doi.org/10.1016/j.neurol.2008.07.010

Long, A., Hesketh, A., & Bowen, A. (2009). Communication outcome after stroke: A new measure of the carer's perspective. *Clinical Rehabilitation, 23*(9), 846–856. https://doi.org/10.1177/0269215509336055

Majerus, S. (2018). Working memory treatment in aphasia: A theoretical and quantitative review. *Journal of Neurolinguistics, 48*, 157–175. https://doi.org/10.1016/j.jneuroling.2017.12.001. Elsevier Ltd.

Marcotte, K., Perlbarg, V., Marrelec, G., Benali, H., & Ansaldo, A. I. (2013). Default-mode network functional connectivity in aphasia: Therapy-induced neuroplasticity. *Brain and Language, 124*(1), 45–55. https://doi.org/10.1016/j.bandl.2012.11.004

Marie, P. (1906). La troisieme circonvolution frontale gauche ne joue aucun role special dans la fonction de langage. *La Semaine Médicale, 26*, 241–147.

Meinzer, M., Antonenko, D., Lindenberg, R., Hetzer, S., Ulm, L., Avirame, K., ... & Flöel, A. (2012). Electrical brain stimulation improves cognitive performance by modulating functional connectivity and task-specific activation. *Journal of Neuroscience, 32*(5), 1859–1866.

Meinzer, M., Mohammadi, S., Kugel, H., Schiffbauer, H., Flöel, A., Albers, J., Kramer, K., Menke, R., Baumgärtner, A., Knecht, S., Breitenstein, C., & Deppe, M. (2010). Integrity of the hippocampus and surrounding white matter is correlated with language training success in aphasia. *NeuroImage, 53*(1), 283–290. https://doi.org/10.1016/j.neuroimage.2010.06.004

Meinzer, M., Jähnigen, S., Copland, D. A., Darkow, R., Grittner, U., Avirame, K., Rodriguez, A. D., Lindenberg, R., & Flöel, A. (2014). Transcranial direct current stimulation over multiple days improves learning and maintenance of a novel vocabulary. *Cortex, 50*, 137–147. https://doi.org/10.1016/j.cortex.2013.07.013

Mesulam, M. (1990). Large-scale neurocognitive networks and distributed processing for attention, language, and memory. *Annals of Neurology, 28*(5), 597–613. https://doi.org/10.1002/ana.410280502

van der Meulen, I., van de Sandt-Koenderman, W. M. E., Duivenvoorden, H. J., & Ribbers, G. M. (2010). Measuring verbal and non-verbal communication in aphasia: Reliability, validity, and sensitivity to change of the Scenario Test. *International Journal of Language & Communication Disorders, 45*(4), 424–435. https://doi.org/10.3109/13682820903111952

Mitchell, A. J., Sheth, B., Gill, J., Yadegarfar, M., Stubbs, B., Yadegarfar, M., & Meader, N. (2017). Prevalence and predictors of post-stroke mood disorders: A meta-analysis and meta-regression of depression, anxiety and adjustment disorder. *General Hospital Psychiatry, 47*, 48–60. https://doi.org/10.1016/j.genhosppsych.2017.04.001

Murray, L. L. (1999). Review Attention and aphasia: Theory, research and clinical implications. *Aphasiology, 13*(2), 91–111. https://doi.org/10.1080/026870399402226

Murray, L. L. (2012). Attention and other cognitive deficits in aphasia: Presence and relation to language and communication measures. *American Journal of Speech-Language Pathology, 21*(2). https://doi.org/10.1044/1058-0360(2012/11-0067)

Nikravesh, M., Aghajanzadeh, M., Maroufizadeh, S., Saffarian, A., & Jafari, Z. (2021). Working memory training in post-stroke aphasia: Near and far transfer effects. *Journal of Communication Disorders, 89*. https://doi.org/10.1016/j.jcomdis.2020.106077

Olgiati, E., & Malhotra, P. A. (2022). Using non-invasive transcranial direct current stimulation for neglect and associated attentional deficits following stroke. *Neuropsychological Rehabilitation, 32*(5), 735–766. https://doi.org/10.1080/09602011.2020.1805335

Olsson, C., Arvidsson, P., & Blom Johansson, M. (2019). Relations between executive function, language, and functional communication in severe aphasia. *Aphasiology, 33*(7), 821–845. https://doi.org/10.1080/02687038.2019.1602813

Park, S.-H., Koh, E.-J., Choi, H.-Y., & Ko, M.-H. (2013). A double-blind, sham-controlled, pilot study to assess the effects of the concomitant use of transcranial direct current stimulation with the computer assisted cognitive rehabilitation to the prefrontal cortex on cognitive functions in patients with stroke. *Journal of Korean Neurosurgical Society, 54*(6), 484. https://doi.org/10.3340/jkns.2013.54.6.484

Perikova, E., Blagovechtchenski, E., Filippova, M., Shcherbakova, O., Kirsanov, A., & Shtyrov, Y. (2022). Anodal tDCS over Broca's area improves fast mapping and explicit encoding of novel vocabulary. *Neuropsychologia, 168*, 108156. https://doi.org/10.1016/j.neuropsychologia.2022.108156

Pestalozzi, M. I., Di Pietro, M., Martins Gaytanidis, C., Spierer, L., Schnider, A., Chouiter, L., Colombo, F., Annoni, J.-M., & Jost, L. B. (2018). Effects of prefrontal transcranial direct current stimulation on lexical access in chronic poststroke aphasia. *Neurorehabilitation and Neural Repair, 32*(10), 913–923. https://doi.org/10.1177/1545968318801551

Pisano, F., Manfredini, A., Castellano, A., Caltagirone, C., & Marangolo, P. (2022). does executive function training impact on communication? A randomized controlled tDCS study on post-stroke aphasia. *Brain Sciences, 12*(9), 1265. https://doi.org/10.3390/brainsci12091265

Pisoni, A., Mattavelli, G., Casarotti, A., Comi, A., Riva, M., Bello, L., & Papagno, C. (2019). The neural correlates of auditory-verbal short-term memory: A voxel-based lesion-symptom mapping study on 103 patients after glioma removal. *Brain Structure and Function, 224*(6), 2199–2211. https://doi.org/10.1007/s00429-019-01902-z

Raven, J. C., Court, J. H., & Raven, J. (1983). *Manual for Raven's progressive matrices and vocabulary scales: Advanced progressive matrices*. J. C. Raven Ltd.

Riley, E. A., Verblaauw, M., Masoud, H., & Bonilha, L. (2022). Pre-frontal tDCS improves sustained attention and promotes artificial grammar learning in aphasia: An open-label study. *Brain Stimulation, 15*(5), 1026–1028. https://doi.org/10.1016/j.brs.2022.07.006

Robin, D. A., & Rizzo, M. (1989). The effect of focal cerebral lesions on intramodal and cross-modal orienting of attention. *Clinical Aphasiology, 18*, 61–74.

Salis, C., Kelly, H., & Code, C. (2015). Assessment and treatment of short-term and working memory impairments in stroke aphasia: A practical tutorial. *International Journal of Language and Communication Disorders, 50*(6), 721–736. https://doi.org/10.1111/1460-6984.12172. Taylor and Francis Ltd.

van de Sandt-Koenderman, W. M. E., van Harskamp, F., Duivenvoorden, H. J., Remerie, S. C., van der Voort-Klees, Y. A., Wielaert, S. M., Ribbers, G. M., & Visch-Brink, E. G. (2008). MAAS (Multi-axial Aphasia System): Realistic goal setting in aphasia rehabilitation. *International Journal of Rehabilitation Research, 31*(4), 314–320. https://doi.org/10.1097/MRR.0b013e3282fc0f23

Saur, D. (2006). Dynamics of language reorganization after stroke. *Brain, 129*(6), 1371–1384. https://doi.org/10.1093/brain/awl090

Saur, D., & Hartwigsen, G. (2012). Neurobiology of language recovery after stroke: Lessons from neuroimaging studies. *Archives of Physical Medicine and Rehabilitation, 93*(1), S15–S25. https://doi.org/10.1016/j.apmr.2011.03.036

Schumacher, R., Halai, A. D., & Lambon Ralph, M. A. (2019). Assessing and mapping language, attention and executive multidimensional deficits in stroke aphasia. *Brain, 142*(10), 3202–3216. https://doi.org/10.1093/brain/awz258

Schumacher, R., Bruehl, S., Halai, A. D., & Lambon Ralph, M. A. (2020). The verbal, non-verbal and structural bases of functional communication abilities in aphasia. *Brain Communications, 2*(2). https://doi.org/10.1093/braincomms/fcaa118

Schumacher, R., Halai, A. D., & Lambon Ralph, M. A. (2022). Attention to attention in aphasia – Elucidating impairment patterns, modality differences and neural correlates. *Neuropsychologia, 177*, 108413. https://doi.org/10.1016/j.neuropsychologia.2022.108413

Senió́w, J., Litwin, M., & Leśniak, M. (2009). The relationship between non-linguistic cognitive deficits and language recovery in patients with aphasia. *Journal of the Neurological Sciences, 283*(1–2), 91–94. https://doi.org/10.1016/j.jns.2009.02.315

Shallice, T., & Warrington, E. K. (1970). Independent functioning of verbal memory stores: A neuropsychological study. *The Quarterly Journal of Experimental Psychology, 22*(2), 261–273. https://doi.org/10.1080/00335557043000203

Shtyrov, Y., Kujala, T., & Pulvermüller, F. (2010). Interactions between language and attention systems: Early automatic lexical processing? *Journal of Cognitive Neuroscience, 22*(7), 1465–1478. https://doi.org/10.1162/jocn.2009.21292

Sidiropoulos, K., De Bleser, R., Ablinger-Borowski, I., & Ackermann, H. (2015). The relationship between verbal and nonverbal auditory signal processing in conduction aphasia: Behavioral and anatomical evidence for common decoding mechanisms. *Neurocase, 21*, 377–393. https://doi.org/10.1080/13554794.2014.902471

Simic, T., Rochon, E., Greco, E., & Martino, R. (2019). Baseline executive control ability and its relationship to language therapy improvements in post-stroke aphasia: A systematic review. *Neuropsychological Rehabilitation, 29*(3), 395–439. https://doi.org/10.1080/09602011.2017.1307768

Strobach, T., & Antonenko, D. (2017). tDCS-induced effects on executive functioning and their cognitive mechanisms: A review. *Journal of Cognitive Enhancement, 1*(1), 49–64. https://doi.org/10.1007/s41465-016-0004-1

Strobach, T., Soutschek, A., Antonenko, D., Flöel, A., & Schubert, T. (2015). Modulation of executive control in dual tasks with transcranial direct current stimulation (tDCS). *Neuropsychologia, 68*, 8–20. https://doi.org/10.1016/j.neuropsychologia.2014.12.024

Strobach, T., Antonenko, D., Schindler, T., Flöel, A., & Schubert, T. (2016). Modulation of executive control in the task switching paradigm with transcranial direct current stimulation (tDCS). *Journal of Psychophysiology, 30*(2), 55–65. https://doi.org/10.1027/0269-8803/a000155

Suchy, Y., Ziemnik, R. E., & Niermeyer, M. A. (2017). Assessment of executive functions in clinical settings. In *Executive functions in health and disease* (S. 551–569). Elsevier. https://doi.org/10.1016/B978-0-12-803676-1.00022-2

Tao, Y., Ficek, B., Wang, Z., Rapp, B., & Tsapkini, K. (2021). Selective functional network changes following tDCS-augmented language treatment in primary progressive aphasia. *Frontiers in Aging Neuroscience, 13*. https://doi.org/10.3389/fnagi.2021.681043

Vallar, G., & Baddeley, A. D. (1984). Phonological short-term store, phonological processing and sentence comprehension: A neuropsychological case study. *Cognitive Neuropsychology, 1*(2), 121–141. https://doi.org/10.1080/02643298408252018

Villard, S., & Kiran, S. (2015). Between-session intra-individual variability in sustained, selective, and integrational non-linguistic attention in aphasia. *Neuropsychologia, 66*, 204–212. https://doi.org/10.1016/j.neuropsychologia.2014.11.026

Villard, S., & Kiran, S. (2017). To what extent does attention underlie language in aphasia? *Aphasiology, 31*(10), 1226–1245. https://doi.org/10.1080/02687038.2016.1242711

West, J. F., Sands, E. S., & Ross-Swain, D. (1998). *Beside evaluation screening test, second edition*. Pro-ed.

Yao, J., Liu, X., Liu, Q., Wang, J., Ye, N., Lu, X., Zhao, Y., Chen, H., Han, Z., Yu, M., Wang, Y., Liu, G., & Zhang, Y. (2020). Characteristics of non-linguistic cognitive impairment in post-stroke aphasia patients. *Frontiers in Neurology, 11*. https://doi.org/10.3389/fneur.2020.01038

Ye, Z., & Zhou, X. (2009). Executive control in language processing. *Neuroscience & Biobehavioral Reviews, 33*(8), 1168–1177. https://doi.org/10.1016/j.neubiorev.2009.03.003

Zakariás, L., Kelly, H., Salis, C., & Code, C. (2019). The methodological quality of short-term/working memory treatments in poststroke aphasia: A systematic review. *Journal of Speech, Language, and Hearing Research, 62*(6), 1979–2001. https://doi.org/10.1044/2018_JSLHR-L-18-0057

Zhang, H., Li, H., Li, R., Xu, G., & Li, Z. (2019). Therapeutic effect of gradual attention training on language function in patients with post-stroke aphasia: A pilot study. *Clinical Rehabilitation, 33*(11), 1767–1774. https://doi.org/10.1177/0269215519864715

Transkranielle Gleichstromstimulation bei Aphasie nach Schlaganfall

Marcus Meinzer, Nina Unger, Anna Uta Rysop und Agnes Flöel

Inhaltsverzeichnis

15.1 Hintergrund – 268

15.2 tDCS: Methoden, Mechanismen und Designüberlegungen – 269
15.2.1 Methoden und Mechanismen der tDCS – 269
15.2.2 Designüberlegungen für tDCS-Studien bei Aphasie – 270

15.3 tDCS-Ansätze bei Aphasie – 275
15.3.1 Einheitliche Stimulationsansätze – 276
15.3.2 Individualisierte Stimulationsansätze – 277
15.3.3 Stimulation außerhalb des „Kernnetzwerks" für Sprache – 279
15.3.4 Fokale tDCS-Ansätze – 282

15.4 Zusammenfassung – 283

Literatur – 283

Das vorliegende Kapitel wurde vom Englischen ins Deutsche übersetzt. Die Übersetzung wurde mit künstlicher Intelligenz erstellt und anschließend vom Herausgeber inhaltlich uns sprachlich geprüft und überarbeitet (bei allen Kap.).

© Der/die Autor(en), exklusiv lizenziert an Springer-Verlag GmbH, DE, ein Teil von Springer Nature 2025
K. Sidiropoulos (Hrsg.), *Transkranielle Gleichstromstimulation bei Aphasien und erworbenen Sprechstörungen*, https://doi.org/10.1007/978-3-662-70454-7_15

15.1 Hintergrund

Schlaganfall ist weltweit eine der Hauptursachen für langfristige Behinderungen und macht etwa 30 % der direkten Gesundheitskosten sowie erhebliche indirekte Kosten, wie Produktivitätsverluste, aus (Rochmah et al., 2021). Darüber hinaus ist der Schlaganfall die häufigste Ursache für erworbene Sprach- und Kommunikationsstörungen wie Aphasie, worunter 40 % der Betroffenen unmittelbar nach einem Schlaganfall leiden (Mitchell et al., 2019). Nur etwa 30 % der Personen mit Aphasie erreichen nach drei Monaten eine vollständige Remission, und 20–40 % entwickeln chronische Symptome, die einen langfristigen Einsatz von Rehabilitationsdiensten erfordern (Pedersen et al., 2004; El Hachioui et al., 2013). Chronische Aphasie hat tiefgreifende negative Auswirkungen auf die Teilnahme am sozialen Leben und das psychische Wohlbefinden, erschwert die berufliche Wiedereingliederung und belastet das Gesundheitssystem erheblich (Code, 2001; Zanella et al., 2023; Abschn. 1.1).

Derzeit gibt es keine Heilung für chronische Aphasie, aber individuell angepasste und intensive Verhaltensinterventionen, die auf spezifische sprachliche Beeinträchtigungen und Kommunikationsfähigkeiten abzielen, können den Zustand verbessern (Brady et al., 2016; RELEASE Collaborators, 2021 Stroke; ▶ Abschn. 4.3). Darüber hinaus wurde die Verträglichkeit und Kosteneffektivität (Kim et al., 2024; Pierce et al., 2024a, b) solcher Behandlungen nachgewiesen. Allerdings haben aktuelle qualitativ hochwertige multizentrische klinische Studien hochvariable Ergebnisse bei den Patienten nachgewiesen sowie eine begrenzte Übertragung von Behandlungseffekten auf die Alltagskommunikation und eine erhebliche Anzahl von Nicht-Respondern hervorgehoben (Breitenstein et al., 2017; Palmer et al., 2019; Rose et al., 2022). Daher bleiben viele Fragen hinsichtlich der optimalen Versorgung einzelner Patienten (z. B. Art der Behandlung, Häufigkeit oder Dauer) bis heute unbeantwortet, und es besteht ein dringender Bedarf, neue ergänzende Behandlungsansätze zu entwickeln, die die Wirksamkeit von Verhaltensinterventionen, insbesondere bei chronischen Patienten mit Aphasie, erhöhen können.

Bemerkenswerterweise hängt der Erfolg des Sprach-„Wiedererlernens" in der Aphasietherapie, ähnlich wie das Lernen und die Fertigkeitsakquisition in neurotypischen Populationen, entscheidend von der adaptiven Neuroplastizität ab. Erhaltene Gehirnnetzwerke sind entscheidend, da sie verlorene Funktionen übernehmen oder neuronale Verletzungen kompensieren können (Crosson et al., 2019; Stefaniak et al., 2020; ▶ Abschn. 5.2 und 10.5.1). Dies hat ein gesteigertes Interesse an adjuvanten Behandlungen geweckt, die in der Lage sind, diesen Prozess bei Menschen mit Aphasie zu verstärken, indem sie das Gehirn empfänglicher für die Auswirkungen von Verhaltensinterventionen machen. Die beiden am häufigsten verwendeten Ansätze umfassen pharmakologische Interventionen und verschiedene Arten von nichtinvasiver Hirnstimulation (NIBS). Pharmakologische Interventionen werden häufig verschrieben, um neurokognitive (z. B. Beeinträchtigung der Aufmerksamkeit oder des Arbeitsgedächtnisses) oder psychiatrische (z. B. Angst, Depression) Komorbiditäten zu behandeln oder um die Fähigkeit der Patienten zur Teilnahme an Verhaltensinterventionen zu verbessern. Allerdings können pharmakologische Interventionen systemische Nebenwirkungen verursachen und erlauben es nicht, spezifische neuronale Netzwerke zu beeinflussen (Berthier et al., 2011). Letzteres kann durch NIBS-Techniken erreicht werden, die die Erregbarkeit und Neuroplastizität in spezifischen Gehirnnetzwerken modulieren, ohne bekannte ernsthafte Nebenwirkungen hervorzurufen.

Dieses Kapitel konzentriert sich speziell auf die transkranielle Gleichstromstimulation (tDCS), die die am häufigsten verwendete NIBS-Technik bei Aphasie nach Schlaganfall ist. Wir beginnen mit einer allgemeinen Einführung zur tDCS und methodischen Überlegungen, die für ihre Anwendung in der Aphasieforschung und -behandlung relevant sind. In den folgenden Abschnitten sollen die Leser mit den verschiedenen tDCS-Ansätzen vertraut gemacht werden, die derzeit in der experimentellen und klinischen Aphasiologie zur Anwendung kommen, und offene Fragen und zukünftige Richtungen in diesem aufkommenden Feld auf dem Weg diskutiert werden.

15.2 tDCS: Methoden, Mechanismen und Designüberlegungen

15.2.1 Methoden und Mechanismen der tDCS

Die transkranielle Gleichstromstimulation (tDCS) verwendet schwache elektrische Stimulation, um die Erregbarkeit des menschlichen Gehirns zu modulieren und Neuroplastizität zu induzieren. Zum Beispiel wird bei erregender tDCS der Strom typischerweise zwischen einer Anode, die über einer Zielhirnregion platziert ist, und einer oder mehreren Kathoden projiziert. Herkömmliche tDCS-Set-ups verwenden relativ große Gummielektroden (z. B. 5 × 5 oder 5 × 7 cm), die in salzgetränkte Schwämme eingeführt werden, und Kathoden werden typischerweise über einer Region in der gegenüberliegenden Hirnhälfte oder auf der Schulter angebracht. Diese Set-ups erzeugen einen relativ weit verbreiteten Stromfluss in und um die Zielregion und auch zwischen den Elektroden. Sogenannte fokale Set-ups verwenden kleinere Elektroden (z. B. 2 cm Durchmesser), und Kathoden werden häufig kreisförmig um eine zentrale Anode angeordnet (Villamar et al., 2013, Gbadeyan et al., 2016), wodurch der Stromfluss auf die Zielregion beschränkt wird (◘ Abb. 15.1). Weitere Details über die Wirkmechanismen und Schlüsselparameter von tDCS finden Sie in ▶ Kap. 11, 12 und 13.

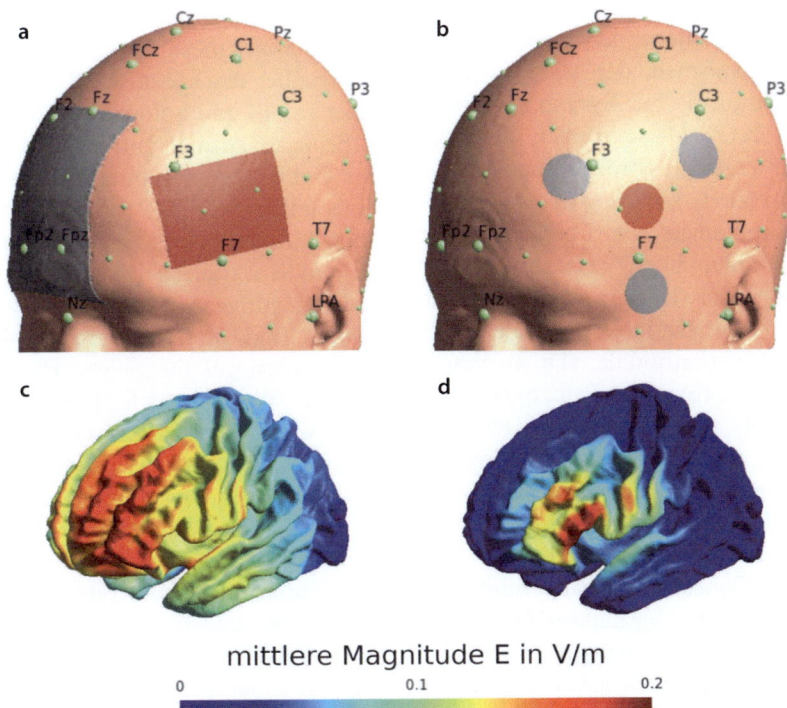

◘ Abb. 15.1 Oben: Beispiele für (a) konventionelle und (b) fokale tDCS-Montagen, die beide den linken inferioren Frontallappen anvisieren. Unten: Ergebnisse von Computersimulationen des induzierten Stroms für die jeweiligen (c) konventionellen und (d) fokalen Montagen. Die farbige Legende in der Mitte gibt die durchschnittliche Stärke des elektrischen Feldes (in Volt/Meter) für die verschiedenen Montagen an, wobei Blau niedrigere und Rot höhere Werte repräsentiert. (Modifiziert nach Niemann et al., 2024)

Im Vergleich zu anderen Arten von NIBS (z. B. transkranielle Magnetstimulation, TMS) ist die tDCS relativ kostengünstig, einfach zu verabreichen und hat ein ausgezeichnetes Sicherheitsprofil, sogar in vulnerablen Populationen wie Schlaganfallpatienten (Antal et al., 2017). Darüber hinaus bietet die tDCS einen relativ effektiven Modus für Placebostimulation (Schein-tDCS), der die vorübergehende Natur der durch die tDCS auf der Kopfhaut induzierten physischen Empfindung ausnutzt, z. B. durch Reduzierung des Stromflusses auf null, nachdem das anfängliche leichte Kribbeln oder Brennen aufgehört hat (Gandiga et al., 2006). Alternativ können Elektroden so angeordnet werden, dass der Stromfluss zur Zielregion minimiert wird, um eine Ähnlichkeit der Empfindung zwischen aktiven und Scheinstimulationsbedingungen zu gewährleisten (Neri et al., 2020). Insgesamt machen diese Eigenschaften die tDCS zu einer attraktiven Methode für experimentelle oder klinische Studien bei Aphasie.

Die zugrunde liegenden neurophysiologischen Mechanismen der tDCS wurden ausführlich im motorischen System untersucht (Cirillo et al., 2017). Diese Studien haben gezeigt, dass der angelegte Strom keine Aktionspotenziale induziert, sondern das neuronale Ruhemembranpotenzial vorübergehend in einer polaritätsabhängigen Weise entweder in Richtung De- oder Hyperpolarisation verschiebt, was zu einer erhöhten (anodale tDCS) oder reduzierten (kathodale tDCS) neuronalen Erregbarkeit führt. Im Prinzip bedeutet dies, dass sowohl eine Verstärkung als auch eine Hemmung der neuronalen Verarbeitung in den Zielhirnregionen erreicht werden kann (▶ Abschn. 15.2.2.3). Durch Ausnutzung dieser kurzlebigen Mechanismen haben zahlreiche Proof-of-Concept-Studien gezeigt, dass die tDCS sowohl die Verhaltensleistung als auch die neuronale Verarbeitung während Sprach- und Sprachlernaufgaben verbessern kann (z. B. Flöel et al., 2008; Meinzer et al., 2012; Martin et al., 2017; Darkow et al., 2017; Perceval et al., 2017, 2020; Riemann et al., 2024). Darüber hinaus haben Tier- und Humanstudien gezeigt, dass die tDCS auch langfristige neuronale Potenzierung und der Depression ähnliche Prozesse induziert, ähnlich denen, die während normalen Lernens oder Fertigkeitserwerbs beobachtet werden (Stagg et al., 2018). Diese Prozesse werden für die lang anhaltenden positiven Effekte der Mehrsitzungs-tDCS auf Lernfähigkeit und Neuroplastizität in Trainings- und Rehabilitationskontexten verantwortlich gemacht (Reis et al., 2009; Allman et al., 2016; Perceval et al., 2020; Antonenko et al., 2023), was eine Begründung für die Erforschung der tDCS als adjuvante Behandlung bei Aphasie nach Schlaganfall liefert.

15.2.2 Designüberlegungen für tDCS-Studien bei Aphasie

15.2.2.1 Identifizierung von Stimulationszielen für tDCS

Die Wahl des Stimulationsziels ist von größter Bedeutung in allen NIBS-Studien, einschließlich solchen, die tDCS verwenden. Optimalerweise basiert diese Entscheidung auf Kenntnissen über den spezifischen Prozess von Interesse (z. B. phonologischer Abruf, verbales Arbeitsgedächtnis) und die zugrunde liegenden Gehirnregionen oder Netzwerke. In experimentellen Studien werden Entscheidungen über Stimulationsorte oft durch sorgfältig gestaltete funktionelle Bildgebungsstudien oder neurokognitive Modelle (z. B. von Sprache) geleitet, und die tDCS wird bei allen Studienteilnehmern auf die gleiche Hirnregion angewendet. Wenn jedoch Stimulationsorte auf Basis von Gruppendaten (z. B. aus einer aufgabenbasierten Gruppenanalyse von funktionellen Bildgebungsdaten) oder theoretischen Modellen ausgewählt werden, können interindividuelle Unterschiede in Gehirnstruktur und -funktion oder Strategienutzung in der Zielbevölkerung einer tDCS-Studie zu einer suboptimalen Stimulation bei einzelnen Studienteilnehmern führen. Dies gilt für Populationen ohne neurologische Erkrankung und noch mehr bei Patienten mit neurologischer Erkrankung oder Verletzung, die zu einer hochvariablen strukturellen und funktionellen Gehirnreorganisation führen können.

Computerbasierte Simulationen des elektrischen Stromflusses unter Verwendung realistischer Kopf- und Gehirnmodelle, die auf Magnetresonanztomografie-(MRT-)Daten basieren, können dazu beitragen die Effekte von verschiedenen tDCS-Methoden zu untersuchen. Ergebnisse aus solchen Studien haben gezeigt, dass die individuelle Anatomie den Grad des induzierten Stroms in den Zielhirnregionen über die Teilnehmer hinweg beeinflusst (für eine Übersicht s. Hunold et al., 2023). Darüber hinaus haben Studien einen Zusammenhang zwischen der Intensität regionaler elektrischer Felder und Veränderungen im Verhalten, Veränderungen in neurophysiologischen Parametern, fMRT-abgeleiteten Hirnnetzwerken, Variationen im regionalen zerebralen Blutfluss und Verschiebungen in neurochemischen Parametern aufgezeigt (z. B. Kim et al., 2014; Cabral-Calderin et al., 2016; Jamil et al., 2020; Antonenko et al., 2023). Daher können sich die neurophysiologischen Effekte identischer Stimulationsparameter, wie Elektrodenplatzierungen oder Stromintensitäten, zwischen verschiedenen Individuen unterscheiden. Diese Variabilität erklärt wahrscheinlich die oft bemerkte Bandbreite der Effekte in experimenteller und klinischer tDCS-Forschung (Fertonani & Miniussi, 2017). Bemerkenswert ist, dass Computersimulationen des Stromflusses verwendet werden können, um tDCS-Montagen (d. h. die Platzierung der Elektroden auf der Kopfhaut) zu optimieren, um die regionale Präzision oder Stromdosis für einzelne Studienteilnehmer zu erhöhen. Dies erfordert jedoch Zugang zu strukturellen Bildgebungsdaten für individualisierte Modellierung und spezifische technische Expertise. Bis heute haben nur wenige Studien die potenziellen Vorteile von computergestützten Modellansätzen zur Optimierung von tDCS-Montagen bei Schlaganfallpatienten untersucht (z. B. Richardson et al., 2015; Yoon et al., 2024).

Die Auswahl „optimaler" Stimulationsorte für einzelne Patienten mit Aphasie nach Schlaganfall wird durch variable strukturelle Läsionsmuster verkompliziert, die die Stromflussmuster im Gehirn beeinflussen (z. B. Minjoli et al., 2017) und auch funktionelle Hirnreorganisation, die je nach Zeitpunkt nach dem Schlaganfall und dem Grad der Erholung variiert (Stefaniak et al., 2020) (▶ Abschn. 5.1.3). Darüber hinaus hängt die Wirksamkeit der tDCS entscheidend von der Überschneidung zwischen der durch eine bestimmte Aufgabe oder Behandlung (das Ziel der tDCS) hervorgerufenen Gehirnaktivität und dem induzierten elektrischen Strom (der als Neuromodulator wirkt) ab. Die Mehrheit der bisher durchgeführten Aphasiebehandlungsstudien haben diese Faktoren jedoch nicht berücksichtigt. Zumeist wurden Zielregionen in der sprachdominanten linken Hemisphäre ausgewählt, basierend auf ihrer Aktivität bei gesunden Individuen während der Sprachverarbeitung, oder auf der Grundlage von korrelativen Ergebnissen aus funktionellen Bildgebungsstudien der Aphasieerholung. Auf der Grundlage alternativer empirischer oder theoretischer Überlegungen haben andere Studien kontraläsionale Bereiche (▶ Abschn. 15.3.1) oder Regionen außerhalb des Kernsprachnetzwerks (▶ Abschn. 15.3.3) anvisiert. Bemerkenswert ist, dass die Mehrheit dieser Studien vorteilhafte Zusatzeffekte der tDCS berichtet hat. Allerdings unterstreichen die häufig beobachtete Variabilität in den Stimulationsantworten über die Patienten hinweg und die geringen Effektgrößen die Grenzen eines Einheitsansatzes bei der Auswahl von Stimulationszielen. Dies wurde in jüngsten Studien anerkannt, die individuellere Stimulationsansätze in der Aphasiebehandlungsforschung (▶ Abschn. 15.3.2) eingesetzt haben. Fokale tDCS-Ansätze werden in ▶ Abschn. 15.3.4 diskutiert.

15.2.2.2 Studiendesign und Ergebnisse

Grundsätzlich können Hirnstimulationsstudien bei Aphasie entweder als Cross-over-Designs (innerhalb von Probanden) oder Parallelgruppendesigns (zwischen Probanden) durchgeführt werden. Die Wahl zwischen diesen Optionen hängt entscheidend von der spezifischen Forschungsfrage ab. Bei Cross-over-Designs werden Daten von demselben

Teilnehmer unter verschiedenen Bedingungen (z. B. aktive vs. Schein-tDCS) nacheinander erhoben, um Stimulationseffekte zu bestimmen. Daher wird die interindividuelle Variabilität in demografischen und klinischen Faktoren hauptsächlich als Prädiktor für die Stimulationsantwort über die Teilnehmer hinweg verwendet, und eine heterogene Stichprobe ist oft wünschenswert. Während die Vorhersage der Stimulationsantwort auch in Parallelgruppendesigns relevant ist, erfordern diese auch die Vergleichbarkeit der Teilnehmer in den Studienarmen. Letzteres kann bei Aphasie nach Schlaganfall aufgrund der Heterogenität von Läsionen, Symptomen und Mustern der funktionellen Hirnumorganisation, d. h. Faktoren, die die Reaktion auf Verhaltens- und/oder Hirnstimulationsinterventionen beeinflussen können, herausfordernd sein.

Cross-over-Designs eignen sich besonders gut für Proof-of-Concept-Studien, bei denen die Effekte einer einzelnen aktiven Stimulationssitzung mit denen einer Kontrollbedingung verglichen werden. Da akute Stimulationseffekte auf die Gehirnfunktion kurzlebig sind (d. h. Minuten bis Stunden nach dem Ende der Stimulation), können die Auswaschperioden zwischen den Sitzungen relativ kurz sein. Es ist jedoch notwendig, die Reihenfolge der tDCS-Bedingungen über die Teilnehmer hinweg zu balancieren (um Reihenfolgeeffekte zu vermeiden), parallele Aufgabenversionen zu verwenden und die Verblindung der Teilnehmer zu gewährleisten. Letzteres ist besonders relevant, da die Teilnehmer sowohl der aktiven als auch der Kontrollstimulation ausgesetzt sind und die auf der Kopfhaut hervorgerufenen physischen Empfindungen direkt vergleichen können. Daher sollten geeignete Maßnahmen zur Kontrolle dieses Faktors (z. B. die Verwendung von betäubender Creme unter den Elektroden) implementiert werden, um eine Entblindung und Erwartungseffekte zu vermeiden. Wichtig ist, dass die zusätzlichen Vorteile der tDCS, die in Kombination mit ausgedehnten Perioden von Verhaltenstraining oder Therapie verabreicht wurden, für mehrere Wochen oder sogar Monate nach der Interventionsperiode nachgewiesen wurden (Reis et al., 2009; Allman et al., 2016; Perceval et al., 2020; Antonenko et al., 2023). Solche Langzeiteffekte können potenziell die Ergebnisse in Cross-over-Studien beeinflussen. Daher sind Parallelgruppendesigns bei Aphasiebehandlungsstudien, die tDCS einbeziehen, vorzuziehen.

Eine weitere wichtige Überlegung ist die Auswahl der Methoden und Kriterien, die zur Quantifizierung der Effekte einer spezifischen Intervention verwendet werden. In Cross-over-Studien sind die Verwendung geeigneter paralleler Aufgabenversionen und die formale Bewertung der Test-Retest-Reliabilität in der Zielbevölkerung wünschenswert. Dies ist besonders relevant bei Patienten mit Aphasie nach Schlaganfall, da die Leistung einzelner Patienten über Sitzungen hinweg stark variieren kann (Duncan et al., 2016) und eine schlechte Test-Retest-Reliabilität möglicherweise kleine und variable tDCS-Effekte maskieren kann. In bestimmten Fällen kann es sogar vorteilhaft sein, die Leistung zu maximieren (z. B. Benennfähigkeit durch Verwendung von Bildern zu erfassen, die Patienten richtig benennen können), um zuverlässig tDCS-Effekte auf spezifische Ergebnisse zu untersuchen (z. B. Reaktionslatenz oder neuronale Antworten; z. B. Darkow et al., 2017).

In klinischen Studienkontexten sind Forscher in der Regel verpflichtet, standardisierte Ergebnismaße zu verwenden, um Verbesserungen in Sprache, Kommunikation oder sogar die wirtschaftlichen Auswirkungen der Behandlung zu untersuchen. Allerdings sind globale Sprachtestbatterien und andere Transfermaße möglicherweise nicht empfindlich genug, um die spezifische Verhaltensmodulation zu untersuchen, die durch die tDCS induziert wird. Darüber hinaus wurden vorteilhafte tDCS-Effekte auf das Sprachenlernen in neurotypischen Populationen hauptsächlich für speziell trainiertes Material nachgewiesen (Flöel et al., 2008; Meinzer et al., 2014a; Perceval et al., 2017, 2020). Daher sollte die Einbeziehung von studienspezifischen Ergebnissen (z. B. individuell ausgewählte und patientenrelevante trainierte Materialien) in Betracht gezogen werden, um potenzielle Stimulationseffekte vollständig zu erfassen. Verbesserungen in Sprachergebnismaßen, die derzeit für das tägliche Leben als relevant erachtet werden, sind jedoch notwendig, um diese Interventionen in klinische Leitlinien zu übertragen und eine Erstattung von der Krankenversicherung zu erhalten.

15.2.2.3 Stimulationsabhängige Faktoren

Stimulationsabhängige Faktoren umfassen die technischen und prozeduralen Aspekte der tDCS-Verabreichung, einschließlich der Intensität, Dauer, Timing (z. B. vor, während, nach der Behandlung), Art (erregend, hemmend) oder Fokalität der Stimulation (▶ Kap. 11, 12 und 13).

In Bezug auf tDCS-Intensität und -Dauer kam eine umfangreiche Literaturübersicht (Antal et al., 2017) zu dem Schluss, dass eine niedrigintensive transkranielle elektrische Stimulation (definiert als <4 mA für konventionelle Set-ups, bis zu 60 min) sicher in gesunden und klinischen Populationen angewendet werden kann. Aus Designperspektive bleibt Aphasieforschern somit ein relativ großer Parameterspielraum zur Auswahl, und die Mehrheit der bisherigen Studien hat Intensitäten am unteren Ende dieses Spektrums (d. h. 1–2 mA), relativ große Elektroden (25–35 cm^2) und Stimulationsdauern zwischen 20–40 min verwendet. Während eine niedrigintensive elektrische Stimulation prinzipiell ausreicht, um physiologisch relevante Effekte im menschlichen Gehirn zu induzieren, interagiert der induzierte Strom mit zahlreichen teilnehmerabhängigen Faktoren (z. B. Schädel- und Gehirnanatomie, funktionelle Gehirnnetzwerkorganisation oder Zustand zum Zeitpunkt der Stimulation; Fertonani & Miniussi, 2017). Daher können die gleiche Montage und Stromintensität zu unterschiedlichen Verhaltens- und neuronalen Effekten bei den Studienteilnehmern führen. Die gezielte Stimulation spezifischer Gehirnregionen mit der tDCS kann durch Computersimulationen des Stromflusses unterstützt werden, die die Verteilung und Dosis des induzierten Stroms bei einzelnen Teilnehmern anhand von MRT-Daten schätzen (z. B. Datta et al., 2011; Richardson et al., 2015). Allerdings basieren computergestützte Modelle des Stromflusses stark auf Annahmen über Gewebeleitfähigkeiten (Hunold et al., 2023). Erst kürzlich haben technologische Entwicklungen die Messung des tDCS-induzierten Stromflusses im menschlichen Gehirn in vivo ermöglicht (Goksu et al., 2018). Obwohl sich dieser neue Ansatz noch in einem frühen Entwicklungsstadium befindet, birgt er Potenzial für die zukünftige Validierung von computergestützten Modellen des Stromflusses und die Optimierung von individualisierten Stromdosiskalkulationen.

Derzeit besteht kein Konsens über die minimale Intensität, die für die Induktion von neuronaler Modulation erforderlich ist, und dieser Schwellenwert kann zwischen den Individuen variieren. Darüber hinaus garantieren höhere Intensitäten der tDCS nicht zwangsläufig ausgeprägtere Effekte und können sogar zu Änderungen der Polarität führen, die beeinflussen, ob der induzierte Strom die neuronale Erregbarkeit erhöht oder verringert (Batsikadze et al., 2013). Daneben wurden neuromodulatorische Effekte der tDCS berichtet, wenn sie vor, während oder nach der Aufgabenausführung verabreicht wurden, und dies kann mit dem Alter variieren (z. B. Summers et al., 2016; Perceval et al., 2016). Daher bleibt das optimale Timing der tDCS in spezifischen experimentellen und klinischen Kontexten oft unbekannt. Diese Unsicherheit bezüglich grundlegender tDCS-Parameter und ihrer potenziellen Interaktion mit teilnehmerspezifischen Faktoren unterstreicht, dass dieser scheinbar einfache Ansatz zur Gehirnstimulation eine Vielzahl von Herausforderungen für Aphasieforscher darstellt. Die Vertrautheit mit aktuellen technischen, methodischen und sicherheitsrelevanten Richtlinien ist zwingend erforderlich, um diesen Ansatz erfolgreich in experimentellen und klinischen Kontexten umzusetzen (z. B. Woods et al., 2016; Lefaucheur et al., 2017; Thair et al., 2017; Antal et al., 2017).

Die Wahl anderer stimulationsabhängiger Faktoren kann im Prinzip direkt aus theoretischen Annahmen oder empirischen Beobachtungen abgeleitet werden. Beispielsweise hängt die Polarität der tDCS davon ab, ob erregende (anodale) oder hemmende (kathodale) tDCS verabreicht wird. Die häufigste Anwendung der tDCS in der Aphasierehabilitation ist die anodale tDCS (atDCS), die darauf abzielt, die neuronale Verarbeitung und Neuroplastizität im verbleibenden Sprachnetzwerk oder Prozesse, die für die Sprache relevant sind (z. B. Arbeitsgedächtnis, Aufmerksamkeit), zu fördern. Andererseits kann die kathodale tDCS (ctDCS) verwendet werden, um dysfunktionale neuronale Prozesse zu unterdrücken (z. B. Disinhibition von kontraläsionalen Regionen) oder um maladaptive Neuroplastizität umzukehren (Crosson et al., 2023) (▶ Abschn. 5.2.2 und 10.5).

In beiden Fällen ist es wünschenswert, die Relevanz des jeweiligen Stimulationsansatzes für einzelne Patienten zu bestimmen; ein häufiger Irrtum in der tDCS-Forschung bei Aphasie besteht darin, sich auf korrelationale Ergebnisse aus funktionellen Bildgebungsstudien zur Aphasieerholung zu verlassen. Zum Beispiel haben funktionelle Bildgebungsstudien vorgeschlagen, dass eine Hochregulation von periläsionalen (Meinzer et al., 2008; Fridriksson, 2010, 2012), eine Herunterregulation von kontraläsionalen (Richter et al., 2008; Abel et al., 2015) oder eine Hochregulation von kontraläsionalen Gehirnregionen (Crosson et al., 2005; Raboyeau et al., 2008) mit einer besseren Erholung oder Behandlungsreaktion assoziiert sein können. Diese Studien haben v. a. die Variabilität der funktionellen Gehirnreorganisation bei Aphasie hervorgehoben, die von der Ausdehnung und Lage der strukturellen Läsion, der Zeit seit dem Schlaganfall, dem Erholungsstatus, der Wirkung spezifischer Verhaltensinterventionen und anderen Faktoren abhängt. Andererseits sind nur wenige Informationen über die Wahl der Intervention (d. h. Stimulationsort, Polarität der tDCS oder Wahl der Verhaltensintervention) bei Patienten verfügbar, die kein günstiges Erholungsmuster zeigen. Dies unterstreicht die dringende Notwendigkeit einer individualisierten Sprachtherapie (SLT) und Stimulationsansätze in der Aphasiebehandlung, die weiter unten ausführlicher diskutiert werden.

In diesem Zusammenhang ist es auch wichtig zu beachten, dass polaritätsabhängige Stimulationseffekte oft konsistenter für die atDCS im Vergleich zur ctDCS sind, wobei beide Polaritäten eine erhebliche Variabilität der Effekte sogar bei gesunden Individuen zeigen (z. B. Wiethoff et al., 2014; Bashir et al., 2019). Hemmende Effekte der ctDCS während kognitiver Aufgaben können besonders schwach und variabel sein, was auf Redundanz innerhalb der neuronalen Netzwerke zurückgeführt wurde, die kognitive Funktionen bei gesunden Individuen unterstützen (Jacobson et al., 2012). Es bleibt jedoch zu klären, ob und wie strukturelle Gehirnläsionen durch Schlaganfall ein solches kompensatorisches Potenzial beeinflussen. Bemerkenswerterweise hat die ctDCS in einigen Fällen auch gezeigt, dass sie die kortikale Erregbarkeit oder Leistung während spezifischer Aufgaben erhöht (Antal et al., 2004a, b; Wiethoff et al., 2014). Daher könnte die einfache Dichotomie der polaritätsspezifischen Neuromodulation eine Vereinfachung sein, die weiterer Forschung bedarf.

Ein weiterer entscheidender Faktor zur Verbesserung der Wirksamkeit der tDCS bei Personen mit Aphasie ist die gewünschte Fokalität der Stimulation, die weitgehend von der gewählten tDCS-Montage abhängt. Fokale Set-ups ermöglichen es, den Strom auf relativ umschriebene Gehirnregionen zu beschränken, was sie zu einer attraktiven Option für die Untersuchung kausaler Gehirn-Verhaltens-Beziehungen macht. Allerdings erhöht der Gewinn an Fokalität im Vergleich zu konventionellen Set-ups die Anfälligkeit für Fehler bei der Platzierung der Elektroden auf der Kopfhaut oder für Verschiebungen (Drift) der Elektroden während des Experiments. Zum Beispiel wurde gezeigt, dass selbst kleine Abweichungen der Elektroden von den beabsichtigten Kopfhautpositionen (z. B. 1–2 cm) die Stromintensität in Zielregionen für fokale tDCS um bis zu 42 % reduzieren können (Niemann et al., 2024). Daher wird empfohlen, geeignete Methoden zur Verbesserung der Elektrodenpositionierung (z. B. Elektrodenplatzierung geleitet durch Neuronavigation; de Witte et al., 2018), Minimierung von Drift (Woods et al., 2016) und Überprüfung der Elektrodenpositionen vor und/oder nach fokaler tDCS (Knotkova et al., 2019; Indahlastari et al., 2023) zu implementieren. Konventionelle Montagen sind aufgrund der breiteren Verteilung des induzierten Stroms weniger von Positionierungsfehlern und Drift betroffen

(Niemann et al., 2024). Während diese mangelnde Fokalität sie weniger nützlich für die Aufdeckung regional spezifischer kausaler Gehirn-Verhaltens-Beziehungen macht, kann dies Vorteile in Kontexten haben, in denen experimentelle Ungenauigkeiten wahrscheinlicher auftreten (z. B. routinemäßige klinische Versorgung, multizentrische Interventionsstudien, heimbasierte Studien) oder wenn mehrere potenzielle Zielregionen von Interesse sind.

15.3 tDCS-Ansätze bei Aphasie

Derzeit gibt es nur begrenzte Evidenz aus qualitativ hochwertigen randomisierten kontrollierten Studien, dass die tDCS das Erholungspotenzial bei Aphasie nach einem Schlaganfall verbessern kann. Tatsächlich haben die meisten Studien relativ kleine Patientengruppen (N<20) mit erheblicher Heterogenität der Studiencharakteristika (d. h. Behandlung, Stimulationsansätze, Outcome-Maße) und hochvariablen Ergebnissen innerhalb und zwischen den Studien untersucht. Dies unterstreicht die dringende Notwendigkeit weiterer hochwertiger und koordinierter Forschung in diesem Bereich, insbesondere hinsichtlich der Optimierung von kombinierten Verhaltens- und Gehirnstimulationsansätzen. In diesem Zusammenhang werden wir nicht versuchen, einen vollständigen Überblick über die aktuelle Literatur zu geben, sondern einige der derzeit verwendeten tDCS-Ansätze in der Aphasieforschung hervorheben und diskutieren. Ein Überblick über die Stimulationsansätze wird in ◘ Abb. 15.2 gegeben. Für umfassende Re-

Uniforme Stimulation

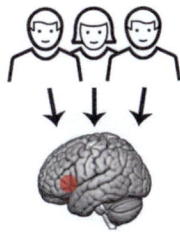

Individualisierte Stimulation

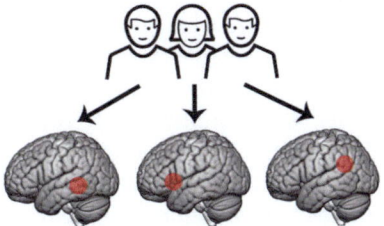

Zielregion innerhalb des Sprachnetzwerks

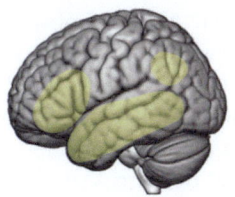

Zielregion außerhalb des Sprachnetzwerks

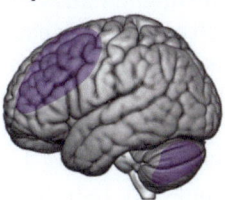

Konventionelle Montage

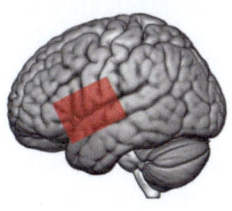

Fokale Montage

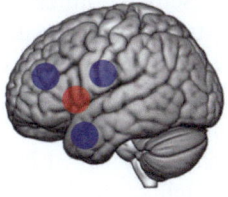

◘ **Abb. 15.2** Parameterbereich der derzeit verwendeten tDCS-Montagen. Bitte beachten Sie, dass Kombinationen zwischen den verschiedenen Ebenen möglich sind (z. B. individualisierte und fokale tDCS, verabreicht über Regionen innerhalb des Kernsprachnetzwerks)

views der derzeit verfügbaren Evidenz für die Wirksamkeit der tDCS zur Verbesserung der Erholung bei Aphasie wird auf aktuelle systematische Reviews und Metaanalysen verwiesen (z. B. Elsner et al., 2019; Biou et al., 2019; Zettin et al., 2021).

15.3.1 Einheitliche Stimulationsansätze

Einheitliche Stimulationsansätze sind solche, die das gleiche tDCS-Setup (d. h. Montage, Polarität, Dauer, Intensität) bei allen Studienteilnehmern verwenden. In diesem Kontext wurde die Verwendung der atDCS in der Aphasieforschung zunächst durch die Beobachtung ermutigt, dass die Stimulation von Regionen im linkslateralisierten perisylvischen Sprachnetzwerk die Sprachverarbeitung und das Lernen bei gesunden Individuen verbesserte (z. B. Flöel et al., 2008; Cattaneo et al., 2011; Holland et al., 2011). Basierend auf diesen Ergebnissen zielten die meisten der frühesten experimentellen und klinischen tDCS-Studien in der Aphasie darauf ab, die neuronale Verarbeitung durch die atDCS von frontotemporalen Regionen in der linken Hemisphäre zu erleichtern (für eine Übersicht s. Monti et al., 2013). Die Begründung für die Verwendung der ctDCS basierte hauptsächlich auf dem Modell der interhemisphärischen Konkurrenz, das ursprünglich aus der motorischen Erholung nach einem Schlaganfall abgeleitet wurde. Dieses Modell schlägt vor, dass eine unilaterale Schädigung des Gehirns zum einen zur Enthemmung von kontraläsionalen Regionen und zum anderen in der Folge zu übermäßiger Hemmung der lädierten durch die intakte Hemisphäre führt (Murase et al., 2004).

Bei motorischen Schlaganfällen hat sich gezeigt, dass die bilaterale (d. h. ipsiläsionale anodale und kontraläsionale kathodale) tDCS die Erholung nach einem Schlaganfall verbessert und normalere Muster der Lateralisierung wiederherstellt (z. B. Lindenberg et al., 2010). Das Modell kann nicht vollständig auf die Beeinträchtigungen komplexer Sprachfunktionen angewendet werden, und es gibt Hinweise auf eine kompensatorische Rolle der intakten kontraläsionalen Hemisphäre bei Aphasie, insbesondere bei stärker betroffenen Patienten mit großen linksseitigen Läsionen oder bei bilateral repräsentierten Sprachprozessen (Stefaniak et al., 2020). Dennoch haben Ähnlichkeiten zwischen motorischer und Spracherholung (Saur et al., 2009) die Verwendung der rechtshemisphärischen ctDCS bei Aphasie nach Schlaganfall motiviert, hauptsächlich durch das Targeting rechter präfrontaler Regionen (z. B. You et al., 2011; Kang et al., 2011; Zumbansen et al., 2020). Einige Studien haben jedoch auch die ctDCS über den ipsiläsionalen Kortex verabreicht, typischerweise als Kontrollbedingung in Cross-over- oder Parallelgruppenstudien (z. B. Monti et al., 2008; Cherney et al., 2021).

Obwohl sich die Studien hinsichtlich des Gesamtdesigns, der Stimulationsparameter, der Ergebniskennzahlen und der Patientencharakteristika erheblich unterschieden, deutet das Ausbleiben schwerwiegender Nebenwirkungen in allen Studien darauf hin, dass die tDCS bei Personen mit Aphasie sicher angewendet werden kann. Darüber hinaus, obwohl die ergänzenden Effekte der tDCS zwischen den Studien stark variierten, berichtete die überwiegende Mehrheit der Studien auf Gruppenebene positive Effekte, und eine Verschlechterung der Symptome wurde in keiner der (Behandlungs-)Studien beobachtet. Bemerkenswert ist, dass diese Effekte erzielt wurden, obwohl die Elektroden möglicherweise über suboptimalen Regionen bei einzelnen Patienten platziert wurden und häufig keine CT- oder MRT-Bilder verfügbar waren, um sicherzustellen, dass die tDCS nicht über den strukturellen Läsionen angewendet wurde.

Mehrere Faktoren könnten diese insgesamt positiven Effekte erklären:
1. Die überwiegende Mehrheit der Studien verwendete konventionelle Set-ups, die zu relativ weit verbreiteten Stromflüssen führten. Daher könnte die Co-Stimulation anderer potenziell relevanter Bereiche zu vorteilhafter (aber unbeabsichtigter) neuronaler Modulation bei einigen Patienten beigetragen haben.

2. Da die meisten Studien relativ kleine, bilateral angeordnete Elektroden verwendeten, könnten Effekte unter den jeweiligen Referenzelektroden (Anoden oder Kathoden) für einige der berichteten Ergebnisse verantwortlich gewesen sein.
3. Abgesehen von der direkten Modulation der beabsichtigten Zielregion und/oder nahe gelegener Bereiche, kann die tDCS auch die neuronale Verarbeitung in entfernten Gehirnregionen beeinflussen, die funktionell mit der stimulierten Bereich verbunden sind (z. B. Meinzer et al., 2012; Stagg et al., 2013).

Letzteres könnte erklären, warum spezifische Aufgaben (z. B. Bildbenennung oder Wortlernen) durch die tDCS über verschiedenen Hirnregionen, die Teile eines größeren neuralen Netzwerks sind, zu vergleichbaren Effekten führt (z. B. Meinzer et al., 2014b; Perceval et al., 2017, 2020). Des Weiteren haben die meisten Studien ausschließlich chronische Patienten eingeschlossen, die in der Regel ohne Behandlung eine relativ stabile Leistung zeigen. Gruppenstatistiken können dabei von einzelnen Respondern beeinflusst werden, insbesondere bei kleinen Stichproben. Trotz der vielversprechenden Effekte, die sowohl in frühen als auch in neueren Studien auf Gruppenebene beobachtet wurden, bleibt das Verständnis der spezifischen Mechanismen unzureichend. Es ist unklar, wie die tDCS bei Respondern zu Verbesserungen führt und warum es bei anderen Patienten nicht wirkt.

15.3.2 Individualisierte Stimulationsansätze

Um die Effekte der tDCS zu optimieren, wurden individualisierte Stimulationsstrategien entwickelt. Diese Strategien konzentrieren sich auf zwei Hauptaspekte:
1. Identifikation von Zielhirnregionen für die tDCS, die für einzelne Patienten relevant sind, unter Verwendung von funktioneller Bildgebung
2. Auswahl spezifischer tDCS-Montagen auf der Grundlage von Verhaltensexperimenten, die vor dem Interventionszeitraum durchgeführt werden.

Diese individualisierten Ansätze sind darauf ausgelegt, sicherzustellen, dass die tDCS-Therapie so effektiv wie möglich, indem es speziell auf die Bedürfnisse der Patienten und die Gehirnaktivität zugeschnitten wird.

Die früheste dieser Studien verwendeten die funktionelle MRT (fMRT), um die mit dem Benennen verbundene Gehirnaktivität bei Patienten mit chronischer Aphasie (N = 10) zu bestimmen (Baker et al., 2010). Diese Informationen wurden dann verwendet, um Stimulationsorte auf der Grundlage der stärksten aufgabenbezogener Aktivität in periläsionalen Gehirnregionen für jeden Patienten auszuwählen. In einer anschließenden Cross-over-Phase absolvierten die Patienten fünf Sitzungen täglicher Bild-Wort-Zuordnungsbehandlung mit verschiedenen präfrontalen (N = 5) oder präzentralen (N = 5) atDCS-Montagen. Mittlere Gruppeneffektgrößen zeigten, dass die atDCS im Vergleich zur Schein-tDCS bei trainierten und untrainierten Materialien bevorzugt wurde. Allerdings gab es auch eine erhebliche Variabilität in der individuellen Reaktion auf die Behandlung. Eine anschließende Schein-tDCS-kontrollierte, parallele Gruppenstudie (Fridriksson et al., 2018) verwendete den gleichen Behandlungs- und fMRT-Ansatz zur Zielidentifikation (mit der Ausnahme, dass die Stimulationsstellen auf den Temporallappen beschränkt waren).

Die Ergebnisse zeigten, dass Patienten, die die atDCS erhielten, signifikant bessere Ergebnisse erzielten, mit einer relativen Verbesserung von 70 % bei korrekten Benennungsantworten im Vergleich zu Patienten, die die Schein-tDCS erhalten hatten. Bemerkenswert ist, dass diese Studie ein Futility-Design verwendete (d. h., es ermöglichte die Demonstration der Nichtunterlegenheit der Effekte der atDCS im Vergleich zur Schein-tDCS). Obwohl diese Studie die bisher größte Anzahl von Patienten umfasste (N = 74), war sie nicht ausreichend groß, um eine Überlegenheitsanalyse durchzuführen (für eine explorative Analyse derselben Studie s. Fridriksson et al.,

2019). Anschließend zeigen auch Subgruppenanalysen, dass die Behandlungseffekte am ausgeprägtesten bei Patienten mit einer klinischen Diagnose einer Broca-Aphasie waren, was die Notwendigkeit weiterer Forschung zu Prädiktoren einer individualisierten tDCS-Reaktion unterstreicht (Bonilha et al., 2024).

Aus klinischer Sicht ist die Implementierung von technologisch anspruchsvollen und kostenintensiven fMRT-basierten Ansätzen für die Zielbestimmung wahrscheinlich nicht in der routinemäßigen klinischen Versorgung umsetzbar. Daher wird dieser faszinierende Ansatz möglicherweise in Zukunft v. a. in spezialisierten Forschungseinrichtungen anwendbar sein. Aus wissenschaftlicher Sicht bleibt zu klären, ob Aktivität im periläsionalen Kortex eine „optimale" Stimulationssite darstellt. Während es eine enge Übereinstimmung zwischen der für die Zielidentifikation verwendeten fMRT-Aufgabe (Bildbenennung) und der anschließenden Behandlungsaufgabe (Bild-Wort-Zuordnung) gibt, blieben die spezifischen Prozesse, die von individuell bestimmten Stimulationssites unterstützt werden, und ihr Beitrag zur Erholung unklar. Wie von den Autoren eingeräumt, wurde die Verhaltensintervention nicht gewählt, um einen optimalen Behandlungsansatz für einzelne Patienten zu bieten, sondern um eine strenge experimentelle Kontrolle über die beiden Stimulationsbedingungen hinweg sicherzustellen (vgl. Fridriksson et al., 2019). Dies unterstreicht die dringende Notwendigkeit, nicht nur den Ansatz zur Gehirnstimulation, sondern auch die Verhaltensintervention (d. h. die Sprachtherapie) zu optimieren, um die kombinierten Behandlungseffekte zu maximieren.

Die erste Studie, die die neuronale Modulation durch die individualisierte tDCS direkt untersuchte, wurde von Ulm et al. (2015) veröffentlicht. In dieser Einzelfall-Cross-over-Studie wurde die atDCS oder Schein-tDCS an einer durch einen Baseline-fMRT-Scan und eine Bildbenennungsaufgabe identifizierten periläsionalen Stimulationssite verabreicht (d. h. linker inferioren Frontallappen). Die tDCS wurde während des fMRT-Scans verabreicht, sodass es möglich war, die Position der Elektrode zu überprüfen und die akuten Stimulationseffekte während einer Benennungsaufgabe zu untersuchen. Diese Studie zeigte, dass die tDCS erfolgreich über der Zielregion angewendet wurde und dass die atDCS vs. Schein-tDCS zu einer selektiv erhöhten Aktivität im stimulierten linken IFG führte. In dieser Machbarkeitsstudie konnte somit gezeigt werden, dass es möglich ist, bei Menschen mit Aphasie während einer gleichzeitigen fMRT-Untersuchung einen individualisierten Stimulationsort präzise anzusteuern und die unmittelbaren neuronalen Mechanismen der tDCS-Anwendung zu evaluieren.

Die jüngste Studie, in der fMRT-basiertes Targeting eingesetzt wurde, stammt von Cherney et al. (2021). In dieser anspruchsvollen Studie absolvierten zwölf Patienten mit Aphasie drei unterschiedliche Aufgaben (semantische Kategorisierung, Wortlesen, Silbenwiederholung) sowohl vor als auch nach einer Interventionsphase. Basierend auf den präinterventionellen Scans wurde die sprachbezogene Hirnaktivität ermittelt, um individuell periläsionale Regionen anzusteuern. Dies geschah auf der Grundlage der Überlappung der Hirnaktivität bei mindestens zwei der Aufgaben. Die Veränderungen der aufgabenbezogenen Hirnaktivität vor und nach der Intervention wurden in einem Parallelgruppendesign analysiert, wobei die Patienten eine Kombination aus computergestütztem Verhaltenstraining (tägliche 90-minütige Sitzungen über sechs Wochen) und tDCS (atDCS, ctDCS oder Schein-tDCS) erhielten. Interessanterweise führten sowohl die atDCS als auch die ctDCS zu klinisch relevanten Verbesserungen im Gesamtscore des Western Aphasia Battery Aphasia Quotient (WAB-AQ). Mehrere andere sekundäre Outcome-Messungen zeigten ein ähnliches Muster, einschließlich der Beurteilung der funktionalen Kommunikation durch die Pflegepersonen. Bildgebungsdaten in dieser kleinen Stichprobe sind schwer zu interpretieren, und der Autor stellte fest, dass die verschiedenen tDCS-Polaritäten nicht konsequent zu einer Hoch- oder Herunterregulation von periläsionalen Regionen oder Veränderungen im interhemisphärischen Gleichgewicht führten. Dennoch stellt diese Studie den ersten Versuch dar, die Modulation der neuronalen Verarbeitung durch die tDCS auf Gruppenebene mithilfe eines Ganzhirn-fMRT zu charakterisieren.

Ein anderer Ansatz zur individualisierten tDCS wurde von Shah-Basak et al. (2015) vorgeschlagen. In dieser Studie absolvierten die Patienten zunächst vier parallele Versionen einer Bildbenennungsaufgabe mit verschiedenen aktiven tDCS-Montagen (d. h. links oder rechts; anodale oder kathodale präfrontale tDCS), um den „effektivsten" Stimulationsort für den jeweiligen Patienten zu identifizieren. Die Teilnehmer wurden anschließend randomisiert und erhielten zwei Wochen lang Sprachtherapie (SLT) in Kombination mit atDCS oder Schein-tDCS unter Verwendung der „optimalen" tDCS-Montage (die Teilnehmer der Scheingruppe wurden anschließend in die SLT + anodale Bedingung überführt). Insgesamt waren die Behandlungseffekte bei aktiver vs. Schein-tDCS (WAB) ausgeprägter, und die am häufigsten ausgewählte Montage war die links ctDCS. Bemerkenswert ist, dass nur sieben von zwölf ursprünglichen Teilnehmern signifikante vorübergehende Effekte während der Vorbehandlungsphase zeigten und sechs die Behandlung abgeschlossen haben. Daher konnte dieser Ansatz in etwa 50 % der Stichproben keinen optimalen Stimulationsort identifizieren.

Zusammenfassend lässt sich sagen, dass die aktuellen Methoden zur Individualisierung der tDCS bei Aphasie erste Erfolge erzielten, es jedoch auch zahlreiche ungelöste Probleme gibt. Diese beziehen sich hauptsächlich auf die Relevanz der ausgewählten Zielregionen für die individuelle Genesung der Patienten, und es bleibt bisher unbekannt, ob die jeweiligen Stimulationsorte mit den Hirnprozessen, die während spezifischer Behandlungen aktiv sind, überlappten. Hierbei ist ebenfalls zu bedenken, dass das Platzieren der Elektrode über einer kortikalen Zielregion nicht unbedingt einen optimalen Stromfluss zu dieser Region garantiert, insbesondere bei Patienten mit variablen morphologischen Veränderungen der Gehirn- oder Schädelanatomie. Daher könnten zukünftige Optimierungsbemühungen durch die Auswahl von tDCS-Montagen auf der Grundlage individualisierter Strommodellierung (z. B. Galletta et al., 2015) verbessert werden.

15.3.3 Stimulation außerhalb des „Kernnetzwerks" für Sprache

Die meisten der oben beschriebenen Studien konzentrierten sich auf „klassische" Sprachregionen, wie den ventralen präfrontalen und den temporoparietalen Kortex. Die Sprachverarbeitung und das (Wieder-)Erlernen von Sprache sind jedoch stark von domänenübergreifenden Prozessen (z. B. exekutiver Kontrolle, Arbeitsgedächtnis) sowie von Interaktionen mit sensorisch-motorischen Netzwerken abhängig (vgl. Price, 2012; Geranmayeh et al., 2014; ▶ Kap. 14 und 16). Darüber hinaus haben neuere Studien nahegelegt, dass die Erholung von Aphasie nicht nur von der Reorganisation innerhalb des verbliebenen Sprachnetzwerks abhängt, sondern auch von einem effektiven Zusammenspiel mit bereichsübergreifenden Netzwerken, die das menschliche Verhalten regulieren (Geranmayeh et al., 2016; Stefaniak et al., 2020). Bemerkenswert ist, dass mehrere der oben beschriebenen tDCS-Studien auf Regionen außerhalb des perisylvischen Sprachnetzwerks abzielten, aber häufig versäumt haben, ihren Beitrag zum Stimulationsergebnis explizit zu diskutieren. Zum Beispiel, in der wegweisenden Studie von Baker et al. (2010), wurde die Stimulation von periläsionalen Regionen hauptsächlich über motorische und domänenübergreifende Regionen appliziert (8/10 Patienten). Nichtsdestotrotz haben diese Ergebnisse kürzlich ein erhöhtes Interesse an der Verabreichung der tDCS an Regionen außerhalb des Kernsprachnetzwerks geweckt. Aus pragmatischer Sicht bleiben bei zerebrovaskulären Schlaganfällen, die perisylvische Areale betreffen, in der Regel bestimmte Strukturen verschont (z. B. der dorsale präfrontale Kortex oder das Kleinhirn). Diese Regionen sind daher attraktive Kandidaten für standardisierte Stimulationsansätze, die in der klinischen Praxis leichter umsetzbar sind als die oben beschriebenen kostenintensiven und technologisch anspruchsvollen individualisierten Methoden.

Ein potenzielles Ziel für die Stimulation domänengreifender neuronaler Netzwerke ist der dorsolaterale präfrontale Kortex (DLPFC), ein zentraler Knotenpunkt des frontoparietalen Aufmerksamkeitsnetzwerks, der an exekutiver Kontrolle höherer Ordnung, Reaktionsauswahl und motorischer Planung beteiligt ist (Menon, 2011; ▶ Abschn. 5.3.3 und Kap. 14). Mehrere Proof-of-Concept-Studien haben bei Aphasie darauf hingewiesen, dass die tDCS des DLPFC spezifische Sprachprozesse verbessern kann. So führte Pestalozzi et al. (2018) eine Cross-over-Studie durch, bei der die atDCS oder Schein-tDCS im linken DLPFC verabreicht wurde. Es wurde eine signifikant verbesserte Leistung während der atDCS, insbesondere bei exekutiven Sprachaufgaben wie der Wortflüssigkeit, festgestellt, jedoch nicht beim einfachen Nachsprechen von Wörtern. Eine weitere Studie zeigte, dass die anodale DLPFC-tDCS im Vergleich zur Schein-tDCS sowohl die Daueraufmerksamkeit als auch das Erlernen einer künstlichen Grammatik verbesserte (Riley et al., 2022). Obwohl es derzeit keine groß angelegten klinischen Studien gibt, die SLT mit der DLPFC-tDCS oder anderen potenziellen Zielregionen innerhalb relevanter domänenübergreifender Netzwerke (z. B. das supplementäre motorische Areal, das Teil des multifunktionellen Netzwerks und für frühe Stadien der sensorisch-motorischen Integration von Bedeutung ist; Sliwinska et al., 2017) kombinieren, ist weitere Forschung zu domänenübergreifenden Zielregionen für die tDCS sicherlich gerechtfertigt.

Ein weiterer interessanter Ansatz basierte ursprünglich auf der Motortheorie der Sprachwahrnehmung (Liberman & Mattingly, 1985) und der Theorie zur Evolution der Sprache aus manuellen Gesten (Corballis, 2009), die beide eine enge Verbindung zwischen den neuronalen Systemen zur Unterstützung von sprachlichen und motorischen Funktionen nahelegen. Darauffolgende Forschungen haben gezeigt, dass die Wechselwirkungen zwischen Sprache und dem sensomotorischen System über die reine Kontrolle der Artikulation hinausgehen. Dies legt nahe, dass die wechselseitigen Verbindungen zwischen den beiden Systemen genutzt werden können, um sich gegenseitig zu fazilitieren (Pulvermuller, 2005). In der Aphasietherapie hat die Einbeziehung manueller Gesten zur Unterstützung der Sprachproduktion eine lange Tradition (z. B. Crosson et al., 2005; Raymer et al., 2006), und es wurde nachgewiesen, dass motorische Therapie auch die Sprachfunktionen verbessern kann (Harnish et al., 2014). Darüber hinaus haben Hesse et al. (2007) die tDCS über den primären motorischen Kortex (M1) bei Patienten mit Hemiplegie während der robotergestützten Motortherapie verabreicht und berichteten, dass vier von fünf Patienten mit komorbider Aphasie nach der Interventionsperiode auch Verbesserungen in einem standardisierten Sprachtest aufwiesen.

Aufbauend auf diesen Befunden zeigten nachfolgende experimentelle Cross-over-Studien, bei denen die anodale M1-tDCS während der fMRT verabreicht wurde, eine Verbesserung der Leistung bei Wortabrufaufgaben und eine verbesserte neuronale Verarbeitung bei gesunden Personen (Meinzer et al., 2014b; Martin et al., 2017). Diese Befunde stimmen mit denjenigen überein, die bei der Stimulation des ventralen präfrontalen Sprachkortex beobachtet wurden (Meinzer et al., 2012, 2013), was die enge Verflechtung von motorischen und sprachlichen Funktionen weiter unterstützt.

Bei Aphasie zeigte eine kontrollierte, randomisierte Studie mit der Schein-tDCS, die an einem einzigen Zentrum mit 26 Patienten mit chronischer Aphasie durchgeführt wurde, dass die M1-tDCS die Benennungsleistung sowohl für trainiertes als auch untrainiertes Material sowie die Übertragung auf die Alltagskommunikation mit mittleren bis großen Effektstärken bis zu sechs Monate nach der Behandlung verbessern kann (Meinzer et al., 2016). Eine anschließende Cross-over-Intrascanner-Studie zeigte, dass die M1-tDCS die Aktivität und Konnektivität speziell innerhalb des verbleibenden Sprach- (aber nicht motorischen) Netzwerks bei Patienten mit chronischer Aphasie erhöht (Darkow et al., 2017). Trotz dieser vielversprechenden Ergebnisse ist es wichtig zu beachten, dass alle bisherigen M1-tDCS-Studien konventionelle Set-ups verwendeten. Daher bleibt unklar, ob die positiven Stimulationseffekte durch eine direkte Modulation der Interaktionen zwischen den Netzwerke von Sprache und Motorik oder durch einen Stromfluss in präfrontale und/oder prämotorische Regionen erklärt werden können.

Eine weitere Gruppe von Studien konzentrierte sich auf das Kleinhirn, das traditionell mit dem Erwerb von Fertigkeiten und der Kontrolle der Artikulation in Verbindung gebracht wird. Neuere Untersuchungen legen jedoch auch die Beteiligung des rechten lateralen Kleinhirns an verschiedenen kognitiven und sprachlichen Funktionen nahe, wie Wortabruf, verbales Arbeitsgedächtnis und semantische Verarbeitung, und zwar durch Modulation der Aktivität in frontoparietalen Assoziationskortizes (Turker et al., 2023). Bei gesunden Personen zeigte sich, dass die ctDCS des rechten posterolateralen Kleinhirns die Verbgenerierung und den Redefluss verbessert (z. B. Pope & Miall, 2012; Turkeltaub et al., 2016). Eine dieser Studien berichtete über eine Verbesserung der verbalen Flüssigkeit durch die atDCS sowie eine Modulation der funktionellen Konnektivität des posterioren Kleinhirns im Ruhezustand mit linksseitigen Sprachregionen (Turkeltaub et al., 2016; D'Mello et al., 2017). Auf Basis dieser Ergebnisse wurde vorgeschlagen, dass das rechte Kleinhirn als „Tor" zu den betroffenen neuronalen Netzwerken fungieren könnte, welche die Sprachfunktionen unterstützen.

Marangolo et al. (2018) führten beispielsweise eine Vierfach-Cross-over-Studie durch, in der fünf Sitzungen mit Aufgaben zum Benennen oder Abrufen von Verben entweder mit der CtDCS oder der Schein-tDCS des hinteren Kleinhirns kombiniert wurden. Zwölf Patienten mit chronischer Aphasie nahmen an dieser Studie teil. Die kathodale Kleinhirn-tDCS zeigte keine Verbesserung beim Benennen von Verben, bei dem die Patienten Verben aus Bildern generieren mussten, die bestimmte Handlungen darstellten (z. B. „Schreiben"). Allerdings wurden positive Stimulationseffekte bei der anspruchsvolleren Aufgabe zum Abrufen von Verben festgestellt, bei der die Patienten Verben aus Bildern von entsprechenden Objekten generieren mussten (z. B. „Stift → schreiben"). Dieser Befund wurde als Beleg für eine spezifische Rolle des Kleinhirns bei exekutiven Sprachaufgaben interpretiert, vermittelt durch die Modulation der Aktivität in präfrontalen Regionen, die an der kognitiven Kontrolle beteiligt sind.

Eine nachfolgende Studie von Sebastian et al. (2020) verwendete ebenfalls ein scheinkontrolliertes Cross-over-Design und verabreichte atDCS oder ctDCS auf dem rechten posterioren Kleinhirn während einer computergestützten Benennungstherapie. Die Studie untersuchte die Auswirkungen auf trainiertes und untrainiertes Material. Stimulationseffekte wurden hauptsächlich für untrainierte Items und unter kathodaler Stimulation festgestellt, jedoch nur, wenn die aktive tDCS während der ersten Phase des Cross-over-Versuchs verabreicht wurde. Im Einklang mit der Annahme, dass das Kleinhirn als Modulator der exekutiven Kontrolle fungiert, wurde das Ausbleiben von Stimulationseffekten in der zweiten Behandlungsphase bei der aktiven tDCS als eine verminderte Beteiligung des Kleinhirns aufgrund der zunehmenden Vertrautheit mit der Aufgabe interpretiert.

Die Verabreichung der tDCS an Gehirnnetzwerke, die funktionell mit dem primären Sprachkortex verbunden sind, stellt einen interessanten und gut begründeten Ansatz dar, der weitere Forschung rechtfertigt. Dabei entfällt die kostenintensive und technologisch anspruchsvolle Identifizierung periläsionaler Zielregionen mittels fMRI, und die Stimulation wird über intakte Regionen verabreicht, wodurch unvorhersehbare Shunt-Effekte aufgrund von Enzephalomalazie vermieden werden. Dennoch ist bisher wenig über die genauen Mechanismen bekannt, durch die diese Ansätze die Spracherholung bei Aphasie unterstützen, und welche patienten- und behandlungsbezogenen Faktoren den Erfolg bestimmter Ansätze beeinflussen.

15.3.4 Fokale tDCS-Ansätze

Fokale tDCS-Ansätze sind relativ neu und darauf ausgelegt, den induzierten Strom auf umschriebene Gehirnregionen zu beschränken, häufig unter Verwendung von konzentrischen Elektrodenanordnungen oder anderen Multielektroden-Set-ups, die auf computergestützten Modellen basieren. Der Hauptvorteil von fokalen Set-ups ist, dass sie besser geeignet sind, um kausale Hirn-Verhaltens-Beziehungen herzustellen, weil weniger Gehirnregionen gleichzeitig stimuliert werden. Allerdings hat die erhöhte Präzision ihren Preis: Schon geringfügige Abweichungen der Elektrodenposition von der optimalen Stelle auf der Kopfhaut können den Stromfluss zu den Zielregionen der tDCS erheblich vermindern (Niemann et al., 2024). Dies legt nahe, dass fokale Set-ups weniger geeignet sind, wenn eine individualisierte Montageoptimierung (z. B. durch computergestützte Modellierung) und eine präzise Elektrodenplatzierung (z. B. mittels Neuronavigation) nicht möglich sind.

Dennoch haben mehrere neuere Studien die Auswirkungen von fokalen Montagen (häufig auch als hochauflösende tDCS bezeichnet) bei Aphasie untersucht. Die erste Studie, veröffentlicht von Richardson et al. (2015), verglich die Effekte von konventioneller und fokaler tDCS in einem Cross-over-Design mit acht Patienten. In beiden Interventionsphasen wurde eine fünftägige Bild-Wort-Zuordnungs-Therapie mit der Verabreichung von tDCS in individuell bestimmten Zielregionen kombiniert, die durch fMRT identifiziert wurden. Die fokale tDCS wurde mithilfe von vier Elektroden verabreicht, und die Montagen wurden durch individualisierte Strommodellierung optimiert. Das Hauptziel der Studie war es, die Machbarkeit und Sicherheit der fokalen tDCS bei Aphasie zu demonstrieren, was erfolgreich erreicht wurde. Obwohl die Effekte in dieser Studie nicht durch Schein-tDCS kontrolliert wurden, ist es erwähnenswert hervorzuheben, dass in beiden Stimulationsgruppen Verbesserungen der Benennfähigkeit beobachtet wurden, wobei die fokale tDCS-Bedingung numerisch größere Verbesserungen zeigte.

In einer nachfolgenden Studie wurde die fokale ctDCS über dem rechten inferioren frontalen Gyrus mithilfe eines konzentrischen 4 × 1-Setups verabreicht (Fiori et al., 2019). Es wurde ein kontrolliertes Cross-over-Design mit Schein-tDCS verwendet, und 20 Patienten mit chronischer Aphasie wurden eingeschlossen. Die Stimulation wurde über fünf aufeinanderfolgende Tage in Kombination mit einer Verbabrufaufgabe mit entweder 1 oder 2 mA (N = 10 Patienten/Gruppe) verabreicht. Eine Verbesserung des Verbbenennens wurde sowohl unmittelbar nach der Intervention als auch eine Woche später festgestellt, jedoch nur in der Gruppe, die mit der höheren Dosis von 2 mA stimuliert wurde. Dieses Ergebnis könnte auf die reduzierte Stromintensität in den Zielregionen bei der fokalen tDCS im Vergleich zu konventionellen Montagen zurückzuführen sein (Russell et al., 2017). Allerdings könnten auch andere unkontrollierte Faktoren, wie Fehler bei der Elektrodenpositionierung, für diesen Effekt verantwortlich sein.

Eine weitere anspruchsvolle Studie von Shah-Basak et al. (2020) verwendete die Magnetenzephalografie (MEG), um pathologische oszillatorische Verlangsamung und Veränderungen in der Signalkomplexität in periläsionalen Gehirnregionen als potenzielle Zielregionen für die fokale tDCS bei elf Patienten mit chronischer Aphasie zu identifizieren. In einer anschließenden experimentellen Cross-over-Studie wurden diese individuell bestimmten Zielregionen in der linken Hemisphäre und kontralateralen Homologen mit der anodalen oder kathodalen fokalen tDCS stimuliert. Satz- und Phrasenwiederholungsgenauigkeit wurde vor und nach der tDCS beurteilt. Eine Wortleseaufgabe wurde während der MEG durchgeführt, um tDCS-induzierte neurophysiologische Veränderungen zu beurteilen. Die Hauptergebnisse waren, dass die atDCS die Genauigkeit beim Nachsprechen erhöhte und die MEG-Messungen eine teilweise Umkehrung der pathologischen Anomalien nahelegten. Dies wurde durch eine Abnahme der langsamen kontralateralen Aktivität sowie eine Zunahme der höheren Frequenzbänder und der Signalkomplexität angezeigt.

Fokale Versuchsanordnungen sind zwar wissenschaftlich interessant und innovativ, jedoch bleibt unklar, ob ihre Anwendung über experimentelle Studien hinaus, die darauf abzielen, kausale Zusammenhänge zwischen Gehirnaktivität und Verhalten zu untersuchen, praktisch oder notwendig ist.

15.4 Zusammenfassung

In diesem Kapitel möchten wir den Lesern einen Überblick über die methodischen Herausforderungen geben, die mit dem Einsatz der tDCS in der Aphasieforschung verbunden sind, und die verschiedenen Stimulationsansätze vorstellen, die derzeit verwendet werden. Nach fast zwei Jahrzehnten Forschung gibt es noch viele offene Fragen, ob und wie die tDCS die Erholung von Aphasie fördern kann. Aus wissenschaftlicher Sicht ist dies nicht überraschend, da es eine anhaltende und oft kontroverse Debatte darüber gibt, ob die tDCS die menschliche Hirnfunktion in signifikanter Weise modulieren kann (z. B. Fertonani & Miniussi, 2017). Jüngste Übersichtsarbeiten und vorregistrierte Studien zu kognitiven tDCS-Effekten bei gesunden Personen weisen auf erhebliche methodische Variabilität, fehlende strenge experimentelle Kontrolle, mangelnde Replikation und inkonsistente Ergebnisse innerhalb und zwischen Studien hin (Galli et al., 2019; Boayue et al., 2020; Lavezzi et al., 2022; Willmot et al., 2024). Darüber hinaus wurden zahlreiche teilnehmer- und stimulationsbezogene Faktoren identifiziert, die die oft beobachtete Variabilität der Stimulationseffekte erklären könnten. Ein ähnliches Muster zeigt sich in der tDCS-Forschung bei Aphasie, die zusätzlich durch die Heterogenität der Läsionen, die Reorganisation des funktionellen Netzwerks und die variablen Symptome erschwert wird.

Dennoch haben zahlreiche Studien positive Effekte der tDCS auf Verhalten und Gehirnfunktion sowohl bei gesunden Personen (z. B. Filmer et al., 2020; Narmashiri & Akbari, 2023; Pezzetta et al., 2024) als auch bei Patienten mit Aphasie nach Schlaganfall (wie hier beschrieben) nachgewiesen. Diese Ergebnisse sollten zu weiterer qualitativ hochwertiger Grundlagen- und translationaler Forschung in diesem Bereich anregen. Aus klinischer Sicht stellt sich die entscheidende Frage nicht nur nach dem optimalen tDCS-Ansatz, sondern auch nach der Bedeutung der gleichzeitig durchgeführten Sprach- und Sprechtherapie (SLT) für den einzelnen Patienten (z. B. Stefaniak et al., 2022). In diesem Zusammenhang könnte die Variabilität der Therapieeffizienz einige der gemischten Befunde erklären, die für bestimmte tDCS-Ansätze berichtet wurden. Daher könnte die Optimierung der kombinierten Anwendung beider Interventionen den nächsten wichtigen Schritt in diesem aufstrebenden Forschungsfeld darstellen.

Literatur

Abel, S., Weiller, C., Huber, W., Willmes, K., & Specht, K. (2015). Therapy-induced brain reorganization patterns in Aphasia. *Brain, 138*(Pt 4), 1097–1112. https://doi.org/10.1093/brain/awv022

Allman, C., Amadi, U., Winkler, A. M., Wilkins, L., Filippini, N., Kischka, U., et al. (2016). Ipsilesional anodal tDCS enhances the functional benefits of rehabilitation in patients after stroke. *Science Translational Medicine, 8*(330), 330re331. https://doi.org/10.1126/scitranslmed.aad5651

Antal, A., Nitsche, M. A., Kincses, T. Z., Kruse, W., Hoffmann, K. P., & Paulus, W. (2004a). Facilitation of visuo-motor learning by transcranial direct current stimulation of the motor and extrastriate visual areas in humans. *The European Journal of Neuroscience, 19*(10), 2888–2892. https://doi.org/10.1111/j.1460-9568.2004.03367.x

Antal, A., Nitsche, M. A., Kruse, W., Kincses, T. Z., Hoffmann, K. P., & Paulus, W. (2004b). Direct current stimulation over V5 enhances visuomotor coordination by improving motion perception in humans. *Journal of Cognitive Neuroscience, 16*(4), 521–527. https://doi.org/10.1162/089892904323057263

Antal, A., Alekseichuk, I., Bikson, M., Brockmoller, J., Brunoni, A. R., Chen, R., et al. (2017). Low intensity transcranial electric stimulation: Safety, ethical, legal regulatory and application guidelines. *Clinical Neurophysiology, 128*(9), 1774–1809. https://doi.org/10.1016/j.clinph.2017.06.001

Antonenko, D., Fromm, A. E., Thams, F., Grittner, U., Meinzer, M., & Flöel, A. (2023). Microstructural and functional plasticity following repeated brain stimulation during cognitive training in older adults. *Nature Communications, 14*(1), 3184. https://doi.org/10.1038/s41467-023-38910-x

Baker, J. M., Rorden, C., & Fridriksson, J. (2010). Using transcranial direct-current stimulation to treat stroke patients with Aphasia. *Stroke, 41*(6), 1229–1236. https://doi.org/10.1161/STROKEAHA.109.576785

Bashir, S., Ahmad, S., Alatefi, M., Hamza, A., Sharaf, M., Fecteau, S., & Yoo, W. K. (2019). Effects of anodal transcranial direct current stimulation on motor evoked potentials variability in humans. *Physiological Reports, 7*(13), e14087. https://doi.org/10.14814/phy2.14087

Batsikadze, G., Moliadze, V., Paulus, W., Kuo, M. F., & Nitsche, M. A. (2013). Partially non-linear stimulation intensity-dependent effects of direct current stimulation on motor cortex excitability in humans. *The Journal of Physiology, 591*(7), 1987–2000. https://doi.org/10.1113/jphysiol.2012.249730

Berthier, M. L., Pulvermuller, F., Davila, G., Casares, N. G., & Gutierrez, A. (2011). Drug therapy of post-stroke Aphasia: A review of current evidence. *Neuropsychology Review, 21*(3), 302–317. https://doi.org/10.1007/s11065-011-9177-7

Biou, E., Cassoudesalle, H., Cogne, M., Sibon, I., De Gabory, I., Dehail, P., et al. (2019). Transcranial direct current stimulation in post-stroke Aphasia rehabilitation: A systematic review. *Annals of Physical and Rehabilitation Medicine, 62*(2), 104–121. https://doi.org/10.1016/j.rehab.2019.01.003

Boayue, N. M., Csifcsak, G., Aslaksen, P., Turi, Z., Antal, A., Groot, J., et al. (2020). Increasing propensity to mind-wander by transcranial direct current stimulation? A registered report. *The European Journal of Neuroscience, 51*(3), 755–780. https://doi.org/10.1111/ejn.14347

Bonilha, L., Rorden, C., Roth, R., Sen, S., George, M. S., & Fridriksson, J. (2024). Improved naming in patients with Broca's Aphasia with tDCS. *Journal of Neurology, Neurosurgery, and Psychiatry, 95*(3), 273–276. https://doi.org/10.1136/jnnp-2023-331541

Brady, M. C., Kelly, H., Godwin, J., Enderby, P., & Campbell, P. (2016). Speech and language therapy for Aphasia following stroke. *Cochrane Database of Systematic Reviews, 2016*(6), CD000425. https://doi.org/10.1002/14651858.CD000425.pub4

Breitenstein, C., Grewe, T., Flöel, A., Ziegler, W., Springer, L., Martus, P., et al. (2017). Intensive speech and language therapy in patients with chronic Aphasia after stroke: A randomised, open-label, blinded-endpoint, controlled trial in a health-care setting. *Lancet, 389*(10078), 1528–1538. https://doi.org/10.1016/S0140-6736(17)30067-3

Cabral-Calderin, Y., Anne Weinrich, C., Schmidt-Samoa, C., Poland, E., Dechent, P., Bahr, M., & Wilke, M. (2016). Transcranial alternating current stimulation affects the BOLD signal in a frequency and task-dependent manner. *Human Brain Mapping, 37*(1), 94–121. https://doi.org/10.1002/hbm.23016

Cattaneo, Z., Pisoni, A., & Papagno, C. (2011). Transcranial direct current stimulation over Broca's region improves phonemic and semantic fluency in healthy individuals. *Neuroscience, 183*, 64–70. https://doi.org/10.1016/j.neuroscience.2011.03.058

Cherney, L. R., Babbitt, E. M., Wang, X., & Pitts, L. L. (2021). Extended fMRI-Guided anodal and cathodal transcranial direct current stimulation targeting perilesional areas in post-stroke Aphasia: A pilot randomized clinical trial. *Brain Sciences, 11*(3). https://doi.org/10.3390/brainsci11030306

Cirillo, G., Di Pino, G., Capone, F., Ranieri, F., Florio, L., Todisco, V., et al. (2017). Neurobiological after-effects of non-invasive brain stimulation. *Brain Stimulation, 10*(1), 1–18. https://doi.org/10.1016/j.brs.2016.11.009

Code, C. (2001). Multifactorial processes in recovery from Aphasia: Developing the foundations for a multileveled framework. *Brain and Language, 77*(1), 25–44. https://doi.org/10.1006/brln.2000.2420

Collaborators, R. (2021). Predictors of poststroke Aphasia recovery: A systematic review-informed individual participant data meta-analysis. *Stroke, 52*(5), 1778–1787. https://doi.org/10.1161/STROKEAHA.120.031162

Corballis, M. C. (2009). The evolution of language. *Annals of the New York Academy of Sciences, 1156*, 19–43. https://doi.org/10.1111/j.1749-6632.2009.04423.x

Crosson, B., Moore, A. B., Gopinath, K., White, K. D., Wierenga, C. E., Gaiefsky, M. E., et al. (2005). Role of the right and left hemispheres in recovery of function during treatment of intention in Aphasia. *Journal of Cognitive Neuroscience, 17*(3), 392–406. https://doi.org/10.1162/0898929053279487

Crosson, B., Rodriguez, A. D., Copland, D., Fridriksson, J., Krishnamurthy, L. C., Meinzer, M., et al. (2019). Neuroplasticity and Aphasia treatments: New approaches for an old problem. *Journal of Neurology, Neurosurgery, and Psychiatry, 90*(10), 1147–1155. https://doi.org/10.1136/jnnp-2018-319649

D'Mello, A. M., Turkeltaub, P. E., & Stoodley, C. J. (2017). Cerebellar tDCS modulates neural circuits during semantic prediction: A combined tDCS-fMRI study. *The Journal of Neuroscience, 37*(6), 1604–1613. https://doi.org/10.1523/JNEUROSCI.2818-16.2017

Darkow, R., Martin, A., Wurtz, A., Flöel, A., & Meinzer, M. (2017). Transcranial direct current stimulation effects on neural processing in post-stroke Aphasia. *Human Brain Mapping, 38*(3), 1518–1531. https://doi.org/10.1002/hbm.23469

Datta, A., Baker, J. M., Bikson, M., & Fridriksson, J. (2011). Individualized model predicts brain current flow during transcranial direct-current stimulation treatment in responsive stroke patient. *Brain Stimulation, 4*(3), 169–174. https://doi.org/10.1016/j.brs.2010.11.001

De Witte, S., Klooster, D., Dedoncker, J., Duprat, R., Remue, J., & Baeken, C. (2018). Left prefrontal neuronavigated electrode localization in tDCS: 10-20 EEG system versus MRI-guided neuronavigation. *Psychiatry Research: Neuroimaging, 274*, 1–6. https://doi.org/10.1016/j.pscychresns.2018.02.001

Duncan, E. S., Schmah, T., & Small, S. L. (2016). Performance variability as a predictor of response to Aphasia treatment. *Neurorehabilitation and Neural Repair, 30*(9), 876–882. https://doi.org/10.1177/1545968316642522

El Hachioui, H., Lingsma, H. F., van de Sandt-Koenderman, M. W., Dippel, D. W., Koudstaal, P. J., & Visch-Brink, E. G. (2013). Long-term prognosis of Aphasia after stroke. *Journal of Neurology, Neurosurgery, and Psychiatry, 84*(3), 310–315. https://doi.org/10.1136/jnnp-2012-302596

Elsner, B., Kugler, J., Pohl, M., & Mehrholz, J. (2019). Transcranial direct current stimulation (tDCS) for improving Aphasia in adults with Aphasia after stroke. *Cochrane Database of Systematic Reviews, 5*(5), CD009760. https://doi.org/10.1002/14651858.CD009760.pub4

Fertonani, A., & Miniussi, C. (2017). Transcranial electrical stimulation: What we know and do not know about mechanisms. *The Neuroscientist, 23*(2), 109–123. https://doi.org/10.1177/1073858416631966

Filmer, H. L., Mattingley, J. B., & Dux, P. E. (2020). Modulating brain activity and behaviour with tDCS: Rumours of its death have been greatly exaggerated. *Cortex, 123*, 141–151. https://doi.org/10.1016/j.cortex.2019.10.006

Fiori, V., Kunz, L., Kuhnke, P., Marangolo, P., & Hartwigsen, G. (2018). Transcranial direct current stimulation (tDCS) facilitates verb learning by altering effective connectivity in the healthy brain. *NeuroImage, 181*, 550–559. https://doi.org/10.1016/j.neuroimage.2018.07.040

Fiori, V., Nitsche, M. A., Cucuzza, G., Caltagirone, C., & Marangolo, P. (2019). High-definition transcranial direct current stimulation improves verb recovery in aphasic patients depending on current intensity. *Neuroscience, 406*, 159–166. https://doi.org/10.1016/j.neuroscience.2019.03.010

Flöel, A., Rosser, N., Michka, O., Knecht, S., & Breitenstein, C. (2008). Noninvasive brain stimulation improves language learning. *Journal of Cognitive Neuroscience, 20*(8), 1415–1422. https://doi.org/10.1162/jocn.2008.20098

Fridriksson, J. (2010). Preservation and modulation of specific left hemisphere regions is vital for treated recovery from anomia in stroke. *The Journal of Neuroscience, 30*(35), 11558–11564. https://doi.org/10.1523/JNEUROSCI.2227-10.2010

Fridriksson, J., Richardson, J. D., Fillmore, P., & Cai, B. (2012). Left hemisphere plasticity and Aphasia recovery. *NeuroImage, 60*(2), 854–863. https://doi.org/10.1016/j.neuroimage.2011.12.057

Fridriksson, J., Rorden, C., Elm, J., Sen, S., George, M. S., & Bonilha, L. (2018). Transcranial direct current stimulation vs sham stimulation to treat Aphasia after stroke: A randomized clinical trial. *JAMA Neurology, 75*(12), 1470–1476. https://doi.org/10.1001/jamaneurol.2018.2287

Fridriksson, J., Basilakos, A., Stark, B. C., Rorden, C., Elm, J., Gottfried, M., et al. (2019). Transcranial direct current stimulation to treat Aphasia: Longitudinal analysis of a randomized controlled trial. *Brain Stimulation, 12*(1), 190–191. https://doi.org/10.1016/j.brs.2018.09.016

Galletta, E. E., Cancelli, A., Cottone, C., Simonelli, I., Tecchio, F., Bikson, M., & Marangolo, P. (2015). Use of computational modeling to inform tDCS electrode montages for the promotion of language recovery in post-stroke Aphasia. *Brain Stimulation, 8*(6), 1108–1115. https://doi.org/10.1016/j.brs.2015.06.018

Galli, G., Vadillo, M. A., Sirota, M., Feurra, M., & Medvedeva, A. (2019). A systematic review and meta-analysis of the effects of transcranial direct current stimulation (tDCS) on episodic memory. *Brain Stimulation, 12*(2), 231–241. https://doi.org/10.1016/j.brs.2018.11.008

Gandiga, P. C., Hummel, F. C., & Cohen, L. G. (2006). Transcranial DC stimulation (tDCS): A tool for double-blind sham-controlled clinical studies in brain stimulation. *Clinical Neurophysiology, 117*(4), 845–850. https://doi.org/10.1016/j.clinph.2005.12.003

Gbadeyan, O., Steinhauser, M., McMahon, K., & Meinzer, M. (2016). Safety, tolerability, blinding efficacy and behavioural effects of a novel MRI-compatible, high-definition tDCS Set-Up. *Brain Stimulation, 9*(4), 545–552. https://doi.org/10.1016/j.brs.2016.03.018

Geranmayeh, F., Brownsett, S. L., & Wise, R. J. (2014). Task-induced brain activity in aphasic stroke patients: What is driving recovery? *Brain, 137*(Pt 10), 2632–2648. https://doi.org/10.1093/brain/awu163

Geranmayeh, F., Leech, R., & Wise, R. J. S. (2016). Network dysfunction predicts speech production after left hemisphere stroke. *Neurology, 86*(14), 1296–1305. https://doi.org/10.1212/WNL.0000000000002537

Goksu, C., Hanson, L. G., Siebner, H. R., Ehses, P., Scheffler, K., & Thielscher, A. (2018). Human in-vivo brain magnetic resonance current density imaging (MRCDI). *NeuroImage, 171*, 26–39. https://doi.org/10.1016/j.neuroimage.2017.12.075

Harnish, S., Meinzer, M., Trinastic, J., Fitzgerald, D., & Page, S. (2014). Language changes coincide with motor and fMRI changes following upper extremity motor therapy for hemiparesis: A brief report. *Brain Imaging and Behavior, 8*(3), 370–377. https://doi.org/10.1007/s11682-011-9139-y

Hesse, S., Werner, C., Schonhardt, E. M., Bardeleben, A., Jenrich, W., & Kirker, S. G. (2007). Combined transcranial direct current stimulation and robot-assisted arm training in subacute stroke patients: A pilot study. *Restorative Neurology and Neuroscience, 25*(1), 9–15. Retrieved from https://www.ncbi.nlm.nih.gov/pubmed/17473391

Holland, R., Leff, A. P., Josephs, O., Galea, J. M., Desikan, M., Price, C. J., et al. (2011). Speech facilitation by left inferior frontal cortex stimulation. *Current Biology, 21*(16), 1403–1407. https://doi.org/10.1016/j.cub.2011.07.021

Hunold, A., Haueisen, J., Nees, F., & Moliadze, V. (2023). Review of individualized current flow modeling studies for transcranial electrical stimulation. *Journal of Neuroscience Research, 101*(4), 405–423. https://doi.org/10.1002/jnr.25154

Indahlastari, A., Dunn, A. L., Pedersen, S., Kraft, J. N., Someya, S., Albizu, A., & Woods, A. J. (2023). The importance of accurately representing electrode position in transcranial direct current stimulation computational models. *Brain Stimulation, 16*(3), 930–932. https://doi.org/10.1016/j.brs.2023.05.010

Jacobson, L., Koslowsky, M., & Lavidor, M. (2012). tDCS polarity effects in motor and cognitive domains: A meta-analytical review. *Experimental Brain Research, 216*(1), 1–10. https://doi.org/10.1007/s00221-011-2891-9

Jamil, A., Batsikadze, G., Kuo, H. I., Meesen, R. L. J., Dechent, P., Paulus, W., & Nitsche, M. A. (2020). Current intensity- and polarity-specific online and aftereffects of transcranial direct current stimulation: An fMRI study. *Human Brain Mapping, 41*(6), 1644–1666. https://doi.org/10.1002/hbm.24901

Kang, E. K., Kim, Y. K., Sohn, H. M., Cohen, L. G., & Paik, N. J. (2011). Improved picture naming in Aphasia patients treated with cathodal tDCS to inhibit the right Broca's homologue area. *Restorative Neurology and Neuroscience, 29*(3), 141–152. https://doi.org/10.3233/RNN-2011-0587

Kim, J., Rose, M. L., Pierce, J. E., Nickels, L., Copland, D. A., Togher, L., et al. (2024). High-intensity Aphasia therapy is cost-effective in people with poststroke Aphasia: Evidence from the COMPARE trial. *Stroke, 55*(3), 705–714. https://doi.org/10.1161/STROKEAHA.123.045183

Kim, J. H., Kim, D. W., Chang, W. H., Kim, Y. H., Kim, K., & Im, C. H. (2014). Inconsistent outcomes of transcranial direct current stimulation may originate from anatomical differences among individuals: Electric field simulation using individual MRI data. *Neuroscience Letters, 564*, 6–10. https://doi.org/10.1016/j.neulet.2014.01.054

Knotkova, H., Riggs, A., Berisha, D., Borges, H., Bernstein, H., Patel, V., et al. (2019). Automatic M1-SO montage headgear for Transcranial Direct Current Stimulation (TDCS) suitable for home and high-throughput in-clinic applications. *Neuromodulation, 22*(8), 904–910. https://doi.org/10.1111/ner.12786

Lavezzi, G. D., Sanz Galan, S., Andersen, H., Tomer, D., & Cacciamani, L. (2022). The effects of tDCS on object perception: A systematic review and meta-analysis. *Behavioural Brain Research, 430*, 113927. https://doi.org/10.1016/j.bbr.2022.113927

Lefaucheur, J. P., Antal, A., Ayache, S. S., Benninger, D. H., Brunelin, J., Cogiamanian, F., et al. (2017). Evidence-based guidelines on the therapeutic use of transcranial direct current stimulation (tDCS). *Clinical Neurophysiology, 128*(1), 56–92. https://doi.org/10.1016/j.clinph.2016.10.087

Liberman, A. M., & Mattingly, I. G. (1985). The motor theory of speech perception revised. *Cognition, 21*(1), 1–36. https://doi.org/10.1016/0010-0277(85)90021-6

Lindenberg, R., Renga, V., Zhu, L. L., Nair, D., & Schlaug, G. (2010). Bihemispheric brain stimulation facilitates motor recovery in chronic stroke patients. *Neurology, 75*(24), 2176–2184. https://doi.org/10.1212/WNL.0b013e318202013a

Marangolo, P., Fiori, V., Caltagirone, C., Pisano, F., & Priori, A. (2018). Transcranial cerebellar direct current stimulation enhances verb generation but not verb naming in poststroke Aphasia. *Journal of Cognitive Neuroscience, 30*(2), 188–199. https://doi.org/10.1162/jocn_a_01201

Martin, A. K., Meinzer, M., Lindenberg, R., Sieg, M. M., Nachtigall, L., & Flöel, A. (2017). Effects of transcranial direct current stimulation on neural networks in young and older adults. *Journal of Cognitive Neuroscience, 29*(11), 1817–1828. https://doi.org/10.1162/jocn_a_01166

Meinzer, M., Flaisch, T., Breitenstein, C., Wienbruch, C., Elbert, T., & Rockstroh, B. (2008). Functional re-recruitment of dysfunctional brain areas predicts language recovery in chronic Aphasia. *NeuroImage, 39*(4), 2038–2046. https://doi.org/10.1016/j.neuroimage.2007.10.008

Meinzer, M., Antonenko, D., Lindenberg, R., Hetzer, S., Ulm, L., Avirame, K., et al. (2012). Electrical brain stimulation improves cognitive performance by modulating functional connectivity and task-specific activation. *The Journal of Neuroscience, 32*(5), 1859–1866. https://doi.org/10.1523/JNEUROSCI.4812-11.2012

Meinzer, M., Lindenberg, R., Antonenko, D., Flaisch, T., & Flöel, A. (2013). Anodal transcranial direct current stimulation temporarily reverses age-associated cognitive decline and functional brain activity changes. *The Journal of Neuroscience, 33*(30), 12470–12478. https://doi.org/10.1523/JNEUROSCI.5743-12.2013

Meinzer, M., Jähnigen, S., Copland, D. A., Darkow, R., Grittner, U., Avirame, K., et al. (2014a). Transcranial direct current stimulation over multiple days improves learning and maintenance of a novel vocabulary. *Cortex, 50*, 137–147. https://doi.org/10.1016/j.cortex.2013.07.013

Meinzer, M., Lindenberg, R., Sieg, M. M., Nachtigall, L., Ulm, L., & Flöel, A. (2014b). Transcranial direct current stimulation of the primary motor cortex improves word-retrieval in older adults. *Frontiers in Aging Neuroscience, 6*, 253. https://doi.org/10.3389/fnagi.2014.00253

Meinzer, M., Lindenberg, R., Phan M.T., Ulm L., Volk C., & Flöel A. (2015). Transcranial direct current stimulation in mild cognitive impairment: Behavioral effects and neural mechanisms. *Alzheimers Dement* 11:1032–1040

Meinzer, M., Darkow, R., Lindenberg, R., & Flöel, A. (2016). Electrical stimulation of the motor cortex enhances treatment outcome in post-stroke Aphasia. *Brain, 139*(Pt 4), 1152–1163. https://doi.org/10.1093/brain/aww002

Menon, V. (2011). Large-scale brain networks and psychopathology: A unifying triple network model.

Trends in Cognitive Sciences, 15(10), 483–506. https://doi.org/10.1016/j.tics.2011.08.003

Minjoli, S., Saturnino, G. B., Blicher, J. U., Stagg, C. J., Siebner, H. R., Antunes, A., & Thielscher, A. (2017). The impact of large structural brain changes in chronic stroke patients on the electric field caused by transcranial brain stimulation. *Neuroimage Clinical, 15*, 106–117. https://doi.org/10.1016/j.nicl.2017.04.014

Mitchell, C., Gittins, M., Tyson, S., Vail, A., Conroy, P., Paley, L., & Bowen, A. (2019). Prevalence of aphasia and dysarthria among inpatient stroke survivors: Describing the population, therapy provision and outcomes on discharge. *Aphasiology, 35*(7), 950–960. https://doi.org/10.1080/02687038.2020.1759772

Monti, A., Cogiamanian, F., Marceglia, S., Ferrucci, R., Mameli, F., Mrakic-Sposta, S., et al. (2008). Improved naming after transcranial direct current stimulation in Aphasia. *Journal of Neurology, Neurosurgery, and Psychiatry, 79*(4), 451–453. https://doi.org/10.1136/jnnp.2007.135277

Monti, A., Ferrucci, R., Fumagalli, M., Mameli, F., Cogiamanian, F., Ardolino, G., & Priori, A. (2013). Transcranial direct current stimulation (tDCS) and language. *Journal of Neurology, Neurosurgery, and Psychiatry, 84*(8), 832–842. https://doi.org/10.1136/jnnp-2012-302825

Murase, N., Duque, J., Mazzocchio, R., & Cohen, L. G. (2004). Influence of interhemispheric interactions on motor function in chronic stroke. *Annals of Neurology, 55*(3), 400–409. https://doi.org/10.1002/ana.10848

Narmashiri, A., & Akbari, F. (2023). The effects of Transcranial Direct Current Stimulation (tDCS) on the cognitive functions: A systematic review and meta-analysis. *Neuropsychology Review*. https://doi.org/10.1007/s11065-023-09627-x

Neri, F., Mencarelli, L., Menardi, A., Giovannelli, F., Rossi, S., Sprugnoli, G., et al. (2020). A novel tDCS sham approach based on model-driven controlled shunting. *Brain Stimulation, 13*(2), 507–516. https://doi.org/10.1016/j.brs.2019.11.004

Niemann, F., Riemann, S., Hubert, A. K., Antonenko, D., Thielscher, A., Martin, A. K., et al. (2024). Electrode positioning errors reduce current dose for focal tDCS set-ups: Evidence from individualized electric field mapping. *Clinical Neurophysiology*. https://doi.org/10.1016/j.clinph.2024.03.031

Palmer, R., Dimairo, M., Cooper, C., Enderby, P., Brady, M., Bowen, A., et al. (2019). Self-managed, computerised speech and language therapy for patients with chronic Aphasia post-stroke compared with usual care or attention control (Big CACTUS): A multicentre, single-blinded, randomised controlled trial. *Lancet Neurology, 18*(9), 821–833. https://doi.org/10.1016/S1474-4422(19)30192-9

Pedersen, P. M., Vinter, K., & Olsen, T. S. (2004). Aphasia after stroke: Type, severity and prognosis. The Copenhagen aphasia study. *Cerebrovascular Diseases, 17*(1), 35–43. https://doi.org/10.1159/000073896

Perceval, G., Flöel, A., & Meinzer, M. (2016). Can transcranial direct current stimulation counteract age-associated functional impairment? *Neuroscience and Biobehavioral Reviews, 65*, 157–172. https://doi.org/10.1016/j.neubiorev.2016.03.028

Perceval, G., Martin, A. K., Copland, D. A., Laine, M., & Meinzer, M. (2017). High-definition tDCS of the temporo-parietal cortex enhances access to newly learned words. *Scientific Reports, 7*(1), 17023. https://doi.org/10.1038/s41598-017-17279-0

Perceval, G., Martin, A. K., Copland, D. A., Laine, M., & Meinzer, M. (2020). Multisession transcranial direct current stimulation facilitates verbal learning and memory consolidation in young and older adults. *Brain and Language, 205*, 104788. https://doi.org/10.1016/j.bandl.2020.104788

Pestalozzi, M. I., Di Pietro, M., Martins Gaytanidis, C., Spierer, L., Schnider, A., Chouiter, L., et al. (2018). Effects of prefrontal transcranial direct current stimulation on lexical access in chronic poststroke Aphasia. *Neurorehabilitation and Neural Repair, 32*(10), 913–923. https://doi.org/10.1177/1545968318801551

Pezzetta, R., Gambarota, F., Tarantino, V., Devita, M., Cattaneo, Z., Arcara, G., et al. (2024). A meta-analysis of non-invasive brain stimulation (NIBS) effects on cerebellar-associated cognitive processes. *Neuroscience and Biobehavioral Reviews, 157*, 105509. https://doi.org/10.1016/j.neubiorev.2023.105509

Pierce, J. E., Togher, L., Nickels, L., Copland, D., Godecke, E., et al. (2024a). Acceptability, feasibility and preliminary efficacy of low-moderate intensity Constraint Induced Aphasia Therapy and Multi-Modality Aphasia Therapy in chronic Aphasia after stroke. *Topics in Stroke Rehabilitation, 31*(1), 44–56. https://doi.org/10.1080/10749357.2023.2196765

Pierce, J. E., Cavanaugh, R., Harvey, S., Dickey, M., Nickels, L., et al. (2024b). High intensity Aphasia intervention is minimally fatiguing in chronic Aphasia – Analysis of self-ratings. *Stroke*.

Pope, P. A., & Miall, R. C. (2012). Task-specific facilitation of cognition by cathodal transcranial direct current stimulation of the cerebellum. *Brain Stimulation, 5*(2), 84–94. https://doi.org/10.1016/j.brs.2012.03.006

Price, C. J. (2012). A review and synthesis of the first 20 years of PET and fMRI studies of heard speech, spoken language and reading. *NeuroImage, 62*(2), 816–847. https://doi.org/10.1016/j.neuroimage.2012.04.062

Pulvermuller, F. (2005). Brain mechanisms linking language and action. *Nature Reviews Neuroscience, 6*(7), 576–582. https://doi.org/10.1038/nrn1706

Raboyeau, G., De Boissezon, X., Marie, N., Balduyck, S., Puel, M., Bezy, C., et al. (2008). Right hemisphere activation in recovery from Aphasia: Lesion effect or function recruitment? *Neurology, 70*(4), 290–298. https://doi.org/10.1212/01.wnl.0000287115.85956.87

Raymer, A. M., Singletary, F., Rodriguez, A., Ciampitti, M., Heilman, K. M., & Rothi, L. J. (2006). Effects of gesture+verbal treatment for noun and verb retrieval in Aphasia. *Journal of the International Neuropsychological Society, 12*(6), 867–882. https://doi.org/10.1017/S1355617706061042

Reis, J., Schambra, H. M., Cohen, L. G., Buch, E. R., Fritsch, B., Zarahn, E., et al. (2009). Noninvasive cortical stimulation enhances motor skill acquisition over multiple days through an effect on consolidation. *Proceedings of the National Academy of Sciences of the United States of America, 106*(5), 1590–1595. https://doi.org/10.1073/pnas.0805413106

Richardson, J., Datta, A., Dmochowski, J., Parra, L. C., & Fridriksson, J. (2015). Feasibility of using high-definition transcranial direct current stimulation (HD-tDCS) to enhance treatment outcomes in persons with Aphasia. *NeuroRehabilitation, 36*(1), 115–126. https://doi.org/10.3233/NRE-141199

Richter, M., Miltner, W. H., & Straube, T. (2008). Association between therapy outcome and right-hemispheric activation in chronic Aphasia. *Brain, 131*(Pt 5), 1391–1401. https://doi.org/10.1093/brain/awn043

Riemann, S., van Lück, J., Rodriguez-Fornells, A., Flöel, A., & Meinzer, M. (2024). The role of the frontal cortex in novel-word learning and consolidation: Evidence from focal transcranial direct current stimulation. *Cortex, 177*:15–27 https://doi.org/10.1016/j.cortex.2024.05.004

Rochmah, T. N., Rahmawati, I. T., Dahlui, M., Budiarto, W., & Bilqis, N. (2021). Economic burden of stroke disease: A systematic review. *International Journal of Environmental Research and Public Health, 18*(14). https://doi.org/10.3390/ijerph18147552

Rose, M. L., Nickels, L., Copland, D., Togher, L., Godecke, E., Meinzer, M., et al. (2022). Results of the COMPARE trial of Constraint-induced or Multimodality Aphasia Therapy compared with usual care in chronic post-stroke Aphasia. *Journal of Neurology, Neurosurgery, and Psychiatry, 93*(6), 573–581. https://doi.org/10.1136/jnnp-2021-328422

Russell, M. J., Goodman, T. A., Visse, J. M., Beckett, L., Saito, N., Lyeth, B. G., & Recanzone, G. H. (2017). Sex and electrode configuration in transcranial electrical stimulation. *Frontiers in Psychiatry, 8*, 147. https://doi.org/10.3389/fpsyt.2017.00147

Sebastian, R., Kim, J. H., Brenowitz, R., Tippett, D. C., Desmond, J. E., Celnik, P. A., & Hillis, A. E. (2020). Cerebellar neuromodulation improves naming in post-stroke Aphasia. *Brain Communications, 2*(2), fcaa179. https://doi.org/10.1093/braincomms/fcaa179

Shah-Basak, P. P., Norise, C., Garcia, G., Torres, J., Faseyitan, O., & Hamilton, R. H. (2015). Individualized treatment with transcranial direct current stimulation in patients with chronic non-fluent Aphasia due to stroke. *Frontiers in Human Neuroscience, 9*, 201. https://doi.org/10.3389/fnhum.2015.00201

Shah-Basak, P. P., Sivaratnam, G., Teti, S., Francois-Nienaber, A., Yossofzai, M., Armstrong, S., et al. (2020). High definition transcranial direct current stimulation modulates abnormal neurophysiological activity in post-stroke Aphasia. *Scientific Reports, 10*(1), 19625. https://doi.org/10.1038/s41598-020-76533-0

Sliwinska, M. W., Violante, I. R., Wise, R., Leech, R., Devlin, J. T., Geranmayeh, F., & Hampshire, A. (2017). Stimulating multi-demand cortex enhances vocabulary learning. *J Neurosci 37*(32):7606–7618

Stagg, C. J., Lin, R. L., Mezue, M., Segerdahl, A., Kong, Y., Xie, J., & Tracey, I. (2013). Widespread modulation of cerebral perfusion induced during and after transcranial direct current stimulation applied to the left dorsolateral prefrontal cortex. *The Journal of Neuroscience, 33*(28), 11425–11431. https://doi.org/10.1523/JNEUROSCI.3887-12.2013

Stagg, C. J., Antal, A., & Nitsche, M. A. (2018). Physiology of transcranial direct current stimulation. *The Journal of ECT, 34*(3), 144–152. https://doi.org/10.1097/YCT.0000000000000510

Stefaniak, J. D., Halai, A. D., & Lambon Ralph, M. A. (2020). The neural and neurocomputational bases of recovery from post-stroke Aphasia. *Nature Reviews Neurology, 16*(1), 43–55. https://doi.org/10.1038/s41582-019-0282-1

Stefaniak, J. D., Geranmayeh, F., & Lambon Ralph, M. A. (2022). The multidimensional nature of Aphasia recovery post-stroke. *Brain, 145*(4), 1354–1367. https://doi.org/10.1093/brain/awab377

Stockert, A., Wawrzyniak, M., Klingbeil, J., Wrede, K., Kummerer, D., Hartwigsen, G., et al. (2020). Dynamics of language reorganization after left temporoparietal and frontal stroke. *Brain, 143*(3), 844–861. https://doi.org/10.1093/brain/awaa023

Summers, J. J., Kang, N., & Cauraugh, J. H. (2016). Does transcranial direct current stimulation enhance cognitive and motor functions in the ageing brain? A systematic review and meta-analysis. *Ageing Research Reviews, 25*, 42–54. https://doi.org/10.1016/j.arr.2015.11.004

Thair, H., Holloway, A. L., Newport, R., & Smith, A. D. (2017). Transcranial Direct Current Stimulation (tDCS): A beginner's guide for design and implementation. *Frontiers in Neuroscience, 11*, 641. https://doi.org/10.3389/fnins.2017.00641

Turkeltaub, P. E., Swears, M. K., D'Mello, A. M., & Stoodley, C. J. (2016). Cerebellar tDCS as a novel treatment for Aphasia? Evidence from behavioral and resting-state functional connectivity data in healthy adults. *Restorative Neurology and Neuroscience, 34*(4), 491–505. https://doi.org/10.3233/RNN-150633

Turker, S., Kuhnke, P., Eickhoff, S. B., Caspers, S., & Hartwigsen, G. (2023). Cortical, subcortical, and cerebellar contributions to language processing: A meta-analytic review of 403 neuroimaging experiments. *Psychological Bulletin.* https://doi.org/10.1037/bul0000403

Ulm, L., McMahon, K., Copland, D., de Zubicaray, G. I., & Meinzer, M. (2015). Neural mechanisms underlying perilesional transcranial direct current stimulation in Aphasia: A feasibility study. *Frontiers in Human Neuroscience, 9*, 550. https://doi.org/10.3389/fnhum.2015.00550

Villamar, M. F., Volz, M. S., Bikson, M., Datta, A., Dasilva, A. F., & Fregni, F. (2013). Technique and considerations in the use of 4x1 ring high-definition transcranial direct current stimulation (HD-tDCS).

Journal of Visualized Experiments, (77), e50309. https://doi.org/10.3791/50309

Wiethoff, S., Hamada, M., & Rothwell, J. C. (2014). Variability in response to transcranial direct current stimulation of the motor cortex. *Brain Stimulation, 7*(3), 468–475. https://doi.org/10.1016/j.brs.2014.02.003

Willmot, N., Leow, L. A., Filmer, H. L., & Dux, P. E. (2024). Exploring the intra-individual reliability of tDCS: A registered report. *Cortex, 173*, 61–79. https://doi.org/10.1016/j.cortex.2023.12.015

Woods, A. J., Antal, A., Bikson, M., Boggio, P. S., Brunoni, A. R., Celnik, P., et al. (2016). A technical guide to tDCS, and related non-invasive brain stimulation tools. *Clinical Neurophysiology, 127*(2), 1031–1048. https://doi.org/10.1016/j.clinph.2015.11.012

Yoon, M. J., Park, H. J., Yoo, Y. J., Oh, H. M., Im, S., Kim, T. W., & Lim, S. H. (2024). Electric field simulation and appropriate electrode positioning for optimized transcranial direct current stimulation of stroke patients: An in Silico model. *Scientific Reports, 14*(1), 2850. https://doi.org/10.1038/s41598-024-52874-y

You, D. S., Kim, D. Y., Chun, M. H., Jung, S. E., & Park, S. J. (2011). Cathodal transcranial direct current stimulation of the right Wernicke's area improves comprehension in subacute stroke patients. *Brain and Language, 119*(1), 1–5. https://doi.org/10.1016/j.bandl.2011.05.002

Zanella, C., Laures-Gore, J., Dotson, V. M., & Belagaje, S. R. (2023). Incidence of post-stroke depression symptoms and potential risk factors in adults with Aphasia in a comprehensive stroke center. *Topics in Stroke Rehabilitation, 30*(5), 448–458. https://doi.org/10.1080/10749357.2022.2070363

Zettin, M., Bondesan, C., Nada, G., Varini, M., & Dimitri, D. (2021). Transcranial direct-current stimulation and behavioral training, a promising tool for a tailor-made post-stroke Aphasia rehabilitation: A review. *Frontiers in Human Neuroscience, 15*, 742136. https://doi.org/10.3389/fnhum.2021.742136

Zumbansen, A., Black, S. E., Chen, J. L., Edwards, D. J., Hartmann, A., Heiss, W. D., et al. (2020). Noninvasive brain stimulation as add-on therapy for subacute post-stroke Aphasia: A randomized trial (NORTHSTAR). *European Stroke Journal, 5*(4), 402–413. https://doi.org/10.1177/2396987320934935

Transspinale Gleichstromstimulation bei Aphasie

Paola Marangolo

Inhaltsverzeichnis

16.1 Einleitung – 292

16.2 Transkutane spinale Gleichstromstimulation (tsDCS) – 292
16.2.1 Prinzipien der tsDCS-Anwendung bei Aphasie nach Schlaganfall – 293
16.2.2 Rehabilitationsprotokolle in Kombination mit tsDCS bei Aphasie nach Schlaganfall – 298
16.2.3 Richtungen für zukünftige Forschung – 301

Literatur – 302

Das vorliegende Kapitel wurde vom Englischen ins Deutsche übersetzt. Die Übersetzung wurde mit künstlicher Intelligenz erstellt und anschließend vom Herausgeber inhaltlich geprüft und sprachlich überarbeitet.

© Der/die Autor(en), exklusiv lizenziert an Springer-Verlag GmbH, DE, ein Teil von Springer Nature 2025
K. Sidiropoulos (Hrsg.), *Transkranielle Gleichstromstimulation bei Aphasien und erworbenen Sprechstörungen*, https://doi.org/10.1007/978-3-662-70454-7_16

16.1 Einleitung

Traditionell wird das Rückenmark als ein Bündel langer Fasern angesehen, das das Gehirn mit dem Körper verbindet, wobei seine Rolle hauptsächlich auf die periphere sensorische und motorische Kontrolle beschränkt wurde (Wolpaw & Tennissen, 2001). Neuere Studien stellen diese Ansicht jedoch infrage und betonen die Beteiligung des Rückenmarks nicht nur am Erwerb und der Aufrechterhaltung motorischer Fähigkeiten, sondern auch an der Modulation von Funktionen, die von den kortikalen motorischen Regionen abhängen. In einer bahnbrechenden Studie verfolgten Vahdat und Kollegen (2015) die lokal induzierte Plastizität im menschlichen Rückenmark während des motorischen Lernens. Mithilfe der gleichzeitigen Erfassung der funktionellen Magnetresonanztomografie (fMRT) von Gehirn und Rückenmark identifizierten sie eine lernbezogene Aktivität in der Halswirbelsäulenregion (C6–C8), die unabhängig von der Aktivierung der kortikalen sensomotorischen Strukturen auftrat. Den Autoren zufolge deutet dies darauf hin, dass das Rückenmark aktiv als Teil des menschlichen motorischen Lernnetzwerks fungiert und zum Lernprozess beiträgt (Vahdat et al., 2015).

Jüngste Erkenntnisse haben zudem molekulare Mechanismen innerhalb des Rückenmarks aufgedeckt, die an der epigenetischen Regulierung beteiligt sind und möglicherweise die Entwicklung der Händigkeit beeinflussen (Ocklenburg et al., 2017). Diese Ergebnisse legen nahe, dass Genexpressionsasymmetrien in den Rückenmarkssegmenten, die die Hände und Arme innervieren, zu hemisphärischen Asymmetrien im menschlichen Gehirn beitragen könnten. In einer neueren Studie führten Weiler und Kollegen (2019) Experimente durch, um die Effizienz von spinalen Rückkopplungspfaden bei der Bewegungskorrektur zu testen. Ihre Ergebnisse zeigten, dass neuronale Rückenmarksfasern, die die Reflexe der Trizeps- und Bizepsmuskulatur regulieren, nicht nur an der Dehnung der Muskelfasern beteiligt sind, sondern auch sensorische Informationen aus dem Arm integrieren können, um die Haltungskontrolle der Hand zu unterstützen und so eine differenzierte Handsteuerung zu ermöglichen. Diese Erkenntnisse haben weiteres Interesse an der Untersuchung von Plastizitätsveränderungen im Rückenmark geweckt und es zu einem Ziel für nichtinvasive Hirnstimulationstechniken (NIBS) gemacht.

16.2 Transkutane spinale Gleichstromstimulation (tsDCS)

Um die Plastizität des Rückenmarks zu nutzen und die Lernfähigkeit zu verbessern, haben Forscher in verschiedenen Tier- und Humanstudien die transkutane spinale Gleichstromstimulation (tsDCS) eingesetzt. Ähnlich wie bei der tDCS (▶ Abschn. 12.2) wird bei der tsDCS ein schwacher elektrischer Strom (typischerweise 2 mA) über zwei Elektroden verabreicht. Die aktive Elektrode wird in der Regel über den spinalen Wirbeln platziert (meist thorakal, wobei es Variationen gibt), während die Referenzelektrode auf der Schulter angebracht wird (Grecco et al., 2015; Priori et al., 2014).

Obwohl die Wirkmechanismen der tsDCS hauptsächlich in Tierstudien untersucht wurden, deuten die Wirkmechanismen der tsDCS lokale Effekte auf spinaler Ebene und aufsteigende und absteigende Rückenmarksbahnen hin (Ahmed, 2011, 2013; Ahmed & Wieraszko, 2012). So wurde beispielsweise festgestellt, dass die anodale tsDCS bei Mäusen die motorische Antwortlatenz verlängert, während die kathodale tsDCS die Erregbarkeit der spinalen Schaltkreise erhöht (Ahmed, 2011; Ahmed & Wieraszko, 2012). Ahmed und Wieraszko untersuchten auch die Rolle der Freisetzung von Glutamat-Analogon-Aspartat bei den tsDCS-Effekten und fanden heraus, dass die kathodale tsDCS die Aspartatfreisetzung erhöhte, während die anodale tsDCS sie reduzierte (Ahmed & Wieraszko, 2012). Kürzlich berichteten Samaddar und Kollegen (2017) über die Auswirkungen der tsDCS auf neu gebildete Rückenmarkszellen bei Mäusen. Sie fanden heraus, dass sowohl die kathodale als auch anodale tsDCS die Expression des hirnabgeleiteten neurotrophen Faktors (Brain-Derived Neurotrophic Factor, BDNF) erhöhte und die Bildung neuer Zellen anregte (Samaddar et al., 2017). Dies könnte auch die spontane Erholung nach einer Rückenmarksverletzung oder -erkrankung unterstützen (Lamy & Boakye, 2013; Murray et al., 2018).

Darüber hinaus haben einige Humanstudien die kortikalen Auswirkungen der tsDCS mit neurophysiologischen Techniken untersucht. Schweizer und Kollegen (2017) untersuchten die supraspinalen Effekte der tsDCS mittels funktioneller Magnetresonanztomografie im Ruhezustand (rs-fMRI). In einer doppelblinden Crossover-Studie mit 20 gesunden Teilnehmern wurde die funktionelle Konnektivität im Ruhezustand vor und nach anodaler, kathodaler und Schein-tsDCS (20 min, 2,5 mA, aktive Elektrode zentriert über T11 und Referenzelektrode über der linken Schulter) gemessen. Im Vergleich zur Scheinstimulation führten sowohl die anodale als auch kathodale tsDCS zu Veränderungen der Konnektivität im primären sensorischen Bereich, in der Insula und im Thalamus (Schweizer et al., 2017). Darüber hinaus haben Studien, die motorisch evozierte Potenziale (MEP) verwendeten, die durch transkranielle Magnetstimulation (TMS) über dem motorischen Kortex ausgelöst wurden, gezeigt, dass die kathodale thorakale tsDCS die motorische Leistung verbesserte, während die Schein- und die anodal gepolte tsDCS keine signifikante Effekte zeigten (Bocci et al., 2015a, 2015b, 2014). Die vorgeschlagene Hypothese besagt, dass die kathodale tsDCS die Rekrutierung motorischer Einheiten durch GABAerge Hemmung und postsynaptische Übererregung verbessert (Bocci et al., 2014). In neueren Studien haben Knikou und Kollegen (2015; Knikou, 2017) die Veränderungen der Erregbarkeit spinaler Motoneuronen untersucht, indem sie TMS über dem motorischen Kortex mit tsDCS über den thorakolumbalen Wirbeln (T10–L2) kombinierten. Die Ergebnisse zeigten eine weit verbreitete Reduktion der Aktivität bei der Rekrutierung transpinal evozierter Potenziale (TEP) in den Knöchelmuskeln beider Beine, was darauf hindeutet, dass dieser kombinierte Ansatz die synaptische Aktivität sowohl im Kortex als auch im Rückenmark modulieren könnte (Knikou, 2017; Knikou et al., 2015; siehe auch Dixon et al., 2016).

Zusammenfassend lässt sich sagen, dass die tsDCS sowohl lokale als auch kortikale neuroplastische Veränderungen induzieren, kortikale und kortikospinale Bahnen beim Menschen aktivieren und das interhemisphärische Gleichgewicht beeinflussen kann, das häufig nach einem Schlaganfall gestört ist (Bocci et al., 2015a). Diese Befunde legen nahe, dass die tsDCS aufgrund ihrer supraspinalen Wirkungen ein vielversprechender ergänzender Ansatz für die motorische und kognitive Erholung von Schlaganfallpatienten sein könnte.

16.2.1 Prinzipien der tsDCS-Anwendung bei Aphasie nach Schlaganfall

Aufgrund der großen Variabilität kortikaler Läsionen bei Personen mit Aphasie (PmA) ist es oft schwierig, die optimalen Stimulationsorte für die tDCS zu bestimmen, es sei denn, es werden zusätzliche und häufig kostspielige Verfahren wie Neuroimaging oder Modellierungen eingesetzt (Galletta et al., 2015; Marangolo et al., 2016) (▶ Abschn. 15.2.2). In den letzten Jahren haben daher einige Autoren die Notwendigkeit betont, alternative Systeme zu erforschen, die funktionell mit dem Gehirn verbunden sind. Durch ihre Stimulation könnte die Wiedererlangung der Sprachkompetenz unterstützt werden (Marangolo et al., 2016, 2017, 2018; Meinzer et al., 2016; Pestalozzi et al., 2018).

Traditionell nahm man an, dass die Sprachfunktionen hierarchisch in spezifischen kortikalen Arealen, wie dem Broca- und dem Wernicke-Areal, organisiert sind (Wernicke, 1969). Neuere Erkenntnisse deuten jedoch auf ein komplexeres und weit verteiltes Netzwerk hin (▶ Kap. 6, 7 und 8). Heute ist anerkannt, dass die Sprachfähigkeit eine Vielzahl von kortikalen und subkortikalen Regionen umfasst, die über die klassischen Areale hinausgehen (s. Übersichtsarbeiten von Crosson, 2013; Price, 2010) und auch Regionen einschließen, von denen bisher nicht angenommen wurde, dass sie an der Sprachverarbeitung beteiligt sind (s. Übersichtsarbeit von Crosson, 2013).

Dementsprechend wird die Sprachfähigkeit nicht mehr als völlig modularisiert betrachtet. Die Befunde aus Verhaltens- und Neuroimaging-Studien haben gezeigt, dass das Netzwerk, das die Sprachfunktion unterstützt, weit über das Gehirn verteilt ist (Price, 2010). Nach der Theorie der verkörperten Kognition (s. „Wissensbox: Theorie der verkörperten Kognition") basiert die Repräsentation eines Konzepts wesentlich auf den sensomotorischen Eigenschaften, die zu diesem Konzept gehören (Barsalou, 1999; Binkofski & Buccino, 2006; Gallese & Lakoff, 2005). Diese Ansicht legt nahe, dass Aktionsverben beispielsweise durch verschiedene semantische Repräsentationen mental abgebildet sind, einschließlich der sensomotorischen Eigenschaften, die für die Ausführung der Handlung erforderlich sind (Marangolo et al., 2010; Willems & Hagoort, 2007). Dies impliziert, dass die sensomotorischen Hirnregionen auch an der Verarbeitung von Handlungskonzepten beteiligt sein können.

Es gibt bereits zahlreiche Hinweise, dass der sensomotorische Kortex an der Sprachverarbeitung beteiligt ist, insbesondere dann, wenn Sprache in sensomotorische Handlungen übersetzt wird (Gili et al., 2017; Pulvermüller et al., 2005; Rizzolatti et al., 2009; Rizzolatti & Craighero, 2004). Studien, in denen Aktionsverben als Stimuli verwendet wurden, haben dieses Verständnis vertieft und gezeigt, dass verbale Beschreibungen von Handlungen neuronale Populationen im somatosensorischen, motorischen und prämotorischen Kortex aktivieren, die der tatsächlichen Ausführung dieser Handlungen ähneln (Hauk & Pulvermüller, 2004; Tettamanti et al., 2005). Zudem wurde beobachtet, dass bei der Verarbeitung von Substantiven, die mit handbezogenen Objekten assoziiert sind, langsamere motorische Reaktionen der Hand auftreten, was auf eine enge Verbindung zwischen Sprache und den sensomotorischen Systemen im Gehirn hindeutet (Marino et al., 2012, 2014).

Es wird angenommen, dass das Abrufen von Wörtern, die mit motorischen Schemata verknüpft sind, wie beispielsweise „Schwimmen", auf sensomotorische Regionen des Gehirns angewiesen ist. Ebenso wird angenommen, dass Substantive wie „Stift", die motorische Repräsentationen wie „Schreiben" beinhalten, in denselben sensomotorischen Regionen verarbeitet werden (Marangolo et al., 2010; Marino et al., 2012, 2014). Dies unterstreicht die enge Verflechtung von Sprache und motorischen Systemen im Gehirn, bei der das Verstehen und Verarbeiten von Wörtern, die sich auf Handlungen oder manipulierbare Objekte beziehen, die Aktivierung sensomotorischer neuronaler Netzwerke erfordert.

Wissensbox: Theorie der verkörperten Kognition
Verkörperte Kognition („embodied cognition") ist ein Ansatz in der Kognitionswissenschaft und Psychologie, der betont, dass menschliches Denken und Wissen eng mit der physischen Präsenz unseres Körpers in der Welt verknüpft sind. Es wird angenommen, dass kognitive Prozesse nicht nur im Gehirn ablaufen, sondern durch den gesamten Körper und seine Interaktion mit der Umwelt beeinflusst werden. Nach dieser Auffassung ist Kognition etwas, das durch sensomotorische Erfahrungen und die Fähigkeit zur Interaktion mit der physischen Umwelt geformt wird. Im Kontext der Sprache legt die verkörperte Kognition nahe, dass unser Verständnis und Gebrauch von Sprache stark mit unseren physischen Körpern und sensorischen Erfahrungen verwoben sind. Damit ist gesagt, dass die Art und Weise, wie wir die Welt durch unsere Körper wahrnehmen, mit ihr interagieren und sie verstehen, die Sprachverarbeitung beeinflusst.

So haben beispielsweise viele der Metaphern, die wir in der Alltagssprache verwenden, ihre Wurzeln in körperlichen Erfahrungen. Dieser Ansatz stellt traditionelle Theorien infrage, die Sprache und Kognition als rein abstrakte Prozesse betrachten, und betont stattdessen, dass Sprache tief in körperlichen Erfahrungen und Interaktionen mit der Umwelt verankert ist. Zusammenfassend postuliert die Theorie der verkörperten Kognition, dass bei der Sprachverarbeitung sensomotorische Erfahrungen reaktiviert werden, insbesondere bei Wörtern mit sensomotorischen Merkmalen (Marangolo et al., 2010; Marino et al., 2012, 2014).

Zwei aktuelle Studien (Meinzer et al., 2016; Santos et al., 2013) haben gezeigt, dass die anodale tDCS (atDCS), appliziert über den linken motorischen Kortex, in Kombination mit Sprachtraining zu einer Verbesserung der Benennfähigkeiten bei Patienten mit chronischer Aphasie nach einem Schlaganfall führte (◘ Tab. 16.1). In einer randomisierten, gekreuzten Doppelblindstudie untersuchten Marangolo und Kollegen (2018) die Wirkung der zerebellären Gleichstromstimulation in Kombination mit einer Sprachtherapie zur Verbesserung des Gebrauchs von Verben bei Personen mit chronischer Aphasie nach einem Schlaganfall. Die Studie zeigte die potenziellen Vorteile der Integration der DCS in der Sprachtherapie zur Förderung der verbalen Fähigkeiten bei zwölf Patienten, die von dieser Erkrankung betroffen waren. Die Teilnehmer erhielten zerebelläre DCS (20 min, 2 mA) in vier experimentellen Bedingungen:
1. Rechtskathodale Stimulation während einer Verbgenerierungsaufgabe
2. Scheinstimulation während einer Verbgenerierungsaufgabe
3. Rechtskathodale Stimulation während einer Verbbenennaufgabe
4. Scheinstimulation während einer Verbbenennaufgabe

Jede Bedingung umfasste fünf aufeinanderfolgende tägliche Sitzungen über vier Wochen. Die Ergebnisse zeigten eine signifikante Verbesserung der Verbgenerierung nach kathodaler Stimulation, während beim Benennen von Verben keine signifikanten Unterschiede zwischen den Bedingungen beobachtet wurden (◘ Tab. 16.1). Marangolo und Kollegen (2018) schlugen vor, dass die zerebelläre DCS besonders bei kognitiv anspruchsvolleren Sprachaufgaben, wie der Verbgenerierung, ein wertvolles Hilfsmittel zur Wiederherstellung sprachlicher Fähigkeiten sein könnte. Bei einer Verbgenerierungsaufgabe muss der Patient ein Verb mit einem Substantiv in einem Kontext konkurrierender Antwortmöglichkeiten assoziieren, während bei der Verbbenennung die korrekte Antwort bereits im präsentierten Bild vorgegeben ist. Es wurde spekuliert, dass die kathodale Stimulation des rechten Kleinhirns durch die Enthemmung von Purkinje-Zellen die Aktivierung der linken Frontalareale erleichtert. Dies wiederum könnte die Aktivierung mehrerer kognitiver Prozesse verstärken, wie exekutive Prozesse und solche für die Auswahl von Antworten, die an der Verbgenerierung beteiligt sind. Tatsächlich konnten bei der Verbbenennung keine signifikanten Effekte nachgewiesen werden (Connor et al., 2006; Pope & Miall, 2014). Eine weitere Studie von Pestalozzi und Kollegen (2018) untersuchte, ob die Verbesserung der exekutiven Kontrolle durch die atDCS über dem linken dorsolateralen präfrontalen Kortex (DLPFC) den lexikalischen Abruf bei 14 Patienten mit Aphasie nach Schlaganfall erleichtern würde. Die Ergebnisse zeigten eine signifikante Verbesserung der verbalen Flüssigkeit und der Geschwindigkeit beim Benennen von hochfrequenten Wörtern nach atDCS im Vergleich zur Scheinstimulation (◘ Tab. 16.1).

Das sich vertiefende Verständnis der Sprachverarbeitung und die zunehmende Erkenntnis, dass das Rückenmark weit mehr ist als ein statisch verdrahtetes Reflexsystem, verdeutlichen die Vielschichtigkeit neurophysiologischer Prozesse. Wie bereits erwähnt, wurde das Rückenmark traditionell als ein automatisches System betrachtet, das lediglich auf motorische Befehle und sensorische Reize aus der Peripherie reagierte. Heute ist jedoch anerkannt, dass es eine aktive Rolle bei der Ausführung spezialisierter Bewegungen sowie beim Erwerb und bei der Speicherung neuer Verhaltensweisen spielt. Diese

Tab. 16.1 Alternative Stimulationsbereiche für die tES bei Aphasie nach Schlaganfall

Artikel	Anzahl der Patienten	Stimulationspolarität, Intensität, Dauer und Anzahl der Sitzungen	Verhaltenstherapeutische Behandlung	tDCS vs. Scheinstimulation	Profitieren aus der Scheinstimulation	Verallgemeinerung	Follow-up
Pisano et al., 2021	14 nichtflüssige Aphasiker	Anodal oder Scheinstimulation über der Brustwirbelsäule (T10–T11) 2 mA; 20 min; 5 Sitzungen	Schreiben von Nichtwörtern, Lesen und Nachsprechen	Ja	Ja	Ja	Ja, nach 1 Woche
Pestalozzi et al., 2018	10 nichtflüssige, 4 flüssige Aphasiker	Links anodal Dorsolateraler präfrontaler Kortex 2 mA; 20 min; 10 Sitzungen	Benennen von Substantivbildern, phonemische Flüssigkeits- und Nachsprechaufgaben	Ja	Nein	Nicht untersucht	Nein
Marangolo et al. (2018)	12 nichtflüssige Aphasiker	Rechts kathodisch über dem Kleinhirn 2 mA; 20 min; 5 Sitzungen	Verbbildung und Benennen von Verben	Ja, nur für die Generierung von Verben	Ja	Nicht untersucht	Ja, nach 1 Woche
Santos et al., 2017	13 nichtflüssige Aphasiker	Kathodal über dem rechten motorischen Kortex 2 mA; 20 min; 10 Sitzungen	Benennen von Bilder	Nur tDCS	Keine Scheinbedingung	Nicht untersucht	Nein
Marangolo et al., 2017	14 nichtflüssige Aphasiker	Anodal, kathodal oder Sham über die Brustwirbel (T10–T11) 2 mA; 20 min; 5 Sitzungen	Bildbenennung von Substantiven und Verben	Ja, nur für die Bildbenennung von Verben	Ja	Nicht untersucht	Ja, nach 1 Woche
Meinzer et al., 2016	26 (15 nichtflüssige, 11 flüssige Aphasiker)	Anodal über dem linken motorischen Kortex 1 mA; 20 min; 2 tägliche Sitzungen über 8 Tage	Computerisierte Aufgabe zur Benennung von Substantivbildern	Ja	Ja	Ja	Ja, nach sechs Monaten

Perspektivenänderung wird durch eine Vielzahl von Studien gestützt (Ocklenburg et al., 2017; Vahdat et al., 2015; Weiler et al., 2019; Wolpaw & Tennissen, 2001). Obwohl es ein großes Interesse und Forschung an der Rolle des Rückenmarks bei neuronaler und synaptischer Plastizität im Zusammenhang mit der Heilung chronischer Schmerzen und motorischer Defizite gegeben hat (Bregman et al., 1997; Tuszynski et al., 1999), wurde bis vor Kurzem in keiner Studie untersucht, ob das Rückenmark auch an der Sprachverarbeitung beteiligt sein könnte. Frühere Forschungsergebnisse legen nahe, dass Patienten mit akuten traumatischen Rückenmarksverletzungen (Spinal Cord Injury, SCI) kognitive Defizite in verschiedenen Bereichen wie Aufmerksamkeit, Exekutivfunktionen, Gedächtnis und Sprache aufweisen (Colachis & Fugate, 2002; G. Davidoff et al., 1985; Kreutzer et al., 1988; Roth et al., 1989). Diese Studien lieferten jedoch keine ausreichenden Beweise für einen spezifischen Zusammenhang zwischen kognitiven Beeinträchtigungen und Rückenmarksverletzungen. Mehrere Faktoren wurden als mögliche Mitverursacher identifiziert, darunter das Vorliegen einer gleichzeitig auftretenden traumatischen Hirnverletzung (G. N. Davidoff et al., 1992), eine Vorgeschichte zerebraler Gefäßinsuffizienz (Colachis & Fugate, 2002) sowie die möglichen Auswirkungen von Alkohol- und Drogenmissbrauch, der in der SCI-Population eine erhöhte Prävalenz aufweist (G. Davidoff et al., 1985; Murray et al., 2007).

In der Neuromodulationsforschung haben zahlreiche Studien bereits eine enge Beziehung zwischen dem motorischen Kortex und dem Rückenmark aufgezeigt. Tatsächlich beeinflusst die Anwendung der tDCS über dem motorischen Kortex nicht nur die Erregbarkeit des Gehirns, sondern moduliert auch das Rückenmark (Di Lazzaro et al., 2013; Ngernyam et al., 2015; Yamaguchi et al., 2016). Studien von Roche und Kollegen (2009, 2011) zeigten, dass die anodale tDCS über dem motorischen Kortex die Erregbarkeit des spinalen Netzwerks bei gesunden Personen verändern kann, indem sie die disynaptische Hemmung der spinalen Motoneuronen verstärkt. Dies deutet darauf hin, dass die tDCS über dem motorischen Kortex direkte Auswirkungen auf das spinale Netzwerk bei Menschen haben kann. Di Lazzaro und Kollegen (2012) fanden in ihren Untersuchungen heraus, dass eine 20-minütige atDCS über dem primären motorischen Kortex zu einem signifikanten Anstieg der sog. direkten Welle (D-Welle) führen kann, die durch die direkte Aktivierung kortikospinaler Axone erzeugt wird. Der beobachtete Anstieg der D-Welle deutet auf Veränderungen der Erregbarkeit in den kortikospinalen Projektionen hin, die durch atDCS hervorgerufen werden. Bei Patienten mit Rückenmarksverletzungen (SCI) könnte die durch atDCS über dem motorischen Kortex induzierte spinale Plastizität die Wirksamkeit des Bewegungstrainings durch Modulation spinaler Interneuronen verstärken (Yamaguchi et al., 2016). Darüber hinaus zeigten Untersuchungen bei Schlaganfallpatienten, die sich von einer Muskelfunktionsstörung erholten, dass spinale Manipulationen zu Veränderungen der kortikalen Erregbarkeit führten, was sich in signifikant größeren Amplituden bewegungsbezogener kortikaler Potenziale nach der Behandlung widerspiegelte (Haavik et al., 2016). Diese Ergebnisse unterstreichen die bidirektionale Beziehung zwischen kortikalen und spinalen Prozessen bei der motorischen Kontrolle und Erholung. Wie bereits berichtet, könnte die Stimulation des Rückenmarks auch die Aktivität im sensomotorischen Kortex über aufsteigende spinale Bahnen beeinflussen, was wiederum Auswirkungen auf die kognitive Verarbeitung haben kann (Bocci et al., 2015a, 2014, 2015b).

> **Wissensbox: Die D-Welle**
> Die D-Welle bezeichnet in der Neurophysiologie die direkte Welle der elektrischen Aktivität, die als Reaktion auf die Stimulation des motorischen Kortex oder der kortikospinalen Bahnen aufgezeichnet wird. Sie stellt die früheste muskuläre Reaktion auf eine direkte elektrische Stimulation der motorischen Bahnen dar und zeigt die Aktivierung der Axone kortikospinaler Neuronen an. D-Wellen sind von entscheidender

Bedeutung für die Beurteilung der Integrität des kortikospinalen Trakts, welcher der primäre Signalweg ist, der für die willkürliche Bewegung verantwortlich ist. Häufig werden sie in der neurophysiologischen Überwachung eingesetzt, etwa bei intraoperativen Eingriffen an der Wirbelsäule oder am Gehirn, um sicherzustellen, dass die motorischen Bahnen unbeschädigt sind. Das Vorhandensein und die Eigenschaften der D-Welle liefern dabei wertvolle Informationen über die Funktionalität des motorischen Systems, besonders im klinischen Umfeld zur Diagnose und Überwachung von Erkrankungen des zentralen Nervensystems oder zur Bewertung der Effektivität therapeutischer Interventionen wie der Neuromodulation.

Die Auswirkung der tsDCS auf die Spracherholung wurde bisher nicht untersucht. In Studien, die sich mit der Modulation der Rückenmarksaktivität durch tsDCS beim Menschen beschäftigten, wurde die aktive Elektrode typischerweise über den Brustwirbeln (T10–T12) und die Referenzelektrode über dem rechten Arm platziert. Dabei wurde ein Strom von 2–3 mA für 20–30 min angewendet (Bocci et al., 2015a, 2014, 2015b; Cogiamanian et al., 2008, 2011; Truini et al., 2011). Im Gegensatz zu tDCS-Studien, bei denen die Anode über kortikalen Bereichen die kortikale Erregbarkeit erhöht (Nitsche et al., 2005), zeigte die anodale tsDCS in diesen Untersuchungen eine hemmende Wirkung auf die Rückenmarksaktivität, während die kathodale tsDCS keine spezifischen Effekte der Polarität erzeugte (Cogiamanian et al., 2008, 2011). Interessanterweise gibt es Hinweise darauf, dass die anodale tsDCS bei Aphasie neurophysiologische Veränderungen im Gehirn auslösen könnte, indem sie tonische afferente Systeme des Kortex aktiviert (Bocci et al., 2015a, 2014, 2015b). Eine Studie, welche die intrakortikale Erregbarkeit bei zehn gesunden Probanden untersuchte, zeigte messbare Veränderungen nach Anwendung der tsDCS (2 mA, 20 min) über den thorakalen Wirbeln (T9–T11) (Bocci et al., 2014).

Diese Veränderungen wurden durch motorisch evozierte Potenziale (MEP) gemessen, die von den Muskeln des ersten digitalen Interosseus und des Tibialis anterior aufgezeichnet wurden. Die Ergebnisse zeigten, dass die tsDCS die intrakortikale Erregbarkeit abhängig von der Polarität modulieren kann, wobei die anodale tsDCS die MEP-Amplituden verringerte, während die kathodale tsDCS entgegengesetzte Effekte erzeugte.

Darüber hinaus beobachteten die Autoren, dass die anodale tsDCS (T9–T11-Ebene, 2 mA, 20 min) die transkallosale Leitungszeit und die interhemisphärische Verzögerung der motorischen Konnektivität erhöhte, was zu einer funktionellen interhemisphärischen Diskonnektion führte (Bocci et al., 2015a). Angesichts der primären Funktion des Rückenmarks, sensorische Informationen in motorische Ausführung zu übersetzen, und der Tatsache, dass die tsDCS die Gehirnaktivität beeinflussen könnte (Bocci et al., 2015a, 2014, 2015b), erscheint es plausibel anzunehmen, dass die tsDCS auch für die Spracherholung nützlich sein könnte, insbesondere bei Wörtern mit sensomotorischen Eigenschaften, wie etwa Aktionsverben (z. B. „beißen"). Diese Hypothese steht im Einklang mit der Theorie der verkörperten Kognition, welche die Rolle der sensomotorischen Regionen bei der Sprachverarbeitung betont, insbesondere bei handlungsbezogenen Konzepten (Barsalou, 1999; Binkofski & Buccino, 2006; Gallese & Lakoff, 2005; Marangolo et al., 2010; Willems et al., 2010; Willems & Hagoort, 2007).

16.2.2 Rehabilitationsprotokolle in Kombination mit tsDCS bei Aphasie nach Schlaganfall

Wie aus ◘ Tab. 16.1 ersichtlich, gibt es bisher nur drei Studien aus derselben Forschungsgruppe (Marangolo et al., 2017, 2020; Pisano et al., 2021), die die Wirksamkeit der tsDCS für die kognitive Erholung bei Patienten nach einem Schlaganfall untersucht haben. In einer dieser Studien setzten Marangolo und Kollegen (2017) die anodale, kathodale und Schein-tsDCS über den thorakalen Wirbeln (T10–T11) bei 14 Schlaganfallpatienten mit linksseitigen Läsionen ein. Die Patienten erhielten 20 min lang tsDCS mit 2 mA, während sie gleichzeitig eine Aufgabe durchführten, die das Benennen von Verben und Substantiven beinhaltete. Jede Bedingung wurde in fünf aufeinanderfolgenden täglichen Sitzungen über drei Wochen hinweg getestet (◘ Abb. 16.1).

Nach anodaler tsDCS zeigten alle Patienten eine größere Verbesserung beim Benennen von Verben im Vergleich zu den kathodalen und Scheinbedingungen. Diese Verbesserung hielt auch eine Woche nach der Behandlung an. Interessanterweise war die Verbesserung beim Benennen von Substantiven zwischen den verschiedenen Bedingungen nicht signifikant unterschiedlich. Diese Ergebnisse deuten darauf hin, dass die anodale tsDCS spezifisch die neuronalen Mechanismen beeinflusst, die an der Verarbeitung von Verben beteiligt sind, und nicht nur eine allgemeine Erhöhung der kognitiven Erregung bewirkt. Dies unterstützt die Annahme, dass die anodale tsDCS möglicherweise selektiv die Erholung von sprachlichen Funktionen fördern kann, die mit motorischen oder handlungsbezogenen Aspekten verknüpft sind, was mit dem Konzept der verkörperten Kognition übereinstimmt (Barsalou, 1999; Binkofski & Buccino, 2006; Gallese & Lakoff, 2005; Marangolo et al., 2010; Willems & Hagoort, 2007) (s. „Wissensbox: Theorie der verkörperten Kognition").

In einer nachfolgenden Studie mit funktioneller Magnetresonanztomografie im Ruhezustand (rs-fMRI) wurde eine andere Gruppe von 16 Schlaganfallpatienten mit linksseitigen Läsionen untersucht. Die Verbesserung der Verbproduktion, die nach der anodalen tsDCS festgestellt wurde, korrelierte signifikant mit Veränderungen der funktionellen Konnektivität. Diese Veränderungen traten in einem zerebellar-kortikalen Netzwerk auf, das handlungsbezogene Regionen wie das linke Kleinhirn sowie den rechten Parietallappen und den prämotorischen Kortex umfasst (Marangolo, 2020). Wie bereits berichtet, legt die Beziehung zwischen der Sprache und dem motorischen System, wie sie in der Theorie der verkörperten Kognition beschrieben wird, nahe, dass höhere kognitive Prozesse, einschließlich der Sprache, durch neuronale Strukturen unterstützt werden, die Sprachinhalte codieren (Gili et al., 2017; Pulvermüller et al., 2005; Rizzolatti et al., 2009; Rizzolatti & Craighero, 2004).

Neuere Forschungen an aphasischen Patienten, die ein intensives Training zur Verbesserung der sensomotorischen Aspekte von Handlungsverben durchliefen, zeigten ebenfalls Veränderungen in der funktionellen Konnektivität des rechten sensomotorischen Netzwerks, die mit einer signifikanten Verbesserung der Verbproduktion einhergingen (Gili et al., 2017). Darüber hinaus wurde das Kleinhirn als zentraler Knotenpunkt für die semantische Verarbeitung von Handlungen und die motorische semantische Integration identifiziert, was zur Entwicklung der verkörperten Kognition beigetragen hat (Cervetto et al., 2018; Steeb et al., 2018). Tatsächlich haben rs-fMRI-Studien gezeigt, dass Kleinhirnlappen, einschließlich der Lappen VI, Projektionen aus dem präfrontalen, parietalen und oberen

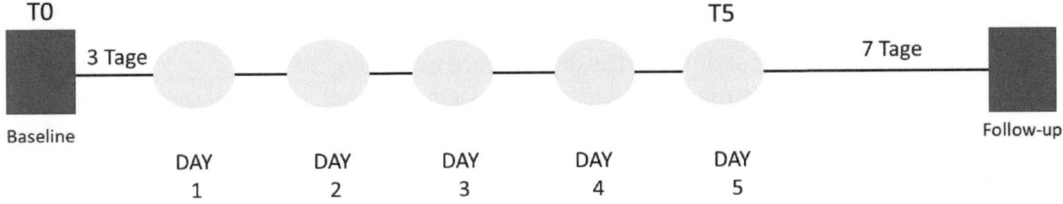

◘ Abb. 16.1 Überblick über das Studiendesign. (Marangolo et al., 2017)

Temporalkortex erhalten, die alle an Sprachfunktionen beteiligt sind (Bernard et al., 2012; Buckner et al., 2011; Stoodley et al., 2012).

In einer Studie von Marangolo und Kollegen (2020) ergab die Analyse der funktionellen Konnektivität, dass der rechte obere Parietallappen und der rechte präfrontale Kortex (BA 6) ihre Konnektivität zusammen mit dem Kleinhirn erhöhten. Die Beteiligung des rechten oberen Parietallappens steht im Einklang mit seiner entscheidenden Rolle bei der semantischen Verarbeitung von Handlungen und gestischen Aufgaben, die auf Verben bezogen sind (Buccino et al., 2004; Buxbaum et al., 2005; Creem-Regehr, 2009). Neben dem Kleinhirn und dem rechten Parietallappen hat sich gezeigt, dass die anodale tsDCS auch den rechten präfrontalen Kortex (BA 6) beeinflusst, der ebenfalls bei der Verarbeitung von Handlungsverben eine wichtige Rolle spielt, was die Ergebnisse der aktuellen Studie von Marangolo und Kollegen (2020) weiter unterstützt (Borghi & Riggio, 2009; Chersi et al., 2010; Horoufchin et al., 2018; Klepp et al., 2015; Willems et al., 2010).

Diese enge Verflechtung zwischen dem sprachlichen und motorischen System verdeutlicht das Potenzial von Interventionen wie der tsDCS, die die Aktivität des Rückenmarks modulieren und dadurch mehrere neuronale Netzwerke beeinflussen können, die sowohl mit der Sprachverarbeitung als auch der sensomotorischen Integration verbunden sind. Ein besseres Verständnis dieser komplexen Wechselwirkungen eröffnet neue Perspektiven für innovative Ansätze zur Verbesserung der Sprachwiederherstellung und kognitiven Funktionen bei Menschen mit Sprachstörungen (Marangolo et al., 2017, 2020).

Die Rolle der tsDCS als Adjuvans für die Sprachwiederherstellung wurde kürzlich in einer Verhaltensstudie mit zehn PmA nach Schlaganfall, die an Artikulationsstörungen litten, bestätigt (Pisano et al., 2021). Nach einer fünftägigen Behandlung mit anodaler tsDCS in Kombination mit einer Nachsprechaufgabe von Silben und Nichtwörtern zeigten alle Patienten eine verbesserte Genauigkeit bei der Wiederholung der behandelten Elemente im Vergleich zur Scheinbehandlung. Diese Verbesserungen blieben auch nach einer Woche bestehen und führten zudem zu positiven Effekten auf andere sprachliche Fähigkeiten, wie z. B. die Bildbeschreibung, das Benennen von Substantiven und Verben, das Nachsprechen und das Lesen. Da die Sprachartikulation die Aktivierung motorischer Pläne erfordert (Kearney & Guenther, 2019; Maas et al., 2008) und die tsDCS nachweislich Veränderungen im sensomotorischen Netzwerk hervorruft (Marangolo et al., 2020), wurde erwartet, dass die tsDCS auch in der Verbesserung der Sprachartikulation wirksam sein würde – eine Erwartung, die in dieser Studie bestätigt wurde.

Auch wenn die genauen neurophysiologischen Mechanismen der tsDCS im kortikospinalen System weitgehend spekulativ bleiben, könnten die vorläufigen Ergebnisse der tsDCS-Studien zur Aphasie nach Schlaganfall darauf hindeuten, dass die anodale tsDCS das tonische aufsteigende System zum Kortex gehemmt haben könnte, was letztlich die Aktivität in den sensomotorischen Bereichen verringerte (Bocci et al., 2015a, 2014, 2015b; Cogiamanian et al., 2008). Paradoxerweise könnte diese Verringerung die Funktion dieser Bereiche verbessert haben. Die Hypothese besagt, dass hemmende Ströme die Erregbarkeit der kortikalen hemmenden Interneuronen verringert haben könnten (Stagg et al., 2009; Stagg & Nitsche, 2011), wodurch die Effizienz der entsprechenden neuronalen Bereiche verbessert wurde. Eine andere Vermutung ist, dass die anodale tsDCS die interhemisphärische Verzögerung der motorischen Konnektivität erhöht haben könnte (Bocci et al., 2015a), was die Funktionalität des linken sensomotorischen Kortex durch Hemmung seines rechten Homologen verbessert (Ward & Cohen, 2004).

Dem Modell der interhemisphärischen Konkurrenz zufolge befindet sich die intakte rechte Hemisphäre bei einer Läsion der linken Hemisphäre in einem Zustand pathologisch erhöhter Aktivität und übt eine hemmende Wirkung auf die beeinträchtigte Gegenseite aus (für weitere Übersichtsarbeiten s. Belin et al., 1996; Murase et al., 2004, vgl. auch ▶ Abschn. 5.2.2 und Kap. 10). In diesem Zusammenhang könnte die tsDCS das rechte sensomotorische Netzwerk gehemmt (Marangolo et al., 2020) und dadurch die Aktivität in den linken sensomotorischen Arealen erhöht haben, was die motorische Sprachverarbeitung erleichterte (Marangolo et al., 2017, 2020). Darüber hinaus sind die potenzielle Effekte der tsDCS auf pharmakologisch definierte Systeme nicht auszuschließen. Es ist bekannt, dass die Wirkmechanismen der konventionellen tDCS mit Rezeptoren und Neurotransmittern wie GABA und Glutamat interagieren (Stagg & Nitsche, 2011). Veränderungen der Neurotransmitterspiegel wurden nach kortikaler tDCS über dem motorischen Kortex beobachtet, und es ist plausibel, dass die tsDCS ähnliche Effekte auf die Neurotransmittersysteme gehabt haben könnte, was zur Modulation der Rückenmarksaktivität beitrug. Eine weitere Hypothese, die in Betracht gezogen werden könnte, ist, dass der durch die anodale tsDCS zugeführte hemmende Strom sowohl die Glutamat- als auch die GABA-Spiegel in den sensomotorischen Kortizes reduzierte, was letztlich zu einer verbesserten Funktion dieser Bereiche führte (Marangolo et al., 2017, 2020).

> Diese Ergebnisse unterstreichen die supraspinalen Effekte der tsDCS und betonen ihr Potenzial als nichtinvasive Methode zur gezielten Modulation kortikaler sensomotorischer Bereiche, um die Sprachwiederherstellung zu fördern. Dies legt nahe, dass die tsDCS ein vielversprechendes Instrument für Rehabilitationsstrategien darstellt, die auf die Wiederherstellung sprachlicher Funktionen abzielen.

16.2.3 Richtungen für zukünftige Forschung

Wie in der Einleitung erwähnt, wurde das Interesse an der tsDCS für die Neurorehabilitation durch Erkenntnisse aus Tier- und Humanstudien geweckt, die zeigten, dass die tsDCS Plastizitätseffekte sowohl auf spinaler als auch auf sensomotorischer kortikaler Ebene induzieren kann (Ahmed, 2011, 2013; Ahmed & Wieraszko, 2012; Bocci et al., 2015a, 2014, 2015b; Schweizer et al., 2017). In diesem Zusammenhang haben Marangolo und Kollegen (2017, 2020) kürzlich das Potenzial der tsDCS für die Wiederherstellung der Sprachfähigkeit bei Patienten mit Aphasie nach einem Schlaganfall untersucht. Die zugrunde liegende Hypothese dieser Forschung beruht auf der Annahme, dass Aktionsverben nicht nur semantische, sondern auch sensomotorische Merkmale beinhalten, was auf eine teilweise Repräsentation dieser Verben in sensomotorischen Hirnregionen hinweist (Marangolo et al., 2017, 2020). Ebenso beinhaltet die Sprachartikulation motorische Schemata, ähnlich wie Aktionsverben, und könnte daher ebenfalls von der Anwendung der tsDCS profitieren (Pisano et al., 2021).

Zusammenfassend haben die Ergebnisse der tsDCS-Studien eindeutig ihren Einfluss auf die sensomotorische kortikale Aktivität gezeigt, was die tsDCS zu einer potenziellen nichtinvasiven Intervention zur gezielten Modulation sensomotorischer Netzwerke bei der Erholung nach einem Schlaganfall macht. Bemerkenswerterweise wurde die therapeutische Anwendung der tsDCS in jüngster Zeit über den Schlaganfall hinaus erweitert. Studien untersuchen ihre Wirksamkeit bei klinischen Erkrankungen wie der Alzheimer-Krankheit (Pisano et al., 2020) und neurodegenerativer Ataxie (Benussi et al., 2021). Insbesondere wurde vorgeschlagen, dass die tsDCS in Kombination mit kognitivem Training die motorischen Planungsfähigkeiten bei Alzheimer-Patienten verbessern kann (Pisano et al., 2020). Ebenso zeigte eine Kombination aus kathodaler tsDCS und anodaler zerebellärer tDCS eine Verbesserung der motorischen und kognitiven Funktionen bei Personen mit neurodegenerativer Ataxie (Benussi et al., 2021).

Abschließend lässt sich sagen, dass der genaue Stellenwert der tsDCS im therapeutischen Spektrum noch bestimmt werden muss, sie jedoch als vielversprechender ergänzender Ansatz in der Neurorehabilitation gilt. Die Heterogenität der in den bisherigen Studien verwendeten Protokolle und

Elektrodenanordnungen erschwert es derzeit, das effektivste Trainingsprogramm zur Festlegung lang anhaltender tsDCS-Effekte zu identifizieren. Weitere Forschung ist notwendig, um zu klären, ob die anodale oder kathodale tsDCS wirksamer ist, da beide Polaritäten positive Auswirkungen auf die motorische Leistung durch unterschiedliche Mechanismen zu haben scheinen.

In mehreren Studien wurde kürzlich vorgeschlagen, die tsDCS mit der tDCS über das Gehirn zu kombinieren, um sowohl auf peripherer als auch auf kortikaler Ebene zu wirken. Dadurch könnte das Potenzial eines kombinierten Stimulations-Rehabilitations-Protokolls optimal genutzt werden (Paget-Blanc et al., 2019; Picelli et al., 2015, 2018, 2019). Die Wirksamkeit dieses kombinierten Ansatzes ist angesichts der positiven Ergebnisse der tDCS und tsDCS auf motorische und sprachliche Leistungen in früheren Studien nicht überraschend. Es bleibt jedoch zu klären, ob jede Modalität für sich genommen effektiver ist oder ob die Kombination additive Effekte erzielt.

Ein wesentlicher Vorteil der tsDCS liegt in ihrer einfachen Anwendung. Da das Rückenmark haarfrei ist, können die tsDCS-Elektroden leichter auf der Haut angebracht werden als die tDCS-Elektroden, was einen besseren Hautkontakt und niedrigere Impedanzwerte ermöglicht. Eine niedrige Impedanz weist auf eine gute Leitfähigkeit hin, was zu einer effektiveren und zuverlässigeren Stimulation beiträgt (Thair et al., 2017). Ein weiterer Vorteil der tsDCS ergibt sich aus den elektrischen Leitfähigkeitseigenschaften der Bandscheiben im Vergleich zu den schwammigen Knochen des Schädels (Balmer et al., 2018; Jackson et al., 2009). Da Bandscheiben eine höhere elektrische Leitfähigkeit besitzen, erreicht der über das Rückenmark angelegte elektrische Strom die Nervenfasern schneller als bei der tDCS über die Kopfhaut, bei der die Schädelknochen die Stromstärke reduzieren können (Balmer et al., 2018; Jackson et al., 2009). Tatsächlich kann die schwammige Struktur der Schädelknochen die Stromintensität reduzieren, wenn die tDCS auf die Kopfhaut aufgebracht wird.

Wie bereits erwähnt, zeigt sich das Potenzial der tsDCS, die kortikale Erregbarkeit zu modulieren und positive neuroplastische Veränderungen zu fördern, vielversprechend für die Behandlung motorischer und kognitiver Störungen bei Schlaganfallpatienten. Da die tsDCS auf verschiedene Teile des sensomotorischen Netzwerks gleichzeitig wirkt, könnte sie sich als wirksames Instrument für die Wiederherstellung kognitiver Funktionen erweisen, die mit der sensomotorischen Verarbeitung zusammenhängen, ohne dass eine spezifische Zielregion wie bei der tDCS gewählt werden muss. Dies eröffnet neue Perspektiven und therapeutische Möglichkeiten für die Rehabilitation von Schlaganfallpatienten. Weitere Forschungen und klinische Studien sind erforderlich, um das Potenzial der tsDCS in der Neurorehabilitation nach einem Schlaganfall vollständig zu erfassen und ihre Anwendung zu optimieren.

Literatur

Ahmed, Z. (2011). Trans-spinal direct current stimulation modulates motor cortex-induced muscle contraction in mice. *Journal of Applied Physiology, 110*(5), 1414–1424.

Ahmed, Z. (2013). Effects of cathodal trans-spinal direct current stimulation on mouse spinal network and complex multijoint movements. *Journal of Neuroscience, 33*(37), 14949–14957.

Ahmed, Z., & Wieraszko, A. (2012). Trans-spinal direct current enhances corticospinal output and stimulation-evoked release of glutamate analog, D-2, 3-3H-aspartic acid. *Journal of Applied Physiology, 112*(9), 1576–1592.

Balmer, T. W., Vesztergom, S., Broekmann, P., Stahel, A., & Büchler, P. (2018). Characterization of the electrical conductivity of bone and its correlation to osseous structure. *Scientific Reports, 8*(1), 8601.

Barsalou, L. W. (1999). Perceptual symbol systems. *Behavioral and Brain Sciences, 22*(4), 577–660.

Belin, P., Zilbovicius, M., Remy, P., Francois, C., Guillaume, S., Chain, F., Rancurel, G., & Samson, Y. (1996). Recovery from nonfluent aphasia after melodic intonation therapy: A PET study. *Neurology, 47*(6), 1504–1511.

Benussi, A., Cantoni, V., Manes, M., Libri, I., Dell'Era, V., Datta, A., Thomas, C., Ferrari, C., Di Fonzo, A., & Fancellu, R. (2021). Motor and cognitive outcomes of cerebello-spinal stimulation in neurodegenerative ataxia. *Brain, 144*(8), 2310–2321.

Bernard, J. A., Seidler, R. D., Hassevoort, K. M., Benson, B. L., Welsh, R. C., Wiggins, J. L., Jaeggi, S. M., Buschkuehl, M., Monk, C. S., & Jonides, J. (2012). Resting state cortico-cerebellar functional connectivity networks: A comparison of anatomical and self-organizing map approaches. *Frontiers in Neuroanatomy, 6*, 31.

Binkofski, F., & Buccino, G. (2006). The role of ventral premotor cortex in action execution and action understanding. *Journal of Physiology-Paris, 99*(4–6), 396–405.

Bocci, T., Vannini, B., Torzini, A., Mazzatenta, A., Vergari, M., Cogiamanian, F., Priori, A., & Sartucci, F. (2014). Cathodal transcutaneous spinal direct current stimulation (tsDCS) improves motor unit recruitment in healthy subjects. *Neuroscience Letters, 578*, 75–79.

Bocci, T., Caleo, M., Vannini, B., Vergari, M., Cogiamanian, F., Rossi, S., Priori, A., & Sartucci, F. (2015a). An unexpected target of spinal direct current stimulation: Interhemispheric connectivity in humans. *Journal of Neuroscience Methods, 254*, 18–26.

Bocci, T., Marceglia, S., Vergari, M., Cognetto, V., Cogiamanian, F., Sartucci, F., & Priori, A. (2015b). Transcutaneous spinal direct current stimulation modulates human corticospinal system excitability. *Journal of Neurophysiology, 114*(1), 440–446.

Borghi, A. M., & Riggio, L. (2009). Sentence comprehension and simulation of object temporary, canonical and stable affordances. *Brain Research, 1253*, 117–128.

Bregman, B. S., McAtee, M., Dai, H. N., & Kuhn, P. L. (1997). Neurotrophic factors increase axonal growth after spinal cord injury and transplantation in the adult rat. *Experimental Neurology, 148*(2), 475–494.

Buccino, G., Lui, F., Canessa, N., Patteri, I., Lagravinese, G., Benuzzi, F., Porro, C. A., & Rizzolatti, G. (2004). Neural circuits involved in the recognition of actions performed by nonconspecifics: An fMRI study. *Journal of Cognitive Neuroscience, 16*(1), 114–126.

Buckner, R. L., Krienen, F. M., Castellanos, A., Diaz, J. C., & Yeo, B. T. T. (2011). The organization of the human cerebellum estimated by intrinsic functional connectivity. *Journal of Neurophysiology, 106*(5), 2322–2345.

Buxbaum, L. J., Kyle, K. M., & Menon, R. (2005). On beyond mirror neurons: Internal representations subserving imitation and recognition of skilled object-related actions in humans. *Cognitive Brain Research, 25*(1), 226–239.

Cervetto, S., Abrevaya, S., Martorell Caro, M., Kozono, G., Muñoz, E., Ferrari, J., Sedeño, L., Ibáñez, A., & García, A. M. (2018). Action semantics at the bottom of the brain: Insights from dysplastic cerebellar gangliocytoma. *Frontiers in Psychology, 1194*.

Chersi, F., Thill, S., Ziemke, T., & Borghi, A. M. (2010). Sentence processing: Linking language to motor chains. *Frontiers in Neurorobotics, 4*, 1255.

Cogiamanian, F., Vergari, M., Pulecchi, F., Marceglia, S., & Priori, A. (2008). Effect of spinal transcutaneous direct current stimulation on somatosensory evoked potentials in humans. *Clinical Neurophysiology, 119*(11), 2636–2640.

Cogiamanian, F., Vergari, M., Schiaffi, E., Marceglia, S., Ardolino, G., Barbieri, S., & Priori, A. (2011). Transcutaneous spinal cord direct current stimulation inhibits the lower limb nociceptive flexion reflex in human beings. *PAIN®, 152*(2), 370–375.

Colachis, S. C., & Fugate, L. P. (2002). Autonomic dysreflexia associated with transient aphasia. *Spinal Cord, 40*(3), 142–144.

Connor, L. T., Braby, T. D., Snyder, A. Z., Lewis, C., Blasi, V., & Corbetta, M. (2006). Cerebellar activity switches hemispheres with cerebral recovery in aphasia. *Neuropsychologia, 44*(2), 171–177.

Creem-Regehr, S. H. (2009). Sensory-motor and cognitive functions of the human posterior parietal cortex involved in manual actions. *Neurobiology of Learning and Memory, 91*(2), 166–171.

Crosson, B. (2013). Thalamic mechanisms in language: a reconsideration based on recent findings and concepts. *Brain and Language, 126*(1), 73–88.

Davidoff, G., Morris, J., Roth, E., & Bleiberg, J. (1985). Cognitive dysfunction and mild closed head injury in traumatic spinal cord injury. *Archives of Physical Medicine and Rehabilitation, 66*(8), 489–491.

Davidoff, G. N., Roth, E. J., & Richards, J. S. (1992). Cognitive deficits in spinal cord injury: epidemiology and outcome. *Archives of Physical Medicine and Rehabilitation, 73*(3), 275–284.

Di Lazzaro, V., Profice, P., Ranieri, F., Capone, F., Dileone, M., Oliviero, A., & Pilato, F. (2012). I-wave origin and modulation. *Brain Stimulation, 5*(4), 512–525.

Di Lazzaro, V., Ranieri, F., Profice, P., Pilato, F., Mazzone, P., Capone, F., Insola, A., & Oliviero, A. (2013). Transcranial direct current stimulation effects on the excitability of corticospinal axons of the human cerebral cortex. *Brain Stimulation, 6*(4), 641–643.

Dixon, L., Ibrahim, M. M., Santora, D., & Knikou, M. (2016). Paired associative transspinal and transcortical stimulation produces plasticity in human cortical and spinal neuronal circuits. *Journal of Neurophysiology, 116*(2), 904–916.

Gallese, V., & Lakoff, G. (2005). The brain's concepts: The role of the sensory-motor system in conceptual knowledge. *Cognitive Neuropsychology, 22*(3–4), 455–479.

Galletta, E. E., Cancelli, A., Cottone, C., Simonelli, I., Tecchio, F., Bikson, M., & Marangolo, P. (2015). Use of computational modeling to inform tDCS electrode montages for the promotion of language recovery in post-stroke aphasia. *Brain Stimulation, 8*(6), 1108–1115.

Gili, T., Fiori, V., De Pasquale, G., Sabatini, U., Caltagirone, C., & Marangolo, P. (2017). Right sensorymotor functional networks subserve action observation therapy in aphasia. *Brain Imaging and Behavior, 11*, 1397–1411.

Grecco, L. H., Li, S., Michel, S., Castillo-Saavedra, L., Mourdoukoutas, A., Bikson, M., & Fregni, F. (2015).

Transcutaneous spinal stimulation as a therapeutic strategy for spinal cord injury: State of the art. *Journal of Neurorestoratology, 3*(1), 73–82.

Haavik, H., Niazi, I. K., Jochumsen, M., Sherwin, D., Flavel, S., & Türker, K. S. (2016). Impact of spinal manipulation on cortical drive to upper and lower limb muscles. *Brain Sciences, 7*(1), 2.

Hauk, O., & Pulvermüller, F. (2004). Neurophysiological distinction of action words in the fronto-central cortex. *Human Brain Mapping, 21*(3), 191–201.

Horoufchin, H., Bzdok, D., Buccino, G., Borghi, A. M., & Binkofski, F. (2018). Action and object words are differentially anchored in the sensory motor system-A perspective on cognitive embodiment. *Scientific Reports, 8*(1), 6583.

Jackson, A. R., Travascio, F., & Gu, W. Y. (2009). Effect of mechanical loading on electrical conductivity in human intervertebral disks. *Journal Biomechanical Engineering, 131*(5):054505. https://doi.org/10.1115/1.3116152

Kearney, E., & Guenther, F. H. (2019). Articulating: The neural mechanisms of speech production. *Language, Cognition and Neuroscience, 34*(9), 1214–1229.

Klepp, A., Niccolai, V., Buccino, G., Schnitzler, A., & Biermann-Ruben, K. (2015). Language–motor interference reflected in MEG beta oscillations. *NeuroImage, 109*, 438–448.

Knikou, M. (2017). Spinal excitability changes after transspinal and transcortical paired associative stimulation in humans. *Neural Plasticity, 2017*.

Knikou, M., Dixon, L., Santora, D., & Ibrahim, M. M. (2015). Transspinal constant-current long-lasting stimulation: A new method to induce cortical and corticospinal plasticity. *Journal of Neurophysiology, 114*(3), 1486–1499.

Kreutzer, J. S., Barth, J., Ellwood, M. S., Gideon, D., Stutts, M., Wegner, S. T., & LEININGER, B.. (1988). Occult neuropsychological impairments in spinal cord injured patients. *Rchives of Physical Medicine and Rehabilitation, 69*(9), 764–765.

Lamy, J.-C., & Boakye, M. (2013). BDNF Val66Met polymorphism alters spinal DC stimulation-induced plasticity in humans. *Journal of Neurophysiology, 110*(1), 109–116.

Maas, E., Robin, D. A., Wright, D. L., & Ballard, K. J. (2008). Motor programming in apraxia of speech. *Brain and Language, 106*(2), 107–118.

Marangolo, P. (2020). The potential effects of transcranial direct current stimulation (tDCS) on language functioning: Combining neuromodulation and behavioral intervention in aphasia. *Neuroscience Letters, 719*, 133329.

Marangolo, P., Bonifazi, S., Tomaiuolo, F., Craighero, L., Coccia, M., Altoè, G., Provinciali, L., & Cantagallo, A. (2010). Improving language without words: First evidence from aphasia. *Neuropsychologia, 48*(13), 3824–3833.

Marangolo, P., Fiori, V., Sabatini, U., De Pasquale, G., Razzano, C., Caltagirone, C., & Gili, T. (2016). Bilateral transcranial direct current stimulation language treatment enhances functional connectivity in the left hemisphere: preliminary data from aphasia. *Journal of Cognitive Neuroscience, 28*(5), 724–738.

Marangolo, P., Fiori, V., Shofany, J., Gili, T., Caltagirone, C., Cucuzza, G., & Priori, A. (2017). Moving beyond the brain: transcutaneous spinal direct current stimulation in post-stroke aphasia. *Frontiers in Neurology, 8*, 400.

Marangolo, P., Fiori, V., Caltagirone, C., Pisano, F., & Priori, A. (2018). Transcranial cerebellar direct current stimulation enhances verb generation but not verb naming in poststroke aphasia. *Journal of Cognitive Neuroscience, 30*(2), 188–199.

Marangolo, P., Fiori, V., Caltagirone, C., Incoccia, C., & Gili, T. (2020). Stairways to the brain: Transcutaneous spinal direct current stimulation (tsDCS) modulates a cerebellar-cortical network enhancing verb recovery. *Brain Research, 1727*, 146564.

Marino, B. F. M., Gallese, V., Buccino, G., & Riggio, L. (2012). Language sensorimotor specificity modulates the motor system. *Cortex, 48*(7), 849–856.

Marino, B. F. M., Sirianni, M., Volta, R. D., Magliocco, F., Silipo, F., Quattrone, A., & Buccino, G. (2014). Viewing photos and reading nouns of natural graspable objects similarly modulate motor responses. *Frontiers in Human Neuroscience, 8*, 968.

Meinzer, M., Darkow, R., Lindenberg, R., & Flöel, A. (2016). Electrical stimulation of the motor cortex enhances treatment outcome in post-stroke aphasia. *Brain, 139*(4), 1152–1163.

Murase, N., Duque, J., Mazzocchio, R., & Cohen, L. G. (2004). Influence of interhemispheric interactions on motor function in chronic stroke. *Annals of Neurology: Official Journal of the American Neurological Association and the Child Neurology Society, 55*(3), 400–409.

Murray, L. M., Tahayori, B., & Knikou, M. (2018). Transspinal direct current stimulation produces persistent plasticity in human motor pathways. *Scientific Reports, 8*(1), 717.

Murray, R. F., Asghari, A., Egorov, D. D., Rutkowski, S. B., Siddall, P. J., Soden, R. J., & Ruff, R. (2007). Impact of spinal cord injury on self-perceived pre- and postmorbid cognitive, emotional and physical functioning. *Spinal Cord, 45*(6), 429–436.

Ngernyam, N., Jensen, M. P., Arayawichanon, P., Auvichayapat, N., Tiamkao, S., Janjarasjitt, S., Punjaruk, W., Amatachaya, A., Aree-uea, B., & Auvichayapat, P. (2015). The effects of transcranial direct current stimulation in patients with neuropathic pain from spinal cord injury. *Clinical Neurophysiology, 126*(2), 382–390.

Nitsche, M. A., Seeber, A., Frommann, K., Klein, C. C., Rochford, C., Nitsche, M. S., Fricke, K., Liebetanz, D., Lang, N., & Antal, A. (2005). Modulating parameters of excitability during and after transcranial direct current stimulation of the human motor cortex. *The Journal of Physiology, 568*(1), 291–303.

Ocklenburg, S., Schmitz, J., Moinfar, Z., Moser, D., Klose, R., Lor, S., Kunz, G., Tegenthoff, M., Faustmann, P., & Francks, C. (2017). Epigenetic regulation of lateralized fetal spinal gene expression underlies hemispheric asymmetries. *Elife, 6*, e22784.

Paget-Blanc, A., Chang, J. L., Saul, M., Lin, R., Ahmed, Z., & Volpe, B. T. (2019). Non-invasive treatment of patients with upper extremity spasticity following stroke using paired trans-spinal and peripheral direct current stimulation. *Bioelectronic Medicine, 5*(1), 1–10.

Pestalozzi, M. I., Di Pietro, M., Martins Gaytanidis, C., Spierer, L., Schnider, A., Chouiter, L., Colombo, F., Annoni, J.-M., & Jost, L. B. (2018). Effects of prefrontal transcranial direct current stimulation on lexical access in chronic poststroke aphasia. *Neurorehabilitation and Neural Repair, 32*(10), 913–923.

Picelli, A., Chemello, E., Castellazzi, P., Roncari, L., Waldner, A., Saltuari, L., & Smania, N. (2015). Combined effects of transcranial direct current stimulation (tDCS) and transcutaneous spinal direct current stimulation (tsDCS) on robot-assisted gait training in patients with chronic stroke: A pilot, double blind, randomized controlled trial. *Restorative Neurology and Neuroscience, 33*(3), 357–368.

Picelli, A., Chemello, E., Castellazzi, P., Filippetti, M., Brugnera, A., Gandolfi, M., Waldner, A., Saltuari, L., & Smania, N. (2018). Combined effects of cerebellar transcranial direct current stimulation and transcutaneous spinal direct current stimulation on robot-assisted gait training in patients with chronic brain stroke: A pilot, single blind, randomized controlled trial. *Restorative Neurology and Neuroscience, 36*(2), 161–171.

Picelli, A., Brugnera, A., Filippetti, M., Mattiuz, N., Chemello, E., Modenese, A., Gandolfi, M., Waldner, A., Saltuari, L., & Smania, N. (2019). Effects of two different protocols of cerebellar transcranial direct current stimulation combined with transcutaneous spinal direct current stimulation on robot-assisted gait training in patients with chronic supratentorial stroke: A single blind, randomized controlled trial. *Restorative Neurology and Neuroscience, 37*(2), 97–107.

Pisano, F., Caltagirone, C., Satriano, F., Perri, R., Fadda, L., & Marangolo, P. (2020). Can Alzheimer's Disease Be Prevented? First Evidence from Spinal Stimulation Efficacy on Executive Functions. *Journal of Alzheimer's Disease, 77*(4), 1755–1764.

Pisano, F., Caltagirone, C., Incoccia, C., & Marangolo, P. (2021). Spinal or cortical direct current stimulation: Which is the best? Evidence from apraxia of speech in post-stroke aphasia. *Behavioural Brain Research, 399*, 113019.

Pope, P. A., & Miall, R. C. (2014). Restoring cognitive functions using non-invasive brain stimulation techniques in patients with cerebellar disorders. *Frontiers in Psychiatry, 5*, 33.

Price, C. J. (2010). The anatomy of language: A review of 100 fMRI studies published in 2009. *Annals of the New York Academy of Sciences*, 1191:62–88.

Priori, A., Ciocca, M., Parazzini, M., Vergari, M., & Ferrucci, R. (2014). Transcranial cerebellar direct current stimulation and transcutaneous spinal cord direct current stimulation as innovative tools for neuroscientists. *The Journal of Physiology, 592*(16), 3345–3369.

Pulvermüller, F., Shtyrov, Y., & Ilmoniemi, R. (2005). Brain signatures of meaning access in action word recognition. *Journal of Cognitive Neuroscience, 17*(6), 884–892.

Rizzolatti, G., & Craighero, L. (2004). The mirror-neuron system. *Annual Review of Neuroscience, 27*, 169–192.

Rizzolatti, G., Fabbri-Destro, M., & Cattaneo, L. (2009). Mirror neurons and their clinical relevance. *Nature Clinical Practice Neurology, 5*(1), 24–34.

Roche, N., Lackmy, A., Achache, V., Bussel, B., & Katz, R. (2009). Impact of transcranial direct current stimulation on spinal network excitability in humans. *The Journal of Physiology, 587*(23), 5653–5664.

Roche, N., Lackmy, A., Achache, V., Bussel, B., & Katz, R. (2011). Effects of anodal transcranial direct current stimulation over the leg motor area on lumbar spinal network excitability in healthy subjects. *The Journal of Physiology, 589*(11), 2813–2826.

Roth, E., Davidoff, G., Thomas, P., Doljanac, R., Dijkers, M., Berent, S., et al. (1989). A controlled study of neuropsychological deficits in acute spinal cord injury patients. *Spinal Cord, 27*(6), 480–489.

Samaddar, S., Vazquez, K., Ponkia, D., Toruno, P., Sahbani, K., Begum, S., Abouelela, A., Mekhael, W., & Ahmed, Z. (2017). Transspinal direct current stimulation modulates migration and proliferation of adult newly born spinal cells in mice. *Journal of Applied Physiology, 122*(2), 339–353.

Santos, M. D., Gagliardi, R. J., Mac-Kay, A. P. M. G., Boggio, P. S., Lianza, R., & Fregni, F. (2017). Transcranial direct-current stimulation induced in stroke patients with aphasia: A prospective experimental cohort study. *Sao Paulo Medical Journal, 131*, 422–426.

Schweizer, L., Meyer-Frießem, C. H., Zahn, P. K., Tegenthoff, M., & Schmidt-Wilcke, T. (2017). Transcutaneous spinal direct current stimulation alters resting-state functional connectivity. *Brain Connectivity, 7*(6), 357–365.

Stagg, C. J., & Nitsche, M. A. (2011). Physiological basis of transcranial direct current stimulation. *The Neuroscientist, 17*(1), 37–53.

Stagg, C. J., Best, J. G., Stephenson, M. C., O'Shea, J., Wylezinska, M., Kincses, Z. T., Morris, P. G., Matthews, P. M., & Johansen-Berg, H. (2009). Polarity-sensitive modulation of cortical neurotransmitters by transcranial stimulation. *Journal of Neuroscience, 29*(16), 5202–5206.

Steeb, B., García-Cordero, I., Huizing, M. C., Collazo, L., Borovinsky, G., Ferrari, J., Cuitiño, M. M., Ibáñez, A., Sedeño, L., & García, A. M. (2018). Progressive compromise of nouns and action verbs in posterior cortical atrophy. *Frontiers in Psychology, 9*, 1345.

Stoodley, C. J., Valera, E. M., & Schmahmann, J. D. (2012). Functional topography of the cerebellum for motor and cognitive tasks: an fMRI study. *Neuroimage, 59*(2), 1560–1570.

Tettamanti, M., Buccino, G., Saccuman, M. C., Gallese, V., Danna, M., Scifo, P., Fazio, F., Rizzolatti, G., Cappa, S. F., & Perani, D. (2005). Listening to action-related sentences activates fronto-parietal motor circuits. *Journal of Cognitive Neuroscience, 17*(2), 273–281.

Thair, H., Holloway, A. L., Newport, R., & Smith, A. D. (2017). Transcranial direct current stimulation (tDCS): a beginner's guide for design and implementation. *Frontiers in Neuroscience, 11*, 641.

Truini, A., Vergari, M., Biasiotta, A., La Cesa, S., Gabriele, M., Di Stefano, G., Cambieri, C., Cruccu, G., Inghilleri, M., & Priori, A. (2011). Transcutaneous spinal direct current stimulation inhibits nociceptive spinal pathway conduction and increases pain tolerance in humans. *European Journal of Pain, 15*(10), 1023–1027.

Tuszynski, M., Edgerton, R., & Dobkin, B. (1999). Recovery of locomotion after experimental spinal cord injury: Axonal regeneration or modulation of intrinsic sapinal cord walking circuitry? A course synopsis. *The Journal of Spinal Cord Medicine, 22*(2), 143.

Vahdat, S., Lungu, O., Cohen-Adad, J., Marchand-Pauvert, V., Benali, H., & Doyon, J. (2015). Simultaneous brain–cervical cord fMRI reveals intrinsic spinal cord plasticity during motor sequence learning. *PLoS Biology, 13*(6), e1002186.

Ward, N. S., & Cohen, L. G. (2004). Mechanisms underlying recovery of motor function after stroke. *Archives of Neurology, 61*(12), 1844–1848.

Weiler, J., Gribble, P. L., & Pruszynski, J. A. (2019). Spinal stretch reflexes support efficient hand control. *Nature Neuroscience, 22*(4), 529–533.

Wernicke, C. (1969). The symptom complex of aphasia: A psychological study on an anatomical basis. *Proceedings of the Boston Colloquium for the Philosophy of Science 1966/1968*, 34–97.

Willems, R. M., & Hagoort, P. (2007). Neural evidence for the interplay between language, gesture, and action: A review. *Brain and Language, 101*(3), 278–289.

Willems, R. M., Hagoort, P., & Casasanto, D. (2010). Body-specific representations of action verbs: Neural evidence from right-and left-handers. *Psychological Science, 21*(1), 67–74.

Wolpaw, J. R., & Tennissen, A. M. (2001). Activity-dependent spinal cord plasticity in health and disease. *Annual Review of Neuroscience, 24*(1), 807–843.

Yamaguchi, T., Fujiwara, T., Tsai, Y.-A., Tang, S.-C., Kawakami, M., Mizuno, K., Kodama, M., Masakado, Y., & Liu, M. (2016). The effects of anodal transcranial direct current stimulation and patterned electrical stimulation on spinal inhibitory interneurons and motor function in patients with spinal cord injury. *Experimental Brain Research, 234*, 1469–1478.

tDCS-induzierte Effekte bei Aphasie, Sprechapraxie und Dysarthrophonie

Robert Darkow

Inhaltsverzeichnis

17.1 Einfluss der tDCS auf sprachfunktioneller Ebene bei Aphasie – 309

17.2 Einfluss der tDCS auf Kommunikation bei Aphasie – 311

17.3 tDCS bei Sprechapraxie – 313
17.3.1 Stimulation des M1 – 313
17.3.2 Stimulation des IFG – 314

17.4 tDCS bei Dysarthrophonie – 314

Literatur – 316

Die Anwendung der transkraniellen Gleichstromstimulation (tDCS) bei Aphasien wird in vielen Studien untersucht, die immer deutlicher eine mögliche Wirksamkeit zeigen. Diese Studien haben größere Teilnehmergruppen als bei anderen Indikationsstellungen, erreichen höhere Evidenzstufen, zeigen zunehmende methodische Transparenz bei verschiedenen Fragestellungen und testen unterschiedliche Stimulationsprotokolle. Dadurch können fundierte Aussagen über die Prinzipien der Effektivität und die Einsatzmöglichkeiten gemacht werden (▶ Kap. 15). Die Datenlage zur tDCS bei den Indikationen Sprechapraxien und Dysarthrophonien ist ungleich kleiner, geprägt von explorativen Vorgehensweisen und individuellen Heilversuchen.

Insbesondere in der Rehabilitation chronischer Aphasien ist die Notwendigkeit einer therapeutischen Ergänzung zur Steigerung der Effektivität klassischer Übungsbehandlungen durch Daten gut belegt: Eine hohe Therapiefrequenz scheint zur Erreichung signifikanter Veränderungen notwendig zu sein. Diese leitliniengerechte Behandlung mit zehn Therapiestunden pro Woche (Ziegler et al., 2012) ist jedoch aufgrund des Mangels an Sprachtherapeuten, der Verschreibungspraxis und der Patientenadhärenz kaum flächendeckend umsetzbar (May et al., 2024; Darkow, 2023). Selbst mit dieser intensiven Hochfrequenztherapie verbleiben die erzielten Fortschritte klein und mühsam erarbeitet. Daraus entspringt die Motivation, durch ergänzende Therapieansätze (Therapieadjuvanz) entweder die Wirksamkeit niederfrequenter Interventionen zu erhöhen oder die langsamen Fortschritte durch intensivere Therapien zu beschleunigen. Von den derzeit verfügbaren Neuromodulationsansätzen gilt die tDCS als der vielversprechendste (Darkow et al., 2016).

Die Debatte um die neuronalen Korrelate von Aphasien ist vielschichtig und wird von unterschiedlichen Daten geprägt. Aphasien können hauptsächlich durch Läsionen im Mediastromgebiet verursacht werden, aber auch subkortikale Läsionen (wie im Thalamus oder Striatum), Verletzungen des Kleinhirns oder der rechten Hemisphäre können dazu führen (z. B. Friederici, 2011). Die Zuordnung spezifischer Funktionen zu bestimmten Hirnarealen wird durch methodische Unterschiede in den Studien sowie interindividuelle Unterschiede in den kortikalen Repräsentationen und Aktivierungsmustern erschwert, ebenso wie durch die neuronalen Korrelate sprachrehabilitativer Prozesse (Pasquini et al., 2022; Roger et al., 2022). Daher beziehen sich nur wenige Studien zur Bewertung der tDCS auf Überlegungen zu den neuronalen Korrelaten linguistischer Funktionen. Stattdessen konzentrieren sich diese Studien darauf, zentrale Sprachareale wie den Gyrus frontalis inferior, den Gyrus temporalis superior, den Motorkortex und deren rechtshemisphärische Homologe zu stimulieren, und diskutieren den möglichen Einfluss der Stimulationsprotokollparameter (vgl. Darkow et al., 2024; Darkow & Flöel, 2016).

Beim Einsatz der tDCS bei akuter und subakuter Aphasie sollte evaluiert werden, ob die tDCS die Dynamik der kortikalen Reorganisation beeinflussen und somit sprachliche Remissionsprozesse unterstützen kann (Darkow et al., 2016). Eventuell könnten in der frühen Phase nach einem Schlaganfall Mechanismen der zentralen Plastizität besonders effektiv unterstützt werden. Einige Studien haben gezeigt, dass ein früher Therapiebeginn ausschlaggebend für den rehabilitativen Erfolg ist. Es ist daher entscheidend, dieses sensible therapeutische Fenster mit adäquaten Maßnahmen zur maximalen sprachlichen Rehabilitation zu nutzen, was jedoch noch in methodisch kontrollierten Studien erforscht werden muss. Zudem muss das Stimulationsprotokoll auf die akuten Ereignisse abgestimmt werden. Spielmann et al. (2016, 2018) verwendeten eine aktive Kathode als Referenz über rechtshemisphärischen Regionen und konnten in einer randomisierten kontrollierten Studie keine differenziellen Effekte einer durch tDCS unterstützten, aber nicht näher beschriebenen Benenntherapie feststellen. Gerade in der Akutphase kommt jedoch der rechten Hemisphäre eine wesentliche Rolle zu, die sich im zeitlichen Verlauf ändert; Stimulationsprotokolle müssen darauf abgestimmt werden (vgl. Saur et al., 2006). Jedenfalls müssen bei einer zeitlichen Nähe zum Aphasie verursachenden Geschehen auch besondere Vorsichtsmaßnahmen (▶ Abschn. 13.8.1) berücksichtigt werden.

17.1 Einfluss der tDCS auf sprachfunktioneller Ebene bei Aphasie

Zur Evaluierung der tDCS wurden hauptsächlich sprachfunktionelle Parameter verwendet, was auf das traditionelle Verständnis der Aphasietherapie zurückzuführen ist, Sprachdefizite zu reduzieren. Diese Parameter ermöglichen eine Standardisierung und Operationalisierung in der Therapie, sind eineindeutig, oft auf dichotomer Ebene messbar und können durch linguistische Kriterien wie Wortfrequenz, Erwerbsalter, Abbildbarkeit, morphologische Komplexität der physikalischen Wortform kontrolliert werden. Dadurch lassen sich verschiedene, aber hinsichtlich der Wortparameter vergleichbare Item-Sets zusammenstellen, was eine Voraussetzung für die Analyse möglicher Transfereffekte von geübten auf ungeübte Item-Sets darstellt.

Die am häufigsten evaluierte verbalexpressive Modalität ist die Benennfähigkeit. Benennübungen gelten als der Goldstandard der Aphasietherapie auf Ebene der Körperfunktion und werden entsprechend häufig klinisch wie experimentell eingesetzt. Ein Cochrane-Review aus dem Jahr 2012, das damals nur wenige einschlussfähige Studien umfasste, wurde 2019 überarbeitet und um weitere Studien ergänzt. Dieses Review liefert moderate Hinweise auf tDCS-induzierte Effekte beim funktionellen Sprachtraining bei Aphasie sowie auf eine tDCS-induzierte Erhöhung der Konsolidierung dieser Lerneffekte (Elsner et al., 2019). Die Metaanalyse mit den eingeschlossenen Studien zeigte eine tDCS-induzierte Verbesserung der Benennfähigkeit für Nomen gegen Ende der Intervention, basierend auf elf Studien mit insgesamt 298 Teilnehmenden. Dieses Ergebnis wurde von den Autoren mit der zweithöchsten subjektiven Evidenzstufe 3 von 4 bewertet. Generalisierungseffekte zur zeitlich späteren Follow-up-Untersuchung wurden ebenfalls verzeichnet; die Ergebnisse dieser zwei Studien mit 80 Teilnehmenden wurden jedoch mit niedriger Evidenz bewertet. Das streng formale Vorgehen dieser Metaanalyse, insbesondere angesichts der kleinen Datenbasis, ist kritisch zu hinterfragen. Zudem handelt es sich bei den eingeschlossenen Studien um erste explorative Versuche, die methodisch erheblich voneinander abweichen. Trotz dieser Einschränkungen zeigen die Daten jedoch das Potenzial tDCS-induzierter Wirksamkeitssteigerungen in der funktionalen Aphasietherapie.

Die Evaluierung zerebellärer Stimulationsorte hat bislang weniger hohe Evidenzstufen erreicht (vgl. z. B. Kim et al., 2024). Die tDCS-bedingten Verbesserungen verschiedener Sprachfunktionen werden damit erklärt, dass das Kleinhirn direkt an der Sprachverarbeitung beteiligt ist und morphologisch und physiologisch intaktes Parenchym genutzt wird, das mit den Sprachbereichen im Gehirn vernetzt ist. Bemerkenswert ist dabei, dass kein Polaritätseffekt, also kein Einfluss der Richtung der elektrischen Ladung (anodal oder kathodal) bei der tDCS auf die neuronale Aktivität und Funktion, festgestellt wurde, sehr wohl aber die Reihenfolge einen Effekte hatte: Im Crossover-Design, bei dem die Teilnehmer verschiedene Behandlungen in einer festgelegten Reihenfolge erhielten, zeigte sich, dass nur bei einer initialen Scheinstimulation Konsolidierungseffekte im Benennen auftraten.

In allen eingeschlossenen Studien des Cochrane Reviews wurde die Benennfähigkeit als Outcome-Maß verwendet und dichotom hinsichtlich der Korrektheit bewertet. Änderungen wurden jedoch nicht sprachmodelltheoretisch und linguistisch eingeordnet. Dadurch bleiben weitere mögliche Wirkungen unbeachtet: Eine linguistische Analyse der Fehlerschwere könnte aufzeigen, ob sich bei gleich bleibender Anzahl korrekter und nichtkorrekter Reaktionen die Art der Fehler verändert hat. Zum Beispiel könnte untersucht werden, ob semantische Paraphasien sich hinsichtlich der semantischen Nähe verändert haben oder ob phonematische Entstellungen in Art und Ausmaß variieren. Auch eine Abnahme nichtrelationierter Fehlleistungen zugunsten verwandter Fehler wäre nicht nur ein sprachfunktioneller, sondern vor allem ein kommunikativer Zugewinn.

Trotz der Vielfalt an Stimulationsprotokollen, kleinen Stichproben und diversen methodischen Einschränkungen lässt die vorgestellte Forschung erkennen, dass die tDCS einen positiven Einfluss auf sprachfunktionelle Aspekte aphasischer Sprache haben kann. Online-tDCS-Protokolle verbesserten in allen Studien die Sprachverarbeitung und das Sprachlernen, unabhängig vom Stimulationsort und den gleichzeitig ausgeführten Aufgaben. Die Online-ctDCS führte im Gegensatz zur Online-atDCS nicht zu langfristigen Lerneffekten, möglicherweise weil keine lang anhaltenden potenzierungsähnlichen Prozesse induziert wurden.

Da die tDCS im Gegensatz zu anderen Neuromodulationsverfahren wie der transkraniellen Magnetstimulation (TMS) leicht in therapeutische Umgebungen integriert werden kann, besteht keine dringende Notwendigkeit zur Entwicklung von Offline-tDCS-Stimulationsprotokollen. Die wenigen Studien, die Offline-tDCS-Protokolle anwendeten, zeigten inkonsistente Ergebnisse. Der potenziell konfundierende Prozess des Gatings in Offline-tDCS-Einstellungen, der durch nicht gleichzeitige, aber mindestens zweifache Erhöhung der Exzitabilität ausgelöst wird, könnte die beabsichtigte Steigerung der Effektivität beeinträchtigen. Daher erfordern diese Protokolle eine präzise Planung und theoretische Grundlage zur Begrenzung der Neuroplastizität. Darkow und Flöel (2018) bieten eine detaillierte Betrachtung des Einflusses verschiedener Parameter des Stimulationsprotokolls auf die Neuroplastizität.

Eine individuelle Elektrodenplatzierung, z. B. um gezielt periläsionale Areale zu stimulieren, zeigte in den bisher veröffentlichten Studien keine höhere Effektivität. Als Nachteil bedarf diese individuelle Platzierung jedoch eines aufwendigen Bildgebungsverfahrens, das einen Routineeinsatz der tDCS verhindern würde (▶ Abschn. 15.1 und 15.2).

Klinisch praktikable Lösungen (10-20-System), mit deren Hilfe die Elektroden ohne aufwendige Bildgebung platziert werden können, erscheinen ausreichend präzise, um auf Grundlage der individuellen Anatomie Stimulationsareale identifizieren zu können.

> Es ist bemerkenswert, dass durch Stimulation über sämtlichen, unmittelbar und mittelbar sprachrelevanten linkshemisphärischen Gebieten und auch frontalen rechtshemisphärischen Homologen tDCS-induzierte sprachliche Verbesserungen festgestellt werden konnten. Dabei konnte keine Überlegenheit von Stimulation an spezifischen Orten identifiziert werden.

Aus sprachmodelltheoretischer Sicht sollten in zukünftigen Projekten auch crossmodale Transfereffekte evaluiert werden (vgl. Whitworth et al., 2013). Bei der gezielten Förderung der supramodalen Semantik beispielsweise durch Aufgaben zur semantischen Elaboration könnten Veränderungen auf anderen sprachlichen Modalitäten, wie etwa dem auditiven oder visuellen Sprachverständnis oder auch auf der Ebene nichtsprachlicher, inhaltlicher Zuordnungsaufgaben, Hinweise auf tDCS-induzierte Therapieeffekte geben. Neben der sprachfunktionellen Verbesserung ist eine Stärkung oder stärkere Ausdifferenzierung der Semantik eine wesentliche Grundlage für Self-Cueing-Strategien wie etwa die Elaboration. Diese Strategien sind in weiterer Folge unmittelbar kommunikativ relevant, da sie die Verbalisierung eigener Intentionen erleichtern. Bei der Förderung der modalitätsspezifischen lexikalischen Performanz wären neben dem korrekten Abruf auch Veränderungen vor Abschluss der Äußerung auf lexikalischer Ebene erwartbar, beispielsweise in der Zuordnung des grammatikalischen Geschlechts, der Reimverarbeitung und der Verarbeitung der physikalischen Wortform. Die Stärkung und der einfache Zugriff auf lexikalische Einträge sind entscheidend für die Entwicklung von lexikalisch basierten Self-Cueing-Strategien.

Ein positiver Einfluss auf Speicherressourcen, die in die Sprachverarbeitung involviert sind, wie bei postlexikalischen Zerfallsstörungen, würde weniger phonematische Paraphasien bei multimorphematischen Wörtern in Abhängigkeit von der Wortlänge erwarten lassen. Auch dieser Parameter wäre für die Kommunikation höchst relevant: Es macht einen Unterschied, ob ein phonematischer Neologismus ohne inhaltliche Bedeutung oder fünf Achtel eines korrekten Wortes, das vom Gesprächspartner erkannt werden könnte, geäußert werden. Beide Äußerungen würden nach gängigen Bewertungsschemata als inkorrekt eingestuft. Die alleinige Betrachtung der Reaktionszeit als Outcome-Parameter bei Aphasien ist in seiner Aussagekraft höchst problematisch: Ein zeitlich verzögerter Abruf kann auch ein Zeichen für ein erhöhtes Sprachmonitoring oder den Einsatz von Self-Cueing-Strategien sein.

Bislang wurde der Einsatz der tDCS im Rahmen multilingualer Aphasien nicht untersucht. Bei Symptomen des Sprachmixings, die weniger als pragmatische, sondern eher als aphasisch-sprachfunktionelle Symptome gewertet werden, könnte eine anodale tDCS über sprachrelevanten Arealen des linken Mediastromgebiets vielversprechend sein, insbesondere bei muttersprachlichen Kompetenzen. Bei späterem oder unvollständigem Erwerb der Zweitsprache wird neben einer verstärkten temporalen auch eine starke hippocampale Beteiligung berichtet. Stimulationsprotokolle mit anodaler Stimulation, höherer Stromflussdichte zur Erhöhung der Stimulationstiefe sowie einer Referenzelektrode, die kontralateral mastoidial oder auf der Schulter platziert ist, könnten vielversprechend sein, da so die Stromflüsse eher temporal ausgerichtet sind (▶ Abschn. 12.1.1).

> Die zusammenfassende Betrachtung der Publikationen legt nahe, dass der Einsatz der tDCS bei chronischen Aphasien die Wirksamkeit der klassischen, übungsbasierten Aphasietherapie auf funktioneller Ebene, insbesondere bei der Benennfähigkeit von Nomen, steigern kann.

17.2 Einfluss der tDCS auf Kommunikation bei Aphasie

Sprachfunktionelle Leistungen bilden das Fundament für die Anwendung von Sprache im Alltag. Diese umfassen die Fähigkeit, Sprache zu produzieren und zu verstehen, grammatikalische Strukturen korrekt zu verwenden, Bedeutungen zu erfassen sowie angemessen in sozialen Kontexten zu kommunizieren. So geht die Nutzung von Sprache über das kontextbezogene Benennen hinaus und umfasst die Fähigkeit, eigene Intentionen zu verbalisieren. Die Sprachfunktionen sind ein notwendiger Baustein, aber für sich genommen kein funktionierendes Kommunikationssystem. Kommunikation und durch tDCS oder Sprachtherapie induzierte Veränderungen entziehen sich einer ressourcenoptimierten Messung und sind daher weniger als Outcome-Parameter für Evaluationsstudien der tDCS geeignet.

Die Anwendung des Amsterdam-Nijmegen Everyday Language Tests (ANELT), eines diagnostischen Instruments zur Erfassung und Beurteilung sprachlicher Fähigkeiten bei neurologischen Patienten, erfordert eine vorhergehende Transkription, die derzeit nicht automatisiert erfolgen kann (Blomert et al., 1994). Vielversprechende Methoden wie die Orientierung an Normdaten der Sprache verblieben noch im experimentellen Status (Meffert et al., 2010). Auch bei diesen Methoden stellt sich die Frage, inwiefern sie alltagsrelevante Kommunikation messen, die durch die intrinsische Motivation zur Verbalisierung von Intentionen und Kontextfaktoren geprägt ist. Valide Messungen müssten beispielsweise auch den Grad der Vertrautheit mit dem Gesprächspartner berücksichtigen. Einen Zwischenschritt zwischen Bewertungsparametern, die sich von der Sprachform gänzlich lösen und sich sprechakttheoretisch orientieren, sowie der bisher etablierten Betrachtung linguistischer Einzelleistungen könnten pragmatische Parameter wie das Repair-Verhalten darstellen. Nicht dichotom, sondern in Abstufungen der Qualität hinsichtlich Initiierung und Durchführung verstanden, stellen selbstinitiierte Eigenkorrekturen immer das therapeutische Ziel dar. Sie erfordern Monitoring, Fehldetektionsfähigkeit sowie sprachfunktionelle Grundlagen wie lexikalische Flexibilität zur Umsetzung und Ressourcen des Arbeitsgedächtnisses. Damit unterscheiden sie sich grundlegend von der Fähigkeit, fremdinitiierte Fremdkorrekturen nachvollziehen zu können, selbstinitiiert Fremdkorrekturen einzufordern oder fremdinitiiert eigenständig auszubessern.

Der Übersichtsartikel von Elsner et al. (2019) zeigt keine Hinweise auf eine Evidenz zur Verbesserung der Kommunikation. In die Analyse zur Nachtestung kommunikativer Veränderungen wurden jedoch nur drei Studien und zum Follow-Up nur zwei Studien einbezogen. Die in diesem Kapitel erwähnte Studie zur Evaluierung potenzieller tDCS-induzierter Verbesserungen bei subakuter Aphasie (Spielmann et al., 2016, 2018) verwendete als sekundären Outcome die Rating-Skala für Spontansprache des Aachener Aphasie Tests (AAT, Huber et al., 1983). Kritische Differenzen für Veränderungen in der Kommunikationsfähigkeit betragen zwei Punktwerte, was einer erheblichen Veränderung entspricht: Zum Beispiel codifiziert der Punktwert 0 eine aufgehobene Kommunikationsfähigkeit, während Punktwert 2 bereits die Fähigkeit beschreibt, über vertraute Themen eine Unterhaltung führen zu können. Es ist fraglich, inwiefern dieser Outcome-Parameter die zusätzlichen Effekte einer Therapieadjuvanz zu einem einwöchigen Benenntraining mit fünf Sitzungen á 45 min abzubilden vermag. Zudem wurde der ANELT verwendet. Da es bei der Anwendung des ANELT dem individuellen Anwender obliegt, eine Auswertematrix für die vorgeschlagenen Punktwerte zu entwickeln, ist unklar, worauf die berichteten Punktwerte basieren. Um der Vielschichtigkeit der Kommunikation gerecht zu werden und nicht nur einzelne Teilbereiche zu fokussieren – was dazu führen könnte, dass tatsächliche Veränderungen übersehen werden –, bieten sich globale Instrumente wie Angehörigenfragebögen an, mit denen auch der Aspekt der Teilhabe beurteilt werden kann. Unter Verwendung dieser Fragebögen konnten Darkow et al. (2016) die Auswirkungen der atDCS über dem linken Motorkortex mit physiologisch inaktiver Referenz kontralateral supraorbital für den Nachtest und das Follow-up erheben und kommunikativ relevante Konsolidierungseffekte feststellen. Die Angehörigen bewerteten anhand verschiedener Situationsschilderungen die globale Kommunikationsfähigkeit ihrer Angehörigen. In der Verumgruppe, die auch auf sprachfunktioneller Ebene besser vom Benenntraining profitierte, werten die verblindeten Angehörigen die Kommunikation und kommunikative Teilhabe ihrer aphasischen Angehörigen nach der Intervention und im Follow-up signifikant besser.

Im Kontext multilingualer Aphasien mit vorherrschenden Symptomen des Sprachwechsels, die eher dem Bereich der partizipativen Beeinträchtigungen zugeordnet werden, erscheint die tDCS über frontalen Arealen wie dem dorsolateralen, präfrontalen Kortex vielversprechend. Dies liegt daran, dass die Beeinträchtigungen weniger sprachfunktioneller Natur sind, sondern vielmehr im Bereich des Sprachmonitorings, insbesondere bei muttersprachlichen Kompetenzen, angesiedelt sind. Untersuchungen mit sprachgesunden, bilingualen Probanden haben den positiven Einfluss einer präfrontalen, atDCS auf die dömanenspezifische Sprachkontrolle explorativ aufgezeigt (Vaughn et al., 2021).

Bisher gibt es noch keinen Nachweis auf hoher Evidenzstufe für eine Verbesserung der Kommunikationsfähigkeit bei Menschen mit Aphasie durch tDCS. Auch für die konventionelle Aphasietherapie ohne zusätzliche Therapieverfahren wird dieser Nachweis aktuell noch erbracht. Dennoch existiert für die tDCS als kausales Therapieverfahren und Einzelmethode in der Aphasietherapie bereits eine der umfangreichsten Evaluierungsgrundlagen.

> Dabei hat sich die anodale Stimulation von sprachlichen Kerngebieten innerhalb des linken Media-Stromgebiets oder des linken Handmotorkortex parallel zur therapeutischen Intervention mit 1–2 mA über 20 min und 5 × 7-cm-Elektrode etabliert. Die Referenzelektrode wird üblicherweise kontralateral supraorbital (Fp1 vs. Fp2) montiert und in nahezu allen Studien mit einer Größe von 5 × 7cm physiologisch aktiv gewählt. Inwiefern die Ergebnisse durch diese kathodale Stimulation frontaler, rechtshemisphärischer Areale beeinflusst werden, bleibt unklar. Die Auswahl einer Elektrodengröße, welche die Stromflussdichte auf ein physiologisch relevantes Niveau reduziert, würde eine eindeutigere Interpretation der Wirksamkeit der verwendeten Stimulationsprotokolle ermöglichen.

17.3 tDCS bei Sprechapraxie

In der Literatur existieren verschiedene Definitionen der Sprechapraxie (vgl. Lauer & Birner-Janusch, 2010). Es handelt sich dabei um eine Störung der Planung artikulatorischer Prozesse (▶ Abschn. 2.1.5). Differenzialdiagnostisch ist sie von anderen Störungen abzugrenzen, die oberflächlich ähnliche Symptome zeigen, wie artikulatorische Defizite, Unterbrechungen im Sprechfluss, Sprechanstrengung und Suchbewegungen. Zu diesen Störungen zählen z. B. Aphasie, Dysarthrie und neurogenes Stottern. Als objektives Maß hat sich das Vorhandensein von Sonoritätseffekten etabliert (Blanken, 1999). Eine Sprechapraxie liegt wahrscheinlich vor, wenn die Fehlerhäufigkeit beim Sprechen mit der Silbenkomplexität des Zielwortes korreliert. Als erschwerender Faktor für die Diagnostik und Forschung ist, dass Sprechapraxie häufig zusammen mit Aphasie auftritt (Ziegler, 1991). Der opake Begriff der Sprechapraxie als Störung der motorischen Planung lässt sich mithilfe des Konstrukts der artikulatorischen Gesten gut verstehen: Die Einstellungen der verschiedenen Artikulationsorgane zur Erzeugung einzelner Laute können dichotom abgebildet werden, z. B. hinsichtlich Stimmhaftigkeit, Lippenrundung, Lippenschluss und Velumhebung. Während bei Dysarthrien einzelne Einstellungen aufgrund von Paresen nicht eingenommen werden können, sind Sprechapraxien eher dadurch charakterisiert, dass der schnelle Wechsel zwischen diesen Einstellungen nicht vollzogen werden kann. Dies führt dazu, dass Merkmale des vorhergehenden Lauts auf den nachfolgenden übertragen werden (Schulz et al., 2014). Diese Definition ist auch ein Kristallisationspunkt für die Kontroverse zwischen segmentalen, artikulatorischen Ansätzen, die auf Lautebene ansetzen, und silbenbasierten Ansätzen, die neben der statischen Einstellung der Artikulationsorgane auch die Dynamik der Artikulationsbewegung integrieren. Ursächliche Läsionen finden sich im Wesentlichen im linken motorischen Gesichtskortex, dem angrenzenden frontalen Operculum, der Inselrinde und dem darunterliegenden Marklager (vgl. Alexander et al., 1989, 1990). Das klassische Broca-Areal muss dabei nicht zwangsläufig betroffen sein (Square-Storer et al., 1988).

Übungstherapien, die mit der tDCS kombiniert werden können, konzentrieren sich meist auf die Artikulation. Diese Ansätze werden als segmentbasiert und wortstrukturell bezeichnet (vgl. Lauer & Birner-Janusch, 2010). Alle in unserer Recherche berücksichtigten Studien deuten darauf hin, dass die tDCS in Kombination mit Sprechtherapie und gleichzeitiger anodaler Stimulation des linken IFG- oder M1-Areals wirksam ist.

17.3.1 Stimulation des M1

Zhao et al. (2022) zeigten in einer Studie mit 24 subakuten Schlaganfallpatienten mit Sprechapraxie, dass eine anodale Stimulation über dem linken M1 im Vergleich zur Kontrollgruppe nicht nur den linken M1, sondern auch den linken DLPFC stärker aktiviert. Gleichzeitig nahm die rechtshemisphärische Aktivität ab, was zu einer besseren Sprechleistung führte. Wang et al. (2019) stellten fest, dass die atDCS über dem M1 bei insgesamt 52 Patienten erfolgreicher ist als die anodale Stimulation des IFG oder eine Scheinstimulation.

17.3.2 Stimulation des IFG

Themistocleous et al. (2021) zeigten an fünf Patienten mit primär progressiver Aphasie und Sprechapraxie, dass eine anodale Online-Stimulation über dem linken IFG für 15 Sitzungen in Verbindung mit Sprechtherapie bessere Ergebnisse erzielt als die Scheinstimulation an drei Patienten. Marangolo et al. (2011) zeigten eine Verbesserung der Sprechleistung von drei chronischen Sprechapraktikern nach Schlaganfall, die in Kombination mit der atDCS über dem IFG ausgeprägter ausfiel. Valinejad und Khatoonabadi (2019) kamen in einer Einzelfallstudie zu einem ähnlichen Ergebnis. Marangolo et al. (2013) zeigten, dass eine bihemisphärische Behandlung des IFG (anode links, kathode rechts) mit einer Sprechapraxietherapie bei acht Patienten, sprachliche Verbesserungen bewirkte, die sowohl Aphasie als auch Sprechapraxie betrafen.

Für die Stimulation bei angeborener Sprechapraxie liegen zwei Einzelfallstudien vor: Nakamura-Palacios et al. (2024) zeigten, dass ein Patient mit Trisomie 21 und angeborener Sprechapraxie von der atDCS des linken IFG profitierte. Corvalho Lima et al. (2022) stellten fest, dass ein Kind mit Zerebralparese und angeborener Sprechapraxie sowohl von der anodalen Stimulation des IFG sowie des DLPFC in Verbindung mit Sprachtherapie etwa gleichermaßen Verbesserungen zeigte.

Zur Behandlung der Sprechapraxie sind jedoch auch rhythmisch-melodische Ansätze geeignet. Hier ist vor allem die Melodische Intonationstherapie (MIT) zu nennen. Sie eignet sich sowohl zur Behandlung von Aphasien als auch von Sprechapraxien (vgl. Lauer & Birner-Janusch, 2010).

Die Theorie geht davon aus, dass bei einer ausgedehnten Schädigung der sprachdominanten linken Hemisphäre die rechte Hirnhälfte Sprach- und Sprechfunktionen übernehmen kann. Wahrscheinlich wäre es in diesem Zusammenhang sinnvoll, die rechte Hemisphäre zu stimulieren. In diesem Zusammenhang zeigten Vines et al. (2011), dass die MIT bei sechs Patienten mit Aphasie unter rechtsseitiger atDCS erfolgreicher war als unter Scheinstimulation. Die Frage ist natürlich, ob sich diese Ergebnisse auch auf Sprechapraxie übertragen lassen. In diesem Zusammenhang ist anzumerken, dass Yan et al. (2023) ebenfalls einen Vorteil bei Aphasiepatienten feststellen, die mit linksseitiger atDCS über dem IFG und MIT behandelt wurden. Förster und Rubi-Fessen (2015) stellten einen Einzelfall vor, bei dem eine Stimulation der rechten Hemisphäre in Kombination mit der MIT bei einem Patienten mit Sprechapraxie und Aphasie deutliche Fortschritte erzielte. Da es jedoch keine Kontrollgruppe gab, bleibt der genaue Einfluss der tDCS auf diesen Erfolg unklar.

17.4 tDCS bei Dysarthrophonie

Dysarthrie bezeichnet einen Symptomenkomplex mit meist nichtprogredienten Störungen auf Ebene der Sprechatmung, der Stimme, der Artikulation und der Prosodie. Diese Störungen sind auf Beeinträchtigungen der Muskulatur, peripherer Nerven oder zentraler Gehirnregionen zurückzuführen. Dysarthrien zeichnen sich durch Schwierigkeiten in der verständlichen Sprachproduktion aus, da die Kontrolle über die Muskeln, die für die Sprechbewegungen verantwortlich sind, beeinträchtigt ist, während die am Sprechvorgang beteiligten Artikulationsorgane organisch unbeeinträchtigt sind. Ursächlich für die Symptome sind Beeinträchtigungen der Innervation, bedingt durch Schlaganfälle, infantile Zerebralparesen, neurodegenerative Erkrankungen wie Morbus Parkinson sowie neurologische Erkrankungen wie Multiple Sklerose und auch Amyotrophe Lateralsklerose. Je nach der zugrunde liegenden Ursache können die Symptome unterschiedlich ausgeprägt sein und verschiedene Aspekte der Sprechmotorik beeinflussen, einschließlich der Kraft, Koordination, Geschwindigkeit und Präzision der Sprechbewegungen. Die Symptome manifestieren sich auf den Ebenen der Artikulationsschärfe, des Sprechtempos, der Intonation, der Stimmqualität und der Sprechatmung. Neben der Einteilung nach

Symptomkomplexen können auch die Lagebezeichnungen der ursächlichen Schädigung zur Differenzierung der Dysarthrien herangezogen werden. Konkret werden kortikale, zerebelläre, extrapyramidale, suprabulbäre und bulbäre Läsionsorte unterschieden. Einen umfassenden Einblick in Dysarthrien bieten die „Qualitätskriterien und Standards für die Therapie von Patienten mit erworbenen neurogenen Störungen der Sprache (Aphasie) und des Sprechens (Dysarthrie)" der Gesellschaft für Aphasieforschung und -behandlung und der Deutschen Gesellschaft für Neurotraumatologie und Klinische Neuropsychologie (GAB & DGNKN, 2000). Zusätzlich bieten Ackermann et al. (2018) in der S1-Leitlinie „Neurogene Sprechstörungen (Dysarthrien)" weitere Details. Die Behandlung von Dysarthrie hängt von der Ursache und dem Schweregrad ab. Sie kann logopädische Therapie, physiotherapeutische Maßnahmen, medikamentöse Therapie oder andere rehabilitative Ansätze umfassen, um die Sprechfähigkeiten zu verbessern oder zu kompensieren. Evidenzen zu den in der logopädischen Therapie eingesetzten Verfahren gibt es kaum; in den Leitlinien der Deutschen Gesellschaft für Neurologie wird einzig ein übendes Verfahren, das über eine Erhöhung der Sprechlautstärke die artikulatorische Prägnanz schärfen soll, empfohlen (vgl. Ackermann et al., 2018).

Die Datenlage einer Evaluierung der tDCS als Therapieadjuvanz in der Behandlung von Dysarthrien lässt zum Zeitpunkt der Recherche von Mitte 2023 bis Anfang 2024 ebenfalls keine verallgemeinerbaren Rückschlüsse zu. Einzelne Ergebnisse veröffentlichter Studien können diskutiert und versuchsweise Implikationen für einen allfälligen Einsatz in der klinischen Praxis abgeleitet oder als Kristallisationspunkt einer weiteren Erforschung dienen.

Eine aktuelle Übersichtsarbeit von Balzan et al. (2022) schloss drei Studien mit insgesamt 52 Patienten ein, die nach Schlaganfall im Rahmen einer Morbus-Parkinson-Erkrankung oder anderen neurodegenerativen Erkrankungen eine Dysarthrie entwickelten und mit der tDCS behandelt wurden. Diese Studie spezifizierte weder die Art noch den Schweregrad der Dysarthrie. Die Effekte der tDCS konnten aufgrund hoher methodischer Unterschiede und kleiner Gruppengrößen nicht generalisierbar evaluiert werden. Zudem betonen die Autoren die hohe Variabilität in der Messung von Dysarthrien und deren Symptomen. Die oft verwendeten Verfahren seien häufig Bestandteil größerer Testbatterien, die dysarthrische Symptome nur unspezifisch erfassen würden.

In einer randomisierten, kontrollierten Studie stimulierten Benussi und Kollegen (2017) 20 Patienten mit 2 mA für 20 min, fünfmal pro Woche über zwei Wochen hinweg. Die Anode (5 × 7 cm) wurde auf dem Kleinhirn (2 cm unter dem Inion) und die Referenzelektrode auf dem Deltamuskel angebracht. Hierbei wurde elektrokonduktives Gel verwendet. Signifikante Effekte konnten bei der Verumgruppe nach der Intervention und im Drei-Monats-Follow-up auf funktioneller Ebene für motorische Parameter sowie im Rahmen eines Dysarthrietests festgestellt werden. Mittels transkranieller Magnetstimulation wurde eine Auswirkung auf die Kleinhirninhibition gemessen, die den physiologisch hemmenden Tonus des Kleinhirns auf den kontralateralen motorischen Kortex über den ventralen Thalamus widerspiegelt. Dies ist ein neurophysiologisches Verfahren zur Messung der Konnektivität zwischen Kleinhirn und motorischem Kortex und zeigt die Modulation der Erregbarkeit des Kleinhirns. Die Ergebnisse zeigen einen Anstieg der zerebellären Inhibitionswerte, der die ebenfalls beobachteten Verbesserungen in klinischen Untersuchungen erklären könnte. Im Gegensatz zu vielen Stimulationsprotokollen, die auf eine Erhöhung der Wirksamkeit einer parallel zur Stimulation durchgeführten therapeutischen Intervention abzielen, erfolgte in dieser Stimulationsstudie keine begleitende Therapie. Während für kognitive Funktionen einschließlich der Sprachprozessierung eine begleitende Therapie wesentlich zu sein scheint, um Konsolidierungseffekte zu erzielen und die Wirkung der tDCS zu verstärken, könnte diese Notwendigkeit für motorische Funktionen möglicherweise weniger bis gar nicht relevant sein. Dies könnte auch darauf hinweisen, dass den Ätiologien in Bezug auf das Stimulationsprotokoll größere

Aufmerksamkeit geschenkt werden sollte. Die eingeschlossenen Patienten wiesen Dysarthrien als Folge einer degenerativen Ataxie auf, beispielsweise im Rahmen einer Multisystematrophie. Es ist möglich, dass Patienten mit degenerativen Erkrankungen anders auf die tDCS reagieren als solche mit temporär umschriebenen Hirnverletzungen, wie sie bei einem Schlaganfall auftreten.

Parallel stattfindende therapeutische Interventionen scheinen bei Dysarthrien nach Schlaganfall nicht negativ mit der tDCS zu interagieren. In einem randomisierten kontrollierten Versuch wurde zwölf Patienten mit Post-Stroke-Dysarthrien parallel zur etablierten, jedoch leider nicht näher erläuterten Übungstherapie mit 2 mA/25 cm^2 über dem primären Motorkortex für jeweils 30 min über zehn Sitzungen behandelt. Als Ergebnis zeigte sich eine verbesserte artikulatorische Diadochokinese (You et al., 2010).

Die Effekte einer einmaligen tDCS auf eine beeinträchtigte Sprechmotorik im Rahmen einer Multisystematrophie konnte durch anodale Stimulation des Zerebellums (2 mA, einmalig 20 min, Kathode über dem Deltamuskel) bei zwei Einzelfällen gezeigt werden (Benussi et al., 2015). In einem weiteren Einzelfall, der zehn aufeinanderfolgende Sitzungen mit 2 mA (20 min pro Sitzung, 10 Sitzungen) erhielt, führte die anodale Stimulation des Motorkortex mit einer mastoidalen Kathode zu Verbesserungen sowohl der motorischen als auch der kognitiven Funktionen (Alexoudi et al., 2020). Auch wenn in dieser Studie kein sprechmotorischer Outcome gemessen wurde, könnte dieses Ergebnis darauf hindeuten, dass unter Umständen der Funktionsverlust im Rahmen dieser neurodegenerativen Erkrankung positiv beeinflusst, beispielsweise verlangsamt, werden könnte (Zhang et al., 2021).

Eine aktuelle randomisierte kontrollierte Studie behandelte neun Patienten mit chronischer Dysarthrie nach Schlaganfall mit anodal 2mA über dem linken Motorkortex für 15 min, parallel zu einer 15-minütigen Therapie (Wong et al., 2022). Der Outcome wurde auf Ebene der Artikulation sowie der laut-, silben-, wort- und satzbasierten Sprechmotorik und der artikulatorischen Diadochokinese erhoben. In beiden Gruppen, sowohl in der Verum- (n = 5) als auch in der Placebogruppe (n = 4), traten sprechmotorische Verbesserungen auf. Exklusiv für die Verumgruppe wurden ein reduzierter Shimmer bei A-Vokalisierung, Verbesserungen in der artikulatorischen Kinematik und weniger Beeinträchtigungen der Stimmamplitude berichtet. Diese Ergebnisse könnten ein weiterer Hinweis darauf sein, dass Dysarthrien nicht zwingend therapieresistent chronifizieren und dass die gewählten Behandlungen effektiv sind. Zudem scheint die tDCS die Wirksamkeit einer Übungsbehandlung intensivieren zu können. Die Bedeutung dieser Ergebnisse für die kommunikative Partizipation der beteiligten Patienten muss in nachfolgenden Studien geklärt werden.

Literatur

Ackermann, H., et al. (2018). Neurogene Sprechstörungen (Dysarthrien), S1-Leitlinie. In Deutsche Gesellschaft für Neurologie (Hrsg.), *Leitlinien für Diagnostik und Therapie in der Neurologie*. www.dgn.org/leitlinien. Zugegriffen am 18.01.2024.

Alexander, M. P., Benson, D. F., & Stuss, D. T. (1989). Frontal lobes and language. *Brain and Language, 37*, 656–691.

Alexander, M. P., Naeser, M. A., & Palumbo, C. (1990). Broca's area aphasias: Aphasia after lesions including the frontal operculum. *Neurology, 40*, 353–361.

Alexoudi, A., Patrikelis, P., Fasilis, T., Defteros, S., Sakas, D., & Gatzonis, S. (2020). Effects of anodal tDCS on motor and cognitive functions in a patient with multiple system atrophy. *Disability and Rehabilitation, 42*, 887–891.

Balzan, P., Tattersall, C., & Palmer, R. (2022). Non-invasive brain stimulation for treating neurogenic dysarthria: A systematic review. *Annals of Physical and Rehabilitation Medicine, 65*, 101580.

Bauer, A., de Langen-Müller, U., Glindemann, R., Schlenck, C., Schlenck, K.-J., Huber, W. (2002). Qualitätskriterien und Standards für die Therapie von Patienten mit erworbenen neurogenen Störungen der Sprache (Aphasie) und des Sprechens (Dysarthrie): Leitlinien 2001. Akt. *Neurol, 29*, 63–75.

Benussi, A., Koch, G., Cotelli, M., Padovani, A., & Borroni, B. (2015). Cerebellar transcranial direct current stimulation in patients with ataxia: A double-blind randomized sham-controlled study. *Movement Disorders, 30*, 1701–1705.

Benussi, A., Dell'Era, V., Cotelli, M., Turla, M., Casali, C., Padovani, A., & Borroni, B. (2017). Long term clinical and neurophysiological effects of cerebellar transcranial direct current stimulation in patients with neurodegenerative ataxia. *Brain Stimulation, 10*(2), 242–250.

Blanken, G. (1999). *Wortproduktionsprüfung*. NAT Hofheim.

Blomert, L., Kean, M. L., Koster, C., & Schokker, J. (1994). Amsterdam-Nijmegen everyday language test: Construction, reliability and validity. *Aphasiology, 8*, 381–407.

Carvalho Lima, V., Cosmo, C., Lima, K., Martins, M., Rossi, S., Grecco, L., Muzskat, M., & Brandão de Ávila, C. (2022). Neuromodulation: A combined-therapy protocol for speech rehabilitation in a child with cerebral palsy. *Journal of Bodywork and Movement Therapies, 29*, 10–15.

Darkow, R. (2023). Aphasietherapie: Status quo. In T. Mokrusch, A. Gorsler, C. Dohle, J. Liepert, & J. Rollnik (Hrsg.), *Curriculum Neurorehabilitation*. Hippocampus Verlag.

Darkow, R., & Flöel, A. (2016). Aphasie: evidenzbasierte Therapieansätze Aphasia: evidence-based therapy approaches *Der Nervenarzt, 87*(10), 1051–1056. https://doi.org/10.1007/s00115-016-0213-y

Darkow, R., & Flöel, A. (2018). Gleichstromstimulation in der Aphasietherapie. Neurologische. *Rehabilitation, 24*(2), 117–129.

Darkow, R., Faust, J., & Kroker, C. (2024). *Leitfaden zur Elektrotherapie in der Logopädie*. Schulz-Kirchner Verlag.

Elsner, B., Kugler, J., Pohl, M., & Mehrholz, J. (2019). Transcranial direct current stimulation (tDCS) for improving aphasia in adults with aphasia after stroke. *Cochrane Database of Systematic Reviews, 5*, CD009760.

Förster, M., & Rubi-Fessen, I. (2015). Effekte der Melodischen Intonationstherapie auf linguistische und kommunikative Fähigkeiten bei Aphasie und Sprechapraxie – Analyse eines Einzelfalles. www.dbl-ev.de. Zugegriffen am 28.02.2024.

Friederici, A. (2011). The brain basis of language processing: From structure to function. *Physiological Reviews, 91*(4), 1357–1392.

GAB & DGNKN (Gesellschaft für Aphasieforschung und -behandlung & Deutsche Gesellschaft für Neurotraumatologie und Klinische Neuropsychologie. (2000). Qualitätskriterien und Standards für die Therapie von Patientinnen oder Patientenmit erworbenen neurogenen Störungen der Sprache (Aphasie) und des Sprechens (Dysarthrie) – Leitlinien 2000. https://www.aphasiegesellschaft.de/wp-content/uploads/2019/02/LL_2000_GAB_DGNKN.pdf. Zugegriffen am 18.01.2024.

Huber, W., Poeck, K., Weniger, D., & Willmes, K. (1983). *Aachener Aphasie Test*. Hogrefe.

Kim, J. H., Cust, S., Lammers, B., Sheppard, S. M., Keator, L. M., Tippett, D. C., Hills, A. E., & Sebastian, R. (2024). Cerebellar tDCS enhances functional communication skills in chronic aphasia. *Aphasiology, 38*(12):1895–1915.

Lauer, N., & Birner-Janusch, B. (2010). *Sprechapraxie im Kindes- und Erwachsenenalter*. Thieme.

Marangolo, P., Marinelli, C. V., Bonifazi, S., Fiori, V., Ceravolo, M. G., Provinciali, L., & Tomaiuolo, F. (2011). Electrical stimulation over the left inferior frontal gyrus (IFG) determines long-term effects in the recovery of speech apraxia in three chronic aphasics. *Behavioural Brain Research, 225*(2), 498–505.

Marangolo, P., Fiori, V., Cipollari, S., Campana, S., Razzano, C., Di Paola, M., Koch, G., & Caltagirone, C. (2013). Bihemispheric stimulation over left and right inferior frontal region enhances recovery from apraxia of speech in chronic aphasia. *European Journal of Neuroscience, 38*(9), 3370–3377.

May, S., Muehlensiepen, F., Plotho, L., & Darkow, R. (2024). But I have a cat, I have to talk to her now. A qualitative study on reasons for not participating in guideline-based speech therapy from the perspective of aphasia-patients in German-speaking countries. BMJ open, https://doi.org/10.1136/bmjopen-2024-085849.

Meffert, E., Grande, M., Hußmann, K., Christoph, S., Willmes, K., Piefke, M., & Huber, W. (2010). Basisparameter ungestörter Spontansprache: Voraussetzung für Aphasiediagnostik. *Sprache, Stimme, Gehör, 34*(3), e16–e24.

Nakamura-Palacios, E. M., Falçoni Júnior, A. T., Tanese, G. L., Vogeley, A. C. E., & Namasivayam, A. K. (2024). Enhancing Speech Rehabilitation in a Young Adult with Trisomy 21: Integrating Transcranial Direct Current Stimulation (tDCS) with Rapid Syllable Transition Training for Apraxia of Speech. Brain Science, https://doi.org/10.3390/brainsci14010058.

Pasquini, L., Jenabi, M., Peck, K., & Holodny, A. (2022). Language reorganization in patients with left-hemispheric gliomas is associated with increased cortical volume in language-related areas and in the default network mode. *Cortex, 157*, 245–255.

Roger, E., Banjac, S., Thiebaut de Schotten, M., & Bacio, M. (2022). Missing links. The functional unification of language and memory. *Neuroscience and Biobehavioral Reviews, 133*, 104489.

Saur, D., Lange, R., Baumgaertner, A., Schrakneper, V., Willmes, K., Rijntjes, M., & Weiller, C. (2006). Dynamics of language reorganization after stroke. *Brain, 129*(6), 1371–1384.

Schulz, S., Heim, S., Willmes, K., & Kröger, B. (2014). Analyse sprechapraktischer Fehler im System artikulatorischer Gesten. *Sprache, Stimme, Gehör, 38*(01), e7–e8.

Spielmann, K., van de Sandt-Koenderman, M, Heijenbrok-Kal, M., & Ribbers, G. M. (2016). Transcranial direct current stimulation in post-stroke subacute aphasia: Study protocol for a randomized controlled trial. *Trials, 17*:380.

Spielmann, K., van de Sandt-Koenderman, M, Heijenbrok-Kal, M., & Ribbers, G. M. (2018). Transcranial Direct Current Stimulation does not improve language outcome in subacute aphasia. *Stroke, 49*(4), 1018–1020.

Square-Storer, P., Darley, F. L., & Sommers, R. K. (1988). Nonspeech and speech processing skills in patients with aphasia and apraxia of speech. *Brain and Language, 33*, 65–85.

Themistocleous, C., Webster, K., & Tsapkini, K. (2021). Effects of tDCS on sound duration in patients with apraxia of speech in primary progressive aphasia. *Brain Sciences, 11*(3), 335.

Valinejad, V., & Khatoonabadi, A. R. (2019). The effectiveness of transcranial Direct Current Stimulation (tDCS) for improving the naming of a patient with apraxia: A single case study. *Neurology and Neurotherapy, 4*(3), 000144.

Vaughn, K., Watlington, E., Abrego, P., Tamber-Rosenau, B., & Hernandez, A. (2021). Prefrontal tDCs has a doman-specific Impact on bilingual Language Control. *Journal of Experimental Psychology: General., 150*(5), 996–1007.

Vines, B. W., Norton, A. C., & Schlaug, G. (2011). Non-invasive brain stimulation enhances the effects of melodic intonation therapy. *Frontiers in Psychology, 2*, 230. https://doi.org/10.3389/fpsyg.2011.00230. PMID: 21980313; PMCID: PMC3180169.

Wang, J., Wu, D., Cheng, Y., Song, W., Yuan, Y., Zhang, X., Zhang, D., Zhang, T., Wang, Z., Tang, J., & Yin, L. (2019). Effects of transcranial direct current stimulation on Apraxia of speech and cortical activation in patients with stroke: A randomized Sham-controlled study. *American Journal of Speech-Language Pathology, 28*(4), 1625–1637. https://doi.org/10.1044/2019_AJSLP-19-0069. Epub 2019 Oct 17.

Whitworth, A., Webster, J., & Howard, D. (2013). *A cognitive neuropsychological approach to assessment and intervention in Aphasia*. Psychology Press.

Wong, M., Baig, F., Chan, Y., Ng, M., Zhu, F., & Kwan, J. (2022). Transcranial Direct Current Stimulation over the primary motor cortex improves speech production in post-stroke dysarthric speaker: A randomized pilot study. *PLoS One, 17*(10), e0275779.

Yan, Z., He, X., Cheng, M., Fan, X., Wei, D., Xu, S., Li, C., Li, X., Xing, H., & Jia, J. (2023). Clinical study of melodic intonation therapy combined with transcranial direct current stimulation for post-stroke aphasia: a single-blind, randomized controlled trial. *Frontiers in Neuroscience, 17*, 1088218. https://doi.org/10.3389/fnins.2023.1088218. PMID: 37397451; PMCID: PMC10308281.

You, D., Chin, M., Kim, D., Han, E., & Jung, S. (2010). The effects of transcranial direct current stimulation on dysarthria in stroke patients. *Journal of the Korean Academy of Rehabilitation Medicine, 34*(10):10–14.

Zhang, M., He, T., & Wang, Q. (2021). Effects of non-invasive brain stimulation on multiple system atrophy: A systematic review. *Frontiers in Neuroscience, 15*, 771090.

Zhao, J., Li, Y., Zhang, X., Yuan, Y., Cheng, Y., Hou, J., Duan, G., Liu, B., Wang, J., & Wu, D. (2022). Alteration of network connectivity in stroke patients with apraxia of speech after tDCS: A randomized controlled study. *Frontiers in Neurology, 13*, 969786. https://doi.org/10.3389/fneur.2022.969786

Ziegler, W. (1991). Sprechapraktische Störungen bei Aphasie. In G. Blanken (Hrsg.), *Einführung in die linguistische Aphasiologie*. Hochschulverlag.

Ziegler, W., et al. (2012). Rehabilitation aphasischer Störungen nach Schlaganfall, S1-Leitlinie. In Deutsche Gesellschaft für Neurologie (Hrsg.), *Leitlinien für Diagnostik und Therapie in der Neurologie*. www.dgn.org/leitlinien. Zugegriffen am 15.01.2024.

Transkranielle Gleichstromstimulation bei primär progressiver Aphasie

Donna Tippett und Kyrana Tsapkini

Inhaltsverzeichnis

18.1 Überblick über die primär progressive Aphasie – 321
18.1.1 Varianten der PPA – 321
18.1.2 Klassifikationsmodelle der PPA – 323
18.1.3 Fortschritte in der Differenzialdiagnose – 324

18.2 Mechanismen der transkraniellen Gleichstromstimulation – 325
18.2.1 Auswirkungen der tDCS auf zellulärer, synaptischer und Netzwerkebene – 325
18.2.2 Evidenzen aus funktioneller MRT und Ruhezustandsspektroskopie – 326

18.3 Transkranielle Gleichstromstimulation im Sprachnetzwerk – 326
18.3.1 Stimulationsorte der linken Hemisphäre – 327

Das vorliegende Kapitel wurde vom Englischen ins Deutsche übersetzt. Die Übersetzung wurde mit künstlicher Intelligenz erstellt und anschließend vom Herausgeber inhaltlich und sprachlich geprüft und überarbeitet.

© Der/die Autor(en), exklusiv lizenziert an Springer-Verlag GmbH, DE, ein Teil von Springer Nature 2025
K. Sidiropoulos (Hrsg.), *Transkranielle Gleichstromstimulation bei Aphasien und erworbenen Sprechstörungen*, https://doi.org/10.1007/978-3-662-70454-7_18

18.4　Vorhersage des Ansprechens auf eine Behandlung mit adjuvanter tDCS – 328
18.4.1　Sprachliche und kognitive Leistung – 329
18.4.2　Atrophie und Anomalien der weißen Substanz – 329
18.4.3　Funktionelle MRT des Gehirns im Ruhezustand – 330
18.4.4　Andere Determinanten – 331

18.5　Aktuelle Herausforderungen bei der Anwendung von tDCS – 331
18.5.1　Fokalität – 331
18.5.2　Wechselwirkung zwischen Sprache und anderen Netzwerken – 332
18.5.3　Geschlechtsspezifische Unterschiede – 333

18.6　Zukunftsaussichten und Schlussfolgerungen – 333
18.6.1　Sprachstatus – 333
18.6.2　Polymorphismen des neurotrophen Faktors des Gehirns (BDNF) – 334

Literatur – 335

18.1 Überblick über die primär progressive Aphasie

Die primär progressive Aphasie (PPA), auch als primär progrediente Aphasie bezeichnet, ist ein neurodegeneratives klinisches Syndrom, das sich durch das allmähliche Auftreten von Sprach- und Sprechstörungen auszeichnet (▶ Abschn. 2.3). Diese Defizite beeinträchtigen die persönliche und berufliche Teilhabe erheblich, obwohl andere kognitive Fähigkeiten wie Gedächtnis im frühen Krankheitsstadium weitgehend intakt bleiben und keine konstruktive Apraxie besteht (Mesulam, 2001; Mesulam et al., 2014a; Montembeault et al., 2018). Berichte über fortschreitende (progressive) Sprachstörungen im Zusammenhang mit Frontal- und Temporallappenatrophie reichen bis ins späte 19. Jahrhundert zurück (Pick, 1892; Serieux, 1893). In einer wegweisenden Studie beschrieb Mesulam (1982) eine langsam progressive Aphasie ohne Verhaltensauffälligkeiten bei sechs Personen. Später prägten Mesulam und Weintraub (1992) den Begriff der primär progressive Aphasie, um diese sprachlich dominante Form der Demenz zu beschreiben. Seit Mesulams bahnbrechender Arbeit wurden verschiedene sprachliche Merkmale der PPA weiter differenziert. So beschrieben Snowden et al. (1989) und Hodges et al. (1992) eine Form der primär progredienten Aphasie, die semantische Demenz, während Turner et al. (1996) auf eine agrammatische, progressiv nichtflüssige Variante hinwiesen. Gorno-Tempini und Kollegen (2004, 2008) führten schließlich eine dritte Variante ein: die logopenische Aphasie, die durch eine moderate Sprachflüssigkeit und Wortarmut (aus dem Griechischen πενία) gekennzeichnet ist.

18.1.1 Varianten der PPA

Im Jahr 2011 wurde ein internationales Expertengremium einberufen, um Konsenskriterien für die Diagnose der PPA und die Unterscheidung ihrer Varianten zu entwickeln (Gorno-Tempini et al., 2011). Es wurden drei allgemein anerkannte Varianten der PPA definiert:
1. die semantische Variante (svPPA),
2. die nichtflüssige/agrammatische PPA (nfaPPA) und
3. die logopenische Variante (lvPPA).

Diese Varianten sind jeweils durch spezifische Sprach- und Sprechstörungen sowie charakteristische Atrophiemuster im linken temporalen, parietalen und/oder frontalen Kortex gekennzeichnet und gehen mit unterschiedlichen zugrunde liegenden Neuropathologien einher (Diehl et al., 2004; Gorno-Tempini et al., 2011; Vandenberghe, 2016).

Die wichtigsten Merkmale der semantische Variante (svPPA) sind Defizite beim Benennen von Objekten und beim Verständnis einzelner Wörter. Sekundäre Merkmale umfassen beeinträchtigtes Objektwissen, Oberflächendyslexie (z. B. Regularisierung von Wörtern mit atypischer Schreibweise wie „Yacht" oder „Oberst") und/oder Schwierigkeiten beim Lesen solcher Wörter. Das Nachsprechen von Einzelwörtern, das Sprechen, die Syntax und die motorische Sprachfunktionen bleiben erhalten (Gorno-Tempini et al., 2004, 2011; Hodges et al., 1992; Hurley et al., 2012). Die Atrophie betrifft bilateral den anterioren und inferioren Temporallappen, ist jedoch links stärker ausgeprägt als rechts (Acosta-Cabronero et al., 2011; Diehl et al., 2004; Gorno-Tempini et al., 2004; Kumfor et al., 2016; Spinelli et al., 2017; Wilson et al., 2011). Die häufigste zugrunde liegende Neuropathologie ist die frontotemporale lobäre Degeneration mit einer Ablagerung transaktiver DNA-Bindungsproteine 43 (FTLD-TDP-43) (Hodges et al., 2010; Josephs et al., 2011; Leyton et al., 2016; Mesulam et al., 2014b; Rohrer et al., 2011). Pathologien der Alzheimer-Erkrankung (AD) (Alladi et al., 2007; Mesulam et al., 2014b) und Pick-Körper (Davies et al., 2005) treten bei svPPA seltener auf.

Die Hauptmerkmale der nichtflüssigen/agrammatischen PPA (nfaPPA) sind nichtflüssiges, mühsames Sprechen und Agrammatismus (Gorno-Tempini et al., 2004; Grossman, 2012; Mesulam et al., 2012; Ogar et al.,

2007; Rogalski et al., 2011). Die Sprachproduktion dieser Variante ist durch Fehler bei der Aussprache (z. B. Substitutionen, Transpositionen, Insertionen, Deletionen) sowie prosodische Veränderungen gekennzeichnet, die auf eine Sprechapraxie hinweisen (Ash et al., 2010; Ogar et al., 2007; Utianski et al., 2018). Die Atrophie betrifft typischerweise die posterioren und inferioren frontalen Regionen der linken Hemisphäre (Botha & Josephs, 2019; Gorno-Tempini et al., 2004; Josephs et al., 2006; Wilson et al., 2011), einschließlich der Insula, der prämotorischen und supplementär-motorischen Areale (Gorno-Tempini et al., 2011; Josephs et al., 2008; Wilson et al., 2011), und ist auch in den hinteren temporalen Regionen zu sehen (Gorno-Tempini et al., 2004; Mandelli et al., 2016a, b; Nestor et al., 2003; Sajjadi et al., 2013). Die nfaPPA ist häufig mit einer Tau-positiven Pathologie assoziiert (Irwin et al., 2013), es wurden jedoch auch Nicht-Tau-Pathologien berichtet, einschließlich einer Alzheimer-Pathologie (Alladi et al., 2007; Grossman et al., 2008; Kertesz et al., 2005), frontotemporale lobäre Degeneration mit Ubiquitin-positiven Einschlüssen (Frontotemporal lobar degeneration with ubiquitin-positive inclusions, FTLD-U; Knopman et al., 2005; Mesulam et al., 2008) oder genauer gesagt FTLD-TDP-43 (Josephs et al., 2009; Mackenzie et al., 2006; Snowden et al., 2007).

Beeinträchtigtes Abrufen von Einzelwörtern beim Benennen von Objekten und in der Spontansprache sowie ein beeinträchtigtes Nachsprechen von Phrasen und Sätzen sind charakteristisch für die logopenische Variante (lvPPA) (Gorno-Tempini et al., 2004, 2008; Grossman, 2010). Grammatik, Einzelwortverständnis, Objektwissen und motorische Sprache bleiben dabei erhalten. Die Atrophie betrifft typischerweise die linke temporoparietale Kreuzung sowie die linken posterioren perisylvischen und parietale Regionen (Gorno-Tempini et al., 2004; Spinelli et al., 2017; Wilson et al., 2011). Die Alzheimer-Pathologie ist häufig mit der lvPPA assoziiert (Josephs et al., 2008; Leyton et al., 2016; Modirrousta et al., 2013), während bei einem kleinen Teil der Fälle eine FTLD-Pathologie vorliegt (Mesulam et al., 2014b) (◘ Tab. 18.1).

Obwohl die PPA vom Informationszentrum für genetische und seltene Erkrankungen des Nationalen Zentrums zur Förderung der

◘ Tab. 18.1 Übersicht über die Merkmale der Varianten der primären progressiven Aphasie (PPA)

PPA-Varianten	Schlüsselmerkmale von Sprache und Sprechen	Atrophiemuster	Zugrunde liegende Neuropathologie
Semantische Variante (svPPA)	Beeinträchtigtes Benennen bei Konfrontation Beeinträchtigtes Verständnis einzelner Wörter Beeinträchtigtes semantisches/objektbezogenes Wissen Oberflächen-dyslexie/Dysgrafie	Anteriore und inferiore Temporallappen, links größer als rechts	Frontotemporale lobäre Degeneration
Nichtflüssige agrammatische Variante (nfaPPA)	Nichtflüssige, anstrengende Sprache Agrammatismus Fehler bei den Sprachlauten Veränderte Prosodie	Linke posteriore und inferiore frontale Regionen, Insel, prämotorische und supplementär-motorische Areale	Tau-positive Pathologie
Logopenische Variante (lvPPA)	Beeinträchtigte Fähigkeit einzelne Wörter abzurufen Beeinträchtigte Fähigkeit, Phrasen und Sätze zu wiederholen	Linke temporoparietale Verbindung, posteriore perisylvische und parietale Regionen	Pathologie der Alzheimer-Erkrankung

translationalen Wissenschaften (NCATS) als seltene Erkrankung eingestuft wird (definiert als ein Zustand, der weniger als 200.000 Menschen in den Vereinigten Staaten betrifft) (Orphanet, 2021), hat sie aufgrund ihrer behindernden Auswirkungen auf die Teilnahme am täglichen Leben verheerende individuelle und gesellschaftliche Folgen (Morhardt et al., 2019). Das durchschnittliche Alter des Krankheitsbeginns bei den verschiedenen PPA-Varianten liegt im mittleren bis späten Lebensalter (svPPA: im Mittel 59,6 Jahre [SD 7,2]; nfaPPA: im Mittel 64,4 Jahre [SD 7,5]; lvPPA: im Mittel 63,0 Jahre [SD 7,9]). Die mittlere Überlebenszeit variiert je nach Variante zwischen 5 und 15 Jahren (svPPA: im Mittel 11,6 Jahre [SD 4,3]; nfaPPA: im Mittel 8,0 Jahre [SD 2,5]; lvPPA: im Mittel 11,0 Jahre [SD 4,1]) (Spinelli et al., 2017). Die Krankheit tritt häufig in einer Lebensphase auf, in der Betroffene persönliche und berufliche Ziele verfolgen und gleichzeitig mit einer Diagnose konfrontiert werden, die eine langfristige Pflege und Symptomkontrolle erfordert.

18.1.2 Klassifikationsmodelle der PPA

Die Ein- und Ausschlusskriterien für die Diagnose der PPA sowie die Merkmale der expressiven und rezeptiven Sprache, Atrophiemuster und zugrunde liegenden Neuropathologien zur Unterscheidung spezifischer Varianten werden sowohl in der Forschung als auch in der klinischen Praxis häufig verwendet (Gorno-Tempini et al., 2011). Dennoch werden 15–40 % der Personen mit PPA als „unklassifizierbar" eingestuft (Harris et al., 2013; Sajjadi et al., 2012; Wicklund et al., 2014).

Das Paradigma von Gorno-Tempini et al. (2011) ist darauf ausgelegt, früh im Krankheitsverlauf angewendet zu werden, da die Unterscheidungen zwischen den PPA-Varianten im Laufe der Zeit mit dem Fortschreiten der Krankheit zunehmend verschwimmen können (Faria et al., 2014; Rogalski et al., 2011). Die Differenzialdiagnose kann dennoch aufgrund der Überschneidungen von Sprachmerkmalen zwischen den Varianten schwierig sein. Beispielsweise treten Benennstörungen bei allen PPA-Varianten auf, und Beeinträchtigungen des Nachsprechens sind sowohl bei lvPPA als auch nfaPPA möglich, obwohl diese Sprachdefizite unterschiedliche Ursachen haben (Budd et al., 2010). Selbst erfahrene Kliniker haben oft Schwierigkeiten, Sprechapraxie (wie bei nfaPPA) von phonemischen Sprachlautfehlern (wie bei lvPPA) zu unterscheiden, was für die Differenzierung dieser beiden Varianten entscheidend ist. Erschwerend kommt die hohe Variabilität der klinischen Erscheinungsbilder hinzu, insbesondere bei lvPPA und nfaPPA (Sajjadi et al., 2012; Wicklund et al., 2014; s. Übersicht bei Tippett, 2020) (◘ Tab. 18.2).

Die gemischte Variante der PPA ist umstritten und wird in den aktuellen internationalen Konsenskriterien nicht anerkannt, obwohl es in der Literatur Berichte gibt, die diese diagnostische Entität unterstützen. Hoffman et al. (2017) beschrieben drei Cluster der PPA:

◘ Tab. 18.2 Konfundierende Merkmale bei den Varianten der primär progressiven Aphasie

Konfundierendes Merkmal	Semantische Variante der primär progressiven Aphasie (svPPA)	Nichtflüssige agrammatische primär progressive Aphasie (nfaPPA)	Logopenische Variante der primär progressiven Aphasie (lvPPA)
Beeinträchtigte Benennfähigkeit	+	+	+
Beeinträchtigtes Nachsprechen		+	+
Variable clinical phenotype		+	+

1. Cluster, der eng mit der svPPA übereinstimmt und eine bilaterale, links betonte Atrophie des anterioren Temporallappens (ATL) aufweist
2. Cluster mit Merkmalen sowohl der lvPPA als auch der nfaPPA
3. Gemischte PPA-Gruppe mit eingeschränkten semantischen Fähigkeiten sowie schweren Beeinträchtigungen in Sprachproduktion, Nachsprechen und Syntax, die nicht auf das Fortschreiten der Erkrankung allein zurückzuführen sind.

In den Nicht-svPPA-Gruppen waren die Atrophiemuster breit gestreut. Eine Untergruppe von Personen mit nfaPPA zeigt Defizite im Einzelwortverständnis zusammen mit Sprechapraxie und/oder Agrammatismus, was auf eine vierte oder gemischte Variante hindeutet (Mesulam et al., 2009, 2012; Mesulam et al., 2014b; Schaeverbeke et al., 2018). Schaeverbeke und Kollegen (2018) plädierten jedoch für weniger restriktive Kriterien zur Klassifizierung von nfaPPA, anstatt eine vierte PPA-Variante hinzuzufügen, da die zugrunde liegende Neuropathologie – wie die erhöhte [18F]-THK 5351-Bindung im supplementären motorischen Areal und im linken dorsalen prämotorischen Kortex – bei nfaPPA und gemischter PPA ähnlich ist. Giannini und Kollegen (2017) schlugen ein logopenisches Spektrum vor, das lvPPA gemäß den Konsensleitlinien sowie lvPPA+ und lvPPA– umfasst, die als klinische Phänotypen definiert sind, die teilweise mit den Konsensleitlinien übereinstimmen. Preiß et al. (2019) stellten fest, dass bei Alzheimerbedingter PPA eine weit verbreitete Atrophie vorliegt, die auch Regionen umfasst, die typischerweise mit nfaPPA und svPPA assoziiert sind. Diese Autoren vermuten, dass diffuse Atrophiemuster die klinische Variabilität der lvPPA erklären. Sajjadi et al. (2014) kamen ebenfalls zu dem Schluss, dass die Alzheimer-Pathologie zu einem heterogenen Muster von Sprachdefiziten bei lvPPA führen kann.

18.1.3 Fortschritte in der Differenzialdiagnose

Die Verfeinerung diagnostischer Verfahren und Fortschritte bei der Analyse von Testergebnissen durch maschinelles Lernen bieten das Potenzial einer präzisen und effizienten Diagnose (Neophytou et al., 2019; Ruch et al., 2022; Themistocleous et al., 2021). Neophytou und Kollegen (2019) zeigten, dass die Rechtschreibleistung, bewertet anhand fortschrittlicher statistischer Analysen und automatisierter Klassifizierungsinstrumente, charakteristische Rechtschreibmuster aufweist, die zur Unterscheidung der PPA-Varianten beitragen können. Themistocleous et al. (2021) verwendeten Deep Artificial Neural Networks (DNN) zur Analyse von Sprachproben von Personen mit PPA und berechneten akustische und morphosyntaktische Marker aus Sprachsignalen und automatisch generierten Texttranskripten. Das DNN-Modell ermöglichte eine schnelle und präzise Klassifizierung der PPA-Varianten mit einer Genauigkeit von insgesamt 85 %.

Die Magnetresonanzspektroskopie (MRS), bei der biochemische Marker wie N-Acetyl-Aspartat (tNAA), Cholin (tCho), Kreatin (tCr) und Glutamat+Glutamin (Glx) in vivo mithilfe eines MRT-Scanners gemessen werden, stellt eine weitere Methode zur Unterscheidung von PPA-Subtypen dar. Hupfeld und Kollegen (2023) untersuchten MRS-Metaboliten im linken inferioren frontalen Gyrus (IFG) und im rechten sensomotorischen Kortex (SMC) bei 61 Personen mit PPA. Die Ergebnisse zeigten, dass die tCr-Werte bei lvPPA am niedrigsten waren, gefolgt von nfaPPA und svPPA, wobei svPPA die höchsten tCr-Werte aufwies. Diese tCr-Werte waren signifikant unterschiedlich beim lvPPA- im Vergleich zum svPPA-Subtyp. Zudem waren höhere gewebekorrigierte tCr- und niedrigere Glx-Werte im linken IFG, einer Region, die für die Sprachfunktion entscheidend ist, mit schwereren kognitiven und sprachlichen Symptomen assoziiert. Diese Ergebnisse deuten darauf hin, dass tCr-Werte zur Unterscheidung von svPPA und anderen Varianten beitragen können und als Indikator für den Krankheitsverlauf dienen könnten.

18.2 Mechanismen der transkraniellen Gleichstromstimulation

Die transkranielle Gleichstromstimulation (tDCS) ist eine sichere, nichtinvasive und weitgehend schmerzfreie Methode der Neuromodulation. Dabei wird über zwei auf der Kopfhaut platzierte Elektroden (Anode und Kathode) ein schwacher elektrischer Strom auf das Gehirn appliziert. Die tDCS soll die neuronale Plastizität fördern, indem sie das Ruhemembranpotenzial der Neuronen in den Zielregionen vorübergehend moduliert. Die anodale Stimulation (atDCS) führt dabei zu einer Depolarisation der neuronalen Membranen, was ihre Erregbarkeit erhöht und die Wahrscheinlichkeit einer neuronalen Aktivierung steigert. Die kathodale Stimulation (ctDCS) hingegen bewirkt eine Hyperpolarisation, die die Erregbarkeit der Neuronen verringert und somit die Wahrscheinlichkeit einer Aktivierung reduziert (Gomez Palacio Schjetnan et al., 2013; Nitsche et al., 2008; Nitsche & Paulus, 2001, 2011; Priori, 2003). Bei der konventionellen tDCS werden die Elektroden in 5 × 5 cm großen Schwammpads eingebettet, sodass neben den gezielten Stimulationsstellen auch angrenzende kortikale Bereiche stimuliert werden.

Die fokale tDCS ermöglicht eine präzisere Stimulation (Dmochowski et al., 2011; Minhas et al., 2010). Üblicherweise wird die tDCS für 20–30 min im Rahmen von 45- bis 60-minütigen Forschungsbehandlungsparadigmen angewendet, wobei in der restlichen Zeit eine Sprech- und Sprachtherapie durchgeführt wird. Ein Vorteil der tDCS besteht darin, dass eine realistisch wirkende und zuverlässige Scheinbedingung erzeugt werden kann, die eine Verblindung in randomisierten klinischen Studien ermöglicht. In der Scheinbedingung wird die Stimulation nur 30 s lang angewendet und dann abgeschaltet. Da die Teilnehmer normalerweise nur die ersten 30 s der aktiven Stimulation spüren, können die aktive und die Scheinbedingung nicht anhand des taktilen Empfindens unterschieden werden (Fridriksson et al., 2018).

Ein weiterer Vorteil der tDCS liegt in ihrem Potenzial für die klinische Anwendung und den Einsatz im häuslichen Umfeld, insbesondere im Vergleich zu anderen Neuromodulationsmethoden wie der transkraniellen Magnetstimulation (TMS) (Cappon et al., 2023). Die tDCS ist kostengünstiger, erfordert weniger Training und kann problemlos mit Sprach- und Sprechaufgaben kombiniert werden. Zudem ist keine strukturelle Neurobildgebung erforderlich, um die Zielregionen zu identifizieren, was sie im Vergleich zu anderen Verfahren praktikabler macht. Weitere Details zu den Mechanismen und den Parametern der tDCS findet man in ▶ Kap. 11, 12 und 13.

18.2.1 Auswirkungen der tDCS auf zellulärer, synaptischer und Netzwerkebene

Es besteht ein wachsendes wissenschaftliches Interesse an den zellulären, synaptischen und netzwerkbezogenen Effekten der tDCS (Stagg et al., 2018). Bei der tDCS wird ein schwacher Strom (typischerweise 1–2 mA) über einen begrenzten Zeitraum (in der Regel 20–30 min) zwischen einer Anode und einer Kathode appliziert, was die Ruhemembranpotenziale der Neuronen in den Zielgebieten beeinflusst. Dies führt zu einer Erhöhung der Erregbarkeit unter der Anode und einer Verringerung der Erregbarkeit unter der Kathode (Krause et al., 2013; Lefaucheur, 2016; Nitsche et al., 2008; Nitsche & Paulus, 2001, 2011; Priori, 2003). Die tDCS erzeugt kleine Veränderungen der Membranpotenziale (etwa 0,2–0,5 mV) (Opitz et al., 2016; Radman et al., 2009), die zwar unterschwellig sind, aber das Auslösen von Aktionspotenzialen in neuronalen Netzwerken beeinflussen oder das zeitliche Muster dieser Potenziale modulieren können (Anastassiou et al., 2010; Carandini & Ferster, 2000).

Ein Großteil der Forschung hat sich auf die neuroplastischen Effekte der tDCS auf den motorischen Kortex konzentriert. So zeigten Liebetanz et al. (2002), dass die tDCS nach der Stimulation über glutamaterge Synapsen die Aktivität von Natrium- und Kalziumkanälen sowie die Aktivität von NMDA-Rezeptoren moduliert, wobei der hirnabgeleitete neurotrophe Faktor (Brain-Derived Neurotrophic Factor, BDNF) eine zentrale Rolle spielt. Eine durch die ctDCS hervorgerufene geringe intrazelluläre Kalziumkonzentration führt zu Langzeitdepression (LTD), während die atDCS eine erhöhte Kalziumkonzentration und damit Langzeitpotenzierung (LTP) induziert, was eine Stärkung der synaptischen Aktivität bewirkt (Fritsch et al., 2010). Diese Effekte werden durch den BDNF moduliert. Da die tDCS nur kleine Änderungen der Membranpotenziale hervorruft, basiert ihre langfristige Wirkung auf den Prinzipien der Hebb'schen Neuroplastizität, wodurch dauerhafte Veränderungen im Verhalten ermöglicht werden (Kronberg et al., 2020). Nitsche und Paulus (2001) stellten fest, dass die durch tDCS induzierte Erregbarkeit des motorischen Kortex über 1 h nach der Stimulation andauern kann. Weitere Studien, wie die von Reis und Kollegen (2009), zeigen, dass wiederholte tDCS-Sitzungen (z. B. 5 Sitzungen) zu einer robusteren und länger anhaltenden Verbesserung motorischer Fähigkeiten führen können. Die atDCS führte in verschiedenen Studien zu einer gesteigerten Aktivität in eng verbundenen motorischen Arealen innerhalb der stimulierten Hemisphäre (Jang et al., 2009; Kwon & Jang, 2011; Kwon et al., 2008).

18.2.2 Evidenzen aus funktioneller MRT und Ruhezustandsspektroskopie

Die tDCS beeinflusst die Konzentration neurochemischer Metaboliten an den Stimulationsorten, was besonders relevant ist, da Personen mit primär progressive Aphasie (PPA) eine charakteristische Neuropeptidsignatur aufweisen. In einer früheren Studie mit Spektroskopie wurde festgestellt, dass Personen mit PPA ein spezifisches neurochemisches Metabolitenprofil im Vergleich zu anderen Demenzformen und gesunden Kontrollpersonen aufweisen (Catani et al., 2003). Insbesondere hatten sie niedrigere Werte des neuronalen Markers N-Acetylaspartat (NAA). Harris et al. (2019) untersuchten die Auswirkungen einer tDCS-Intervention auf den hemmenden Metaboliten Gamma-Aminobuttersäure (GABA) im linken frontalen Operculum (IFG) bei Patienten mit PPA, die gleichzeitig eine Sprachtherapie erhielten. Es wird angenommen, dass die die anodal-tDCS (atDCS) die GABA-Konzentration reduziert, da sie das hemmende System unterdrückt und so auf eine lokal verringerte Aktivität der GABAergen Systeme hinweist (Stagg & Nitsche, 2011). Die Studie fand heraus, dass der GABA-Spiegel im IFG der tDCS-Gruppe unmittelbar nach der Behandlung signifikant abnahm und dieser Effekt zwei Monate später noch als statistischer Trend fortbestand. In der Scheingruppe gab es hingegen keine Veränderungen der GABA-Konzentration, weder nach der Intervention noch bei der Nachuntersuchung. Obwohl alle Teilnehmer Sprachverbesserungen zeigten, waren die Fortschritte in der tDCS-Gruppe sowohl unmittelbar nach der Intervention als auch zwei Monate später signifikant größer als in der Scheingruppe. Dies deutet darauf hin, dass die Reduktion GABAerger Hemmung eine förderliche Rolle für neuronale Plastizität und Lernprozesse spielt.

18.3 Transkranielle Gleichstromstimulation im Sprachnetzwerk

Obwohl es derzeit keine heilende Behandlung für den durch PPA verursachten Sprachverlust gibt (Cummings et al., 2018; Panza et al., 2020), unterstreichen zahlreiche Studien die Wirksamkeit von Sprachtherapien bei dieser komplexen Erkrankung. Arbeiten von Beales et al. (2016), Beeson et al. (2011), Croot et al. (2015), Henry et al. (2008, 2013, 2019), Jokel et al. (2006, 2009, 2010), Marcotte und Ansaldo (2010), Meyer et al. (2013, 2015, 2016, 2018, 2019), Newhart et al. (2009) sowie Savage et al. (2014, 2015) haben die Evidenzbasis für den Nutzen von Sprachinterventionen bei PPA deutlich erweitert. Zudem zeigen neuere Studien zur tDCS als Adjuvant zur Verhaltenstherapie vielversprechende Ergebnisse. Eine Metaanalyse von Nissim und Kollegen (2020) sowie eine systematische Übersichtsarbeit von Coemans und Kollegen (2021) deuten darauf hin, dass die tDCS zusätzliche Vorteile bei der Behandlung von PPA-Patienten bieten kann. Diese Ergebnisse werden durch weitere Übersichtsarbeiten von Byeon (2020) sowie Cotelli und Kollegen (2020) untermauert, die das Potenzial der tDCS als adjuvante Therapie bei PPA hervorheben.

In den letzten Jahren haben verschiedene Forschungsgruppen in Studien mit PPA signifikante positive Effekte der tDCS auf verschiedene Sprachfunktionen nachgewiesen, indem sie Sprachregionen in der linken Hemisphäre stimulierten (Cotelli et al., 2014; Fenner et al., 2019; Ficek et al., 2018; Gervits et al., 2016; Hung et al., 2017; Sheppard et al., 2022; Tsapkini et al., 2014, 2018). Ein zentraler Wirkmechanismus der tDCS ist die Modulation der funktionellen Kopplung – also der Verbindung zwischen einer kognitiven Aufgabe und ihren neuronalen Substraten. In früheren Studien, die die tDCS mit Sprachtherapie bei PPA-Patienten kombinierten, wurden verschiedene Stimulationsorte in der linken Hemisphäre verwendet, um Hirnregionen zu modulieren, die für die gleichzeitig durchgeführten Aufgaben verantwortlich sind (▶ Abschn. 18.3.1). Die tDCS moduliert dabei die funktionelle Konnektivität (FC) der stimulierten Region, und die Effekte der tDCS werden durch die strukturelle Konnektivität der beteiligten Netzwerke moderiert. Darüber hinaus kann sich die Wirkung der tDCS auch auf untrainierte Aufgaben übertragen, sofern diese mit denselben neuronalen Systemen in Verbindung stehen.

Ein Beispiel hierfür ist die Studie von Ferrucci und Kollegen (2008), die zeigte, dass die atDCS der temporoparietalen Kreuzung bei Alzheimer-Patienten die Worterkennung beeinflusste, während die visuelle Aufmerksamkeit, die von anderen Bereichen gesteuert wird, nicht unterstützt wurde. Marangolo und Kollegen (2011) zeigten zudem, dass die positiven Effekte eines Silbenproduktionstrainings in Kombination mit einer Stimulation des linken inferioren frontalen Gyrus bei Schlaganfallpatienten auf andere Sprachproduktionsaufgaben wie Nachsprechen und Lesen übertragen wurden.

18.3.1 Stimulationsorte der linken Hemisphäre

Viele tDCS-Studien zur PPA konzentrieren sich auf Anomie, da es sich hierbei um ein Defizit handelt, das bei allen PPA-Varianten vorkommt und oft die Hauptbeschwerde darstellt, wenn Patienten klinisch untersucht werden. Die Untersucher haben positive Effekte der atDCS auf das mündliche Benennen berichtet, indem sie den linken dorsolateralen präfrontalen Kortex (DLPFC) stimulierten und gleichzeitig eine Benenntherapie bei nfaPPA durchführten (Cotelli et al., 2014, 2016). Weitere Studien zeigten positive Effekte durch die Stimulation des linken temporoparietalen Kortex in Verbindung mit einer individualisierten Sprachtherapie bei lvPPA, svPPA und Alzheimer-Erkrankung (Hung et al., 2017) sowie durch die Stimulation des linken inferioren Parietallappens während des Trainings zur Benennung von Bildern bei allen PPA-Varianten (Roncero et al., 2017). Roncero et al. (2019) verglichen die Wirkung einer atDCS des linken DLPFC und des linken inferioren Parietallappens (IPL) in Verbindung mit einem Benenntraining. Sie fanden heraus, dass beide Stimulationsarten das spontane mündliche Benennen verbesserten, wobei die Effekte nach IPL-Stimulation zwei Wochen nach der Behandlung stärker ausgeprägt waren. Eine signifikante Verbesserung untrainierter Items trat nur nach der IPL-Stimulation auf.

Gervits et al. (2016) verwendeten eine tDCS-Montage, die die Stromverteilung über ein breites Netzwerk von Sprachareale der linken Hemisphäre maximierte (linke frontotemporale Region), um die Wirkung der tDCS auf ein breites Spektrum von Sprachfähigkeiten bei lvPPA und nfaPPA zu untersuchen. Während der 20-minütigen Stimulationssitzungen wurde eine Bildergeschichte ohne Worte erzählt. Die Ergebnisse zeigten signifikante Verbesserungen beim Benennen von Bildern, die bis zu zwölf Wochen nach der Stimulation anhielten, sowie Vorteile in mehreren anderen Bereichen der Sprachleistung, darunter die grammatikalische Sprachproduktion, das Nachsprechen, das grammatikalische Verständnis und die semantische Verarbeitung. Vielversprechende Ergebnisse wurden auch für die atDCS des linken IFG in Kombination mit einer Therapie zum Benennen und Buchstabieren von Wörtern im Vergleich zu einer Scheinbehandlung berichtet (De Aguiar et al., 2020a, b; Fenner et al., 2019; Ficek et al., 2018; Harris et al., 2019; Tsapkini et al., 2014, 2018).

Besonders hervorzuheben ist die Studie von Tsapkini und Kollegen (2018). Sie zeigte, dass die durch die tDCS erzielten Fortschritte im schriftlichen Benennen und Rechtschreiben länger anhielten als die Sprachtherapie allein und sich auf untrainierte sprachliche oder kognitive Funktionen verallgemeinern ließen. Zudem reagierten die verschiedenen PPA-Varianten unterschiedlich auf die Kombination aus tDCS und Sprachtherapie. Generalisierungseffekte auf untrainierte Items (sog. nahe Transfereffekte) wurden bei nfaPPA und lvPPA beobachtet, jedoch nicht bei svPPA. Dies wurde auf die funktionelle Kopplung zwischen dem Stimulationsort und der Therapieaufgabe zurückgeführt, da der linke IFG eine Schlüsselregion für die Rechtschreibung darstellt (DeMarco et al., 2017; Purcell & Rapp, 2013). Jüngste Untersuchungen von Wang und Kollegen (2023) zeigen Generalisierungseffekte der tDCS im linken IFG in Kombination mit einer lexikalischen/semantischen Abrufintervention, die sich auf das mündliche und schriftliche Benennen sowie auf die semantische Flüssigkeit auswirkten.

18.4 Vorhersage des Ansprechens auf eine Behandlung mit adjuvanter tDCS

Die Kombination von tDCS und Sprachtherapie zeigt in Studien vielversprechende Ergebnisse bei der Behandlung von PPA, was insbesondere bei einer neurodegenerativen Erkrankung therapeutisch ermutigend ist. Ähnlich wie bei tDCS-Behandlungen bei gesunden Personen variiert jedoch auch in der PPA-Population das individuelle Ansprechen auf die Behandlung erheblich (Nissim et al., 2020). Diese Variabilität lässt sich teilweise durch den unterschiedlichen Krankheitsverlauf der PPA-Varianten erklären. Sebastian et al. (2018) untersuchten die langfristigen Muster des Rückgangs der Benennfähigkeit und des semantischen Wissens bei 94 Personen mit PPA (36 mit lvPPA, 31 mit nfaPPA und 27 mit svPPA). Die Veränderungen der Benennfähigkeit und des semantischen Wissens wurden anhand verschiedener Sprachtests analysiert: der Kurzform des Boston Naming Test (BNT) (Kaplan et al., 2001; Mack et al., 1992), dem Hopkins Action Naming Assessment (HANA) (Breining et al., 2015a) und der Kurzform des Pyramids and Palm Trees Test (PPTT) (Breining et al., 2015b; Howard & Patterson, 1992). Die Ergebnisse zeigten, dass der größte Rückgang der Benennfähigkeit bei Patienten mit nfaPPA auftrat, gefolgt von svPPA und lvPPA. Interessanterweise zeigten Personen mit nfaPPA im Laufe der Zeit stabilere Leistungen im PPTT als im BNT und HANA, was darauf hindeutet, dass ihr semantisches Wissen im Vergleich zum Benennen von Objekten und Handlungen relativ verschont blieb. Personen mit svPPA hingegen erzielten in allen drei Tests deutlich schlechtere Ergebnisse als Patienten mit lvPPA. Bei lvPPA-Patienten blieb das semantische Wissen weitgehend intakt, zumindest bis in die späten Stadien der Erkrankung, mit einem Rückgang von weniger als einem Punkt pro Monat. Diese Ergebnisse unterstreichen, wie wichtig es ist, sprachliche Variablen zu berücksichtigen, die möglicherweise die Veränderungen der Sprachleistung von PPA-Patienten im Laufe der Zeit beeinflussen.

18.4.1 Sprachliche und kognitive Leistung

Die sprachlichen und kognitiven Ausgangsleistungen sind entscheidende Indikatoren für potenzielle Verbesserungen der Sprachfähigkeiten durch die tDCS, obwohl die Dynamik dieser Beziehungen vielschichtig ist. McConathey und Kollegen (2017) zeigten, dass Personen mit niedrigeren Ausgangsleistungen signifikante Verbesserungen in den Bereichen allgemeine Sprachfunktion, grammatikalisches Verständnis und semantische Verarbeitung durch die tDCS erfuhren. Dies legt den Schluss nahe, dass der Behandlungserfolg in Abhängigkeit vom Ausgangsniveau einer umgekehrten U-förmigen Verteilung folgt: Patienten mit moderaten sprachlichen Defiziten scheinen am stärksten von der tDCS zu profitieren, während Personen mit sehr leichten oder sehr ausgeprägten Beeinträchtigungen geringere Therapieeffekte zeigen. De Aguiar et al. (2020b) untersuchten, welche Faktoren die Reaktion auf schriftliche Benenn- und Rechtschreibinterventionen bei PPA beeinflussen. Ihre Ergebnisse legen nahe, dass Patienten, die vor der Behandlung ein gutes Benenn- und Pseudowortschreibvermögen hatten, eher Fortschritte in der Rechtschreibung erzielten. Auch eine bessere Lernfähigkeit und ein gut funktionierendes Arbeitsgedächtnis trugen zu den Verbesserungen bei. Besonders jene, die vor der Behandlung schlechtere Rechtschreibleistungen bei trainierten Wörtern zeigten, profitierten von der Behandlung.

Zusammengefasst deuten die bisherigen Erkenntnisse darauf hin, dass die sprachlichen und kognitiven Ausgangsleistungen eine entscheidende Rolle für das Verständnis der Auswirkungen der tDCS bei Personen mit PPA spielen. Weitere Forschung ist jedoch notwendig, um die Beziehung zwischen dem Schweregrad der Aphasie und dem Ansprechen auf die Behandlung vollständig zu erfassen. Ein besseres Verständnis dieser Wechselwirkungen könnte die Behandlung von PPA optimieren, beispielsweise durch die Bestimmung des idealen Zeitpunkts im Krankheitsverlauf für eine personalisierte tDCS-Intervention, basierend auf dem individuellen Symptomprofil der Patienten.

18.4.2 Atrophie und Anomalien der weißen Substanz

Bei der Behandlung von Menschen mit nichtflüssiger, agrammatischer primärer progressiver Aphasie (nfaPPA) durch die atDCS über dem linken dorsolateralen präfrontalen Kortex zeigte sich, dass Verbesserungen beim Benennen von Objekten mit dem Volumen der grauen Substanz in bestimmten Regionen des Benennnetzwerks zusammenhängen (Cotelli et al., 2016). Zu diesen Regionen gehören der linke fusiforme Gyrus, der linke mittlere temporale Gyrus und der rechte inferiore temporale Gyrus. Ebenso wurde ein Zusammenhang zwischen der Fähigkeit, Handlungen zu benennen, und der Dichte der grauen Substanz im linken mittleren temporalen Gyrus festgestellt. Dies deutet darauf hin, dass eine gewisse Erhaltung dieser sprachrelevanten Gehirnregionen für eine erfolgreiche Behandlung notwendig ist. In einer Studie von Nissim und Kollegen (2022) zur Wirkung der fokalen tDCS in Kombination mit „einschränkungsinduzierter Aphasietherapie" (Constraint-Induced Aphasia Therapy, CIAT) bei zwölf PPA-Patienten wurde aufgezeigt, dass die Dicke und das Volumen der frontalen und temporalen Sprachregionen wichtige Prädiktoren für die durch die tDCS erzielten Verbesserungen beim Benennen sind. Direkt nach der Behandlung waren die Fortschritte beim Benennen mit einer größeren Ausgangsdicke der Pars opercularis verbunden. Sechs Wochen nach der Behandlung hing die Verbesserung der Benennleistung mit einer größeren Dicke des mittleren temporalen Gyrus und einem kleineren Volumen des oberen temporalen Gyrus zusammen. Ein ähnliches Muster zeigte sich bei der tDCS-Stimulation des linken inferioren frontalen Gyrus in Kombination mit Benenn- und Schreibtherapien (De Aguiar et al., 2020a). Bei trainierten Wör-

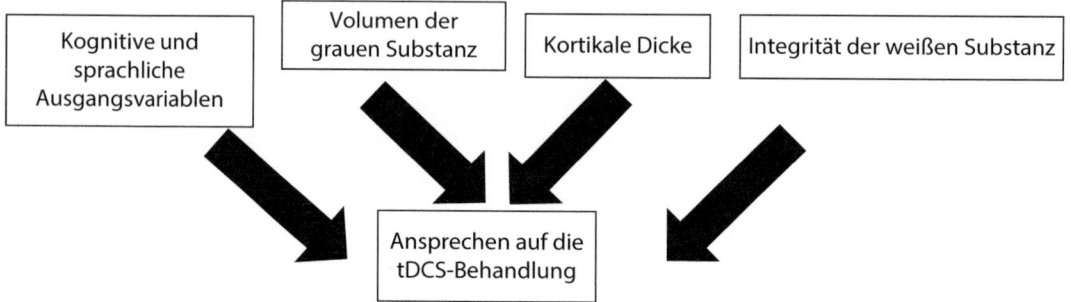

◘ Abb. 18.1 Prädiktoren der tDCS-Behandlungsantwort. (Johns Hopkins Medicine)

tern zeigte sich ein größerer Behandlungseffekt bei Patienten mit kleineren Volumina des linken Gyrus angularis und größeren Volumina des linken posterioren zingulären Kortex. Bei untrainierten Wörtern hing der Nutzen mit kleineren Volumina des linken mittleren frontalen Gyrus, kleineren Volumina des linken supramarginalen Gyrus und größeren Volumina des rechten posterioren zingulären Kortex zusammen.

Diese Ergebnisse legen nahe, dass auch die Aufmerksamkeitsfähigkeiten den Behandlungserfolg beeinflussen könnten. Neben dem Volumen der grauen Substanz (Atrophie) könnte auch die Integrität der Bahnen der weißen Substanz ein wichtiger Prädiktor für den Behandlungserfolg mit der tDCS sein. Modelle der elektrischen Stromausbreitung legen nahe, dass Strom durch diese Bahnen fließt. Zhao et al. (2021) stellten fest, dass die Integrität der weißen Substanz von den ventralen Sprachbahnen, insbesondere des linken uncinaten Fasciculus, den Effekt der tDCS auf das trainierte schriftliche Benennen vorhersagte. Die Integrität der dorsalen Sprachbahnen, darunter der linke superior longitudinale Fasciculus und der linke supramarginale Gyrus, sagte hingegen den Effekt der tDCS auf das ungeübte schriftliche Benennen voraus (◘ Abb. 18.1).

18.4.3 Funktionelle MRT des Gehirns im Ruhezustand

Neuere Studien haben sich mit den Auswirkungen von Neuromodulation auf die funktionelle Konnektivität (FC) im Gehirn befasst, gemessen durch funktionelle Magnetresonanztomografie im Ruhezustand (rfMRI). Dabei wird die funktionelle Konnektivität anhand der Korrelation blutsauerstoffabhängiger (BOLD) Signale zwischen Hirnregionen im Ruhezustand erfasst – also während keine gezielte Aufgabe bearbeitet wird. Auf diese Weise lassen sich funktionelle Netzwerke identifizieren, die durch synchronisierte Aktivität miteinander verbunden sind (► Abschn. 5.1.1). Bei gesunden Menschen hat sich gezeigt, dass die tDCS die FC verändert, insbesondere zwischen den stimulierten Arealen, wie dem linken IFG, und anderen Bereichen des Sprachnetzwerks sowie den homologen Regionen in der rechten Hemisphäre. Ficek und Kollegen (2018) fanden heraus, dass die tDCS die FC hauptsächlich zwischen den stimulierten Arealen (d. h. Teilen des linken IFG) und den funktionell oder strukturell verbundenen temporalen Arealen des Sprachnetzwerks sowie den homologen Arealen in der rechten Hemisphäre modulierte, jedoch ohne Einfluss auf das Default Mode Network (DMN). Eine Abnahme im FC ging mit einer Verbesserung der Sprachlernleistung einher. Diese Ergebnisse stimmen mit ähnlichen Studien überein, die bei älteren Erwachsenen und Patienten mit neurodegenerativen Erkrankungen nach der tDCS über dem linken IFG eine Abnahme in der Konnektivität aufzeigten (Meinzer et al., 2012, 2013, 2014, 2015).

In einer weiteren Untersuchung von Tao und Kollegen (2021) wurde der Partizipationskoeffizient (PC), ein graphentheoretischer Messwert, der die Konnektivität einer Hirnregion innerhalb verschiedener Netzwerke beschreibt, bei 32 PPA-Patienten untersucht (16 mit aktiver tDCS, 16 mit Scheinbehandlung). Die Studie zeigte, dass nur die tDCS-Gruppe eine signifikante Abnahme des Partizipationskoeffizienten im linken IFG aufwies, was mit einer Verbesserung des Wiedererlernens geschriebener Wörter einherging. Dies deutet darauf hin, dass die tDCS die übermäßige funktionelle Kopplung (Hyperkonnektivität) im Gehirn reduziert und dadurch die Netzwerkintegration sowie die Effizienz der Sprachverarbeitung verbessert. Graphentheoretische Methoden (▶ Abschn. 5.1.1) wurden auch verwendet, um die funktionelle Netzwerkorganisation im Ruhezustand bei PPA zu untersuchen. Studien zeigten, dass Patienten mit svPPA eine geringere globale Netzwerkintegration aufweisen im Vergleich zu gesunden Kontrollpersonen (Agosta et al., 2014), ebenso wie nfaPPA-Patienten (Mandelli et al., 2018) und Patienten mit allen PPA-Varianten (Tao et al., 2020). In dieser letzten Studie von Tao und Kollegen wurde auch festgestellt, dass bei lvPPA und svPPA variantenspezifische „neue" Hubs in den rechten frontalen und temporalen Regionen entstanden sind, die bei gesunden Personen nicht als Verbindungspunkte fungierten, aber als Hubs in PPA auftraten, insbesondere in lvPPA und svPPA.

18.4.4 Andere Determinanten

Neben der Neuromodulation (z. B. Ort, Intensität, Dauer), der Art der Behandlung (z. B. Behandlungsparadigma, Sitzungsfrequenz, Sitzungsdauer), den sprachlichen, kognitiven und neurologischen Faktoren können auch andere Faktoren den Behandlungserfolg beeinflussen, von denen einige schwer zu quantifizieren sind (z. B. soziale Unterstützung im häuslichen Umfeld). Ein neuer Ansatz bezieht die Schlafqualität in die Betrachtung ein, da ältere Erwachsene häufig unter Schlafstörungen leiden. Herrmann et al. (2022) untersuchten die basale Schlafeffizienz mithilfe des Pittsburgh Sleep Quality Index (Buysse et al., 1989) und fanden heraus, dass Personen mit hoher Schlafeffizienz sowohl von der aktiven als auch von der Schein-tDCS-Behandlung stärker profitierten als solche mit niedriger Schlafeffizienz. Diese Ergebnisse deuten darauf hin, dass die Berücksichtigung der allgemeinen Lebensqualität und ein ganzheitlicher Behandlungsansatz die Behandlungsergebnisse weiter verbessern könnten.

18.5 Aktuelle Herausforderungen bei der Anwendung von tDCS

Obwohl das letzte Jahrzehnt bedeutende Fortschritte bei der Anwendung von Neuromodulation zur Behandlung von Sprachdefiziten bei PPA erzielt wurden, bleiben viele Herausforderungen bestehen. Eine zentrale Aufgabe ist es sicherzustellen, dass während der tDCS das gewünschte kortikale Ziel präzise stimuliert wird, um eine wirksame Neuromodulation zu erreichen. Weitere Forschung ist notwendig, um die Vorteile der konventionellen gegenüber der fokalen tDCS in Bezug auf die Behandlungsziele zu untersuchen und mögliche geschlechtsspezifische Unterschiede in der Wirksamkeit zu analysieren.

18.5.1 Fokalität

Die Platzierung der Elektroden (Peterchev et al., 2012), die individuelle anatomische Unterschiede (Ruffini et al., 2013) und neurodegenerative Veränderungen wie Atrophie (Teichmann et al., 2016) können die Muster des Stromflusses während der tDCS beeinflussen. Unal und Kollegen (2020) untersuchten, ob die unterschiedlichen Atrophiemuster bei drei Personen, die jeweils eine der klassischen Varianten von PPA aufwiesen, zu abweichenden Stromflussverteilungen führten. Dabei verglichen sie fokale und konventionelle bipolare tDCS im linken IFG. Fokale tDCS erzeugt gezieltere elektrische Felder im Vergleich zur konventionellen Methode (verabreicht über 5×5 cm²-Pad-Elektroden), die diffuser wirkt. Bei der fokalen tDCS werden kleine Scheibenelektroden in einer

4×1-Konfiguration angeordnet, bei der die Stimulationselektrode von vier Referenzelektroden in einer ringförmigen Anordnung umgeben ist. Dies begrenzt den Stromfluss auf einen kleineren Bereich unter den Elektroden und erhöht die Präzision der Stimulation (Datta et al., 2009).

Unal und Kollegen (2020) stellten fest, dass das spezifische Muster (diffuse Clusterbildung) und die Stärke der kortikalen elektrischen Felder zwischen den Probanden unterschiedlich waren, jedoch im Bereich normaler neurotypischer Personen lag. Sie kamen zu dem Schluss, dass weder die konventionelle noch die fokale tDCS bei Personen mit moderater kortikaler Atrophie eine signifikant veränderte Stromzufuhr zum Gehirn im Vergleich zu gesunden Personen bewirkt (◘ Abb. 18.2). Die Frage, ob die konventionelle oder die fokale tDCS bei PPA effektivere Behandlungsergebnisse liefert, bleibt jedoch offen. Da die konventionelle tDCS-Montage diffusere elektrische Felder erzeugt, könnte sie breitere neuronale Netzwerke ansprechen, während die fokale tDCS in Fällen, in denen eine gezielte Stimulation notwendig ist, überlegen sein könnte. Dafür gibt es jedoch kein abschließendes evidenzbasiertes Urteil.

18.5.2 Wechselwirkung zwischen Sprache und anderen Netzwerken

Licata et al. (2023) untersuchten tDCS induzierte Veränderungen der funktionellen Konnektivität (FC) bei Männern und Frauen mit PPA innerhalb verschiedener Hirnnetzwerke. Sie fokussierten sich auf das Sprachnetzwerk, das bei PPA besonders betroffen ist, sowie auf das Default-Mode-Netzwerk (DMN), das häufig bei neurodegenerativen Erkrankungen wie Alzheimer (AD) und frontotemporaler Demenz (FTD) beeinträchtigt ist. Analysiert wurden Hirnregionen, die das Sprach- und Default-Mode-Netzwerk bilden, wie der operkuläre, orbitale und trianguläre Teil des IFG, der MFG/DLPFC, der AG, der PCC in der linken Hemisphäre sowie der SMG, der fusiforme Gyrus (FuG), der STG, der STG-Pol und weitere temporale Regionen. Die Studie ergab alters- und geschlechtsspezifische Unterschiede in der funktionellen Konnektivität (FC) nach der tDCS. Männer wiesen sowohl in der Schein- als auch in der tDCS-Bedingung eine größere FC im DMN auf als Frauen. Außerdem zeigte sich bei Männern, die eine aktive tDCS erhielten, ein größerer Anstieg der FC im DMN im Vergleich zu Männern, die nur Sprachtherapie erhielten. Im Sprachnetzwerk hingegen zeigten Frauen, die eine aktive tDCS erhielten, eine signifikant höhere FC im gesamten

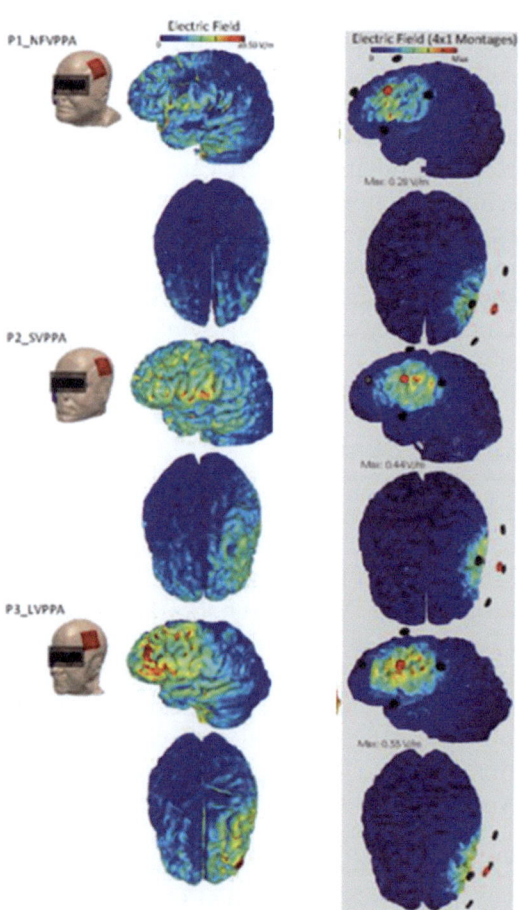

◘ **Abb. 18.2** Linke Spalte: Elektrodenmontage bei drei Probanden. Mittlere Spalte: Elektrisches Feld auf der kortikalen Oberfläche in lateraler (oben) und superiorer (unten) Ansicht. Rechte Spalte: Elektrisches Feld für 4×1-Montage. (Unal et al., 2020)

Sprachnetzwerk als Frauen unter der Scheinbehandlung. Mit zunehmendem Alter nahm die FC in den Sprachregionen unabhängig von Geschlecht und Behandlungsart ab.

18.5.3 Geschlechtsspezifische Unterschiede

Das Geschlecht könnte ein biologischer Faktor sein, der das Fortschreiten der Symptome bei PPA und die Reaktion auf die tDCS beeinflusst. In einer Längsschnittanalyse von Breining und Kollegen (2023) wurde festgestellt, dass eine zunehmende Atrophie im linken supramarginalen Gyrus und im mittleren Temporalpol, das weibliche Geschlecht sowie längere Intervalle zwischen den Messzeitpunkten einen stärkeren Rückgang der Benennfähigkeit vorhersagten. Dieser Befund widerspricht früheren Arbeiten, die auf einen langsameren Rückgang der Benennfähigkeit bei Frauen im Vergleich zu Männern hinwiesen, und deutet darauf hin, dass der funktionelle Abbau von mehreren Faktoren beeinflusst wird, darunter gesundheitliche Komorbiditäten, Unterschiede in der sozialen Unterstützung oder geschlechtsspezifische Unterschiede in der Gehirnentwicklung und -struktur, die auch bei gesunden Personen beobachtet werden (Sebastian et al., 2018). Darüber hinaus gibt es auch Alters- und Geschlechtsunterschiede in der FC nach der tDCS (s. Licata et al., 2023). Eine mögliche Erklärung könnte in geschlechtsspezifischen hormonellen Unterschieden liegen, die den BDNF-Spiegel beeinflussen, wobei Frauen aufgrund ihres niedrigeren Östrogenspiegels mit einem niedrigeren BDNF-Spiegel altern (Chan & Ye, 2017; Dong et al., 2017). Weitere Studien sind erforderlich, um die Hypothese zu untersuchen, dass der BDNF eine Schlüsselrolle bei den Geschlechtsunterschieden in der PPA spielt, da dieses Protein nachweislich die Effekte der tDCS beeinflusst. Ein besseres Verständnis darüber, wie der BDNF den kognitiven und sprachlichen Abbau sowie die tDCS-Effekte bei PPA moduliert, könnte zur Entwicklung personalisierter und wirksamerer Therapien beitragen.

18.6 Zukunftsaussichten und Schlussfolgerungen

Die Aussicht auf wirksame Interventionen gegen den Sprachverlust bei PPA ist für Forscher, Kliniker und Betroffene von großem Interesse. Um evidenzbasierte Therapien zu entwickeln, die im klinischen Alltag eingesetzt werden können, sind randomisierte klinische Studien unerlässlich. Derzeit laufen elf klinische Studien in Frankreich, Italien und den Vereinigten Staaten, in denen Personen mit PPA für tDCS-Behandlungen rekrutiert werden (▶ https://clinicaltrials.gov/). Zu den neuen Forschungsfeldern gehören die Untersuchung des Einflusses des Sprachstatus (z. B. Einsprachigkeit, Zweisprachigkeit) und der BNDF-Polymorphismen auf die Behandlungseffekte. Diese Faktoren könnten entscheidend sein, um das individuelle Ansprechen auf tDCS-Therapien zu verstehen und zu optimieren, was die Entwicklung personalisierter Rehabilitationsstrategien für PPA weiter voranbringen könnte.

18.6.1 Sprachstatus

Der Sprachstatus, also ob jemand einsprachig oder zweisprachig ist, sowie die zugrunde liegende neuronale Organisation, sind wahrscheinlich entscheidende Faktoren für das Ansprechen auf eine Behandlung bei PPA. Obwohl dieses Thema bei PPA bisher unerforscht ist, läuft derzeit eine mehrsprachige, multinationale randomisierte klinische Studie, die die Auswirkungen der nichtinvasiven Hirnstimulation, einschließlich der tDCS, auf die Erholung von Aphasie nach einem Schlaganfall untersucht (Thiel et al., 2015). Die Ergebnisse dieser Studie stehen jedoch noch aus. Wichtige Variablen, die bei der Betrachtung des Sprachstatus berücksichtigt werden müssen, sind das Alter und die Methode des Spracherwerbs, das Niveau der prämorbiden Kompetenz in jeder

Sprache (mit größerer funktioneller Gehirnaktivitätsüberlappung zwischen den Sprachen bei hochkompetenten Bilingualen im Vergleich zu Bilingualen mit geringer Kompetenz) sowie der Grad der Ähnlichkeit der Sprachen (z. B. gemeinsame Kognate oder Orthografie) und die Art des Erwerbs dieser Sprachen (formeller vs. informeller Unterricht) (Ansaldo et al., 2008; Kuzmina et al., 2019). Zweisprachige Erwachsene haben im Vergleich zu einsprachigen oft einen kleineren Wortschatz und eine geringere Benennfähigkeit in jeder ihrer beiden Sprachen, wenn diese getrennt betrachtet werden. Insgesamt besitzen sie jedoch einen größeren Wortschatz, wenn beide Sprachen zusammen betrachtet werden (Gollan et al., 2005, 2007; Ivanova & Costa, 2008). Dieser Effekt tritt nicht nur in der schwächeren zweiten Sprache auf, sondern betrifft auch die Muttersprache. Zweisprachige schneiden bei Benenntests in ihrer Muttersprache schlechter ab als Einsprachige, ein Phänomen, das als schwächere Verbindung bezeichnet wird (Sandoval et al., 2010).

Dies könnte darauf hindeuten, dass therapeutische Effekte bei Zweisprachigen weniger stark oder robust ausfallen könnten. Andererseits zeigen Zweisprachige in nichtsprachlichen Tests zur kognitiven Kontrolle oft bessere Ergebnisse als Einsprachige, was als bilingualer Vorteil bezeichnet wird. Diese metalinguistischen kognitiven Fähigkeiten könnten Bilinguale nutzen, um besser von Behandlungen zu profitieren. Zudem wird Zweisprachigkeit mit einer erhöhten Resilienz gegenüber neurologischen Störungen in Verbindung gebracht, möglicherweise aufgrund ihres Beitrags zur kognitiven Reserve (Bialystok & Craik, 2007; Duncan et al., 2018). Aus dieser Perspektive könnte Zweisprachigkeit die Wirksamkeit von tDCS-Interventionen verstärken, wie bereits bei Verhaltensinterventionen beobachtet wurde, die eine sprachübergreifende Verbesserung zeigten (Kiran et al., 2013). Insgesamt bietet der Sprachstatus ein vielversprechendes Forschungsfeld, um zu untersuchen, ob und wie Zweisprachigkeit die Reaktion auf therapeutische Interventionen beeinflussen könnte.

18.6.2 Polymorphismen des neurotrophen Faktors des Gehirns (BDNF)

Der BDNF, ein Mitglied der Neurotrophinfamilie neuronaler Wachstumsfaktoren, enthält einen funktionellen Polymorphismus (rs6265), der zu einer Valin-Methionin-Substitution an Codon 66 führt und als Val66Met-Polymorphismus bezeichnet wird. Das Vorhandensein des Metallels ist mit einer reduzierten BDNF-Aktivität verbunden (Egan et al., 2003). Forschungen an gesunden Individuen sowie an Schlaganfallpatienten deuten darauf hin, dass der BDNF-Genotyp die Reaktion auf die tDCS bei Menschen mit PPA beeinflussen könnte. Mehrere Studien zeigen, dass gesunde Individuen mit dem Val66Met-Polymorphismus eine verminderte basale kortikale Erregbarkeit aufweisen, gemessen an durch transkranielle Magnetstimulation (TMS) induzierten motorisch evozierten Potenzialen (Shah-Basak et al., 2021). Darüber hinaus variiert die Wirkung der TMS bei Menschen mit dem Genotyp Val66Met stärker (Harvey et al., 2021) und ist bei Personen mit chronischem Schlaganfall im Vergleich zu denen mit dem Genotyp Val66Val deutlich reduziert (Parchure et al., 2022). Fridriksson und Kollegen (2018) zeigten, dass Schlaganfallpatienten mit chronischer Aphasie und dem Val66Met-Genotyp weniger von der tDCS profitierten als Personen mit dem Val66Val-Genotyp. Ähnlich fanden Dresang und Kollegen (2022) heraus, dass der Val66Met-Genotyp negativ mit der Erholung der Sprache bei Personen mit chronischer Aphasie nach einem Schlaganfall korreliert. Der BDNF-Polymorphismus interagierte zudem mit anderen etablierten Plastizitätsfaktoren (wie Alter bei Schlaganfall, kortikale Erregbarkeit und stimulationsinduzierte Neuroplastizität), um den Schweregrad der Aphasie vorherzusagen. Diese konvergierenden Daten unterstreichen die Bedeutung der Untersuchung des BDNF als biologischen Faktor für das Ansprechen auf die tDCS bei PPA. Es gibt außerdem Hinweise darauf, dass die tDCS den BDNF-Spiegel im Blutplasma erhöhen kann (Marangolo et al., 2014), was den BDNF als möglichen molekularen Mechanismus der tDCS unterstützt.

Literatur

Acosta-Cabronero, J., Patterson, K., Fryer, T. D., Hodges, J. R., Pengas, G., Williams, G. B., & Nestor, P. J. (2011). Atrophy, hypometabolism and white matter abnormalities in semantic dementia tell a coherent story. *Brain, 134*(7), 2025–2035. https://doi.org/10.1093/brain/awr119

Agosta, F., Galantucci, S., Valsasina, P., Canu, E., Meani, A., Marcone, A., Magnani, G., Falini, A., Comi, G., & Filippi, M. (2014). Disrupted brain connectome in semantic variant of primary progressive aphasia. *Neurobiology of Aging, 35*(11), 2646–2655. https://doi.org/10.1016/j.neurobiolaging.2014.05.017

Alladi, S., Xuereb, J., Bak, T., Nestor, P., Knibb, J., Patterson, K., & Hodges, J. R. (2007). Focal cortical presentations of Alzheimer's disease. *Brain, 130*(10), 2636–2645. https://doi.org/10.1093/brain/awm213

Anastassiou, C. A., Montgomery, S. M., Barahona, M., Buzsáki, G., & Koch, C. (2010). The effect of spatially inhomogeneous extracellular electric fields on neurons. *The Journal of Neuroscience, 30*(5), 1925–1936. https://doi.org/10.1523/JNEUROSCI.3635-09.2010

Ansaldo, A. I., Marcotte, K., Scherer, L., & Raboyeau, G. (2008). Language therapy and bilingual aphasia: Clinical implications of psycholinguistic and neuroimaging research. *Journal of Neurolinguistics, 21*(6), 539–557. https://doi.org/10.1016/j.jneuroling.2008.02.001

Ash, S., McMillan, C., Gunawardena, D., Avants, B., Morgan, B., Khan, A., Moore, P., Gee, J., & Grossman, M. (2010). Speech errors in progressive non-fluent aphasia. *Brain and Language, 113*(1), 13–20. https://doi.org/10.1016/j.bandl.2009.12.001

Beales, A., Cartwright, J., Whitworth, A., & Panegyres, P. K. (2016). Exploring generalisation processes following lexical retrieval intervention in primary progressive aphasia. *International Journal of Speech-Language Pathology, 18*(3), 299–314. https://doi.org/10.3109/17549507.2016.1151936

Beeson, P. M., King, R. M., Bonakdarpour, B., Henry, M. L., Cho, H., & Rapcsak, S. Z. (2011). Positive effects of language treatment for the logopenic variant of primary progressive aphasia. *Journal of Molecular Neuroscience, 45*(3), 724–736. https://doi.org/10.1007/s12031-011-9579-2

Bialystok, E., & Craik, F. I. M. (2007). Bilingualism and naming: Implications for cognitive assessment. *Journal of the International Neuropsychological Society, 13*(02). https://doi.org/10.1017/S1355617707070403

Botha, H., & Josephs, K. A. (2019). Primary progressive aphasias and apraxia of speech. *CONTINUUM: Lifelong Learning in Neurology, 25*(1), 101–127. https://doi.org/10.1212/CON.0000000000000699

Breining, B. L., Tippett, D. C., Davis, C., Posner, J., Sebastian, R., Oishie, K., ..., & Hillis, A. E. (2015a, May). Assessing dissociations of object and action naming in acute stroke. Paper presented at the clinical aphasiology conference. Clinical Aphasiology Conference.

Breining, B. L., Lala, T., Martínez Cuitiño, M., Manes, F., Peristeri, E., Tsapkini, K., Faria, A. V., & Hillis, A. E. (2015b). A brief assessment of object semantics in primary progressive aphasia. *Aphasiology, 29*(4), 488–505. https://doi.org/10.1080/02687038.2014.973360

Breining, B. L., Faria, A. V., Tippett, D. C., Stockbridge, M. D., Meier, E. L., Caffo, B., Hermann, O., Friedman, R., Meyer, A., Tsapkini, K., & Hillis, A. E. (2023). Association of regional atrophy with naming decline in primary progressive aphasia. *Neurology, 100*(6), e582–e594. https://doi.org/10.1212/WNL.0000000000201491

Budd, M. A., Kortte, K., Cloutman, L., Newhart, M., Gottesman, R. F., Davis, C., Heidler-Gary, J., Seay, M. W., & Hillis, A. E. (2010). The nature of naming errors in primary progressive aphasia versus acute post-stroke aphasia. *Neuropsychology, 24*(5), 581–589. https://doi.org/10.1037/a0020287

Buysse, D. J., Reynolds, C. F., Monk, T. H., Berman, S. R., & Kupfer, D. J. (1989). The Pittsburgh sleep quality index: A new instrument for psychiatric practice and research. *Psychiatry Research, 28*(2), 193–213. https://doi.org/10.1016/0165-1781(89)90047-4

Byeon, H. (2020). Meta-analysis on the effects of transcranial direct current stimulation on naming of elderly with primary progressive aphasia. *International Journal of Environmental Research and Public Health, 17*(3), 1095. https://doi.org/10.3390/ijerph17031095

Cappon, D., Den Boer, T., Yu, W., LaGanke, N., Fox, R., Brozgol, M., Hausdorff, J. M., Manor, B., & Pascual-Leone, A. (2023). An educational program for remote training and supervision of home-based transcranial electrical stimulation: Feasibility and preliminary effectiveness. *Neuromodulation: Technology at the Neural Interface*, S1094715923006712. https://doi.org/10.1016/j.neurom.2023.04.477

Carandini, M., & Ferster, D. (2000). Membrane potential and firing rate in cat primary visual cortex. *The Journal of Neuroscience, 20*(1), 470–484. https://doi.org/10.1523/JNEUROSCI.20-01-00470.2000

Catani, M., Piccirilli, M., Cherubini, A., Tarducci, R., Sciarma, T., Gobbi, G., Pelliccioli, G., Petrillo, S. M., Senin, U., & Mecocci, P. (2003). Axonal injury within language network in primary progressive aphasia. *Annals of Neurology, 53*(2), 242–247.

Chan, C. B., & Ye, K. (2017). Sex differences in brain-derived neurotrophic factor signaling and functions.

Journal of Neuroscience Research, 95(1–2), 328–335. https://doi.org/10.1002/jnr.23863

Coemans, S., Struys, E., Vandenborre, D., Wilssens, I., Engelborghs, S., Paquier, P., Tsapkini, K., & Keulen, S. (2021). A systematic review of transcranial direct current stimulation in primary progressive aphasia: Methodological Considerations. *Frontiers in Aging Neuroscience, 13*. https://doi.org/10.3389/fnagi.2021.710818

Cotelli, M., Manenti, R., Petesi, M., Brambilla, M., Cosseddu, M., Zanetti, O., Miniussi, C., Padovani, A., & Borroni, B. (2014). Treatment of primary progressive aphasias by transcranial direct current stimulation combined with language training. *Journal of Alzheimer's Disease, 39*(4), 799–808. https://doi.org/10.3233/JAD-131427

Cotelli, M., Manenti, R., Paternicò, D., Cosseddu, M., Brambilla, M., Petesi, M., Premi, E., Gasparotti, R., Zanetti, O., Padovani, A., & Borroni, B. (2016). Grey matter density predicts the improvement of naming abilities after tDCS intervention in agrammatic variant of primary progressive aphasia. *Brain Topography, 29*(5), 738–751. https://doi.org/10.1007/s10548-016-0494-2

Cotelli, M., Manenti, R., Ferrari, C., Gobbi, E., Macis, A., & Cappa, S. F. (2020). Effectiveness of language training and non-invasive brain stimulation on oral and written naming performance in primary progressive aphasia: A meta-analysis and systematic review. *Neuroscience & Biobehavioral Reviews, 108*, 498–525. https://doi.org/10.1016/j.neubiorev.2019.12.003

Croot, K., Taylor, C., Abel, S., Jones, K., Krein, L., Hameister, I., Ruggero, L., & Nickels, L. (2015). Measuring gains in connected speech following treatment for word retrieval: A study with two participants with primary progressive aphasia. *Aphasiology, 29*(11), 1265–1288. https://doi.org/10.1080/02687038.2014.975181

Cummings, J., Ritter, A., & Zhong, K. (2018). Clinical trials for disease-modifying therapies in Alzheimer's disease: A primer, lessons learned, and a blueprint for the future. *Journal of Alzheimer's Disease, 64*(s1), S3–S22. https://doi.org/10.3233/JAD-179901

Datta, A., Bansal, V., Diaz, J., Patel, J., Reato, D., & Bikson, M. (2009). Gyri-precise head model of transcranial direct current stimulation: Improved spatial focality using a ring electrode versus conventional rectangular pad. *Brain Stimulation, 2*(4), 201–207.e1. https://doi.org/10.1016/j.brs.2009.03.005

Davies, R. R., Hodges, J. R., Kril, J. J., Patterson, K., Halliday, G. M., & Xuereb, J. H. (2005). The pathological basis of semantic dementia. *Brain, 128*(9), 1984–1995. https://doi.org/10.1093/brain/awh582

De Aguiar, V., Zhao, Y., Faria, A., Ficek, B., Webster, K. T., Wendt, H., Wang, Z., Hillis, A. E., Onyike, C. U., Frangakis, C., Caffo, B., & Tsapkini, K. (2020a). Brain volumes as predictors of tDCS effects in primary progressive aphasia. *Brain and Language, 200*, 104707. https://doi.org/10.1016/j.bandl.2019.104707

De Aguiar, V., Zhao, Y., Ficek, B. N., Webster, K., Rofes, A., Wendt, H., Frangakis, C., Caffo, B., Hillis, A. E., Rapp, B., & Tsapkini, K. (2020b). Cognitive and language performance predicts effects of spelling intervention and tDCS in primary progressive aphasia. *Cortex, 124*, 66–84. https://doi.org/10.1016/j.cortex.2019.11.001

DeMarco, A. T., Wilson, S. M., Rising, K., Rapcsak, S. Z., & Beeson, P. M. (2017). Neural substrates of sublexical processing for spelling. *Brain and Language, 164*, 118–128. https://doi.org/10.1016/j.bandl.2016.10.001

Diehl, J., Grimmer, T., Drzezga, A., Riemenschneider, M., Förstl, H., & Kurz, A. (2004). Cerebral metabolic patterns at early stages of frontotemporal dementia and semantic dementia. A PET study. *Neurobiology of Aging, 25*(8), 1051–1056. https://doi.org/10.1016/j.neurobiolaging.2003.10.007

Dmochowski, J. P., Datta, A., Bikson, M., Su, Y., & Parra, L. C. (2011). Optimized multi-electrode stimulation increases focality and intensity at target. *Journal of Neural Engineering, 8*(4), 046011. https://doi.org/10.1088/1741-2560/8/4/046011

Dong, F., Zhang, Q., Kong, W., Chen, J., Ma, J., Wang, L., Wang, Y., Liu, Y., Li, Y., & Wen, J. (2017). Regulation of endometrial cell proliferation by estrogen-induced BDNF signaling pathway. *Gynecological Endocrinology, 33*(6), 485–489. https://doi.org/10.1080/09513590.2017.1295439

Dresang, H. C., Harvey, D. Y., Xie, S. X., Shah-Basak, P. P., DeLoretta, L., Wurzman, R., Parchure, S. Y., Sacchetti, D., Faseyitan, O., Lohoff, F. W., & Hamilton, R. H. (2022). Genetic and neurophysiological biomarkers of neuroplasticity inform poststroke language recovery. *Neurorehabilitation and Neural Repair, 36*(6), 371–380. https://doi.org/10.1177/15459683221096391

Duncan, H. D., Nikelski, J., Pilon, R., Steffener, J., Chertkow, H., & Phillips, N. A. (2018). Structural brain differences between monolingual and multilingual patients with mild cognitive impairment and Alzheimer disease: Evidence for cognitive reserve. *Neuropsychologia, 109*, 270–282. https://doi.org/10.1016/j.neuropsychologia.2017.12.036

Egan, M. F., Kojima, M., Callicott, J. H., Goldberg, T. E., Kolachana, B. S., Bertolino, A., Zaitsev, E., Gold, B., Goldman, D., Dean, M., Lu, B., & Weinberger, D. R. (2003). The BDNF val66met polymorphism affects activity-dependent secretion of BDNF and human memory and hippocampal function. *Cell, 112*(2), 257–269. https://doi.org/10.1016/S0092-8674(03)00035-7

Faria, A. V., Sebastian, R., Newhart, M., Mori, S., & Hillis, A. E. (2014). Longitudinal imaging and deterioration in word comprehension in primary progressive aphasia: Potential clinical significance. *Aphasiology, 28*(8–9), 948–963. https://doi.org/10.1080/02687038.2014.911241

Fenner, A. S., Webster, K. T., Ficek, B. N., Frangakis, C. E., & Tsapkini, K. (2019). Written verb naming improves after tDCS over the left IFG in primary progressive aphasia. *Frontiers in Psychology, 10*, 1396. https://doi.org/10.3389/fpsyg.2019.01396

Ferrucci, R., Mameli, F., Guidi, I., Mrakic-Sposta, S., Vergari, M., Marceglia, S., Cogiamanian, F., Barbieri, S., Scarpini, E., & Priori, A. (2008). Transcranial direct current stimulation improves recognition memory in Alzheimer disease. *Neurology, 71*(7), 493–498. https://doi.org/10.1212/01.wnl.0000317060.43722.a3

Ficek, B. N., Wang, Z., Zhao, Y., Webster, K. T., Desmond, J. E., Hillis, A. E., Frangakis, C., Vasconcellos Faria, A., Caffo, B., & Tsapkini, K. (2018). The effect of tDCS on functional connectivity in primary progressive aphasia. *NeuroImage: Clinical, 19*, 703–715. https://doi.org/10.1016/j.nicl.2018.05.023

Fridriksson, J., Rorden, C., Elm, J., Sen, S., George, M. S., & Bonilha, L. (2018). Transcranial direct current stimulation vs sham stimulation to treat aphasia after stroke: A randomized clinical trial. *JAMA Neurology, 75*(12), 1470. https://doi.org/10.1001/jamaneurol.2018.2287

Fritsch, B., Reis, J., Martinowich, K., Schambra, H. M., Ji, Y., Cohen, L. G., & Lu, B. (2010). Direct current stimulation promotes BDNF-dependent synaptic plasticity: Potential implications for motor learning. *Neuron, 66*(2), 198–204. https://doi.org/10.1016/j.neuron.2010.03.035

Gervits, F., Ash, S., Coslett, H. B., Rascovsky, K., Grossman, M., & Hamilton, R. (2016). Transcranial direct current stimulation for the treatment of primary progressive aphasia: An open-label pilot study. *Brain and Language, 162*, 35–41.

Giannini, L. A. A., Irwin, D. J., McMillan, C. T., Ash, S., Rascovsky, K., Wolk, D. A., Van Deerlin, V. M., Lee, E. B., Trojanowski, J. Q., & Grossman, M. (2017). Clinical marker for Alzheimer disease pathology in logopenic primary progressive aphasia. *Neurology, 88*(24), 2276–2284. https://doi.org/10.1212/WNL.0000000000004034

Gollan, T. H., Montoya, R. I., Fennema-Notestine, C., & Morris, S. K. (2005). Bilingualism affects picture naming but not picture classification. *Memory & Cognition, 33*(7), 1220–1234. https://doi.org/10.3758/BF03193224

Gollan, T. H., Fennema-Notestine, C., Montoya, R. I., & Jernigan, T. L. (2007). The bilingual effect on Boston naming test performance. *Journal of the International Neuropsychological Society, 13*(02). https://doi.org/10.1017/S1355617707070038

Gomez Palacio Schjetnan, A., Faraji, J., Metz, G. A., Tatsuno, M., & Luczak, A. (2013). Transcranial direct current stimulation in stroke rehabilitation: A review of recent advancements. *Stroke Research and Treatment, 2013*, 1–14. https://doi.org/10.1155/2013/170256

Gorno-Tempini, M. L., Dronkers, N. F., Rankin, K. P., Ogar, J. M., Phengrasamy, L., Rosen, H. J., Johnson, J. K., Weiner, M. W., & Miller, B. L. (2004). Cognition and anatomy in three variants of primary progressive aphasia. *Annals of Neurology, 55*(3), 335–346. https://doi.org/10.1002/ana.10825

Gorno-Tempini, M. L., Brambati, S. M., Ginex, V., Ogar, J., Dronkers, N. F., Marcone, A., Perani, D., Garibotto, V., Cappa, S. F., & Miller, B. L. (2008). The logopenic/phonological variant of primary progressive aphasia. *Neurology, 71*(16), 1227–1234. https://doi.org/10.1212/01.wnl.0000320506.79811.da

Gorno-Tempini, M. L., Hillis, A. E., Weintraub, S., Kertesz, A., Mendez, M., Cappa, S. F., Ogar, J. M., Rohrer, J. D., Black, S., Boeve, B. F., Manes, F., Dronkers, N. F., Vandenberghe, R., Rascovsky, K., Patterson, K., Miller, B. L., Knopman, D. S., Hodges, J. R., Mesulam, M. M., & Grossman, M. (2011). Classification of primary progressive aphasia and its variants. *Neurology, 76*(11), 1006–1014. https://doi.org/10.1212/WNL.0b013e31821103e6

Grossman, M. (2010). Primary progressive aphasia: Clinicopathological correlations. *Nature Reviews Neurology, 6*(2), 88–97. https://doi.org/10.1038/nrneurol.2009.216

Grossman, M. (2012). The non-fluent/agrammatic variant of primary progressive aphasia. *The Lancet Neurology, 11*(6), 545–555. https://doi.org/10.1016/S1474-4422(12)70099-6

Grossman, M., Xie, S. X., Libon, D. J., Wang, X., Massimo, L., Moore, P., Vesely, L., Berkowitz, R., Chatterjee, A., Coslett, H. B., Hurtig, H. I., Forman, M. S., Lee, V. M.-Y., & Trojanowski, J. Q. (2008). Longitudinal decline in autopsy-defined frontotemporal lobar degeneration. *Neurology, 70*(22), 2036–2045. https://doi.org/10.1212/01.wnl.0000303816.25065.bc

Harris, A. D., Wang, Z., Ficek, B., Webster, K., Edden, R. A., & Tsapkini, K. (2019). Reductions in GABA following a tDCS-language intervention for primary progressive aphasia. *Neurobiology of Aging, 79*, 75–82. https://doi.org/10.1016/j.neurobiolaging.2019.03.011

Harris, J. M., Gall, C., Thompson, J. C., Richardson, A. M. T., Neary, D., Du Plessis, D., Pal, P., Mann, D. M. A., Snowden, J. S., & Jones, M. (2013). Classification and pathology of primary progressive aphasia. *Neurology, 81*(21), 1832–1839. https://doi.org/10.1212/01.wnl.0000436070.28137.7b

Harvey, D. Y., DeLoretta, L., Shah-Basak, P. P., Wurzman, R., Sacchetti, D., Ahmed, A., Thiam, A., Lohoff, F. W., Faseyitan, O., & Hamilton, R. H. (2021). Variability in cTBS aftereffects attributed to the interaction of stimulus intensity with BDNF Val-66Met polymorphism. *Frontiers in Human Neuroscience, 15*, 585533. https://doi.org/10.3389/fnhum.2021.585533

Henry, M. L., Beeson, P. M., & Rapcsak, S. Z. (2008). Treatment for lexical retrieval in progressive aphasia. *Aphasiology, 22*(7–8), 826–838. https://doi.org/10.1080/02687030701820055

Henry, M. L., Rising, K., DeMarco, A. T., Miller, B. L., Gorno-Tempini, M. L., & Beeson, P. M. (2013). Examining the value of lexical retrieval treatment in primary progressive aphasia: Two positive cases. *Brain and Language, 127*(2), 145–156. https://doi.org/10.1016/j.bandl.2013.05.018

Henry, M. L., Hubbard, H. I., Grasso, S. M., Dial, H. R., Beeson, P. M., Miller, B. L., & Gorno-Tempini, M. L. (2019). Treatment for word retrieval in semantic and logopenic variants of primary progressive aphasia: Immediate and long-term outcomes. *Journal of Speech, Language, and Hearing Research, 62*(8), 2723–2749. https://doi.org/10.1044/2018_JSLHR-L-18-0144

Herrmann, O., Ficek, B., Webster, K. T., Frangakis, C., Spira, A. P., & Tsapkini, K. (2022). Sleep as a predictor of tDCS and language therapy outcomes. *Sleep, 45*(3), zsab275. https://doi.org/10.1093/sleep/zsab275

Hodges, J. R., Patterson, K., Oxbury, S., & Funnell, E. (1992). Semantic dementia: Progressive fluent aphasia with temporal lobe atrophy. *Brain, 115*(6), 1783–1806. https://doi.org/10.1093/brain/115.6.1783

Hodges, J. R., Mitchell, J., Dawson, K., Spillantini, M. G., Xuereb, J. H., McMonagle, P., Nestor, P. J., & Patterson, K. (2010). Semantic dementia: Demography, familial factors and survival in a consecutive series of 100 cases. *Brain, 133*(1), 300–306. https://doi.org/10.1093/brain/awp248

Hoffman, P., Sajjadi, S. A., Patterson, K., & Nestor, P. J. (2017). Data-driven classification of patients with primary progressive aphasia. *Brain and Language, 174*, 86–93. https://doi.org/10.1016/j.bandl.2017.08.001

Howard, D., & Patterson, K. (1992). *The pyramids and palm trees test: A test of semantic access from words and pictures.* Pearson.

Hung, J., Bauer, A., Grossman, M., Hamilton, R. H., Coslett, H. B., & Reilly, J. (2017). Semantic feature training in combination with transcranial direct current stimulation (tDCS) for progressive anomia. *Frontiers in Human Neuroscience, 11*, 253. https://doi.org/10.3389/fnhum.2017.00253

Hupfeld, K. E., Zöllner, H. J., Oeltzschner, G., Hyatt, H. W., Herrmann, O., Gallegos, J., Hui, S. C. N., Harris, A. D., Edden, R. A. E., & Tsapkini, K. (2023). Brain total creatine differs between primary progressive aphasia (PPA) subtypes and correlates with disease severity. *Neurobiology of Aging, 122*, 65–75. https://doi.org/10.1016/j.neurobiolaging.2022.11.006

Hurley, R. S., Paller, K. A., Rogalski, E. J., & Mesulam, M. M. (2012). Neural mechanisms of object naming and word comprehension in primary progressive aphasia. *The Journal of Neuroscience, 32*(14), 4848–4855. https://doi.org/10.1523/JNEUROSCI.5984-11.2012

Irwin, D. J., Trojanowski, J. Q., & Grossman, M. (2013). Cerebrospinal fluid biomarkers for differentiation of frontotemporal lobar degeneration from Alzheimer's disease. *Frontiers in Aging Neuroscience, 5.* https://doi.org/10.3389/fnagi.2013.00006

Ivanova, I., & Costa, A. (2008). Does bilingualism hamper lexical access in speech production? *Acta Psychologica, 127*(2), 277–288. https://doi.org/10.1016/j.actpsy.2007.06.003

Jang, S. H., Ahn, S. H., Byun, W. M., Kim, C. S., Lee, M. Y., & Kwon, Y. H. (2009). The effect of transcranial direct current stimulation on the cortical activation by motor task in the human brain: An fMRI study. *Neuroscience Letters, 460*(2), 117–120. https://doi.org/10.1016/j.neulet.2009.05.037

Jokel, R., Rochon, E., & Leonard, C. (2006). Treating anomia in semantic dementia: Improvement, maintenance, or both? *Neuropsychological Rehabilitation, 16*(3), 241–256. https://doi.org/10.1080/09602010500176757

Jokel, R., Cupit, J., Rochon, E., & Leonard, C. (2009). Relearning lost vocabulary in nonfluent progressive aphasia with MossTalk Words®. *Aphasiology, 23*(2), 175–191. https://doi.org/10.1080/02687030801943005

Jokel, R., Rochon, E., & Anderson, N. D. (2010). Errorless learning of computer-generated words in a patient with semantic dementia. *Neuropsychological Rehabilitation, 20*(1), 16–41. https://doi.org/10.1080/09602010902879859

Josephs, K. A., Duffy, J. R., Strand, E. A., Whitwell, J. L., Layton, K. F., Parisi, J. E., Hauser, M. F., Witte, R. J., Boeve, B. F., Knopman, D. S., Dicskson, D. W., Jack, C. R., Jr., & Petersen, R. C. (2006). Clinicopathological and imaging correlates of progressive aphasia and apraxia of speech. *Brain, 129*(6), 1385–1398. https://doi.org/10.1093/brain/awl078

Josephs, K. A., Whitwell, J. L., Duffy, J. R., Vanvoorst, W. A., Strand, E. A., Hu, W. T., Boeve, B. F., Graff-Radford, N. R., Parisi, J. E., Knopman, D. S., Dickson, D. W., Jack, C. R., Jr., & Petersen, R. C. (2008). Progressive aphasia secondary to Alzheimer disease vs FTLD pathology. *Neurology, 70*(1), 25–34.

Josephs, K. A., Stroh, A., Dugger, B., & Dickson, D. W. (2009). Evaluation of subcortical pathology and clinical correlations in FTLD-U subtypes. *Acta Neuropathologica, 118*(3), 349–358. https://doi.org/10.1007/s00401-009-0547-7

Josephs, K. A., Hodges, J. R., Snowden, J. S., Mackenzie, I. R., Neumann, M., Mann, D. M., & Dickson, D. W. (2011). Neuropathological background of phenotypical variability in frontotemporal dementia. *Acta Neuropathologica, 122*(2), 137–153. https://doi.org/10.1007/s00401-011-0839-6

Kaplan, E., Goodglass, H., & Weintraub, S. (2001). *Boston naming test-2 (BNT-2).* Pro-Ed.

Kertesz, A., McMonagle, P., Blair, M., Davidson, W., & Munoz, D. G. (2005). The evolution and pathology of frontotemporal dementia. *Brain, 128*(9), 1996–2005. https://doi.org/10.1093/brain/awh598

Kiran, S., Sandberg, C., Gray, T., Ascenso, E., & Kester, E. (2013). Rehabilitation in bilingual aphasia: Evidence for within- and between-language generalization. *American Journal of Speech-Language Pathology, 22*(2). https://doi.org/10.1044/1058--0360(2013/12-0085)

Knopman, D. S., Boeve, B. F., Parisi, J. E., Dickson, D. W., Smith, G. E., Ivnik, R. J., Josephs, K. A., & Petersen, R. C. (2005). Antemortem diagnosis of frontotemporal lobar degeneration. *Annals of Neurology, 57*(4), 480–488. https://doi.org/10.1002/ana.20425

Krause, B., Márquez-Ruiz, J., & Kadosh, R. C. (2013). The effect of transcranial direct current stimulation: A role for cortical excitation/inhibition balance? *Frontiers in Human Neuroscience, 7*. https://doi.org/10.3389/fnhum.2013.00602

Kronberg, G., Rahman, A., Sharma, M., Bikson, M., & Parra, L. C. (2020). Direct current stimulation boosts hebbian plasticity in vitro. *Brain Stimulation, 13*(2), 287–301. https://doi.org/10.1016/j.brs.2019.10.014

Kumfor, F., Landin-Romero, R., Devenney, E., Hutchings, R., Grasso, R., Hodges, J. R., & Piguet, O. (2016). On the right side? A longitudinal study of left- versus right-lateralized semantic dementia. *Brain, 139*(3), 986–998. https://doi.org/10.1093/brain/awv387

Kuzmina, E., Goral, M., Norvik, M., & Weekes, B. S. (2019). What influences language impairment in bilingual aphasia? A meta-analytic review. *Frontiers in Psychology, 10*, 445. https://doi.org/10.3389/fpsyg.2019.00445

Kwon, Y. H., & Jang, S. H. (2011). The enhanced cortical activation induced by transcranial direct current stimulation during hand movements. *Neuroscience Letters, 492*(2), 105–108. https://doi.org/10.1016/j.neulet.2011.01.066

Kwon, Y. H., Ko, M.-H., Ahn, S. H., Kim, Y.-H., Song, J. C., Lee, C.-H., Chang, M. C., & Jang, S. H. (2008). Primary motor cortex activation by transcranial direct current stimulation in the human brain. *Neuroscience Letters, 435*(1), 56–59. https://doi.org/10.1016/j.neulet.2008.02.012

Lefaucheur, J.-P. (2016). A comprehensive database of published tDCS clinical trials (2005–2016). *Neurophysiologie Clinique/Clinical Neurophysiology, 46*(6), 319–398. https://doi.org/10.1016/j.neucli.2016.10.002

Leyton, C. E., Britton, A. K., Hodges, J. R., Halliday, G. M., & Kril, J. J. (2016). Distinctive pathological mechanisms involved in primary progressive aphasias. *Neurobiology of Aging, 38*, 82–92. https://doi.org/10.1016/j.neurobiolaging.2015.10.017

Licata, A. E., Zhao, Y., Herrmann, O., Hillis, A. E., Desmond, J., Onyike, C., & Tsapkini, K. (2023). Sex differences in effects of tDCS and language treatments on brain functional connectivity in primary progressive aphasia. *NeuroImage: Clinical, 37*, 103329. https://doi.org/10.1016/j.nicl.2023.103329

Liebetanz, D., Nitsche, M. A., Tergan, F., & Paulus, W. (2002). Pharmacological approach to the mechanisms of transcranial DC-stimulation-induced after-effects of human motor cortex excitability. *Brain, 125*(10), 2238–2247. https://doi.org/10.1093/brain/awf238

Mack, W. J., Freed, D. M., Williams, B. W., & Henderson, V. W. (1992). Boston naming test: Shortened versions for use in Alzheimer's disease. *Journal of Gerontology, 47*(3), P154–P158. https://doi.org/10.1093/geronj/47.3.P154

Mackenzie, I. R. A., Baborie, A., Pickering-Brown, S., Plessis, D. D., Jaros, E., Perry, R. H., Neary, D., Snowden, J. S., & Mann, D. M. A. (2006). Heterogeneity of ubiquitin pathology in frontotemporal lobar degeneration: Classification and relation to clinical phenotype. *Acta Neuropathologica, 112*(5), 539–549. https://doi.org/10.1007/s00401-006-0138-9

Mandelli, M. L., Vilaplana, E., Brown, J. A., Hubbard, H. I., Binney, R. J., Attygalle, S., Santos-Santos, M. A., Miller, Z. A., Pakvasa, M., Henry, M. L., Rosen, H. J., Henry, R. G., Rabinovici, G. D., Miller, B. L., Seeley, W. W., & Gorno-Tempini, M. L. (2016a). Healthy brain connectivity predicts atrophy progression in non-fluent variant of primary progressive aphasia. *Brain, 139*(10), 2778–2791. https://doi.org/10.1093/brain/aww195

Mandelli, M. L., Vitali, P., Santos, M., Henry, M., Gola, K., Rosenberg, L., Dronkers, N., Miller, B., Seeley, W. W., & Gorno-Tempini, M. L. (2016b). Two insular regions are differentially involved in behavioral variant FTD and nonfluent/agrammatic variant PPA. *Cortex; A Journal Devoted to the Study of the Nervous System and Behavior, 74*, 149–157. https://doi.org/10.1016/j.cortex.2015.10.012

Mandelli, M. L., Welch, A. E., Vilaplana, E., Watson, C., Battistella, G., Brown, J. A., Possin, K. L., Hubbard, H. I., Miller, Z. A., Henry, M. L., Marx, G. A., Santos-Santos, M. A., Bajorek, L. P., Fortea, J., Boxer, A., Rabinovici, G., Lee, S., Deleon, J., Rosen, H. J., et al. (2018). Altered topology of the functional speech production network in non-fluent/agrammatic variant of PPA. *Cortex, 108*, 252–264. https://doi.org/10.1016/j.cortex.2018.08.002

Marangolo, P., Marinelli, C. V., Bonifazi, S., Fiori, V., Ceravolo, M. G., Provinciali, L., & Tomaiuolo, F. (2011). Electrical stimulation over the left inferior frontal gyrus (IFG) determines long-term effects in the recovery of speech apraxia in three chronic aphasics. *Behavioural Brain Research, 225*(2), 498–504.

Marangolo, P., Fiori, V., Gelfo, F., Shofany, J., Razzano, C., Caltagirone, C., & Angelucci, F. (2014). Bihemispheric tDCS enhances language recovery but does not alter BDNF levels in chronic aphasic patients. *Restorative Neurology and Neuroscience, 32*(2), 367–379. https://doi.org/10.3233/RNN-130323

Marcotte, K., & Ansaldo, A. (2010). The neural correlates of semantic feature analysis in chronic aphasia: Discordant patterns according to the etiology. *Seminars in Speech and Language, 31*(01), 052–063. https://doi.org/10.1055/s-0029-1244953

McConathey, E. M., White, N. C., Gervits, F., Ash, S., Coslett, H. B., Grossman, M., & Hamilton, R. H. (2017). Baseline performance predicts tDCS-mediated improvements in language symptoms in primary progressive aphasia. *Frontiers in Human Neuroscience, 11*, 347. https://doi.org/10.3389/fnhum.2017.00347

Meinzer, M., Antonenko, D., Lindenberg, R., Hetzer, S., Ulm, L., Avirame, K., Flaisch, T., & Flöel, A. (2012). Electrical brain stimulation improves cognitive performance by modulating functional connectivity and task-specific activation. *The Journal of Neuroscience, 32*(5), 1859–1866. https://doi.org/10.1523/JNEUROSCI.4812-11.2012

Meinzer, M., Lindenberg, R., Antonenko, D., Flaisch, T., & Floel, A. (2013). Anodal transcranial direct current stimulation temporarily reverses age-associated cognitive decline and functional brain activity changes. *Journal of Neuroscience, 33*(30), 12470–12478. https://doi.org/10.1523/JNEUROSCI.5743-12.2013

Meinzer, M., Lindenberg, R., Darkow, R., Ulm, L., Copland, D., & Flöel, A. (2014). Transcranial direct current stimulation and simultaneous functional magnetic resonance imaging. *Journal of Visualized Experiments, 86*, 51730. https://doi.org/10.3791/51730

Meinzer, M., Lindenberg, R., Phan, M. T., Ulm, L., Volk, C., & Flöel, A. (2015). Transcranial direct current stimulation in mild cognitive impairment: Behavioral effects and neural mechanisms. *Alzheimer's & Dementia, 11*(9), 1032–1040. https://doi.org/10.1016/j.jalz.2014.07.159

Mesulam, M. M. (1982). Slowly progressive aphasia without generalized dementia. *Annals of Neurology, 11*(6), 592–598.

Mesulam, M. M. (2001). Primary progressive aphasia. *Annals of Neurology, 49*(4), 425–432.

Mesulam, M. M., & Weintraub, S. (1992). Spectrum of primary progressive aphasia. *Bailliere's Clinical Neurology, 1*(3), 583–609.

Mesulam, M. M., Wicklund, A., Johnson, N., Rogalski, E., Léger, G. C., Rademaker, A., Weintraub, S., & Bigio, E. H. (2008). Alzheimer and frontotemporal pathology in subsets of primary progressive aphasia. *Annals of Neurology, 63*(6), 709–719. https://doi.org/10.1002/ana.21388

Mesulam, M. M., Wieneke, C., Rogalski, E., Cobia, D., Thompson, C., & Weintraub, S. (2009). Quantitative template for subtyping primary progressive aphasia. *Archives of Neurology, 66*(12). https://doi.org/10.1001/archneurol.2009.288

Mesulam, M. M., Wieneke, C., Thompson, C., Rogalski, E., & Weintraub, S. (2012). Quantitative classification of primary progressive aphasia at early and mild impairment stages. *Brain, 135*(5), 1537–1553. https://doi.org/10.1093/brain/aws080

Mesulam, M. M., Rogalski, E. J., Wieneke, C., Hurley, R. S., Geula, C., Bigio, E. H., Thompson, C. K., & Weintraub, S. (2014a). Primary progressive aphasia and the evolving neurology of the language network. *Nature Reviews Neurology, 10*(10), 554–569.

Mesulam, M. M., Weintraub, S., Rogalski, E. J., Wieneke, C., Geula, C., & Bigio, E. H. (2014b). Asymmetry and heterogeneity of Alzheimer's and frontotemporal pathology in primary progressive aphasia. *Brain, 137*(4), 1176–1192. https://doi.org/10.1093/brain/awu024

Meyer, A., Getz, H., Snider, S., Sullivan, K., Long, S., Turner, R., & Friedman, R. (2013). Remediation and prophylaxis of anomia in primary progressive aphasia. *Procedia – Social and Behavioral Sciences, 94*, 275–276. https://doi.org/10.1016/j.sbspro.2013.09.138

Meyer, A. M., Snider, S. F., Eckmann, C. B., & Friedman, R. B. (2015). Prophylactic treatments for anomia in the logopenic variant of primary progressive aphasia: Cross-language transfer. *Aphasiology, 29*(9), 1062–1081. https://doi.org/10.1080/02687038.2015.1028327

Meyer, A. M., Getz, H. R., Brennan, D. M., Hu, T. M., & Friedman, R. B. (2016). Telerehabilitation of anomia in primary progressive aphasia. *Aphasiology, 30*(4), 483–507. https://doi.org/10.1080/02687038.2015.1081142

Meyer, A. M., Tippett, D. C., & Friedman, R. B. (2018). Prophylaxis and remediation of anomia in the semantic and logopenic variants of primary progressive aphasia. *Neuropsychological Rehabilitation, 28*(3), 352–368. https://doi.org/10.1080/09602011.2016.1148619

Meyer, A. M., Tippett, D. C., Turner, R. S., & Friedman, R. B. (2019). Long-Term maintenance of anomia treatment effects in primary progressive aphasia. *Neuropsychological Rehabilitation, 29*(9), 1439–1463. https://doi.org/10.1080/09602011.2018.1425146

Minhas, P., Bansal, V., Patel, J., Ho, J. S., Diaz, J., Datta, A., & Bikson, M. (2010). Electrodes for high-definition transcutaneous DC stimulation for applications in drug delivery and electrotherapy, including tDCS. *Journal of Neuroscience Methods, 190*(2), 188–197. https://doi.org/10.1016/j.jneumeth.2010.05.007

Modirrousta, M., Price, B. H., & Dickerson, B. C. (2013). Neuropsychiatric symptoms in primary progressive aphasia: Phenomenology, pathophysiology, and approach to assessment and treatment. *Neurodegenerative Disease Management, 3*(2), 133–146. https://doi.org/10.2217/nmt.13.6

Montembeault, M., Brambati, S. M., Gorno-Tempini, M. L., & Migliaccio, R. (2018). Clinical, anatomical, and pathological features in the three variants of primary progressive aphasia: A review. *Frontiers in Neurology, 9*, 692. https://doi.org/10.3389/fneur.2018.00692

Morhardt, D. J., O'Hara, M. C., Zachrich, K., Wieneke, C., & Rogalski, E. J. (2019). Development of a psycho-educational support program for individuals with primary progressive aphasia and their carepartners. *Dementia, 18*(4), 1310–1327. https://doi.org/10.1177/1471301217699675

Neophytou, K., Wiley, R. W., Rapp, B., & Tsapkini, K. (2019). The use of spelling for variant classification in primary progressive aphasia: Theoretical and practical implications. *Neuropsychologia, 133*, 107157. https://doi.org/10.1016/j.neuropsychologia.2019.107157

Nestor, P. J., Graham, N. L., Fryer, T. D., Williams, G. B., Patterson, K., & Hodges, J. R. (2003). Progressive non-fluent aphasia is associated with hypometabolism centred on the left anterior insula. *Brain, 126*(11), 2406–2418. https://doi.org/10.1093/brain/awg240

Newhart, M., Davis, C., Kannan, V., Heidler-Gary, J., Cloutman, L., & Hillis, A. E. (2009). Therapy for naming deficits in two variants of primary progressive aphasia. *Aphasiology, 23*(7–8), 823–834. https://doi.org/10.1080/02687030802661762

Nissim, N. R., Moberg, P. J., & Hamilton, R. H. (2020). Efficacy of noninvasive brain stimulation (tDCS or TMS) paired with language therapy in the treatment of primary progressive aphasia: An exploratory meta-analysis. *Brain Sciences, 10*(9), 597. https://doi.org/10.3390/brainsci10090597

Nissim, N. R., Harvey, D. Y., Haslam, C., Friedman, L., Bharne, P., Litz, G., Phillips, J. S., Cousins, K. A. Q., Xie, S. X., Grossman, M., & Hamilton, R. H. (2022). Through thick and thin: Baseline cortical volume and thickness predict performance and response to transcranial direct current stimulation in primary progressive aphasia. *Frontiers in Human Neuroscience, 16*, 907425. https://doi.org/10.3389/fnhum.2022.907425

Nitsche, M. A., & Paulus, W. (2001). Sustained excitability elevations induced by transcranial DC motor cortex stimulation in humans. *Neurology, 57*(10), 1899–1901. https://doi.org/10.1212/WNL.57.10.1899

Nitsche, M. A., & Paulus, W. (2011). Transcranial direct current stimulation – Update 2011. *Restorative Neurology and Neuroscience, 29*(6), 463–492. https://doi.org/10.3233/RNN-2011-0618

Nitsche, M. A., Cohen, L. G., Wassermann, E. M., Priori, A., Lang, N., Antal, A., Paulus, W., Hummel, F., Boggio, P. S., Fregni, F., & Pascual-Leone, A. (2008). Transcranial direct current stimulation: State of the art 2008. *Brain Stimulation, 1*(3), 206–223. https://doi.org/10.1016/j.brs.2008.06.004

Ogar, J. M., Dronkers, N. F., Brambati, S. M., Miller, B. L., & Gorno-Tempini, M. L. (2007). Progressive nonfluent aphasia and its characteristic motor speech deficits. *Alzheimer Disease & Associated Disorders, 21*(4), S23–S30. https://doi.org/10.1097/WAD.0b013e31815d19fe

Opitz, A., Falchier, A., Yan, C.-G., Yeagle, E. M., Linn, G. S., Megevand, P., Thielscher, A., Deborah, A. R., Milham, M. P., Mehta, A. D., & Schroeder, C. E. (2016). Spatiotemporal structure of intracranial electric fields induced by transcranial electric stimulation in humans and nonhuman primates. *Scientific Reports, 6*(1), 31236. https://doi.org/10.1038/srep31236

Orphanet (2021). Primary progressive aphasia. Available at http://www.orpha.net/consor/cgibin/OC_Exp.php?lng=en&Expert=95432. (n.d.)........d.h. im Jahr 2021 wurde auf die Webseite zugegriffen

Panza, F., Lozupone, M., Seripa, D., Daniele, A., Watling, M., Giannelli, G., & Imbimbo, B. P. (2020). Development of disease-modifying drugs for frontotemporal dementia spectrum disorders. *Nature Reviews Neurology, 16*(4), 213–228. https://doi.org/10.1038/s41582-020-0330-x

Parchure, S., Harvey, D. Y., Shah-Basak, P. P., DeLoretta, L., Wurzman, R., Sacchetti, D., Faseyitan, O., Lohoff, F. W., & Hamilton, R. H. (2022). Brain-derived neurotrophic factor gene polymorphism predicts response to continuous theta burst stimulation in chronic stroke patients. *Neuromodulation: Technology at the Neural Interface, 25*(4), 569–577. https://doi.org/10.1111/ner.13495

Peterchev, A. V., Wagner, T. A., Miranda, P. C., Nitsche, M. A., Paulus, W., Lisanby, S. H., Pascual-Leone, A., & Bikson, M. (2012). Fundamentals of transcranial electric and magnetic stimulation dose: Definition, selection, and reporting practices. *Brain Stimulation, 5*(4), 435–453. https://doi.org/10.1016/j.brs.2011.10.001

Pick, A. (1892). Uber die Beziehungen der senilen Hirnatrophie zur Aphasie. *Prager Medizinische Wochenschrift, 17*, 165–167.

Preiß, D., Billette, O. V., Schneider, A., Spotorno, N., & Nestor, P. J. (2019). The atrophy pattern in Alzheimer-related PPA is more widespread than that of the frontotemporal lobar degeneration associated variants. *NeuroImage: Clinical, 24*, 101994. https://doi.org/10.1016/j.nicl.2019.101994

Priori, A. (2003). Brain polarization in humans: A reappraisal of an old tool for prolonged non-invasive modulation of brain excitability. *Clinical Neurophysiology, 114*(4), 589–595. https://doi.org/10.1016/S1388-2457(02)00437-6

Purcell, J. J., & Rapp, B. (2013). Identifying functional reorganization of spelling networks: An individual peak probability comparison approach. *Frontiers in Psychology, 4*, 964.

Radman, T., Ramos, R. L., Brumberg, J. C., & Bikson, M. (2009). Role of cortical cell type and morphology in subthreshold and suprathreshold uniform electric field stimulation in vitro. *Brain Stimulation, 2*(4), 215–228.e3. https://doi.org/10.1016/j.brs.2009.03.007

Reis, J., Schambra, H. M., Cohen, L. G., Buch, E. R., Fritsch, B., Zarahn, E., Celnik, P. A., & Krakauer, J. W. (2009). Noninvasive cortical stimulation enhances motor skill acquisition over multiple days through an effect on consolidation. *Proceedings of the National Academy of Sciences, 106*(5), 1590–1595. https://doi.org/10.1073/pnas.0805413106

Rogalski, E., Cobia, D., Harrison, T. M., Wieneke, C., Weintraub, S., & Mesulam, M.-M. (2011). Progression of language decline and cortical atrophy in subtypes of primary progressive aphasia. *Neurology, 76*(21), 1804–1810. https://doi.org/10.1212/WNL.0b013e31821ccd3c

Rohrer, J. D., Lashley, T., Schott, J. M., Warren, J. E., Mead, S., Isaacs, A. M., Beck, J., Hardy, J., De Silva, R., Warrington, E., Troakes, C., Al-Sarraj, S., King, A., Borroni, B., Clarkson, M. J., Ourselin, S.,

Holton, J. L., Fox, N. C., Revesz, T., et al. (2011). Clinical and neuroanatomical signatures of tissue pathology in frontotemporal lobar degeneration. *Brain, 134*(9), 2565–2581. https://doi.org/10.1093/brain/awr198

Roncero, C., Kniefel, H., Service, E., Thiel, A., Probst, S., & Chertkow, H. (2017). Inferior parietal transcranial direct current stimulation with training improves cognition in anomic Alzheimer's disease and frontotemporal dementia. *Alzheimer's & Dementia: Translational Research & Clinical Interventions, 3*(2), 247–253. https://doi.org/10.1016/j.trci.2017.03.003

Roncero, C., Service, E., De Caro, M., Popov, A., Thiel, A., Probst, S., & Chertkow, H. (2019). Maximizing the treatment benefit of tDCS in neurodegenerative anomia. *Frontiers in Neuroscience, 13*, 1231. https://doi.org/10.3389/fnins.2019.01231

Ruch, K., Stockbridge, M. D., Walker, A., Vitti, E., Shea, J., Sheppard, S., Pacl, A., Kim, H., Faria, A. V., & Hillis, A. E. (2022). Enhanced imaging and language assessments for primary progressive aphasia. *Neurology, 99*(18), e2044–e2051. https://doi.org/10.1212/WNL.0000000000201040

Ruffini, G., Wendling, F., Merlet, I., Molaee-Ardekani, B., Mekonnen, A., Salvador, R., Soria-Frisch, A., Grau, C., Dunne, S., & Miranda, P. C. (2013). Transcranial current brain stimulation (tCS): Models and technologies. *IEEE Transactions on Neural Systems and Rehabilitation Engineering, 21*(3), 333–345. https://doi.org/10.1109/TNSRE.2012.2200046

Sajjadi, S. A., Patterson, K., Arnold, R. J., Watson, P. C., & Nestor, P. J. (2012). Primary progressive aphasia: A tale of two syndromes and the rest. *Neurology, 78*(21), 1670–1677. https://doi.org/10.1212/WNL.0b013e3182574f79

Sajjadi, S. A., Acosta-Cabronero, J., Patterson, K., Diaz-de-Grenu, L. Z., Williams, G. B., & Nestor, P. J. (2013). Diffusion tensor magnetic resonance imaging for single subject diagnosis in neurodegenerative diseases. *Brain, 136*(7), 2253–2261. https://doi.org/10.1093/brain/awt118

Sajjadi, S. A., Patterson, K., & Nestor, P. J. (2014). Logopenic, mixed, or Alzheimer-related aphasia? *Neurology, 82*(13), 1127–1131. https://doi.org/10.1212/WNL.0000000000000271

Sandoval, T. C., Gollan, T. H., Ferreira, V. S., & Salmon, D. P. (2010). What causes the bilingual disadvantage in verbal fluency? The dual-task analogy. *Bilingualism: Language and Cognition, 13*(2), 231–252. https://doi.org/10.1017/S1366728909990514

Savage, S. A., Piguet, O., & Hodges, J. R. (2014). Giving words new life: Generalization of word retraining outcomes in semantic dementia. *Journal of Alzheimer's Disease, 40*(2), 309–317. https://doi.org/10.3233/JAD-131826

Savage, S. A., Piguet, O., & Hodges, J. R. (2015). Cognitive intervention in semantic dementia: maintaining words over time. *Alzheimer Disease & Associated Disorders, 29*(1), 55–62. https://doi.org/10.1097/WAD.0000000000000053

Schaeverbeke, J., Gabel, S., Meersmans, K., Bruffaerts, R., Liuzzi, A. G., Evenepoel, C., Dries, E., Van Bouwel, K., Sieben, A., Pijnenburg, Y., Peeters, R., Bormans, G., Van Laere, K., Koole, M., Dupont, P., & Vandenberghe, R. (2018). Single-word comprehension deficits in the nonfluent variant of primary progressive aphasia. *Alzheimer's Research & Therapy, 10*(1), 68. https://doi.org/10.1186/s13195-018-0393-8

Sebastian, R., Thompson, C. B., Wang, N.-Y., Wright, A., Meyer, A., Friedman, R. B., Hillis, A. E., & Tippett, D. C. (2018). Patterns of decline in naming and semantic knowledge in primary progressive aphasia. *Aphasiology, 32*(9), 1010–1030. https://doi.org/10.1080/02687038.2018.1490388

Serieux, P. (1893). Sur un cas de surdite verbale pure. *Revue de Médecine, 13*, 733–750.

Shah-Basak, P., Harvey, D. Y., Parchure, S., Faseyitan, O., Sacchetti, D., Ahmed, A., Thiam, A., Lohoff, F. W., & Hamilton, R. H. (2021). Brain-derived neurotrophic factor polymorphism influences response to single-pulse transcranial magnetic stimulation at rest. *Neuromodulation: Technology at the Neural Interface, 24*(5), 854–862. https://doi.org/10.1111/ner.13287

Sheppard, S. M., Goldberg, E. B., Sebastian, R., Walker, A., Meier, E. L., & Hillis, A. E. (2022). Transcranial direct current stimulation paired with verb network strengthening treatment improves verb naming in primary progressive aphasia: A case series. *American Journal of Speech-Language Pathology, 31*(4), 1736–1754. https://doi.org/10.1044/2022_AJSLP-21-00272

Snowden, J., Neary, D., & Mann, D. (2007). Frontotemporal lobar degeneration: Clinical and pathological relationships. *Acta Neuropathologica, 114*(1), 31–38. https://doi.org/10.1007/s00401-007-0236-3

Snowden, J. S., Goulding, P. J., & Neary, D. (1989). Semantic dementia: A form of circumscribed cerebral atrophy. *Behavioural Neurology, 2*(3), 167–182. https://doi.org/10.1155/1989/124043

Spinelli, E. G., Mandelli, M. L., Miller, Z. A., Santos-Santos, M. A., Wilson, S. M., Agosta, F., Grinberg, L. T., Huang, E. J., Trojanowski, J. Q., Meyer, M., Henry, M. L., Comi, G., Rabinovici, G., Rosen, H. J., Filippi, M., Miller, B. L., Seeley, W. W., & Gorno-Tempini, M. L. (2017). Typical and atypical pathology in primary progressive aphasia variants. *Annals of Neurology, 81*(3), 430–443. https://doi.org/10.1002/ana.24885

Stagg, C. J., & Nitsche, M. A. (2011). Physiological basis of transcranial direct current stimulation. *The Neuroscientist, 17*(1), 37–53. https://doi.org/10.1177/1073858410386614

Stagg, C. J., Antal, A., & Nitsche, M. A. (2018). Physiology of transcranial direct current stimulation. *The Journal of ECT, 34*(3), 144–152. https://doi.org/10.1097/YCT.0000000000000510

Tao, Y., Ficek, B., Rapp, B., & Tsapkini, K. (2020). Different patterns of functional network reorganization across the variants of primary progressive aphasia: A graph-theoretic analysis. *Neurobiology of Aging, 96*, 184–196. https://doi.org/10.1016/j.neurobiolaging.2020.09.007

Tao, Y., Ficek, B., Wang, Z., Rapp, B., & Tsapkini, K. (2021). Selective functional network changes following tDCS-augmented language treatment in primary progressive aphasia. *Frontiers in Aging Neuroscience, 13*, 378. https://doi.org/10.3389/fnagi.2021.681043

Teichmann, M., Lesoil, C., Godard, J., Vernet, M., Bertrand, A., Levy, R., Dubois, B., Lemoine, L., Truong, D. Q., Bikson, M., Kas, A., & Valero-Cabré, A. (2016). Direct current stimulation over the anterior temporal areas boosts semantic processing in primary progressive aphasia. *Annals of Neurology, 80*(5), 693–707. https://doi.org/10.1002/ana.24766

Themistocleous, C., Ficek, B., Webster, K., Den Ouden, D.-B., Hillis, A. E., & Tsapkini, K. (2021). Automatic subtyping of individuals with primary progressive aphasia. *Journal of Alzheimer's Disease, 79*(3), 1185–1194. https://doi.org/10.3233/JAD-201101

Thiel, A., Black, S. E., Rochon, E. A., Lanthier, S., Hartmann, A., Chen, J. L., Mochizuki, G., Zumbansen, A., & Heiss, W.-D. (2015). Non-invasive repeated therapeutic stimulation for aphasia recovery: A multilingual, multicenter aphasia trial. *Journal of Stroke and Cerebrovascular Diseases, 24*(4), 751–758. https://doi.org/10.1016/j.jstrokecerebrovasdis.2014.10.021

Tippett, D. C. (2020). Classification of primary progressive aphasia: Challenges and complexities. *F1000Research, 9*, 64. https://doi.org/10.12688/f1000research.21184.1

Tsapkini, K., Frangakis, C., Gomez, Y., Davis, C., & Hillis, A. E. (2014). Augmentation of spelling therapy with transcranial direct current stimulation in primary progressive aphasia: Preliminary results and challenges. *Aphasiology, 28*(8–9), 1112–1130. https://doi.org/10.1080/02687038.2014.930410

Tsapkini, K., Webster, K. T., Ficek, B. N., Desmond, J. E., Onyike, C. U., Rapp, B., Frangakis, C. E., & Hillis, A. E. (2018). Electrical brain stimulation in different variants of primary progressive aphasia: A randomized clinical trial. *Alzheimer's & Dementia: Translational Research & Clinical Interventions, 4*(1), 461–472. https://doi.org/10.1016/j.trci.2018.08.002

Turner, R. S., Kenyon, L. C., Trojanowski, J. Q., Gonatas, N., & Grossman, M. (1996). Clinical, neuroimaging, and pathologic features of progressive nonfluent aphasia. *Annals of Neurology, 39*(2), 166–173. https://doi.org/10.1002/ana.410390205

Unal, G., Ficek, B., Webster, K., Shahabuddin, S., Truong, D., Hampstead, B., Bikson, M., & Tsapkini, K. (2020). Impact of brain atrophy on tDCS and HD-tDCS current flow: A modeling study in three variants of primary progressive aphasia. *Neurological Sciences, 41*(7), 1781–1789. https://doi.org/10.1007/s10072-019-04229-z

Utianski, R. L., Duffy, J. R., Clark, H. M., Strand, E. A., Botha, H., Schwarz, C. G., Machulda, M. M., Senjem, M. L., Spychalla, A. J., Jack, C. R., Petersen, R. C., Lowe, V. J., Whitwell, J. L., & Josephs, K. A. (2018). Prosodic and phonetic subtypes of primary progressive apraxia of speech. *Brain and Language, 184*, 54–65. https://doi.org/10.1016/j.bandl.2018.06.004

Vandenberghe, R. (2016). Classification of the primary progressive aphasias: Principles and review of progress since 2011. *Alzheimer's Research & Therapy, 8*(1), 16. https://doi.org/10.1186/s13195-016-0185-y

Wang, Z., Ficek, B. N., Webster, K. T., Herrmann, O., Frangakis, C. E., Desmond, J. E., Onyike, C. U., Caffo, B., Hillis, A. E., & Tsapkini, K. (2023). Specificity in generalization effects of transcranial direct current stimulation over the left inferior frontal gyrus in primary progressive aphasia. *Neuromodulation: Technology at the Neural Interface, 26*(4), 850–860. https://doi.org/10.1016/j.neurom.2022.09.004

Wicklund, M. R., Duffy, J. R., Strand, E. A., Machulda, M. M., Whitwell, J. L., & Josephs, K. A. (2014). Quantitative application of the primary progressive aphasia consensus criteria. *Neurology, 82*(13), 1119–1126. https://doi.org/10.1212/WNL.0000000000000261

Wilson, S. M., Galantucci, S., Tartaglia, M. C., Rising, K., Patterson, D. K., Henry, M. L., Ogar, J. M., DeLeon, J., Miller, B. L., & Gorno-Tempini, M. L. (2011). Syntactic processing depends on dorsal language tracts. *Neuron, 72*(2), 397–403. https://doi.org/10.1016/j.neuron.2011.09.014

Zhao, Y., Ficek, B., Webster, K., Frangakis, C., Caffo, B., Hillis, A. E., Faria, A., & Tsapkini, K. (2021). White matter integrity predicts electrical stimulation (tDCS) and language therapy effects in primary progressive aphasia. *Neurorehabilitation and Neural Repair, 35*(1), 44–57. https://doi.org/10.1177/1545968320971741

Aphasie – Ausblick auf die Zukunft und Schlussfolgerungen

Paola Marangolo

Inhaltsverzeichnis

19.1 Zusammenfassender Ausblick: Vorteile der tDCS bei Sprach- und Sprechstörungen – 346
19.1.1 Einschränkungen der tDCS bei Sprach- und Sprachstörungen – 348
19.1.2 Schlussfolgerungen – 349

Literatur – 350

Das vorliegende Kapitel wurde vom Englischen ins Deutsche übersetzt. Die Übersetzung wurde mit künstlicher Intelligenz erstellt und anschließend vom Herausgeber inhaltlich geprüft und überarbeitet.

© Der/die Autor(en), exklusiv lizenziert an Springer-Verlag GmbH, DE, ein Teil von Springer Nature 2025
K. Sidiropoulos (Hrsg.), *Transkranielle Gleichstromstimulation bei Aphasien und erworbenen Sprechstörungen*, https://doi.org/10.1007/978-3-662-70454-7_19

19.1 Zusammenfassender Ausblick: Vorteile der tDCS bei Sprach- und Sprechstörungen

Die bisher vorgelegten Beweise deuten auf vielversprechende Ergebnisse für die Anwendung der tDCS zur Verbesserung der Neuroplastizität und der Rehabilitationsergebnisse bei Aphasie nach einem Schlaganfall hin. In der Literatur zur Neuromodulation von Aphasie wurden verschiedene Stimulationsverfahren wie repetitive transkranielle Magnetstimulation (rTMS) (Han et al., 2024; Tan et al., 2024), transkranielle Gleichstromstimulation (tDCS) (Lefaucheur et al., 2017; Marangolo, 2020), transkranielle Wechselstromstimulation (tACS) (Antal et al., 2008; Xie et al., 2022) und transkranielle Pulsstimulation (TPU) (Tufail et al., 2010) vorgeschlagen. Diese verschiedenen Techniken zielen darauf ab, die Gehirnaktivität zu modulieren und die Genesung von Menschen mit Aphasie (PmA) nach einem Schlaganfall zu fördern. Die tDCS bietet im Vergleich zu anderen Stimulationsverfahren mehrere Vorteile. Sie ist relativ kostengünstig, einfach zu verabreichen und tragbar, was sie zu einer idealen Zusatztherapie für die Schlaganfallrehabilitation macht. Da die tDCS durch die Modulation neuronaler Netzwerke ihre Wirkung entfaltet, entweder durch erregende oder hemmende Ströme in der betroffenen linken oder unversehrten rechten Hemisphäre (Marangolo, 2020), stellt sie einen potenziell vielversprechenden ergänzenden Ansatz zur Behandlung von Aphasie nach einem Schlaganfall dar. Obwohl die neurophysiologische Grundlagen der Aphasierehabilitation und die Rolle der Kompensationsmechanismen, an denen die linke und/oder rechte Gehirnhälfte beteiligt ist, noch nicht vollständig verstanden sind (Chen et al., 2010; Fridriksson et al., 2012; Hamilton et al., 2011; Kiran, 2012; Saur & Hartwigsen, 2012), besteht dennoch ein gewisser Grad an Konsens zwischen verschiedenen tDCS-Studien, dass die Erhöhung der Aktivierung in der dominanten linken Hemisphäre durch erregenden Strom die Aphasiesymptome verbessern kann (Chen et al., 2010; Fridriksson et al., 2012; Marangolo, 2020).

Darüber hinaus deuten einige bisherige Berichte darauf hin, dass die Hemmung der ineffektiven Fehlanpassung und Übererregung der nichtdominanten (rechten) Hemisphäre, die nach linksseitigen Hirnschäden auftreten kann, vorteilhaft sein könnte (▶ Abschn. 10.2.1 und 10.2.2). Dies steht im Einklang mit dem Modell der interhemisphärischen Hemmung (Hamilton et al., 2011; Marangolo, 2020) und erklärt, warum die Autoren in vielen tDCS-Studien zur Aphasie erregende Ströme über die linken sprachgeschädigten Bereiche verwendet haben (Marangolo, 2020). Tatsächlich kann die geringe räumliche Auflösung der tDCS dazu führen, dass sich der Strom von den beschädigten linken Sprachbereichen auf benachbarten linken periläsionalen Regionen ausbreitet (Marangolo, 2020).

Als Reaktion auf diese Problemstellung haben einige neuere Studien auch die bihemisphärische Stimulation untersucht, mit dem Ziel, die linken sprachrelevanten Areale zu erregen, während gleichzeitig die rechten homologen Regionen gehemmt werden (Feil et al., 2019; Guillouët et al., 2020; Marangolo et al., 2013, 2016; Pisano et al., 2021a). Studien, mit einer bihemisphärischen Stimulationsanordnung deuten darauf hin, dass die gleichzeitige Stimulation homotoper Regionen mittels einer Anode über dem linken und einer Kathode über dem rechten Sprachbereich das interhemisphärische Gleichgewicht zugunsten der Anode verschieben könnte. Diese Verschiebung könnte potenziell die kognitive Prozesse begünstigen, die in dieser Hemisphäre ablaufen (Feil et al., 2019; Guillouët et al., 2020; Marangolo et al., 2013, 2016; Pisano et al., 2021a). In der Tat zeigten die meisten veröffentlichten Studien, dass sich durch die gleichzeitige Stimulation des linken Sprachareals und der rechten homologen Regionen mit entgegengesetztem Strom deutliche Verbesserungen der sprachlichen Fähigkeiten erzielen ließen (Feil et al., 2019; Guillouët et al., 2020; Marangolo et al., 2013, 2016; Pisano et al., 2021a).

Es besteht ein allgemeiner Konsens unter den veröffentlichten tDCS-Studien mit PmA, dass mehrere Stimulationssitzungen effektiver für die Spracherholung sind als eine einzelne Sitzung (Marangolo, 2020). Eine Studie von Monte-Silva und Kollegen (Monte-Silva et al., 2013) zeigte, dass wiederholte Stimulationen eine neuronale Plastizität, ähnlich der Langzeitpotenzierung (LTP), hervorrufen kann. Zudem wird in den meisten Aphasiestudien, die ein Verhaltenstraining in Kombination mit tDCS einbeziehen, davon ausgegangen, dass die tDCS als ergänzender und nicht als ersetzender Ansatz zur Behandlung von Aphasie betrachtet werden sollte (Lefaucheur et al., 2017; Marangolo, 2020). Dieser kombinierte Ansatz erkennt an, dass die tDCS allein möglicherweise nicht die vollen Vorteile für die Sprachfunktionen erfassen kann. Daher könnte die Kombination von tDCS und Sprachtraining ein umfassenderes und intensiveres Behandlungsprotokoll für PmA bieten. In der Aphasieforschung ist es allgemein anerkannt, dass PmA intensive Behandlungsprotokolle durchlaufen sollten, da die Intensität als der entscheidende Faktor angesehen wird, der langfristige Verbesserungen ermöglichen kann (Bhogal et al., 2003; Brady et al., 2016; Breitenstein et al., 2017).

Leider erhält nur ein geringer Prozentsatz der PmA tatsächlich intensive Sprach- und Sprachtherapie (Brady et al., 2016), was insbesondere angesichts der steigenden Anzahl von Schlaganfallpatienten aufgrund der höheren Lebenserwartung besonders problematisch ist. Die finanziellen Belastungen, die mit der Bereitstellung intensiver Therapieprogramme einhergehen, stellen eine erhebliche Herausforderung für das Gesundheitssystem dar. Diese Kosten umfassen nicht nur die direkten Ausgaben für Therapiesitzungen, sondern auch indirekte Kosten wie Personal, Ausrüstung und Infrastruktur. Infolgedessen haben viele PmA möglicherweise keinen Zugang zu einer intensiven Behandlung, die sie für eine optimale Genesung benötigen. Daher besteht ein wachsender Bedarf, die tDCS als potenziellen ergänzenden Ansatz für die Behandlung von Aphasie weiter zu erforschen (Elsner et al., 2019; Marangolo, 2020).

Die meisten veröffentlichten Studien empfehlen die Stimulation des linken inferioren Frontallappens (IFG), insbesondere des Broca-Areals, zur Förderung der Erholung verschiedener aphasischer Symptome. Der Grund für diese Wahl liegt, wie bereits berichtet, darin, dass die geringe räumliche Auflösung der tDCS wegen der großen Elektroden nicht nur das geschädigte Gewebe, sondern auch die umliegenden periläsionalen kortikalen Bereichen beeinflusst (Marangolo, 2020). Da dieses Areal leicht und bequem von der tDCS erreicht werden kann, gilt es als idealer Kandidat für die Stimulation. Da aphasische Symptome häufig mit ausgedehnten kortikalen Läsionen in der linken Hemisphäre einhergehen, ist es entscheidend, dass zukünftige Studien die Wirksamkeit alternativer Gehirnstimulationsorte untersuchen. Diese Forschungsarbeiten sollten sich auch auf die Stimulation von Ersatznetzwerken erstrecken, die mit den Sprachnetzwerken interagieren und möglicherweise zur Erholung von Aphasie beitragen können (Marangolo et al., 2017, 2018, 2020; Meinzer et al., 2016; Pisano et al., 2021b; Santos et al., 2013).

Das Ziel besteht darin, das Verständnis für wirksame Stimulationsziele über den konventionellen Fokus auf spezifische kortikale Regionen hinaus zu erweitern. Wie in ▶ Kap. 17 erläutert, hat sich das Verständnis der Sprachrepräsentation im Gehirn weiterentwickelt: Statt Sprache als eine Ansammlung diskreter Module für einzelne Sprachfunktionen zu betrachten, erkennen Forscher zunehmend, dass die Sprache eng mit einer Vielzahl anderer Gehirnfunktionen vernetzt ist (Hauk & Pulvermüller, 2004; Hertrich et al., 2016; Pulvermüller et al., 2005; Tettamanti et al., 2005; Willems & Hagoort, 2007). So wurde beispielsweise von mehreren Forschern empfohlen, Sprach- und Motorikaufgaben gleichzeitig zu kombinieren (Hauk & Pulvermüller, 2004; Marangolo et al., 2020; Pulvermüller et al., 2005; Willems & Hagoort, 2007). Es gibt zunehmend Hinweise darauf, dass die Kombination von motorischer und sprachlicher Rehabilitation zu synergistischen Effekten führen kann. Hertrich und Kollegen (2016) untersuchten die Rolle des supplementär-motorischen Areals bei der Sprache und hoben die Bedeutung dieser Region für die Sprachverarbeitung hervor. Gili und Kollegen (2017) beobachteten die Rekrutierung von sensomotorischer Kortexareale bei Patienten mit chronischer Aphasie nach einem Schlaganfall, während diese Aktionsverben in realen Kontexten betrachtet haben.

Diese Ergebnisse deuten darauf hin, dass die Sprachwiederherstellung bei nichtflüssiger Aphasie durch einen Simulationsprozess verbessert werden könnte, der die sensomotorischen Eigenschaften von Handlungen nutzt (Gili et al., 2017; Marangolo et al., 2010). Die Stimulation von motorischen Regionen scheint ein vielversprechender Ansatz zur Verbesserung der sprachlichen Leistungen in tDCS-Studien zu sein (Meinzer et al., 2016; Santos et al., 2013). Die Studie von Marangolo und Kollegen (2018) liefert einen Wirksamkeitsnachweis für die gezielte Stimulation des rechten Kleinhirns durch Gleichstromstimulation (DCS), um die Generierung von Verben bei Patienten mit chronischer Aphasie zu verbessern.

Diese Forschung eröffnet spannende Möglichkeiten für zukünftige tDCS-Studien zur Aphasie. Sie legt nahe, dass sowohl Sprach- als auch Motorareale durch die DCS moduliert werden können, wobei potenzielle Ziele das motorische Areal (Meinzer et al., 2016; Santos et al., 2013), das Kleinhirn (Marangolo et al., 2018) oder das Rückenmark (Marangolo et al., 2017, 2020; Pisano et al., 2021b) einschließen. Die Integration dieser Ansätze könnte neue und effektive Strategien für die Aphasierehabilitation bieten.

19.1.1 Einschränkungen der tDCS bei Sprach- und Sprachstörungen

Trotz der wachsenden Anzahl an veröffentlichten tDCS-Studien zur Aphasie bleiben die Erkenntnisse über das Potenzial verschiedener tDCS-Montagen bei der Behandlung von Aphasie, wie etwa anodale, kathodale oder bihemisphärische Stimulationen, sowie der Vergleich mit Schein-tDCS und Sprachtherapie (SLT) weiterhin uneindeutig. Obwohl viele tDCS-Studien ermutigende Ergebnisse berichtet haben, liefern die verfügbaren Daten aus randomisierten klinischen Studien (RCTs) keine klaren und endgültigen Schlussfolgerungen (Elsner et al., 2019; Flowers et al., 2016; Otal et al., 2016; Shah-Basak et al., 2016). Die Überprüfung von Shah-Basak und Kollegen (2016), die acht Studien mit insgesamt 140 Teilnehmern umfasste, ergab eine statistisch signifikante Wirkung von aktiver tDCS am Ende des Interventionszeitraums.

Eine kürzlich durchgeführte systematische Überprüfung (Elsner et al., 2019), die auf einer paarweisen Metaanalyse basierte, ergab ebenfalls eine statistisch signifikant positive Wirkung von anodaler tDCS auf die Benennleistungen von Substantiven am Ende der Intervention, jedoch nicht bei Verben. Dieselben Autoren erweiterten diese Ergebnisse in einer anschließenden Netzwerk-Metaanalyse von 25 randomisierten Crossover-Studien mit insgesamt 471 Schlaganfallpatienten mit Aphasie (Elsner et al., 2020). Die Analyse von elf Studien mit insgesamt 298 Teilnehmern, die eine Substantivbenennungsaufgabe durchführten, belegte die Wirksamkeit von anodaler tDCS, jedoch nicht für andere Interventionen wie kathodale tDCS, Schein-tDCS oder bihemisphärische tDCS. Eine zusätzliche Analyse von drei Studien mit 112 Teilnehmern ergab jedoch keine signifikanten Auswirkungen der tDCS auf die funktionale Kommunikation (Elsner et al., 2020).

Eine häufige Kritik an tDCS-Studien bei Menschen mit Aphasie ist, dass oft keine funktionalen Kommunikationsmessungen durchgeführt werden, um die tatsächliche Verbesserung der Kommunikationsfähigkeiten zu bewerten (Elsner et al., 2020). Die Überprüfung kam zu dem Schluss, dass anodale tDCS, insbesondere über dem linken inferioren frontalen Gyrus, eine vielversprechende Behandlungsoption zur Verbesserung der Benennleistungen bei PmA nach Schlaganfall ist (Elsner et al., 2020). Die Studie weist jedoch darauf hin, dass es nicht genügend Informationen darüber gibt, ob die erzielten Ergebnisse auch signifikante Veränderungen in der Fähigkeit der Teilnehmer widerspiegeln, Sprache in Alltagssituationen zu nutzen. Die Autoren betonen die Notwendigkeit zukünftiger Studien, nicht nur den Einfluss der tDCS auf die Benennleistungen zu untersuchen, sondern auch auf andere Sprachleistungen und insbesondere auf die funktionale Alltagskommunikation (Elsner et al., 2020).

Zukünftige Studien sollten daher nicht nur große randomisierte, klinisch kontrollierte Studien umfassen, um die statistische Aussagekraft und Generalisierbarkeit der Ergebnisse zu gewährleisten, sondern auch Messungen der funktionalen Kommunikation beinhalten. Ein weiterer wichtiger Aspekt, der in früheren tDCS-Studien oft vernachlässigt wurde, ist die Überwachung der Behandlungseffekte der tDCS über einen längeren Zeitraum hinweg. Bisher wurden bei den meisten tDCS-Studien keine Nachuntersuchungen durchgeführt (s. aber Fridriksson et al., 2019; Vila-Nova et al., 2019). Eine langfristige Überwachung ist jedoch entscheidend, um zu beurteilen, ob die erzielten Verbesserungen dauerhaft sind und ob die Behandlung auch in realen Alltagssituationen wirksam bleibt. Durch die Einbeziehung dieser Aspekte können zukünftige Studien umfassendere und verlässlichere Belege für die Wirksamkeit der tDCS bei schlaganfallbedingter Aphasie sowie deren potenziell langfristigen Einfluss auf die Spracherholung liefern (Marangolo, 2020).

Wie bereits erwähnt, ist eine häufig diskutierte Einschränkung der tDCS ihre begrenzte räumliche Genauigkeit (Wagner et al., 2007). Da der Strom zwischen Anode und Kathode durch das Gehirn fließt und dabei die neuronale Aktivität unter beiden Elektroden gleichzeitig moduliert, kann es schwierig sein, die Auswirkungen der tDCS auf eine bestimmte Gehirnregion zuzuordnen. Ein wichtiger Aspekt, der berücksichtigt werden sollte, ist, dass die tDCS aufgrund ihrer begrenzten räumlichen Genauigkeit auch die funktionelle Konnektivität zwischen weit entfernten, aber funktionell verbundenen Hirnarealen modulieren kann (Holland et al., 2011; Meinzer et al., 2012; Polanía et al., 2011). Dies führt nicht zwangsläufig zu einer unspezifischen Erhöhung aufgabenbezogener Aktivitätsmuster.

Vielmehr deuten Studien, die Verhaltensdaten mit aufgabenbezogenem fMRT kombinieren, darauf hin, dass eine erhöhte Konnektivität innerhalb eines Netzwerks während der Aufgabenausführung zu einer gesteigerten neuronalen Effizienz in hochspezifischen, für die Aufgabe kritischen Hirnregionen führen kann (Holland et al., 2011; Meinzer et al., 2012; Polanía et al., 2011). Angesichts der Tatsache, dass verschiedene Sprachareale durch einen Schlaganfall betroffen sein können, könnte die begrenzte räumliche Genauigkeit der tDCS tatsächlich als Vorteil angesehen werden.

19.1.2 Schlussfolgerungen

Wenn die Ergebnisse der tDCS-Studien in größeren Stichproben bestätigt und die Parameter der Stimulation (z. B. Intensität, Dauer, zu stimulierende Bereiche) präzisiert werden, hat diese Technik großes Potenzial, als ergänzende Behandlungsoption in der täglichen Praxis eingesetzt zu werden. Tatsächlich scheint die tDCS ein praktikables Werkzeug für die Stimulation bei Patienten nach Schlaganfall zu sein: Sie ist sicher, mit milden und vorübergehenden Nebenwirkungen verbunden (Poreisz et al., 2007), einfach in der Anwendung und kostengünstig. Aufgrund ihrer Tragbarkeit könnte die tDCS sogar von den Patienten selbst zu Hause angewendet werden. Zudem lassen sich die Elektroden einfach auf die Kopfhaut aufbringen, sodass die Patienten während der Behandlung bewegungsfrei bleiben können, was die Anwendung erleichtert (Marangolo, 2020).

Auch wenn die tDCS nicht dazu gedacht ist, die konventionelle Therapie zu ersetzen, bietet ihre Integration in traditionelle Sprach- und Sprechtherapien einen potenziellen Weg, den Genesungsprozess zu optimieren und bessere Behandlungsergebnisse zu erzielen. Zu den potenziellen Vorteilen gehört die Möglichkeit, durch die Kombination von tDCS mit Verhaltenstherapie verschiedene Aspekte der Sprache in kürzerer Zeit zu verbessern als bei einer alleinigen Therapie. Dies könnte helfen, die Kooperation der Patienten zu fördern und zu optimieren, da die Frustration durch ausbleibende Fortschritte minimiert werden könnten.

Angesichts der engen Vernetzung des Sprachnetzwerks mit anderen neuronalen Systemen wird vorgeschlagen, dass zukünftige Studien die Auswirkungen der tDCS auf gemeinsame motorische und sprachliche Areale untersuchen sollten. Indem gleichzeitig sowohl sprachliche als auch motorische Areale stimuliert werden, könnten Forscher herausfinden, ob dieser Ansatz zu insgesamt verbesserten funktionellen Ergebnissen führt. Dies steht im Einklang mit der Vorstellung, dass die Architektur der Sprache auch sensomotorische Funktionen beinhaltet, und hebt das Potenzial der tDCS hervor, ein breiteres Netzwerk von miteinander verbundenen Hirnareale zu beeinflussen.

Abschließend ist es spannend, die Ergebnisse von neueren neurolinguistischen Studien miteinzubeziehen, die darauf hindeuten, dass im zweisprachigen Gehirn unterschiedliche Gehirnregionen bei Sprechern von strukturell oder morphologisch verschiedenen Sprachen aktiviert werden. So zeigen beispielsweise Mandarin- oder Hebräischsprecher im Vergleich zu Englischsprechern abweichende Aktivierungsmuster (Bick et al., 2011; Ge et al., 2015; Khachatryan et al., 2016). Es wird vorgeschlagen, dass zukünftige Aphasiestudien tDCS-Montage, Polarität und Behandlungsergebnisse über verschiedene Sprachen hinweg untersuchen sollten, einschließlich des Vergleichs zwischen zwei- und einsprachigen Sprechern.

Literatur

Antal, A., Boros, K., Poreisz, C., Chaieb, L., Terney, D., & Paulus, W. (2008). Comparatively weak aftereffects of transcranial alternating current stimulation (tACS) on cortical excitability in humans. *Brain Stimulation, 1*(2), 97–105. https://doi.org/10.1016/j.brs.2007.10.001

Bhogal, S. K., Teasell, R., & Speechley, M. (2003). Intensity of aphasia therapy, impact on recovery. *Stroke, 34*(4), 987–992. https://doi.org/10.1161/01.STR.0000062343.64383.D0

Bick, A. S., Goelman, G., & Frost, R. (2011). Hebrew brain vs. english brain: Language modulates the way it is processed. *Journal of Cognitive Neuroscience, 23*(9), 2280–2290. https://doi.org/10.1162/jocn.2010.21583

Brady, M. C., Kelly, H., Godwin, J., Enderby, P., & Campbell, P. (2016). Speech and language therapy for aphasia following stroke. *Cochrane Database of Systematic Reviews, 2016*(6). https://doi.org/10.1002/14651858.CD000425.pub4

Breitenstein, C., Grewe, T., Flöel, A., Ziegler, W., Springer, L., Martus, P., Huber, W., Willmes, K., Ringelstein, E. B., & Haeusler, K. G. (2017). Intensive speech and language therapy in patients with chronic aphasia after stroke: A randomised, open-label, blinded-endpoint, controlled trial in a health-care setting. *The Lancet, 389*(10078), 1528–1538.

Chen, H., Epstein, J., & Stern, E. (2010). Neural plasticity after acquired brain injury: Evidence from functional neuroimaging. *PM and R, 2*(12 SUPPL). https://doi.org/10.1016/j.pmrj.2010.10.006

Elsner, B., Kugler, J., Pohl, M., & Mehrholz, J. (2019). Transcranial direct current stimulation (tDCS) for improving aphasia in adults with aphasia after stroke. *Cochrane Database of Systematic Reviews, 2019*(5). https://doi.org/10.1002/14651858.CD009760.pub4

Elsner, B., Kugler, J., & Mehrholz, J. (2020). Transcranial direct current stimulation (tDCS) for improving aphasia after stroke: A systematic review with network meta-analysis of randomized controlled trials. *Journal of NeuroEngineering and Rehabilitation, 17*(1). https://doi.org/10.1186/s12984-020-00708-z

Feil, S., Eisenhut, P., Strakeljahn, F., Müller, S., Nauer, C., Bansi, J., Weber, S., Liebs, A., Lefaucheur, J.-P., & Kesselring, J. (2019). Left shifting of language related activity induced by bihemispheric tDCS in postacute aphasia following stroke. *Frontiers in Neuroscience, 13*, 295.

Flowers, H. L., Skoretz, S. A., Silver, F. L., Rochon, E., Fang, J., Flamand-Roze, C., & Martino, R. (2016). Poststroke aphasia frequency, recovery, and outcomes: A systematic review and meta-analysis. *Archives of Physical Medicine and Rehabilitation, 97*(12), 2188–2201.e8. https://doi.org/10.1016/j.apmr.2016.03.006

Fridriksson, J., Richardson, J. D., Fillmore, P., & Cai, B. (2012). Left hemisphere plasticity and aphasia recovery. *NeuroImage, 60*(2), 854–863. https://doi.org/10.1016/j.neuroimage.2011.12.057

Fridriksson, J., Basilakos, A., Stark, B. C., Rorden, C., Elm, J., Gottfried, M., George, M. S., Sen, S., & Bonilha, L. (2019). Transcranial direct current stimulation to treat aphasia: Longitudinal analysis of a randomized controlled trial. *Brain Stimulation, 12*(1), 190–191. https://doi.org/10.1016/j.brs.2018.09.016

Ge, J., Peng, G., Lyu, B., Wang, Y., Zhuo, Y., Niu, Z., Tan, L. H., Leff, A. P., & Gao, J.-H. (2015). Cross-language differences in the brain network subserving intelligible speech. *Proceedings of the National Academy of Sciences of the United States of America, 112*(10), 2972–2977. https://doi.org/10.1073/pnas.1416000112

Gili, T., Fiori, V., De Pasquale, G., Sabatini, U., Caltagirone, C., & Marangolo, P. (2017). Right sensory-motor functional networks subserve action observation therapy in aphasia. *Brain Imaging and Behavior, 11*(5), 1397–1411. https://doi.org/10.1007/s11682-016-9635-1

Guillouët, E., Cogné, M., Saverot, E., Roche, N., Pradat-Diehl, P., Weill-Chounlamountry, A., Ramel, V., Taratte, C., Lachasse, A.-G., & Haulot, J.-A. (2020). Impact of combined transcranial direct current stimulation and speech-language therapy on spontaneous speech in aphasia: A randomized controlled double-blind study. *Journal of the International Neuropsychological Society, 26*(1), 7–18.

Hamilton, R. H., Chrysikou, E. G., & Coslett, B. (2011). Mechanisms of aphasia recovery after stroke and the role of noninvasive brain stimulation. *Brain and Language, 118*(1–2), 40–50. https://doi.org/10.1016/j.bandl.2011.02.005

Han, C., Tang, J., Tang, B., Han, T., Pan, J., & Wang, N. (2024). The effectiveness and safety of noninvasive brain stimulation technology combined with speech training on aphasia after stroke: A systematic review and meta-analysis. *Medicine (United States), 103*(2), E36880. https://doi.org/10.1097/MD.0000000000036880

Hauk, O., & Pulvermüller, F. (2004). Neurophysiological distinction of action words in the fronto-central cortex. *Human Brain Mapping, 21*(3), 191–201. https://doi.org/10.1002/hbm.10157

Hertrich, I., Dietrich, S., & Ackermann, H. (2016). The role of the supplementary motor area for speech and language processing. *Neuroscience and Biobehavioral Reviews, 68*, 602–610. https://doi.org/10.1016/j.neubiorev.2016.06.030

Holland, R., Leff, A. P., Josephs, O., Galea, J. M., Desikan, M., Price, C. J., Rothwell, J. C., & Crinion, J. (2011). Speech facilitation by left inferior frontal cortex stimulation. *Current Biology, 21*(16), 1403–1407. https://doi.org/10.1016/j.cub.2011.07.021

Khachatryan, E., Vanhoof, G., Beyens, H., Goeleven, A., Thijs, V., & Van Hulle, M. M. (2016). Language processing in bilingual aphasia: A new insight into the problem. *Wiley Interdisciplinary Reviews: Cognitive Science, 7*(3), 180–196. https://doi.org/10.1002/wcs.1384

Kiran, S. (2012). What is the nature of poststroke language recovery and reorganization? *International Scholarly Research Notices, 2012*, 786872.

Lefaucheur, J.-P., Antal, A., Ayache, S. S., Benninger, D. H., Brunelin, J., Cogiamanian, F., Cotelli, M., De Ridder, D., Ferrucci, R., & Langguth, B. (2017). Evidence-based guidelines on the therapeutic use of transcranial direct current stimulation (tDCS). *Clinical Neurophysiology, 128*(1), 56–92.

Marangolo, P. (2020). The potential effects of transcranial direct current stimulation (tDCS) on language functioning: Combining neuromodulation and behavioral intervention in aphasia. *Neuroscience Letters, 719*, 133329.

Marangolo, P., Bonifazi, S., Tomaiuolo, F., Craighero, L., Coccia, M., Altoè, G., Provinciali, L., & Cantagallo, A. (2010). Improving language without words: First evidence from aphasia. *Neuropsychologia, 48*(13), 3824–3833. https://doi.org/10.1016/j.neuropsychologia.2010.09.025

Marangolo, P., Fiori, V., Calpagnano, M. A., Campana, S., Razzano, C., Caltagirone, C., & Marini, A. (2013). tDCS over the left inferior frontal cortex improves speech production in aphasia. *Frontiers in Human Neuroscience, 7*, 539.

Marangolo, P., Fiori, V., Sabatini, U., De Pasquale, G., Razzano, C., Caltagirone, C., & Gili, T. (2016). Bilateral transcranial direct current stimulation language treatment enhances functional connectivity in the left hemisphere: Preliminary data from aphasia. *Journal of Cognitive Neuroscience, 28*(5), 724–738. https://doi.org/10.1162/jocn_a_00927

Marangolo, P., Fiori, V., Shofany, J., Gili, T., Caltagirone, C., Cucuzza, G., & Priori, A. (2017). Moving beyond the brain: Transcutaneous spinal direct current stimulation in post-stroke aphasia. *Frontiers in Neurology, 8*(AUG). https://doi.org/10.3389/fneur.2017.00400

Marangolo, P., Fiori, V., Caltagirone, C., Pisano, F., & Priori, A. (2018). Transcranial cerebellar direct current stimulation enhances verb generation but not verb naming in poststroke aphasia. *Journal of Cognitive Neuroscience, 30*(2). https://doi.org/10.1162/jocn_a_01201

Marangolo, P., Fiori, V., Caltagirone, C., Incoccia, C., & Gili, T. (2020). Stairways to the brain: Transcutaneous spinal direct current stimulation (tsDCS) modulates a cerebellar-cortical network enhancing verb recovery. *Brain Research, 1727*, 146564.

Meinzer, M., Antonenko, D., Lindenberg, R., Hetzer, S., Ulm, L., Avirame, K., Flaisch, T., & Flöel, A. (2012). Electrical brain stimulation improves cognitive performance by modulating functional connectivity and task-specific activation. *Journal of Neuroscience, 32*(5), 1859–1866.

Meinzer, M., Darkow, R., Lindenberg, R., & Flöel, A. (2016). Electrical stimulation of the motor cortex enhances treatment outcome in post-stroke aphasia. *Brain, 139*(4). https://doi.org/10.1093/brain/aww002

Monte-Silva, K., Kuo, M.-F., Hessenthaler, S., Fresnoza, S., Liebetanz, D., Paulus, W., & Nitsche, M. A. (2013). Induction of late LTP-like plasticity in the human motor cortex by repeated non-invasive brain stimulation. *Brain Stimulation, 6*(3), 424–432.

Otal, B., Dutta, A., Foerster, Á., Ripolles, O., Kuceyeski, A., Miranda, P. C., Edwards, D. J., Ilic, T. V., Nitsche, M. A., & Ruffini, G. (2016). Opportunities for guided multichannel non-invasive transcranial current stimulation in poststroke rehabilitation. *Frontiers in Neurology, 7*(FEB). https://doi.org/10.3389/fneur.2016.00021

Pisano, F., Caltagirone, C., Incoccia, C., & Marangolo, P. (2021a). DUAL-tDCS treatment over the temporo-parietal cortex enhances writing skills: First evidence from chronic post-stroke aphasia. *Life, 11*(4), 343.

Pisano, F., Caltagirone, C., Incoccia, C., & Marangolo, P. (2021b). Spinal or cortical direct current stimulation:

Which is the best? Evidence from apraxia of speech in post-stroke aphasia. *Behavioural Brain Research, 399*. https://doi.org/10.1016/j.bbr.2020.113019

Polanía, R., Nitsche, M. A., & Paulus, W. (2011). Modulating functional connectivity patterns and topological functional organization of the human brain with transcranial direct current stimulation. *Human Brain Mapping, 32*(8), 1236–1249. https://doi.org/10.1002/hbm.21104

Poreisz, C., Boros, K., Antal, A., & Paulus, W. (2007). Safety aspects of transcranial direct current stimulation concerning healthy subjects and patients. *Brain Research Bulletin, 72*(4–6), 208–214.

Pulvermüller, F., Shtyrov, Y., & Ilmoniemi, R. (2005). Brain signatures of meaning access in action word recognition. *Journal of Cognitive Neuroscience, 17*(6). https://doi.org/10.1162/0898929054021111

Santos, M. D., Gagliardi, R. J., Mac-Kay, A. P. M. G., Boggio, P. S., Lianza, R., & Fregni, F. (2013). Transcranial direct-current stimulation induced in stroke patients with aphasia: A prospective experimental cohort study. *Sao Paulo Medical Journal, 131*(6). https://doi.org/10.1590/1516-3180.2013.1316595

Saur, D., & Hartwigsen, G. (2012). Neurobiology of language recovery after stroke: Lessons from neuroimaging studies. *Archives of Physical Medicine and Rehabilitation, 93*(1), S15–S25.

Shah-Basak, P. P., Wurzman, R., Purcell, J. B., Gervits, F., & Hamilton, R. (2016). Fields or flows? A comparative metaanalysis of transcranial magnetic and direct current stimulation to treat post-stroke aphasia. *Restorative Neurology and Neuroscience, 34*(4), 537–558. https://doi.org/10.3233/RNN-150616

Tan, Y., Zhang, L.-M., Liang, X.-L., Xiong, G.-F., Xing, X.-L., Zhang, Q.-J., Zhang, B.-R., Yang, Z.-B., & Liu, M.-W. (2024). A literature review and meta-analysis of the optimal factors study of repetitive transcranial magnetic stimulation in post-infarction aphasia. *European Journal of Medical Research, 29*(1). https://doi.org/10.1186/s40001-023-01525-5

Tettamanti, M., Buccino, G., Saccuman, M. C., Gallese, V., Danna, M., Scifo, P., Fazio, F., Rizzolatti, G., Cappa, S. F., & Perani, D. (2005). Listening to action-related sentences activates fronto-parietal motor circuits. *Journal of Cognitive Neuroscience, 17*(2). https://doi.org/10.1162/0898929053124965

Tufail, Y., Matyushov, A., Baldwin, N., Tauchmann, M. L., Georges, J., Yoshihiro, A., Tillery, S. I. H., & Tyler, W. J. (2010). Transcranial pulsed ultrasound stimulates intact brain circuits. *Neuron, 66*(5), 681–694. https://doi.org/10.1016/j.neuron.2010.05.008

Vila-Nova, C., Lucena, P. H., Lucena, R., Armani-Franceschi, G., & Campbell, F. Q. (2019). Effect of anodal tDCS on articulatory accuracy, word production, and syllable repetition in subjects with aphasia: A crossover, double-blinded, sham-controlled trial. *Neurology and Therapy, 8*(2), 411–424. https://doi.org/10.1007/s40120-019-00149-4

Wagner, T., Fregni, F., Fecteau, S., Grodzinsky, A., Zahn, M., & Pascual-Leone, A. (2007). Transcranial direct current stimulation: A computer-based human model study. *NeuroImage, 35*(3), 1113–1124. https://doi.org/10.1016/j.neuroimage.2007.01.027

Willems, R. M., & Hagoort, P. (2007). Neural evidence for the interplay between language, gesture, and action: A review. *Brain and Language, 101*(3), 278–289. https://doi.org/10.1016/j.bandl.2007.03.004

Xie, X., Hu, P., Tian, Y., Wang, K., & Bai, T. (2022). Transcranial alternating current stimulation enhances speech comprehension in chronic post-stroke aphasia patients: A single-blind sham-controlled study. *Brain Stimulation, 15*(6), 1538–1540. https://doi.org/10.1016/j.brs.2022.12.001

Serviceteil

Stichwortverzeichnis – 355

Stichwortverzeichnis

A

Aachener Aphasie Test 52
Aachener Schule 14, 16
Abbildbarkeit 33
Agnosie 116
Agrammatismus 8, 321
Aktive Aufrechterhaltung 111
Akute Phase 77, 179
Akutphase 51
Alpha-Rhythmus 202
Alpha-tACS 205
Amnestische Aphasie 18
Amplitudenmodulation 104
Amplitudenmodulationsfrequenz 104
Anarthrie 14
ANELT 311
Anteriores Default-Mode-Netzwerk 168
Antwortinhibition 94
Aphasie 137
– Definition 4
– Diagnostik 52
– Phasenmodell 50
– Standardsyndrome 16
– Syndrome 14, 28
– Therapie 50, 54
– Verlauf 50
Aphasie Check List 52
Arbeitsgedächtnis 40, 93, 111, 247, 258
Arousal 217
Artikulatorische Schleife 126
Artikulatorische Schnittstelle 126
Assoziation 28
Asymmetric-Sampling-in-Time-Modell 109
atDCS 215, 221, 226, 254, 274, 325
– und Sprachtraining 295
Auditive Agnosie 11
Auflösungs-Integrations-Paradoxon 117
Aufmerksamkeit 40, 91, 252
Aufmerksamkeitsallokation 92
Aufmerksamkeitsnetzwerk 89
Aufmerksamkeitsüberwachungssystem 95
Aufrechterhaltungsphase 125
Autonomes Nervensystem 82
Autonomismus 140

B

Bandpassfilter 104
BDNF 293, 326, 334
Benennfähigkeit 309
Beta1 202
Beta-Rhythmus 202
Beta-tACS 204

Beteiligungskoeffizient 72
Betonung 115
Betweenness-Zentralität 72
Bielefelder Aphasie Screening 52
Bild-Wort-Interferenz-Paradigma 155
Bilingual Assessment Test 36
Bilingualer Vorteil 334
Bilingualität 333
Bindungstheorie 202
Boston Diagnostic Aphasia Examination 15, 52
Bostoner Schule 14
Broca-Aphasie 16, 29
Broca-Areal 156
Brodmann-Areal 228

C

Clearpond 34
Cochrane-Review 309
Code-Switching 38
Cognate 37
CogNeuroApp 32
COMPARE 60
Comprehensive Aphasia Test 35, 53
Computermodell von Dell 43
Conduite d'approche 11, 124
Conduite d'écart 11
Cross-over Design 271
ctDCS 215, 221, 226, 254, 274, 325

D

Daueraufmerksamkeit 92, 95
Deep artificial neural network 324
Default-Mode-Netzwerk 89, 147, 166, 332
– Kognitive Anstrengungshypothese 169
– Relevanz-Bewertungs-Hypothese 170
Deklaratives Gedächtnis 40
Dell-Modell 43
Depolarisierung 214
Depression 250
Diadochokinese 316
Diaschisis 79, 180
Differenzialdiagnose 324
Dissoziation 29
Distraktorinhibition 94
dLexDB 34
Domänenallgemeines Netzwerk 146
Dorsale Verarbeitungsbahn 106
Dorsales Aufmerksamkeitsnetzwerk 89
Dorsales Netzwerk 143
Dorsomediales Subsystem 168
Dual-Route-Cascaded-Modell 31

Dual-Site-tACS-Verfahren 205
Dual-Stream-Hypothese 105
Dual-Stream-Modell 42, 145
D-Welle 297
Dynamische Kompensation 81
Dysarthrie 13, 314
Dysarthrophonie 13
Dysgrafie 27
Dysprosodie 8

E

Echolalie 11
Effektive Konnektivität 71
Einheitliche Stimulationsstrategie 276
Einschränkungsinduzierte Aphasietherapie 329
Elekrodenpositionierung 238
Elektrode
– Befeuchtung 236
Elektrodenplatzierung 292, 310, 325, 331
Elektrodenpositionierung 227, 234, 274
10-20-Elektrodensystem 227
Emotionale Inhibition 94
Envelope Locking 119
Episodisches Gedächtnis 168
Erregungsmangelhypothese 82
Exekutivfunktion 255
Exekutivfunktionu 40
Exekutivkontrollnetzwerk 83, 86, 89, 93

F

Fallserienstudie 30
Fasciculus arcuatus 127
Faserbahn 142
Faserbündel 127
Fast-Mapping-Protokoll 261
Feinzeitliche Analyse 111
Finite-Elemente-Modell 200
Fokale tDCS 269, 274, 282, 325, 331
Fokussierte Aufmerksamkeit 91
Foreign Accent Syndrom 8
Formulierung 154
Fremdsprachen-Akzent-Syndrom 8
Frequenz-Orts-Transformation 104
Frontoparietales Kontrollnetzwerk 89
Funktionelle Kompensation 81
Funktionelle Konnektiviät 70
Funktionelle Magnetresonanztomografie 73, 330
Funktionsorientierter Ansatz 56

G

Gamma-Rhythmus 202
Gamma-tACS 204
Gating 221, 234
Gedächtnis 40, 136
Gehirnmodell 231

Gehirnstimulation
– nichtinvasive 268
Gekreuzte Aphasie 19
Generalisierte auditorische Agnosie 116
Globale Aphasie 16

H

HD-tDCS 235
Heschl-Gyrus 112
Heterotope Rekrutierung 79
Hirnstimulation 215
– Arousal 217
– nichtinvasive 58, 183, 333
Hirnstimulationstechnik 251
Hochauflösende tDCS 282
Hochauflösende transkranielle Gleichstromstimulation 235
Homologie 78
Homöostatische Metaplastizität 220
Homöostatischer Effekte 208
Homotopie 78
Hörkortex 112
Hub 71, 138
Hub-and-Spoke-Architektur 138
Hyperperfusion 73
Hyperpolarisierung 214

I

Individualisierte Stimulationsstrategie 277
Inhibition 94
Inhibitory Control Model 39
Inselrinde 114
Interferenz 203
Interferenzkontrolle 94
Inter-Netzwerk-Störung 76
Intonation 115
Intrahemisphärische Bereichserweiterung 77
Intramodulare Zentralität 71
Intra-Netzwerk Störung 76
Intrinsischer Oszillator 208
Iontophorese 238

J

Jargon 10

K

Kante 71
Kathodale tDCS 215
Kindliche Aphasie 19
Klangaustauschfehler 155
Kognition
– körperbasierte 138
– verankerte 138
– verkörperte 294

Kognitive Anstrengungshypothese 169
Kognitive Gewichtung 91
Kognitive Inhibition 94
Kognitive Neurolinguistik 27
Kognitive Neuropsychologie 27
Kognitive Reserve 244
Kommunikationsbezogenes Untersuchungsverfahren 53
Kompensation 54
Kompensationsmechanismen 81
Kompensationsmechanismus 77
Konnektionistisches Modell 43
Konnektivität 70
Konnektombasiertes Läsions-Symptom-Mapping 181
Konnektor-Hub 72
Konzeptualisierung 154
Körperbasierte Kognition 138
Kortexareal 229
Kortikaler Rhythmus 201
Kritische Phase 179
Kurzzeitgedächtnis 40, 258
Kurzzeitreorganisation 183

L

Landau-Kleffner-Syndrom 20
Langzeitgedächtnis 40
Langzeitpotenzierung 203, 215
Läsionskartierung 79
Läsions-Symptom-Mapping 75, 181
Last-in-First-out-Prinzip 171
Leaky Integrator 121
Leitungsaphasie 18
Lemma 155
Lemmaselektion 158
LEMO 53
Lexikalische Variable 32
Lexikalisierungsfehler 35
LIFO 171
LIFT 60
Linguistische Ähnlichkeit 38
Logogenmodell 30
Logopenische Aphasie 321
Logorrhö 11
Lokaler Verbindungsknoten 71
Look 117

M

Magnetresonanzspektroskopie 324
Magnetresonanztomografie 73, 271
Maladaptive Plastizität 79, 188, 189
Mediotemporales Subsystem 168
Melodische Intonationstherapie 314
Merge 140
Metaplastischer Effekt 261
Modalitätsübergreifende Neuzuordnung 77
Modell der Sprachverarbeitung 39, 42

Modularität 27
Modulationsfrequenz 104
Morphologie 8
Morphologische Komplexität 34
Motivation 86
Motorische Inhibition 94
Motortheorie 125
MRC Psycholinguistic Database 34
Multikomponentenmodell des Arbeitsspeichers 258
Multilinguale Aphasie 311, 312
MULTILINK-Modell 39
Multiple-Demand-Netzwerk 146
Multiple-Look-Theorie 117, 121
Muttersprache 334

N

Nachbarschaftsdichte 34
NAVS 53
Nervensystem 82
Netzknoten 71
Netzwerk 143
Netzwerkstörung 76
Netzwerktyp 73
Neuronale Multifunktionalität 256
Neuronales Netzwerk 83, 142, 146
Neuroplastizität 81, 220
Nichtlexikalische Variable 33

O

Offline-tDCS 237
Online-tDCS 237
Online-tDCS-Protokoll 310
Operculum 114
Orthografische Regelmäßigkeit 34
Orthografischer Nachbar 34
Oszillationsverschachtelung 201
Oxford Cognitive Screen 40

P

PALPA 30, 53
Paragrafie 12
Paragrammatismus 10
Paralexie 12
Parallelgruppendesign 272
Parasymphatisches Nervensystem 82
Partizipationskoeffizient 330
PASA 171
PC-Therapie 58
Peak-to-baseline-definition 207
Peak-to-peak-definition 207
Penumbra 77
Perseveration 11
Pharmakologische Therapie 58
Phasen-Amplituden-Kopplung 204

Phasenresynchronisation 200
Phasenspezifisches Vorgehen 50, 56
Phasische Wachheit 81
Phonagnosie 11
Phonem 117
Phonematische Paraphasie 8
Phonematischer Neologismus 8
Phonologie 8
Phonologische Schnittstelle 126
Phonologischer Nachbar 34
Phosphen 238
Plastizität 187
Polarität 226
Populationscode 116
Post stroke depression 250
Postakute Phase 51
Posterior-Anterior Shift with Aging 171
Posteriores Default-Mode-Netzwerk 168
Primär progressive Aphasie 20, 321
– Varianten 321
Primärer auditorischer Operator 117
Primärer Hörkortex 112
Proof-of-Concept-Studie 272
Prozedurales Gedächtnis 40
Psycholinguistische Datenbank 34
Psycholinguistischer Test 35

R

Recurring utterance 11
Redefloskel 11
Redefluss 11
Referenzelektrode 235
Rekrutierung homologer Areale 78
RELEASE-Studie 59
Relevanz-Bewertungs-Hypothese 170
Reperfusion 179
Restaphasie 19
Restitution 54
Retikuläres Aktivierungssystem 81
rs-fMRI 299
Rückenmark 295
Ruhemembranpotenzial 214, 325
Ruhenetzwerk 81
Ruhezustandsnetzwerk 89

S

Salienznetzwerk 83, 84, 89
Sample 121
Schlafqualität 331
Schriftsprache 12
Sekundärer auditorischer Hörkortex 113
Selektive Aufmerksamkeit 91
Self-Cueing-Strategie 310
Semantik 8
Semantische Aphasie 137

Semantische Demenz 321
Semantische Interferenz 155
Semantische Paraphasie 8
Semantischer Neologismus 8
Semantisches Gedächtnis 136
Sensomotorischer Rhythmus 202
Shunting-Stimulation 235
Single-Site-tACS-Verfahren 205
Spektrale Eigenschaft 110
Spektrale Selektivität 115
Spinal Cord Injury 297
Spoke 138
Spontanremission 50
Spontansprache 8, 11
Sprach- und Sprechtherapie 250
Sprachautomatismus 11, 16
Sprachdominanz 37
Spracherwerbsalter 37
Sprachgebrauch 38
Sprachkompetenz 38
Sprachproduktion 154
Sprachstatus 333
Sprach-Stress-Hypothese 83
Sprachtherapie 187
– Methoden 56
Sprachverarbeitungsmodell 30, 105, 125, 145
Sprachverständnis 12
Sprechablauf 11
Sprechanstrengung 11
Sprechapraxie 14, 313
Sprechfehler 155
Sprechgeschwindigkeit 11
Sprechmotorik 314
Sprechstörung 13
Stereotypie 11
Stimulationsprotokoll 308
Stimulationsstrategie 276
Strukturelle Kompensation 81
Strukturelle Konnektivität 70
Subakute Phase 77, 180
Substitution 54
Subtraktivität 28
Superiores Längsfaserbündel 127
Suprasegmentales Merkmal 115
Syllabar 155
Sympathisches Nervensystem 82
Synaptische Plastizität 81
Syndrombasierter Ansatz 26
Syndromwandel 16
Syntaktische Verarbeitung 142
Syntaktisches Symptom 8

T

tACS 198, 199
– Amplitude 199
– Frequenz 200
– phasengekoppelte 200

Stichwortverzeichnis

tDCS 198, 226, 254, 269, 308, 325
- Alter 218
- Ausschlusskriterien 241
- bei akuter und subakuter Aphasie 308
- biologisches Geschlecht 218, 332
- Einflussfaktoren 215
- Elekrodenpositionierung 238
- elektrisches Feld 214
- Elektrodengröße 234
- Elektrodenpositionierung 227, 234, 274
- Empfehlungen für den Einsatz 231
- Evaluierung 309
- fokale 269, 274, 282, 325
- Grundmechanismus 221
- Intensität 273
- Kontraindikationen 239
- Narbengewebe 216
- Nebenwirkungen 237, 240
- optimierte 231
- soziodemografische Variablen 219
- Stimulationsdauer 233
- Stimulationshäufigkeit 234
- Stimulationsort 227, 309, 326, 327
- Stimulationsziel 270
- Stromintensität 232
- 10-20-System 227
- Verhaltensregeln 239
- Warnungen 240
- Zerebrospinalflüssigkeit 216
tDCS-Studie 270
Teilhabeorientierter Ansatz 57
Temporale Eigenschaft 110
tES 198, 252, 296
- Effektivität 227
Theorie der verkörperten Kognition 294
Therapie-App 32, 58
Theta-Rhythmus 202
Timing des neuronalen Feuerns 203
TMS 139, 186
Tonhöhe 104
Tonische Wachheit 81
Tonotope Organisation 115
Tonotopie 104
Top-down Aufmerksamkeit 91
Traktografie-Atlas 183
Transkortikale Aphasie 19
Transkranielle Elektrostimulation 198
Transkranielle Gleichstromstimulation 198
Transkranielle Magnetstimulation 139
Transkranielle randomisierte Rauschstimulation 198
Transkranielle Wechselstromstimulation 198
Transkutane spinale Gleichstromstimulation 292
Transparenz 28
Traumatische Rückenmarksverletzung 297

tRNS 198
- Frequenz 206
- Intensität des Rauschens 206

U

Unabhängige Komponentenanalyse 172
Universalität 27

V

Vagusnervstimulation 83
Val66Met-Polymorphismus 334
Vasodilatation 237
Ventrale Verarbeitungsbahn 105
Ventrales Aufmerksamkeitsnetzwerk 90
Ventrales Netzwerk 143
Verankerte Kognition 138
Verbindungsknoten 72
Verhaltensbasierte Sprachtherapie 54
Verhaltenshemmung 94
Verkörperte Kognition 294
Vertrautheit 33
VLSM 75, 181
Voice Onset Time 123
Voxelbasiertes Läsions-Symptom-Mapping 75, 181, 246

W

Wachheitsnetzwerk 81
Wachsamkeit 81
Weiße Substanz 330
Wernicke-Aphasie 17
Wernicke-Gebiet 111
Wernicke-Lichtheim-Modell 26
Western Aphasia Battery 52
Wordlex 34
Wortaustauschfehler 155
Wortflüssigkeitstest 156
Wortfrequenz 33
Wortlänge 35
Worttaubheit 11

Z

Zeitabfolge der Potenzialbildung 203
Zeitdiskriminierung 95
Zentralität 71
Zerebelläre Gleichstromstimulation 295
Zielelektrode 235
Zielgerichtete Aufmerksamkeit 91
Zinguloinsuläres Netzwerk 84
Zingulooperkuläres Netzwerk 84

If you have any concerns about our products,
you can contact us on
ProductSafety@springernature.com

In case Publisher is established outside the EU,
the EU authorized representative is:
**Springer Nature Customer Service Center GmbH
Europaplatz 3, 69115 Heidelberg, Germany**

Printed by Libri Plureos GmbH
in Hamburg, Germany